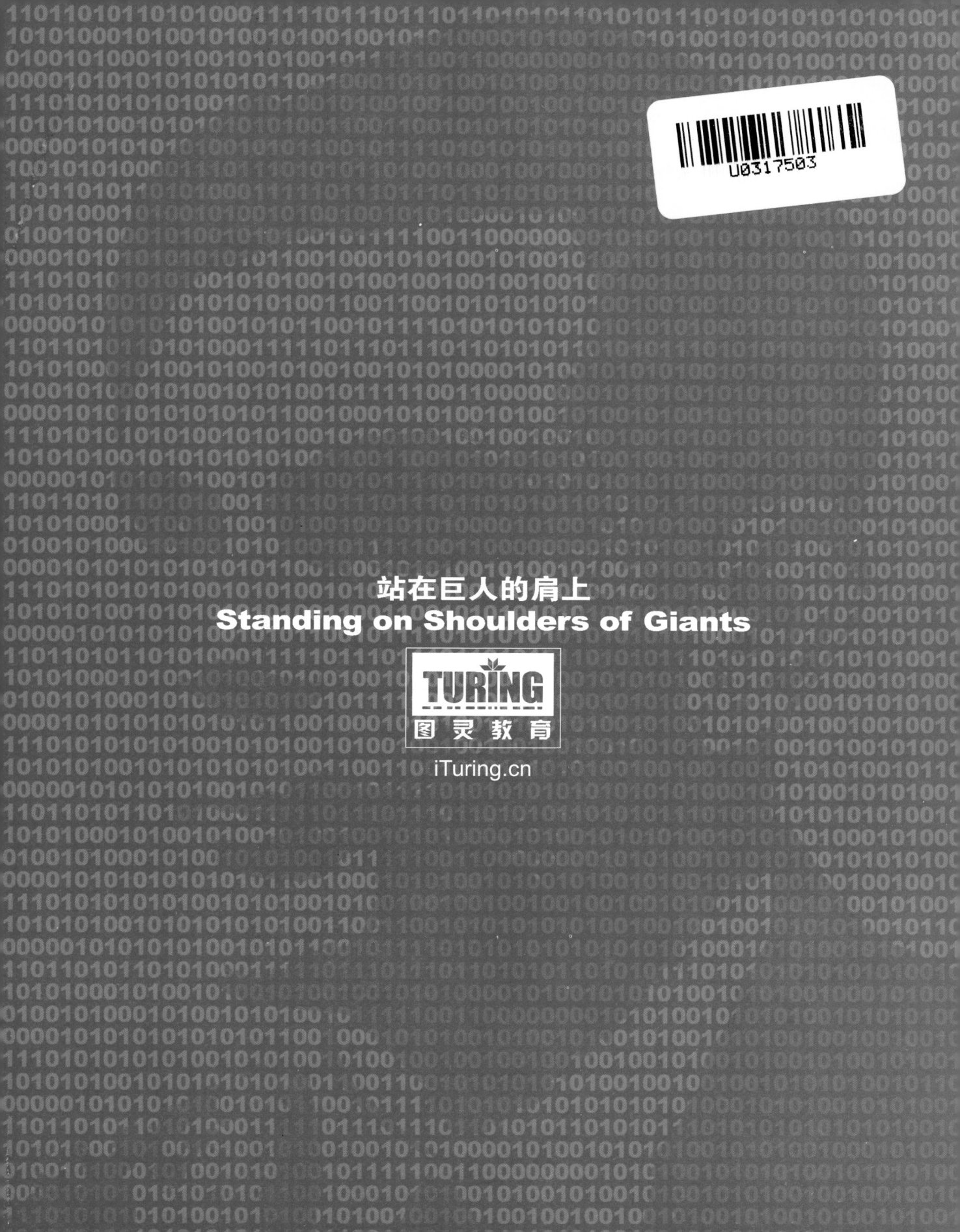

U0317503

站在巨人的肩上
Standing on Shoulders of Giants

TURING
图灵教育
iTuring.cn

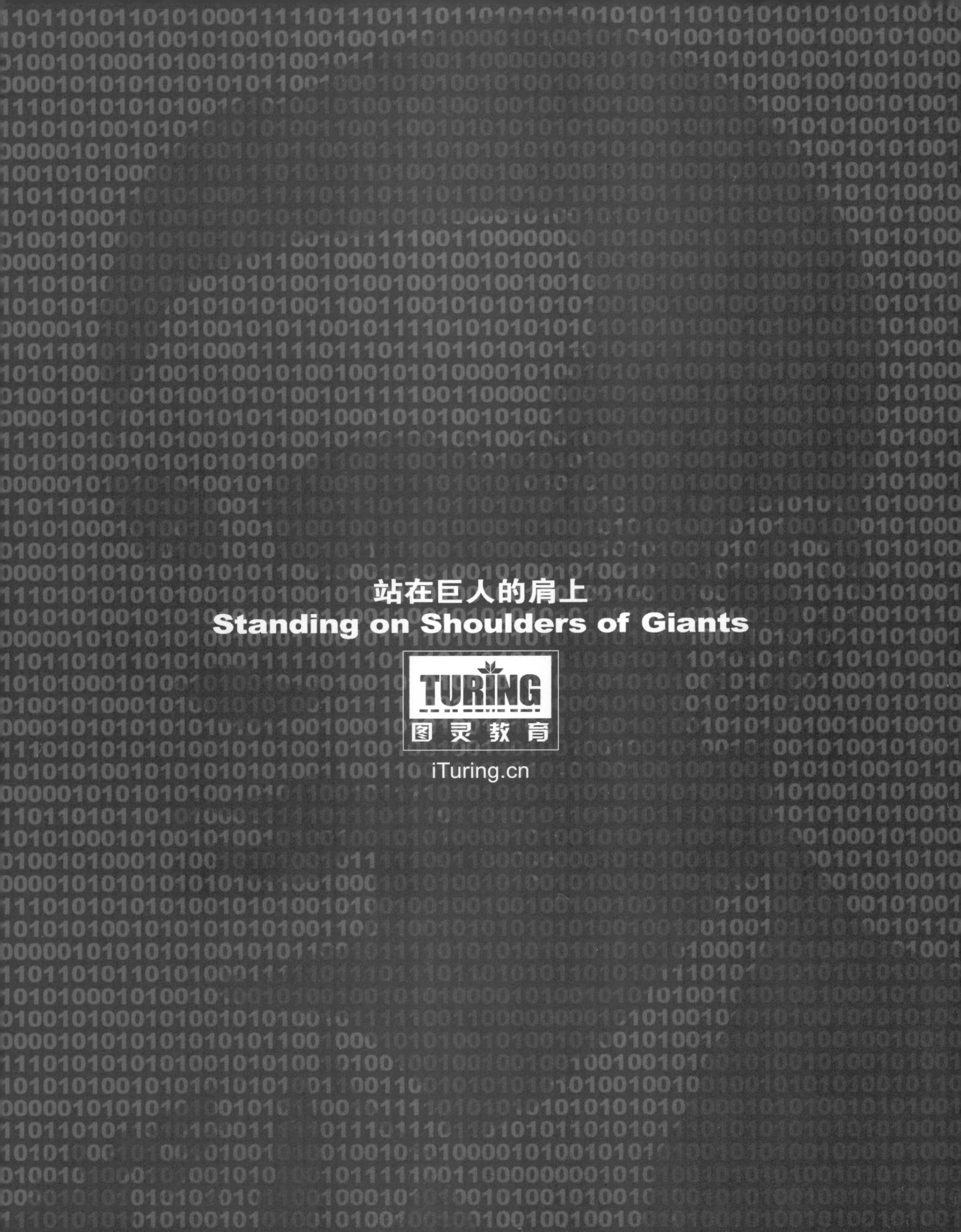

站在巨人的肩上
Standing on Shoulders of Giants

iTuring.cn

TURING 图灵程序设计丛书

精通iOS开发

（第8版）

【美】Molly Maskrey 【英】Kim Topley 【美】David Mark 著
【瑞典】Fredrik Olsson 【美】Jeff LaMarche
周庆成 译

Beginning iPhone Development with Swift 3

Exploring the iOS SDK, Third Edition

人民邮电出版社

北京

图书在版编目（CIP）数据

精通iOS开发：第8版 /（美）莫莉·马斯克里
(Molly Maskrey) 等著 ；周庆成译. -- 北京 ：人民邮
电出版社，2017.7
　（图灵程序设计丛书）
　ISBN 978-7-115-45924-4

Ⅰ. ①精… Ⅱ. ①莫… ②周… Ⅲ. ①移动终端—应
用程序—程序设计 Ⅳ. ①TN929.53

中国版本图书馆CIP数据核字(2017)第130673号

内 容 提 要

  本书是 iOS 应用开发基础教程，内容翔实，语言生动。作者结合大量实例，使用 Swift 语言循序渐进地讲解了适用于 iPhone/iPad 开发的基本流程。新版介绍强大的 iOS 10 操作系统，涵盖 Xcode 8 的新功能，书中所有案例全部重新编写。

  本书具有较强通用性，iOS 开发新手可通过本书快速入门进阶，经验丰富的 iOS 开发人员也能从中找到令人耳目一新的内容。

◆ 著　　　　　[美] Molly Maskrey　[英] Kim Topley
　　　　　　　　[美] David Mark　[瑞典] Fredrik Olsson
　　　　　　　　[美] Jeff LaMarche
　　译　　　　　周庆成
　　责任编辑　　朱　巍
　　执行编辑　　温　雪
　　责任印制　　彭志环

◆ 人民邮电出版社出版发行　　北京市丰台区成寿寺路11号
　　邮编　100164　　电子邮件　315@ptpress.com.cn
　　网址　http://www.ptpress.com.cn
　　三河市海波印务有限公司印刷

◆ 开本：880×1230　1/16
　　印张：36
　　字数：1186千字　　　　　　2017年7月第 1 版
　　印数：1 - 4 000册　　　　　2017年7月河北第 1 次印刷
　　　　　　著作权合同登记号　图字：01-2017-4141号

定价：119.00元
读者服务热线：(010)51095186转600　印装质量热线：(010)81055316
反盗版热线：(010)81055315
广告经营许可证：京东工商广登字 20170147 号

版权声明

版权声明

致　　谢

首先我想要感谢所有给予我支持的朋友，坚持写完一本书不是件容易事，由于他们的帮助我才能够坚持写到最后。感谢 Sam、Brittany、Amanda、Kristie、Pyper、Peter、Mikes、Kelly 以及我在丹佛的 Galvanize-Platte 整个团队。

感谢科罗拉多儿童医院和行动分析中心，他们让我有幸了解了他们所做的工作对于年青人脑中风和其他行走姿势失常研究的重要性。在这里了解的知识可以让我集中力量去帮助那些需要的人。

感谢 Global Tek Labs 的客户还有伙伴，允许我在本书中引用一些他们的项目作为教学展示。感谢过去一年陪我探讨并向我提供一些建议的许多朋友，比如 John Haley 就曾与我分享他个人对于 Xcode 中自动布局功能不甚理解的苦恼。这些实际经验能够帮助我确认重要问题。

最后我想要感谢本书之前版本的所有作者。正是由于你们为本书建立了扎实的基础，我所做的微小工作才能让更多人看到。谢谢大家！

译　者　序

在 2016 年美国旧金山召开的 WWDC（Worldwide Developers Conference，苹果全球开发者大会）上，苹果公司发布了全新的桌面操作系统 macOS Sierra 和移动操作系统 iOS 10。iOS 10 改变了以往的使用习惯，提升了用户体验，沿用了扁平化界面设计风格并增强了系统的稳定性，在功能上进行了诸多改进与优化。此外，iOS 10 系统还开放了更多的 API 接口，以增强未来应用程序的功能并减少开发人员的工作量。

在此次开发者大会中，苹果公司推出了 Swift 3 的预览版本。之后在秋季发布会 Swift 3 正式版与 Xcode 8 一同面世，与之一同发布的还有 iPhone 7 和 iPhone 7 Plus。Swift 是苹果公司于 2014 年发布的全新开发语言，以逐步替代 Objective-C。在此之前，苹果平台推荐的开发语言一直是 Objective-C。它是基于 C 语言的扩展，由苹果公司负责维护的面向对象语言，出现时间比 C++ 还要早。随着 OS X 系统与 iOS 平台的不断发展，之后越来越多的移动开发者开始学习这门语言，因而其市场份额不断增大，排名也一度超越 C++、C#、JavaScript 等主流语言。在 2011 年与 2012 年，Objective-C 凭借快速上升的使用率连续两次赢得了 TIOBE 的年度编程语言大奖。

如今苹果公司又推出了 Swift 语言，逐步取代 Objective-C，必然有其重大意义。尽管 Objective-C 是一种非常神奇的语言，甚至比互联网的年龄还要长，不过这个已为苹果贡献多时的编程语言，想要上手却并不容易，对新程序员来说更是如此。初学者难以掌握它的主要原因在于，Objective-C 的语法风格独特，看起来和其他的 C 系语言大相径庭。

为了方便在苹果平台上的学习，降低开发应用的负担，苹果公司推出了全新的 Swift 语言。Swift 语言的主要目标是简单易学、便捷高效，其执行速度比 Python 和 Objective-C 程序更快。Swift 还与 Xcode 8 的 Playground 功能配合，可以像脚本语言一样，具有实时预览功能。开发者在输入代码后，右边屏幕会实时显示代码效果。此外，开发者还可以看到应用程序运行过程中的代码效果，从而使测试过程更加方便。

Swift 语言一经推出，便立刻引起了全世界开发者的关注，流行程度与使用数量一直稳步上升。Swift 汲取了许多语言的特点并加以改进。对于编程老手来说，适应这种新的语言非常容易；而对于新人来说，Swift 的风格更加友好。开发者问答网站 Stack Overflow 的调查结果显示，苹果公司的 Swift 语言以极大的优势成为了最受开发者欢迎的编程语言。

苹果公司对于 Swift 语言的未来发展仍有很高的期待。仅仅一年之后，在 2015 年的 WWDC 上，苹果公司不仅发布了升级版的 Swift 2，还宣布将 Swift 语言开源，以接纳开源社区中更多开发者的建议，共同对其进行语法上的完善和效率上的提升。苹果公司向广大开发者伸出了橄榄枝，这一重要举措引起了业界的一致好评。它意味着开发者将更容易掌握这门强大的编程语言，并且拓展了更广泛的实用方向。Swift 还有很多发展的空间，在苹果公司与开源社区的共同努力下，Swift 将会为开发者提供一种全新的体验。在未来，将会有更多的人去接受这一语言，全球开发者也将会越来越重视苹果平台上的应用开发。

这一次开发者大会，苹果公司还发布了 iPad 版的 Swift Playground 学习应用。Swift Playground 针对的不仅是开发从业人员，也包括对编程感兴趣的青少年。晦涩枯燥的开发语言编码过程将以游戏娱乐的方式展现，用户在解决任务通过关卡的同时，也不知不觉地学习了开发程序的基础知识，以及如何制作一个完整的应用。这种方式能让青少年在游戏中体会编程的乐趣。在本书出版时，Swift Playground 已经支持中文，国内无论是程序员还是编程爱好者——甚至小朋友——都能够毫无障碍地接触这种寓教于乐、老少咸宜的编程学习方式。

本书中的内容讲解和示例代码采用了 Swift 3.0 语言，部分代码中会引用到 Objective-C 框架的功能。我们都会对此详细讲解。如果读者刚刚开始了解 Swift 语言，可以同时阅读图灵社区出版的其他 Swift 开发图书以快速入门。而已经掌握了 Swift 的开发人员，在阅读过程中可以很快重新熟悉新版的 Swift 3。通过书中层层递进的讲解，以及富有代表性的示例应用，读者能够逐步掌握 iOS 的软件开发。Swift 将能够帮助你开发出优秀的 iOS 应用程序。

本书的原作者是经验极为丰富的开发人员，在国外这本已经是 iOS 与 Swift 系列书籍的第 3 版。这一系列的书籍在国内外的销量一直长盛不衰，有越来越多的程序员依靠其步入了 iOS 开发的殿堂。当前这一版的内容极为丰富，全面涵盖了 iOS 系统的许多功能，并进行了深入的探索。如此庞大厚重的一本书堪称 iOS 开发学习的圣经。这本书适用于所有对 iOS 应用设计感兴趣的人，无论你拥有多年的开发经验还是第一次学习编程，都可以藉由此书领略到 iOS 的魅力。希望你能够通过本书的学习，开启通往熟练驾驭 iOS 应用设计的旅程。

在翻译本书的过程中遇到了许多困难，在此要感谢所有给予过我帮助的人。感谢我的家人给予我精神上的支持，感谢那些替我分担了压力的朋友，还有工作上的伙伴，尤其感谢我的同事 Simon 用他丰富的英语经验帮助我解决了很多难题。也要感谢图灵公司参与了本书编辑与校对等工作的每个人，正是由于你们的努力才能保证它的质量。尽管如此，书中依然难免有疏漏之处，希望读者能够包涵并向我们提出宝贵的建议，也希望你们的应用能够早日登上 App Store。

目　　录

第 1 章

欢迎来到iOS和Swift世界

1

开发者为苹果移动设备编写应用可以得到一笔不菲的收入。应用不仅可以改变人们的生活（如图1-1所示），还可以让你有机会结识志同道合的朋友。在学习语言、工具和流程的过程中，难免会遇到一些困难，克服这些困难不但可以让你了解崭新的iOS世界，还可以让你超越平凡，成就自我。

图1-1　作为iOS开发者最棒的感受之一，就是在现实世界中看到你的作品被他人使用

现在请把我当作与你一同踏上iOS探索之旅的伙伴。我非常荣幸可以通过本书作为起点帮助你走进iOS开发的世界，为iPhone、iPod Touch或iPad开发应用。iOS是一个令人赞叹的平台，自从2007年面世以来发展势头不减。移动设备的快速增长意味着身处各地的人们都在使用着软件，可能是通过手机，也可能是通过穿戴设备，比如Apple Watch。对于刚入门的开发者来说，随着iOS 10、Xcode 8、Swift 3以及最新版本的iOS SDK（Software Development Kit，软件开发工具集）的发布，一切都变得更加令人兴奋，成为开发者也将更加轻松。

1.1　关于本书

本书是一本入门指导，可以帮助你开发出自己的iOS应用，旨在帮助你入门，理解iOS应用程序的运行和构建方式。

在学习的过程中，你将会创建一些简单的应用程序。每个应用程序都会涵盖某些iOS特性，并展示如何使用这些特性。如果你扎实地掌握了书中的基础知识，加上自己的创造力和恒心，再借助条理清晰的苹果公司官方文档来扩大知识面，就可以创建出专业的iPhone和iPad应用。

注意　在整本书中，我优先讲解iPhone和iPad应用开发，因为这两种设备是我们最常用到的。并非有意忽略iPod touch，这样做只是为了方便。

提示　作者为本书创办了一个论坛：http://forum.learncocoa.org。可以在这里遇到志趣相投的伙伴，相互答疑解惑。请务必来看看！

1.2　必备条件

开始编写iOS应用程序之前，你需要做一些准备工作。初学者需要一台基于Intel架构的Macintosh计算机，并安装有Yosemite（OS X 10.10）、El Capitan（OS X 10.11）和Sierra（macOS 10.12）或更高版本的操作系统。任何最近上市的基于Intel架构的Macintosh计算机（台式机或笔记本）均可。当然不只是硬件，软件方面也要做好准备。只要你拥有一个Apple ID，就可以学习如何开发iOS应用程序并获取所需的软件工具。如果你拥有一台iPhone、iPad或iPod，那么你十有八九已经拥有了一个Apple ID，假如你的确没有，可以访问网站https://appleid.apple.com/account来创建一个。用Apple ID再访问https://developer.apple.com/develop这个网址，就会看到与图1-2类似的页面了。

图1-2　苹果公司的开发者中心资源集合网站

点击上方的Downloads图标可以进入主要资源页面（见图1-3），其中有当前已发布的产品，有时还能看到当前的iOS测试版本。你可以在这里找到各类文档、视频、样例代码以及所有可以指导你进行iOS应用程序开发的相关资源。请滚动到页面底部并查看前往文档（Documentation）和视频（Videos）相关内容网页的链接。你还可以找到前往苹果开发者论坛的链接，在那里你可以参与所有iOS平台以及macOS、watchOS和tvOS等平台各类相关主题的讨论。注册成为苹果开发者就可以在论坛中畅所欲言。

注意　在2016年的WWDC（全球开发者大会）中，苹果公司将OS X的系统名称改成了之前曾采用的macOS，以符合四个主要操作系统中其他平台的命名风格。

---

iOS开发中最重要的工具是Xcode，它是苹果公司的IDE（Integrated Development Environment，集成开发环境）。Xcode提供了一些实用工具，用于创建和调试源代码，编译应用程序，以及对应用程序进行性能调优。

可以从图1-3所示的开发者Download页面的Xcode链接中下载当前的Xcode测试版本。如果想用最新的正式版，可以通过Mac的苹果图标菜单访问Mac App Store，从中下载Xcode。

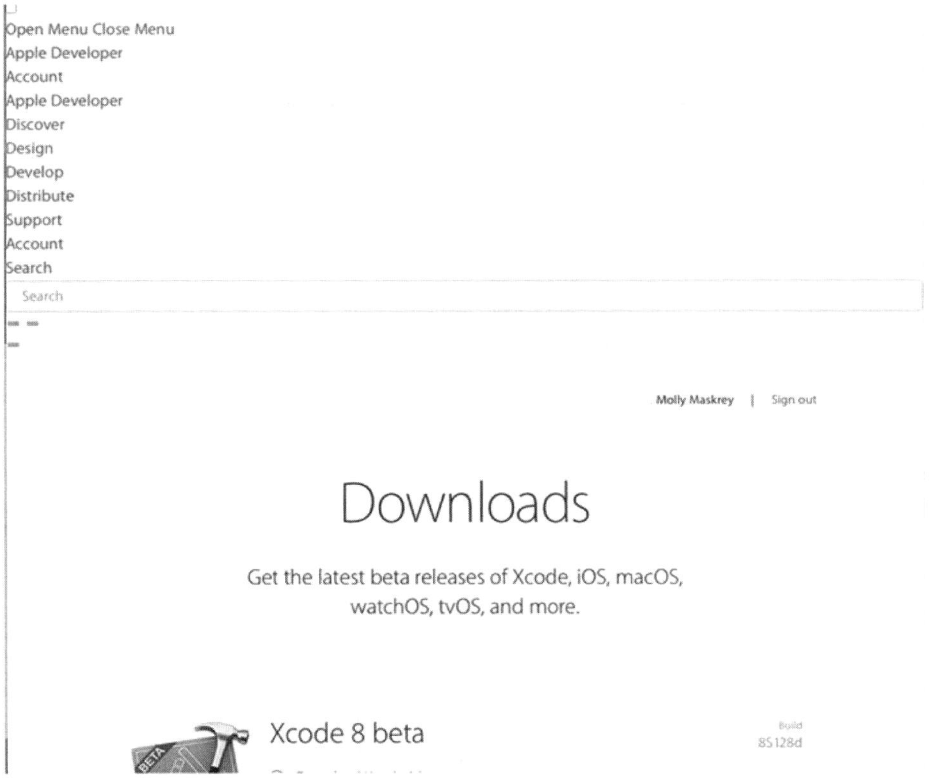

图1-3 只要用Apple ID登录，便可以从Downloads页面下载所有正式版和测试版开发工具

本书采用的SDK版本以及源代码示例

随着版本的不断更新，SDK和Xcode的下载方式也在发生变化。在最近几年内，苹果已经开始将当前较"稳定"版本的Xcode和iOS SDK放在Mac App Store中，同时在开发者网站上提供预览版供开发者下载。总之，如果想下载Xcode和iOS SDK的最新版本（即非测试版），应该使用Mac App Store。

本书面向当前最新版的Xcode和SDK。我们会在某些地方使用iOS 10中新引入的函数和方法，它们可能会与旧版SDK不兼容。

请务必从http://www.apress.com下载最新的源代码文档。每当有新版SDK发布时，我们会及时更新代码，你可以时常过来看看是否有变化。

1.2.1 选择开发者计划

免费下载的Xcode中包含一个模拟器，通过这个模拟器，就可以在Mac上创建并运行iPhone和iPad应用。这对于学习编写iOS程序极有帮助。不过，模拟器不支持那些需要依赖硬件的特性，比如加速计和摄像头。如果要测试使用了这些特性的应用程序，你需要iPhone、iPod touch或iPad。虽说iOS模拟器可以测试大部分的代码，但不代表所有的应用程序都可以。而且即便在模拟器上可以正常运行的应用，在决定发布出去之前仍然需要在真机上进行完整的测试。

以往版本的Xcode会要求你注册苹果开发者计划（需要付费）才可以在iPhone或其他真机上安装应用程序。但现在不这样了。从Xcode 7开始允许开发者在真机的硬件上测试应用程序，不需要购买苹果开发者计划的会员资格（然而稍微有一些限制，之后我们会再提到）。这意味着在你的iPhone或者iPad上不需要付费就可以运行这本书中大部分的实例项目。但免费下载的SDK不支持把应用程序放到App Store上出售。如果想获取这些功能，需要从以下两个付费的开发者计划中选择一个。

- 标准版计划的价格为每年99美元。它提供了大量的开发工具和资源，以及技术支持，还可以通过苹果公司的App Store出售应用。你还可以为iOS、watchOS、tvOS和macOS开发并发布应用程序。
- 企业版计划的价格为每年299美元。如果一些公司需要开发只在企业内部使用的iOS应用程序，可以选择这个计划。

想要了解关于这些计划的详细信息，可以访问http://developer.apple.com/programs/（见图1-4）。如果你是一位独立开发者，通常不必购买标准版计划的会员资格。只有以下几种情况例外：你运行的应用程序使用了例如iCloud这种需要付费会员资格的功能，或者你想要在苹果开发者论坛中发帖提问，又或者你打算在App Store上部署自己的应用程序。

Apple Developer Program   What's Included   How It Works

Program Membership Details

Software and Tools

Download and install the latest beta OS releases for development and distribution. Access your account to configure resources required for the development and distribution process.

Beta OS Releases
Download the latest beta OS releases and install them on your development Apple devices.

- iOS 10
- macOS Sierra
- watchOS
- tvOS

Developer Account Tools
Access the resources you need to configure app services, manage your devices and development teams, and to submit new apps and updates.

图1-4　注册成为付费会员就会获取访问测试版以及操作系统工具的权限

因为iOS支持的移动设备（比如iPhone）经常连接到其他公司的无线网络设施，所以苹果对iOS开发人员的限制比Mac开发人员严格得多（至少目前Mac开发人员完全不需要经过苹果的审查和批准就可以编写并发布程序）。虽然iPod touch和仅支持WiFi的iPad不使用其他公司的无线设施，但是它们也受到同样的限制。

苹果之所以添加这些限制，主要是为了尽量避免发布恶意程序和蹩脚程序，因为这类程序可能会在共享网络中降低性能。开发iOS应用似乎有很高的门槛，不过苹果已经为简化开发过程付出了巨大的努力。值得一提的是，99美元的价格比任何付费版本Visual Studio（微软公司的软件开发IDE）的价格低得多。

1.2.2　必备知识

我们假定本书的读者已经掌握了一些编程的常用知识，尤其是面向对象编程的内容（比如知道类、对象、循环、变量这些概念分别指什么）。不过你也许还不熟悉Swift编程语言。本书的附录会同时介绍Swift和Xcode中全新的Playground（游乐园）特性，便于让你更快地掌握这些知识。阅读完附录的内容后如果还想更多地了解Swift，最佳的方案就是直接浏览苹果公司的官方编程语言参考指南*The Swift Programming Language*，可以从iBooks商店或者iOS开发者站点下载到，网址是https://developer.apple.com/library/ios/documentation/Swift/Conceptual/Swift_Programming_Language/index.html。

你还需要以用户的身份来熟悉iOS。为了编写应用程序，你应该知道iPhone、iPad和iPod touch的细微差别以及各自的特点。利用一些时间来熟悉iOS的界面，以及苹果公司的iPhone和iPad上应用程序的视觉效果和使用体验。

一开始接触各种术语可能会让你产生困惑，我在表1-1列出了各个集成开发环境、API以及你所开发的操作系统平台所采用的编程语言之间的关系。

表1-1　平台、工具以及语言之间的关系

操作系统	IDE	API	语　　言
macOS	Xcode	Cocoa	Objective-C，Swift
iOS	Xcode	Cocoa Touch	Objective-C，Swift

1.2.3　iOS 应用程序的特点

如果从未使用Cocoa写过程序，你可能会发现Cocoa Touch（用于编写iOS应用程序的应用程序框架）比较新奇。它与其他常用应用程序框架（比如用于构建.NET或Java应用程序的框架）之间存在一些根本差异。起初你可能有点不得要领，不过不必担心，只要多加练习，很快就能够对Cocoa Touch运用自如了。

注意　本书将多次提到"框架"。这个术语的意义有些难以限定，根据上下文会有不同的用法。框架是一堆"工具"的集合，其中包括了单个或多个库、脚本、用户界面元素和其他工具的集合。框架的工具通常与一些特定功能有关，比如位置服务会用到的CoreLocation框架。

如果曾经使用Cocoa写过程序，你会发现iOS SDK中有许多熟悉的身影。有很多类都是从Mac OS X版本的Cocoa中原样移植过来的。即便是那些不同的类，也遵循相同的基本原则和相似的设计模式。但是，Cocoa和Cocoa Touch之间还是有一些不同的。

无论你的知识背景如何，都需要时刻牢记iOS开发与桌面应用程序开发之间的重要差异。接下来的几个小节将讨论这些差异。

1. 通常情况下只能运行一个应用

在iOS中，一次只能有一个应用处于活动状态并显示在屏幕上。从iOS 4开始，用户按下Home键后，应用程序可以在后台继续运行，但这只限于少数情况，而且必须专门为此编写代码（第15章将告诉你如何做到）。从iOS 9开始，苹果公司加入了在同一屏幕上运行两个应用程序的功能，不过需要用户使用较新的iPad。苹果将这个特性称为多任务，第11章会介绍。

不处于活动状态或者在后台运行时，应用程序不会占用任何CPU资源，这会严重干扰其与开放式网络的连接。iOS允许后台处理，不过要使应用程序在此状况下良好运行则需要开发者自己的努力。

2. 只能使用一个窗口

在台式机和笔记本的操作系统中，多个程序可以同时运行，每个程序还可以创建并控制多个窗口。然而，除非应用程序经过特别编码，并且连接另一个屏幕或者使用AirPlay镜像，否则iOS只允许应用程序操作一个窗口。应用程序与用户的所有交互都在这个窗口中完成，而这个窗口的大小就是iOS设备屏幕的固定大小，除非你启用了多任务功能，在这种情况下你的应用程序需要留出部分屏幕空间以运行其他应用程序。

3. 为安全起见设置访问权限

通常，用户能够访问的内容，台式机和笔记本上的程序也可以访问。然而，iOS严格限制了应用程序的访问权限。

iOS的文件系统会为每个应用分配一块独立的区域，称为沙盒（sand box）。每个应用只能读写自己沙盒内的文件。沙盒就是应用程序用于存储文档、偏好设置等任何有效数据的地方。

应用程序还会受到其他方面的限制。比如不能通过iOS访问端口号较小的网络，也不能进行在台式机中需要根用户权限或管理员权限的操作。

4. 有限的响应时间

由于使用方式特殊，iOS需要快速响应各种事件，你的应用程序也应如此。启动应用程序时，要立即打开它，载入偏好设置和数据，并把主视图显示到屏幕上。你的应用应该只有较短的延迟。

注意 我们提到的延迟指的并不是速度。速度和延迟通常可以互换，但意思并不完全等同。延迟指的是执行操作到发生结果之间的等待时间。用户按下Home按钮后，iOS就会返回主屏幕界面，你必须在应用程序退到后台之前尽快保存一切内容。如果没有在5秒之内保存必要的数据并放弃对系统资源的控制，无论是否已经保存好，应用程序进程都会被终止。然而如果你知道如何使用某个API，就可以在应用程序终止前请求多一些时间来完成必要的工作。因此通常情况下，想要快速结束也就意味着要舍弃不重要的信息。

---

5. 有限的屏幕尺寸

iPhone的屏幕显示效果非常出色。刚进入市场时，iPhone是当时分辨率最高的手持电子设备。不过，iPhone的显示空间并不大，比现代计算机的屏幕空间要小很多。最初几代iPhone的屏幕分辨率只有320像素×480像素，从iPhone 4的Retina屏幕开始，分辨率增加到了640像素×960像素。目前最大iPhone（即iPhone 6 Plus）的屏幕分辨率达到了1080像素×1920像素。这听起来像是个很平常的数字，不过要记住如此高密度的像素点（苹果公司用术语Retina来表示）被塞入了非常小的单位中，这对于iPhone和iPad上各种应用程序以及交互体验有重大的影响。表1-2列出了在编写本书时iOS 10支持的所有设备的屏幕尺寸。

表1-2 iOS设备屏幕尺寸

设　备	硬件尺寸	软件尺寸	精密程度
iPhone 5和5s	640×1136	320×568	2 ×
iPhone 6/6s	750×1334	375×667	2 ×
iPhone 6/6s Plus	1080×1920	414×736	3 ×
iPhone SE	640 × 1136	320 × 568	2 ×
iPad 2和iPad mini	768×1024	768×1024	1 ×
iPad Air、iPad Air 2、iPad Retina和iPad mini Retina	1536×2048	768×1024	2 ×
iPad Pro	2732×2048	1366×1024	2 ×

硬件尺寸指的是屏幕的实际物理尺寸，以像素为单位。不过在编写软件时只需要注意软件尺寸一栏的数字。如你所见，软件尺寸大都是实际硬件尺寸的一半。这种情况是苹果公司引入第一代Retina设备后开始出现的，其横向与纵向的像素数量都是上一代的两倍。如果苹果公司不做任何处理的话，所有现有的应用程序在新的Retina屏幕上都会只占据一半的尺寸，无法正常使用。因此苹果公司选择将应用程序绘制的所有内容都在内部乘以2，这样不需要作任何代码改动就可以将其铺满新屏幕。所有使用Retina屏幕的设备都采用了内部乘以2的机制，但iPhone 6 Plus有些例外，这是因为它拥有更高精密度的屏幕，需要乘以3。通常来说，你无需担心应用程序实际放大的倍数，只需要根据软件屏幕尺寸进行开发，剩下的事情交给iOS来做就行了。

唯一不适用于这个规则的是位图。由于位图自身的尺寸是固定的，你无法让同一张图片在Retina屏幕和非

Retina屏幕上拥有一样好的效果。如果尝试这样做，会看到iOS为Retina屏幕设备将图片放大，从而产生了模糊的感觉。你可以通过为每张图片补充2倍和3倍尺寸的副本来解决这个问题，iOS会根据应用程序运行的设备屏幕来选取合适的那张。

> **注意**　如果仔细观察表1-2，会发现第四列的精密程度就是硬件尺寸除以软件尺寸的比例。比如，iPhone 6的硬件宽度是750像素，软件宽度是375像素，比例是2∶1。细心一点的读者会发现iPhone 6/6s Plus有些特殊，其硬件宽度与软件宽度的比例是1080/414，也就是2.608∶1，高度也同样如此。就硬件而言，iPhone 6/6s Plus实际上不是3倍的Retina屏幕，而就软件而言则是3倍大小。这意味着，应用程序使用的软件屏幕尺寸414像素×736像素会按照规则，首先映射为1242像素×2208像素的实际屏幕尺寸，并最终缩小到适应1080像素×1920像素的实际硬件尺寸。好在你不需要做任何特殊处理，iOS会负责这些细节。

6. 有限的系统资源

如果说一部至少拥有512MB内存和16GB存储空间的机器资源有限，在十几年前，很多资深程序员恐怕要发笑了，但如今事实确是如此。或许开发iOS应用程序并不像是在内存为48KB的机器上编写复杂的电子表格应用，但是由于iOS具备的图形特性和多种功能，很容易耗光内存。

目前市场上iOS设备的物理内存要么是512MB（iPhone 4s、iPad 2、一代iPad mini、最新的iPod touch），要么是1024MB（iPhone 5c、iPhone 5s、iPhone 6/6s、iPhone 6/6s Plus、iPad Air、iPad Air 2、iPad mini Retina），而且以后还会不断增加。很大一部分内存被用于屏幕缓冲区和其他一些系统进程。一般只有不到一半的内存留给应用程序使用（实际可用内存可能更少，尤其是因为其他应用可能在后台运行）。

虽然这些内存对于小型移动设备来说可能已经足够了，但谈到iOS的内存时，还要考虑另一个因素：现代的计算机操作系统（比如mac OS）会将未使用的内存块写到磁盘的交换文件（swap file）中。这样，当应用程序请求的内存超过计算机的实际可用内存时，它仍然可以正常运行。但是，iOS并不会将易失性内存（比如应用程序数据）写到交换文件中。因此，应用程序的可用内存大小受限于iOS设备中未使用的物理内存空间。

Cocoa Touch提供了一种内置机制，可以在内存不足时通知应用程序。出现这种情况时，应用程序必须释放不必要的内存空间，否则就可能被强制退出。

7. 一些新功能

前面提到过，Cocoa Touch缺少Cocoa的一些特性，但iOS SDK中也有一些功能是Cocoa目前没有的，至少不是在每一部Mac上都可用。

- ❏ iOS SDK中的Core Location框架可以帮助应用程序确定iOS设备的当前地理坐标。
- ❏ 大部分iOS设备都有内置的摄像头和照片库，SDK允许应用程序访问它们。
- ❏ iOS设备还有一个内置的运动传感器，用于检测设备的握持和移动方式。

8. 与众不同的交互方法

iOS设备没有物理键盘和鼠标，这意味着iOS应用与用户的交互方式跟通用计算机完全不同。幸好，大部分交互都由iOS系统替你完成。例如，如果应用中用到了文本框，iOS系统就会在用户单击这个文本框时调出软键盘，不需要开发者为此额外编写代码。

> **注意**　所有iOS的设备都支持通过蓝牙连接外置键盘，这提供了一种不错的键盘体验，并且节省了屏幕空间。不过现在依然无法连接鼠标。

1.3　本书内容

在第一次开始编写iOS（那时还叫iPhone OS）应用程序的时候，本书作者用的是这本书基于Objective-C语言的最早那一版。而现在我自认已经是一个非常优秀的应用开发者了，并通过我的作品获得了一些收入。因此我真心希望能让这本最新也是最棒的一版书帮助你获取不亚于作者的成就。以下是本书所涵盖的内容。

- 第2章：讲述如何使用Xcode的UI开发者工具Interface Builder创建简单的界面，并在屏幕上显示文本。
- 第3章：展示与用户的交互，构建一个简单的应用程序，用于在运行时根据用户按下的按钮动态更新显示的文本。
- 第4章：以第3章为基础，介绍更多的标准iOS用户界面控件。此外，还将介绍如何使用警告视图和操作表单提醒用户作出决策，或者通知用户发生了一些异常事件。
- 第5章：解释如何处理自动旋转和自动改变大小属性，以及使iOS应用程序同时支持纵向和横向运行的机制。
- 第6章：分析更多高级用户界面，并讲述如何创建多视图应用程序。还会介绍如何在运行时改变展示给用户的视图，从而创造出更强大的应用。
- 第7章：讨论如何实现分页栏和选取器等界面元素，它们是标准iOS用户界面的一部分。
- 第8章：介绍表视图。表视图是向用户提供数据列表的主要方法，并且是基于分层导航的应用程序的基础。这一章还会介绍如何让用户搜索应用程序数据。
- 第9章：说明如何实现层级列表这一标准的界面类型。层级列表是最常用的iOS应用程序界面之一，可以通过它查看更多详细的数据。
- 第10章：展示集合视图的使用。从一开始，各种iOS应用程序就使用了表视图来展示动态、垂直滚动的组件列表。最近，苹果引入了UICollectionView类，用于实现集合视图。集合视图在展示动态、垂直滚动的组件列表方面功能更加强大。使用集合视图，开发者可以更灵活地处理视觉组件的布局。
- 第11章：展示如何构建master-detail应用程序。它展示了一个列表（例如收件箱中的邮件），能让用户任意浏览某一项的详细信息。你将看到如何使用iOS控件来完成这一工作。这个功能原先是为iPad设计的，现在也可以用在iPhone上。
- 第12章：展示如何实现应用程序设置。iOS中的这种机制允许用户设置应用程序级的偏好设置。
- 第13章：介绍iOS中的数据管理，讨论如何创建对象来保存应用程序数据，以及如何将这些数据持久化到iOS文件系统中。这一章还会介绍使用Core Data的基础知识，使用Core Data可以很方便地保存和检索数据。不过要更深入地学习Core Data，建议参考Michael Privat和Robert Warner编写的*Pro iOS Persistence Using Core Data*。
- 第14章：解释如何使用iCloud。iCloud是iOS 5引入的一项功能，可以将文档数据保存到iCloud中，这样就能在不同设备之间同步应用数据。
- 第15章：iOS开发人员可以使用一个强大的库来简化多线程开发，名为Grand Central Dispatch（GCD）。这一章将介绍Grand Central Dispatch，并展示在特定情况下如何使用iOS的特性让应用程序在后台运行。
- 第16章：人们都喜欢画画，这一章介绍自定义绘图。我们将为你讲解Core Graphics的绘图机制。
- 第17章：在iOS 7中，苹果引入了一个叫作Sprite Kit的新框架，用来创建2D游戏。它包含物理引擎和动画系统，也可以用来创建OS X系统上的游戏。在第17章中，你将会看到如何使用Sprite Kit创建一个简单的游戏。
- 第18章：iOS设备的多点触摸屏幕可以接受用户的各种手势输入。这一章讲述如何检测基本的手势，如双指捏合和单指滑动。
- 第19章：iOS可以通过Core Location确定设备所处的纬度和经度。本章会编写一些使用Core Location的代码，用于计算设备所在位置，并且使用位置信息来实现我们让世界连通的理想。
- 第20章：讨论如何与iOS的加速计和陀螺仪进行交互。通过它们可以确定设备的握持方式、运动速度，以及移动方向和设备所在位置。

❑ 第21章：每台iOS设备都有自己的摄像头和照片库，获得用户允许之后，你的应用程序就可以访问摄像头和照片库。这一章介绍如何在自己的应用程序中使用它们。

❑ 第22章：iOS设备现已遍及90多个国家。本章会介绍如何把应用的各个部分恰当地翻译为其他语言，从而有助于发掘应用的潜在用户。

❑ 附录：最后讲解Swift编程语言，将介绍其当前状态，并涵盖了理解本书示例代码所需的所有特性。

1.3.1　新版增加内容

自本书第1版上市以来，iOS开发社区取得了巨大发展。苹果不断更新SDK，使其不断发展完善。iOS 10和Xcode 8都增加了许多新的功能。我竭尽全力更新了本书内容，涵盖了开始编写iOS应用程序时需要注意的新技术。

1.3.2　Swift 和 Xcode 版本

虽然Swift面世已经超过两年，但它始终在不断变化，并将在一段时间内都是如此。值得注意的是，苹果公司保证，对于现在编写的应用程序，其通过编译后的二进制文件能够在将来版本的iOS上运行，但是没有保证其源代码依然能正常编译。因此，本书出版时的最新版Xcode上可以编译并正常运行的样例代码，也许无法在你读到此书时还能正常运行。Xcode 6.0发布时开始支持Swift第1版，Xcode 6.3开始支持Swift 1.2版本，Xcode 7则加入了对Swift 2的支持。本书中的代码是使用Swift 3编写的，并在测试版Xcode 8上进行过测试。

如果你发现同样的代码无法在当前使用的Xcode版本中编译，那么请浏览本书在Apress.com的页面（http://www.apress.com/cn/book/9781484222225#）并下载最新的源代码。如果仍然有问题，请在Apress.com提交勘误以提醒我注意[1]。

1.3.3　准备好了吗

iOS是一个不可思议的计算平台，是令人兴奋的新领域，让开发充满乐趣。和其他平台相比，编写iOS程序将成为一种全新的体验。所有看似熟悉的功能都具有其独特之处，但只要深入理解本书中的代码，就能把这些概念紧密联系起来，融会贯通。

应该谨记，完成本书中的所有练习并不能立即成为iOS开发专家。在进行下一个项目之前，请确保你已经完全理解了当前的内容。不要害怕修改代码，熟悉Cocoa Touch这种编程环境的最佳方法就是不断试验并观察结果。

如果你已经安装了iOS SDK，请继续阅读本书；如果还没有，请立即安装。明白了吗？好，那就开始动手吧！

---

[1] 本书中文版勘误请访问图灵社区页面（http://www.ituring.com.cn/book/1973）提交。——编者注

第2章

创建第一个App

为了能让你初步理解相关知识并早日成为一位优秀的开发者，我们可以先在iPhone（见图2-1）上小试牛刀。在本章中我们会使用Xcode创建一个显示文本 "Hello, World!" 的简单iOS应用程序。你可以观察在Xcode中创建项目会涉及哪些内容，通过使用Xcode的Interface Builder设计应用程序的用户界面，然后在iOS模拟器和真机上执行。最后我们会为应用程序添加一个图标，使其看起来感觉更像一个真正的iOS应用程序。

图2-1　在本章中创建的应用的最终效果看起来可能非常简单，但先走完这一步能让我们持续探索
　　　　iOS的强大功能

2.1　创建 "Hello, World!" 项目

现在，你应该已经安装了Xcode和iOS SDK，并且从Apress网站（http://www.apress.com）下载了本书的项目归档文件。你还可以顺便看一下本书的论坛（http://forum.learncocoa.org/），这是讨论iOS开发的好地方，你可以在这里提问，还能够结交到志同道合的朋友。

注意　即使你已经拥有了本书的完整项目文件，也建议你亲自动手创建每一个项目，而不是直接运行下载的项目文件。只有通过实践，才能更好地熟悉并精通各种应用开发工具。

在本书项目归档的02-Hello World文件夹中，可以找到本章要创建的项目。

在开始之前，需要启动Xcode。本书中大部分编程工作都要使用Xcode完成，从Mac App Store下载Xcode之后，你会发现Xcode与大多数Mac应用一样安装在/Applications文件夹下。因为要经常用到Xcode，所以可以将它的图标拖到Dock上，以方便使用。

　　如果你是第一次使用Xcode，也不用担心，我们将详细介绍创建新项目的每个步骤。如果你很熟悉以前版本的Xcode，但是还没用过Xcode 7，就会发现有很多变化（大多是变得比旧版更好了，我是这么想的）。

　　第一次启动Xcode时，会显示如图2-2所示的欢迎窗口。从这里可以创建一个新的项目，也可以连接到版本控制系统来检查已有项目，还可以从最近打开的项目列表中选择一个项目。欢迎窗口为新手提供了一个非常好的入门指南，它把最常见的一些任务列了出来。所有这些功能都可以在Xcode菜单里找到。浏览完成之后关闭这个窗口，继续学习其他内容。如果不希望再次看到这个窗口，只需在关闭该窗口前取消勾选底部的Show this window when Xcode launches（当Xcode加载时显示该窗口）选项就可以了。

图2-2　Xcode欢迎窗口

　　要创建新项目，可以选择File➤New➤Project...（或者按下Shift+Command+N）。这时会看到一个新建项目窗口，其中显示了项目模板选择面板（如图2-3所示）。可以从这个面板中选择一个项目模板作为构建应用的起点。窗口顶部的任务栏被分为五大部分：iOS、watchOS、tvOS、macOS和Cross-platform。由于我们要创建的是iOS应用，所以选择iOS部分的Application类别，调出iOS应用模板。

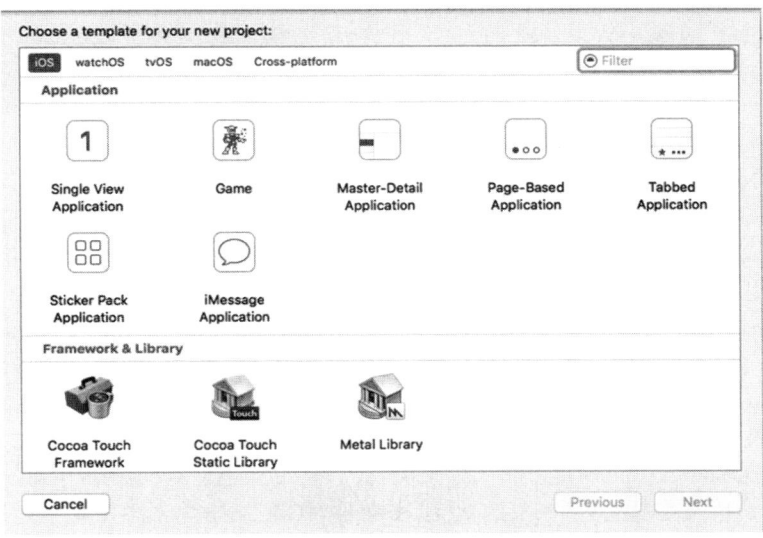

图2-3　创建项目时，可以从项目模板选择面板列出的模板中选择

图2-3右上方面板中的每一个图标都各自代表一个独立的项目模板，这些模板可以用作构建iOS应用的基础。Single View Application（单视图应用程序）是最简单的模板，本书的前几章会用到它。其他模板提供了额外的代码和资源来创建一些通用的iPhone和iPad应用界面，这些将在后面的章节介绍。

单击Single View Application图标（如图2-3所示），然后单击Next按钮，就会看到项目选项表单，如图2-4所示。在这个表单中，需要为项目指定Product Name（产品名称）和Organization Identifier（组织标识符）。Xcode会将这些内容结合起来，为应用生成一个唯一的Bundle Identifier（包标识符）。还可以看到一个Organization Name（组织名称）字段，Xcode会自动在你创建的每一个源代码文件中以这个名称插入版权声明。把Product Name填为Hello World，填写Organization Name和Organization Identifier字段，如图2-4所示。在你注册开发者计划并且了解配置文件（provisioning profile）之后，就可以使用自己的公司标识了。不要使用和图2-4中一样的名称及标识符。本章末尾会在真实的设备上尝试运行这个应用，你需要为自己（或组织）选择一个唯一的标识符。

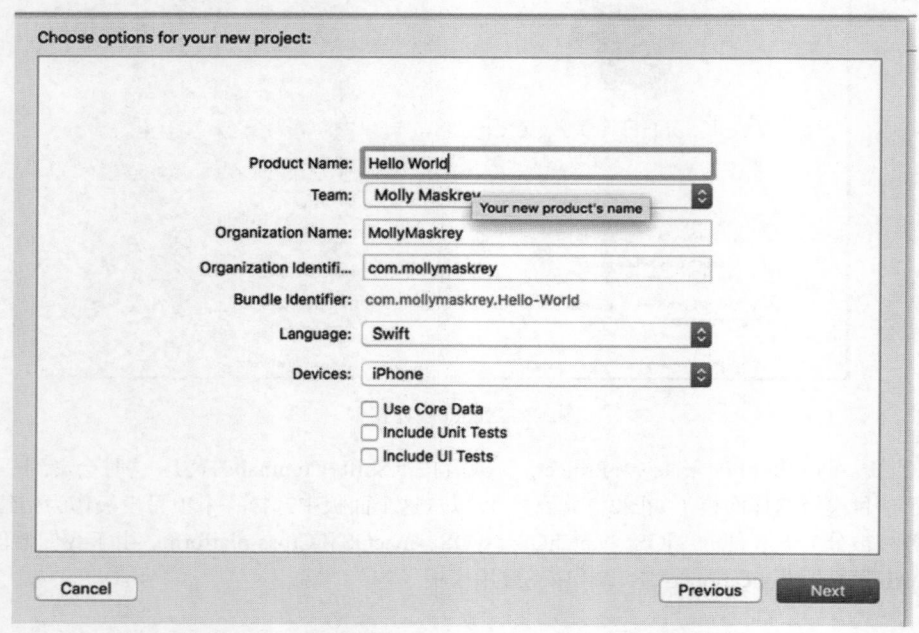

图2-4   为项目选择Product Name和Organization Identifier

你可以在Language（语言）字段中选择想要使用的编程语言，Swift或Objective-C。本书是Swift语言版，当然应该选择Swift。

我们还需要指定Devices（设备类别）。也就是说，Xcode需要知道我们要创建用于iPhone、iPod touch或iPad的应用，还是能够在所有iOS设备上运行的通用（universal）应用。在Devices中选择iPhone（如果它还没有被选中）。这就告诉Xcode我们将创建的这个应用专门用于iPhone和iPod touch（它们的屏幕尺寸相同并且形状一致）。本书的前几个章节使用iPhone作为设备类别，不过不用担心，后面也会介绍iPad的开发。

确保没有勾选Core Data复选框（第13章将用到它）。Include Unit Tests和Include UI Tests复选框也同样不要勾选。Xcode为应用程序的测试提供了良好的支持，然而这已经超出了本书内容的范畴，因此我们不会在项目中用到它们。再次点击Next按钮，会看到一个标准的保存对话框（如图2-5所示），要求你指定新项目的保存位置。如果还没有为本书的项目创建一个新的主目录，使用New Folder按钮创建，然后回到Xcode并找到这个目录。在点击Create按钮之前，注意Source Control复选框。本书不打算讨论Git，不过Xcode内置了对Git和其他SCM（Source Control Management，源代码控制管理）工具的支持。如果你对Git已经非常熟悉并且想使用它的话，就勾选这个复选框，否则取消勾选。

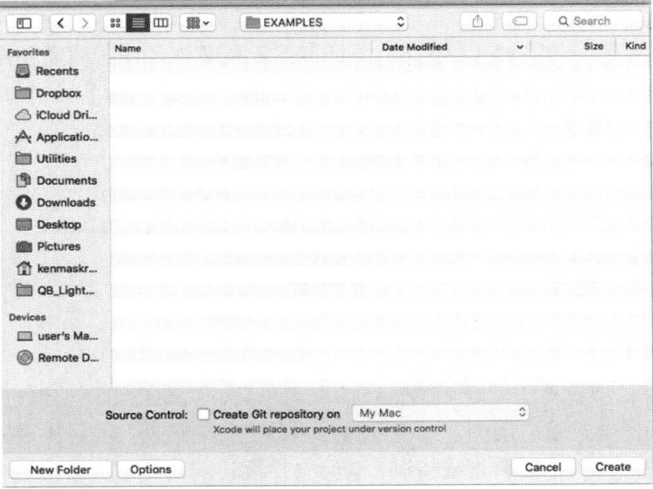

图2-5　将项目保存到硬盘上的某个项目文件夹中

2.1.1　Xcode 项目窗口

保存对话框消失之后，Xcode就会创建并打开项目。这时会看到一个新的项目窗口，如图2-6所示。该窗口包含许多信息，是进行iOS开发要用到的主要窗口。

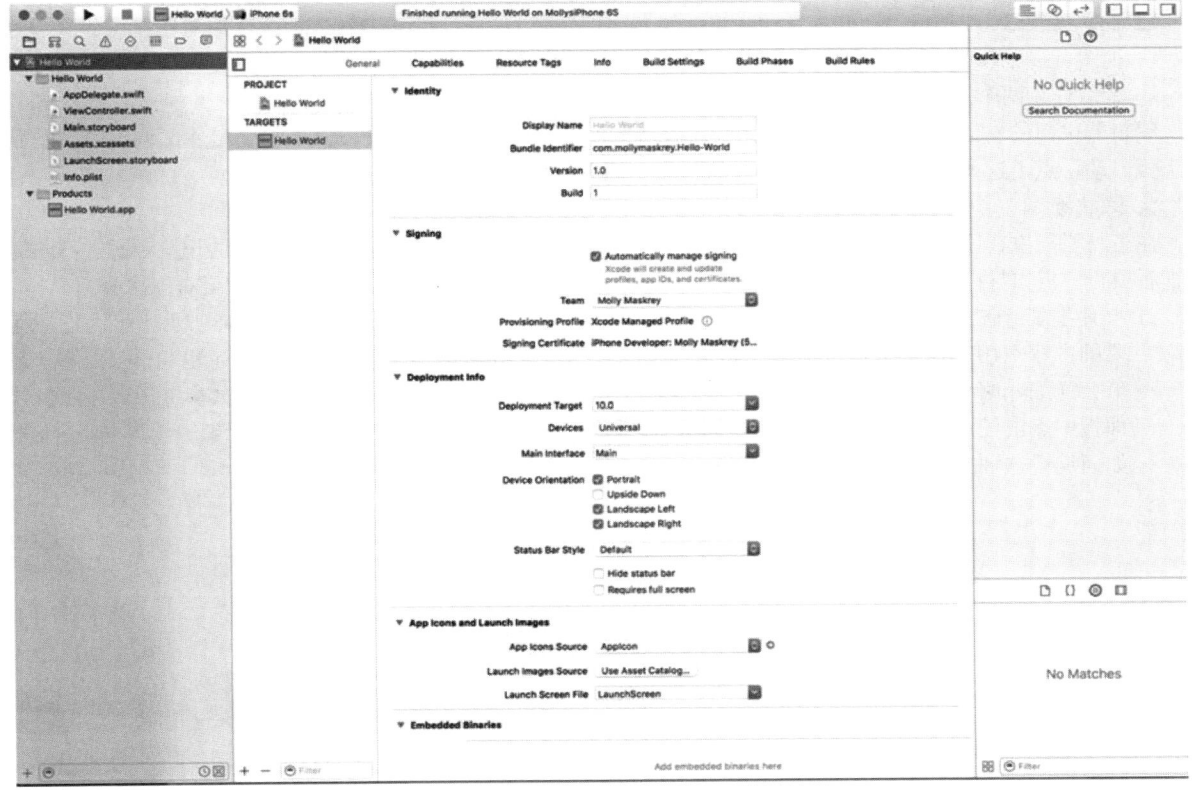

图2-6　Xcode中的Hello World项目

1. 工具栏

Xcode项目窗口的顶部区域是*工具栏*（见图2-7）。工具栏左侧依次是用于启动和停止项目运行的控制按钮，用于选择运行方案的下拉菜单，以及用于启用和禁用断点的按钮。方案（scheme）将目标和构建设置结合在一起。通过工具栏上的下拉菜单，开发者可以方便快捷地选择一种特定的设置。

工具栏

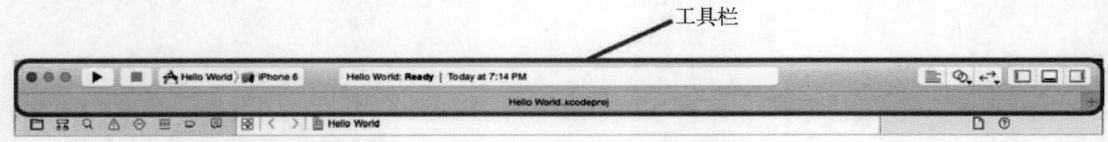

图2-7　Xcode工具栏

工具栏中间的大方框是*活动视图*（Activity View）。顾名思义，活动视图显示着当前正在进行的操作或处理。例如，运行项目时，活动视图会显示应用构建过程中每一步的运行时说明。如果出现错误或者警告，这些信息也会显示在活动视图中。如果点击其中的警告或错误，就会直接跳转到问题导航面板。问题导航面板提供了更为详细的警告和错误信息，下一节将会介绍这部分内容。

在工具栏右侧有两组按钮。左侧的一组按钮可以在三种不同的编辑器配置间进行切换。

❑ *编辑器区域*（Editor Area）提供了一个面板，用于编辑文件或者编辑项目相关的配置数值。

❑ *辅助编辑器*（Assistant Editor）非常强大，将编辑器面板分割为上下左右多个部分。右侧面板通常用于显示左侧面板中文件的关联文件，或者是编辑左侧文件时可能会用到的文件。可以手动指定每个面板的内容，也可以让Xcode自动判断并显示与当前任务匹配度最高的内容。如果你正在左侧面板中设计用户界面，Xcode就会在右侧面板中显示能够与这个用户界面进行交互的代码。辅助编辑器的使用将贯穿全书。

❑ *版本编辑器*（Version Editor）按钮会将编辑器面板转换为一个与Time Machine类似的对比视图，这个对比视图可以跟Git等版本控制系统协同工作。可以将一个源文件的当前版本与之前提交的版本进行比较，或者对任意两个之前的版本进行比较。

编辑器按钮的右侧也是一组开关，用于控制左侧的面板、右侧编辑器视图以及项目窗口底部调试区域的显示与隐藏。动手点击这些按钮，试试这组开关的功能。稍后就会介绍如何使用这些按钮了。

2. 导航视图

在工具栏下方、项目窗口左侧就是*导航视图*（Navigator）。导航视图共提供8个面板，供开发者通过不同的方式查看项目。点击导航视图顶部的图标可以在不同类型的导航面板中进行切换，下面从左至右依次介绍。

❑ *项目导航面板*（Project Navigator）：这个面板列出了项目用到的所有文件，如图2-8所示。可以把任何想要的内容引用放在这里，包括源代码文件、图片文件、数据模型、属性列表文件（也叫plist文件，2.1.2节会详细介绍），甚至其他项目文件。在一个工作区中存放多个项目便于项目之间共享资源。在项目导航面板中点击任意文件，该文件都会在编辑器区域中显示。不仅能查看文件，还可以编辑（只要Xcode知道如何编辑这种文件）。

项目导航面板

图2-8　Xcode项目导航面板。通过单击导航视图顶部的8个图标，可以在不同的导航面板之间切换

❑ 符号导航面板（Symbol Navigator）：顾名思义，这个导航面板中聚集了在工作区中定义的所有符号，如图2-9所示。从根本上说，符号就是编译器能识别的东西，例如类、枚举类型、结构体和全局变量。

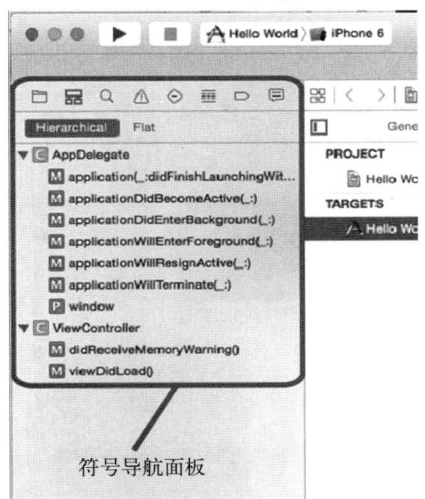

图2-9　Xcode符号导航面板。点击倒三角形按钮可以看到每个分组中定义的类、方法和符号

❑ 查找导航面板（Find Navigator）：使用这个导航面板可以对工作区中的所有文件执行搜索，如图2-10所示。面板顶部有多层下拉菜单，除了查找功能（Find）还可以选择替换功能（Replace），此外还可以对输入的文本采用不同的搜索方式。文本框下方的一些控件可以用来选择搜索范围是整个项目还是其中一部分，或指定是否区分字母大小写。

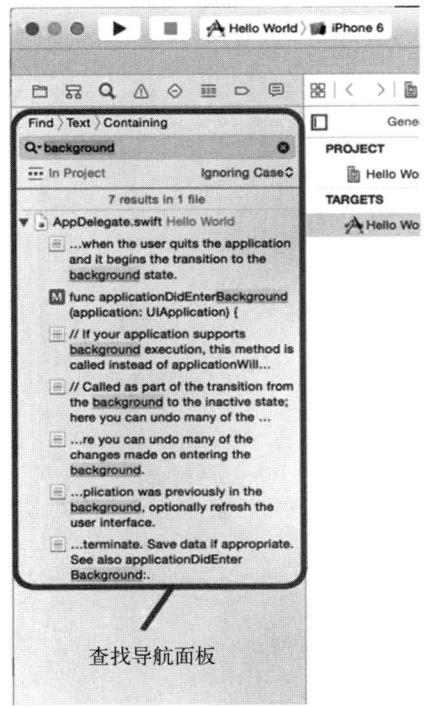

图2-10　查找导航面板。记得查看单词Find中和搜索框下方按钮上的隐藏下拉菜单

❑ 问题导航面板（Issues Navigator）：构建项目过程中出现的任何错误或者警告都会在这个导航面板中显示，窗口顶部的活动视图中还会显示错误数量，如图2-11所示。点击问题导航面板中的任一错误，就会跳转到编辑器面板中相应的代码行。

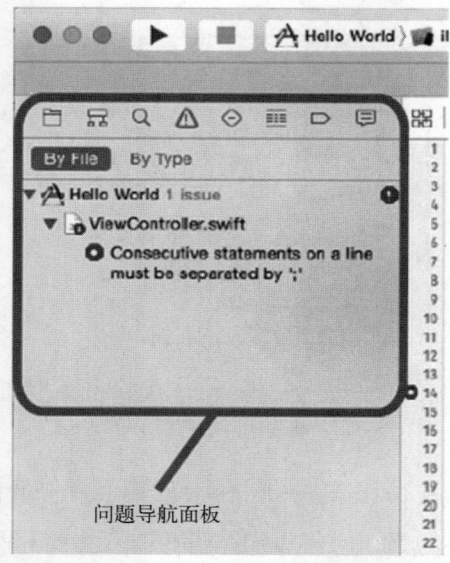

图2-11　问题导航面板。可以在这里找到编译错误和警告

❑ 测试导航面板（Test Navigator）：如果使用Xcode内置的单元测试功能（很遗憾本书不会深入介绍这方面的内容），那么会在这里看到测试的结果。因为这个项目中不包括单元测试，所以此导航面板为空（如图2-12所示）。

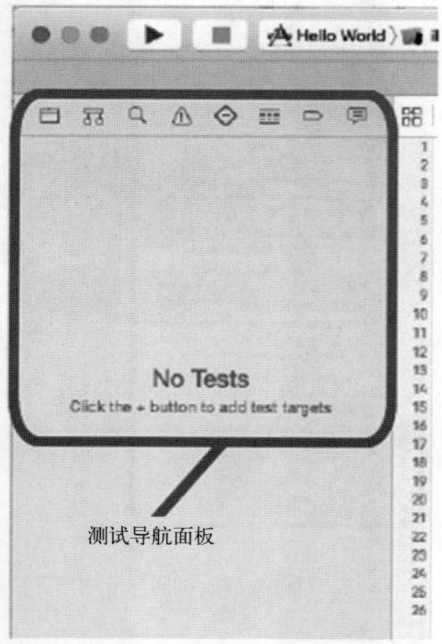

图2-12　测试导航面板。单元测试的打印结果将显示在这里

❏ 调试导航面板（Debug Navigator）：观察调试过程的主要区域，如图2-13所示。如果你对调试很陌生，可以查阅相关在线文档：http://developer.apple.com/library/content/documentation/DeveloperTools/Conceptual/debugging_with_xcode/。调试导航面板列出了每个活动线程的栈帧。栈帧（stack frame）按调用顺序列出了之前调用过的函数或方法。点击某个方法，与之对应的代码就会显示在编辑器面板中。在编辑器中，还有另一个面板，可以用来控制调试过程，显示和修改数据值，以及访问底层调试器。调试导航面板底部的一个按钮可以控制显示哪一类栈帧，另一个则可以让你选择显示所有的线程还是崩溃的线程，或者显示停住的断点。在每个按钮上悬停鼠标来确定其作用。

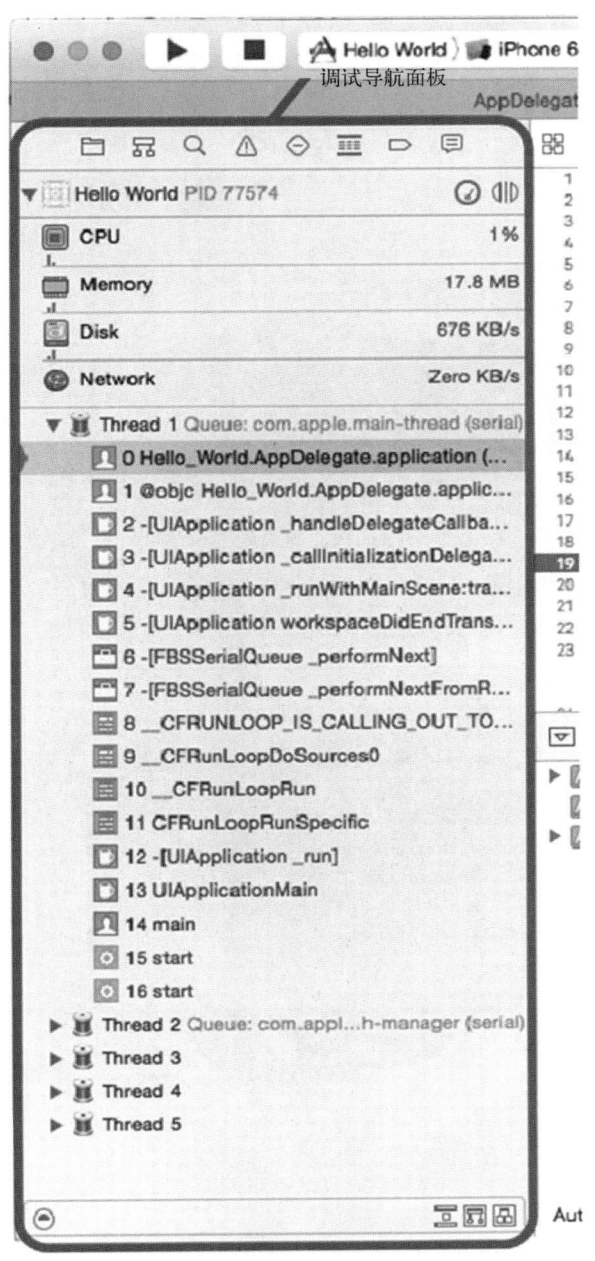

图2-13　调试导航面板。窗口底部的控件可以调整想要查看的调试细节程度

❑ 断点导航面板（Breakpoint Navigator）：可以在断点导航面板中查看已设置的所有断点，如图2-14所示。顾名思义，断点会指向导致应用停止运行（或中断）的代码部分，这样就可以查看变量中的值，做其他任务来调试应用。这个导航面板中的断点列表是按照文件组织的。在列表中点击一个断点，编辑器面板中就会显示该断点所对应的代码行。注意项目窗口断点导航面板左下角的加号（+）按钮，可以通过这个按钮打开弹出菜单并添加4种不同类型的断点，其中包括经常会用到的符号断点。

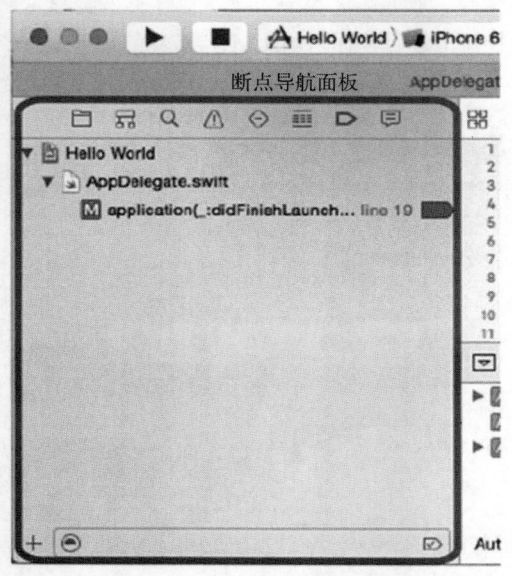

图2-14   断点导航面板。断点列表按照文件进行组织

❑ 日志导航面板（Report Navigator）：这个导航面板中保存着构建结果的历史记录以及运行日志，如图2-15所示。点击某条日志，编辑器面板就会显示相应的构建指令和构建问题。

图2-15   日志导航面板。它显示了一个项目运行列表，选中某项后，
编辑器面板中就会出现对应的详细信息日志

3. 跳转栏

在编辑器的顶部，可以找到一个叫作跳转栏（jump bar）的控件。只需要单击一下，就能跳转到当前导航层次结构中的特定元素。图2-16显示了一个正在编辑器面板中进行编辑的源代码文件。

跳转栏就在源代码上方，有以下几个组成部分。

- ❑ 最左侧有一个看起来很特别的图标，它实际上是一个弹出菜单，用来显示Recent Files（最近的文件）、Unsaved Files（未保存的文件）、Counterparts（关联文件）、Superclasses（父类）、Subclasses（子类）、Siblings（兄弟类）、Categories（类别）、Includes（引用头文件）等子菜单，通过子菜单可以看到所有与编辑器当前文件相关的其他代码。
- ❑ 弹出菜单图标的右边是一对左右箭头，分别可以跳转到上一个文件和下一个文件。
- ❑ 跳转栏包含一组分段式的弹出菜单，显示了在项目中找到当前所选文件的层级路径。你可以试着点击任意一个显示了组或文件名称的分段按钮，来查看位于同一层级的所有其他文件和组。最后一个分段按钮展示了当前所选文件中各项内容的列表。在图2-16中，可以看到跳转栏最右边的弹出菜单显示了当前文件包含的所有方法和用符号代表的其他内容。跳转栏当前显示的文件是AppDelegate.swift，子菜单列出了该文件中定义的各项符号。

选中弹出菜单的跳转栏

图2-16 Xcode编辑器面板显示的跳转栏，编辑器面板中则显示了跳转栏中选择的源代码文件。跳转栏的弹出子菜单列出了当前文件的所有方法

可以通过跳转栏在Xcode中查看各类界面元素。

提示 与苹果公司的大部分mac OS应用一样，Xcode也内置了全屏显示功能。点击项目窗口左上角的全屏按钮，感受一下不会分散注意力的全屏编码模式吧！

Xcode快捷键

如果你喜欢使用键盘快捷键进行导航，而不是使用鼠标进行屏幕控制，那么你肯定会喜欢Xcode提供的快捷键。Xcode中的大部分常用操作都有对应的快捷键，比如Command+B可以构建应用，Command+N可以创建新文件。

可以自由更改所有的Xcode快捷键，也可以在Xcode偏好设置的Key Bindings分页中为未指定快捷键的命令指定快捷键。

一个非常好用的快捷键是Shift+Command+O，对应的是Xcode的快速打开（Open Quickly）功能。按下该快捷键后，键入文件名、设置项名称或者符号名，Xcode就会显示一个选项列表。找到想要的文件后按下Return键就可以在编辑器面板中打开这个文件，这样只需要进行几次键盘操作就能够快速切换文件。

---

4. 实用工具面板

之前提到，Xcode工具栏右侧倒数第二个按钮用于打开、关闭实用工具面板。实用工具区域的上方是一个随环境变化的检查器面板，它的内容会根据编辑器面板的显示内容而变化。实用工具区域的下方显示了一些不同类型的资源，可以将其拖动到你的项目中。全书有很多这样的例子。

5. Interface Builder

早期版本的Xcode包含一个名为Interface Builder的独立界面设计应用，用于在项目中构建和自定义用户界面。后来，Xcode把Interface Builder集成到了工作区中。Interface Builder不再是一个独立的应用了。这就意味着，在编写代码和设计界面时，不再需要在Xcode和Interface Builder之间反复切换。

本书中的例子会大量使用Xcode的界面创建功能，并深入探讨其中的细节。事实上，本章稍后就会创建我们的第一个界面。

6. 集成的编译器和调试器

Xcode 4最重要的变化之一是内部机制的变化：一个全新的编译器和一个底层调试器。它们都比之前更快、更智能，之后的版本又都进行了改良。

很多年来，苹果公司一直使用GCC（GNU Compiler Collection）作为底层编译器。不过最近几年，苹果公司已经全面转换到新的LLVM（Low Level Virtual Machine，底层虚拟机）编译器。LLVM的代码生成速度远比传统的GCC快。除了代码生成速度快之外，LLVM还知道更多与代码相关的信息，所以能生成更智能、更精确的错误信息和警告。

Xcode对LLVM也有很好的集成，后者为前者注入了强大的能量。Xcode可以提供精确的代码补全功能，而且当要产生警告或者弹出修复建议菜单时，可以对代码片段的实际意图作出更准确的猜测。这样就可以很容易地找到并修正符号名称拼写错误、括号匹配错误、分号遗漏等问题。

LLVM还提供了一个精准的静态分析器（static analyzer），可以扫描你的代码以查找到各种潜在问题，包括内存管理问题。事实上，LLVM在这方面确实相当智能，它可以为你处理大多数内存管理任务，不过前提是编写代码时要遵守一些简单的规则。下一章会讨论自动引用计数功能（Automatic Reference Counting，ARC）。

2.1.2　深入了解项目

我们已经讨论了Xcode项目窗口，现在来看看Hello World项目中的文件。单击8个导航面板图标（位于工作区左侧）中最左边的图标（参见2.1.1节）或者按下Command+1，切换到项目导航面板。

提示　可以用Command+1到Command+8的快捷键在8个导航面板之间进行切换。从最左边的图标开始，数字与图标排序一一对应：Command+1对应项目导航面板，Command+2对应符号导航面板，以此类推，Command+8对应日志导航面板。

项目导航面板中的第一个条目就是项目名，本例为Hello World。这个条目表示整个项目，可以进行与项目相关的配置。单击这个条目，就可以在Xcode的编辑器中编辑项目的很多配置项。不过目前不用担心那些与具体项目相关的设置，保留默认设置即可。

回过头来看一下图2-8。Hello World左侧的倒三角是展开的，显示了如下的子文件夹（在Xcode中被称为分组）。

❑ Hello World：这是第一组，总是以项目名来命名，许多工作都要在这个文件夹内完成。它包含了应用的大部分代码以及用户界面文件。你可以在这个文件夹下随意创建子文件夹，甚至可以使用其他分组代替这个默认的文件夹（假如你想改变代码文件的结构），从而更好地组织代码。这个文件夹中的大部分文件都将留到下一章谈论，不过下一节使用Interface Builder时会用到其中一个文件。这个文件名为Main.storyboard，包含了项目主视图控制器用到的用户界面元素。Hello World组内也包含其他文件和资源，它们并不是Swift源文件。其中一个名为Info.plist的文件包含了应用程序的重要相关信息，比如它的名称，以及在设备上运行时是否有特殊的要求等。在早期版本的Xcode中，这些文件都放置在一个名为Supporting Files的独立分组中。

❏ Hello WorldTests：如果你想要为自己的应用编写一些单元测试代码（我们的项目里没有），这个文件夹就包含了所需的初始化文件。我们不会在本书中讲解单元测试的内容，不过很不错的一点是，对于你创建的每个项目，Xcode都会替你设置好这些。与Hello World文件夹类似，它也包含了自己构建并运行单元测试代码必须用到的文件。

❏ Products：这个文件夹包含构建项目时生成的应用。展开Products文件夹，可以看到一个名为Hello World.app的文件，这就是这个项目创建的应用。如果该项目是启用单元测试创建的，那么它还包含一个名为Hello WorldTests.xctest的文件，表示的是测试代码。这些文件都被称为构建目标。由于我们还没有构建这个应用，它们都显示为红色，Xcode利用这种方式告诉你这个文件并不存在。

注意　导航面板区域中的"文件夹"并不一定与Mac文件系统上的文件夹一一对应。它们只是Xcode中的逻辑分组，用于保证条理性，以便在应用开发时可以更快、更容易地找到需要的内容。通常，这两个项目文件夹中的文件都直接保存在项目目录下，但是也可以把它们保存到其他位置，如果你愿意的话，甚至可以把它们放到项目文件夹外部。Xcode内部的层次结构与文件系统的层次结构完全无关。比如，在Xcode中把一个文件移出Hello World文件夹并不会改变这个文件在硬盘上的位置。

2.2　Interface Builder 简介

在项目窗口的项目导航面板中展开Hello World分组（如果尚未展开），然后选择Main.storyboard文件，这个文件就会在编辑器面板中打开（见图2-17）。你将在纯白色背景的中央看到一个完全空白的iOS设备屏幕，可以在这个背景上编辑界面。这就是Xcode中的Interface Builder，用来设计应用的用户界面。

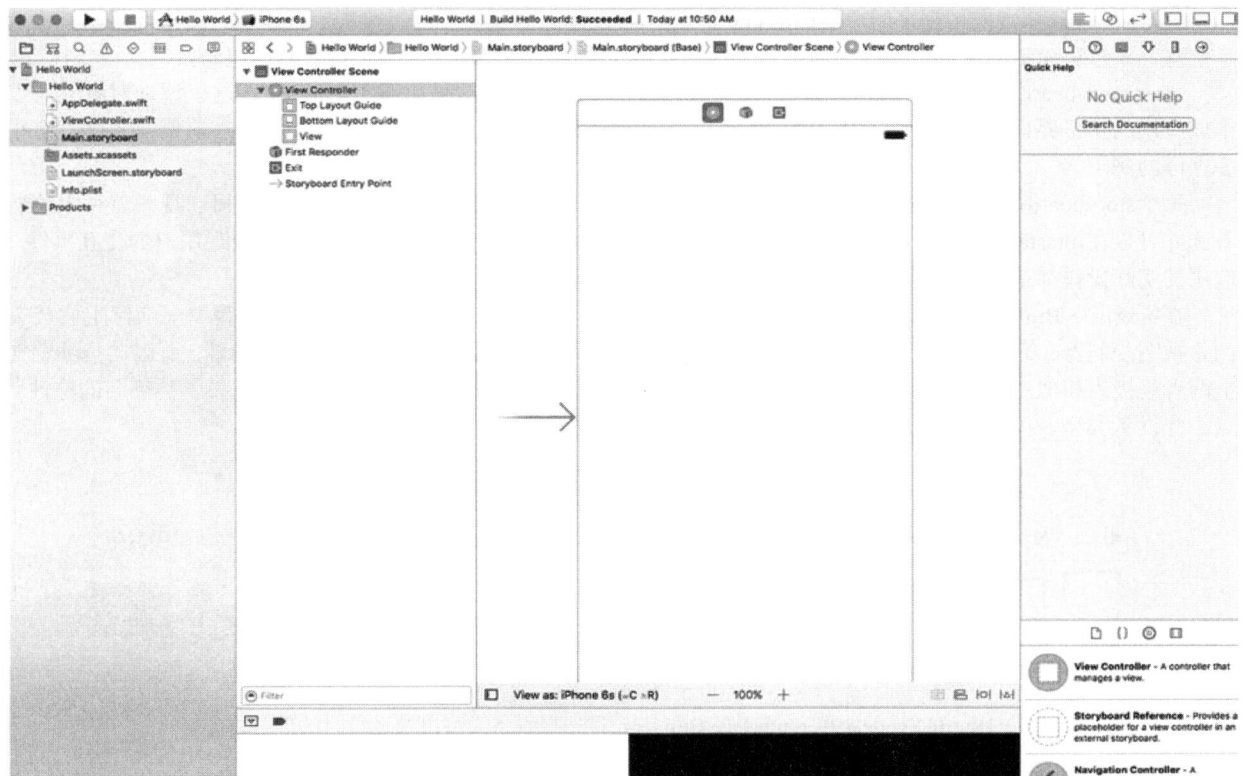

图2-17　在项目导航面板中选择Main.storyboard，这将在Interface Builder中打开该文件

Interface Builder的历史悠久，它于1988年面世，曾用于开发NeXTSTEP、OpenStep、OS X和macOS应用，现在也用于iPhone、iPad、Apple TV和Apple Watch等iOS设备。

2.2.1   文件格式

Interface Builder支持不同的文件类型：最初的版本使用扩展名为.nib的二进制格式，后来有了扩展名为.xib的版本（一种基于XML的衍生格式）。两者的文档类型完全一样，但xib格式的版本却是基于文本格式的，这样做有很多优势，尤其是在你使用源代码控制管理的时候。在最初的20年里，所有的Interface Builder文件都使用.nib扩展名，结果就是大部分开发者都把Interface Builder文件称为nib文件。不管文件实际使用的是.xib扩展名还是.nib扩展名，都被称为nib文件。事实上，苹果公司仍然在其文档中使用nib和nib文件这两个术语。

一个nib文件可以包含任意数量的对象，但在iOS项目中，每个nib文件通常只包含一个视图（一般都是全屏视图）以及相关联的控制器或对象。这可以对应用进行划分，只在某个视图需要显示的时候加载它的nib文件。这样做能为内存受限制的iOS设备节约应用运行时的内存。新建的iOS项目拥有一个名为LaunchScreen.xib的nib文件，包含了应用程序启动时默认显示的屏幕布局。我们将在本章的结尾谈到它。

最近几年，Interface Builder开始支持另一种文件类型，即storyboard。你可以以将storyboard想像成一个"元nib文件"（meta-nib file），因为它可以包含多个视图和控制器，以及如何在应用运行时进行相互连接的配置信息。与一次就加载完成所有内容的nib文件不同，storyboard不会一次加载所有的内容，你需要在加载某视图和控制器时向它请求特定内容。Xcode 8中的所有iOS项目模板都使用了storyboard，因此本书的所有示例都会从处理storyboard开始。现在，我们回到Interface Builder中Hello World应用程序的Main.storyboard文件（如图2-17所示）。

2.2.2   storyboard

这是将来构建iOS应用程序用户界面的首选工具。假设你想创建一个按钮实例，可以通过编写代码来创建这个按钮，不过更简洁的方法是从库中拖出一个按钮并指定它的各项属性，这与在运行时创建的按钮完全一样。

Main.storyboard文件会在应用启动时自动加载（目前不需要关心这是如何实现的），往这里添加对象就可以组成应用的用户界面。在Interface Builder中创建的对象会在程序加载storyboard或nib文件时被实例化。全书有很多这样的例子。

每个storyboard都是由一个或多个视图控制器构成的，且每个视图控制器至少有一个视图。视图就是眼睛能看到并可以在Interface Builder中进行编辑的部分，而控制器则是你编写的应用代码，用来处理用户的交互事件。应用的实际操作都是在控制器内执行的。

在Interface Builder中，你经常会看到一个由矩形表示的视图。这个矩形代表iOS设备的屏幕（实际上它代表的是视图控制器，下一章将引入这个概念；不过这个特殊的视图控制器覆盖了整个设备的屏幕，所以在某种意义上两者是极为相似的）。在Interface Builder窗口底部附近你会看到一个显示为View as:及默认设备类型名的控件。点击此设备类型，可以重新选择当前创建的布局所针对的设备，如图2-18所示。

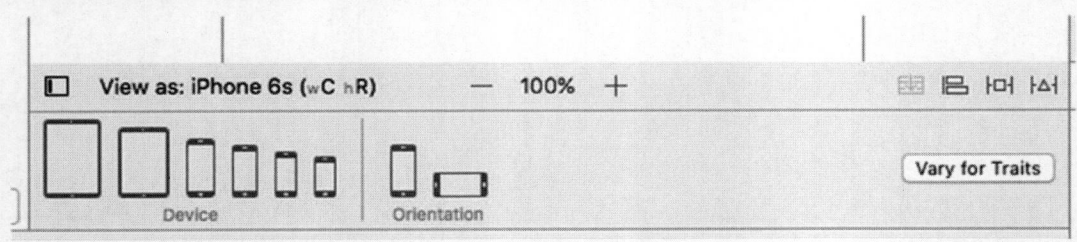

图2-18   在Xcode 8中，Interface Builder允许选择设备类型以及运行时的屏幕方向

回到之前的storyboard，在矩形轮廓内任意位置点击，会在顶端一行看到三个图标，如图2-17所示。将鼠标移到它们上面，会看到弹出的气泡提示显示了各自的名字：View Controller（视图控制器）、First Responder（第一

响应者）和Exit（离开）。目前先忽略Exit，把注意力集中到更重要的另外两项上。

❏ 视图控制器代表一个控制器对象，会从文件中加载控制器以及相关的视图。它的任务是管理用户在屏幕上看到的内容。一个应用程序通常有多个视图控制器，每个界面各一个。你也可以编写仅有一个界面的应用程序，这样就仅有一个视图控制器。本书中的许多示例都只有一个视图控制器。

❏ 简单地说，第一响应者就是用户当前正在进行交互的对象。如果用户正在向一个文本框中输入数据，那么这个文本框就是当前的第一响应者。第一响应者会随着用户与用户界面的交互而变化，通过First Responder图标可以方便地与当前作为第一响应者的控件或对象进行通信，不需要编写代码来判断到底哪个控件（或视图）是当前的第一响应者。

从下一章开始，我们会详细介绍这些对象，所以现在不必担心应该在何时使用第一响应者，以及视图控制器是如何加载的。

除了这些图标以外，在编辑区能看到的其余部分就是用来放置图形对象的空白区域。在了解它之前，需要注意Interface Builder的编辑器中还有一个层级视图区域，目前我们称为文档略图（Document Outline）。文档略图如图2-19所示。

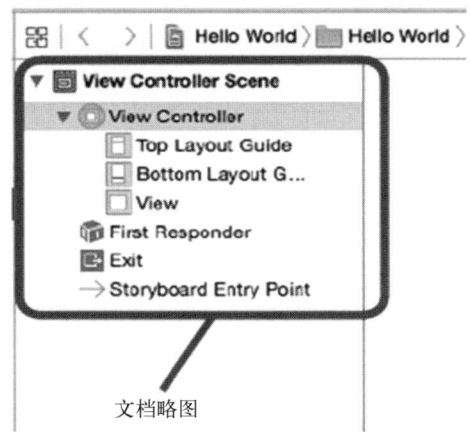

图2-19　文档略图通过层级排列的方式来展示storyboard中的所有内容

如果文档略图不可见，点击编辑区左下角的小按钮，会看到层级视图从左侧滑动出来。这里显示storyboard的所有内容，并由场景（scene）作为相关内容的容器来进行划分。本示例中只有一个场景，它的名称是View Controller Scene。你会看到它包含了一个名称为View Controller的子项，往下又包含了一个名称为View的子项（还有其他一些内容，将在后面学到）。通过这种方式可以很方便地浏览全部的内容。在主编辑区域看到的所有内容都能在这里找到。

View图标代表UIView类的一个实例。UIView对象是用户能够看到并与之交互的一块区域。本例只有一个视图，所以这个图标代表该应用中用户能够看到的全部内容。之后我们会创建更为复杂的多视图应用。目前，认为这是用户使用应用时能够看到的全部内容即可。

点击View图标，Xcode就会自动对之前提到的矩形轮廓进行高亮。在这里可以使用图形化的方式设计用户界面。

2.2.3　实用工具

实用工具位于工作区右侧。如果当前没有看到这个实用工具视图，可以单击工具栏最右侧的View按钮（共3个），选择View➤Utilities➤Show Utilities菜单（见图2-20），也可以按下Option+Command+0快捷键。实用工具视图的下半部分称为库窗格（Library pane，简称库）。

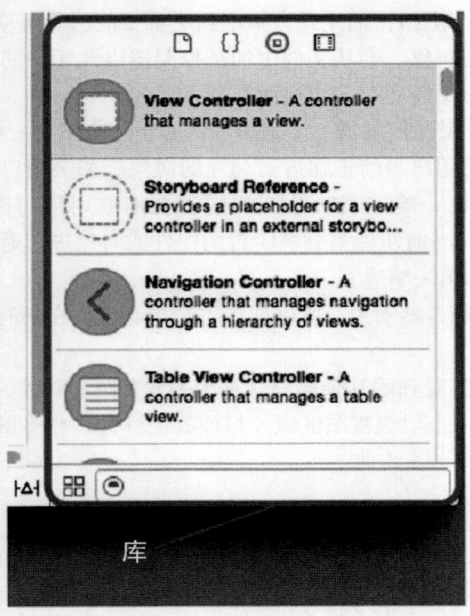

图2-20   库包含UIKit内置的各种对象，可以在Interface Builder中
使用它们。库与工具栏之间的部分统称为检查器

　　库是在程序中可以重复使用对象的集合。库面板顶部工具栏中的4个图标将它分成了4个部分。点击图标可以看到对应部分包含的内容。

- ❑ 文件模板库（File Template Library）：这部分包含一些文件模板，可以通过它们向项目中添加新文件。例如，如果要向项目中添加一个新的Swift资源文件，就可以从文件模板库中拖出一个所需类型的文件并将它放到项目导航面板中。
- ❑ 代码片段库（Code Snippet Library）：这部分包含一些代码片段，可以直接把它们拖到源代码中使用。写了一些希望以后能够再次使用的代码？那么在文本编辑器中选中想要的代码，然后将其拖到代码片段库中就行了。
- ❑ 对象库（Object Library）：这部分包含各种可重用对象，比如文本框、标签、滑块、按钮等可以用来设计iOS界面的任何对象。本书的示例程序会大量使用对象库来创建界面。
- ❑ 媒体库（Media Library）：顾名思义，这个库包括用户的所有媒体文件，有图片、声音以及影片文件等。在添加内容之前，它是空的。

注意   对象库中的对象主要来自于iOS的UIKit框架，这个框架中包含的对象可用于创建应用的用户界面。UIKit在Cocoa Touch中的作用与AppKit在macOS上的Cocoa中的作用相同。这两个框架在概念上很相似，然而由于平台之间的差异，它们也存在很多明显的不同。不过，NSString、NSArray等属于Foundation框架的类，是Cocoa和Cocoa Touch共有的。

　　注意库面板底部的搜索框。想找一个按钮控件？那就在搜索框里输入button，这时库会只显示名字中含有button的项。搜索完成后记得清空搜索框，否则不会显示所有的可用项。

2.2.4　在视图中添加标签

　　让我们试着使用Interface Builder。单击库顶部的对象库图标（看起来像个铜钱，如图2-20所示）打开对象库。

向下滚动，在库中寻找Table View。一直向下滚动就能找到它了。哦，等等，还有个更好的方法：只要在搜索框里键入Table View就可以看到它了。

提示　按下快捷键Control+Option+Command+3就能跳转到搜索栏，并且高亮显示搜索框的内容。接下来就可以输入想要查找的内容了。

先在库中找到Label。然后，把标签控件拖放到之前看到的视图中。（如果在编辑器面板中看不到视图，可以在Interface Builder的文档略图中点击一下View图标。）当把指针移到视图上面时，指针就会变成一个绿色的加号（在Finder中表示"正在复制某些内容"）。把标签拖到视图中央。标签位于视图中央时会看到两条蓝色的引导线，一条垂直、一条水平。标签是否居中并不重要，只需要知道引导线的存在。当放开标签时，引导线应该出现，如图2-21所示。

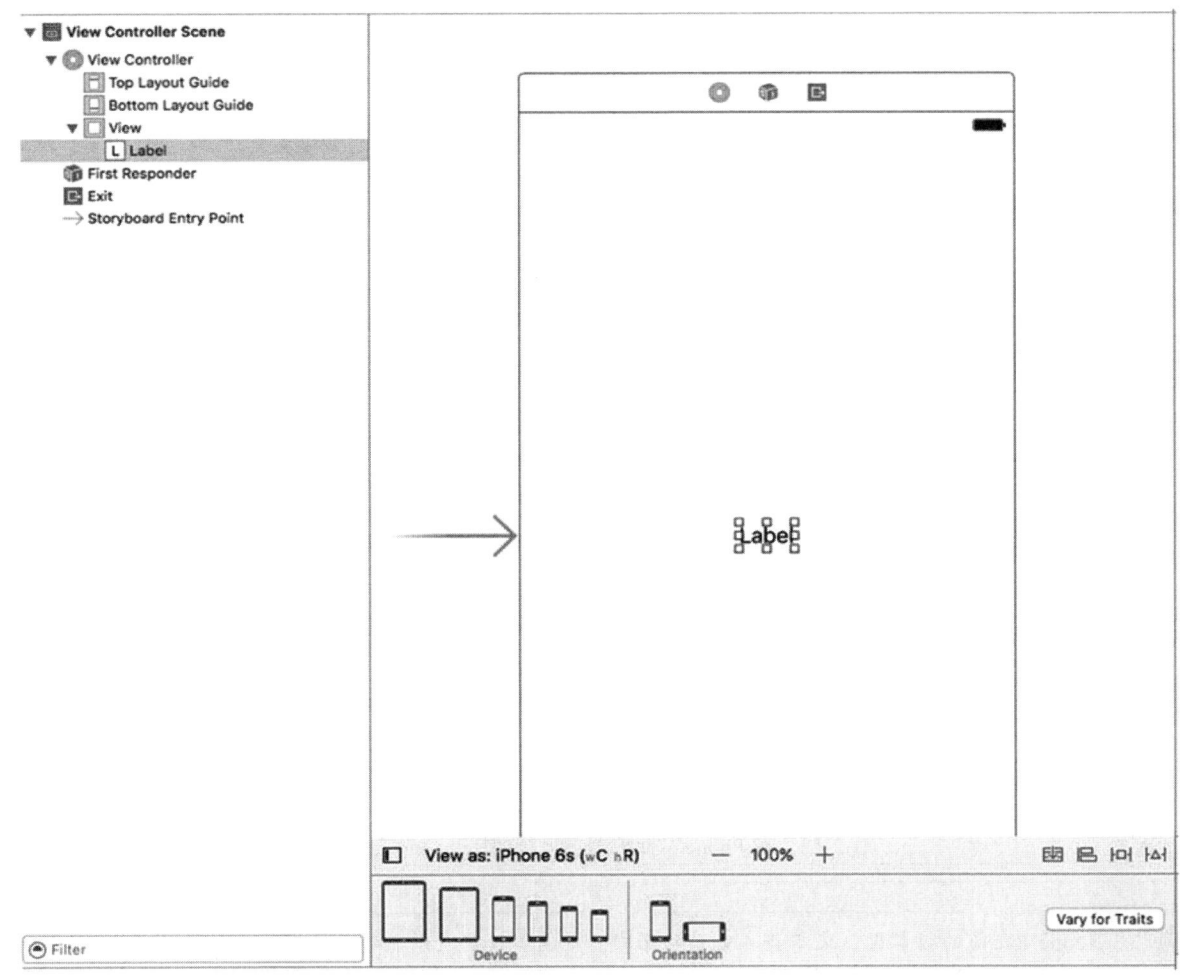

图2-21　在库中找到标签并把它拖到视图中

用户界面中的对象是按照层次关系存储的。大多数视图都可以包含子视图，当然也有例外，比如按钮和其他很多控件。Interface Builder很智能，如果一个对象不接受子视图，就无法把其他对象拖到它上面。

把标签直接从库里拖动到正在编辑的视图中，就能将其作为子视图添加到主视图（名为View的视图）中。当主视图显示在用户面前时，子视图就会自动显示出来。从库中将一个标签拖到View视图中，就会在应用主视图上添加一个UILabel的实例对象作为子视图。

现在我们来编辑这个标签，让它显示一些有意义的内容。双击刚才创建的标签，输入文本Hello, World!。在标签外点击鼠标，然后重新选中标签，并把标签拖到视图中央，或是放到屏幕上你想要的任何地方。

只要保存项目，这个应用就完成了！选择File➤Save菜单（或者按下 Command+S），然后查看Xcode项目窗口左上方的弹出菜单。它实际上是一个多分段的控件，左侧用来选择编译目标以及其他一些设置，不过我们需要注意的是右侧，你可以在这里选择想要运行的设备。点击右侧按钮，将会看到可用的设备列表。如果已经连接了任意iOS设备并且一切就绪，它就会出现在列表顶端，否则只会看到一个无意义的iOS Device选项。在它下面有一整段标题为iOS Simulator的列表，里面列出了可以在iOS模拟器中使用的所有型号的设备。在底部选择iPhone 6/6s[①]，这样我们的应用就可以在这个模拟器中以iPhone 6/6s的配置运行了。

运行应用的方式有好几种：选择Product➤Run菜单（或者按下Command+R），也可以按下模拟器弹出菜单左侧的Run按钮。Xcode会编译这个应用并且在iOS模拟器中启动它，如图2-22所示。

图2-22   在iPhone 6s模拟器上运行的Hello World程序

注意　在Xcode 8之前的版本里，文本并不会自动居中，你需要使用自动布局功能来添加约束（Constraint），以确保文本在所有设备上都是居中的。

这就是创建第一个App的所有步骤了，而我们还没有写任何Swift代码呢。

---

① 新版的Xcode会显示当前最新的4.7英寸与5.5英寸的iPhone设备型号，与本书内容有所区别，请读者自行区分。——译者注

2.2.5 属性修改

返回Xcode，单击Hello World标签以选中它。现在把注意力转向库面板上方的区域，这一部分称为检查器。检查器面板顶部也有一些图标，点击图标就可以切换检查器以显示特定类型的数据。要改变标签的属性，可以点击左起第四个图标，这样就会切换到对象特征检查器，如图2-23所示。

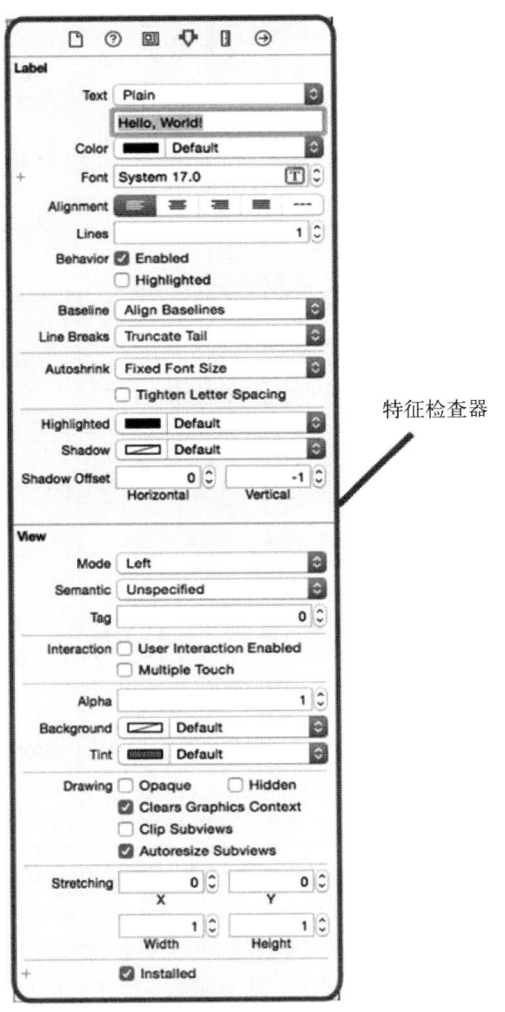

图2-23 在特征检查器中查看标签的属性

提示 检查器面板与项目导航面板类似，每个图标都有对应的键盘快捷键。Option+Command＋1对应检查器最左边的图标，Option+Command+2对应左起第二个图标，以此类推。与项目导航面板不同的是，检查器面板中的图标个数会根据在导航面板或编辑器中选择的对象而改变。

接下来根据自己的喜好来改变标签的外观。可以随意修改文本的字体、字号以及颜色。注意，如果改变了字号，可能需要添加一个自动布局限制，以确保字体在运行时有恰当的大小。为此，选择标签，然后在Xcode菜单中选择Editor➤Size to Fit Content（如图2-24所示）。完成后，保存文件并再次选择Run，刚才的修改就会在应用中显现出来了。同样，这次也没有编写任何代码。

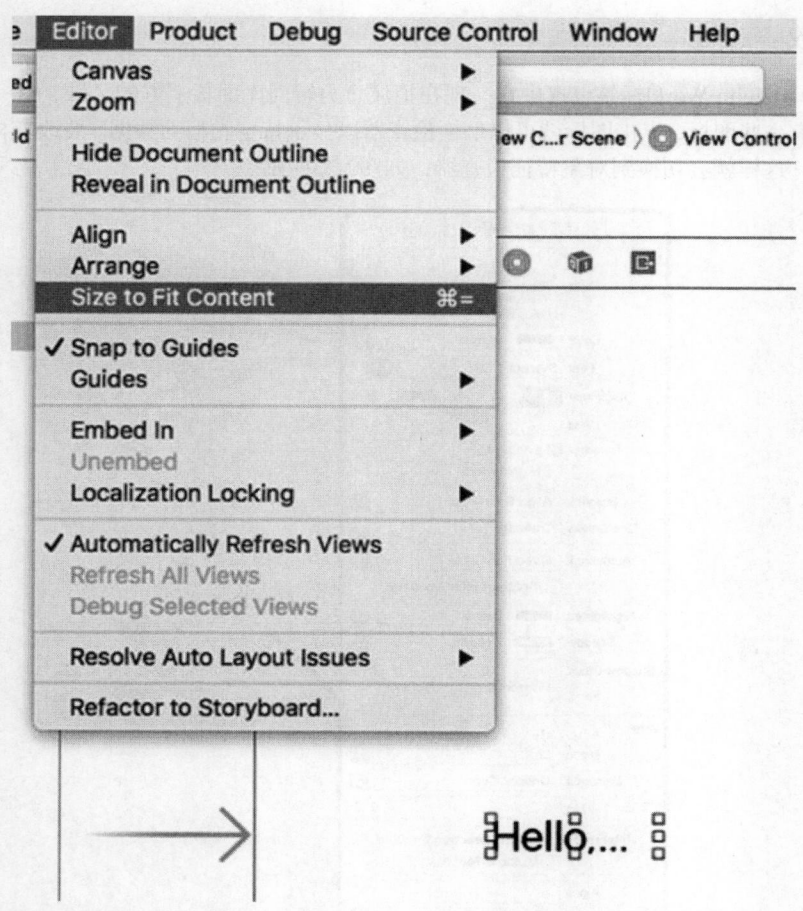

图2-24   将字体尺寸改大之后，需要点击Editor下拉菜单中的Size to Fit Content
菜单项来改变布局约束

注意   不用太过担心对象特征检查器中所有字段的含义，如果某一项更改没有生效也不用着急。在学习本书的
过程中，能够学到很多有关对象特征检查器的内容，以及各个字段的作用。

Interface Builder支持以图形化的方式设计用户界面，从而使你专注于编写具体应用的代码，而不用花时间编
写冗长的代码来构建用户界面。

大多数现代应用开发环境都提供了一些工具，支持以图形化的方式构建用户界面。Interface Builder与其他很
多工具的一个区别就是，Interface Builder不会生成任何需要手动维护的代码。Interface Builder创建的是Objective-C
或Swift对象（与在代码中所做的一样），然后把这些对象序列化到storyboard或nib文件中，以便在运行时将其直
接加载到内存中。这样做避免了很多与代码生成相关的问题，总而言之，是一个更强大的方法。

2.3   画龙点睛——美化 iPhone 应用程序

现在只剩下最后一步：对应用进行美化，使它更像真实的iPhone应用。首先运行项目。模拟器窗口出现后，
按下Shift + Command + H，返回iPhone的主屏幕，如图2-25所示。注意，应用的图标是默认的，看上去很简单。

图2-25　主屏幕上的Hello World应用程序

看一下屏幕顶部的Hello World图标。这样的图标真是拿不出手，是吧？要解决这个问题，需要创建一个图标并将它保存为.png（Portable Network Graphic，便携式网络图像）文件。事实上，最佳的方案是创建5个图标，大小分别为180像素×180像素、120像素×120像素、87像素×87像素、80像素×80像素以及58像素×58像素。如果准备发布应用的iPod版本，那还需要再加4个图标。iPod Pro需要187像素×187像素的图像。为什么要创建这么多图标呢？因为这些图标将用在iPhone的主屏幕上、Settings应用程序以及使用Spotlight搜索到应用时。这样就有3个了，不过还没完。由于iPhone 6/6s有更大的屏幕，需要更高分辨率的图标，就要另外添加3种。好在2个图标的尺寸是一样的，因此实际上只需要创建5种应用程序图标。如果没有提供较小的图标，就会对大图标进行适当的缩放。不过为了最优效果，你（或者是团队中的美工）需要预先缩放好大小。

注意　图标尺寸的问题要更复杂一些。在iOS 7之前，所有iPhone的图标尺寸都是114像素×114像素。如果还想支持老款的非Retina屏幕iPhone，就还需要包含一个缩小一半的图标，即57像素×57像素。iPad上的应用也存在这种问题，是否配置有Retina屏幕，是iOS 10还是以前的iOS系统，都会影响所需图标的不同尺寸。

创建图标时不需要模仿iPhone上已有的图标风格，iPhone或iPad会自动把图标调整为圆角矩形。只需要创建一个普通的正方形图像即可。我们提供了一组合适的图标，它们位于项目归档文件02-Hello World-icons文件夹下。

注意 必须使用.png图像作为应用的图标。实际上，iOS项目中的所有图像都应该使用这种格式。Xcode在构建应用时会自动优化.png图像，这使.png格式成为iOS应用中最快、最有效的图像格式。尽管大多数其他的常用图像格式也可以正确显示，但是除非理由特别充分，否则都应该使用.png文件。

按下Command+1打开项目导航面板，查看Hello World文件夹里名字为Images.xcassets的文件。它被称为资源目录（asset catalog）。每个Xcode项目创建时都会默认生成一个资源目录，用来管理你的应用图标和其他资源文件。选中Images.xcassets，然后将注意力转向编辑器面板。

在编辑器面板左侧，可以看到一个白色的纵向列，里面有一个名为AppIcon的条目。确保选中AppIcon条目。在右侧边栏，会看到一块左上角带有AppIcon字样的白色区域，以及与我们之前所说的图标相对应的虚线框（如图2-26所示）。我们要把应用图标拖到这里。

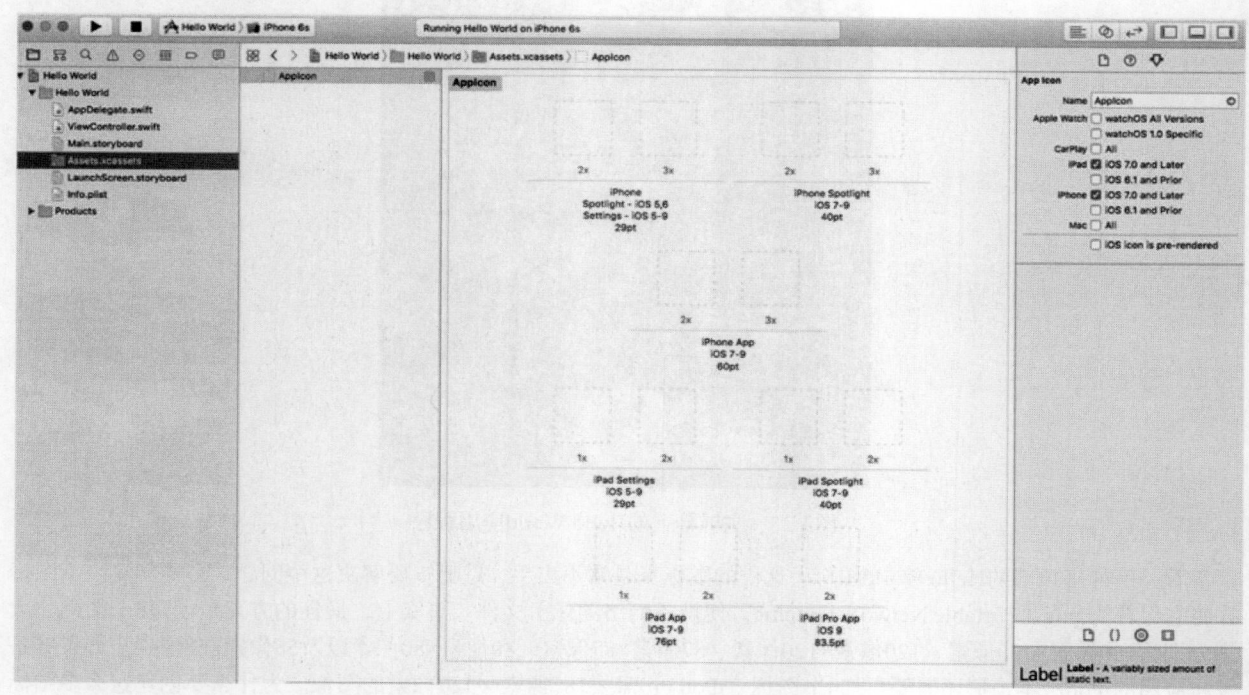

图2-26   项目资源目录中的AppIcon面板。可以在这里设置应用图标

在Finder中打开02-Hello World-icon文件夹，选择其中的所有文件并拖到IB内。大多数图标都会自动配置好正确的名称。每个图标下面都有一段文字来说明需要用到哪一种图标，以及所需的图标尺寸。有的读者可能希望有几个空白方框，以便于自己找到正确的文件并一个个放进去。这样做需要对比文件的大小和方框的点数。注意，如果方框下的标签是2×或3×，就说明要找到两倍或者三倍尺寸的文件。如图2-27所示，iPhone Spotlight iOS 7-9对应的方框还有空白的，标识的大小为40点，空白方框的标签是3×。这就说明你需要找的文件大小是40点的3倍，也就是120点。

现在，编译并运行应用。模拟器启动之后，按下带有白色方框的按钮回到主屏幕，就可以看到漂亮的新图标了（如图2-28所示）。如果想要看到更小的图标，就在主屏幕上向下轻扫以调出spotlight搜索文本框，并输入单词Hello，这样你会立即看到新的应用图标。

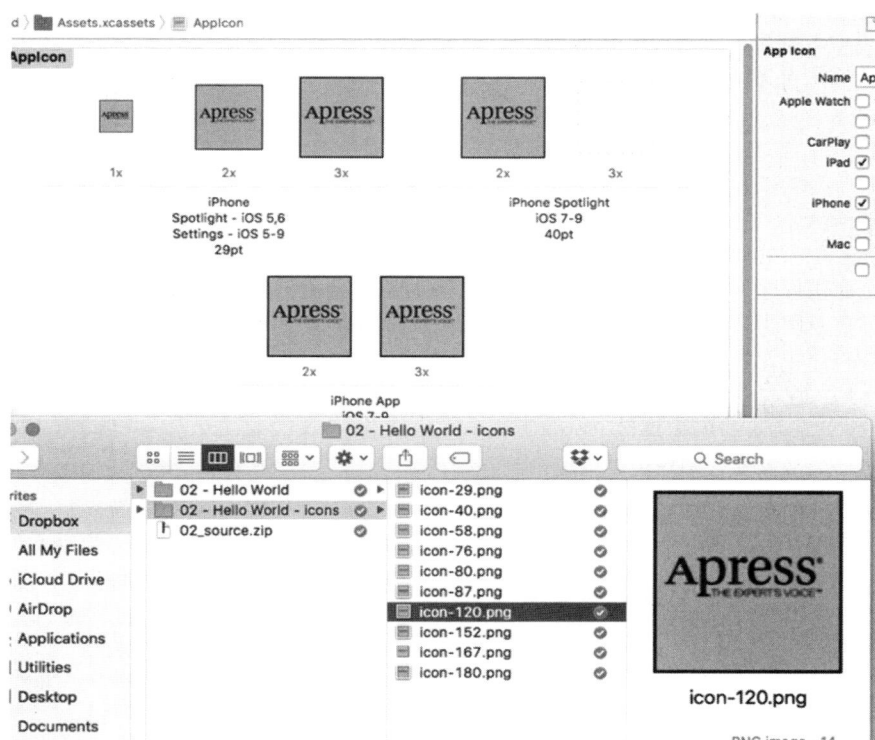

图2-27　一定要确保.png文件与图标要求的尺寸匹配

图2-28　现在应用程序有一个漂亮的图标了

注意 在阅读本书的过程中，运行的示例应用图标可能会使模拟器主屏幕变得非常混乱。如果想把旧的应用从
iOS模拟器的主屏幕上清除，可以从iOS模拟器的应用菜单中选择iOS Simulator➤Reset Content and
Settings...菜单。

2.4   启动界面

当你开启某个应用程序时，可能会注意到应用程序在加载时会出现全屏的白色启动界面。iOS应用程序都会
有一个启动界面，这是因为将应用程序加载到内存中需要时间（应用程序越大，加载时间也越长），而这个界面
能让用户立刻看到程序正在执行中。在iOS 8之前的版本中，你可以提供一张图片（事实上，针对不同的分辨率
需要多张图片）以表示应用程序的启动界面。iOS在加载全部应用程序时首先会加载相应的图片并立即显示出来。
在iOS 8中依然保留了这种方式，不过苹果公司强烈推荐使用一个启动文件来代替启动图片的作用。当然，如果
应用程序仍需要支持旧的系统，同样也应该提供启动图片。

启动文件其实是一个包含启动界面UI的nib文件或者storyboard。在iOS 8或更新的设备上，如果存在启动文件，
它将优先被视作启动图片的文件。在项目导航面板中，你会看到项目中已经包含了一个启动文件，它的文件名是
LaunchScreen.storyboard。如果使用Interface Builder打开它，会发现它只包含一个空白视图（如图2-29所示）。

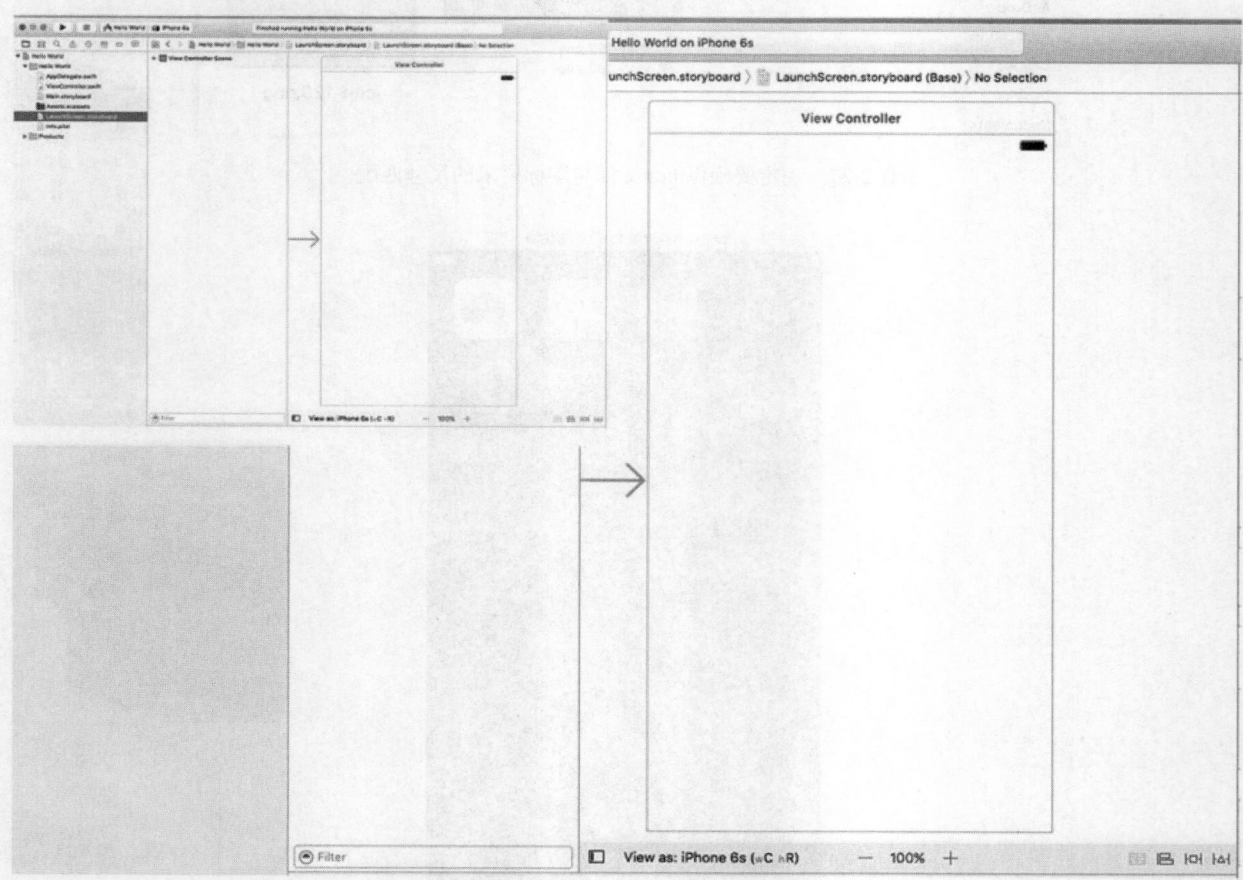

图2-29   应用程序的默认启动界面

　　苹果公司推荐使用Interface Builder构建启动屏幕的界面，其步骤与构建应用程序的其他部分用户界面一致。苹果公司并不赞成创建一个复杂或者眩目的启动界面，我们会遵循这些规范。我们只在storyboard中添加一个标签并更改主视图的背景颜色，这样就能区分启动界面与应用程序本身。操作你应该很熟悉了，拖动一个label到storyboard，将其文本改为Hello World，然后使用特征检查器（见图2-23）将字体改为System Bold 32。确认选中了标签后，在Xcode菜单中点击Editor➤Size to Fit Content项。现在将标签放在视图中央并点击Editor➤Resolve Auto Layout Issues➤Add Missing Constraints项来添加布局约束，以确保它始终位于此处。接下来在storyboard或文档略图中点击以选中主视图并使用特征检查器更改它的背景颜色。方法是点击标示为Background的控件并选取你喜欢的任意颜色，因为本书原版属于Apress出版社，所以作者选择了黄颜色。现在再次运行应用程序，启动屏幕出现并且在应用程序自身加载完并显示的时候渐隐消失（如图2-30所示）。

　　你还可以在苹果公司官方的*iOS's Human Interface Guidelines*文档中浏览更多关于启动文件、启动图片和应用程序图标的内容：https://developer.apple.com/library/ios/documentation/UserExperience/Conceptual/MobileHIG/LaunchImages.html。

图2-30　Hello World应用程序的启动界面

2.5　在设备上运行应用

　　在这一章结束之前，我们还要再做一件事情。这次要让应用程序能在真机设备上加载运行。首先要用充电线将某个iOS设备连接到Mac电脑上。之后Xcode会进行识别并花一些时间来读取它的特征信息。Mac和iOS设备会为了安全向你询问是否想要让它们之间互相信任。等到Xcode完成了设备的特征文件处理（可以在活动视图查看）后，再打开工具栏中的设备选单。你会在其中看到你自己的设备，如图2-31所示。

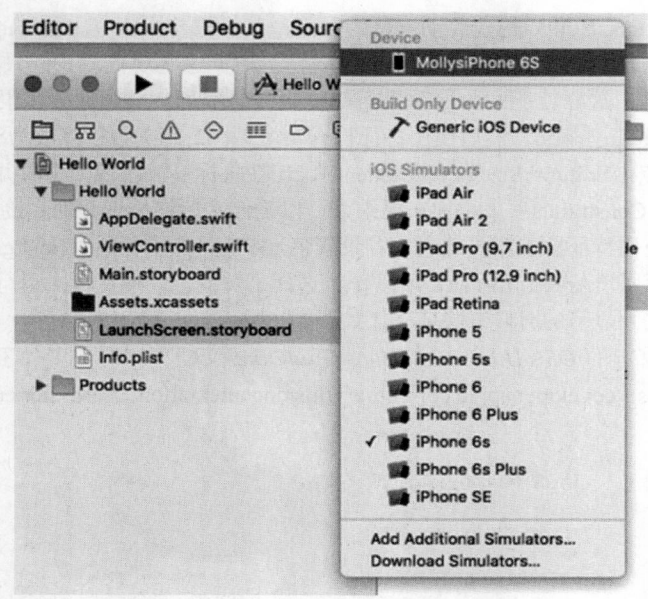

图2-31   现在列表中除了模拟器，还包含作者的iPhone 6s

选中设备并点击工具栏中的Run按钮，开始在上面安装并运行应用程序。Xcode会重新构建应用程序并在设备上运行。然而因为我使用的是Xcode 8的早期测试版，会看到如图2-32所示的提示框。

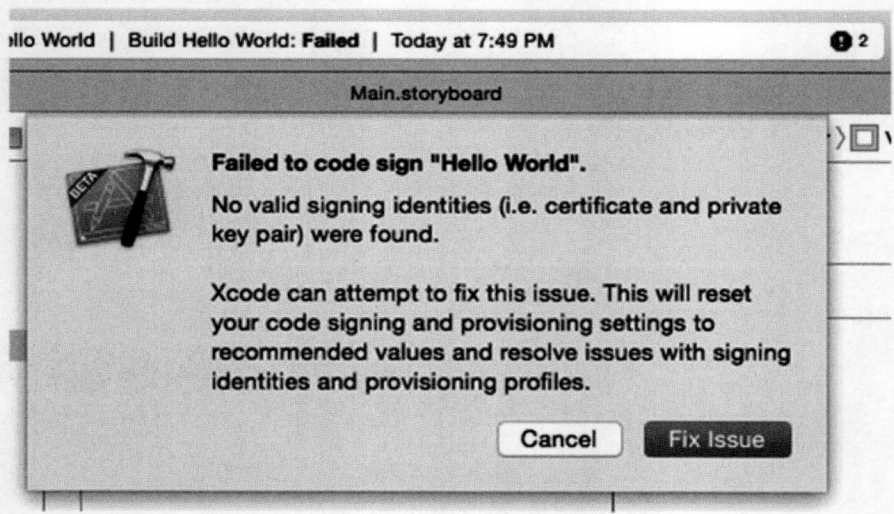

图2-32   如果自动配置功能失效了，就会看到这样的信息

注意   苹果公司在Xcode 8中改善了配置系统，这样中断的情况就减少了，整个过程会更容易一次成功。至于在这里遇到的问题，我们会使用一种特殊的方法确保完成配置工作，使应用可以在真机上运行。

在给iOS设备安装某个应用程序之前，它必须拥有一个已签名的配置描述文件。签名可以让设备识别出应用程序的作者并确保生成的二进制文件之后不会被篡改。配置描述文件中的信息能够告诉iOS此应用程序所需的功能（例如iCloud访问）以及在哪些设备上允许运行。Xcode需要一个证书和一个私钥来对应用程序进行签名。

你可以在苹果公司的应用程序发布指南*App Distribution Guide*中找到代码签名、配置描述文件、证书以及私钥的相关信息，网址是https://developer.apple.com/library/ios/ documentation/IDEs/Conceptual/AppDistributionGuide。

在早期的iOS开发过程中，必须登录开发者计划账号，手动创建这些内容，然后注册想要安装应用程序的测试设备。这些步骤让人觉得繁琐。Xcode 7改善后能够智能到帮你进行一些操作，而Xcode 8则变得更加先进，你所要做的仅仅是让应用在设备上进行测试。在某些情况下，需要自定义配置描述文件，使特殊构建的应用只能发布给特定的用户，不过这已经超出了我们的学习范围了，默认的简易机制已经足够好用了。

仍有一些情况会导致出错。首先如果你看到有消息说你的App ID无效，那么需要再换一个。App ID是基于你在创建项目时（见图2-4）所提供的项目名称以及团队标识符所决定的。如果你使用了com.beginningiphone或其他别人已经注册的标识符，就会看到这样的消息。解决的方法是打开项目导航面板并点击项目列表顶端的Hello World节点，然后再点击文档略图中TARGETS区域下的Hello World节点，最后点击编辑器区域顶端的General按钮（如图2-33所示）。

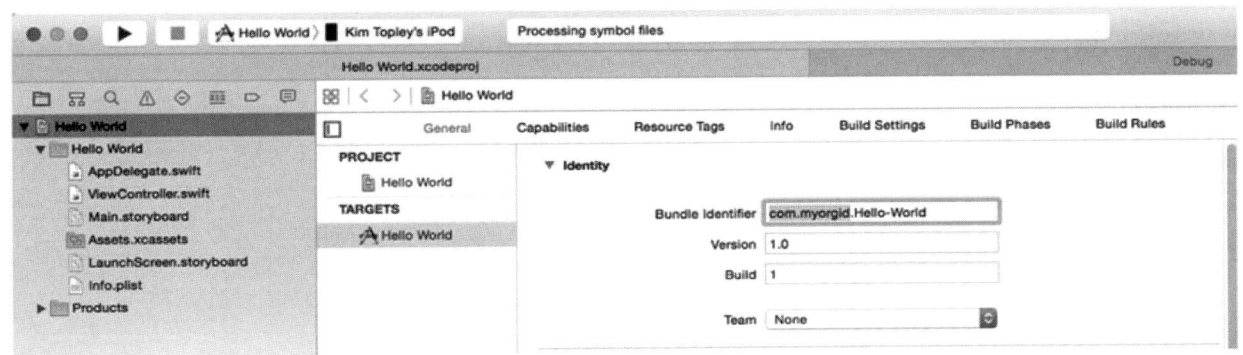

图2-33   更改应用程序的包标识符

Xcode用来签名的App ID是根据编辑器中的Bundle Identifier字段获取的。你会看到它包含了你在创建项目时提供的团队标识符，可以参照图2-33中字段高亮的部分。将其改成其他内容后试着重新构建。找到一个没有被别人使用过的标识符后，请将其记下来，以便以后创建新的项目里可以继续用它作为团队标识符。这样成功运行一次之后，Xcode就会将其记住，之后不需要再重复此操作了。

另一种会出错的情况如图2-34所示。

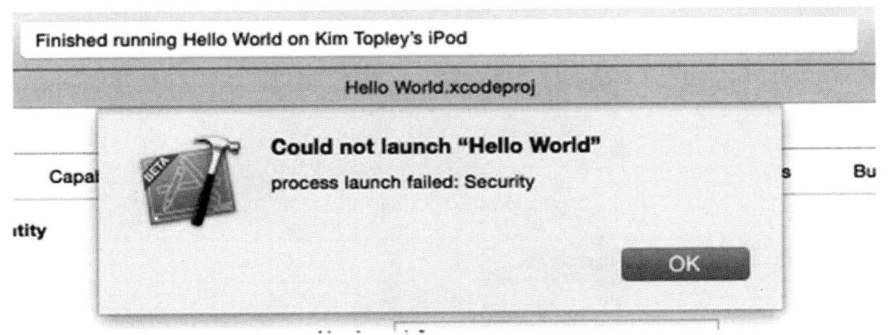

图2-34   在iOS 9或iOS 10上失败的界面

只有当你没有注册开发者计划时才会看到这个消息。这表示你的iOS设备并没有信任通过你的Apple ID签名后的应用程序。解决这个问题的方法是：在设备上打开设置应用程序，然后进入General➤Profile。你会看到一个表页面，其中包含了你的Apple ID。轻点表中的这一行，会打开如图2-35所示的页面。

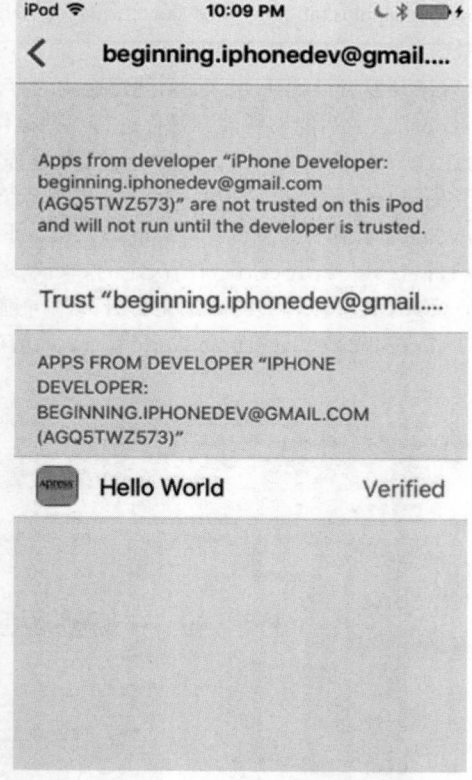

图2-35　在iOS 9以上版本的系统中，默认不信任没有开发者计划会员资格的应用

2.6　小结

本章进展令人欣慰，现在可以缓口气了。本章可能并没有做太多事，但是确实介绍了不少基础知识。你学习了iOS项目模板，了解了如何创建应用，掌握了很多Xcode 8的相关内容，也开始使用Interface Builder，最后还学习了如何设置应用的图标并在模拟器和真实设备上运行应用。

不过这个Hello World程序是一个完完全全的单向应用。我们只是向用户显示一些信息，但不能得到任何用户输入。下一章可以看到如何在iOS设备上获取用户输入，并根据用户输入进行相应的操作。

第 3 章

基本的用户交互

上一章的Hello World应用程序很好地展示了如何使用Xcode和Cocoa Touch进行iOS开发，不过它缺少了一个至关重要的功能——与用户交互。如果不能与用户交互，应用的功能会严重受限。

本章将编写一个稍微复杂一些的应用，它有两个按钮和一个标签，如图3-1所示。用户按下一个按钮时，标签上的文本会相应改变。这展示了在iOS应用中实现交互功能所需的关键概念。本章还会介绍如何使用NSAttributedString类，通过这个类可以对Cocoa Touch中很多可视化元素使用带样式的文本。

图3-1　本章将构建的简单应用程序，有两个按钮

3.1　MVC 模式

如果你还不了解MVC是什么，请往下看。它指的是Model-View-Controller（模型－视图－控制器）模式。在基于图形用户界面的应用程序中，使用MVC可以非常合乎逻辑地对代码进行拆分。目前，几乎所有面向对象的编程框架都在一定程度上借鉴了MVC的设计理念，但很少有像Cocoa Touch这样忠实于MVC的。

MVC模式把代码功能划分为3个不同的类别。

❏ 模型：保存应用程序数据的类。

❏ 视图：包括窗口、控件以及其他一些用户可以看到并能与之交互的元素。

❑ 控制器：把模型和视图绑定在一起的代码，包括处理用户输入的应用程序逻辑。

MVC的目标是最大限度地分离这3类代码。创建的任何对象都应该非常清晰明确，让人一看便知这个对象所属的分类（模型、视图或控制器），尽量不要包含那些可能被认为属于多个分类的功能。例如，实现按钮的对象不应该包含按钮点击时处理数据的代码，实现银行账户的对象不应该包含绘制表格来显示交易数据的代码。

MVC可以帮助确保代码的最大可重用性。一个实现通用按钮的类可以在任何应用程序中使用；如果实现按钮的类要在点击按钮时进行一些特定计算，那这个类就只能在最初实现它的应用程序中使用。

在编写Cocoa Touch应用程序时，主要使用Interface Builder以可视化的方式创建视图组件，但有时仍然需要在代码中修改（甚至创建）部分用户界面。

创建模型时，可以编写一个Swift类来保存应用程序数据。因为我们不需要保存数据，所以本章的应用程序不会创建任何模型对象。后面的章节会介绍模型对象，以实现更复杂的应用程序。

控制器组件通常由应用程序的具体类组成。控制器可以是完全自定义的类，但在多数情况下，它是UIKit框架提供的通用控制器类（比如UIViewController）的子类。通过继承一个已有的类，可以直接获取大量的实用功能，这样就不用再花时间做重复的工作了。

随着对Cocoa Touch的深入学习，很快就可以看到UIKit框架中的类遵循MVC原则的情况。在开发时牢记这个概念，就能够创建简洁而易于维护的Swift代码。

3.2   创建 ButtonFun 应用

现在开始创建下一个Xcode项目。这个项目与上一章的项目使用相同的模板Single View Application。从这个简单的模板入手，更容易理解视图和控制器之间的协作。后面的章节会陆续介绍其他一些模板。

启动Xcode，选择File➤New➤New Project...菜单（或者按下Shift+Command+N）。选择Single View Application模板，然后点击Next。

之后会看到一个与上一章相同的选项表单。在Product Name文本框中填入Button Fun作为这个新应用程序的名字。Organization Name、Organization Identifier以及Language这三个文本框保留的值默认与上一个项目相同，可以不用管它们。我们仍旧使用自动布局来创建一个可以在所有iOS设备上运行的应用程序，所以要在Devices下拉菜单中选择Universal。最终的选项表单如图3-2所示。

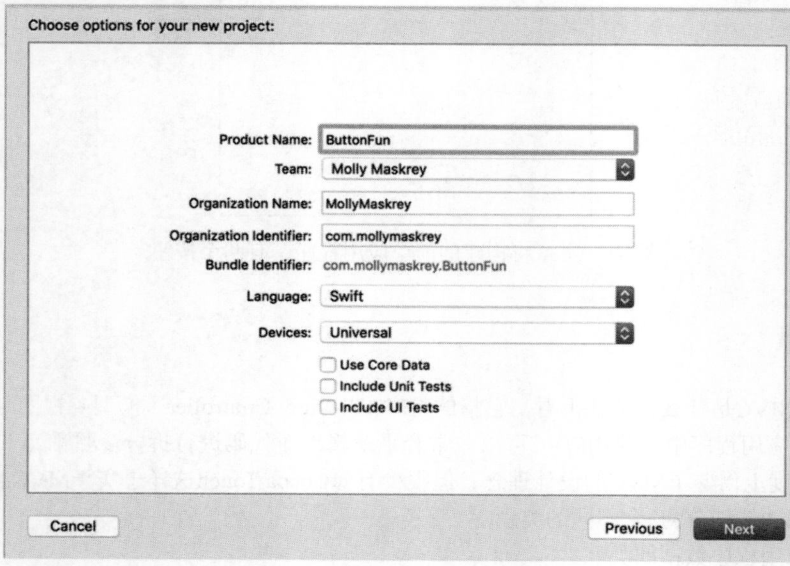

图3-2   为项目命名并配置选项

点击Next，Xcode会提示你选择项目的保存位置。对于Create Git repository选项，可以根据自己的喜好来决定是否选择。按下Create并将你的项目与本书其他项目保存在一起。

3.3 视图控制器

与上一章一样，本章稍后会使用Interface Builder为应用程序设计一个视图（或称用户界面）。在此之前，先来看看Xcode自动创建的源代码文件，需要对它们进行一些修改。等不及了吧，终于要开始编写代码了！开始修改之前，先看看这些已经创建好的文件。在项目导航面板中，Button Fun分组应该已经展开了（如果还没有展开，可以点击旁边的三角形按钮展开它），如图3-3所示。

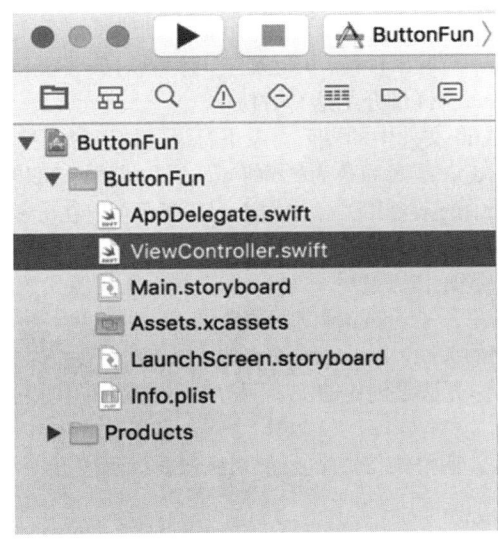

图3-3 项目导航面板中显示了项目模板自动创建的类文件

Button Fun文件夹包含两个源代码文件、一个storyboard文件、一个启动界面文件和一个包含应用程序所需全部图片的资源文件。这些源代码文件实现了应用程序所需的两个类：应用程序委托（application delegate），以及用于这个应用唯一视图的视图控制器。本章稍后会介绍应用程序委托。先来看看Xcode自动创建的视图控制器类。

名为ViewController的控制器类负责管理应用程序的视图。顾名思义，这个类是一个视图控制器。点击项目导航面板中的ViewController.swift，查看文件内容。

代码清单3-1　由模板生成的ViewController代码

```swift
import UIKit

class ViewController: UIViewController {

    override func viewDidLoad() {
        super.viewDidLoad()
        // Do any additional setup after loading the view, typically from a nib.
    }

    override func didReceiveMemoryWarning() {
        super.didReceiveMemoryWarning()
        // Dispose of any resources that can be recreated.
    }

}
```

因为是由模板生成的，所以没什么内容。ViewController是UIViewController的子类。UIViewController是之前提到的一个通用控制器类，是UIKit框架的一部分。通过继承这个类，可以获得大量的常用功能。Xcode并不知道我们的应用程序会有哪些功能，但它知道应用程序必须具备哪些功能，所以它创建了这个类，可以在此基础上手动编写应用程序的具体功能。

3.3.1　输出接口和操作方法

第2章使用Xcode的Interface Builder创建了一个简单的用户界面。刚才也在代码清单3-1中看到了视图控制器类的结构。我们将学会如何让视图控制器类中的代码与storyboard文件中的对象（比如按钮和标签等）交互。控制器类可以通过一种名为输出接口（outlet）的特殊属性来引用storyboard或nib文件中的对象。可以把输出接口看作指向用户界面中对象的指针。例如，假设在Interface Builder中创建了一个文本标签（像第2章那样），希望可以在代码中改变该标签的文本。声明一个输出接口，并且把它与标签对象关联起来，就可以在代码中使用这个输出接口来修改标签的显示文本了。本章会详细介绍这个方法。

反过来，也可以对storyboard或nib文件中的界面对象进行设置，以触发控制器类中的某些特殊方法。这些特殊方法称为操作方法（action method），或者简称为操作（action）。例如，可以在Interface Builder中进行设置，当用户点击一个按钮时，就调用代码中的某个相关操作方法。甚至还可以在Interface Builder中这样设置：当用户第一次触碰一个按钮时调用某个操作方法，当手指离开该按钮时调用另一个操作方法。

Xcode支持多种创建输出接口和操作方法的方法，一种方法是在源代码里先设定好，然后再使用Interface Builder将它们与相应的代码关联起来。Xcode的辅助视图提供了一种更快、更直观的方式，只需一步就可以创建输出接口和操作方法并完成与代码的关联。稍后就会介绍这个方法。不过，在进行关联之前，还需要详细了解输出接口和操作方法。输出接口和操作方法是创建iOS应用的两个最基础的模块，所以必须理解它们的本质和原理。

1. 输出接口

输出接口是一个很常见的属性，用修饰符@IBOutlet来标记。代码如下：

```
@IBOutlet weak var myButton: UIButton!
```

这里声明了一个名为myButton的输出接口，可以用它指向用户界面中的任何按钮。

Swift编译器在看到@IBOutlet声明时不会进行任何特殊处理。它存在的意义仅仅是提示Xcode这个属性需要关联到storyboard或nib文件中的对象上。任何要与storyboard或nib文件中的对象进行关联的属性，都必须在前面写上@IBOutlet。此外还有更方便的方法，你可以通过在Xcode中从对象处拖动鼠标指针到想要关联的属性上（甚至可以拖动到类代码中想要创建新输出接口的地方）就可以创建输出接口了。之后你将会看到这一过程。

你可能会奇怪为什么myButton属性的声明后面要加一个感叹号。这是因为Swift在初始化函数执行之前，所有的属性都应该初始化，除非它被声明为一个可选值（optional）。从storyboard中加载视图控制器时，输出接口属性的值就会根据storyboard中保存的信息进行设置，但这一过程是在视图控制器的初始化函数运行之后发生的。这样，输出接口属性必须是可选值，除非特意为它们赋予无意义的临时值（这样并不可取）。有两种方法可以用来声明输出接口属性为可选值——使用感叹号或问号，如代码清单3-2所示。

代码清单3-2　声明可选值的两种方法

```
@IBOutlet weak var myButton1: UIButton?
@IBOutlet weak var myButton2: UIButton!
```

通常来说第二种方法更易于使用，因为这样不需要在之后视图控制器代码用到可选值时特意去对它拆包（如代码清单3-3所示）。如果选择第二种方法，确保要设置好，不让可选值日后变成nil。

代码清单3-3　无需特意拆包可选值

```
let button1 = myButton1!    // Optional needs to be unwrapped
let button2 = myButton2     // myButton2 is implicitly unwrapped
```

注意　输出接口属性声明里weak指示符的意思是这个属性对按钮不是强引用类型。当对象不再被强引用所关联的时候，就会立即自动释放内存。在这个示例中不需要担心按钮会意外释放内存，因为只要它还是用户界面的一部分，就会有强引用存在。设置属性为弱引用就能在不需要这个视图时将它从用户界面上移除并释放。完成释放后，属性的引用将被设备为空值nil。

2. 操作方法

简单来说，操作方法是拥有@IBAction修饰符的方法，它告诉Interface Builder这个方法可以被storyboard或nib文件中的控件触发。操作方法的声明通常如下所示：

```
@IBAction func doSomething(sender: UIButton) {}
```

或

```
@IBAction func doSomething() {}
```

操作方法的名称并没有什么特殊要求，可以使用任何你喜欢的方式来命名。而且，操作方法要么不接收任何参数，要么只接收一个参数，该参数通常命名为sender。在操作方法被调用时，sender会指向触发该方法的对象。例如，如果用户按下某个按钮时触发了这个操作方法，那么sender就指向这个被按下的按钮。由于sender参数的存在，一个操作方法可以对多个控件作出响应。通过sender参数可以知道到底是哪个控件触发了这个操作方法。

提示　其实还有一种不常用的操作方法声明方式：

```
@IBAction func doSomething(sender: UIButton,
                forEvent event: UIEvent) {}
```

如果需要更多能让方法被调用的相关信息，可以使用这种方式。下一章会介绍控件事件。

如果声明了一个带有sender参数的操作方法，而在方法里面却没有使用到这个参数，也不会有任何问题。以后可能会看到很多这样的代码。Cocoa和NeXTSTEP中的操作方法需要接受sender参数，不管会不会用到。所以很多iOS代码（尤其是早期的代码）都是用这种方式编写的。

现在，你已经了解了操作方法和输出接口的基本概念，接下来学习如何在设计用户界面时使用它们。在开始之前，需要先进行一些清理工作。

3.3.2　精简视图控制器代码

在项目导航面板中点击ViewController.swift，打开这个实现文件。可以看到，文件中有一些包含viewDidLoad()和didReceiveMemoryWarning()等方法的样板代码，这是由选择的项目模板提供的。在UIViewController的子类中通常会用到这些方法，所以Xcode提供了这些基本的代码片段，如果需要的话，可以直接在这些方法中添加自己的代码。但是，这个项目并不需要这些代码片段，而它们既占用了空间又使代码不易阅读。为了简化以后的工作，应该删除那些不需要的代码。完成后，实现文件看起来与代码清单3-4类似。

代码清单3-4　精简后的ViewController.swift文件

```
import UIKit

class ViewController: UIViewController {

}
```

3.3.3 设计用户界面

记得保存刚才的修改，然后单击Main.storyboard文件，就可以在Xcode的Interface Builder中打开应用程序的视图（见图3-4）。你可能还记得上一章提到，编辑器的白色窗口展示了应用程序的唯一一个视图。现在需要在这个视图中添加两个按钮和一个标签，从而实现图3-1所示的效果。

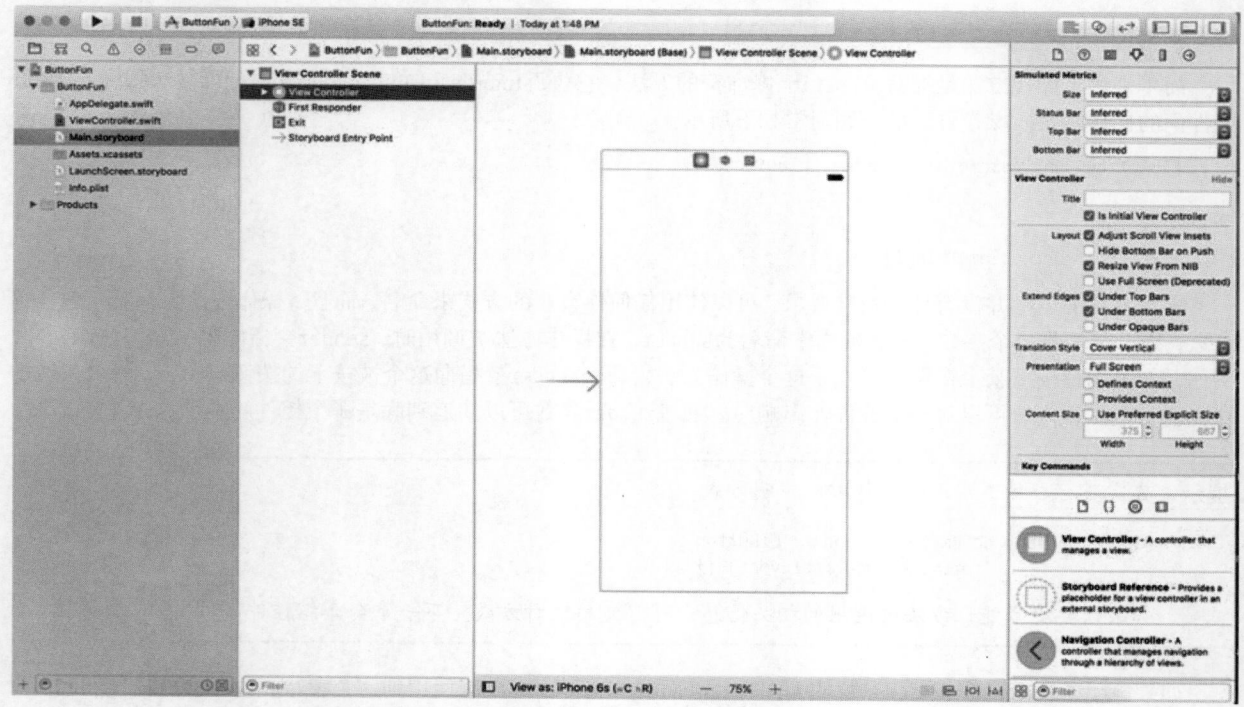

图3-4 打开Main.storyboard文件就可以在Xcode的Interface Builder中进行编辑了

先来思考一下这个应用程序。需要在用户界面中添加两个按钮和一个标签，这个过程与上一章中的在应用程序中添加标签的步骤类似。不过，还需要通过输出接口和操作方法才能使应用程序与用户交互。

每个按钮都需要触发控制器中的一个操作方法。可以选择让每个按钮调用不同的操作方法，但因为它们本质上做的是同一件事（更改标签的文本），所以可以调用同一个操作方法。我们使用sender参数（3.3.1节讨论过）来区分这两个按钮。除了操作方法，还需要一个与标签关联的输出接口，以修改标签的显示文本。

首先添加按钮，然后添加标签。我们可以在设计用户界面的同时创建对应的操作方法和输出接口；也可以手动声明操作方法和输出接口，然后将用户界面元素与它们关联起来。然而Xcode可以为我们省掉这些麻烦。

1. 添加按钮和操作方法

第一步要向用户界面添加两个按钮。随后让Xcode创建一个空的操作方法，就可以把两个按钮都关联到这个操作方法。这样，用户点击按钮时就会调用这个操作方法，其中的代码就会执行。

选择View➤Utilities➤Show Object Library菜单（或按下Control+Option+Command+3）来打开对象库。在对象库的搜索框中输入UIButton（实际上只需要输入开头的4个字母uibu来筛选列表，就可以在对象列表的顶部看到UIButton了。可以全部使用小写字母，不必特意去按Shift键）。输入完成后，对象库中就只剩下Button一个选项了（见图3-5）。

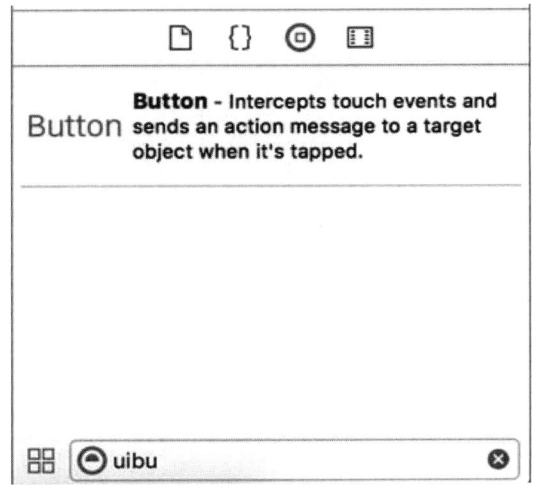

图3-5 对象库中显示的按钮

把Button从库拖到编辑区的白色窗口中，这样就会在应用程序视图中添加一个按钮。将该按钮放置在视图左侧，参照蓝色的引导线将按钮放在距离左侧边缘合适的位置。在垂直方向上，参照水平的蓝色引导线将按钮放在视图的下半部分。可以参考图3-1的布局来放置按钮。

注意 在Interface Builder中移动对象时出现的蓝色细引导线可以帮助你遵循*iOS Human Interface Guidelines*（通常简称为HIG）。苹果公司的界面设计规范可以帮助用户更好地设计iPhone和iPad应用程序。它会告诉你应该如何设计用户界面，也会告诉你哪些设计不应该出现。建议好好阅读这份文档，它包含了很多有用的信息，是每个iOS开发者都应该了解的。可以在以下地址找到该文档：https://developer.apple.com/library/ios/documentation/UserExperience/Conceptual/MobileHIG/。

双击新添加的按钮，可以编辑按钮标题。将其标题设为Left。

选择View➤Assistant Editor➤Show Assistant Editor菜单（或者按下Option+Command+Return）打开辅助编辑器。注意项目窗口右上方的两组按钮，可以点击左边一组中间的按钮来显示或者隐藏辅助编辑器（见图3-6）。

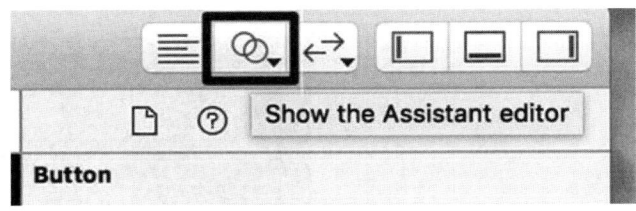

图3-6 显示辅助编辑器的开关按钮（有两个圆圈的）

辅助编辑器会出现在编辑面板的右侧。辅助编辑器左侧显示的是Interface Builder，右侧显示的是ViewController.swift，也就是当前视图所属视图控制器类的实现文件。

提示 打开辅助编辑器之后，或许需要调整窗口尺寸以获得足够的工作空间。如果显示器屏幕比较小（比如MacBook Air），可以关闭实用工具面板或项目导航面板，从而获得足够的空间，有效地使用辅助编辑器（见图3-7）。可以通过项目导航窗口右上角的3个视图按钮方便地完成这个操作（见图3-6）。

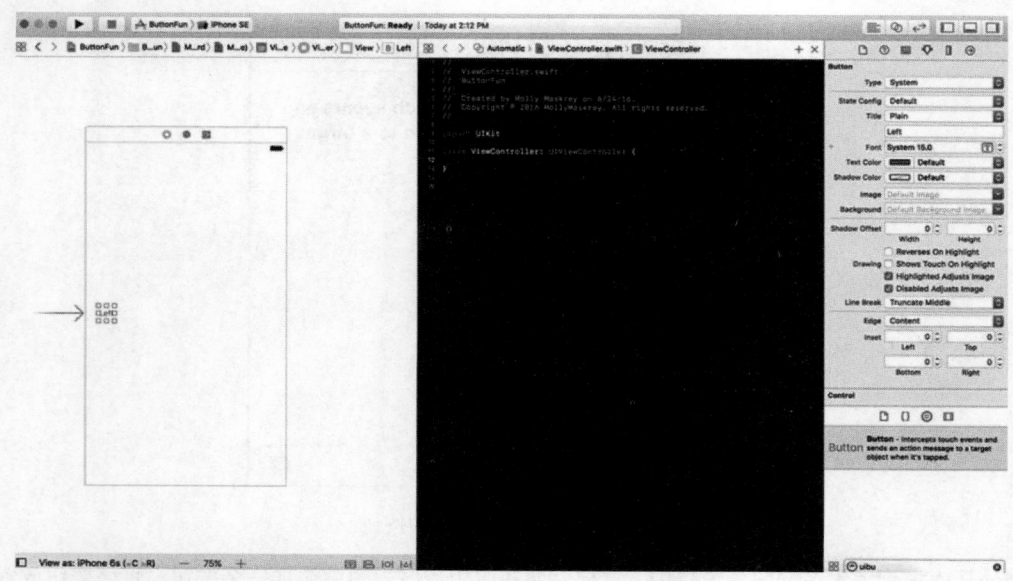

图3-7   在较窄的显示器里可能需要隐藏其他界面才能同时看到两个编辑窗口

　　Xcode知道我们的视图控制器类负责显示storyboard的视图，因此辅助编辑器会显示视图控制器类的实现文件，我们要在这里创建并关联操作方法和输出接口。如果它显示的不是我们想要的文件，可以使用辅助编辑器顶端的跳转栏来调整。首先找到跳转栏上显示为Automatic的分段并点击它。在弹出的下拉菜单中选择Manual➤Button Fun➤Button Fun➤ViewController.swift菜单。现在你看到的应该就是正确的文件了。

　　现在让Xcode自动创建一个新的操作方法，并把它与之前创建的按钮关联起来。这些定义代码要加在视图控制器的实现文件中。首先，点击storyboard上新增的按钮选中它。接着按住键盘上的Control键，然后在按钮上方按住鼠标左键（也可以不按Control键直接按住鼠标右键）并拖动鼠标光标到辅助编辑器的源代码上。你应该会看到按钮和光标之间有一条蓝色的线（见图3-8）。通过这条蓝色的线就可以将Interface Builder中的对象与代码或其他对象进行关联。把光标移动到类的定义代码上（见图3-8），弹出的提示框会告诉你可以选择插入输出接口、操作方法或输出接口集合的其中一项。

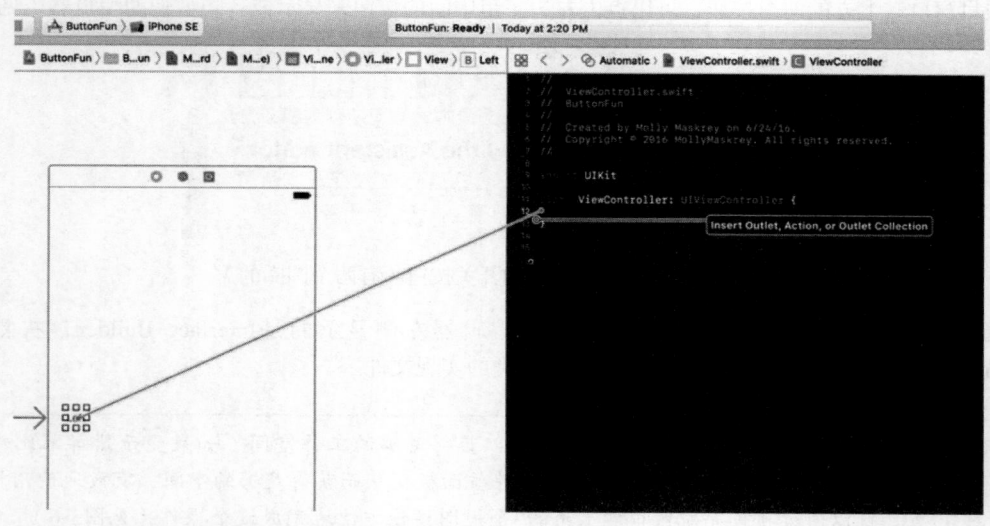

图3-8   拖动蓝色线条到源代码上，就可以创建操作方法，或者是输出接口及输出接口集合

之后松开鼠标，会出现一个浮动的弹出框，如图3-9所示。

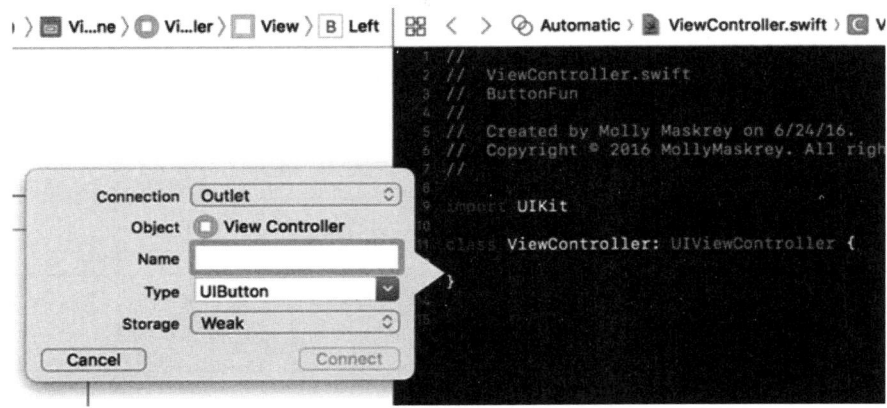

图3-9　在源代码窗口松开鼠标弹出的浮动窗口

可以在这个窗口中定制这个新操作方法。在文件窗口中，点击名为Connection的弹出菜单，把当前的选择Outlet
改为Action。这样就告诉Xcode，我们要创建的是一个操作方法，而不是输出接口（如图3-10所示）。在Name文本
框中输入buttonPressed。输入完成后不要按Return键。按下Return键将会结束操作方法的设置，现在还不是时候。
应该按下Tab键跳转到Type文本框，之后在里面输入UIButton，替换AnyObject的默认值。

图3-10　更改浮动窗口中的关联类型为Action

Type下面还有两个下拉菜单，保留它们的默认值即可。在Event下拉菜单中指定什么时候调用这个方法。默
认值Touch Up Inside仅在用户的手指离开屏幕（且用户的手指在离开屏幕之前位于按钮内部）时触发相应的操作
方法。这是按钮使用的标准事件。这就给了用户一个重新考虑的机会。如果用户的手指在离开屏幕之前从按钮上
移到了别处，那么就不会触发这个方法。

在Arguments下拉菜单提供的三个条目中可以选择操作方法的参数类型。我们选择sender参数，因为这样
就能知道是哪个按钮触发了方法。默认值就是sender，所以不需要更改。

按下Return键，或者点击浮动窗口中的Connect按钮，Xcode就会自动插入操作方法。现在辅助编辑器中的
ViewController.swift的代码应如代码清单3-5所示。很快我们将回到这里，并编写一些代码，当用户点击某按钮后
便会执行。

代码清单3-5   增加了IBAction的ViewController.swift文件

```
import UIKit

class ViewController: UIViewController {

    @IBAction func buttonPressed(_ sender: UIButton) {
    }
}
```

Xcode不仅创建了方法,还将按钮和这个操作方法进行了关联,并且把这些信息存储在storyboard文件中。这意味着,不需要再做任何额外的工作,就可以保证按钮在应用程序运行时能够调用这个操作方法。

回到Main.storyboard文件,从对象库中再拖出一个按钮,这次把新的按钮放在屏幕右边。此时会再次出现之前见过的蓝色引导线,帮助你把按钮放到距离右侧边缘恰当的位置上,还可以帮你把新按钮与另一个按钮在垂直方向上对齐。按钮放置完毕后,双击按钮并把它的标题更改为Right。

提示   除了能从库中拖出一个新对象,也可以按住Option键不放并且拖动想要复制的对象(本例中为Left按钮)以生成副本。按住Option键就是告诉Interface Builder创建一个被拖动对象的副本。

这次不需要创建新的操作方法,而是直接把这个新按钮关联到之前Xcode为我们创建的操作方法。修改按钮名称之后,在按钮上按住鼠标右键,并拖向辅助编辑器中buttonPressed()方法声明的位置。当光标接近buttonPressed()方法声明时,这个方法会高亮显示,同时会弹出一个显示为Connect Action的灰色提示框(见图3-11)。如果不能直接看到提示框,那就移动鼠标直到其出现。在看到这个提示框之后松开鼠标,Xcode就会把按钮与这个已有的操作方法关联起来。与另一个按钮一样,点击这个新添加的按钮就会触发buttonPressed()方法。

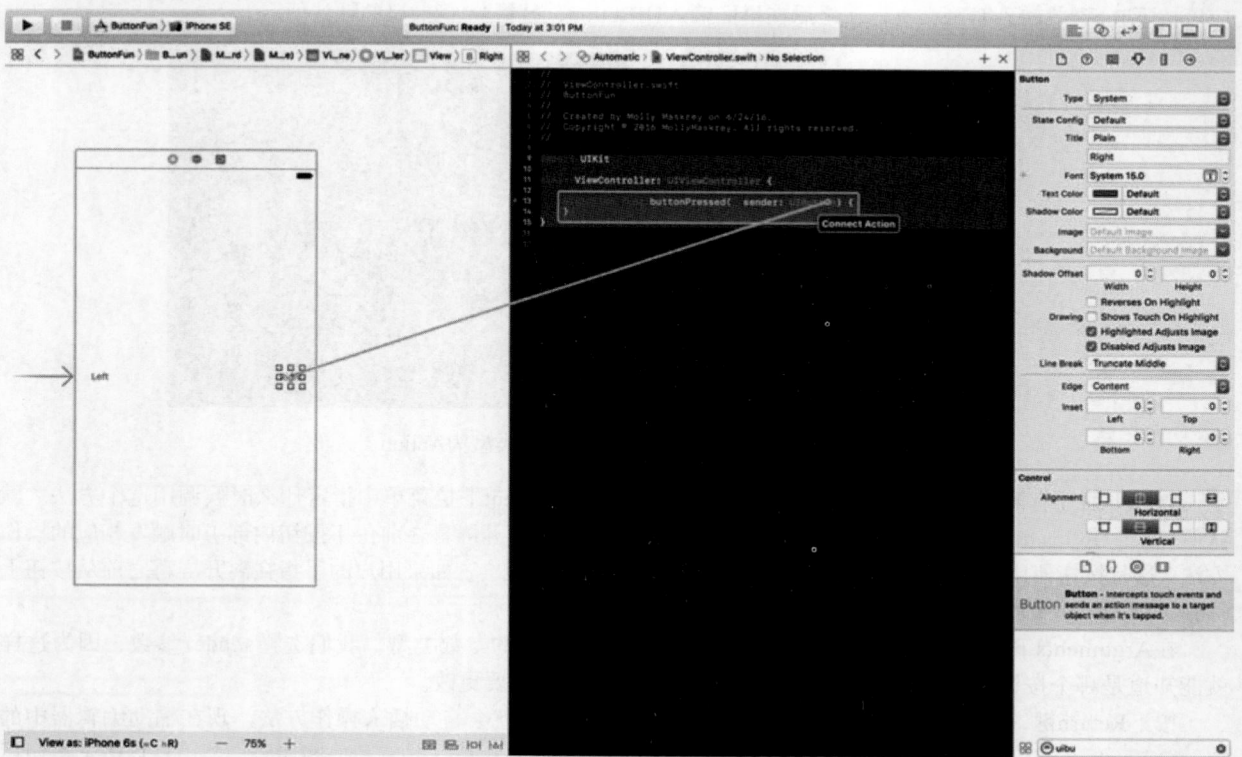

图3-11   拖动指针到已有的操作方法上,可以让按钮与它进行关联

2. 添加标签和输出接口

在对象库的搜索框里输入lab，可以找到用户界面元素Label（见图3-12）。把Label拖动到用户界面中，放置在之前两个按钮的上方。然后调整标签的大小，从屏幕左侧边缘拉伸到右侧边缘。这样标签就有足够的空间来容纳需要显示给用户的文本。

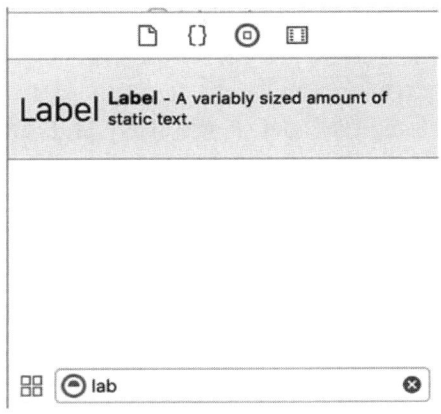

图3-12　对象库中的标签

标签中的文本默认是左对齐的，但是我们希望它居中。选择View➤Utilities➤Show Attributes Inspector菜单（或者按下Option+Command+4）来打开特征检查器（见图3-13）。确保选中这个标签，然后在特征检查器中找到Alignment按钮集合。选择中间的对齐按钮就可以使标签中的文本居中显示。

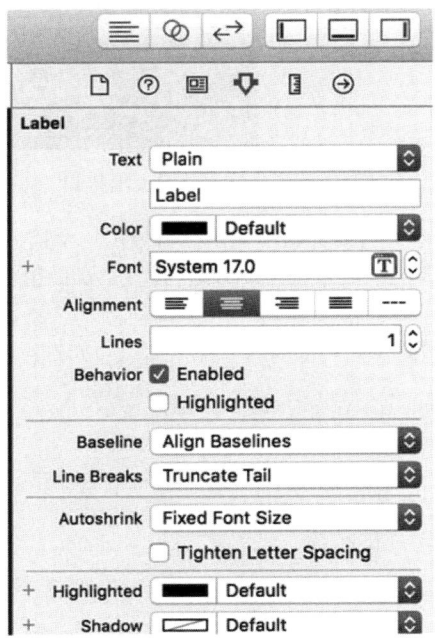

图3-13　使用特征检查器让标签的文本居中

用户点击按钮之前，我们不希望标签显示任何文本，因此双击标签（这样就选中了标签的文本），按下键盘上的Delete键。这会删除标签当前显示的文本。按下Return键提交更改。这样一来，标签在未选中时就看不到了。不过不用担心，它仍然在那里。

提示　如果有不可见的用户界面元素，比如空白标签，而你又希望能看到它们所在的位置，可以从Editor菜单
　　　中选择Canvas，然后从弹出的子菜单中勾选Show Bounds Rectangles。如果只想选择某个不可见元素，在
　　　文档略图中点击它的图标即可。

最后的工作就是为标签创建输出接口。这与之前创建并且关联操作方法的方式完全相同。确保打开辅助编辑器，并且显示ViewController.swift。如果需要切换当前显示的文件，可以使用辅助编辑器上方跳转栏中的弹出菜单。

接着，选中Interface Builder中的标签控件，在上方按住鼠标右键并拖向Swift文件。当指针位于已有的操作方法的上方，看到如图3-14所示的画面时，松开鼠标，你将再次看到那个浮动窗口（如图3-9所示）。

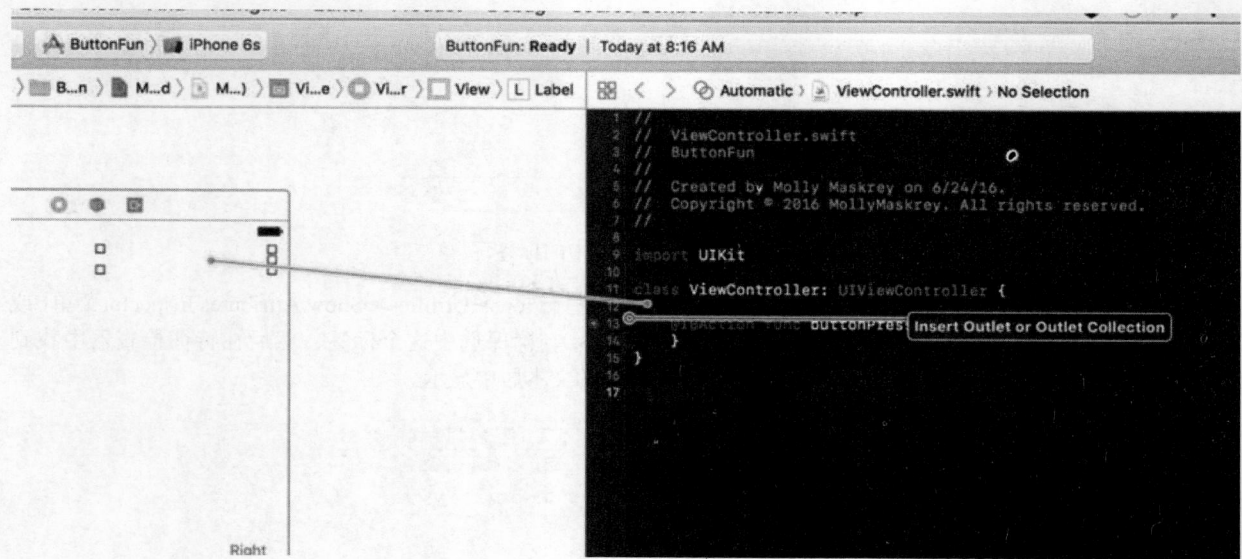

图3-14　连接UILabel输出接口

保留Connection中的默认值Outlet。并且要为这个输出接口指定一个描述性的名称，以便在编写代码时能够知道这个输出接口的作用。在Name文本框中输入statusLabel。设置Type的值为UILabel。对于最后一个名为Storage的下拉菜单，保留默认值即可。

按下Return键提交更改，Xcode将会在代码中插入一个输出接口属性。现在的代码应该如下所示。

代码清单3-6　添加标签输出接口到视图控制器

```
import UIKit

class ViewController: UIViewController {

    @IBOutlet weak var statusLabel: UILabel!

    @IBAction func buttonPressed(_ sender: UIButton) {
    }
}
```

现在，有了一个输出接口，而且Xcode也已经自动把标签与这个输出接口关联了起来。这意味着，如果在代码中对statusLabel进行更改，就会影响到用户界面中的标签。例如，如果设置statusLabel的text属性，就会改变显示给用户的文本。

自动引用计数

如果你已经很熟悉C或C++这类语言，需要注意释放分配了但之后用不到的内存，你有时也许会担心创建的对象并没有被释放。

苹果公司在Xcode中引入的LLVM编译器相当智能，可以自动释放对象。它通过ARC（Automatic Reference Counting，自动引用计数）功能来完成这个繁重的工作。

ARC只适用于Swift对象以及结构体，并不能用于Core Foundation对象或是使用C语言库函数（比如malloc()）分配的内存。另外，也会有一些陷阱和注意事项，但是大多数情况下，已经没有必要担心内存管理了。

要了解更多关于ARC的信息，可以在以下网址查看ARC的发布说明：http://developer.apple.com /library/ios/#releasenotes/ObjectiveC/RN-TransitioningToARC/。

ARC确实很实用，但它并不是万能的。还是需要理解iOS内存管理的基本规则，才能避免使用ARC时遇到麻烦。要想重温iOS（以及macOS）内存管理机制，可以阅读苹果公司的*Memory Management Programming Guide*：http://developer.apple.com/library/ios/documentation/Cocoa/Conceptual/MemoryMgmt/Articles/MemoryMgmt.html。

3. 编写操作方法

至此，已经完成了用户界面的设计，并且将用户界面与输出接口和操作方法都进行了关联。最后要做的就是，点击按钮时，使用这些操作方法和输出接口来设置标签的显示文本。在项目导航面板中单击ViewController. swift文件，并在编辑器中打开它。找到之前Xcode为我们创建的空的buttonPressed()方法。

为了区分这两个按钮，需要用到sender参数。使用sender参数可以获取到被点击的按钮标题，根据这个标题创建一个新的字符串，然后把这个字符串作为标签的文本。参照代码清单3-7更改buttonPressed()方法中的内容。

代码清单3-7　完善操作方法

```
@IBAction func buttonPressed(sender: UIButton) {
    let title = sender.title(for: .selected)!
    let text = "\(title) button pressed"
    statusLabel.text = text
}
```

这段代码非常直观。第一行通过sender参数获取被点击的按钮的标题。由于按钮在不同状态下可以有不同的标题（在这个示例中没有出现），因此使用UIControlState.selected参数表明我们需要获取的是按钮在被选择状态时的标题。获取控件（按钮是控件的一种）标题时，通常使用这种状态。第4章会详细介绍控件状态。

提示　你可能注意到了我们在title(for:)方法中传递的参数是.selected而不是UIControlState.selected。Swift已经知道了参数一定是UIControlState枚举中的某个值，所以我们可以省略掉枚举名称来减少代码输入。

接下来的一行代码创建了一个新的字符串，新字符串的内容是在上一行代码获取到的按钮标题末尾添加button pressed文本拼接而成的。因此，如果点击标题为Left的按钮，就会创建一个内容为Left button pressed的字符串。最后一行代码就是把这个新的字符串赋给标签的text属性，这样就可以改变标签的显示文本。

3.3.4　测试 ButtonFun 应用

选择Product➤Run菜单，如果碰到编译或链接错误，就参照本章前面部分的代码进行对比。代码正确构建之后，Xcode将会启动iOS模拟器运行这个应用程序。如果你在iPhone模拟器上点击左边的Left按钮，就会变成如图3-15所示的样子。

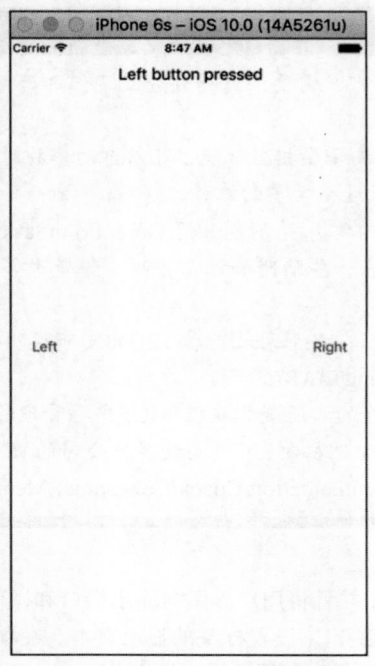

图3-15　在iPhone 6s上运行应用程序

　　虽然一切看起来都很正常，不过布局还是要做一些调整。想要知道原因的话，可以参照图3-16修改当前的方案为iPhone SE，然后再次运行应用程序。

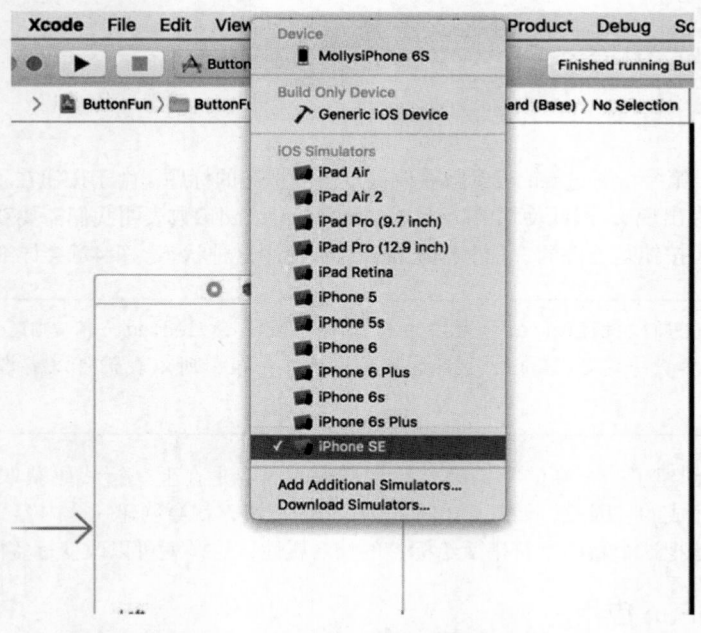

图3-16　更改方案之后，会改变目标的尺寸与形状

　　如图3-17所示，问题出现。请注意左侧的按钮依然正常，标签却有一些向右侧偏，而右侧的按钮则完全消失了。

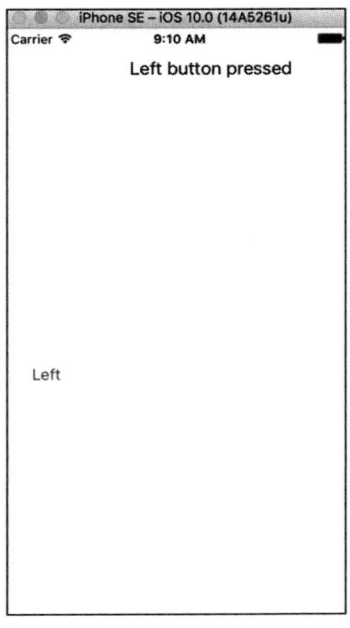

图3-17　使用其他模拟器设备后布局会出现偏差

　　如果想要知道其原因，可以在Xcode的Interface Builder窗口中点击右侧按钮以选中它，就能看到它的轮廓，然后参照图3-18在下面设为View As for iPhone SE。你就会看到，由于我们一开始是在较宽的屏幕尺寸的设备上进行布局的，当改为更窄的设备时，一些控件在新的屏幕中会出现位移。

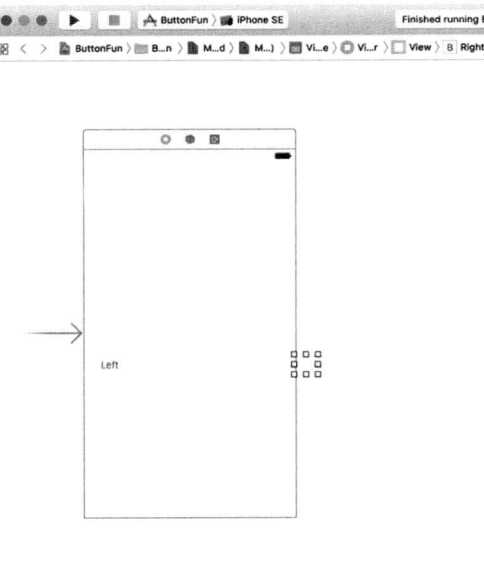

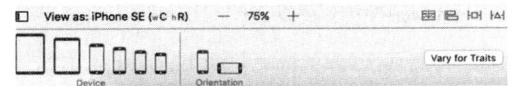

图3-18　在屏幕区域较窄的设备上预览布局，右侧的按钮就会移出屏幕

使用自动布局功能修复问题

左侧的按钮位置正确，但标签和右侧的按钮则不是。在第2章中，我们使用自动布局修复了类似的问题。自动布局实际上就是使用约束让控件的位置按照自己的意愿分布。在本例中，我们想达到如下效果：

❑ Left按钮应该垂直居中并且靠近屏幕左边；
❑ Right按钮应该垂直居中并且靠近屏幕右边；
❑ 标签应该水平居中，并位于屏幕顶端略微靠下的位置。

每个要求都包含两条约束：一条是水平约束，另一条是垂直约束。如果我们对这三个控件采用这些约束，自动布局就能在任意屏幕上保持视图处于正确的位置。我们要怎样交给它来做呢？可以通过在代码中创建 NSLayoutConstraint 类的实例来为视图添加自动布局约束。有时这是创建正确布局的唯一办法，不过在这个示例中（以及大多数情况下），可以使用Interface Builder来得到你想要的布局。Interface Builder可以让你通过拖动和点击来添加约束。首先在Interface Builder窗口的View As菜单中重新选择6s作为当前设备，这样就能看到所有的控件。将缩放比例设为能够看到整个屏幕的值，我在这里用的是75%。接下来我们会使用自动布局功能来修复在其他设备下的问题，如图3-19所示。

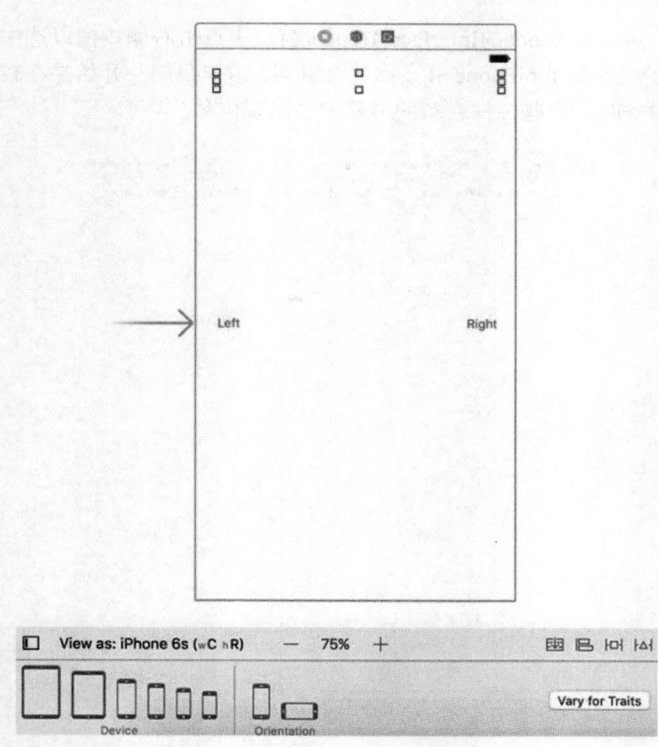

图3-19　基于一开始选择的设备，通过自动布局功能配置在其他设备类型的界面

首先为标签定位。在项目导航面板中选中Main.storyboard并打开显示了视图结构的文档略图。找到名称为View的图标。它代表视图控制器的主视图，也是其他视图相对位置的参照。点击扩展小三角展开View图标，就能看到两个按钮（Left和Right）和标签。在标签上按住鼠标右键并拖动到它的父视图，如图3-20所示。

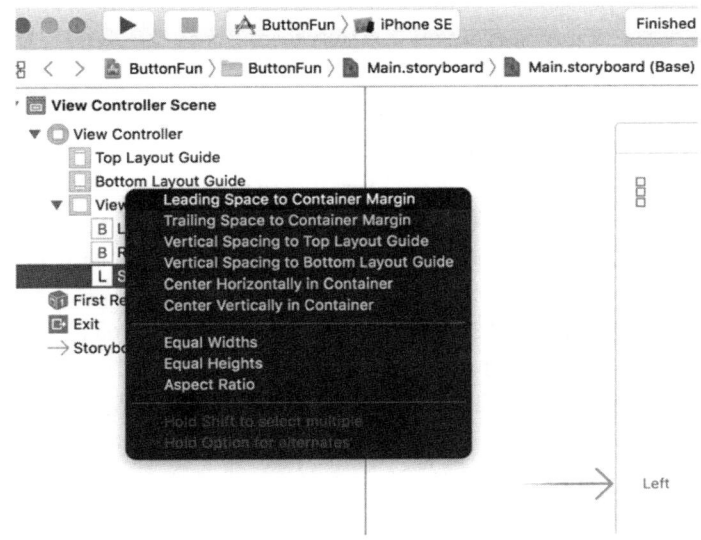

图3-20 使用自动布局为标签定位

通过从某个视图拖到另一个，Interface Builder就会知道你想在它们之间使用自动布局约束。松开鼠标后会出现一个灰色的浮动框供选择，如图3-20的右图所示。浮动框中的每个选项都是约束。点击任意一个约束就会生效，不过我们知道要为标签使用两种约束，而且它们都在浮动框中。为了能一次使用多个约束，需要按住Shift键来选中它们。按住Shift键并点击Center Horizontally in Container（在容器中水平居中）和Vertical Spacing to Top Layout Guide（顶端与顶端之间相对距离）选项。为了能立即看到效果，可以在浮动框外任意位置点击鼠标或者按下返回键。完成后，你所创建的约束就会出现在文档略图中标题为Constraints的层级下，在storyboard中也能看到象征它们的符号，如图3-21所示。

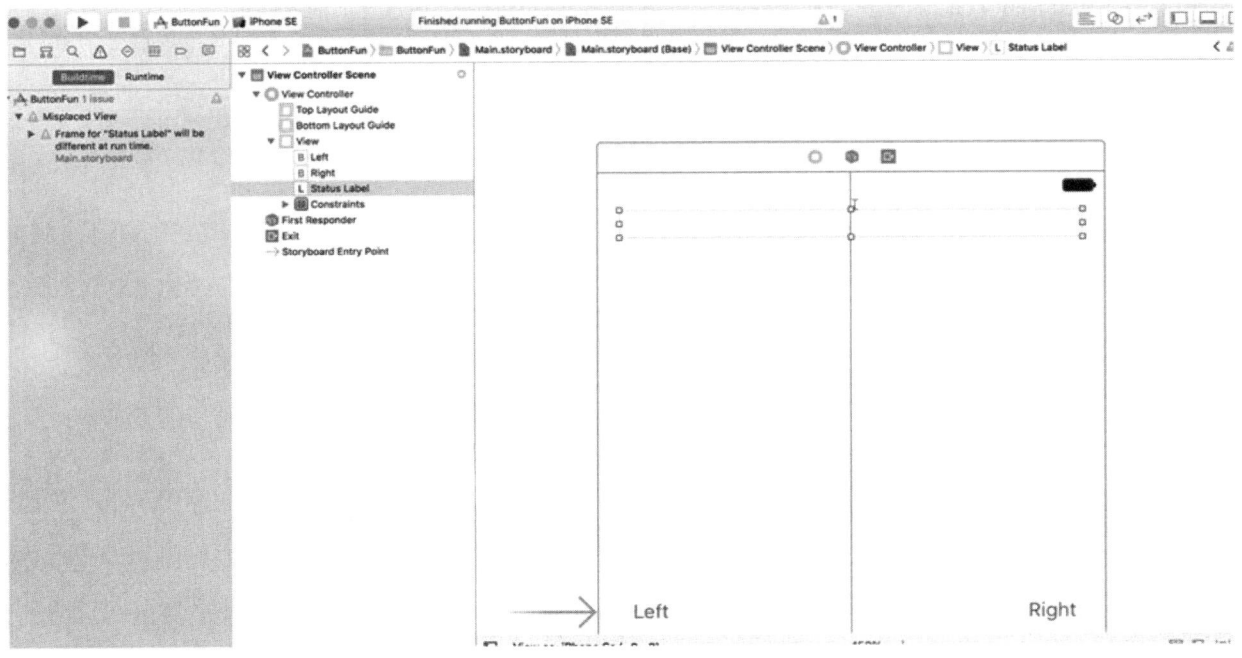

图3-21 对标签使用两种自动布局约束

提示   如果添加了错误的约束，可以通过在文档略图或storyboard中点击它然后按下Delete键来移除。

你可能还会看到标签有一个橙色的轮廓。Interface Builder使用橙色来暗示自动布局出现了问题。一般有3种问题会导致Interface Builder像这样特殊标示：

❑ 你的所有约束不足以完全指定视图的位置和尺寸；

❑ 视图的约束意义不明，即它的位置和尺寸有不只一种方案，无法确定；

❑ 约束是正确的，但视图的位置或尺寸在运行时与Interface Builder所显示的不一致。

你可以通过点击活动视图的黄色警告三角，在问题导航面板中（参见图3-21最左边）看到更多关于这个问题的信息。可以看到它显示的是Frame for "Status Label" will be different at run time（Status Label的布局在运行时将会不一致），也就是上面第三个问题。你可以通过Interface Builder移动标签到正确的运行时位置并设置它的尺寸。为了解决这个问题，先观察storyboard编辑器右下角。你会看到4个按钮，如图3-22所示。

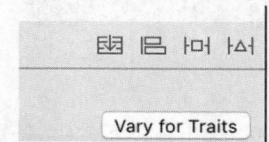

图3-22   自动布局按钮位于storyboard编辑器的右下角

你可以通过将鼠标光标悬停在按钮上来了解它们的作用。左边的按钮涉及UIStackView控件，第10章会介绍。下面从左到右依次介绍其他三个按钮。

(1) Align（对齐）按钮可以将你选中的视图与另一个视图对齐。如果现在点击这个按钮，将会看到一个包含多个选项的浮动框。其中一个是Horizontal Center in Container（容器中水平居中），你已经对文档略图中的标签使用了这种约束。在Interface Builder中，并不只有这一种自动布局的方式。在你阅读本书的过程中，将会看到用其他的方法来完成大部分常见的自动布局任务。

(2) 点击Add New Constraints（添加新约束）[1]按钮会弹出一个面板，通过上面的控件可以设定某个视图与另一个视图的相对位置并且使用尺寸约束。举个例子，你可以设定一个约束来限制某个视图的高度与另一个视图保持相等。

(3) Resolve Auto Layout Issues（解决自动布局问题）按钮可以纠正布局问题。可以使用弹出菜单的选项让Interface Builder移除某个视图（或整个storyboard）的所有约束，推测遗漏了哪种约束并补上，以及调整视图在运行时的布局。

你可以通过在文档略图或storyboard中选择标签并点击Resolve Auto Layout Issues按钮来修复它的布局。这个按钮的弹出菜单有两组相同的操作（如图3-23所示）。

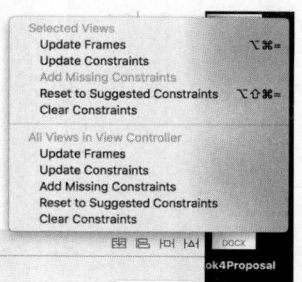

图3-23   Resolve Auto Layout Issues按钮的弹出菜单

---

① 在旧版和测试版Xcode中，这个按钮被称为Pin，新版中移除了这个术语，读者需要留意。——译者注

如果你在上面那组中选择某个操作，只会对当前选中的视图有效，而下面那组的操作对视图控制器中的所有视图均有效。在本例中，我们只需要修复标签的布局，所以点击弹出菜单顶端的Update Frames选项。完成之后，橙色的轮廓和活动视图中的警告三角都会消失，因为标签现在的位置和尺寸与运行时一致。也就是标签的宽度缩小到零，它在storyboard上表现为一个小正方形，如图3-24所示。

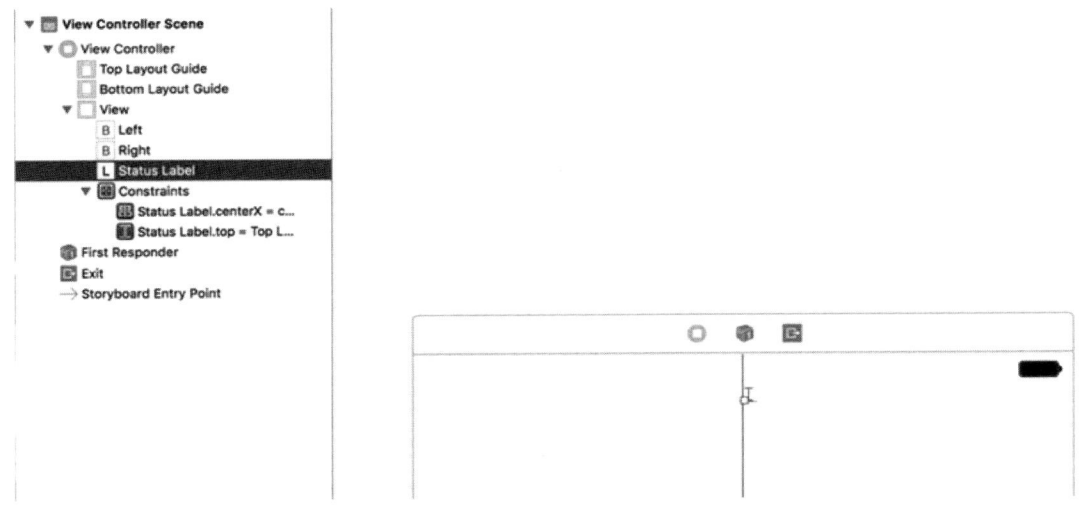

图3-24　修复之后，标签的宽度缩小为零

　　结果显示这就是我们想要的效果。许多UIKit提供的视图（包括UILabel）都能让自动布局基于它们的实际内容设定尺寸。它们通过本体内容尺寸（即正常尺寸）进行计算。标签的本体内容尺寸就是宽度和高度刚好足够完全包住里面包含的文本。此时的标签没有内容，因此它的本体内容尺寸实际上应该宽高都是零。当我们运行应用程序并点击某个按钮时，标签的文本会变化，而它的本体内容尺寸也会改变。自动布局会自动调整标签的尺寸以便你能看到全部的文本。

　　处理好了标签，现在要处理两个按钮的位置了。在storyboard中选中Left按钮并点击storyboard编辑器右下角的Align按钮（图3-17中从左数第二个按钮）。我们想让按钮垂直居中，因此在弹出面板中选择Vertical Center in Container（容器中垂直居中）选项，然后点击Add 1 Constraint（添加1个约束）按钮（如图3-25所示）。

图3-25　使用Align弹出面板对视图进行垂直居中

我们需要对Right按钮采用同样的约束，因此选中它并重复这个过程。完成之后，Interface Builder会发现两个新的问题，通过storyboard中的橙色轮廓来提示，活动视图中也出现了警告三角。点击三角就能在问题导航面板中看到警告的原因，如图3-26所示。

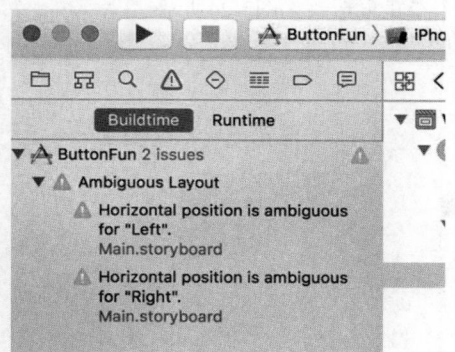

图3-26   Interface Builder因为缺少约束而进行警告

Interface Builder告诉你两个按钮的水平位置无法确定。事实上，你还没有设置任何能控制按钮水平位置的约束，所以这并不奇怪。

注意   在设定自动布局约束时，经常会见到像这样的警告。可以通过它们的帮助设定一个完整的约束集。只要完成所有布局，就不会再有警告了。本书中大部分示例都讲解了如何设定布局约束。在你添加那些约束时，经常会遇到警告，但是并不需要担心，除非完成所有步骤后警告依然存在。如果出现这种情况，说明你缺少了某一步骤，或者是某一步执行出错了，也有可能是本书存在疏漏。如果是最后一种情况，请在http://www.apress.com网站提交勘误以告知我们这个问题[①]。

我们想让Left按钮与父视图的左边保持固定的距离，Right按钮同样与右边保持一样的距离。我们可以通过Add New Constraints按钮（图3-22中Align按钮右边的那个）的弹出面板来设置约束。选中Left按钮并点击Add New Constraints按钮来调出弹出面板。在顶部会看到4个输入框通过橙色虚线连接着一个小正方形，如图3-27左侧所示。小正方形代表我们想要约束的按钮。通过4个输入框可以设置按钮与上下左右的视图之间的距离。虚线表示目前没有约束存在。我们想让Left按钮与父视图的左侧之间保持一个固定的距离，所以点击正方形左边的虚线。之后它就会变成一条橙色的实线，表示当前有约束生效。接下来，在左边的输入框中填入32来设置Left按钮与它的父视图之间的距离。按下Add 1 Constraint按钮使约束生效。

接下来设置Right按钮的位置。选中它并按下Add New Constraints按钮，点击正方形右侧（因为我们要让这个按钮与父视图右侧保持固定距离）的橙色虚线，在输入框中填入32，并按下Add 1 Constraint按钮。

我们现在设定了所需的全部约束，但活动视图中还是有警告。如果进行查看，会知道原因是按钮在运行时的位置不正确。为了修复这个问题，我们将再次使用Resolve Auto Layout Issues按钮。点击按钮（位于最右边）打开它的弹出菜单，然后点击下面那组选项中的Update Frames。之所以使用下面那组选项，是因为我们需要视图控制器中所有视图的布局都得到调整。

提示   你也许会遇到弹出菜单中所有选项都不可选的情况。如果遇到了这种情况，在文档略图中选中View Controller图标并再次尝试。

---

① 本书中文版勘误请访问图灵社区页面（http://www.ituring.com.cn/book/1973）提交。——编者注

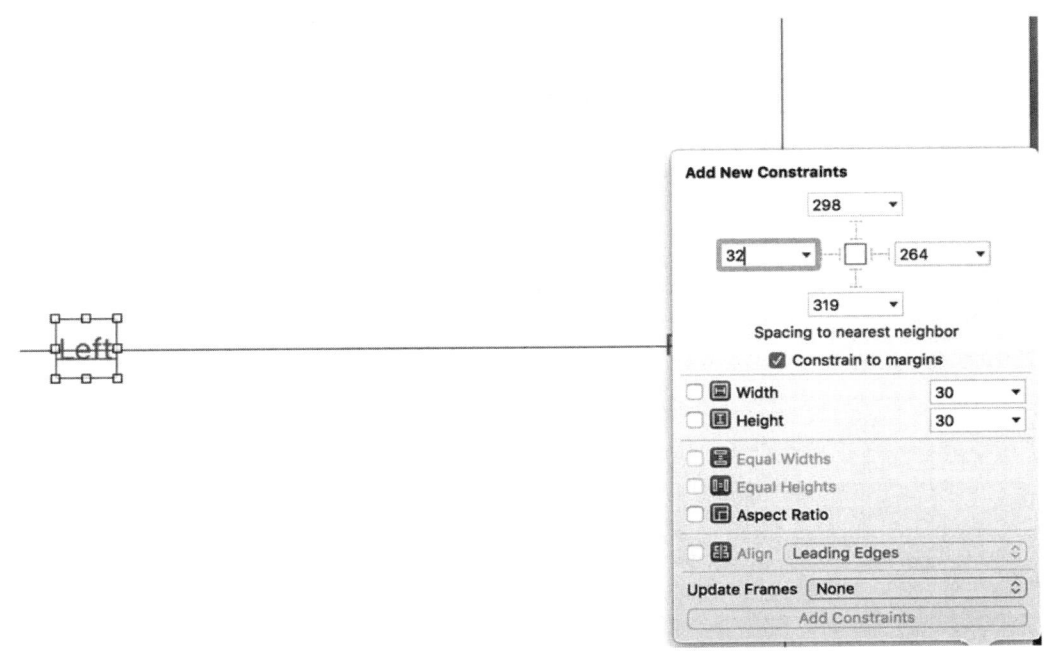

图3-27 使用Add New Constraints弹出面板来设置视图的水平位置

警告这下应该都不见了，我们的布局也最终完成了。在iPhone模拟器上运行应用程序，你将看到像本章开头图3-1那样的效果。轻点右侧的按钮，应该会出现文本内容Right button pressed。之后轻点左侧的按钮，标签将变成Left button pressed。在iPad模拟器上运行示例会发现，虽然因为屏幕变宽按钮会隔的很远，但布局依然正常。这就是自动布局的强大之处。

提示　在较大屏幕的模拟器设备上运行应用程序，你可能会发现此刻无法看到整个屏幕。可以通过iOS模拟器菜单中Window➤Scale菜单，为当前的屏幕选择一个合适的缩放比例，以解决这个问题。

到目前为止一切正常。不过再看看图3-1，会发觉少了什么东西。屏幕截图的最终效果中展示的所选按钮名称是粗体文本，然而我们的则是无格式字符串。之后会使用NSAttributedString类来设置粗体。不过让我们先来看看Xcode另一个有用的功能——布局预览。

3.3.5　布局预览

回到Xcode并选中Main.storyboard，然后打开辅助编辑器（如果你不记得如何显示它，请参考图3-6）。在辅助编辑器顶端跳转栏左边的下拉列表可以看到当前显示的是Automatic（只有将它改成Manual才可以手动选择辅助编辑器显示的内容）。在跳转栏中点击这个按钮可以打开下拉列表，你会看到很多选项，其中最后一项是Preview。当你的鼠标光标悬停在Preview上时，会出现一个子菜单，它包含了应用程序storyboard的名字。点击它就可以在预览编辑器中打开这个storyboard。

打开预览编辑器后，你将看到应用程序以纵向模式的iPhone显示。这仅仅是一个预览，不会对按钮点击有任何反应，所以上面的标签也不会有文字。如果你将鼠标移动到预览界面下面的iPhone 6s文字处，就会出现一个控件，可以通过它来旋转手机为横向模式。你可以在图3-28的右侧看到控件，并看到旋转过后的手机。

通过自动布局的强大功能，在手机旋转时，按钮会移动位置以保持垂直居中并与设备两边的距离保持一致，效果和纵向模式类似。如果标签可以看到的话，你也会看到它处于正确的位置。

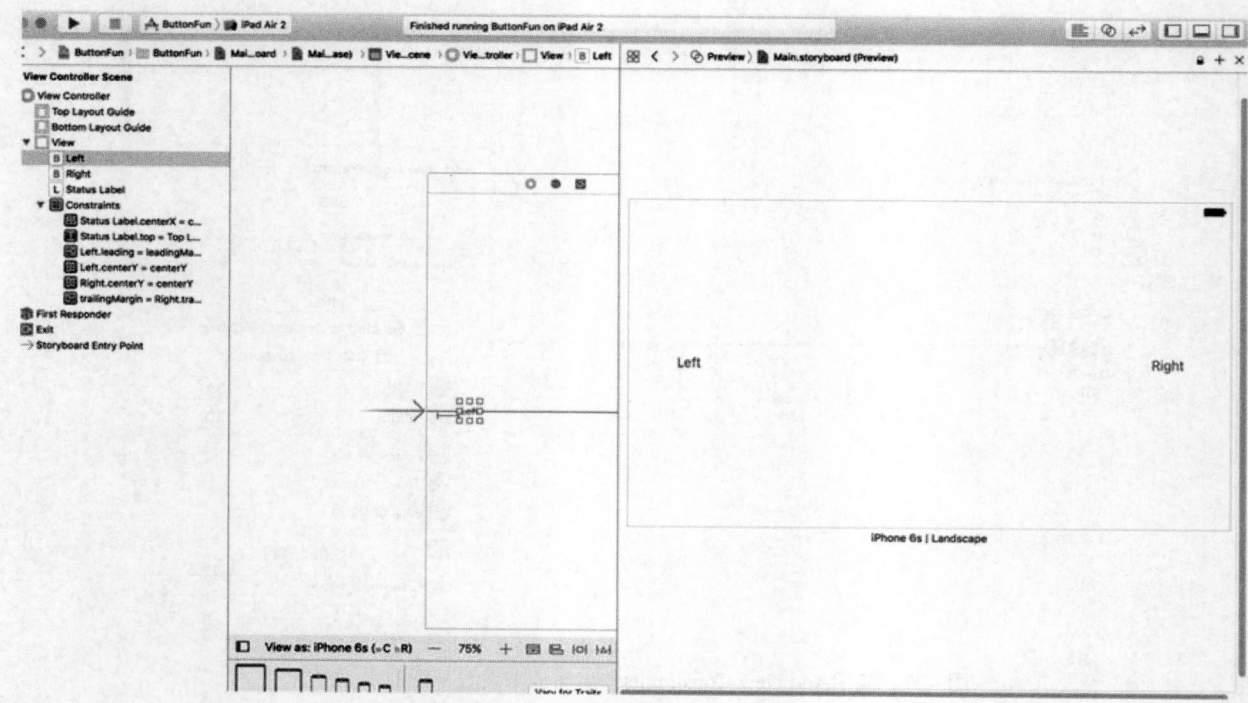

图3-28   预览iPhone在横向模式下的布局

我们也可以使用预览编辑器来观察应用程序在不同设备上的运行情况。在预览编辑器的左下角有一个加号图标，点击它可以打开一些设备的列表。我们选择iPhone SE来为预览编辑器添加预览界面。如果仍然无法看到完整的屏幕，可以通过两种不同的方式缩小预览编辑器。简单的方法是双击预览编辑器面板，这样能在全尺寸视图和微型视图之间来回切换。如果你想控制缩放级别，可以在触控板（很可惜这个功能并不支持苹果公司的magic mouse触控鼠标，至少在写这本书时是这样）上使用捏合手势。图3-29展示了两个iPhone的预览界面，调整缩放比例使屏幕能够显示出来。同理，自动布局会保证按钮能够出现在正确的位置上。旋转iPhone SE预览界面可以看出在横向模式下布局也是正常的。

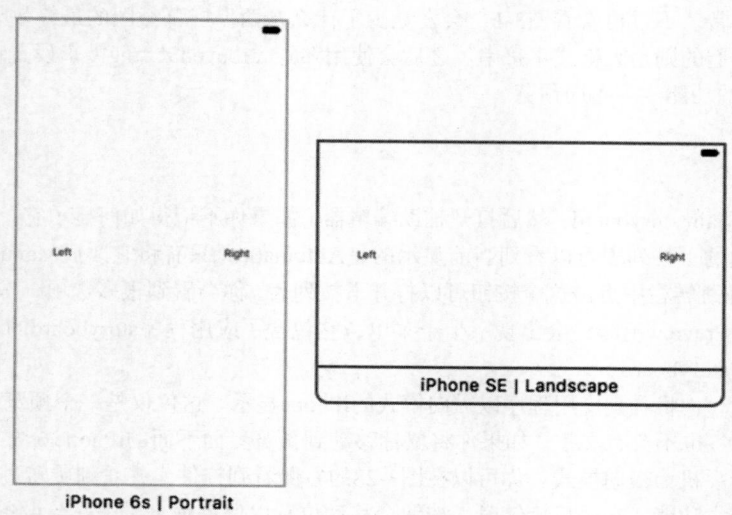

图3-29   同时预览两个设备的布局

3.3.6 改变文本样式

NSAttributedString类可以对字符串附加格式信息，比如字体和段落对齐。可以在整个字符串上使用这些元数据，也可以对字符串的不同部分采用不同的样式。如果你想实现文字处理软件为不同文本片段定制格式的效果，那么NSAttributedString正是你想要的。大部分主要的UIKit控件允许使用属性字符串。就像这里的UILabel，只需要创建一个属性字符串，然后通过将其传递给标签的attributedText属性。

选中ViewController.swift并修改buttonPressed()方法，如代码清单3-8所示。

代码清单3-8 更新buttonPressed()方法以添加粗体特征

```
import UIKit

class ViewController: UIViewController {

    @IBOutlet weak var statusLabel: UILabel!

    @IBAction func buttonPressed(_ sender: UIButton) {
        let title = sender.title(for: .selected)!
        let text = "\(title) button pressed"
        let styledText = NSMutableAttributedString(string: text)
        let attributes = [
            NSFontAttributeName:
                UIFont.boldSystemFont(ofSize: statusLabel.font.pointSize)
        ]
        let nameRange = (text as NSString).range(of: title)
        styledText.setAttributes(attributes, range: nameRange)

        statusLabel.attributedText = styledText

    }
}
```

新代码做的第一件事情就是基于我们要显示的文本创建一个属性字符串，具体说来，就是NSMutable-AttributedString的一个实例。这里需要使用可变的属性字符串，因为需要改变它的属性。

接下来，创建一个用于保存字符串属性的字典。现在只需要一种属性，所以这个字典只包含一个键–值对。通过名为NSFontAttributeName的键可以为属性字符串的一部分指定字体。这里传入的值是一种名为"bold system font"的字体，字体大小与标签当前使用的字体大小一致。相对于使用硬编码的字体名称，通过这种方式指定字体更加灵活，因为系统知道如何展现加粗字体。

然后，取得text字符串中待改变的子字符串（也就是这里的title）所属的区间（由一个起始索引和一个长度组成）。设定属性字符串的样式，然后把属性字符串赋给标签。我们来看看为标题字符串确定区间的语句：

```
let nameRange = (text as NSString).range(Of:title)
```

注意，text变量从Swift类型String格式被强制转换成了Core Foundation类型的NSString。这是必需的，因为String和NSString都有名为range(Of:String)的方法。我们需要调用NSString的方法来获取NSRange对象作为区间，因为下一行的setAttributes()方法会用到这个类型的参数。

现在，点击Run按钮运行应用，可以看到标签中的按钮名称是以粗体显示的，如图3-1所示。

3.4　应用程序委托

很好，应用程序运行起来了！在进入下一个主题之前，我们要花点时间来看看还没有介绍过的源代码文件：AppDelegate.swift。这些文件实现了应用程序委托（application delegate）。

Cocoa Touch广泛地使用委托（delegate），委托是负责为其他对象处理特定任务的对象。通过应用程序委托，能够在某些预定义时间点为UIApplication类做一些工作。每个iOS应用程序都有且仅有一个UIApplication实例，它负责应用程序的运行循环，以及处理应用程序级的功能（比如把输入信息分发给恰当的控制器类）。UIApplication是UIKit的标准组成部分，主要在后台处理任务，所以一般来说不用管它。

在应用程序执行过程中的某些特定时间点，UIApplication会调用特定的委托方法（如果委托对象存在，并且实现了相应的委托方法）。例如，如果需要在程序退出时触发一段代码，可以在应用程序委托中实现applicationWillTerminate()方法，在这个方法内编写想要的代码即可。通过这种委托，开发者可以实现通用的应用程序级行为，而不需要继承UIApplication类，也不需要了解它的任何内部机制。

在项目导航面板中单击AppDelegate.swift，查看应用程序委托的头文件。

代码清单3-9　应用程序删除的初始代码

```
import UIKit

@UIApplicationMain
class AppDelegate: UIResponder, UIApplicationDelegate {

    var window: UIWindow?
```

代码体加粗部分表示这个类遵循一个名称为UIApplicationDelegate的协议。按住Option键。你的鼠标光标应该变成了十字形。把光标移到UIApplicationDelegate这个单词上，现在光标应该变成了问号，并且UIApplicationDelegate被高亮显示了，类似于浏览器中的链接（见图3-30）。

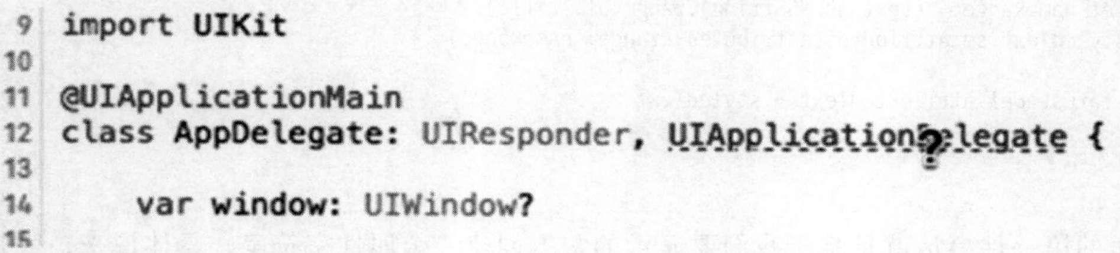

```
9   import UIKit
10
11  @UIApplicationMain
12  class AppDelegate: UIResponder, UIApplicationDelegate {
13
14      var window: UIWindow?
15
```

图3-30　在Xcode中按住Option键，把鼠标指向代码中的某个符号，该符号就会
　　　　　高亮显示，同时光标变成问号

仍然按住Option键，单击这个链接。这时候会弹出一个小窗口，其中显示了UIApplicationDelegate协议的简单概述，如图3-31所示。

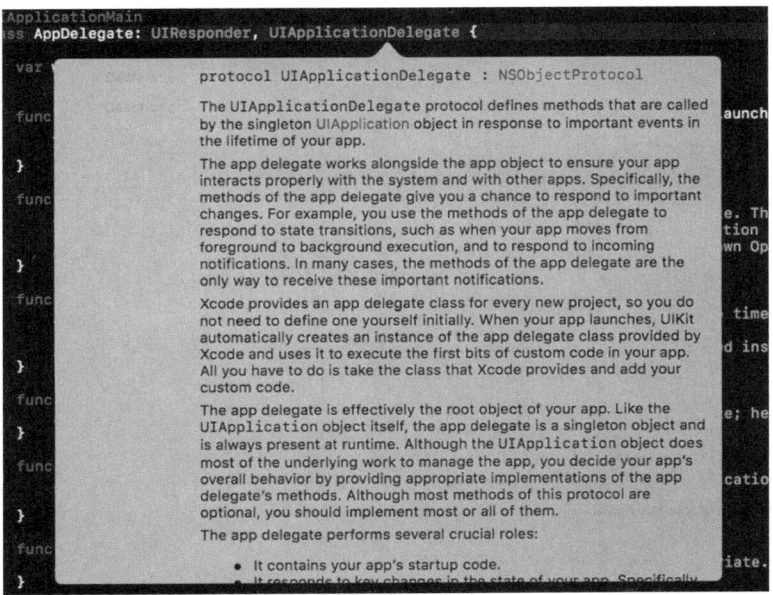

图3-31　按住Option键并单击源代码中的<UIApplicationDelegate>，Xcode就会弹出
这个名为快速帮助（Quick Help）的面板，它描述了协议的相关内容

滚动到浮动窗口的最底端，可以看到两条链接，如图3-32所示。

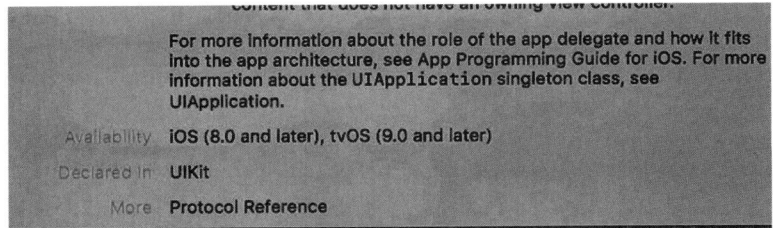

图3-32　链接指向所选内容的更多详细信息

　　注意这个新弹出的文档窗口底部有两个链接。单击More链接可以查看这个符号的完整文档，单击Declared In链接则可以查看这个符号在头文件中的定义。这个技巧也适用于类、协议、分类名称，以及编辑器面板中显示的方法名称。只要按住Option键并单击某个单词，Xcode就会在文档浏览器中搜索这个词。

　　了解如何快速查找文档中的内容绝对大有裨益，但是查看这个协议的定义可能更为重要。开发者可以通过这个协议的定义来了解这个应用程序委托能够实现哪些方法，以及这些方法分别会在什么时候调用。有必要花些时间来阅读这些方法的说明。

　　回到项目导航面板，单击AppDelegate.swift来查看应用程序委托的实现。

代码清单3-10　AppDelegate.swift文件

```
Import UIKit

@UIApplicationMain
class AppDelegate: UIResponder, UIApplicationDelegate {

    var window: UIWindow?

    func application(_ application: UIApplication, didFinishLaunchingWithOptions
```

```
launchOptions: [NSObject: AnyObject]?) -> Bool {
    // Override point for customization after application launch.
    return true
}

Func applicationWillResignActive(_ application: UIApplication) {
    // Sent when the application is about to move from active to inactive state. This
    can occur for certain types of temporary interruptions (such as an incoming phone
    call or SMS message) or when the user quits the application and it begins the
    transition to the background state.
    // Use this method to pause ongoing tasks, disable timers, and throttle down OpenGL
    ES frame rates. Games should use this method to pause the game.
}

func applicationDidEnterBackground(_ application: UIApplication) {
    // Use this method to release shared resources, save user data, invalidate timers,
    and store enough application state information to restore your application to its
    current state in case it is terminated later.
    // If your application supports background execution, this method is called instead
    of applicationWillTerminate: when the user quits.
}

func applicationWillEnterForeground(_ application: UIApplication) {
    // Called as part of the transition from the background to the active state; here
    you can undo many of the changes made on entering the background.
}

func applicationDidBecomeActive(_ application: UIApplication) {
    // Restart any tasks that were paused (or not yet started) while the application was
    inactive. If the application was previously in the background, optionally refresh
    the user interface.
}

func applicationWillTerminate(_ application: UIApplication) {
    // Called when the application is about to terminate. Save data if appropriate. See
    also applicationDidEnterBackground:.
}
}
```

在这个文件的顶部，可以看到应用程序委托实现了文档中列出的一个协议方法，即application(_: didFinishLaunchingWithOptions:)。也许你已经猜到了，当应用程序完成所有的初始化工作，并且准备好与用户进行交互时，就会调用这个方法。这个方法经常用来创建要在应用程序运行的整个生命周期内活动的对象。

本书后面会包含更多相关的内容，特别是第15章。我们只是希望在本章结束之前能够让你了解一些应用程序委托的背景知识，以及所有这些内容之间的联系。

3.5 小结

本章通过一个简单的应用程序介绍了MVC；学习了如何创建并关联输出接口和操作方法，实现视图控制器，以及使用应用程序委托；还学习了如何在轻点按钮时触发操作方法，以及如何在运行时更改标签的文本。虽然这只是一个简单的应用程序，但是其中用到的基本概念与iOS中的所有控件都是一致的，不仅仅是按钮控件。事实上，本章对按钮和标签的使用方式适用于iOS中的大部分标准控件。

理解本章的所有知识点及其原理非常重要。对于没有完全理解的部分，请回头重新阅读。如果尚未完全理解这些内容，本书后面创建比较复杂的界面时，你就会感到更加困惑。

下一章将介绍其他一些标准iOS控件。你还可以学到如何使用警告来把重要的事项通知给用户，以及如何通过操作表单指示用户需要在程序继续运行之前做出选择。

第 4 章

更丰富的用户界面

第3章介绍了MVC，并且采用这个模式构建了一个简单的应用程序。我们学习了输出接口和操作方法，并使用它们将按钮控件与文本标签绑定在一起。本章要构建一个更为复杂的应用程序，加深你对控件的理解，如图4-1所示。

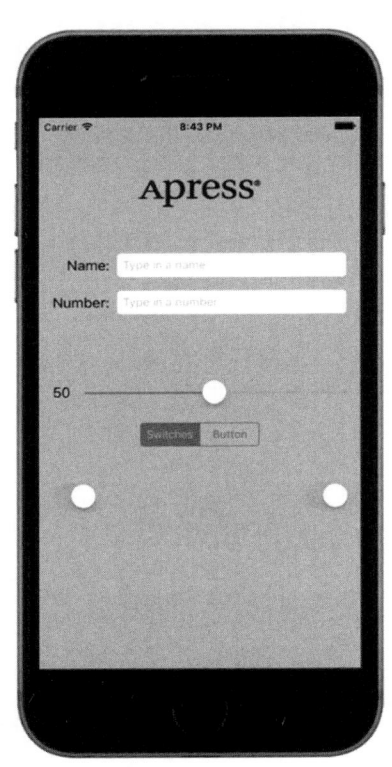

图4-1　本章的项目添加了新控件来丰富用户界面

本章将实现一个图像视图、一个滑动条、两个不同的文本框、一个分段控件、两个开关控件和一个iOS 7之前风格的按钮。你将了解如何设置和获取各种控件的值。本章还会介绍如何使用操作表单强制用户做出选择，以及使用警告视图向用户显示重要的反馈信息。你还可以学到控件状态的相关知识，以及如何使用可拉伸图像让按钮更加美观。

本章的应用程序将使用大量的用户界面元素，因此讲解方式会与第2章和第3章有所不同。本章会将应用程序分成若干小块，每次实现其中的一块。这需要不断地在Xcode和iOS模拟器之间进行切换，对每一块都要进行测试，然后再继续实现下一块。把构建复杂界面的过程划分为小块，这样可以实现简化，也更加接近于实际的应用程序构建流程。"编码–编译–调试"就是软件开发人员日常工作的主要内容。

虽然我们的应用只使用一个视图和控制器，但这个视图上有很多控件，如图4-1所示。

位于屏幕顶部的Apress标志是一个图像视图。在这个应用程序中，它的作用仅仅是显示一个静态图像。标志下方是两个文本框，一个允许输入文字和数字，另一个只允许输入数字。文本框下方有一个滑动条。当用户移动滑动条时，其左侧标签的值会随之改变，反映滑动条的当前值。

滑动条下方是一个分段控件和两个开关控件。分段控件在这里用于控制其下方空间显示哪种类型的控件。当应用程序首次启动时，分段控件下方会有两个开关控件。更改任一开关的值都会导致另一个开关随之变动，两个开关的值始终保持一致。当然，在实际的应用程序中不太可能会这么做，但它的确说明了如何通过代码更改控件的值，你不需要额外的工作，Cocoa Touch就能实现特定操作的动画效果。

图4-2显示了当用户单击分段控件右侧按钮时发生的情况。分段控件下方的两个开关控件消失了，由一个按钮取代。

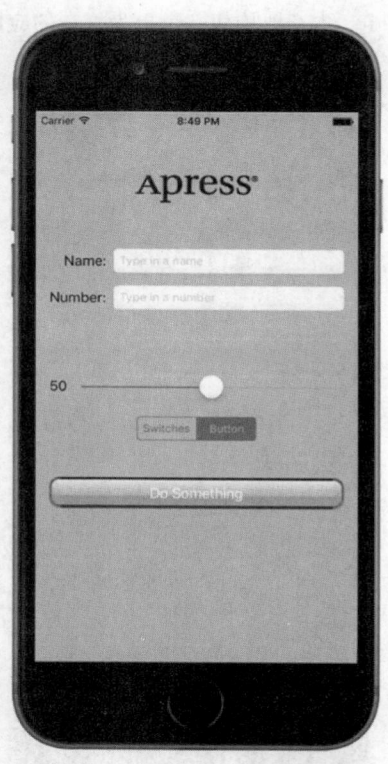

图4-2   点击分段控件左侧按钮，会在分段控件下方显示一组开关控件；
点击分段控件右侧按钮，则只在分段控件下方显示一个按钮

点击这个Do Something按钮时，将弹出一个操作表单，询问用户是否确定要点击这个按钮（见图4-3）。注意操作表单是如何高亮显示并居于前台的，其他控件则变得暗淡。

对于具有潜在危险或可能导致严重后果的用户输入，这是标准的响应方式，可以多给用户一次选择的机会，避免潜在危险的发生。如果选择"Yes, I'm Sure!"，应用程序会弹出一个警告视图，通知用户没有异常情况（见图4-4）。

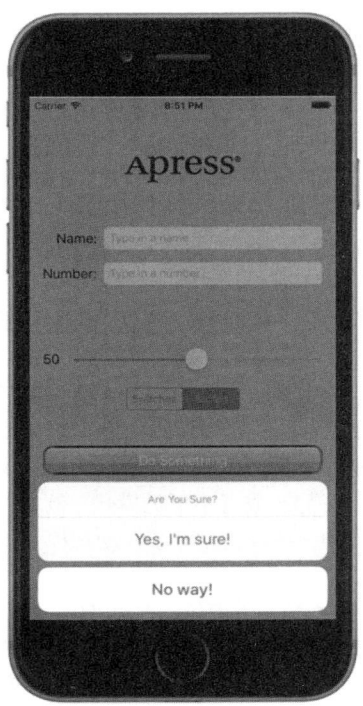

图4-3　应用通过操作表单来请求用户的输入响应

图4-4　在可能导致严重后果时，利用警告视图来通知用
户。不过，这里用它是为了通知用户一切正常

4.1   动态控件、静态控件和被动控件

　　用户界面控件共有三种基本模式：动态、静态（又叫非动态）和被动。第3章使用的按钮是典型的动态控件，点击它们时会发生一些事情——通常是触发一段自己编写的Swift代码。

　　虽然大多数控件都能直接触发操作方法，但并非所有控件都是如此。例如在本章将要实现的图像视图就没有触发行为。尽管可以进行一些配置，使其能够触发操作方法，但在本章的应用程序中，用户不能对其执行任何操作。标签和图像控件通常都采用这种方式。

　　一些控件可以在被动状态下工作，仅用于存储用户输入的值，以备后续使用。这些控件不会触发任何操作方法，但是用户可以与之交互，并修改它们的值。被动控件的一个典型例子是网页上的文本框。虽然可以在离开文本框时触发验证代码，但网页上的大多数文本框都只是保存数据的容器。这些数据在用户点击提交按钮时提交给服务器。文本框本身不会触发任何代码，但是在点击提交按钮时可以把文本框的数据提交到相关的Swift代码中。

　　在iOS设备上，大多数可用控件都可以通过这三种模式使用，并且几乎所有的控件都支持一种以上的模式，可以根据自己的需求选择合适的模式。所有iOS控件都是UIControl的子类，因此它们能够触发操作方法。大多数控件都支持被动模式，并且所有控件都支持静态或者不可见模式。例如，使用某个控件时可能会触发另一个静态控件成为动态控件。但是，包括按钮在内的一些控件，除了在动态模式下用来触发代码以外，实际上并没有其他用途。

　　iOS和Mac上的控件在行为上存在一些差异，下面给出一些例子。

- ❑ 由于多点触控界面的引入，所有iOS控件都可以根据被触控的方式触发多个不同的操作方法。可以在用户点击按钮时触发一个操作方法，当用户手指在按钮上滑动时，再触发另一个操作方法。
- ❑ 可以在用户按下按钮时触发一个操作方法，在用户手指离开按钮时触发另一个操作方法。
- ❑ 可以让单个控件对单一事件调用多个操作方法。例如，可以让Touch Up Inside事件触发两个不同的操作方法，也就是说，当用户的手指离开按钮时这两个操作方法都会被调用。

注意　虽然在iOS中的控件可以触发多个操作方法，但在大多数情况下，最好是对控件的每一个特殊用途实现唯一的操作方法。虽然通常不会使用这项特性，但是在使用Interface Builder时最好牢记这一点。如果一个控件已经关联了某个操作方法，而后又在Interface Builder中把同一控件的同一事件关联到其他操作方法，此时并不会断开该控件与前一个操作方法的关联。如果一个控件可以触发多个操作方法，可能会导致应用出现意料之外的行为。在Interface Builder中重新关联事件时要务必留心，确保在关联到新的操作方法之前断开之前的关联。

---

　　iOS与Mac之间的另一个主要区别是，iOS设备没有物理键盘。iOS的标准键盘实际上是由系统提供的、满是按钮控件的视图。你的代码可能永远都不会直接与iOS的键盘交互。

4.2   创建 Control Fun 应用程序

　　打开Xcode并创建一个名称为Control Fun的新项目。我们将再次使用Single View Application模板，仍然按照之前两章的方法创建项目。

　　项目创建完成后，先找到要在图像视图中使用的图片。先将图片导入Xcode中，然后才能在Interface Builder中使用，所以现在就导入。可以在04-Control Fun文件夹的项目归档中找到三张图片，分别为apress_logo.png、apress_logo@2x.png和apress_logo@3x.png，它们是同一张图片的普通版和两种Retina高清版。我们要将这些图片添加到新项目的图像资源目录中，让程序知道运行时使用哪种图片。如果想使用自己的图片，要确保它们的格式是.png，并且图片尺寸与屏幕空间相适应。小的那张图片的高度应小于100像素，宽度应小于300像素。这样即便在最小的iPhone屏幕上，也不需要调整图像大小，就能够放在视图的顶部。较大两张图片的宽和高则分别为它的

两倍和三倍。

　　在Xcode的项目导航面板中选中Assets.xcassets，然后在Finder文件管理器中找到04 - Logos文件夹并选中所有三张图片。现在将图片拖动到Xcode的编辑区域上并松开鼠标。Xcode能根据图片的名称分析出你为名为apress_logo的图片添加了三种不同的分辨率版本，并自动替你完成其余的工作（见图4-5）。此时你能在编辑区域左侧边栏已有的AppIcon条目下看到一个名为apress_logo的条目。现在你可以在代码或Interface Builder中使用apress_logo这个名称来引用这个图片集，应用会在运行时自动加载正确分辨率的那张图片。

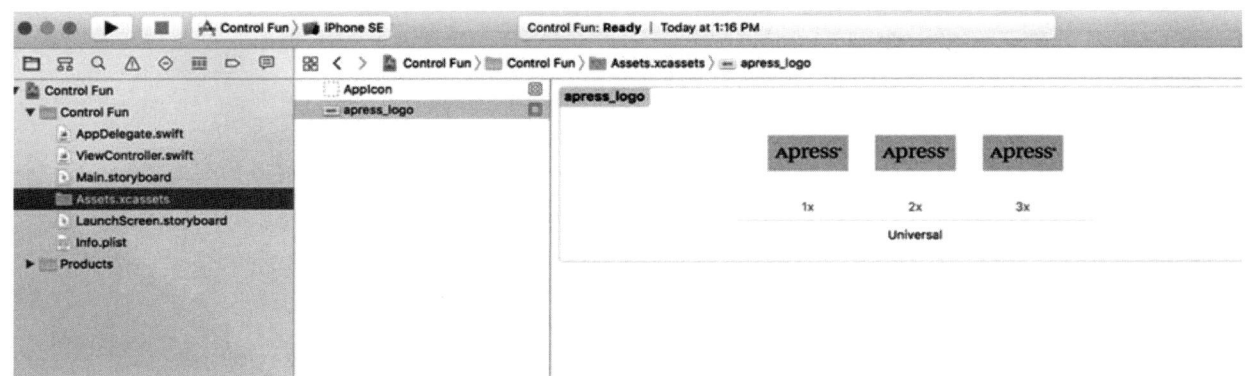

图4-5　在Xcode项目中添加apress_logo图片

4.3　实现图像视图和文本框

　　将图像添加到项目之后，需实现应用程序屏幕顶部的5个界面元素：一个图像视图、两个文本框和两个标签（见图4-6）。

图4-6　要首先实现的图像视图、标签和文本框

4.3.1　添加图像视图

　　在项目导航面板中单击Main.storyboard，会在Interface Builder中打开它。之后会看到熟悉的白色背景和一个正方形视图，可以在这个视图上放置应用程序的界面元素。正如上一章中所做的那样，在Interface Builder下方选择iPhone 6s作为View As:选项。

注意　这个功能区域位于画布的下面，是Xcode 8的新功能，被称为视图尺寸（View Dimension），它能让我们在Interface Builder画布中选择如何预览这个场景。

如果对象库还没有打开，那么选择View➤Utilities➤Show Object Library打开它。把滚动条向下拖动大约1/4的距离就应该能在列表里面找到Image View了（见图4-7），也可以直接在搜索框中输入image。记住，库面板顶部的第三个图标代表对象库。

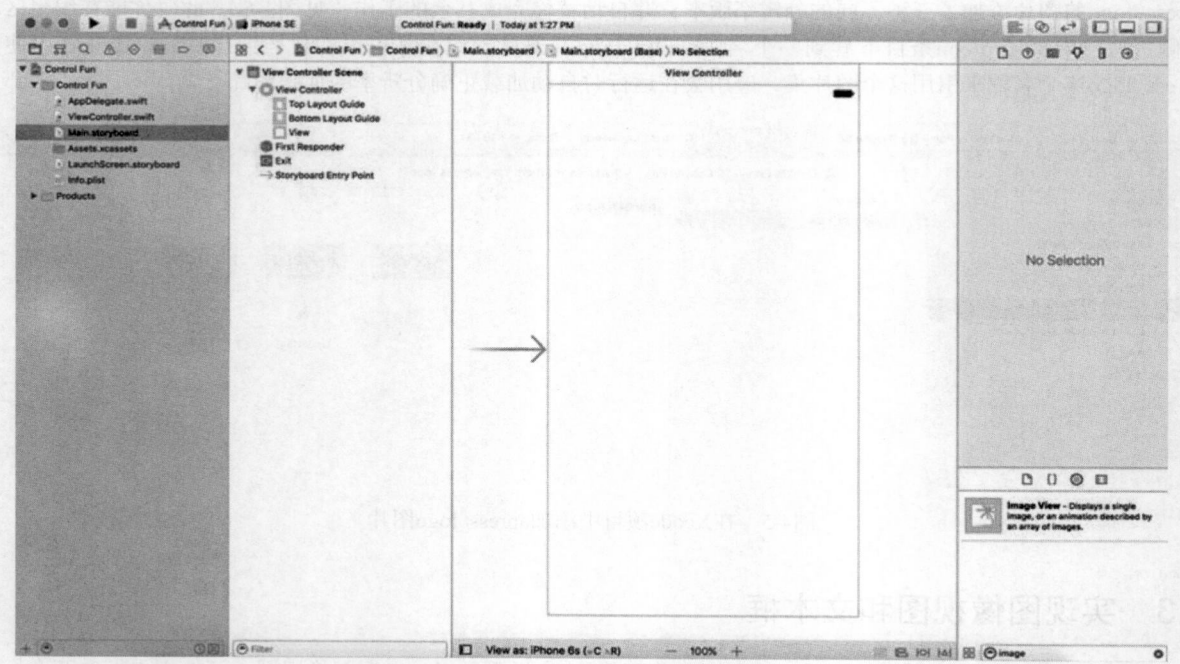

图4-7   Interface Builder对象库面板中的Image View

把图像视图拖动到storyboard编辑器中视图顶端附近的某处，如图4-8所示。不必担心位置是否精确，下一节中会对其进行调整。

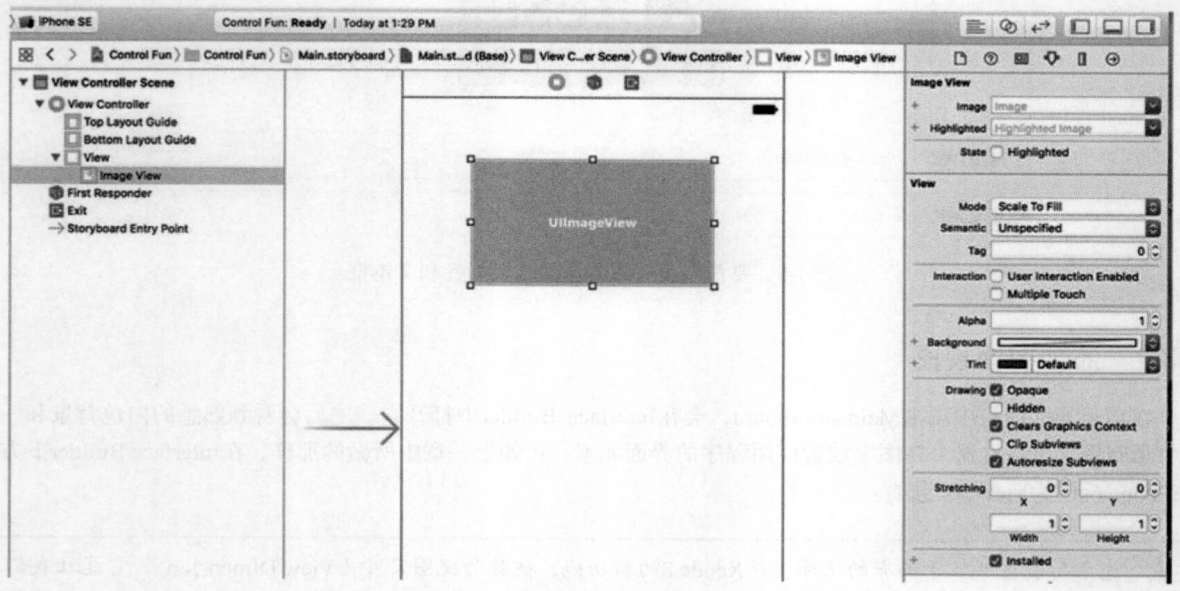

图4-8   在storyboard中添加UIImageView视图

选中图像视图之后，按Option+Command+4调出特征检查器，这样可以看到UIImageView类的可编辑选项。图像视图中重要的设置就是位于检查器最顶部的Image属性。单击这个字段右边的小箭头，就会弹出一个列出了可用图像的菜单，其中包含添加到项目中资源目录的所有图像。选择之前添加的apress_logo图像。这个图像现在应该出现在图像视图中了，如图4-9所示。

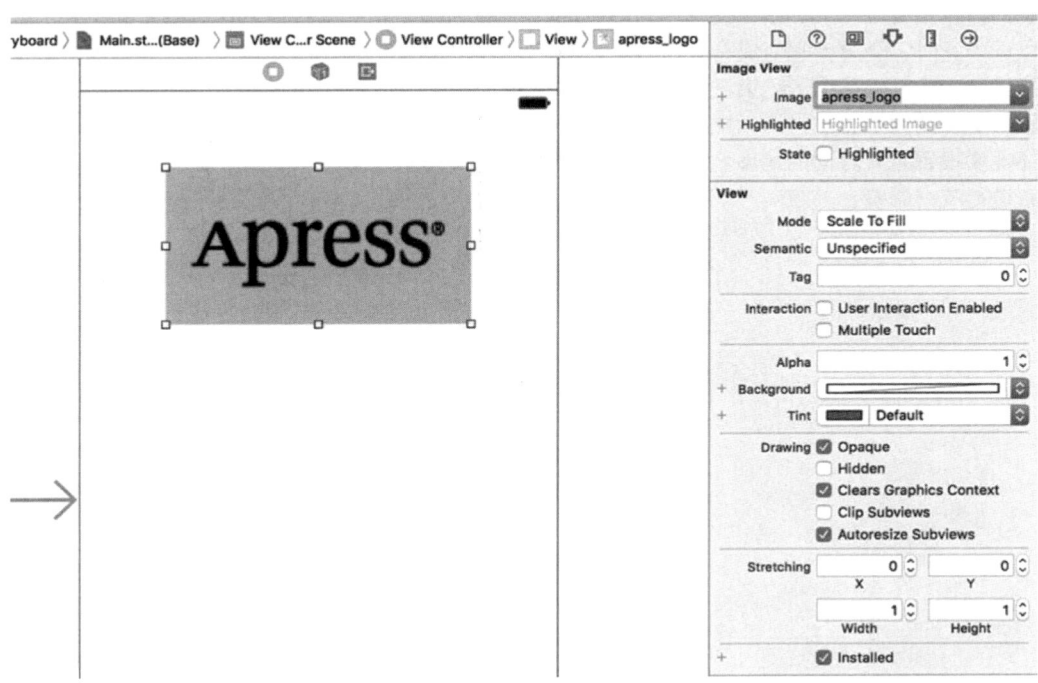

图4-9　图像视图的特征检查器。在检查器顶部的Image弹出菜单中选中想要使用的图像，这个图像
　　　　就会出现在图像视图中

4.3.2　调整图像视图的大小

由于我们使用的图像与容纳它的图像视图大小不同，默认状态下，Xcode放大图像至完全填满整个图像视图。原因在于，特征检查器中的Mode属性被设置为Scale To Fill（自适应缩放）。虽然我们以这种方式使用图像和图像视图可以保证应用的正常运行，但是更好的方法是在运行前就做好图像缩放的工作，因为运行应用时，进行图像缩放需要消耗一些时间和处理器周期。在这个案例中，我们不需要任何缩放。现在，调整图像视图，使它的大小与图像完全一致。首先将Mode属性改为Center，这样图像就不会缩放比例，而且无论为图像视图设定了多少尺寸，都将会保持居中。确保选中了图像视图，并且可以看到用于调节视图大小的手柄。按下Command+=或者选择Editor➤Size to Fit Content。如果使用Command+=没有效果，或者Size to Fit Content选项是灰色的，需要重新选择图像视图，稍微往边上拖动一点，然后再试一次。

提示　如果在编辑区中选择控件时遇到了困难，可以打开文档略图（点击左下方的小三角形图标）。现在就可以
　　　在文档略图中点击想要选择的界面元素，这个元素就会在编辑器中被选中。
　　　如果要选取一个嵌套在另一个对象中的对象，可以点击包含该嵌套对象的对象左侧的三角形图标，从而
　　　把其中包含的对象都显示出来。本例要选取图像视图，首先点击View对象左边的三角形图标，然后点击
　　　出现在文档略图中的Image View，这样编辑器中相应的图像视图就被选中了。

现在已经调整好了图像视图的尺寸，接下来将其移动到中心位置。你应该知道要如何做，因为在第3章中已经执行过同样的操作。将图像视图拖动到水平居中的位置，然后点击编辑区域右下角的Align图标，在浮动面板中勾选Horizontally in Container复选框，之后点击Add 1 Constraint按钮。

你可能已经注意到了，Interface Builder会显示出某个视图与其父视图的边缘之间的实线（请不要与拖动界面元素时出现的蓝色虚线混淆），或者父视图边界到其他视图的实线。这些实线表示你所添加的约束。点击刚才添加的约束以选中它时，会看到它变成一条纵向贯穿整个主视图的橙色实线（见图4-10）。

这条线意味着你已经选中了约束。它们之所以是橙色，是因为图像视图的位置以及尺寸还没有完全设定好，你还需要添加更多的约束。点击活动视图中的橙色三角可以查出问题在哪里。在当前情况下，Xcode会告诉我们图像视图还需要设置垂直方向的约束。你可以现在就使用第3章学到的方法来完成；或者先留着，在本章后面会对所有约束进行统一调整。

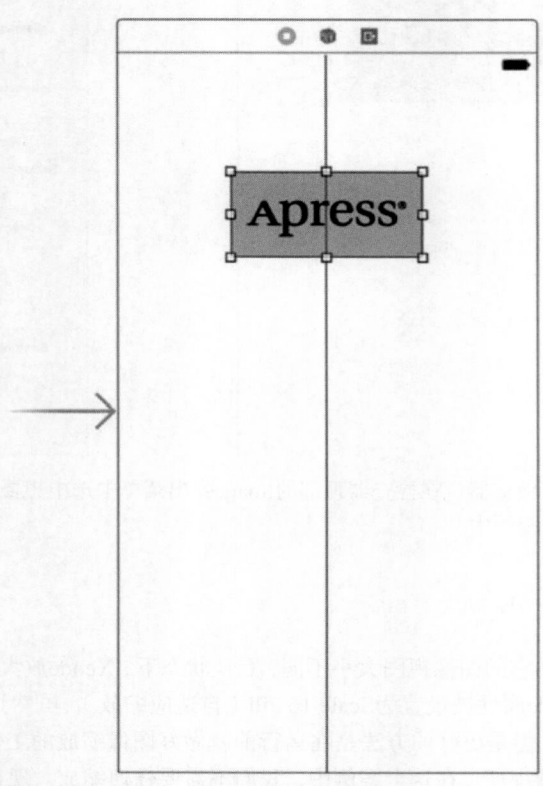

图4-10   把图像视图调整到与图像尺寸大小一致之后，根据蓝色引导线把
视图拖动到合适位置，并创建一个约束，保证它始终位于中央

提示   在Interface Builder中拖动和重新调整视图大小时可以使用一些小技巧。如果文档略图界面没有出现，可以点击编辑器底部的三角形图标来激活。调整视图大小时按住Option键，Interface Builder就会在屏幕上显示一些红色的辅助线，让你更方便了解图像视图的大小。此技巧不适用于拖动操作，因为按下Option键再拖动，就会导致Interface Builder生成一份被拖动对象的副本。如果勾选Editor ➤ Canvas ➤ Show Bounds Rectangles，Interface Builder还会显示出所有界面元素的外围线条，使这些元素更容易辨识。取消勾选Show Bounds Rectangles就可以关闭这些外围线条。

4.3.3 设置视图属性

选中图像视图，再次将注意力转向特征检查器。在检查器的Image View部分下面的是View部分。你也许已经猜到了，检查器顶部显示的是特定于当前所选对象的属性，之后则是更为通用的属性（适用于所选对象的父类）。在本例中，UIImageView的父类是UIView，所以下一部分的标签是View，其中包含了任何视图类都具有的属性。

1. Mode

图像视图检查器中的第一个属性是名为Mode的弹出菜单。Mode菜单用于选择内容在视图内部的显示方式。这决定了图像在视图内的对齐方式，以及是否缩放图像以适应视图大小。可以对apress_logo图像随意尝试各种选项，以查看效果。不过记住结束后要重置为Center（居中）。

记住，选择任何导致图像缩放的选项都可能增加运行时的处理开销，因此最好避免使用这些选项，尽量在导入图像之前就调整好它们的大小。如果希望以多种尺寸显示同一图像，最好在项目中导入该图像不同尺寸的多个副本，而不是强制让iOS设备在运行时对它们执行缩放。当然，在运行时也许会有需要缩放或不得不缩放图像的情况，这里只是一般情况下的做法，不是硬性规定。

2. Semantic

在Mode的下方，你会看到Semantic属性。这是iOS 9新添加的属性，它可以让你设定视图在某些语言的（比如希伯来语和阿拉伯语）地区使用从右到左的阅读顺序进行渲染。默认情况下视图的这个属性是unspecified（无设定）状态，不过当前可以为其选择一个合适的状态。参考UIView类的Xcode文档中的semanticContentAttribute属性的描述可以获取更多的细节。

3. tag

下一个值得注意的属性是tag，但是本章并不会使用它。UIView的所有子类，包括所有视图和控件，都有一个tag属性。该属性只是一个数值，可以在这里设置，也可以在代码中设置。tag是开发者使用的，系统永远不会设置或修改它的值。如果为某控件或视图设置了一个tag值，那么这个值会一直不变，除非你想改它。

tag是用于标识界面对象的一种与语言无关的方法，非常简便。假设有5个不同的按钮，每个按钮都有一个不同的标题，但你希望使用一个操作方法来处理这5个按钮的点击事件。在这种情况下，可能需要通过某种方式在操作方法被调用时区分这些按钮。与标题不同，tag属性永远不会改变。因此，如果在Interface Builder中为tag赋了一个值，随后就可以使用它来确定通过sender参数传递给操作方法的控件到底是哪一个了。这是一种既快速又可靠的方法。

4. Interaction

Interaction部分的两个复选框与用户交互有关。第一个复选框User Interaction Enabled指定用户能否与当前对象进行交互。对于大多数控件来说，都应该选中这个复选框，否则控件永远不能触发操作方法。但是，图像视图默认不选中这个复选框，因为它们通常只用于静态信息的显示。由于我们的例子只是在屏幕上显示一幅图像，因此不需要启用这一项。

另一个复选框是Multiple Touch，它决定了当前控件能否接收多点触摸事件。多点触摸事件支持各种复杂的手势，比如许多iOS应用程序中用于缩放的双指捏合操作。第18章会详细讨论手势和多点触摸事件。由于我们例子中的图像视图完全不接受用户的交互，因此没有必要开启多点触摸事件，所以不勾选这个复选框。

5. Alpha

检查器中的下一项是Alpha，此选项需要格外小心。Alpha定义图像的透明度，也就是图像背后内容的可见度。Alpha是取值范围为0.0～1.0的浮点数，0.0是完全透明，1.0是完全不透明。如果使用任何小于1.0的值，iOS设备就会将视图绘制成具有一定的透明度，这样视图背后的任何对象都可以显示出来。如果值小于1.0，即使图像背后没有任何内容，应用程序也会在运行时占用处理器周期来叠加半透明视图后面的空白区域。因此，除非有非常充分的理由，否则一般要将该值设置为1.0。

6. Background

再下面一项是Background，用于确定视图的背景颜色。对于图像视图来说，只有当图像没有填满整个视图，在周边出现间隙区域，或者图像某些部分透明的情况下，这个属性才起作用。我们已经调整了视图大小，使其与显示的图像完全匹配，因此设置这个属性的值并不会产生任何可见效果，保留默认值即可。

7. Tint

接下来的控件可以让你指定所选视图的高光（tint）颜色。一些视图在绘制自身时会用到这个颜色。我们在本章后面用到的分段控件使用了这种高光颜色，而UIImageView则没有。

8. Drawing

Tint属性下方是一系列Drawing复选框。第一个复选框名为Opaque。这个复选框在默认情况下应该是选中的，如果没有，请单击选中它。Opaque选中时相当于告诉iOS当前视图的背后没有需要绘制的内容，同时允许iOS的绘图方法通过一些优化来加速当前视图的绘制。

你可能想知道为何在把Alpha设置为1.0（不透明）之后还需要选中Opaque复选框。原因是，Alpha属性对需要绘制图像的视图部分起作用，但是如果某个图像并不能完全填充图像视图，或者图像上存在一些洞（由Alpha通道所致），那么视图下方的对象将仍然可见，不管Alpha的值是多少。选中Opaque复选框之后，iOS就会知道这个视图背后没有需要绘制的内容，因此就不必在视图对象背后的东西上浪费处理时间了。可以放心地选中Opaque复选框，因为之前已经选中了Scale To Fit，它会使图像视图与它所包含的图像大小完全匹配。

Hidden复选框的作用显而易见，选中它之后，用户就看不到这个对象了。有时隐藏某个对象非常有用，比如本章稍后介绍的例子就需要隐藏开关和按钮。但在大多数情况下，都不会选中此选项。

下一个复选框是Clears Graphics Context，这一项基本上不需要选中。如果选中它，iOS会在实际绘制对象之前清空所有区域的内容为透明。考虑到性能问题，并且很少有这种需求，所以通常将其设置为关闭状态。你应确保这个复选框未被选中（默认情况下可能是选中的）。

Clip Subviews是一个非常有趣的选项。如果你的视图包含子视图，并且这些子视图没有完全包含在其父视图的边界内，那么这个复选框的值可以决定子视图的绘制方式。如果选中了Clip Subviews，那么只有位于父视图边界内的子视图部分会被绘制出来。如果不选中Clip Subviews，那么子视图就会被完全绘制出来，不管子视图是否超出了父视图的边界。

Clip Subviews默认是未选中的状态。这一行为似乎与实际情况刚好相反。从数学的角度来说，计算裁剪区域并显示子视图的部分区域是比较耗费资源的操作，而且在大多数情况下子视图不会超出父视图的边界。如果确实需要，可以启用Clip Subviews，但考虑到性能，这个选项默认是关闭的。

最后要介绍的是Autoresize Subviews复选框，它告诉iOS在当前视图的大小发生变化时自动调整子视图的大小。这一项默认选中，保留默认值即可，因为我们例子中的视图大小不会发生改变，所以选不选中这一项都无所谓。

9. Stretching

下一部分名为Stretching（拉伸）。在屏幕上调整矩形视图大小导致重绘视图时，需要使用该选项。该选项用于保持视图的外边缘（例如按钮的边框）不变，仅拉伸中间部分，而不是均匀拉伸视图的全部内容。

这里需要设置4个浮点值，用于指定一个矩形可拉伸区域的左上角坐标以及大小，这4个浮点数的取值范围都是0.0～1.0，代表整个视图大小的一部分。例如，如果希望每个边缘最外边的10%是不可拉伸的，那么就将X和Y都设为0.1，同时将Width和Height都设为0.8。本例保留默认值：X和Y为0.0，Width和Height为1.0。大多数情况下都不需要改变这些值。

4.3.4   添加文本框

完成图像视图之后，该添加文本框了。从对象库中拖出一个文本框并将其移动到故事板中。使用蓝色引导线使文本框与右边缘对齐，同时紧挨着图像视图（见图4-11）。

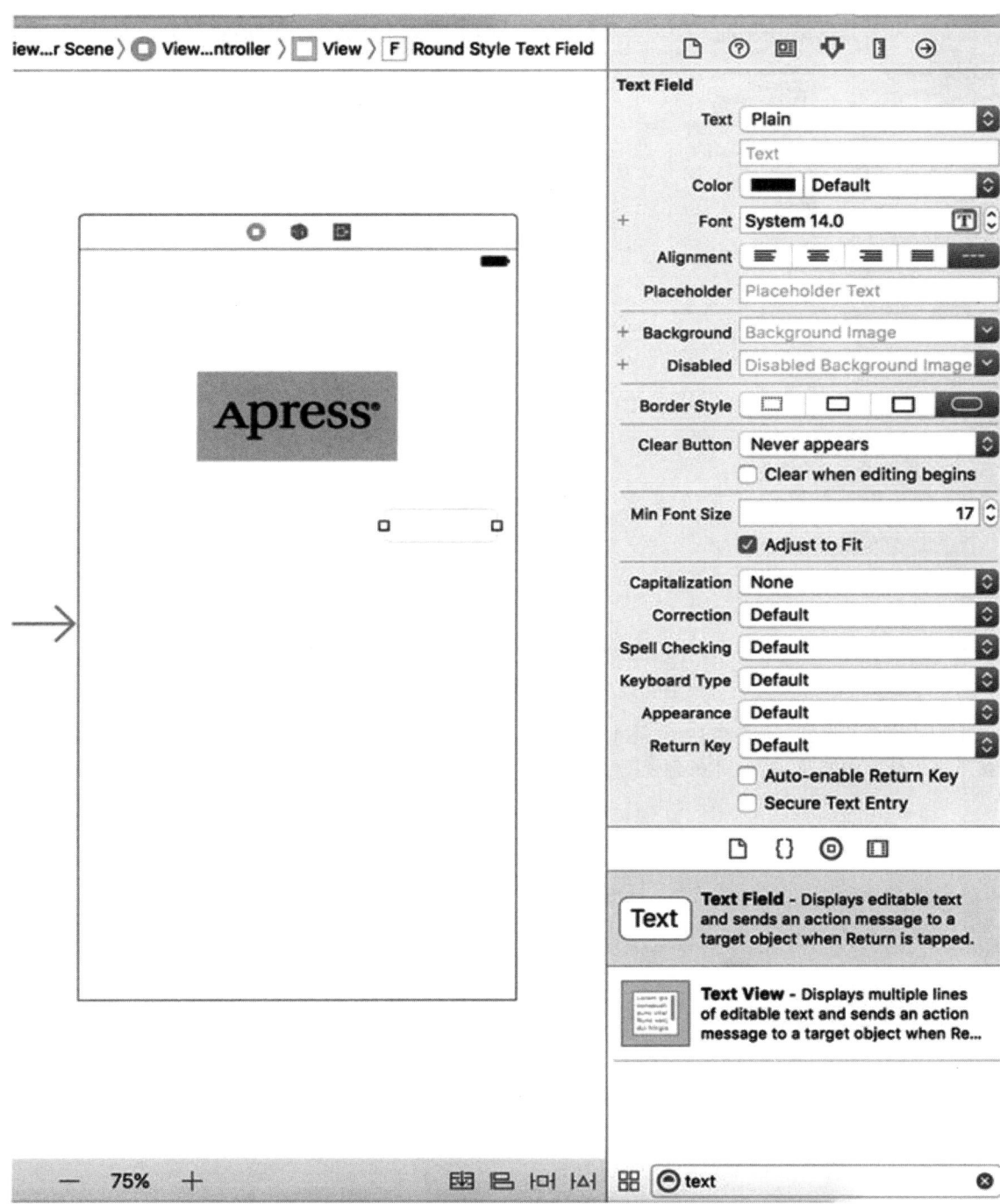

图4-11 从库中拖出文本框，将其放置到View上位于图像视图下方的位置，
并使其与右边的蓝色引导线对齐

接下来，从库中拖出一个标签放置到视图上，使标签与视图左边缘对齐，同时与之前放置的文本框水平对齐。注意，移动标签时会出现多条蓝色引导线，这样可以方便地让标签的顶部、底部和中部与文本框对齐。这里使用底部对齐的引导线（在中间的引导线附近拖动就会看到底线）来对齐标签和文本框，如图4-12所示。

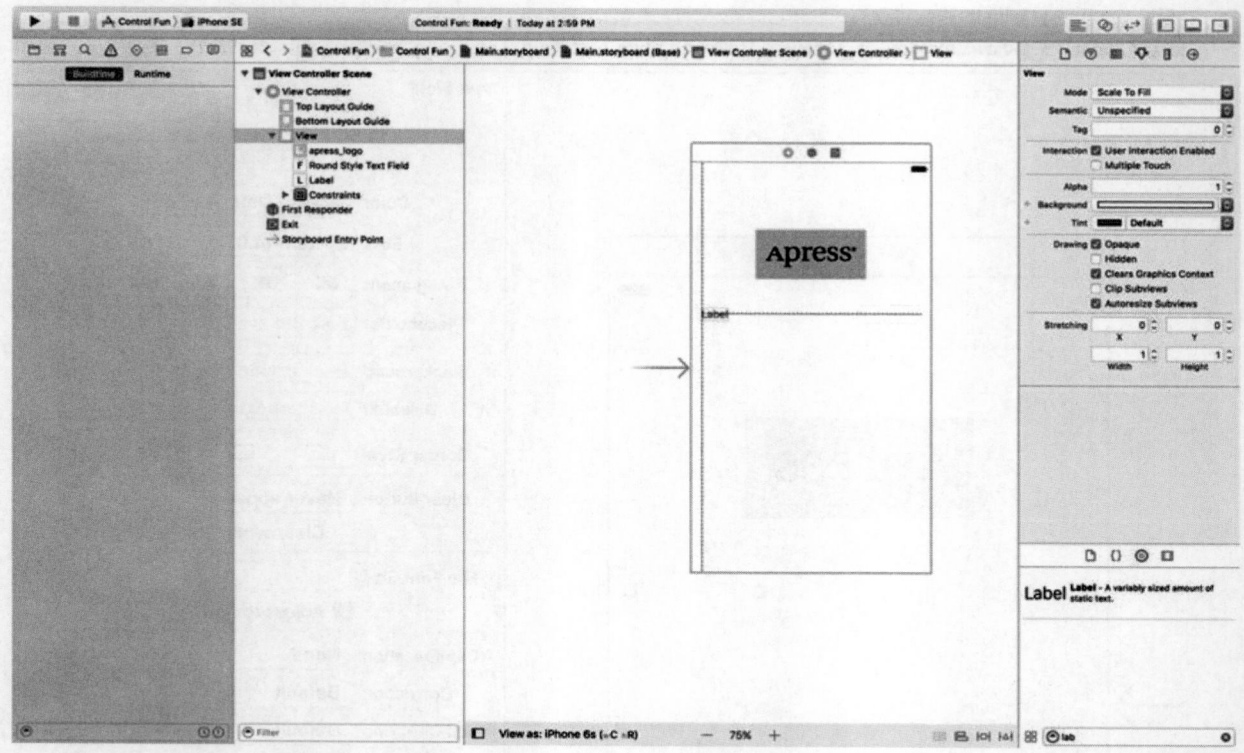

图4-12   使用引导线对齐标签和文本框

双击刚才放置的标签，删除默认的Label，输入Name:（注意加上冒号），然后按Return键提交更改。
接下来，从库中拖动一个文本框到视图中，使用引导线将它放置在第一个文本框正下方（见图4-13）。

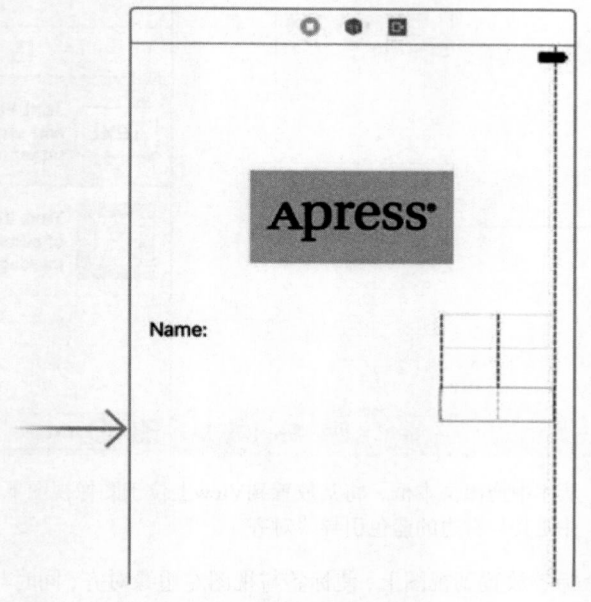

图4-13   添加第二个文本框

　　放置好第二个文本框之后，从库中再拖出一个标签，将其置于左边第一个标签的正下方。再次使用蓝色中间引导线将它与第二个文本框对齐。双击新添加的标签，输入Number:（重申一遍，不要忘记冒号）。

　　现在，将底部的文本框向左扩展，使其紧靠标签的右侧。为什么首先调整下面那个文本框呢？这是因为我们想要两个文本框大小相同，而底部的标签比较长。

　　单击下面那个文本框，向左拖动该文本框的左侧调节点，直到出现一条蓝色引导线，表示该字段已经离标签很近了（见图4-14）。这条特殊的引导线比较小，它的高度仅仅和文本框一样，所以要睁大眼睛仔细看。

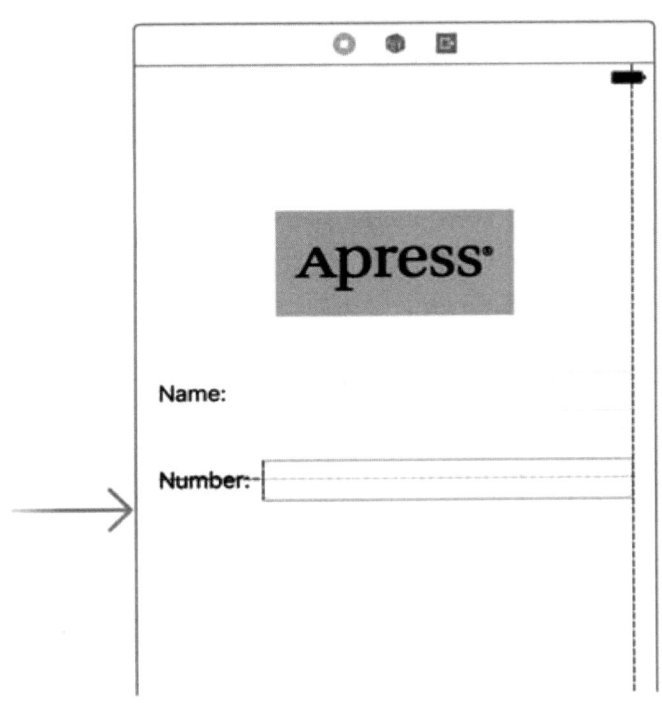

图4-14　扩展底部文本框的大小

　　现在，采用相同的方法扩展顶部的文本框，使它与底部文本框的大小保持一致。蓝色引导线会再次出现向你提供帮助，而且这一次它会一直延伸到下面的文本框，这样就很容易看到了。

　　文本框相关的工作已经基本完成，除了一个小小的细节。回头看一下图4-1，Name:和Number:是不是右对齐的？而我们的现在是左对齐。要使标签内容右对齐，可单击Name:标签，按住Shift键再单击Number:标签，这样就同时选中了两个标签。然后按下Option+Command+4打开特征检查器，并确保里面的Label标题部分是展开的，这样你就能够看到与标签有关的属性了。如果它没有展开，点击Label分段标题右侧的Show按钮来展开。现在使用检查器中的Alignment元素，可以控制这些标签的内容向右对齐。通过点击编辑区域底部的Add New Constraints图标，在弹出的浮动面板中勾选Equal Widths复选框，然后点击Add 1 Constraint按钮来创建一个约束，以保证这两个字段的宽度始终相同。

　　完成之后，界面应该与图4-1所示界面非常相似。唯一的区别在于每个文本框中的浅灰色文本，这是我们接下来要添加的。选中上面的文本框（位于Name:标签右侧），按下Option+Command+4打开特征检查器（参见图4-15）。文本框是最复杂的iOS控件之一，同时也是最常用的控件之一。来看一下其中的设置项，从检查器的顶部开始。确保选择的是文本框，而不是标签或其他元素。

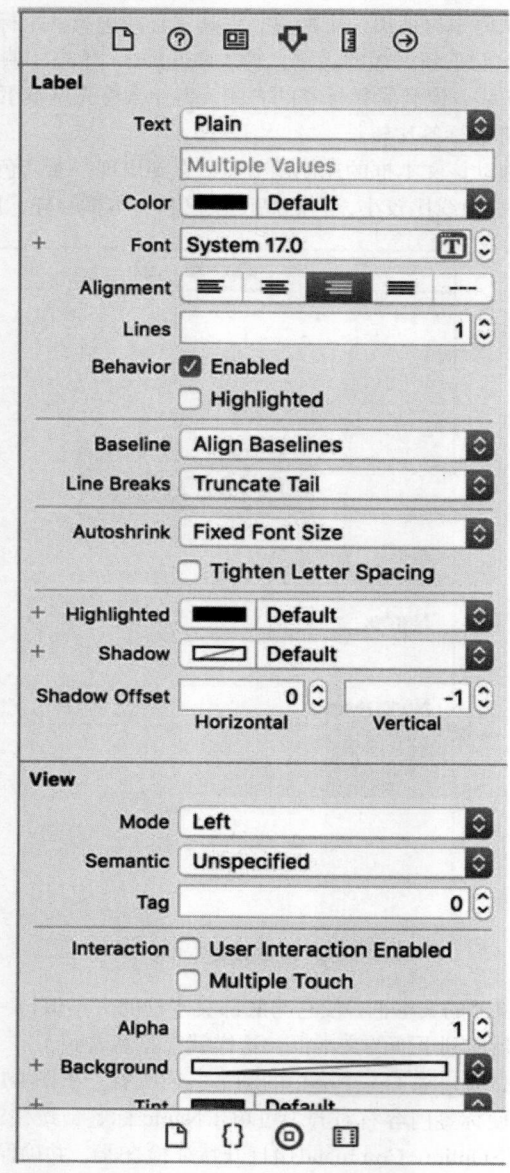

图4-15　检查器中显示了标签的默认选项

1. 文本框检查器设置

第一部分最上方是Text属性，它旁边的两个控件可以让你控制文本框中显示的内容。上方的下拉列表按钮中有纯文本（Plain Text）和属性文本（Attributed Text，可以包含各种字体和不同的属性）两种类型可供选择。我们在第3章中曾使用属性文本为文字的某一部分添加粗体格式。目前保留下拉列表按钮为默认值Plain。在下方可以设置文本框的默认值。输入的任何内容都将在应用程序启动时显示在文本框中，而不会是空白的。

之后是一系列用于设置字体和字体颜色的控件。保留Color的默认值黑色。注意，Color弹出菜单分成两部分。右边的部分用于从一些预设的颜色中选择一种你想要的颜色，而左边的部分是一个调色板，可以在这里更精确地指定需要的颜色。

Font的设置分为三部分。右边的控件可以用来增大或缩小文本大小（每次增大或缩小一个字号）。左边的部分可以用来手动编辑字体名称和字体大小。最后，点击带有T字样的图标可以打开一个弹出窗口，设置各种字体属性。我们将Font的设置保留为默认的System 14.0。

位于这些字段下方的是5个按钮，用于控制文本框中文本的对齐方式。我们保留这个字段的默认值，即左对齐（最左侧的按钮）。

接下来的部分是Placeholder（占位符）。可以在这里输入一些文本，文本框的内容为空时，Placeholder的内容就会以灰色文本显示在文本框中。如果空间不足，可以使用占位符来代替标签，或者使用占位符来告诉用户应在这个字段中输入什么内容。对于我们当前选中的文本框，可以输入Type in a name作为占位符，然后按Return键提交更改。

接下来的两个字段是Background和Disabled，仅在需要定制文本框的外观时使用。多数情况下，完全不必要也不建议使用它们。用户希望文本框以预期的方式显示。因此，可以直接跳过这些字段，保留它们的默认值即可。

之后是4个名为Border Style的按钮，用于更改文本框边框的绘制方式。默认值（最右边的按钮）创建的文本框样式是iOS应用中最惯用的。可以随意尝试这4种不同的样式，但在尝试之后，记得将其重新设为最右边的按钮。

在边框设置下面是Clear Button弹出按钮，可以在这里设置何时出现清除按钮（clear button）。清除按钮是出现在文本框最右边的一个X形小按钮。清除按钮通常用在搜索框和其他需要频繁改变内容的字段中，需要持久保存数据的文本框一般不包含清除按钮。所以这里保留默认值Never appears。

Clear when editing begins复选框指定用户触摸此字段时是否清除已有的文本。如果选中该复选框，则之前该字段中的任何内容都将被删除，用户需要重新输入。如果未选中该复选框，则之前的内容仍然保留在此字段中，用户能够编辑之前的内容。我们的例子不必选中这个复选框。

接下来的控件可以用来设置文本框在显示文本时可以使用的最小字号。目前保留默认值即可。Adjust to Fit复选框可以指定显示文本是否应随文本框尺寸的变化而变化。如果选中，那么整个文本在视图中都是可见的，即使文本大于所分配的空间。这一项会与最小字号的设置协同工作。无论文本框的大小如何，其中的文本都不会小于最小字号。指定最小字号可以确保文本不会因为过小而影响可读性。

接下来的部分用于定义使用此文本框时键盘的外观及行为。我们期望用户输入一个名字,因此将Capitalization的值更改为Words。这可以保证每个输入的单词都会自动转换为首字母大写，符合名字的要求。

之后的4个弹出选项分别是Correction、Spell Checking、Keyboard、Appearance，都可以保留为默认值。可以花点时间看看这些设置的作用。

接着是Return Key弹出选项。Return键是虚拟键盘右下方的一个键，它的标签会根据用户正在进行的操作发生变化。例如，如果你正在向Safari的搜索框中输入文本，它就会显示Search。在文本框与其他控件共享屏幕的应用程序中，Done是最合适的选择。这里就改为Done。

如果选中了Auto-enable Return Key复选框，那么在文本框内容为空时Return键将被禁用，直到至少在文本框中输入一个字符。因为我们希望允许文本框保留为空（用户什么也不输入），所以取消选中此复选框。

Secure复选框指定是否在文本框中显示已输入的字符。如果此文本框要用作一个密码字段，那么应该选中此复选框。这里保留其未选中状态即可。

接下来的部分（可能需要向下滚动才能看到）用于设置继承自UIControl的控件属性，但它们通常不适用于文本框（除了Enabled复选框），也不会影响文本框的外观。我们希望启用这些文本框，以便用户与之交互。这里保留默认的所有设置即可。

检查器上的最后一部分是View，你应该比较熟悉。它与之前介绍的图像视图检查器上的同名部分相同。它们是继承自UIView类的属性，由于所有控件都是UIView的子类，它们都具有此部分中的属性。跟之前所做的一样，选中Opaque，不要选中Clears Graphics Context和Clip Subviews，原因之前我们已经讨论过了。

2. 设置第二个文本框的属性

接下来，单击View窗口中下方的文本框（位于Number:标签右侧），然后返回检查器。在Placeholder字段中，输入Type in a number并且确保Clear when editing begins未选中。再往下一点，单击Keyboard弹出菜单。我们希望用户只输入数字，不包含字母，因此选中Number Pad。在iPhone上，用户所使用的键盘将只有数字，这意味着用户不能输入字母、符号等非数字内容。不需要为数字键盘设置Return Key，因为这种样式的键盘没有Return键，所以检查器上的其他选项都可以保留默认值。跟之前一样，选中Opaque，而Clears Graphics Context和Clip Subviews都不需要选中。在iPad上，选择Number Pad会在用户点击文本框调出全尺寸虚拟键盘时优先显示数字模式，不过用户也可以切换回字母输入。这意味着在真实的应用程序中，还是要在处理Number文本框的内容时验证用户实际输入的是不是有效数字。

提示　如果你不希望用户在文本框中输入非数字，可以创建一个实现了UITextViewDelegate协议中textView(_ textView: shouldChangeTextInRange:replacementText:)方法的类并将其作为文本视图的委托。实现步骤并不复杂，不过不在本书讨论的范围内。

4.3.5　添加约束

继续执行其他操作之前，需要先为这种布局做一些约束调整。在Interface Builder中，如果把一个视图拖动到另一个视图中（类似刚才的操作），Xcode不会自动为它创建约束。因为布局系统需要完整的约束，所以编译应用程序的时候，Xcode会生成一系列默认约束，用于描述这种布局。相应约束的创建取决于对象在父视图中的位置。如果对象在水平方向上更靠近左边缘（或右边缘），就以左边缘（或右边缘）为参照创建约束，将其固定在左边缘（或右边缘）。类似地，如果对象在垂直方向上更靠近顶部边缘（或底部边缘），就以顶部边缘（或底部边缘）为参照创建约束，将其固定在顶部边缘（或底部边缘）。如果对象是完全居中的，它就会被约束固定在中间位置。

让事情更趋于复杂的是，Xcode还可能根据同一父视图中某个对象的一个或多个兄弟对象的位置自动创建约束，固定这个对象。这个自动行为也许不是你想要的，因此最好在应用程序编译之前就在Interface Builder中创建好整套约束。之前两章中可以看到类似的例子。

我们来看看现在已经有哪些东西了。找找针对特定视图的所有约束，试着选中它并打开尺寸检查器。如果选中了标签、文本框或者滑动条中的任一项，就会看到尺寸检查器提示了所选视图没有约束的一条信息。事实上，我们构建的GUI上只有一个在之前设定的约束：用来绑定图像视图在容器视图中水平对齐。点击容器视图或图像视图就可以在检查器中看到这个约束。

我们实际上需要一整套约束在编译时告诉布局系统如何精确地管理所有视图和控件。好在这项工作很容易就能完成。在容器视图的左上角点击并向右下角拖拽出一个矩形框，选中所有的视图和控件。如果拖动时发现视图跟着鼠标移动，就松开鼠标并将光标稍微向内移动一些后再重新尝试。选中所有的内容之后，从菜单中的View Controller的All Views执行Editor➤Resolve Auto Layout Issues➤Add Missing Constraints菜单项。完成这步之后，你会看到有一些蓝色细实线将所有的视图和控件彼此连接，并将其与容器视图连接。每条实线都代表着一个约束。我们没有让Xcode在编译时生成约束，此时创建它们的好处在于可以根据需要修改每个约束。在本书中我们会讨论很多关于如何调整约束的内容。

提示　还有另一种方法可以为视图控制器中所有的视图添加约束，方法是在文档略图中选中视图控制器并点击Editor➤Resolve Auto Layout Issues➤Add Missing Constraints菜单项。

到目前为止，所有必需的约束都已经设置完了，可以修复问题导航面板中的布局警告了。方法是在文档略图中选中视图控制器，然后点击Editor➤Resolve Auto Layout Issues➤Add Missing Constraints菜单项，布局警告就会消失。

4.3.6　创建并关联输出接口

对于界面设计的第一部分，剩下的工作就是创建和关联输出接口。界面上的图像视图和标签并不需要输出接口，因为无需在运行时改变它们。两个文本框保存了代码中需要用到的数据，所以需要为它们分别创建输出接口。

你可能还记得上一章提到，Xcode支持在辅助编辑器中同时完成输出接口的创建和关联工作。它现在应该是打开状态；如果不是，就按照之前使用的方法打开。

确保在项目导航面板中选中storyboard文件。如果没有足够的屏幕空间，可能需要通过View➤Utilities➤Hide Utilities在这个环节中隐藏实用工具面板。在辅助编辑器的跳转栏中选择Automatic就会看到ViewController.swift文件（如图4-16所示）。

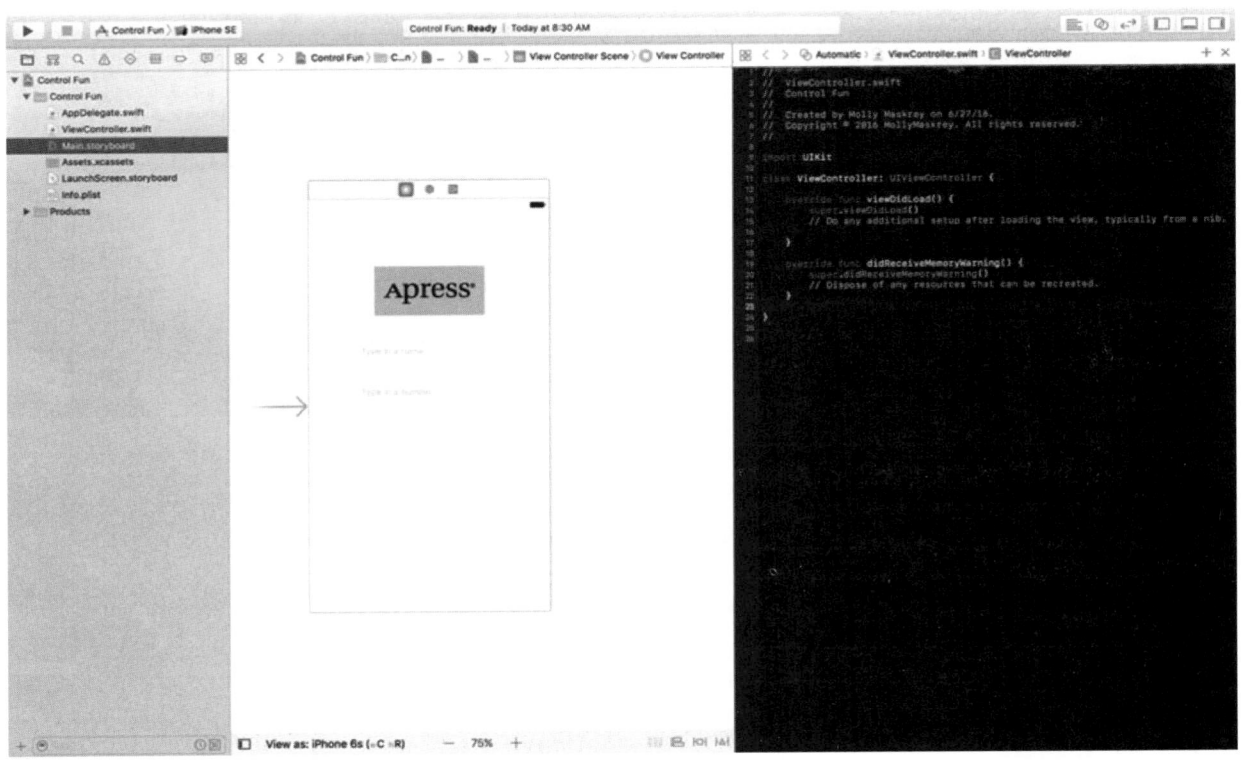

图4-16　打开辅助编辑器的storyboard编辑面板。可以在右边看到辅助区域，其中显示了ViewController.swift文件中的代码

现在开始动手关联各项。按住鼠标右键，将视图顶部的文本框拖向ViewController.swift文件，就在ViewController这一行的下面，可以看到一条灰色的弹出信息，信息内容是Insert Outlet, Action, or Outlet Collection（见图4-17）。松开鼠标按键，会看到一个与上一章相同的弹出窗口。我们想要创建一个名为nameField的输出接口，因此在Name字段中输入nameField，然后按下Return键或点击Connect按钮。

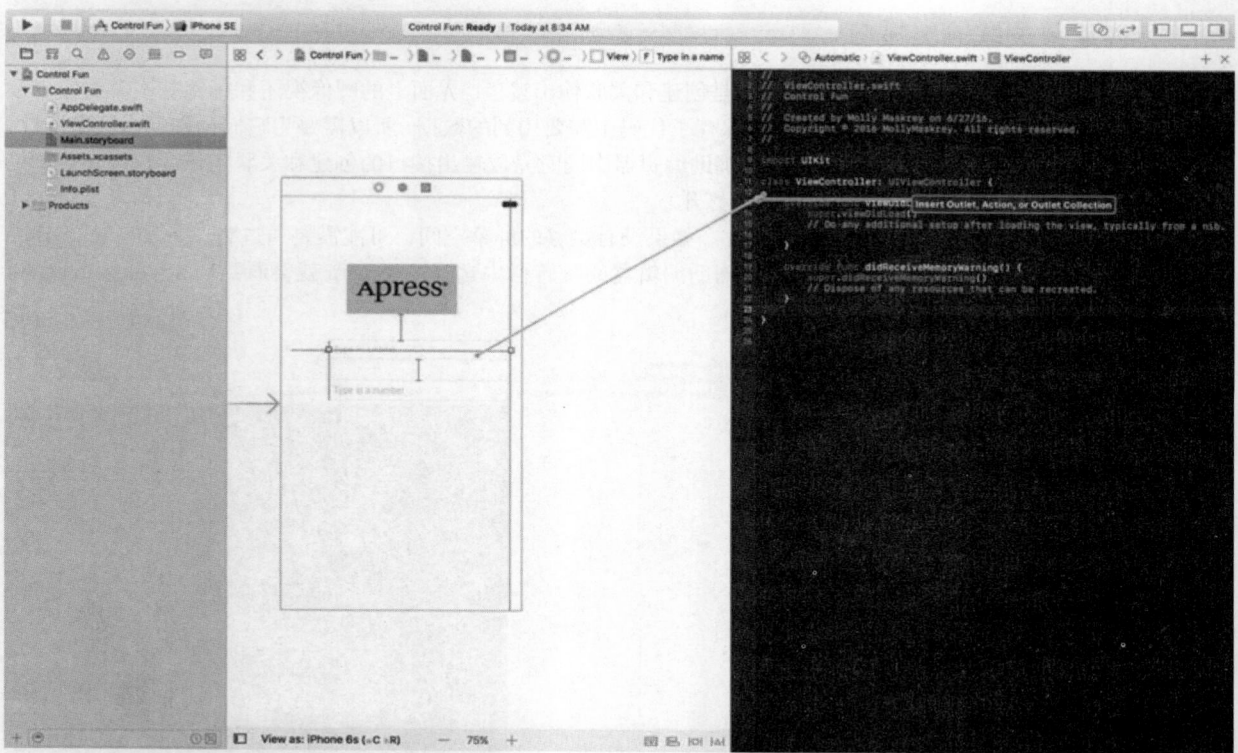

图4-17　打开辅助编辑器，按住鼠标右键并拖动，将同时创建nameField输出接口并与文本框关联起来

现在，ViewController中有了一个nameField属性，而且它与上面文本框关联了起来。以同样的方式为第二个文本框创建并关联输出接口，将对应的属性命名为numberField。完成后，代码应该与代码清单4-1类似。

代码清单4-1　已经关联的文本框

```
class ViewController: UIViewController {
    @IBOutlet weak var nameField: UITextField!
    @IBOutlet weak var numberField: UITextField!
```

4.4　关闭键盘

下面来看看应用的运行情况。从Xcode的Product菜单中选择Run，应用程序就会出现在iPhone模拟器中。单击Name文本框，会出现传统的键盘。

提示　如果键盘没有出现，可能是因为模拟器是在连接了实体键盘的状态下运行的。如果要解决这个问题，可以在iOS模拟器菜单中取消勾选Hardware➤Keyboard➤Connect Hardware Keyboard菜单项并再次运行程序。

输入一个名字。之后单击Number文本框，键盘将切换为纯数字键盘（见图4-18）。Cocoa Touch免费提供这些功能，我们只需要把文本框添加到用户界面就可以了。

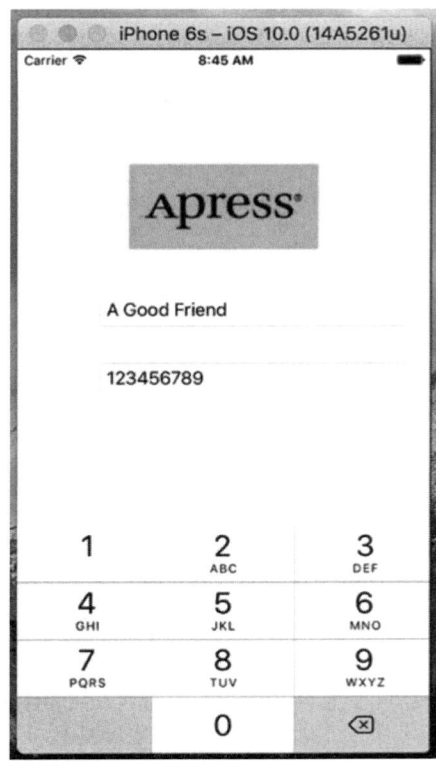

图4-18 触摸文本框或数字字段时，键盘将自动显示

但是，还有一个小问题。应该如何关闭键盘呢？自己先想一下并尝试，你会发现并没有什么效果。

4.4.1 按下 Done 按钮关闭键盘

iOS设备上的键盘是虚拟的，不是物理键盘，因此我们需要一些额外的步骤来确保用户完成输入后可以关闭键盘。用户按下键盘上的Done按钮时，会产生一个Did End On Exit事件，此时需要让文本框交出控制权，以关闭键盘。为了实现这个功能，需要在控制器类中添加一个操作方法。

在项目导航面板中选择ViewControllerl.swift，并在文件底部添加以下粗体显示的代码。

代码清单4-2 完成后关闭键盘的方法

```
@IBAction func textFieldDoneEditing(sender: UITextField) {
    sender.resignFirstResponder()
}
```

在第2章中已经了解到，第一响应者就是当前正在与用户进行交互的控件。在这个新方法中，我们通知该控件放弃作为第一响应者的控制权，将其返还给用户之前操作的控件。一个文本框失去了第一响应者状态后，与之关联的键盘也将消失。

保存刚才编辑的文件，回到storyboard，把这个操作方法与两个文本框关联起来。

在项目导航面板中选择Main.storyboard，单击Name文本框，按下Option+Command+6打开连接检查器。这次不使用上一章用过的Touch Up Inside事件，而是使用Did End On Exit事件，因为这个事件会在用户按下文本键盘上的Done按钮时触发。

将Did End On Exit旁边的圆圈拖动到黄色的视图控制器图标上（它位于在storyboard中编辑的视图上方）。这时会出现一个小的弹出菜单，从中可以看到刚刚添加的操作方法。单击textFieldDoneEditing方法来选中它。也可以将Did End On Exit旁边的圆圈拖向辅助编辑器视图中的textFieldDoneEditing()方法。对另一个文本框重复以上步骤，然后保存所做的修改，再次运行该应用。

当模拟器出现之后，单击Name文本框，输入一些内容，然后按下Done按钮。不出所料，键盘随之消失了。那么Number文本框也是这样吗？可是这个文本框的Done按钮在哪里呢（见图4-18）？

并非所有的键盘布局（包括数字键盘）都有Done按钮。可以强制用户按下Name文本框，然后再按Done按钮，但是这样的用户体验非常糟糕。我们显然希望应用程序具有很好的用户体验。下面就来看如何解决这个问题。

4.4.2　触摸背景关闭键盘

还记得苹果公司的iPhone应用是如何处理这种情况的吗？在大部分保存文本框的地方，点击视图中没有动态控件的任何地方键盘都会消失。我们如何实现此功能呢？

答案可能会令你惊讶，因为它非常简单。视图控制器有一个view属性，是从UIViewController继承来的。这个view属性对应于storyboard中的View。view属性指向storyboard中的一个UIView实例，这个实例是用户界面中所有元素的容器。它有时也称为容器视图（container view），因为它的主要用途是保存其他视图和控件。总而言之，容器视图就是用户界面的背景。我们只需要检测用户在上面轻点的时间。之后你会在第18章看到两种实现的方法。第一种是UIView继承的UIResponder类中有几个方法会在用户将一根或多根手指在视图上接触、移动或抬起时被调用。我们可以重载其中某个（尤其是手指从屏幕抬起时会调用的）方法并在里面添加自定义的代码。另一种是在容器视图中添加一个手势识别器（gesture recognizer）。手势识别器监听因用户与视图的交互而生成的事件，并试着识别用户当前的操作。你之后会在第18章看到针对不同的一系列操作存在多种手势识别器。这里我们要用到的是轻点手势识别器（tap gesture recognizer），它会在用户将手指放在屏幕上并在足够短的时间内再次抬起时发送一个事件。

如果想要使用手势识别器，需要创建一个实例并配置信息，然后将其关联到需要监测触摸事件的视图以及视图控制器类中的操作方法。你可以在代码中创建并配置识别器，也可以在Interface Builder中做到。这里我们用的是Interface Builder，因为它比较简单。回到storyboard并确认对象库是显示的，找到里面的tap gesture recognizer并拖放到storyboard的容器视图上。识别器在运行时是不可见的，因此你无法在storyboard中看到它，不过它可以在文档略图中找到（见图4-19）。

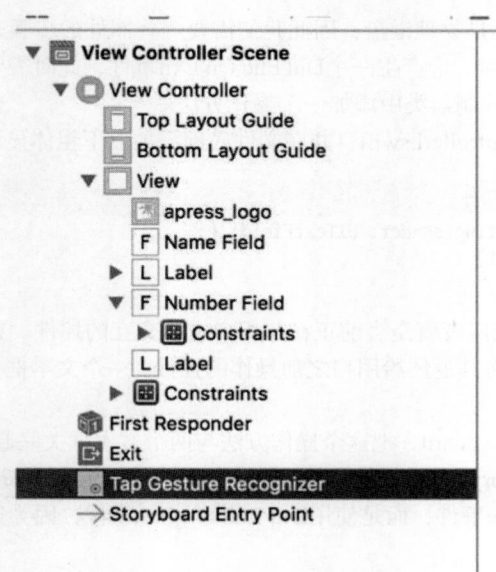

图4-19　文档略图中的轻点手势识别器

选中手势识别器后就可以在特征检查器中看到它的配置属性（见图4-20）。

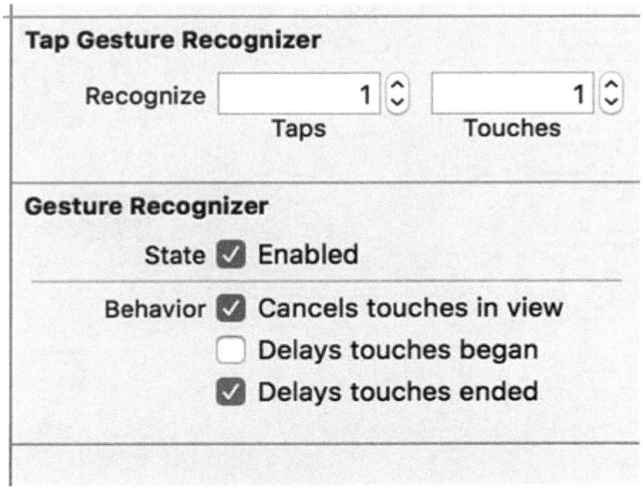

Tap Gesture Recognizer

Recognize　[1 ⌄]　[1 ⌄]
　　　　　　Taps　　　　Touches

Gesture Recognizer

State ☑ Enabled

Behavior ☑ Cancels touches in view
　　　　　 ☐ Delays touches began
　　　　　 ☑ Delays touches ended

图4-20　轻点手势识别器的属性信息

Taps字段指定了用户需要轻点多少次后才会被识别为手势，而Touches字段设定了需要多少根手指来轻点。默认的一根手指一次轻点就是我们所需的配置，因此不必做任何改动。其他属性也保留默认值，我们唯一需要做的是关联识别器的操作方法。可以在辅助编辑器中打开ViewController.swift文件，并按住鼠标右键从文档略图的识别器拖出一条直线悬停在ViewController.swift中最后一个花括号的上方。松开鼠标后会看到如图4-16所示的通用灰色浮动面板。在显示的浮动面板中将connection类型改为Action，并将方法的名称设为onTapGestureRecognized，这样Xcode就会自动添加操作方法并关联到手势识别器。用户在轻点主视图时会调用这个方法。我们所要做的只是添加代码来关闭键盘（先判断它是否为显示状态）。我们已经知道要如何做，将代码改为如代码清单4-3所示。

代码清单4-3　手势识别器的代码可以隐藏虚拟键盘

```
@IBAction func onTapGestureRecognized(sender: AnyObject) {
    nameField.resignFirstResponder()
    numberField.resignFirstResponder()
}
```

这个方法只是告诉两个文本框放弃第一响应者状态（如果处于该状态的话）。即使控件并非第一响应者，对其调用resignFirstResponder()方法也是非常安全的，所以可以在这两个文本框上都调用该方法，而不需要检查它们是否为第一响应者。再次编译和运行应用程序。这一次，点击键盘上的Done按钮或者触摸没有动态控件的任何地方都可以关闭键盘了。用户比较习惯后一种方式。

4.4.3　添加滑动条和标签

现在是时候添加滑动条及其附属的标签了。记住，移动滑动条位置时，标签的值会随之改变。在项目导航面板中选择Main.storyboard，我们将为应用程序用户界面添加更多控件。

从对象库中拖出一个滑动条，并将其放置在Number文本框下方，以最右侧的蓝色引导线为停止点，在底部的文本框和滑动条之间留一点空间给标签。单击新添加的滑动条来选中它。这时候应该可以看到特征检查器，如果没有看到，可以按下Option+Command+4打开对象的特征检查器，如图4-21所示。

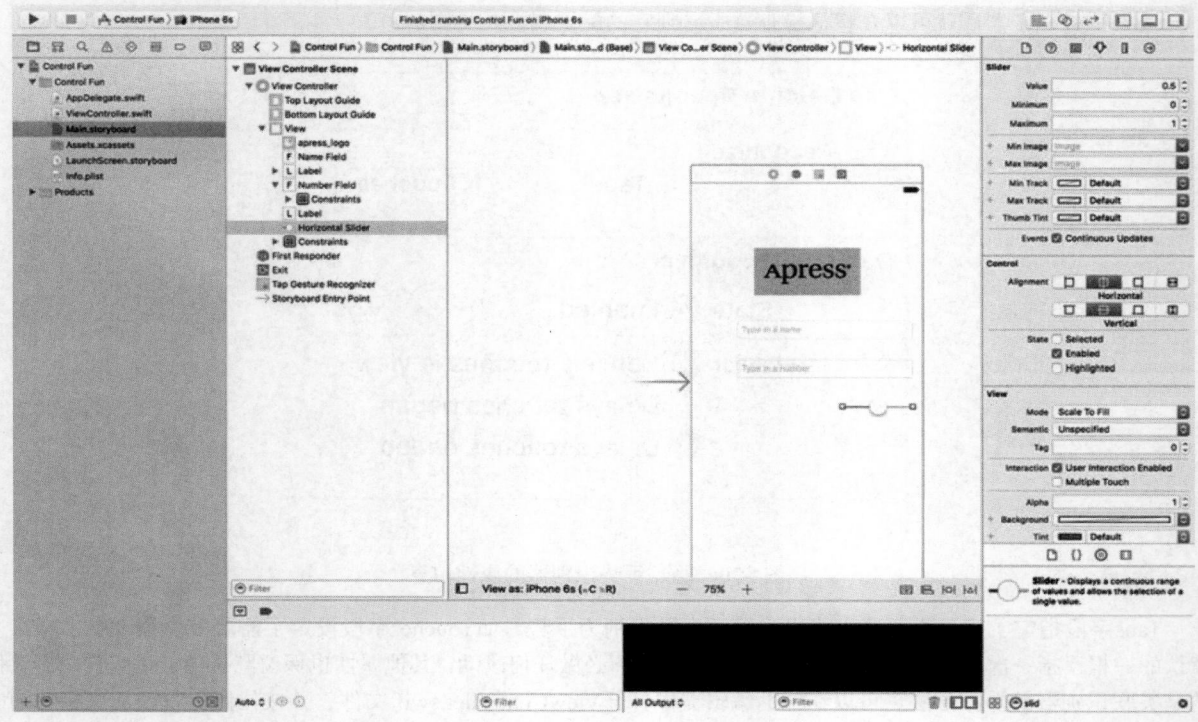

图4-21   显示滑动条默认特征的检查器

可以通过滑动条选择特定范围内的数值。使用检查器可以设置初始值，最小值为1，最大值为100，当前值是50。选中Events Continuous Update复选框，这样可以确保滑动条的值改变时可以触发一系列连续的事件。

在滑动条旁边放置一个标签，需要使用蓝色引导线保持它与滑动条水平对齐，并保持其左侧边缘与视图的左侧边缘对齐（见图4-22）。

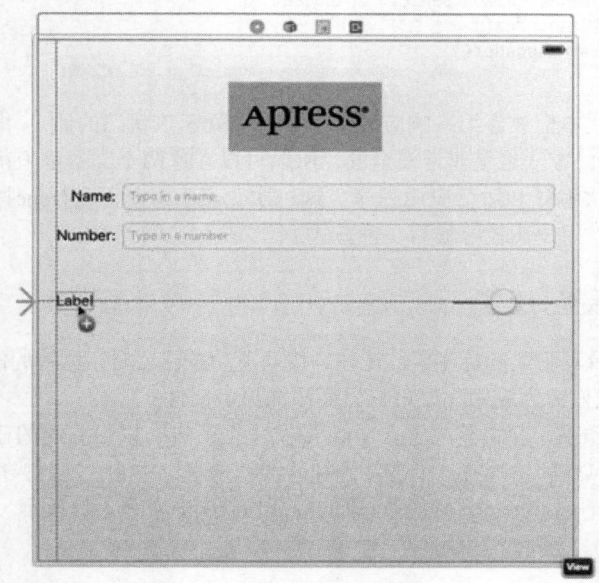

图4-22   放置滑动条的标签

双击新添加的标签，将其文本从Label更改为100。这是滑动条的最大值，也可以使用它确定滑动条的正确宽度。由于"100"比"Label"短，Interface Builder会自动把标签的宽度减小，就如同你拖着右边正中间的调整点向左移动一样。虽然这种行为是自动的，但是仍然可以调整标签的大小。如果希望使用工具自动确定一个最合适的大小，可以按下Command+=或者是选择Editor➤Size fo Fit Content。

接下来，调整滑动条的大小，单击滑动条以选中它并将其左侧调整点向左拖动，直到与蓝色引导线靠齐。出现蓝色引导线表明已经非常接近标签的右侧边缘。

现在我们又添加了两个控件，需要再添加相应的自动布局约束。这次同样使用简单的方式，只需要在文档略图中选择View Controller图标并点击Editor➤ Resolve Auto Layout Issues➤Add Missing Constraints 菜单。Xcode会调整约束，这样屏幕上所有控件的位置将保持一致。

4.4.4　创建并关联操作方法和输出接口

最后要为这两个控件关联输出接口和操作方法。我们需要一个指向该标签的输出接口，以便在滑动条滑动时能够更新标签的值，另外还需要一个操作方法，它将在滑动条位置发生变化时被调用。确保正在使用辅助编辑器编辑ViewController.swift实现文件，然后按住鼠标右键从滑动条拖动到辅助编辑器中onTapGestureRecognized()方法下面。弹出窗口出现后，将Connection弹出菜单改为Action，在Name文本框中键入sliderChanged。再把Type字段的值置为UISlider，然后按下Return就完成了操作方法的创建和关联。

接着按住鼠标右键，从新添加的标签（显示文字100的那个）拖向辅助编辑器。这次，拖到文件顶端的numberField属性的下方。弹出窗口出现后，在Name文本框中输入sliderLabel，然后按下Return就完成了输出接口的创建和关联。

4.4.5　实现操作方法

虽然Xcode为我们创建并关联了操作方法，但是仍然需要我们自己编写操作方法的实现代码，这样操作方法才能执行既定工作。在sliderChanged()方法中添加代码清单4-4中的代码。

代码清单4-4　根据滑动条的位置更新标签的值

```
@IBAction func onSliderChanged(_ sender: UISlider) {
    sliderLabel.text = "\(lroundf(sender.value))"
}
```

调用函数lroundf()可以将滑动条的当前值四舍五入到最接近的整数。然后被这一行的其他代码转换成包含了数字的字符串格式并赋值给标签。

这样就可以处理控制器对滑动条滑动作出的响应了，但是为了更好的一致性，需要保证用户触碰滑动条之前，标签也能正确显示滑动条的值。在viewDidLoad()方法中添加如下代码：

```
sliderLabel.text = "50"
```

这个方法会在应用程序加载storyboard的视图之后、显示在屏幕上之前执行。刚刚添加的这行代码能够保证用户立即看到正确的初始值。

保存文件，然后按下Command+R，在iPhone模拟器中构建并运行这个应用，并试用一下滑动条。移动滑动条时，应该可以看到标签文本的实时变化。这样又实现了一小块功能。然而，如果把滑动条向左移动（使其值小于10）或者是向右移动（使其值变为100），就会有奇怪的事情发生。当显示的数值减少到只有一位数时，标签会在水平方向上向左收缩；而当显示的数值变成三位数时，标签会在水平方向上向右扩张。现在，除了标签包含的文本，我们根本看不到这个标签本身，所以看不到标签大小的改变，但是能够看到滑动条的大小随着标签的变化在变小或者变大。滑动条维护着一个约束，这个约束可以保证滑动条与标签之间的距离始终不变。

实际上，这是Interface Builder在帮助我们创建自适应式的图形用户界面时产生的一个副作用。之前我们创建了一些默认的约束,这里就是其中一个约束在起作用。Interface Builder创建的某个约束会使这些元素在水平方向的间距始终保持不变。

幸好可以创建自己的约束来覆盖这种行为。回到Xcode,在storyboard中选中标签,然后从菜单中选择Editor➤Add New Constraints➤Width,这样就创建了一个高优先级的约束,这个约束告诉布局系统"不要改变标签的宽度"。现在再次按下Command+R来构建并运行应用,可以看到,在前后移动滑动条时,标签已经不再扩张和收缩了。

本书中还包含很多使用约束的例子,但是现在先来看一下如何实现开关控件。

4.5 实现开关、按钮和分段控件

再次返回Xcode。这种来回切换可能看起来有点奇怪,但在开发过程中是非常普遍的,需要经常在Xcode的源代码文件、storyboard或nib文件之间进行切换,也需要经常在iOS模拟器中测试开发中的应用。

应用程序会有两个开关。开关是一种比较小的控件,只有开和关两种状态。还要添加一个分段控件来控制开关的隐藏和显示。除此之外,还需要添加一个按钮,当点击分段控件的右侧时显示该按钮。

回到storyboard,从对象库中拖出一个分段控件(见图4-23),将其放置在View窗口中滑动条的下方并且水平居中。

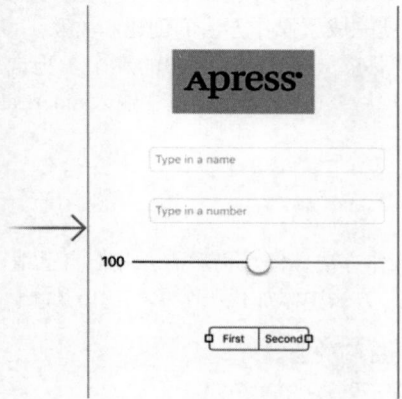

图4-23 在Storyboard中放置分段控件

双击分段控件上的First分段,将其重命名为Switches。之后对其他分段重复这个过程,将其重命名为Button(见图4-24)并将其拖回中央位置。

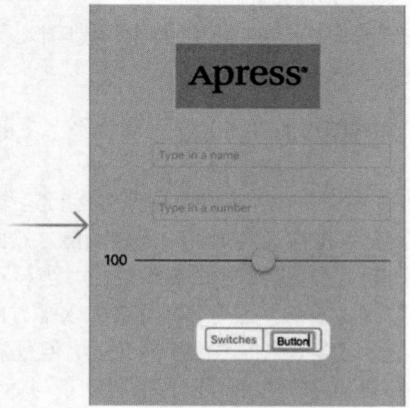

图4-24 对分段控件中的分段进行重命名

4.5.1 添加两个带标签的开关

接下来，从库中拖出一个开关，将其放在视图上分段控件下方靠近左侧边缘的位置。然后拖出第二个开关并放在靠近右侧边缘的位置，与第一个开关水平对齐（见图4-25）。

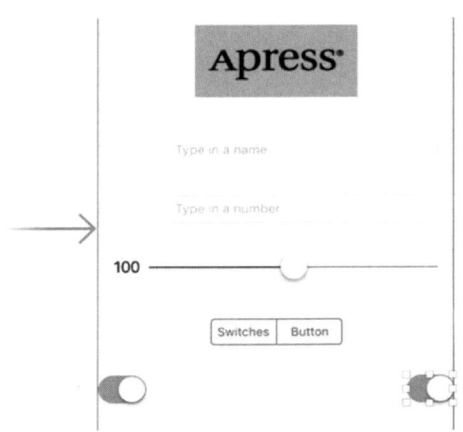

图4-25 把开关添加到视图中

提示 在Interface Builder中，按住Option键并拖动对象会创建该对象的副本。如果要创建同一对象的多个实例，只需从库中拖出一个对象，然后再按住Option键拖出多个副本即可。这种方式比较快捷。

新添加的三个控件需要布局约束。这次手动添加约束。首先选中分段控件并点击菜单中的Editor➤Align➤Horizontal Center in Container将其限制在视图中央。接下来用鼠标右键按住分段控件并稍微向上移动，直到主视图的背景转为蓝色。松开鼠标并在弹出菜单中选择Top Space to Top Layout Guide以固定分段控件与视图顶部之间的距离。

现在来处理开关。鼠标右键按住左侧开关向左上角拖动后松开鼠标。按住Shift键并在弹出菜单中选择Leading Space to Container Margin和Vertical Spacing to Top Layout Guide，然后松开Shift键并按下Return键或者点击弹出菜单之外的任意位置以使用约束。之后对另一个开关执行同样的操作，不过这次是朝右上角拖动，并选择Trailing Space to Container Margin和Top Space to Top Layout Guide。通过拖动来添加约束时，Xcode会根据你拖动的方向提供不同的选项。如果水平拖动，会出现让控件吸附父视图左右边缘的选项；如果垂直拖动，Xcode会认为你想要设置控件相对于父视图顶端或底部的位置。这里需要每个开关都有水平和垂直的约束，因此我们斜向拖动，告知Xcode同时需要水平以及垂直的选项。

4.5.2 为开关创建并关联输出接口和操作方法

添加按钮之前，先为两个开关控件创建输出接口并进行关联。我们稍后要添加的按钮实际上位于开关控件上层，会把开关遮盖住，这样一来就很难拖动开关了。因此，我们希望在添加该按钮之前就处理好开关控件的关联。因为按钮和开关不会同时可见，所以将它们放在同一个物理位置不会存在问题。

使用辅助编辑器，按下鼠标右键，把左边的开关拖向ViewController.swift实现文件中最后一个输出接口的下方。出现弹出窗口后，将输出接口命名为leftSwitch，然后按下Return。对另一个开关重复此步骤，将其输出接口命名为rightSwitch。

现在，单击左边的开关再次选中它，按住鼠标右键并将其拖向辅助编辑器。拖到类声明结尾花括号的上方，然后松开鼠标。弹出窗口出现后，确保Connection下拉菜单内容为Action，将新的操作方法命名为onSwitch-

Changed()，把sender参数的Type改为UISwitch。然后按下Return就创建了一个新的操作方法。对右边的开关重复这个过程，但有一点差异：不要为右边的开关创建新的操作方法，而是将它拖向之前创建的onSwitchChanged()方法进行关联。和上一章一样，我们将使用同一个操作方法来处理这两个开关的事件。

最后，如之前所做的一样，按住鼠标右键并把分段控件拖向辅助编辑器中的onSwitchChanged()方法下方，插入一个名为toggleControls()的操作方法。这一次，将sender参数的Type设置为UISegmentedControl。

4.5.3 实现开关的操作方法

保存storyboard，现在要在ViewController.swift实现文件（已经在辅助视图中打开）中添加代码了。找到Xcode自动添加的onSwitchChanged()方法，添加如下代码。

代码清单4-5 新的onSwitchChanged()方法

```swift
@IBAction func onSwitchChanged(_ sender: UISwitch) {
    let setting = sender.isOn
    leftSwitch.setOn(setting, animated: true)
    rightSwitch.setOn(setting, animated: true)
}
```

用户按下任何一个开关都会调用onSwitchChanged()方法。在该方法中，我们简单地获取sender参数的属性值（sender代表被按下的开关），然后使用这个值来设置两个开关。此处的逻辑是，设置一个开关的值会同时改变另一个开关的值，让它们始终保持同步。

在这个例子中，sender始终是leftSwitch或rightSwitch的其中之一。你可能会感到奇怪：为什么要同时设置它们两个？原因是实践性方面的考虑。比起判断调用该方法的开关，然后设置另一个开关，每次都同时设置两个开关所需的工作量更少。不管哪个开关调用这个方法都能够被设置为正确的值，对一个开关重复设置相同的值并不会造成任何影响。

1. 添加按钮

接下来，回到Interface Builder，从库中拖出一个Button放到视图中。直接将这个按钮叠放到最左侧的开关控件上面，将其与左侧边缘被覆盖的开关对齐，并将其与两个开关在垂直方向上顶部对齐（见图4-26）。

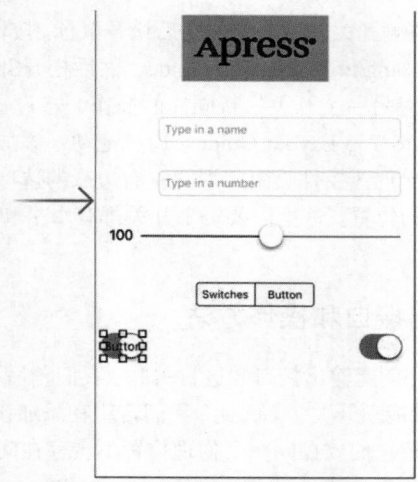

图4-26 将一个圆角矩形按钮覆盖到现有的开关上面

现在按住按钮右侧中间位置的调整手柄并一直向右拖动，直到按钮右侧边缘与用于标示屏幕右侧边缘的蓝色引导线对齐。按钮应完全覆盖这两个开关所处的空间，但因为按钮默认透明，所以还是能看到开关的（见图4-27）。

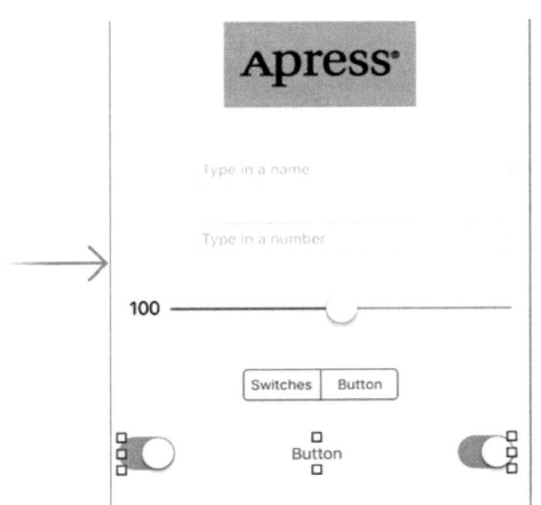

图4-27 调整好位置和尺寸后，圆角矩形的按钮
将填满两个开关所占的空间

双击新添加的按钮并输入Do Something作为按钮标题。

按钮需要自动布局约束。我们要锁住它与主视图顶端以及两侧的距离。按住鼠标右键从按钮向上拖出，直到视图背景再次变蓝后松开，并选择Vertical Spacing to Top Layout Guide。然后按住鼠标右键水平拖出，直到主视图背景再次变蓝并选择Leading Space to Container Margin。如果向左拖出了足够的距离，只会看到这一个选项；如果没有看到，需要再次尝试，将鼠标向左拖动，直到指针离开按钮的区域。最后，按住鼠标右键向右拖动，直到主视图背景变蓝，然后选择Trailing Space to Container Margin。现在运行应用程序来查看效果。

2. 美化按钮

将你的应用程序与图4-2作比较，可能会注意到一个有趣的差异。Do Something按钮的外观和图中的不太一样。这是因为从iOS 7开始，默认按钮的外观就非常简单，只是一段纯文本，没有轮廓、边框、背景颜色以及其他修饰。这点符合苹果在iOS 7之后的全新设计理念。不过在有些情况下你仍然需要使用自定义的按钮，因此我们会展示如何做到。

iOS设备中的大多数按钮都是使用图像绘制的。我们在本书源代码归档的04-Button Images文件夹中提供了这个示例会用到的图片。在Xcode的项目导航器中，选中Assets.xcassets（就是我们之前添加Apress图标的图片时使用的资源目录），然后在Finder窗口中将04-Button Images文件夹中的两张图片直接拖动到Xcode窗口的编辑区中。图片就这样添加到项目中了，应用程序可以立即使用它们。

3. 可拉伸图像

如果查看了刚刚添加的两张按钮图片大小，你会看到它们非常小，看起来根本没法填满之前添加到storyboard的按钮，不过这些图像是可以拉伸的。UIKit可以拉伸图像至任何你需要的尺寸大小。可拉伸图像是一个有趣的概念。可拉伸图像是可调整大小的图像，它知道如何智能地调整自身大小以维持恰当的外观。对于这些按钮模板，我们不希望图像边缘跟其他部分一样被均匀拉伸。边缘图像（edge inset）是一个图像的一部分（以像素为单位），不会被改变大小。我们希望边缘圆角能够保持原样，不随按钮尺寸的改变而改变，因此需要指定所有边缘不能被拉伸的区域范围。

过去，只能在代码中对它进行设置。必须使用图形工具来测量图像边界的像素值，然后在代码中利用这些数字来设置边缘图像。Xcode 6帮你节省了这样的操作，你能够可视地"切分"资源目录中的任意已有图像。接下来进行讲解。

在Xcode中选中Assets.xcassets资源目录，并在里面选择whiteButton图像。在编辑区域的底部会看到一个标题是Show Slicing的按钮。点击它就会启用切分操作。首先，你的图片上面会出现Start Slicing按钮，点击它就会产生效果。你将会看到三个新按钮让你选择是否让图片可以垂直拉伸、水平拉伸或两者兼有。选择中间的按钮使两个方向上都可以拉伸。Xcode会快速分析你的图像，并找到边缘上像素不连续的区域，而位于中间的垂直和水平方向切图则可以不断延伸。你会看到虚线所代表的边界，如图4-28所示。如果你的图像很特别，就需要手动调整（这很简单，只需要用鼠标拖动）。对于这张图，自动分析出的边缘图像已经足够了。

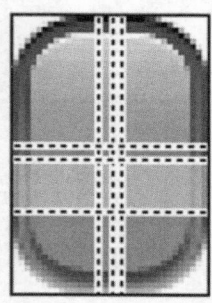

图4-28   whiteButton图像的默认切分

接下来选择blueButton图像并同样为它执行自动切分操作。完成之后就可以使用这些图像了。

回到之前的storyboard界面并点击Do Something按钮。选中按钮，按下Option+Command+4来打开特征检查器。在特征检查器中，将第一个弹出菜单的值由System改为Custom。检查器能让你为按钮指定Image和Background内容。我们将使用Background来展示那张可以改变尺寸的图像，因此点击Background下拉列表并选择whiteButton。你会看到按钮现在显示的是白色图像，并且完美地拉伸至覆盖整个按钮的轮廓。

我们想要使用蓝色按钮来定义这个按钮在高亮时的外观（也就是按钮被按下时看到的）。我们会在下一小节讨论更多关于控件状态的内容，目前只是稍微看看顶端第二个弹出菜单（标题是State Config）。一个UIButton按钮可以有多个状态，每个都有自己的文字与图像。目前我们只设定了默认状态，所以把弹出菜单切换到Highlighted，这样我们就可以设定这个状态了。你会看到Background下拉框已经被清空了。只需点击并选择blueButton即可。

4.5.4   控件状态

每个iOS控件都有如下5种状态，任何时候都处于并仅处于其中的一种状态。

❑ 默认（default）：最常见的状态是默认的普通状态。控件在未处于其他状态时都为这种状态。

❑ 关注（focused）：在支持按压感应的系统中，控件在接收到按压时会进入这个状态。被关注的控件会改变显示方式表示自身是已关注状态，外观与高亮以及选中状态有所区分。对控件之后的交互会使其进入高亮或选中状态。

❑ 高亮（highlighted）：高亮状态是控件正被使用时的状态。对于按钮来说，这表示用户手指正在按钮上。

❑ 选中（selected）：只有一部分控件支持选中状态。它通常用于指示该控件已启用或被选中。选中状态与突出显示状态类似，但控件可以在用户不再直接使用它时继续保持选中状态。

❑ 禁用（disabled）：禁用状态是控件被关闭时的状态。要禁用控件，可以在Interface Builder中取消选中Enabled复选框，或者将控件的isEnabled属性设置为NO。

某些iOS控件的属性可以根据控件的不同状态接受不同的值。举例来说，可以为isDefault状态指定一个图像，为isHighlighted状态指定另一个图像。这样一来，当用户将手指放在按钮上时，iOS会使用后一个图像，而在其他情况下则使用前者。本质上也就是我们之前在storyboard中为按钮设定的两个不同背景状态。

注意 在本书的前一版中有4种状态：普通、高亮、禁用和选中。在Objective-C中以枚举`UIControlState-
Normal`、`UIControlStateHighlighted`、`UIControlStateDisabled`和`UIControlStateSelected`来表示。在
Xcode 8和Swift 3以前的版本中经常会遇到。

4.5.5 为按钮创建并关联输出接口和操作方法

按住鼠标右键，从新创建的按钮拖向辅助编辑器，拖至文件顶端部分中最后一个输出接口下方。弹出窗口出
现后，创建一个新的输出接口，将其命名为doSomethingButton。完成之后，再次按住鼠标右键，从这个按钮处拖
至文件底部。在这里创建一个名为onButtonPressed()的操作方法。设置它的Type为UIButton。

如果现在保存更改，并且测试该应用程序，会发现分段控件是可用的，但它并没有做什么实质性工作。我们
需要为它添加一些逻辑，以实现控制按钮和开关的隐藏和显示。

还需要在应用启动时把按钮标记为隐藏。之前没有这么做，因为这样会使关联输出接口和操作方法变得更加
困难。现在既然已经关联好了，就可以隐藏这个按钮。用户按下分段控件右边部分时，按钮将会显示。应用刚启
动时，按钮是隐藏的。在storyboard里选中按钮，并按下Option+Command+4打开特征检查器，向下滚动到View部
分，选中Hidden复选框。这样，按钮在Interface Builder中仍然可见。

4.6 实现分段控件的操作方法

保存storyboard，并将注意力重新放回到ViewController.swift文件，找到Xcode为我们创建的toggleControls()
方法，添加代码清单4-6中的代码。

代码清单4-6 根据分段控件隐藏或显示开关

```
@IBAction func toggleControls(_ sender: UISegmentedControl) {
    if sender.selectedSegmentIndex == 0 { // "Switches" is selected
        leftSwitch.isHidden = false
        rightSwitch.isHidden = false
        doSomethingButton.isHidden = true
    } else {
        leftSwitch.isHidden = true
        rightSwitch.isHidden = true
        doSomethingButton.isHidden = false
    }
}
```

这段代码检查sender的selectedSegmentIndex属性，这样就可以知道当前选中的是分段控件的哪一部分。第
一部分（名为switches）的索引值是0（已经在注释中注明，这样以后重读这段代码时，就能知道它的作用）。根
据当前选中的分段来隐藏或者显示合适的控件。

在运行应用程序之前，我们再利用一个小技巧让它更加美观。在iOS 7中，苹果加入了新的GUI规范。屏幕顶
端的状态栏是透明显示的，因此可以透过它看到你的内容。现在Apress图像的黄色在应用程序的白色背景前过于
显眼，所以我们要让黄色覆盖整个视图。在Main.storyboard中，选择主内容视图（在文档略图中标记为View），
按下Option+Command+4打开特征检查器。点击标题为Background的颜色按钮（当前包含一个白色的长方形）打
开OS X系统标准的颜色选取器。这个颜色选取器的一个特点是，可以选取屏幕上可见的任意颜色。颜色选取器
打开后，点击右下角的水滴图标，会出现一个放大镜。将放大镜悬停在storyboard的Apress图像视图黄色图像部分
上方并点击鼠标按钮。你现在应该会看到颜色选取器的水滴图标旁出现了Apress图像的背景颜色。现在设置它为
主内容视图的背景颜色，在文档略图中选中主视图并点击颜色选取器中的黄色。完成之后关闭颜色选取器。

你会发现屏幕上的背景和Apress图像的颜色看起来有细微的差别，但在模拟器或真机中运行应用时就会完全

一样。Interface Builder中的颜色有差别是因为macOS会根据你使用的显示器自动调整颜色进行适配，而这在iOS设备或模拟器中则不会发生。

现在运行应用，会看到黄色铺满了整个屏幕，状态栏和应用内容之间也没有明显的区别。如果没有使用全屏滚动的内容或其他需要在顶端使用导航栏或其他控件的内容，这将会是展示全屏内容的一个极好方式，并不会受到状态栏多少影响。

如果你的代码输入没有错误，就应该能使用分段控件在按钮和一对开关之间进行切换。点击任何一个开关，另一个开关的值也会随之改变。不过按钮仍然什么也没有做。在实现这个按钮的功能之前，需要先来了解一下如何操作表单和警告视图。

4.7 实现操作表单和警告视图

操作表单（action sheet）和警告视图（alert）都用于向用户提供反馈。

❑ 操作表单的作用是要求用户在两个以上选项之间作出选择。在iPhone上，操作表单从屏幕底部出现，显示一系列按钮供用户选择（见图4-3）。在iPad上，你可以指定操作表单与另一个视图（一般是按钮）的相对位置。用户必须点击其中一个按钮之后才能继续使用应用程序。操作表单通常用于向用户确认有潜在危险的或者无法撤销的操作，比如删除对象。

❑ 警告视图以圆角矩形的形式出现在屏幕中央（见图4-4）。与操作表单类似，警告视图也要求用户必须作出一个回应，然后才能继续使用应用程序。警告视图通常用于通知用户发生了一些重要的或者不寻常的事情。与操作表单一样，警告视图可以只显示一个按钮，但是如果需要接收多个回应的话，也允许显示多个按钮。

注意 要求用户必须先作出选择，然后才能继续使用应用的视图称为**模态视图**（modal view）。

4.7.1 显示操作表单

现在切换回ViewController.swift，准备实现按钮的操作方法。首先找到Xcode创建的空onButtonPressed()方法，向该方法添加代码清单4-7中的代码，创建并显示操作表单。

代码清单4-7 显示操作表单

```
@IBAction func onButtonPressed(_ sender: UIButton) {
    let controller = UIAlertController(title: "Are You Sure?",
                            message:nil, preferredStyle: .actionSheet)

    let yesAction = UIAlertAction(title: "Yes, I'm sure!",
                        style: .destructive, handler: { action in
                        let msg = self.nameField.text!.isEmpty
                            ? "You can breathe easy, everything went OK."
                            : "You can breathe easy, \(self.nameField.text),"
                            + "everything went OK."
                        let controller2 = UIAlertController(
                            title:"Something Was Done",
                            message: msg, preferredStyle: .alert)
                        let cancelAction = UIAlertAction(title: "Phew!",
                                            style: .cancel,
                                            handler: nil)
                        controller2.addAction(cancelAction)
                        self.present(controller2, animated: true,
                                            completion: nil)
    })
```

```
let noAction = UIAlertAction(title: "No way!",
                             style: .cancel, handler: nil)

controller.addAction(yesAction)
controller.addAction(noAction)

if let ppc = controller.popoverPresentationController {
    ppc.sourceView = sender
    ppc.sourceRect = sender.bounds
}

present(controller, animated: true, completion: nil)
}
```

这段代码究竟做了些什么呢？首先，在onButtonPressed()操作方法中分配了一个UIAlertController对象并进行初始化。UIAlertController是视图控制器的子类，可以用来显示操作表单或警告视图：

```
let controller = UIAlertController(title: "Are You Sure?",
                                   message:nil,preferredStyle: .actionSheet)
```

第一个参数是要显示的标题。如图4-3所示，这里提供的标题将显示在操作表单的顶部。第二个参数是显示在标题下面的信息，字体小一些。我们不打算在这个示例中使用信息，因此我们在这个参数处填上nil。最后一个参数表示我们希望让视图控制器显示一个警告视图（UIAlertControllerStyle.alert）还是操作表单（**UIAlertControllerStyle.actionSheet**）。因为我们需要一个操作表单，所以在这里填上**UIAlertControllerStyle. actionSheet**。

警告控制器默认不提供任何按钮，你必须为每个添加到控制器中的按钮创建一个UIAlertAction对象。代码清单4-8是为操作表单创建两个按钮的代码片段。

代码清单4-8　创建操作表单按钮

```
let yesAction = UIAlertAction(title: "Yes, I'm sure!",
                              style: .destructive, handler: { action in
        // Code omitted - see below.
    })

let noAction = UIAlertAction(title: "No way!",
                             style: .Cancel, handler: nil)
```

针对每个按钮，指定标题、类型以及按钮按下时会调用的处理函数。共有三种类型可以选择。
- 当按钮会触发破坏性的、危险的或不可逆的操作时，应该使用UIAlertActionStyle.destructive，例如删除或重写文件。这种类型的按钮标题会以红色粗体显示。
- 如果是普通按钮（例如OK按钮），触发的操作不是破坏性的，可以使用UIAlertActionStyle.default。标题会使用蓝色普通字体显示。
- Cancel按钮可以使用UIAlertStyle.cancel。标题会使用蓝色粗体显示。

最后，我们向控制器添加这两个按钮：

```
[controller addAction:yesAction];
[controller addAction:noAction];
```

为了让警告视图或操作表单显示出来，需要让当前视图控制器来展示警告控制器。代码清单4-9展示了操作表单的代码。

代码清单4-9　展示一个操作表单

```
if let ppc = controller.popoverPresentationController {
    ppc.sourceView = sender
    ppc.sourceRect = sender.bounds
```

```
}
present(controller, animated: true, completion: nil)
```

前面4行通过获取到警告控制器的悬浮展示控制器，并设置它的sourceView和sourceRect属性来设定操作表单会出现的位置。我们很快就会讨论这些属性。最后通过调用视图控制器的present(_:animated:completion:)方法，将警告控制器作为展示的控制器以显示操作表单。在展示视图控制器时，被展示的视图会暂时取代展示它的视图控制器的视图。对于警告控制器，操作表单或警告视图会部分覆盖展示它们的视图控制器的视图，而视图的剩余部分会被阴影覆盖，半透明的背景可以让你看到底层视图，并提醒你无法与之交互，除非你关闭了展示的视图控制器。

现在讨论悬浮展示控制器。在iPhone上，操作表单总是从屏幕底部弹出的，如图4-3所示。在iPad上，它会以悬浮视图显示，即一个小的圆角矩形，有一个指向另一个视图（通常是触发显示的视图）的箭头。图4-29显示了操作表单在iPad Air模拟器上的外观。

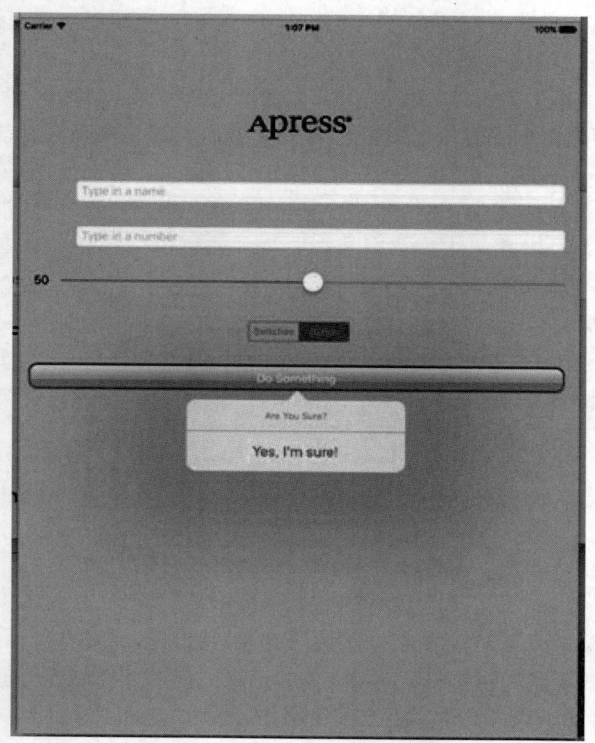

图4-29   iPad Air上的操作表单

如你所见，悬浮视图指向Do Something按钮。这是因为我们设置警告控制器的悬浮展示控制器的sourceView属性指向那个按钮，而sourceRect属性为按钮的外型，如代码清单4-10所示。

代码清单4-10   设置sourceView和sourceRect属性

```
if let ppc = controller.popoverPresentationController {
    ppc.sourceView = sender
    ppc.sourceRect = sender.bounds
}
```

要注意if let语句，它是必需的，因为在iPhone上，警告控制器无需使用悬浮视图来展示操作表单，因此它的popoverPresentationController属性的值是nil。

在图4-29中，悬浮视图出现在源按钮的下面。如果需要，也可以进行更改。方法是设置悬浮展示控制器的

permittedArrowDirections属性,它可以限制悬浮视图箭头的方向。下面的代码通过设置该属性为UIPopoverArrow-Direction.down,使悬浮视图出现在了源按钮的上方,如代码清单4-11所示。

代码清单4-11 设置悬浮视图的方向

```
if let ppc = controller.popoverPresentationController {
        ppc.sourceView = sender
        ppc.sourceRect = sender.bounds
        ppc.permittedArrowDirections = .down
}
```

如果把图4-29和图4-3进行比较,会发现iPad上少了一个"No Way!"按钮。在iPad上,警告控制器不会使用UIAlertStyle.cancel类型的按钮,因为用户习惯了通过点击周围任意位置的方法来关闭悬浮视图。

4.7.2 显示警告视图

在用户按下"Yes, I'm Sure!"按钮时,我们想弹出一个带文字的警告。当添加到警告控制器的按钮被按下时,操作表单(或警告视图)会关闭,而且会基于创建按钮的UIAlertAction调用处理代码块。按下"Yes, I'm Sure!"按钮后会执行代码清单4-12中的代码。

代码清单4-12 弹出警告

```
let yesAction = UIAlertAction(title: "Yes, I'm sure!",
                              style: .destructive, handler: { action in
                              let msg = self.nameField.text.isEmpty
                                      ? "You can breathe easy, everything went OK."
                                      : "You can breathe easy, \(self.nameField.text),"
                                      + " everything went OK."
                              let controller2 = UIAlertController(
                                      title:"Something Was Done",
                                      message: msg, preferredStyle: .alert)
                              let cancelAction = UIAlertAction(title: "Phew!",
                                                               style: .cancel, handler: nil)
                              controller2.addAction(cancelAction)
                                self.present (controller2, animated: true,
                                                    completion: nil)

}]
```

我们在代码块中做的第一件事是创建一个新的字符串,用户可以看到它。在实际的应用程序中,可以在这里处理用户的任何请求。本例假设已经执行了一些操作,然后使用警告视图来通知用户。如果用户在顶部的文本框中键入了姓名,就获取这个值,并且在警告视图的消息中使用它;否则,只显示一条普通的消息:

```
let msg = self.nameField.text.isEmpty
        ? "You can breathe easy, everything went OK."
        : "You can breathe easy, \(self.nameField.text),"
          + " everything went OK."
```

接下来的代码你应该不陌生。警告视图和操作表单的创建方式非常类似。通常都是先由创建一个UIAlert-Controller对象开始的:

```
let controller2 = UIAlertController(
            title:"Something Was Done",
            message: msg, preferredStyle: .alert)
```

同样,我们传递了一个需要显示的标题。这次还传递了一条详细消息,也就是刚才创建的字符串。最后一个参数是按钮类型,将其设置为UIAlertControllerStyle.alert,因为我们想要一个警告视图,而不是操作表单。接下来,创建一个取消按钮的UIAlertAction并将它添加到控制器中:

```
let cancelAction = UIAlertAction(title: "Phew!",
```

```
                        style: .cancel, handler: nil)
controller2.addAction(cancelAction)
```

最后，我们通过展示警告视图控制器，使警告视图出现：

```
self.present (controller2, animated: true, completion: nil)
```

可以在图4-4中看到这段代码创建的警告视图。你会发现我们的代码并没有去获取或设置警告控制器的悬浮展示控制器。这是因为在iPhone或iPad上，警告视图都会出现在屏幕中央的小型圆角矩形视图中，所以不需要特意设置悬浮展示控制器。

保存ViewController.swift并构建、运行、体验完整的应用程序。

4.8   小结

本章内容比较多。我们并没有讲述太多新概念，而是着重介绍了许多控件的用法，以及各种实现的细节。我们做了不少输出接口和操作方法的实践，了解了如何利用视图的层次性提供方便，还多次练习了添加自动布局约束。另外学习到了控件状态和可拉伸图像，以及如何使用操作表单和警告视图。

Control Fun应用包含许多知识点，可以回过头来好好体会。你可以尝试更改各项属性的值，或者尝试添加和修改代码，看Interface Builder中的设置会有哪些不同效果。我们无法逐一介绍iOS中的所有控件，但本章的应用是一个非常好的开端，涵盖了许多基础知识。

下一章将介绍用户旋转iOS设备、在纵向模式和横向模式之间来回切换时会发生什么。你可能已经知道许多应用会根据用户握持设备的方式来更改其显示风格，接下来就会介绍如何在自己的应用中实现这样的功能。

第 5 章

自动旋转

iPhone和iPad在外观、尺寸和功能方面堪称工程设计杰作。苹果公司的工程师竭尽所能在口袋大小的设备中实现了最丰富的功能。比如，支持在纵向模式（长而窄）或横向模式（短而宽）下使用应用程序，支持在旋转设备时更改应用程序的方向。这种行为称为自动旋转（autorotation）。iOS中的Web浏览器，即移动版Safari，就是一个典型的例子（见图5-1）。本章将详细介绍自动旋转。首先来看看它的复杂细节，然后讨论在应用中实现自动旋转的几种不同方法。

图5-1　与许多iOS应用程序一样，移动版Safari能够根据握持设备的方式改变显示方式，以充分
　　　利用可用的屏幕空间

在iOS 8之前，如果想要设计一个能同时在iPhone和iPad上运行的应用程序，就必须分别创建iPhone布局和iPad布局的storyboard。而在iOS 8中，情况有了改变。苹果公司向UIKit添加了新的API接口并为Xcode添加了工具，只需要一个storyboard就可以让构建的应用程序运行于（也可以说适用于）任何设备。你依然需要注意每个类型设备上不同的屏幕尺寸，不过现在只需要在一个地方设计即可。如果使用第3章中讨论的预览功能，效果会更好，不需要启动模拟器，就可以立即看到应用程序在所有设备上的外观。5.4节会讲解如何构建自适应的应用程序布局。

5.1   自动旋转机制

能同时支持纵向模式与横向模式并不是对所有应用程序都适用。苹果公司的某些iPhone应用程序仅支持单方向模式，例如天气（Weather）。不过iPad应用程序并非如此，苹果公司建议iPad上的大部分应用程序都应该支持所有的方向（某些沉浸式应用当属例外，比如面向特殊布局设计的游戏）。实际上，苹果公司自己的iPad应用程序几乎都能在两个方向上很好地运行。其中许多应用程序使用不同的方向来显示不同的数据视图。例如，邮件（Mail）和备忘录（Notes）应用利用横向模式在左侧显示一个项目列表（文件夹、消息或备忘录），在右侧显示所选的项目；而应用的纵向模式使你能够将注意力集中在所选项目的细节上。

对于iPhone应用，基本原则是：如果自动旋转能够增强用户体验，就应该将它添加到应用中。对于iPad应用，添加自动旋转功能是一项铁则，除非有充分的理由。幸好，苹果公司在iOS和UIKit中非常好地隐藏了处理方向变化的复杂细节，因此开发者在自己的iOS应用中实现这种行为实际上非常容易。

可以在视图控制器中指定是否允许旋转用户界面。如果用户旋转设备，活动视图控制器将被问及是否可以旋转到新的方向（本章稍后将介绍如何实现）。如果视图控制器给予肯定的响应，那么应用程序的窗口和视图就会旋转，窗口和视图的大小会重新调整以适应新的方向。

在iPhone和iPod touch上，对于在纵向模式下启动的视图，其高度要比宽度大。你可以参考第1章表1-2中的软件尺寸一栏来了解所有设备的实际可用空间。注意，如果应用程序显示了状态栏，则垂直屏幕上程序实际可用的空间将在垂直方向上减少20点。状态栏位于屏幕顶部，高度为20点（见图5-1），用于显示信号强度、时间以及电池电量等信息。

将设备旋转到横向模式时，垂直和水平方向的尺寸会互相交换。比如，在iPhone 6/6s上运行的应用程序在纵向模式下的屏幕为375点宽和667点高，而在横向模式下为667点宽和375点高。在iPad上，应用如果显示了状态栏（大部分应用都会这样做），则实际可用的垂直空间要减少20点。在iPhone上，若是iOS 8系统，状态栏会在横向模式下隐藏。

5.1.1   点、像素和 Retina 显示屏

你可能想知道，为什么我们说的是"点"（point）而不是"像素"（pixel）。本书的前几版一直用像素来表示屏幕大小，并不是用点。进行这项更改的原因在于苹果公司引入了Retina显示屏（视网膜显示屏）。Retina显示屏是苹果公司的销售术语，指的是iPhone 4后续的所有iPhone型号、后几代iPod touch和最新几款iPad使用的高分辨率屏幕。再次浏览表1-2便可以发现，大部分设备的硬件屏幕分辨率变成了2倍，而iPhone 6 /6s Plus则接近3倍。

幸好，大多数情况下，你不需要为此做任何工作。我们操作屏幕上的界面元素时，使用点而非像素来指定其尺寸和距离。对于早期的iPhone（以及iPad、iPad 2和初代iPad Mini）来说，点和像素是等价的，一个点就是一个像素。然而，在较新的iPhone、iPad和iPod touch上，1点相当于4像素的面积（宽和高都是2像素）。比如，虽然iPhone 5s屏幕宽度实际上是640像素，但是依然表现为320点；而在iPhone 6/6s Plus中，缩放比例是3，因此每个点对应9像素的正方形。鉴于iOS自动把点映射到了屏幕的物理像素，可以把点看作"虚拟分辨率"（virtual resolution）。第16章将深入讨论这些内容。

在一般的应用程序中，在屏幕中调整像素的大部分工作都由iOS负责。应用程序的主要工作是，确保所有的界面元素能够很好地适应尺寸调整后的窗口，并且比例合适。

5.1.2   控制旋转

为了应对设备的旋转，需要为界面中的所有对象指定合适的约束。调整视图时，约束可以告诉iOS设备应该如何对控件进行调整。它是如何处理设备旋转的？当设备旋转后，屏幕的宽高会互相交换（数字可能有少许变化），因此视图所在的布局区域会改变尺寸。

使用约束最简单的方式就是在Interface Builder中进行配置。可以在Interface Builder中定义约束，这些约束用

于描述当父视图发生变化或者其他视图发生位置变更时，GUI组件应该如何进行位置调整和大小调整。第4章已经初步接触了约束，本章会深入介绍这个主题。可以把约束理解为描述视图几何属性的方程式，而iOS视图系统就是求解程序，在必要时对视图进行调整，使其满足方程式所描述的几何属性。你还可以在代码中添加约束，不过这不在本书讨论的范围内。

约束是iOS 6中新添加的功能，但是在Mac中已经出现一段时间了。在iOS和macOS中，约束可以用来替代之前的springs and struts系统。相比这个旧系统的功能，约束有过之而无不及。

5.2　创建 Orientations 项目

我们将创建一个简单的应用来演示如何为应用选择支持的方向。在Xcode中创建一个Single View Application项目，将其命名为Orientations。在Devices弹出菜单中选择Universal，并与其他项目文件夹存储在同一目录下。

在storyboard中设计GUI之前，要先告诉iOS我们的视图支持界面旋转。有两种方式可以做到，既可以创建一个应用级的设置（这会成为所有视图控制器的默认支持方向），也可以为每个独立的视图控制器作进一步调整。接下来就看一下这两种方式，首先是应用级的设置。

5.2.1　应用级支持的方向

首先，需要指定应用程序所支持的屏幕方向。新的Xcode项目窗口出现后，应该已经打开了项目设置。如果尚未打开，点击项目导航面板中的第一行（以项目名称命名的那一项），然后确保留在General界面中。在提供的选项中，应该可以看到有一部分的标题为Deployment Info，其中包含一组名为Device Orientation的复选框（见图5-2）。

图5-2　项目的General界面显示了支持的设备方向

这就是指定应用程序支持方向的方法。这并非意味着应用中的每一个视图都要支持被选中的方向，但如果想让所有的应用程序视图都支持某个方向，就必须在这里选中该方向。你可能注意到，默认情况下Upside Down方向（Home键位于上方）是不被选中的。这是因为，如果在iPhone倒置时有来电，那么用户必须把手机翻转过来才能接听。

打开复选框上方的Devices下拉菜单（见图5-3），会发现事实上可以分别为iPhone和iPad设置允许方向。如果你选择了iPad，会看到4个复选框都是选中的，因为在任何方向上都应该能够使用iPad。

注意 图5-2和图5-3所示的4个复选框实际上只是一种在应用的Info.plist文件中添加、删除相关项的便捷方式。如果单击项目导航面板中的Info.plist文件，应该能看到两个属性，名称分别为Supported interface orientations和Supported interface orientations（iPad），以及对应当前选择方向的子选项。在General界面中选中或是取消选中那些复选框，就是在这些数组中添加和删除对应的项。使用这些复选框更便捷，而且不容易犯错，所以强烈建议使用复选框。当然，你应该知道它们的作用。

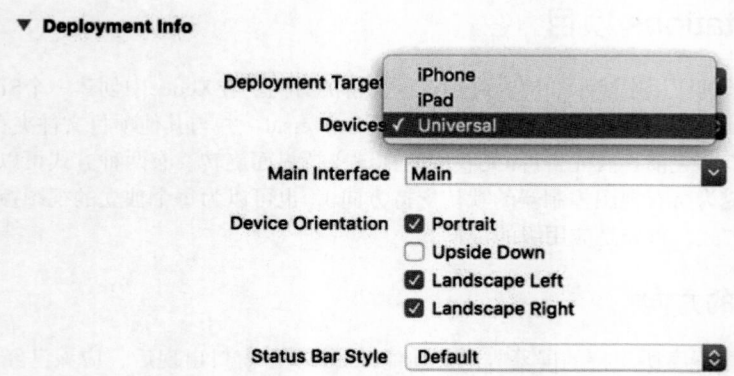

图5-3　可以为iPhone或iPad配置不同的方向

再次将iPhone 6s作为我们的设备。现在，选中Main.storyboard，在对象库中拖出一个标签，将其放置到水平中心并且靠近顶端的位置，如图5-4所示。选中标签的文本，将其更改为This Way Up。更改文本内容可能会移动标签的位置，所以要再次把它拖到水平中心位置。

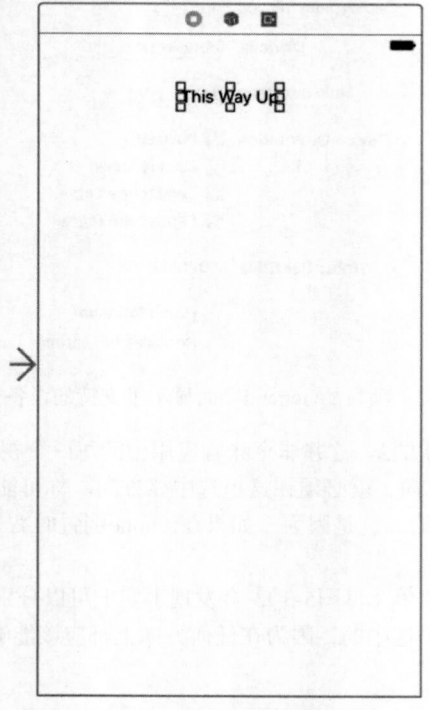

图5-4　设置纵向方向标签

　　在运行应用程序之前，需要添加自动布局约束来固定标签的位置，因此按住鼠标右键从标签拖到包含它的背景上，当视图变成蓝色时松开鼠标。按住Shift键并在弹出面板中选择Vertical Spacing to Top Layout Guide和Center Horizontally in Container，然后按下Return键。现在，按下Command+R在iPhone模拟器中构建并运行这个简单的应用。当应用出现在模拟器中之后，试着使用Command+左方向键或者Command+右方向键来旋转设备。可以看到整个视图（包括刚刚添加的标签）会自动旋转到每一个方向（除了Upside Down），我们刚刚就是这样配置的。在iPad模拟器上运行以确认它能够支持全部四个方向的旋转。

　　现在已经确定了应用支持的方向，但是要做的并不只这些。还可以为每一个视图控制器指定它自己支持的方向，这样就可以更具体地控制应用的不同部分在不同方向上的表现。

5.2.2　独立控制器的旋转支持

　　现在对视图控制器进行配置，使它支持不同的方向（应用级支持方向的子集）。注意，我们在应用的全局配置中指定应用所支持方向的绝对上限。如果全局配置不支持Upside Down方向，那么任何一个视图控制器都不能迫使系统旋转到Upside Down方向。我们在视图控制器能做的，就是在可接受的范围内作进一步限制。

　　在项目导航面板中单击ViewController.swift。这里要实现一个在父类UIViewController中定义的方法，这个方法可以指定当前视图控制器所支持的方向：

```
override func supportedInterfaceOrientations() -> UIInterfaceOrientationMask {
    return UIInterfaceOrientationMask(rawValue:
        (UIInterfaceOrientationMask.portrait.rawValue
            | UIInterfaceOrientationMask.landscapeLeft.rawValue))
}
```

　　这个方法使用UIInterfaceOrientationMask返回所支持的方向。这就是iOS询问一个视图控制器是否支持旋转到某个指定方向的方法。在这个例子中，返回值表示可以接受两种方向：默认的纵向方向和顺时针旋转90°之后的横向（也就是手机左侧边缘位于上方时的方向）。我们使用OR操作符（外观为一条竖杠）把这两个方向掩码组合在一起作为返回值。

　　UIKit定义了如下的方向掩码，可以使用OR操作符任意组合这些掩码，在前面已经展示过示例：

❑ UIInterfaceOrientationMask.portrait.rawValue

❑ UIInterfaceOrientationMask.landscapeLeft.rawValue

❑ UIInterfaceOrientationMask.landscapeRight.rawValue

❑ UIInterfaceOrientationMask.portraitUpsideDown.rawValue

　　除此之外，还有几个预定义的通用组合值。直接使用这些组合值与使用OR操作符完全等价，不过可以节省敲代码的时间，而且可以让代码的可读性更好：

❑ UIInterfaceOrientationMask.landscape.rawValue

❑ UIInterfaceOrientationMask.all.rawValue

❑ UIInterfaceOrientationMask.allButUpsideDown.rawValue

　　当iOS设备旋转到一个新的方向时，supportedInterfaceOrientations()方法就会在当前活动的视图控制器上被调用。如果这个方法的返回值中包含新的方向，那么应用程序就会旋转当前视图，否则不旋转。因为每个视图控制器子类都可以覆盖这个方法，所以对于应用程序来说，可以让某些视图支持旋转，而另外的视图不支持；对于单个视图控制器来说，可以在特定条件下支持特定的方向。再次运行示例应用程序，就可以确认模拟器只能转向supportedInterfaceOrientations()方法中返回的两个方向。每个方向末尾的.rawValue会以数字形式表示方向，并进行位的比较运算。

注意　实际上是可以旋转设备的，但视图本身不旋转，所以除了两个选中的方向，标签会回到顶部。

代码补全的实际应用

也许你已经注意到了，iPhone中定义的系统常量采用以下命名方式：彼此相关的值都使用相同的字母序列作为开头。UIInterfaceOrientationMask.portrait、UIInterfaceOrientationMask.portraitUpsideDown、UIInterfaceOrientationMask.landscapeLeft和UIInterfaceOrientationMask.landscapeRight都以UIInterface-OrientationMask作为开头，是为了充分利用Xcode的代码自动补全（Code Completion）特性。

你可能还意识到，在Xcode中输入代码时，Xcode经常尝试自动完成正在输入的单词。这就是代码自动补全特性的一种实际应用。

开发者不可能记住系统中定义的所有常量，但可以记住常用常量集合的通用开头。需要指定方向时，只需输入UIInterfaceOrientationMask（或者只是UIInterf），就会看到弹出了所有匹配项的列表（可以在Xcode的偏好设置中设置只有按下Esc键才弹出）。可以使用方向键在匹配列表中进行移动，按下Tab或Return键进行选择。这比在文档或头文件中查找值要快得多。

可以随意修改这个方法的返回值来看看不同方向的效果。可以要求系统在应用支持的某个方向上压缩视图的显示空间，但是不要忘记之前说过的全局配置！要记住，如果没有在全局配置中提供对Upside Down的支持，那么任何视图都不会支持Upside Down方向，不管视图supportedInterfaceOrientations()方法的返回值是什么。

> **注意**   iOS实际上有两种不同类型的方向。这里讨论的是**界面方向**（interface orientation），另一个独立但相关的概念是**设备方向**（device orientation）。设备方向表示设备当前的持握方式，而界面方向则是指屏幕上视图的旋转方向。如果把iPhone上下颠倒过来，那么设备的方向就是倒置的，但是界面方向却只能是其他的三个方向之一，因为iPhone应用默认不支持Upside Down方向。

5.3   创建布局项目

在Xcode中，新建一个基于Single View Application模板的项目，命名为Layout。选中Main.storyboard文件，在界面构建器中编辑界面。使用约束的好处之一就是，只需要编写少量的代码就可以完成大量的工作。从对象库中拖出4个标签放置到视图上，布局见图5-5。利用蓝色虚线将每个标签靠近各自所在的角落对齐。在这个例子中，使用UILabel类的实例来展示如何对GUI布局使用约束，同样的规则适用于所有GUI对象。

图5-5   向storyboard中添加四个标签

双击每一个标签，为每个标签指定一个标题以方便区分。使用UL作为左上角标签的标题，使用UR作为右上角标签的标题，使用LL作为左下角标签的标题，使用LR作为右下角标签的标题。设置所有的标签文本后，把它们全部拖回与容器视图各个角落对齐的位置。

假如我们还没设置任何自动旋转约束，看看会发生什么。在iPad Air模拟器上构建并运行应用。iOS模拟器启动之后，会发现只能看到左边的标签，另外两个已经超出了屏幕右边。而且左下角的标签也没有处于它该在的位置（正左下角）。选择Hardware➤Rotate Left菜单，这样模拟器就会将iPad旋转到横屏模式，之后能看到左上角的标签和右上角的部分标签，如图5-6所示。

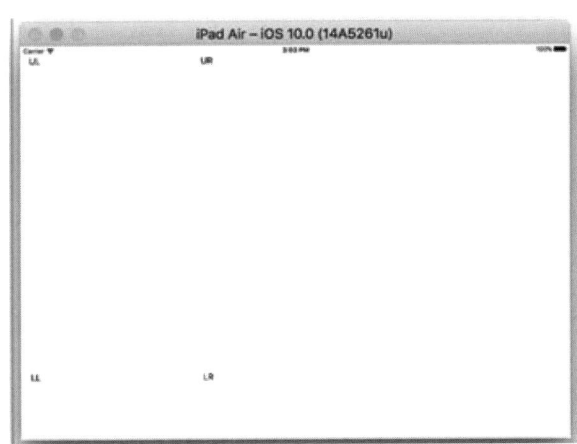

图5-6 不添加任何约束的情况下改变方向

可以看到，情况不太对劲。左边的标签旋转后还在正确的位置，但其他的都在错误的位置，有些完全看不到了！所有的对象都维持了与storyboard中视图左上角相对应的距离，为什么会这样？我们真正想要的是每个标签旋转后都紧紧地固定在最近的角落。右边的标签应当水平移动以适配视图的新宽度，而底部的标签应垂直移动以适配新的高度。还好我们可以在界面构建器中简单地设置这些约束来实现这些变化。

如你在前面的章节中所见，Interface Builder实际上可以智能地检测这些对象，并创建一系列默认约束来达到我们的要求。如果在边缘附近有对象存在，它会根据经验常识判断出我们也许还想让它们留在那里。如果想采用这些规范，要首先选中所有的四个标签。可以先选中一个标签，然后按住Shift或Command键并依次点击其余三个。全部选中之后，在菜单中点击Editor➤Resolve Auto Layout Issues➤Add Missing Constraints选项（你将看到两个该名称的菜单项，在这个示例中可以选择任意一个）。然后点击运行按钮来启动模拟器中的应用程序，并观察它的结果。

注意   另外一种方便选中所有标签的方法是按住Shift键点击文档略图中的标签名称（见图5-7）。

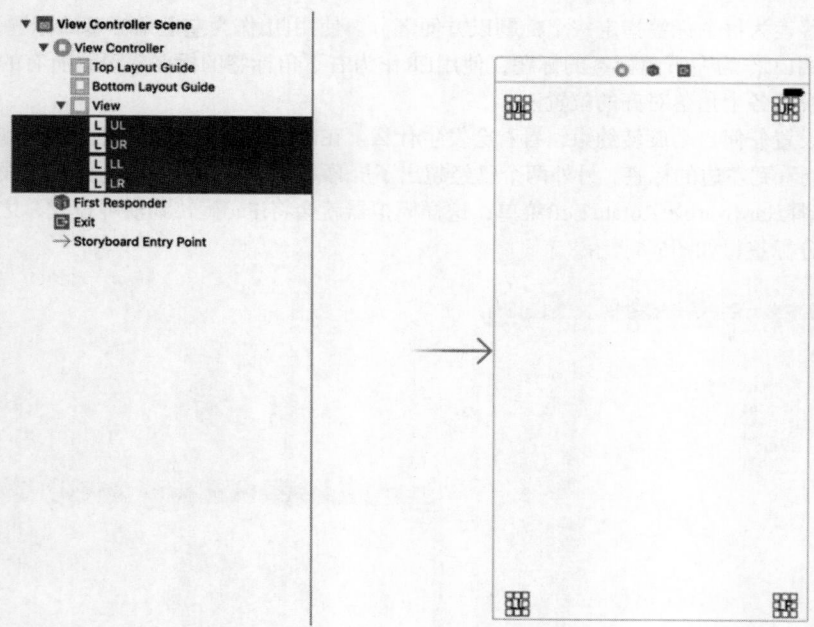

图5-7　使用文档略图边栏（位于Storyboard画布左侧）有时
可以更方便地进行选择，并对多个UI对象进行操作

　　虽然这只是解决办法之一，但这样使用约束是最有效的，理解它的工作原理非常必要。因此我们会继续深入讲解。回到Xcode，点击左上角的标签以选中它。你会注意到一些紧挨着标签的蓝色实线。这些蓝色实线与在屏幕上拖曳对象时出现的蓝色引导虚线不同，如图5-8所示。

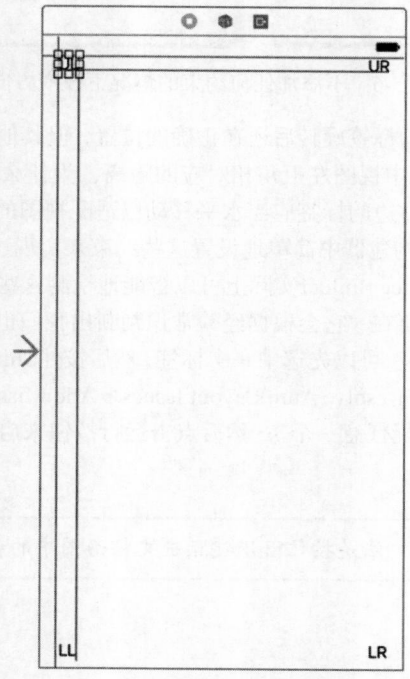

图5-8　蓝色实线显示为所选对象配置的约束

　　每条蓝色实线代表一个约束。如果按下Option+Command+5来打开尺寸检查器（Size Inspector），可以看到里面有包含约束的列表。图5-9展示了将Xcode应用于storyboard中的UL标签。不过Xcode创建的约束是基于标签所在位置的，因此你看到的也许会有些不同。

　　在这个示例中，其中两个约束负责处理当前标签位置与父视图（即容器视图）之间的关系：它指定了前置空白（leading space，通常意味着到左边的间距）和底部空白（bottom space，即标签下面的空间）。父视图的尺寸发生变化时（比如设备旋转），这些约束会使标签与父视图顶部和左边的间距不变。另外两个约束指向了其他标签并与它们保持对齐。查看其他所有标签是如何被约束的，理解如何让这四个标签位于父视图的中央。

　　注意，某些语言的阅读顺序是从右向左。对于这些语言，"前置空白"指的是右边的间距。因此，如果用户为设备选择的语言是阿拉伯语，前置空白约束可能会使这个GUI元素被放置到相反方向。目前来说，把"前置空白"理解为"左边间距"就可以了。

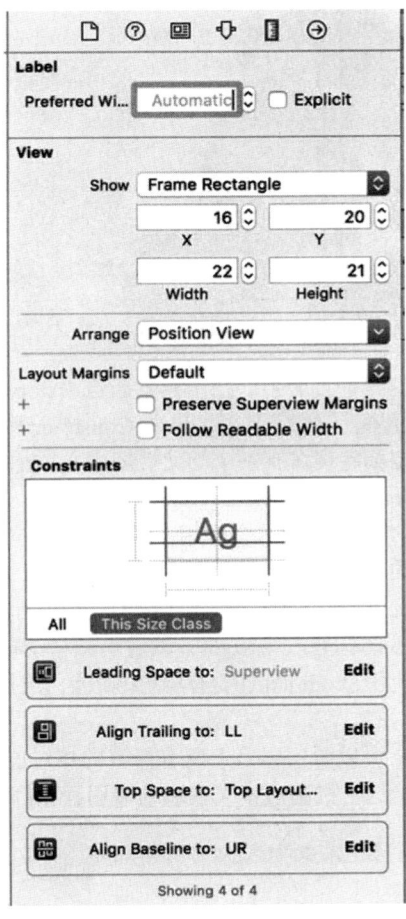

图5-9　Xcode生成的四条约束可以固定标签在父视图里的位置

5.3.1　覆盖默认的约束

　　再从对象库中拖出一个标签并放置到视图上。这一次，不要再把标签拖到角落，而是拖到视图的左侧边缘，与其他标签的左侧边缘对齐，并且在视图的中心位置垂直对齐。可以使用出现的蓝色虚线作为辅助。图5-10展示了效果。

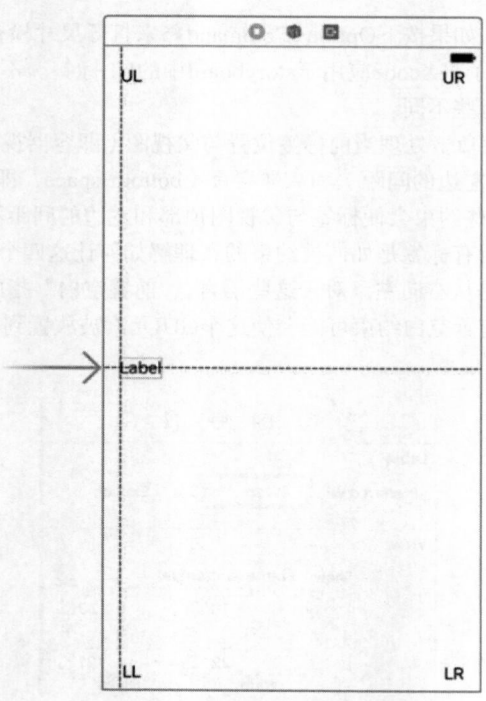

图5-10   放置左边的标签

　　添加一个新的约束以确保标签的位置垂直居中。选中标签后点击storyboard下方的Align图标，在弹出的浮动面板中勾选Vertically in Container复选框，然后点击Add 1 Constraint按钮。切换到尺寸检查器（可以按下Option+Command+5快捷键），你会看到标签现在有一个与父视图中心Y值对其的约束。标签还需要一条水平方向的约束，可以通过选择Editor➤Resolve Auto Layout Issues➤Add Missing Constraints菜单项（位于菜单中标有All View的区域）来添加。按下Command+R再次运行这个应用。试着旋转朝向，你会看到现在无论是哪种设备类型，所有的标签都可以完美地移动到合适的位置。

　　现在，再拖出一个新的标签，放置到视图右侧，与其他位于右侧的标签右对齐，并与Left标签水平对齐。这样标签大家族就全员到齐了。把新标签的标题改为Right，然后稍微移动标签，使用蓝色引导虚线确保其右边与其他两个右侧的标签对齐。我们可以使用Xcode提供的自动约束功能，选择Editor➤Resolve Auto Layout Issues➤Add Missing Constraints菜单项来生成它们。

　　再次构建并运行，然后旋转屏幕，可以看到屏幕上所有标签的相对位置都非常正确（见图5-11）。如果再旋转回来，它们又都回到了原来的位置。这个机制对于大多数的应用程序都有用处。

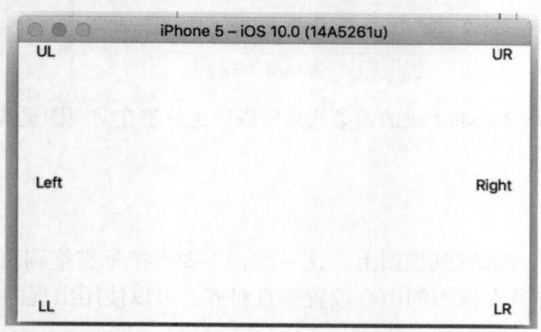

图5-11   旋转之后标签的新位置

5.3.2 与屏幕等宽的标签

接下来要创建一些约束，确保设备旋转后视图顶部两个标签的宽度始终相同、间距不变。完成之后的效果如图5-12所示。

我们要通过目测来确认是否达到了想要的结果，每个标签都要在屏幕各自一半的区域里完全位于中间。为了方便看到结果是否正确，我们暂时对标签的背景颜色进行设置。在storyboard中同时选中UL和UR标签，打开特征检查器，找到下面的View部分。使用Background控件选择一个鲜艳明亮的颜色。你将看到整个标签都会填满这个颜色（目前标签还很小）。

图5-12 无论在纵向模式还是横向模式下，顶部两个标签都与显示屏等宽

拖动UL标签右侧边缘上的尺寸调整手柄，一直拉伸到接近视图水平方向中心位置。不需要准确地拉伸到中心位置，原因你很快就会明白。完成之后，再次调整UR标签的尺寸，将其左侧边缘上的尺寸调整控件向左拉伸，一直到蓝色引导虚线出现为止（也就是说已经离左边的标签很近了，蓝色引导虚线所在的位置就是建议的间距）。现在我们需要添加一条约束，使这些标签能够保持相对位置。按住鼠标右键从UL标签拖动到UR标签上并松开鼠标。在弹出面板中选择Horizontal Spacing并按下Return键。这个约束会告诉布局系统，让这些标签之间始终保持与当前相同的水平间距。构建并运行应用程序来观察最终效果。你应该会看到如图5-13所示的效果，左侧或者右侧的标签宽度会变得非常长。

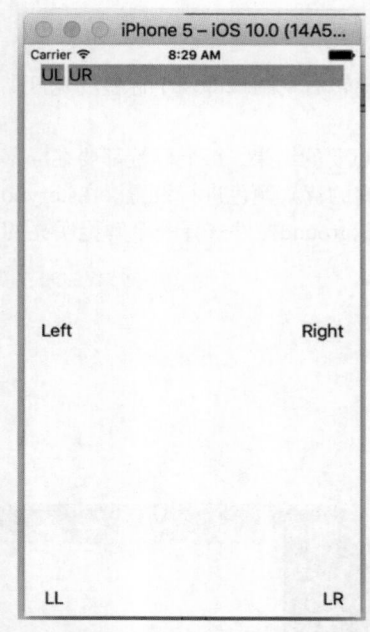

图5-13   标签被拉伸到占满整个显示屏的宽度，但是并不均匀

已经很接近了，但是还没有达到我们想要的效果。哪里做错了呢？我们定义了控制每个标签与父视图之间的相对位置以及标签之间的位置，但还没有设定标签的尺寸。这让布局系统以它自己的方式自由地改变尺寸（如我们之前所看到的，肯定不能这样）。为了解决这个问题，我们还需要添加一个约束。

确保UL标签仍然处于选中状态，按住Shift键并且单击UR标签，这样就同时选中了UL和UR两个标签，然后就可以创建一个对这两个标签都起作用的约束。在storyboard下点击Add New Constraints按钮，选中出现的Equal Widths复选框（第3章提到过），最后点击Add 1 Constraint。可以看到出现了一个新的约束，如图5-14所示。你也许还注意到约束是橙色的，这意味着标签在storyboard中的当前位置与运行时所见到的不一致。为了修复这个问题，选择文档略图中的View图标，需要点击Editor➤Resolve Auto Layout Issues➤Update Frames 菜单项。约束就会从橙色变为蓝色，且标签会自动调整为宽度一致。

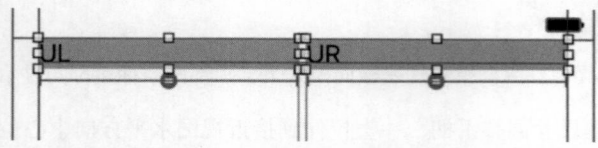

图5-14   新约束使顶部的两个标签具有相同的宽度

再次运行应用，无论纵向还是横向都能看到顶部的两个标签在水平方向上扩展到整个屏幕，见图5-12。

在这个例子中，所有的标签在多个方向上都是可见的并且位置正确，但是屏幕上仍然有很多空间未使用。如果设置另外两行标签占满视图宽度或者允许改变标签的高度，可能会更好一些，可以减少界面上的空白。可以随意添加或者更改这6个标签上的约束来实现不同的效果，也可以多增加几个标签。除了目前已经介绍过的之外，点击storyboard下的Add New Constraints和Align按钮还可以看到更多创建约束的选项。如果错误地添加了一个不想要的约束，可以选中这个约束然后按Delete键删除，或者在特征检查器中对其进行配置。可以多试几次，直到对约束的基本工作原理比较熟悉为止。从现在开始直到本书结束，都会大量使用约束。如果你希望了解更详细的内容，可以在Xcode的文档窗口中搜索Auto Layout（自动布局）。

5.4　创建自适应布局

在之前创建的简单示例中，布局在纵向和横向、在iPhone和iPad上都可以正常运行，无论这些设备的尺寸有什么不同。你可能已经注意到了，处理设备旋转和创建一个能适配不同屏幕尺寸的用户界面，其实应对的是同样的问题——毕竟从应用程序的角度来说，当设备旋转时，屏幕实际上改变了尺寸。在非常简单的情况下，通过分配自动布局来确保所有的视图都处于你的想要的位置和尺寸，可以同时解决这两种问题。然而，这并不总是有效的。有些布局在设备竖屏模式时正常，但在横屏时会出现问题；有些设计能适配iPhone，但是不适配iPad。如果遇到这些情况，只能针对不同情况设计多个独立的界面。在iOS 8之前，这意味着需要在代码中实现整个布局，或使用多个storyboard，也可能两者都需要。幸运的是，只使用单个storyboard就能设计出在各个方向以及不同设备上都能正常运行的自适应应用程序。下面来看如何做到。

5.4.1　创建 Restructure 应用程序

为了做好准备，我们先设计一个在iPhone竖屏模式下正常的用户界面，但在手机旋转后以及在iPad上运行时会出现问题。接下来介绍如何使用Interface Builder来调整设计，使其在任何情况下都状态正常。

首先，像之前那样新建一个单视图项目，命名为Restructure。我们现在要构造的GUI由一个大的内容区域和一组实现各种操作的小按钮组成。我们将按钮置于屏幕底部并让内容区域占据剩下的空间，如图5-15所示。

图5-15　在iPhone的竖屏模式下，Restructure应用程序的最初界面布局

注意　你们也许会发觉，本书中使用了各种画风不同的图来展示苹果的设备。比如图5-15的外观更接近一台真机（其实也没有多真了），图5-11等图像的外观则更简单一些。请不必过于纠结外观的异同，在浏览技术文档（即便是苹果公司官方文档）的时候也经常会遇到这类情况。

选中Main.storyboard开始编辑GUI。因为没有想要特别显示的内容，索性只放一个带颜色的大矩形。从对象库中拖出一个UIView到容器视图中。在它仍然被选中时，调整尺寸使其填满顶部的可用空间，并在上方和两边留出间距，如图5-15所示。接下来切换到特征检查器并使用Background弹出菜单选取一个背景颜色。除了白色，你可以选择任何你喜欢的颜色，以便视图在背景前突出明显。在示例源代码文件中的storyboard中，可以看到这个视图是绿色的，所以从现在开始称之为"绿视图"。

从对象库中拖出一个按钮并将它放在绿视图底部空间的左侧。双击选中里面的文本并将它改成Action One。现在按住Option键拖动这个按钮复制出三个副本，并将它们摆成两列（见图5-15）。现在不需要进行精准的对齐，因为我们将使用约束来最终确定它们的位置，不过你应该试着让两组按钮与父视图的边缘之间距离相等。将其他按钮的标题分别改成Action Two、Action Three和Action Four，并为每个按钮添加不同的背景颜色以便区分。我在这里分别采用红色、蓝色、橙色和黄色，你也可以根据你的喜好来选择颜色。假如你使用了蓝色这样的深色背景，那么需要将文字的颜色调得更亮一些以便识别。最后向下拖动绿视图底部的边界，直到它位于按钮第一行向上一点的位置。通过蓝色引导线使它们对齐，如图5-15所示。

现在来设置自动布局约束。首先选中绿视图，固定它与主视图顶部以及左侧和右侧的距离。这样并没有完全约束住，因为它的高度还没有指定。我们在固定完按钮之后，就会固定它与按钮顶部之间的距离。点击storyboard编辑器右下角的Add New Constraints按钮。在弹出面板的顶部，你将会看到四个文本框围住一个小正方形，现在应该已经熟悉它了。勾选Constrain to margins复选框。点击小正方形上方、左侧和右侧的红色虚线以固定视图与父视图顶部、左侧和右侧的间距（如图5-16所示）。之后点击Add 3 Constraints按钮。

图5-16   添加约束，使绿色视图边缘分别固定在最顶端和左右两侧

此时需要为所有按钮设定固定的高度，首先从Action One按钮（见图5-17）开始。我在这里用的值是43点，

因为在我创建完这个按钮时默认就是这个值了。当前示例旨在展示不同的设备及方向，这个值稍微变动一些也并不会有什么影响。之后对其他三个按钮执行同样的操作。

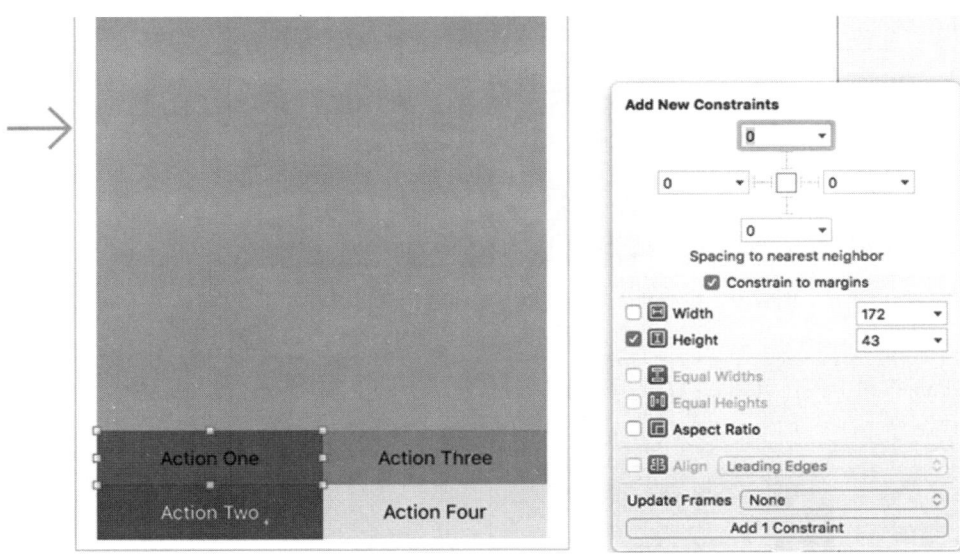

图5-17　为按钮设置高度

如果你目前的操作都是正确的，应该能够在文档略图中看到所有的约束（见图5-18），它们限定了四个按钮各自的高度，以及绿色视图的三条边线。

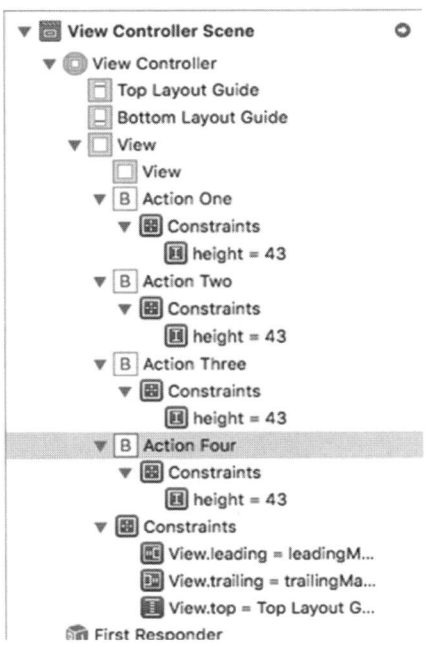

图5-18　可以时常在文档略图中浏览约束的状态

接下来要绑定左下角（Action Two）和右下角（Action Four）的按钮位置。在各个按钮上按住鼠标右键分别向左下角和右下角拖动。其中Action Two按钮需要按住Shift键并选中浮动面板中的两项（见图5-19）。

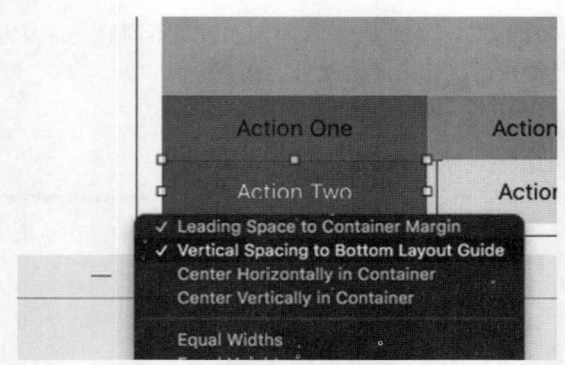

图5-19　在Action Two按钮上按住鼠标右键并往左下方拖动，
可以将其绑定到容器视图的左下角

在Action Four按钮上按住鼠标右键往右下方拖动并执行类似的操作，以设定水平及垂直方向上的间距（见图5-20）。

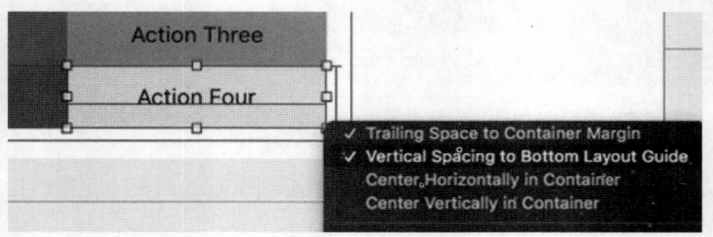

图5-20　在Action Four按钮上按住鼠标右键并往右下方拖动，
可以将其绑定到容器视图的右下角

然后按住Shift键选中所有的按钮，点击Add New Constraints按钮，设置所有的按钮宽度相同（见图5-21）。请注意，由于还没有设置实际的宽度数值，它们可能会出现同样很短或同样很长的各种结果，稍后会添加其他约束来处理这种情况。

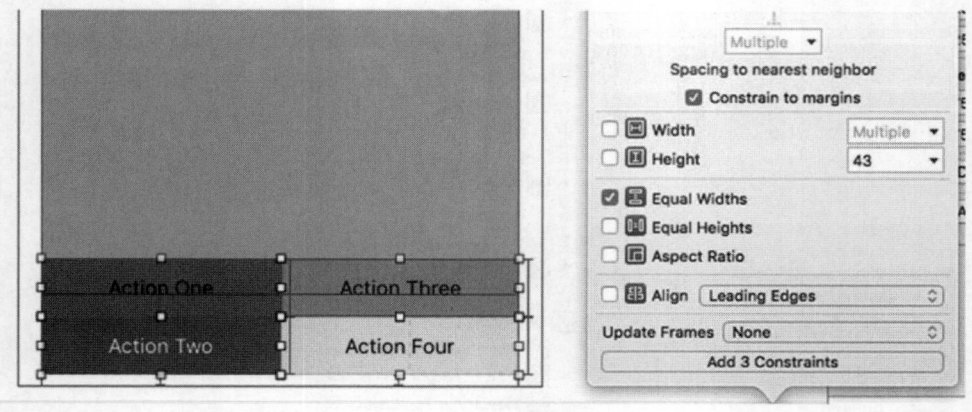

图5-21　设置所有的按钮为同样的宽度，此时我们还没有在storyboard中为宽度设置任何值

在顶端的两个按钮（Action One和Action Three）上按住鼠标右键分别向左右方向拖动，并各自选中Leading Space to Container Margin与Trailing Space to Container Margin（见图5-22）。这样可以将Action One按钮的左侧与Action Three按钮的右侧绑定到视图的边缘上，其中一边负责宽度的锚点（anchor point）就设置好了。

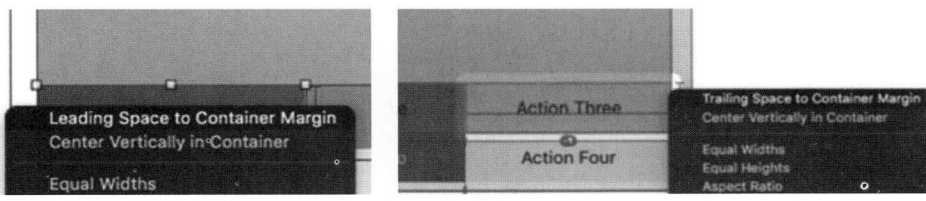

图5-22 设置Action One按钮的左侧边缘与Action Three按钮的右侧边缘与容器视图的边缘对齐

最后需要添加的两条约束可以确保所有按钮的宽度皆为绿色视图宽度的一半。在Action One按钮上按住鼠标右键拖动到Action Three按钮并选中Horizontal Spacing选项。之后对Action Two按钮和Action Four按钮也执行同样的操作（见图5-23）。之前我们将按钮的边缘绑定在容器的左右两侧边缘的固定位置上（如图5-22所示），现在将按钮设置为相同的宽度（见图5-21）。设置水平间距，让同一行的按钮在视图的中间位置靠住。因为绿色视图也绑定了左右两侧的边缘，所以按钮也会在绿色视图的中间位置靠住。

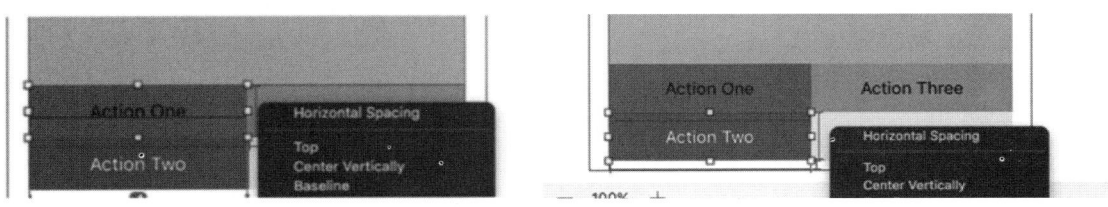

图5-23 设置每一行的按钮在中间靠住，默认的结果就是每个按钮的宽度都会被设为视图宽度的一半

完成最后几步就可以准备在各个设备上测试应用了。先在Action Three按钮上按住鼠标右键并拖到Action four按钮上，并选中Vertical Spacing项，步骤就像我们在图5-24中针对同一行按钮而设定的水平间距一样。之后对Action One按钮和Action Two按钮执行同样的操作。

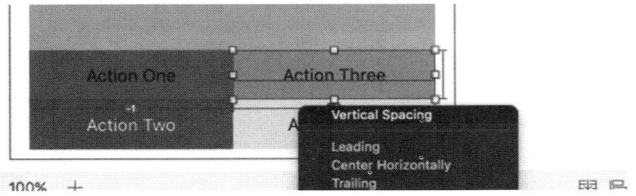

图5-24 类似之前针对同一行按钮执行的操作，这里要设置同一列按钮之间的垂直间距

最后在绿色视图上按住鼠标右键拖动到Action One按钮上设置间距，这样绿色视图和最上面一行的按钮能够紧邻（见图5-25）。

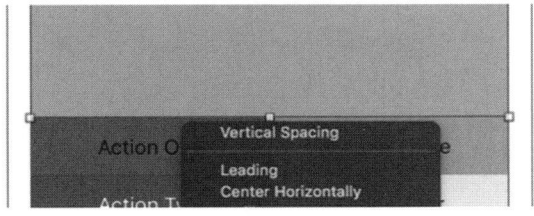

图5-25 设置绿色视图与最上面一行按钮之间的间距

现在你可以选择任意不同类型的iPhone和iPad屏幕尺寸，而且无论是纵向还是横向，按钮都会位于正确的位置上（见图5-26）。

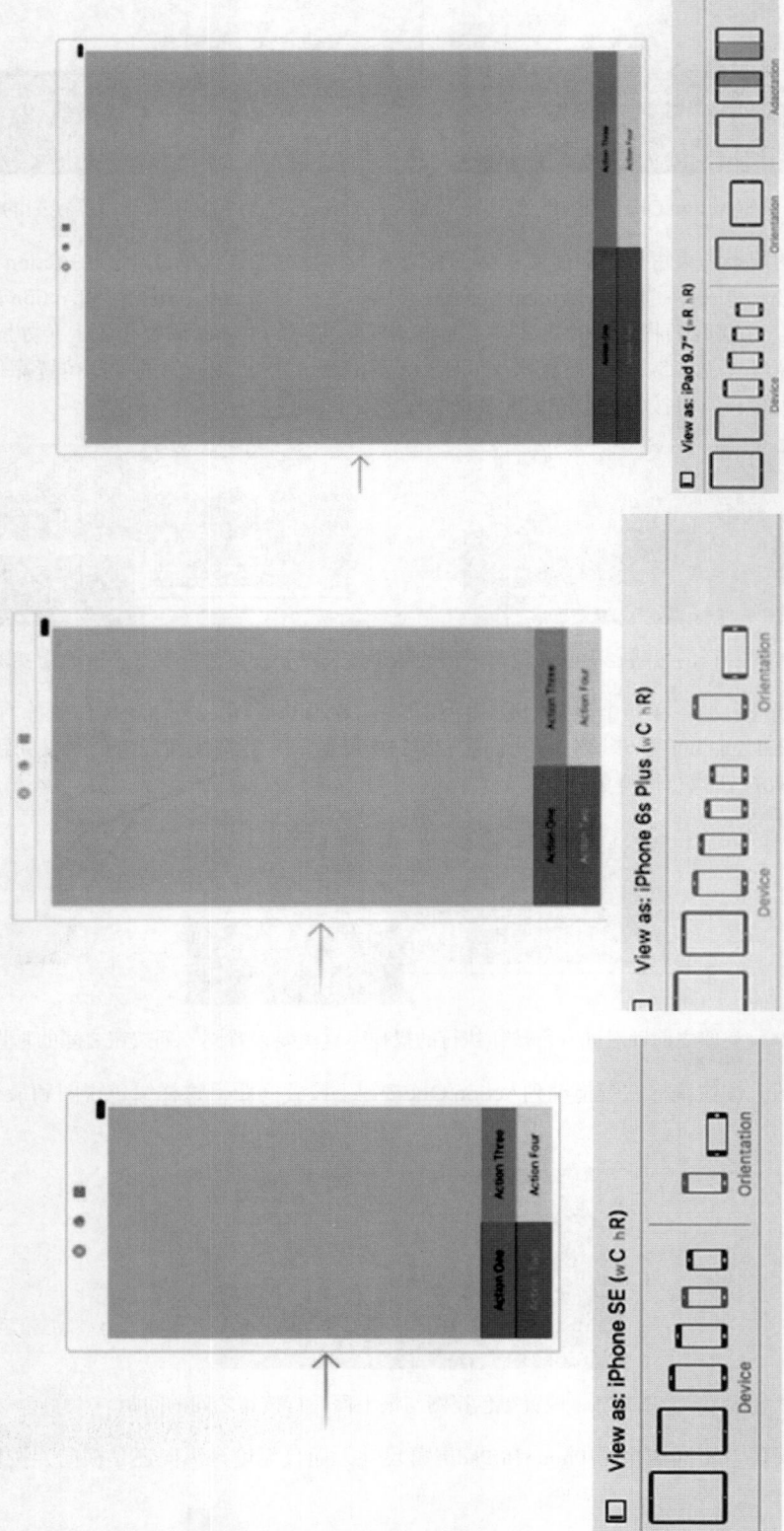

图5-26 任意选择纵向的设备，都可以保持正常的布局

此外检查一下Xcode中的问题导航面板，确保里面没有出现任何问题。通过开发工具内置的功能就可以设置所有需要的约束，我们只做了很少的工作就创建了一个布局。不过有些布局会比这个示例中演示的要复杂许多。

可以开始最后一步了：在模拟器中构建并运行这个项目来验证最终是不是我们所期待的效果。图5-27展示了iPhone 6s在两个方向的界面，而图5-28展示了iPad Air在两个方向的全屏界面。

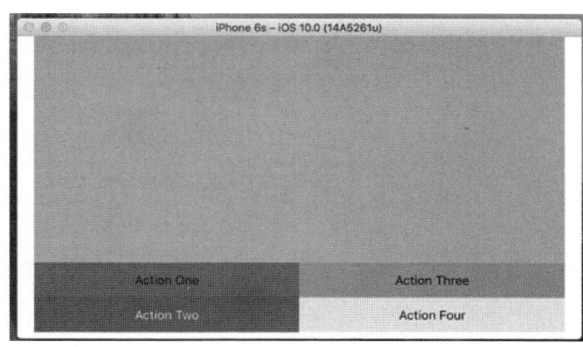

图5-27　iPhone 6s在两个方向的界面

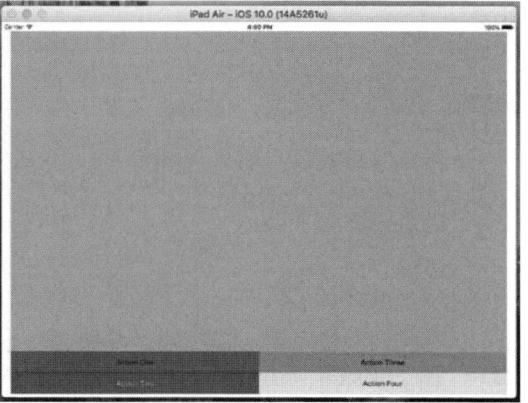

图5-28　iPad Air在两个方向的界面

看起来确实是我们想要的效果，不过仍有改进的余地。iPhone在横向模式时，是视作wC hC（宽度与高度皆为紧凑）配置的，我们想让所有按钮在右侧单独一列叠放；而iPad无论在任何方向上都是视作wR hR（宽度与高度皆为标准）配置的，我们想让所有按钮在视图底部放在同一行来显示。

注意　符号w-和h-代表当前设备尺寸配置的宽度与高度。简单地说，在自动布局中可以用C（compact，紧凑）和R（regular，标准）来表示，因此就会有这些选项：wC hC、wC hR、wR hC和wR hR。你可以在设备配置栏中查看相对应的苹果真机类型。

5.4.2　设置 iPhone 的横向（wC hC）配置布局

在设置wC hC横向配置之前，先要保存你的内容并关闭Xcode项目。只需要点击Xcode窗口左上角的红色圆形按钮就可以了，不需要彻底退出Xcode应用程序。

在Mac机的Finder文件管理器中找到Restructure文件夹并将其压缩以备份版本（如图5-29所示）。这样就会创建一个项目的主副本，假如后面的步骤混乱，可以重新使用它。

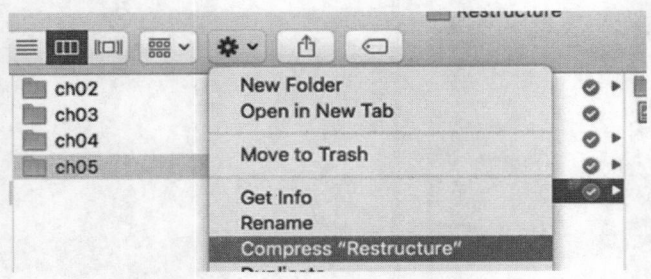

图5-29　为项目创建一个主副本

由于在后面操作的过程中可能会经常需要备份，可以将这个.zip压缩文件重命名为RestructureBaseline（如图5-30所示），这样我们就会知道它是之前为所有设备及所有方向都采用同一布局方式的源项目。

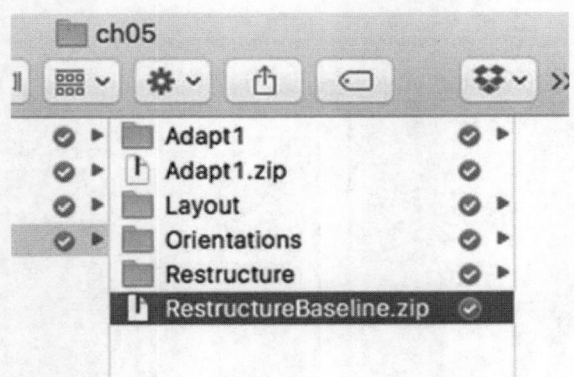

图5-30　保存这个初始项目并用唯一的命名以方便区分

首先为iPhone创建横向的配置。选择iPhone 6s机型和横向模式。在设备配置栏右侧点击Vary for Traits按钮，底栏变成了蓝色（如图5-31所示）。在弹出的面板中勾选height和width复选框，再次参照图5-31，能看出现在只显示了横向的iPhone设备。在这个特征种类中，我们会针对这个配置来开发用户界面（UI）。

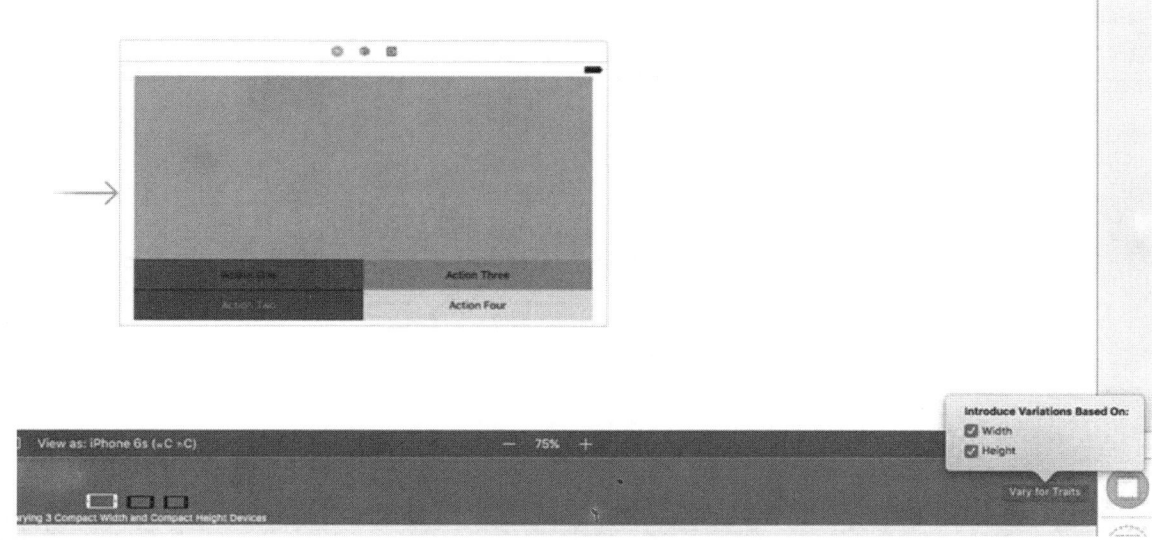

图5-31　为iPhone横向配置创建UI的第一步

接下来要做一件意想不到的事：选中所有5个UI元素（绿色视图以及四个按钮）并按下Delete键。不必太过担心，因为你已经保存了项目并创建了一个初始版本的压缩文件，将来需要时都可以用到它。如果你还没有这个文件的话，建议现在最好还是备份一下。完成之后的画布外观不出意外应该就像图5-32这样。不过这时检查文档略图的话，仍会看到这些界面元素以及布局约束。这是因为它们是基于初始配置的，而我们创建的是一个针对wC hC横向模式的全新配置（也可以称为特征集，trait collection）。

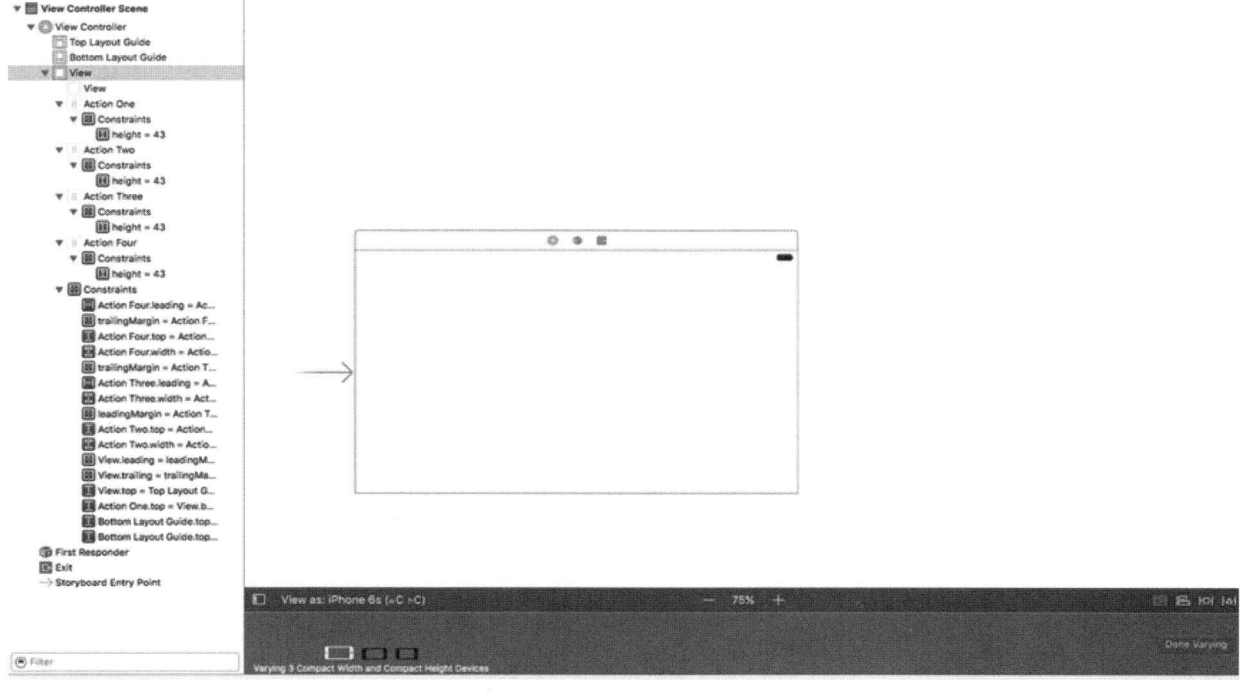

图5-32　重新设计iPhone横向的配置。请注意在文档略图中仍能看到为针对初始配置布局的所有UI
　　　　元素和约束

如同我们之前在初始配置中所做的那样，拖出一个UIView和四个按钮并设置它们的颜色以及标题。将它们按照图5-33简单排列在大致位置上，此时还没有为它们设置任何约束。

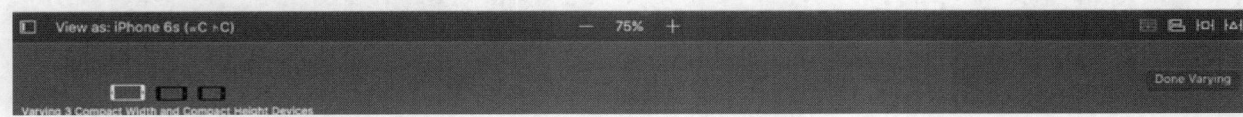

图5-33　将新的UI元素拖动到storyboard并放在图中所示的大致位置上

在本节中，我们需要用一些精确的数据来表示尺寸。点选中绿色视图并打开尺寸检查器，将尺寸设为500点×340点（如图5-34所示）。宽度的500点是随意决定的，高度的340点则是因为除以4之后刚好等于85，而这个值正是之后要为按钮设置的高度。请注意这并不算作约束，而是storyboard上的直观效果。实际上我们并不想让绿色视图尺寸固定，因为无论在更大屏幕的plus机型还是较小屏幕的SE上都会出现偏差。

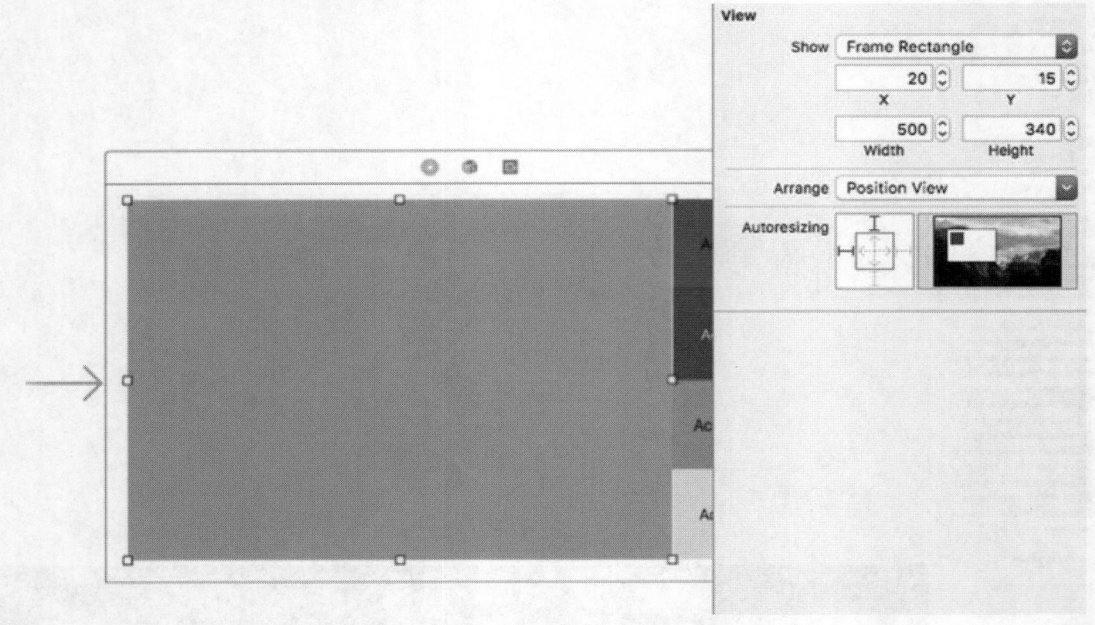

图5-34　设置绿色视图的宽和高

选中绿色视图并绑定顶端和左右两侧到边缘的相对位置（如图5-35所示）。

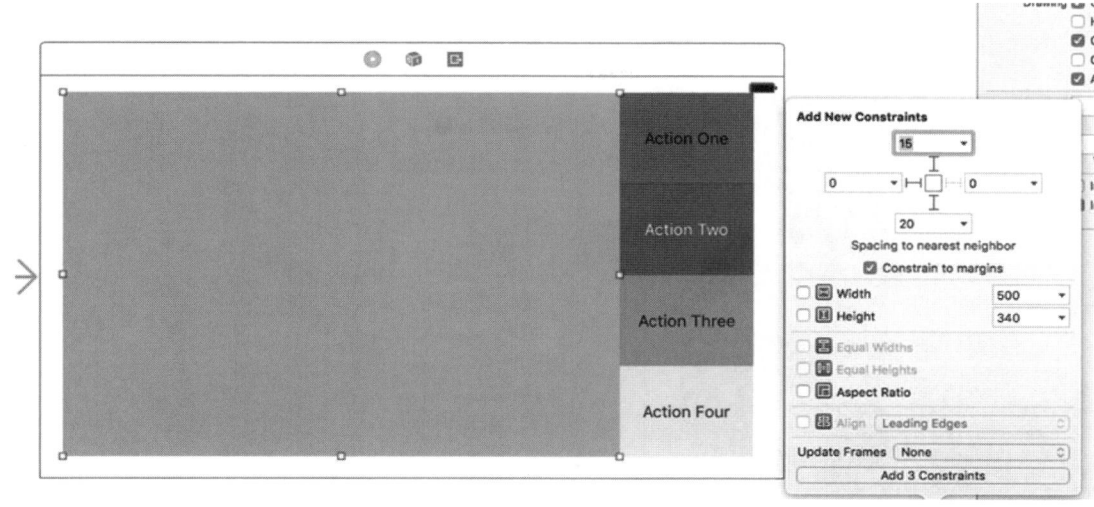

图5-35　绑定横向模式中绿色视图到顶端以及左右两侧的相对位置

　　接下来我们要固定Action One按钮的宽度，不过操作步骤与之前略有不同。在Action One按钮区域内某一位置按住鼠标右键并横向拖动，仍然在同一个按钮的区域内另一位置松开鼠标。你会看到一个很眼熟的浮动面板（见图5-36），选中里面的Width项。如果之前按钮的宽度已经设为120点，那么你就可以看到如图5-37所示的效果。

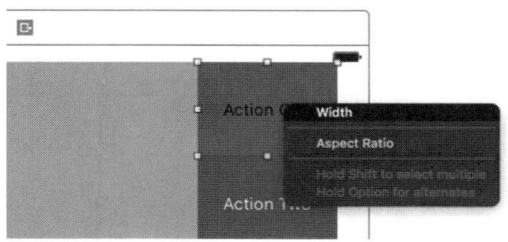

图5-36　设置Action One按钮的宽度

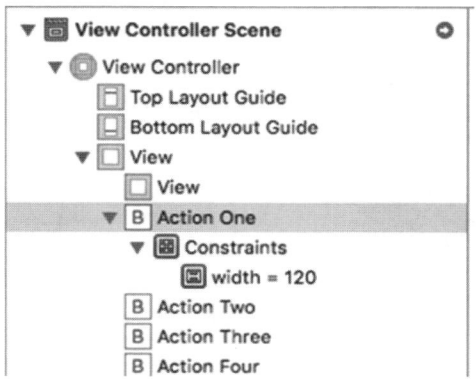

图5-37　Action One按钮宽度的约束是120点

　　我们想让所有按钮都是同样的宽度和高度：宽度是固定的120点，而高度会根据横向模式的各类iPhone的垂直有效区域进行动态调整。之前我们是手动设置同一列中按钮为相同的高度，这次可以按住Shift键选中所有4个按钮，再点击Add New Constraint按钮，然后设置Equal width和Equal Height约束（如图5-38所示）。

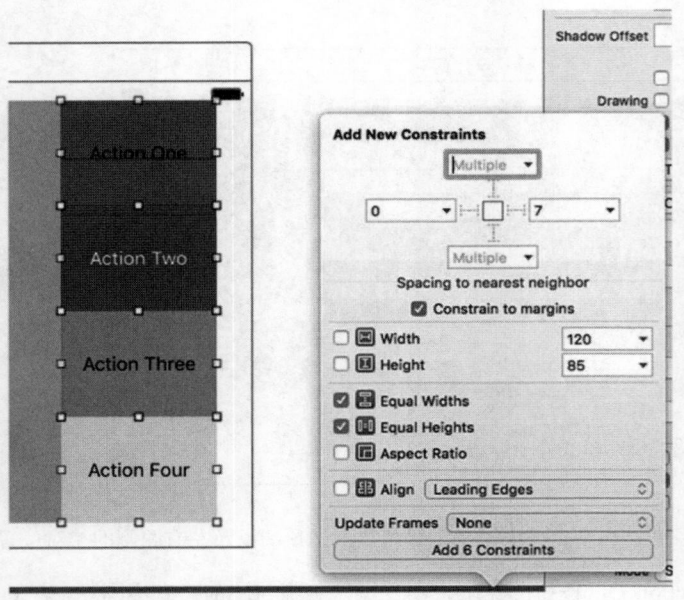

图5-38　设置所有的按钮为相同的宽度与高度

> **注意**　也许你已经察觉到了，虽然我们为这4个按钮都各自设置了2条约束，实际一共只添加了6条约束。这是因为本质上我们是设定其中3个按钮与另一个按钮的形状相同。

　　将Action One按钮绑定到其容器视图的顶端与右侧（见图5-39），并将Action Four按钮绑定到右侧和底端（见图5-40）。

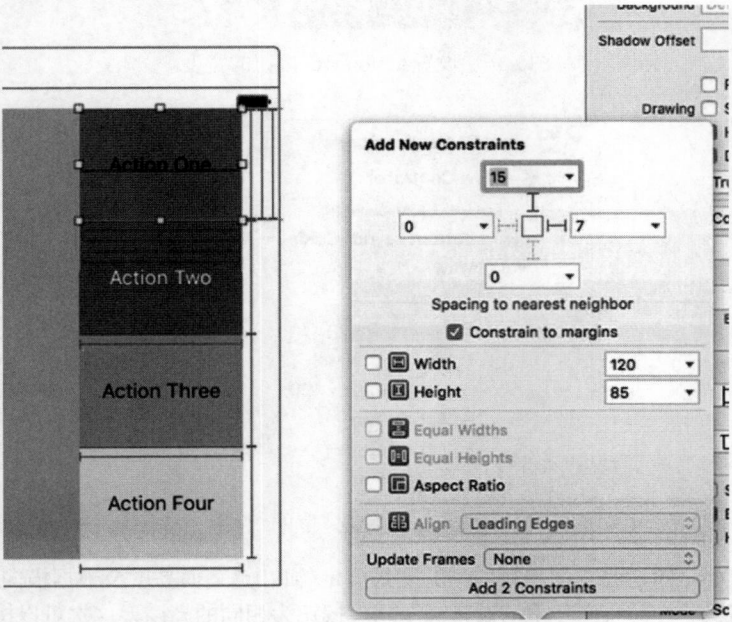

图5-39　将Action One按钮绑定到顶端与右侧

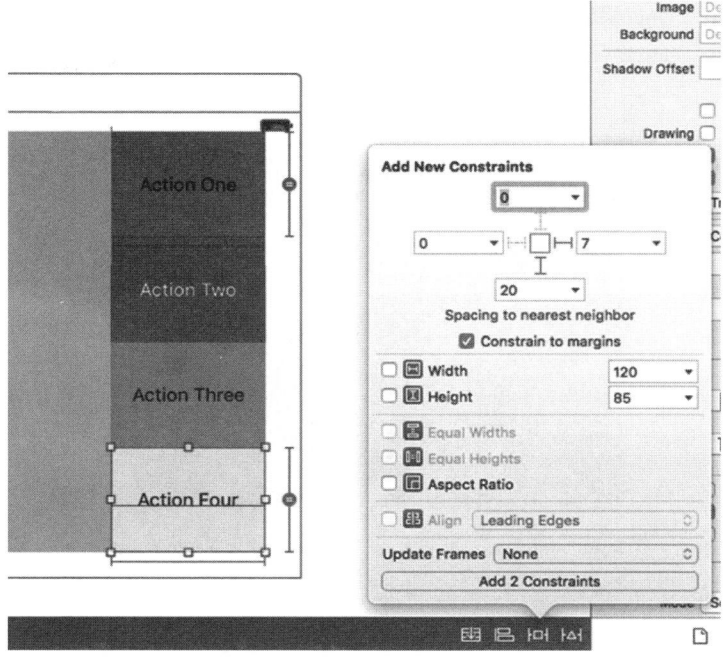

图5-40 将Action Four按钮绑定到右侧与底端

在Action Two按钮上按住鼠标右键向右侧拖动，通过选择Trailing Space to Container Margin项将其绑定到容器视图的右侧（如图5-41所示）。之后对Action Three按钮执行同样的操作。

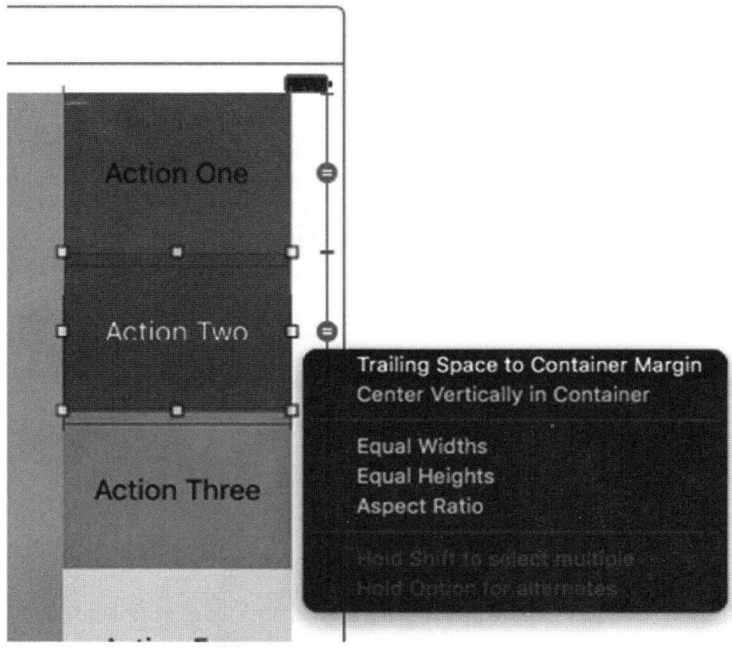

图5-41 按住鼠标右键拖动并在浮动面板中选择Trailing Space to Container Margin，可以将中部的按钮绑定到右侧。图中是Action Two按钮的示例，对Action Three按钮执行的也是同样的操作

按住鼠标右键从Action One按钮拖动到Action Two按钮上，并选定Vertical Spacing项（如图5-42所示）。之后在Action Two按钮和Action Three按钮，以及Action Three按钮和Action Four按钮之间执行同样的操作。

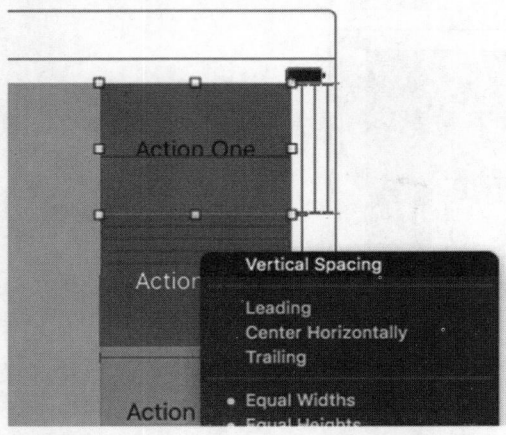

图5-42　设置这一列中所有相邻的两个按钮之间的Vertical Spacing约束，
这样可以使每个按钮的高度刚好是容器视图高度的四分之一

最后设置绿色视图与Action One按钮（也可以用这四个按钮中的其他按钮）之间的Horizontal Spacing约束（如图5-43所示）。

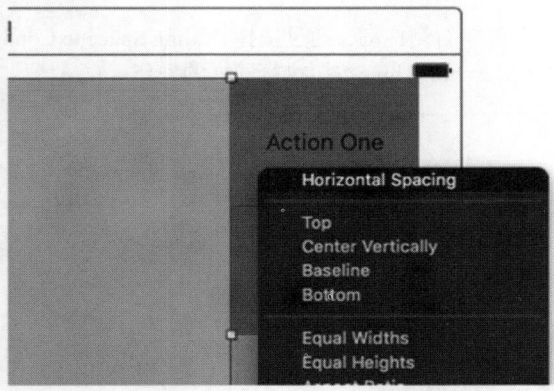

图5-43　设置绿色视图与这一列按钮之间的Horizontal Spacing约束

在设备配置栏点击Done Varying按钮后，iPhone横向配置的约束就添加和布置完成了（如图5-44所示）。

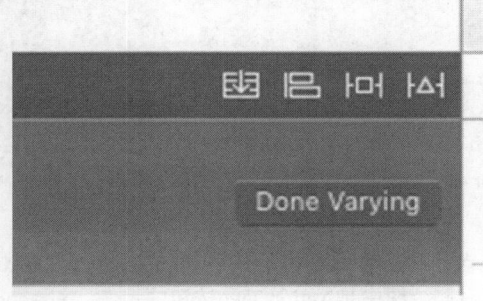

图5-44　在设备配置栏中点击Done Varying按钮完成配置

现在三种wC hC配置的iPhone上的按钮位置都是正确的（如图5-45所示）。请注意，由于6 Plus、6s Plus以及之后的Plus机型是wR hC形态的设备，在它们的界面中看到的还是之前的初始布局。

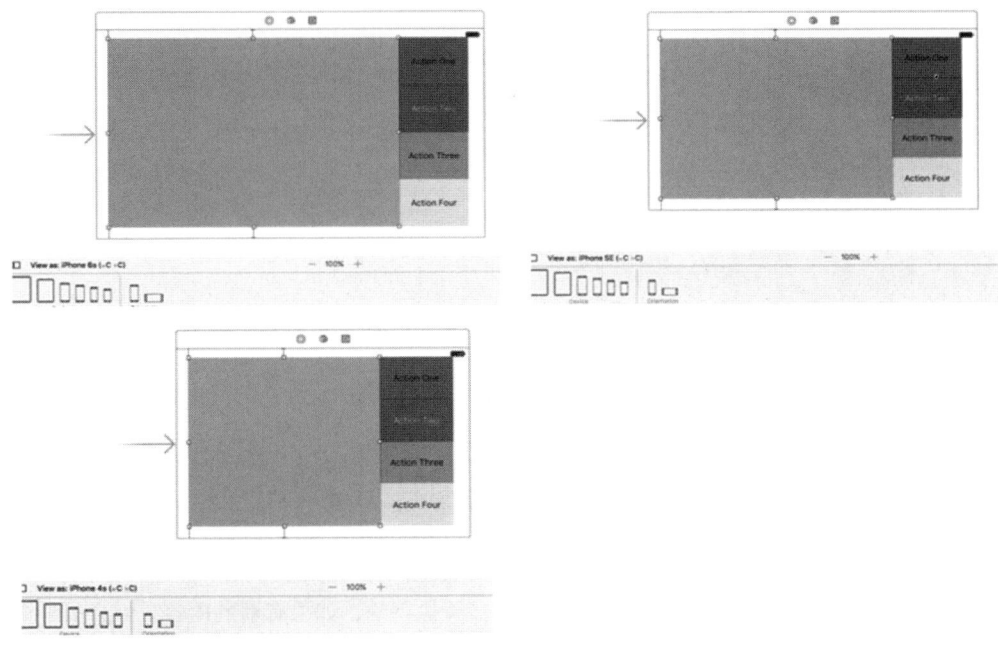

图5-45　在设备配置栏中改变设备类型可以看出，为wC hC的横向iPhone设备设置的约束发挥了作用

在模拟器中运行应用会出现如图5-46所示的效果。虽然我们能做到让四周的边缘贴紧，使其更接近一个完整的应用，不过这个示例的目的在于如何针对各种机型与不同方向来操作布局配置。熟悉了自动布局后，就能够自然而然地设计出想要的界面了。

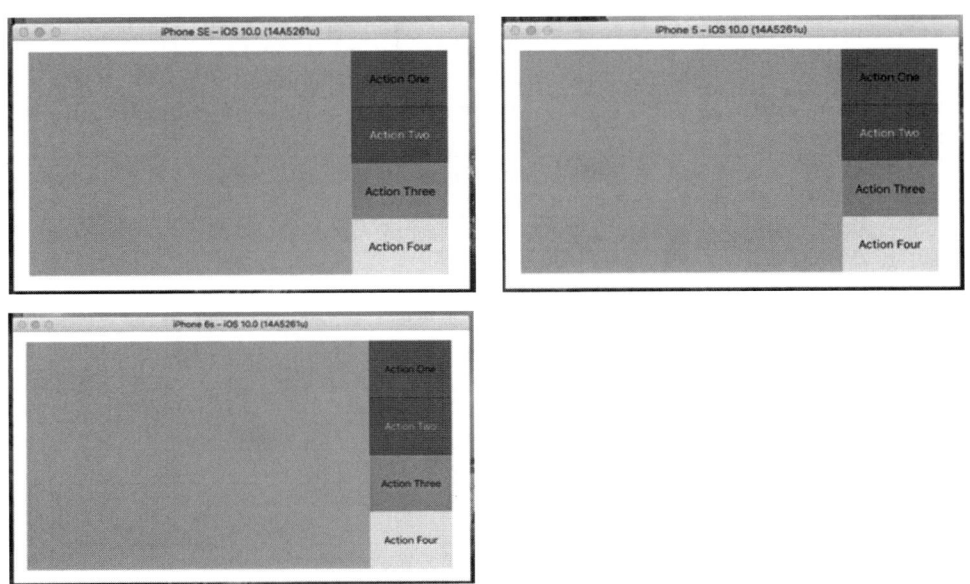

图5-46　如果我们之前的操作都是正确的，就能看到在所有的横向iPhone（除了Plus机型）上都会是正确的布局

在对iPad布局进行操作前需要保存这个项目，压缩这个版本的项目文件夹并指定一个方便识别的名称，便于将来找到。我使用的文件名是Restruture_wChC.zip（如图5-47所示），它表示宽度和高度都是紧凑的。你也可以自由使用自己喜欢的命名风格，只要知道如何识别它们。

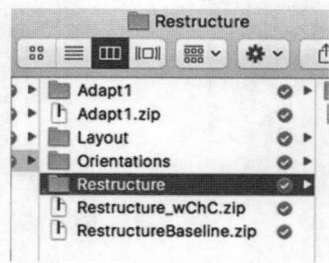

图5-47　保存项目的当前版本，以便将来使用

5.4.3　设置 iPad（以及 iPhone Plus 横向）的 wR hR 配置

在前面两节中，我们了解了如何逐步为通用配置以及iPhone横向配置创建布局。你在设计UI时应该能轻巧地使用自动布局功能，如果条件允许的话，我建议可以再花些时间回顾前面的章节，试着做到不看文字和图片来完成操作。

关于本节的配置，为了节约篇幅，我把关键步骤都列在表5-1中，并附带了相应的图片引用，多少能帮助你理解每个步骤的内容。之后的流程基本上都是按照里面的步骤执行的，如果有新的内容我们会另外讲解。

依次执行表5-1中的步骤来设置iPad所有方向以及iPhone Plus机型横向的配置。

表5-1　设置iPad所有方向以及iPhone Plus机型横向的配置

步　骤	操　作	图　片
1	点击Vary For Traits按钮并勾选宽度（width）的特征种类	图5-48
2	参照上一节的操作，删除storyboard中的五个UI元素。然后通过对象库再添加这五个新控件	图5-49
3	选中新添加的绿色视图并打开尺寸检查器，将高度和宽度的值分别设为728和926。这些并不是约束，而是为了在storyboard上直观地对界面元素进行布局（请记住这是针对iPad Air屏幕尺寸的值。如果用的是其他尺寸的设备，需要改成合适的宽高值）	图5-50
4	选中Action Four按钮并在尺寸检查器中设置宽度值为182（同样这个宽度也是针对iPad Air的）。这里也是为了直观地布置，并非约束	图5-51
5	确保设备配置栏是蓝色背景，这表示我们仍处于Vary for Traits模式，按照图中的方式进行大致的布局：绿色视图靠近顶端，而所有按钮在底端排成一行	图5-52
6	与之前所做的类似，将绿色视图绑定到容器视图的顶端以及左右两侧	图5-53
7	将Action One按钮绑定到容器视图的左下角	图5-54
8	将Action Four按钮绑定到容器视图的右下角	图5-55
9	将Action Two按钮绑定到容器视图的底端	图5-56
10	将Action Three按钮绑定到容器视图的底端	图5-57
11	添加一个约束将Action One按钮的高度设为一个固定的值。我使用的是63点，因为在storyboard上的布局效果刚刚好。并没有"绝对正确"的值，只要布局效果符合你的要求就足够了	图5-58
12	按住Shift键选中底端全部四个操作按钮并设置约束，使它们的宽度与高度相同	图5-59
13	在绿色视图按住鼠标右键拖动到Action One按钮上并设置Vertical Spacing约束。这样就能让绿色视图与这一行按钮靠住	图5-60
14	Action One按钮上按住鼠标右键拖动到Action Two按钮上并设置Horizontal Spacing约束。对Action Two按钮和Action Three按钮以及Action Three按钮和Action Four按钮也执行同样的操作。这样做是为了让按钮之间边与边靠住，宽度也刚好是外面容器视图的四分之一	图5-61
15	点击Done Varying按钮就可以完成对特征集的修改	图5-62

图5-48　选择这个iPad机型，点击Vary For Traits按钮，并勾选Width复选框

图5-49　删除全部五个UI元素

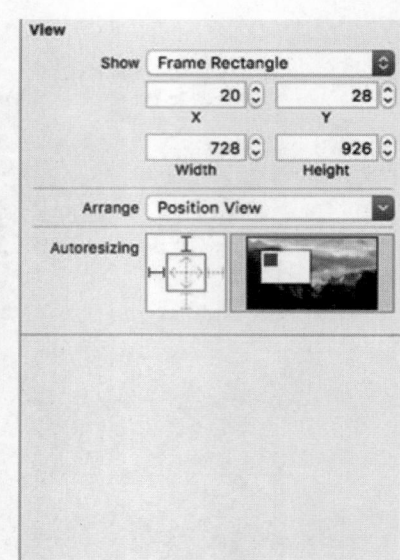

图5-50   通过界面对象库添加五个新的UI元素，并在尺寸检查器中设置绿色视图的宽度和高度。这里设置的并不是约束，仅仅是在storyboard上调整界面

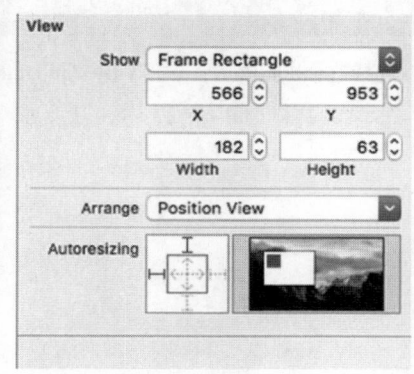

图5-51   用类似的方法设置Action Four按钮的宽度，这样就可以在storyboard上直观地操作界面布局了

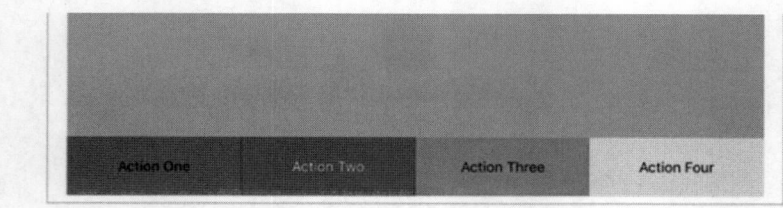

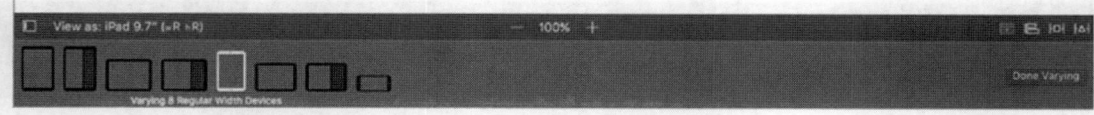

图5-52   参照图中所示对齐界面元素，请确保设备配置栏一直是蓝色背景，这表示我们正在处理特征集的配置

图5-53 与上一节中所做的类似，将绿色视图绑定到容器视图的顶端以及左右两侧边缘上

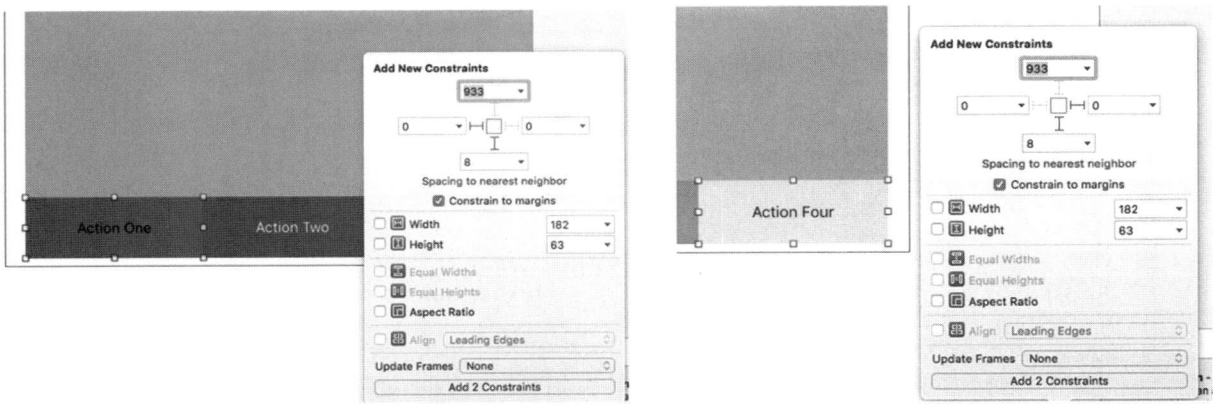

图5-54 绑定Action One按钮到容器视图的左下角　图5-55 绑定Action Four按钮到容器视图的右下角

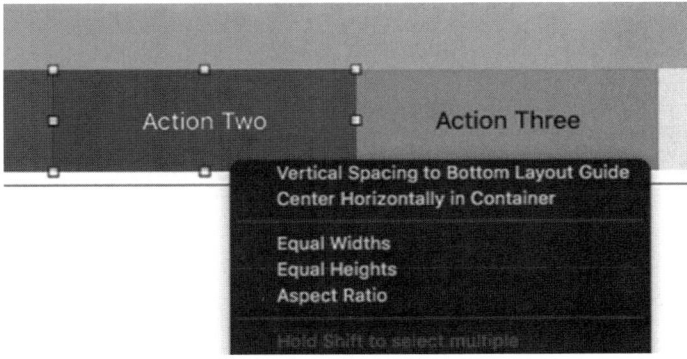

图5-56 绑定Action Two按钮到容器视图的底端

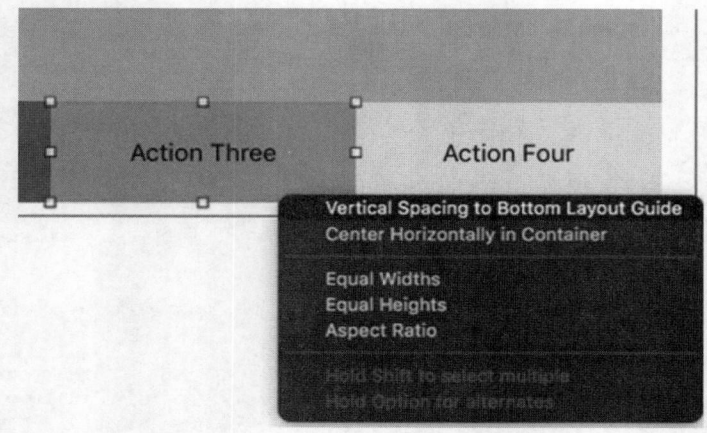

图5-57 绑定Action Three按钮到容器视图的底端

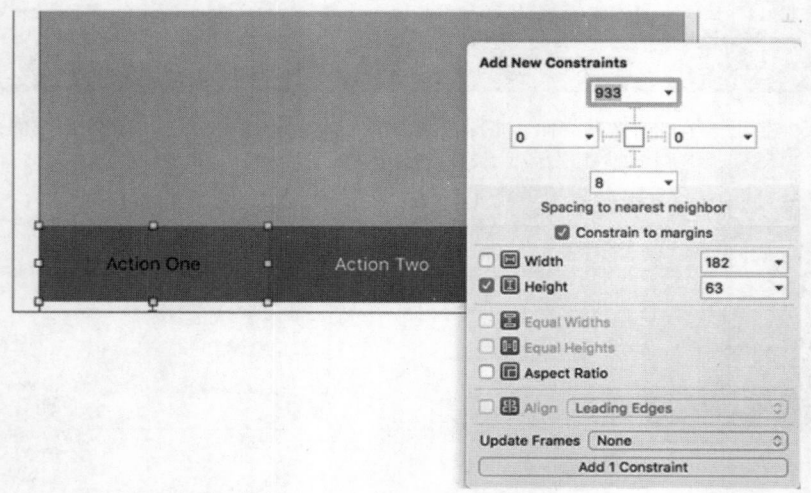

图5-58 添加一条约束使Action One按钮的高度为某一固定值。我在
这里用的是63点，因为这样比较适合storyboard中的布局

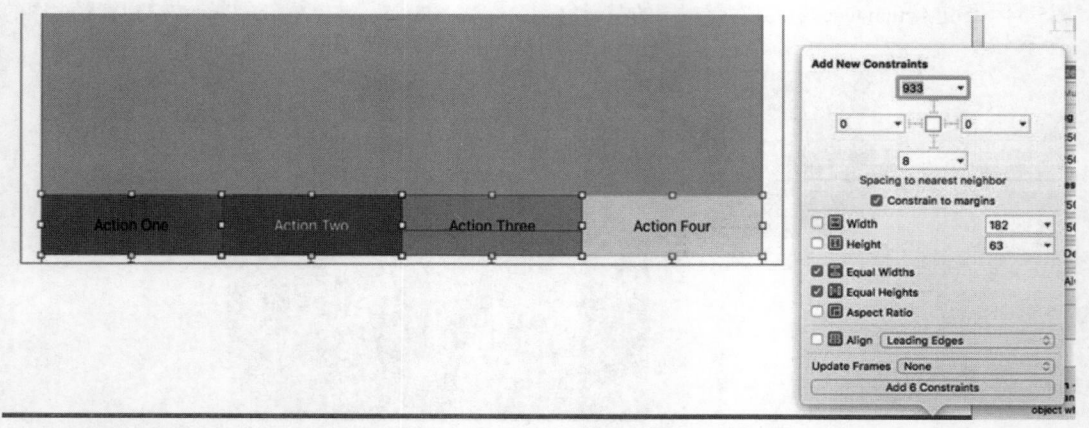

图5-59 按住Shift键选中底端一行中全部四个操作按钮，并设置宽度与高度相同的约束

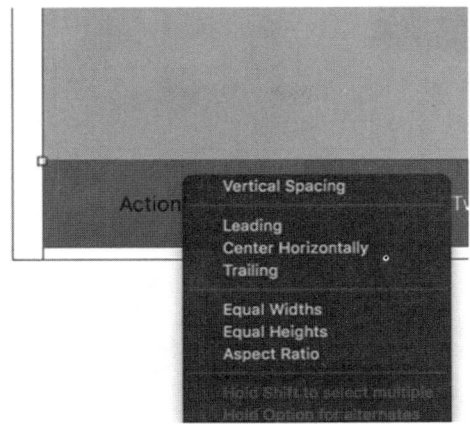

图5-60 在绿色视图上按住鼠标右键拖动到Action One按钮并设置Vertical Spacing约束。
这样就能让绿色视图与这一行按钮靠住

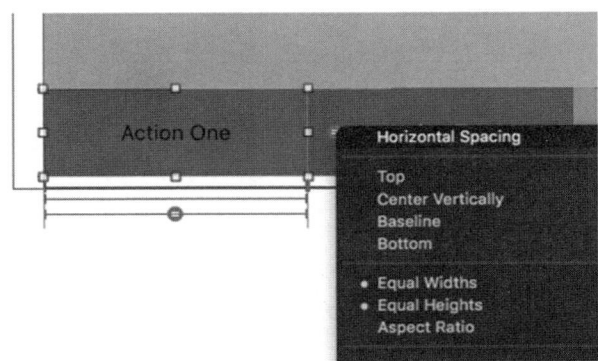

图5-61 在Action One按钮上按住鼠标右键拖动到Action Two按钮并设置Horizontal Spacing约束。对
Action Two按钮和Action Three按钮以及Action Three按钮和Action Four按钮执行同样的操作

图5-62 点击Done Varying按钮完成对特征集的修改

　　希望你能跟上这种精简版的自动布局教程。如果你遇到了任何问题，最好回到存档点，删掉当前的项目，从
最后一个备份的项目重新开始。随着使用自动布局功能次数的增加，操作会更佳顺手，出现的错误也会逐渐减少。
不必气馁，本书作者如果几周时间不使用Xcode，尤其不常用自动布局的话，也经常会无法实现想要的效果，那
么就只能推倒重来。

　　如果你已经成功走到这一步了，可以点击不同的iPad机型以及方向配置来确认是不是需要的界面效果（如图
5-63所示）。

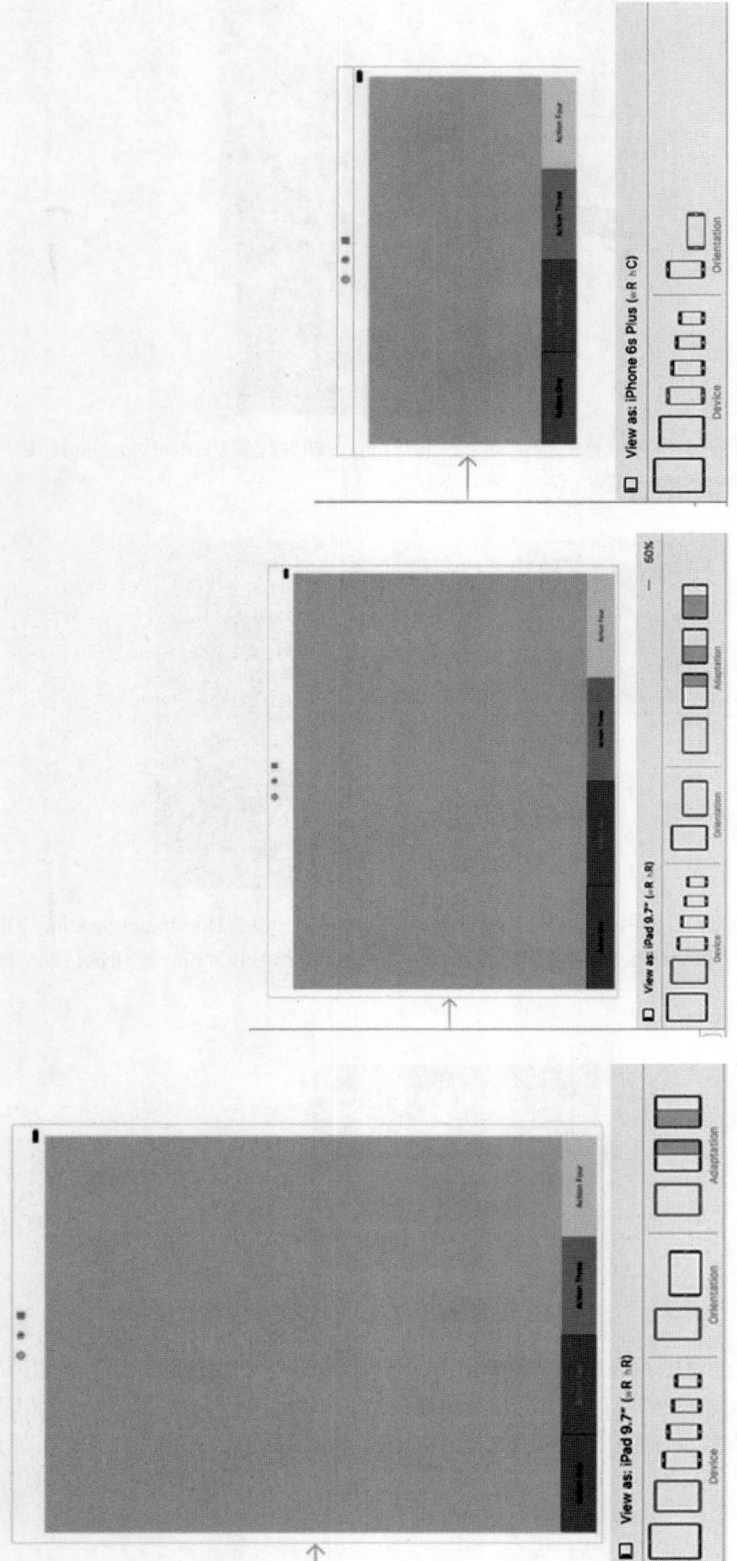

图 5-63 确保 storyboard 画布上各个方向的效果都是正确的

最后在各个设备的模拟器中运行，以确保显示的效果是正常的。图5-64展示了iPad Air在不同方向上应该看到的类似界面。

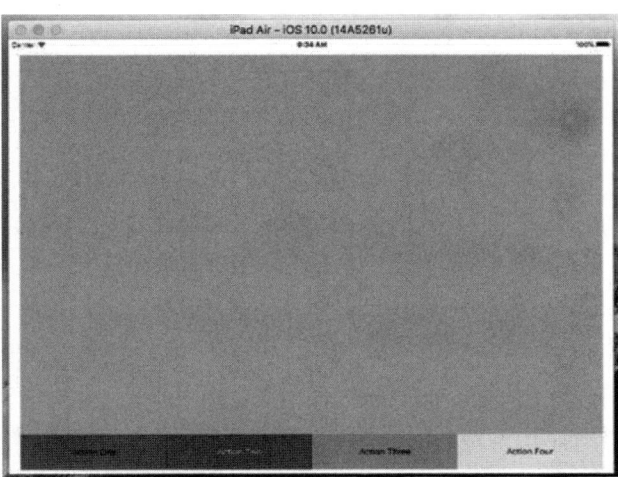

图5-64　通过在不同设备类型的模拟器中运行来确认各个方向上显示的都是我们想要的效果

5.5　小结

本章介绍了控制设备旋转的基础知识，其中包括如何使用全新Xcode 8的自动布局功能以及设备配置栏中的特征编辑器。一开始我们讨论了转向的概念以及改变苹果设备的方向后发生的变化。我们的第一个项目是Orientations，它展示了设备旋转的简单操作并能维持标签的正确位置。在第二个项目Layout中，我们通过将标签放置在四个角落以及左右两侧的位置并对旋转进行处理，强化关于标签定位的学习。

最后在Restruture项目中，深入介绍了通过创建指定设备和方向的布局配置来使用自动布局的功能。在本书之后的章节以及你未来的开发生涯中都要用到自动布局功能，因此此在继续阅读之前请确保你已经掌握了它的用法。刚开始接触自动布局时可能会不知所措，别灰心，熟能生巧。

第 6 章

创建多视图应用

到目前为止，我们编写的应用都只有一个视图控制器。尽管使用一个视图也可以实现许多功能，但是只有能够根据用户输入在不同视图之间切换，才能彰显iOS平台的真正威力。多视图应用具有各种不同的风格，但是无论在屏幕上的显示方式如何，它们的底层机制都是相同的。本章将重点介绍多视图应用的结构和切换内容视图的基本知识，从头开发一个多视图应用。我们将编写一个自定义的控制器类，用于在两个不同的内容视图之间切换，为之后能够充分利用苹果公司提供的各种多视图控制器打好基础。

在开始开发应用之前，我们先来看看多视图应用实例。

6.1 多视图应用的常见类型

严格来讲，我们在之前的应用中处理过多个视图，因为按钮、标签和其他控件都是UIView的子类，都是视图层次结构的一部分。但是苹果公司在文档中使用的术语视图，通常指具有相应视图控制器的UIView或其子类。这些视图类型有时也称为内容视图，因为它们是应用内容的主要容器。

实用工具应用是最简单的多视图应用。它主要使用一个视图，还提供了一个视图用于配置应用或提供除主视图之外的更多信息。iPhone自带的股票（Stocks）应用就是一个很好的例子（见图6-1）。点击右下角的按钮可以切换到新视图，用于配置应用所跟踪的股票列表。

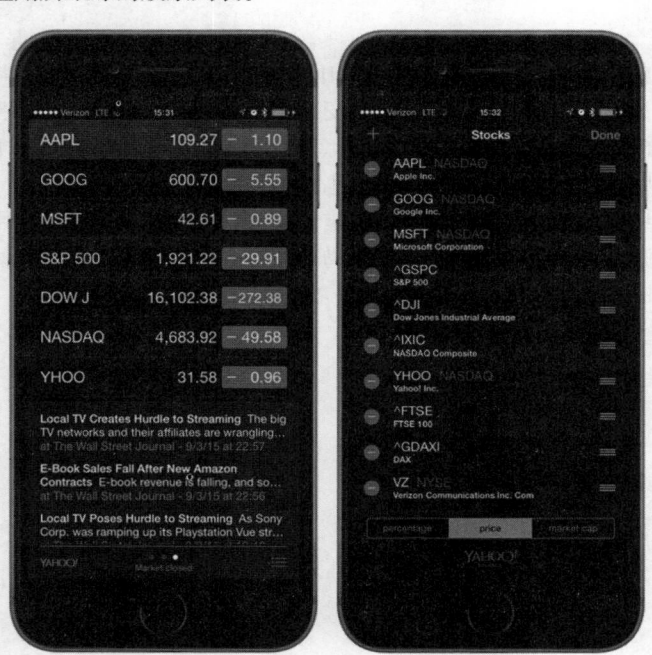

图6-1　iPhone自带的股票应用包含两个视图，一个用于显示数据，另一个用于配置股票列表

iPhone还自带几个分页栏应用，包括电话应用（见图6-2）和时钟应用。分页栏应用在屏幕底部显示一行按钮，称为分页栏（tab bar）。单击某个按钮就会激活一个新的视图控制器，并显示一个新视图。例如，在iPhone应用中，单击通讯录时显示的视图与单击拨号键盘时显示的视图不同。

图6-2　电话应用是使用分页栏的多视图应用的一个例子

另一种常见的多视图iPhone应用是基于导航的应用，这类应用拥有一个导航控制器，使用导航栏控制一系列分层的视图。设置应用就是一个很好的例子（见图6-3）。在设置应用中，第一个视图是一系列行，每行对应一类设置或某个应用。点击其中的一行将会进入一个新的视图，可以在这里定制某一类型的设置。有些视图显示一个列表，点击某一行就可以进入更深层次的视图。导航控制器跟踪所在的视图深度，并且向你提供控制权，让你可以回到之前的视图。

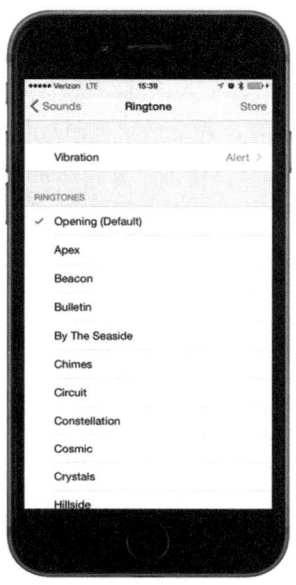

图6-3　iPhone的设置应用是使用导航栏的多视图应用的一个例子

例如，如果选择"声音"，就会显示一个包含声音相关选项列表的视图。该视图的顶部是一个导航栏，其中包含一个标题为"设置"的左箭头，点击它可返回上一个视图。声音选项中有一行名为"电话铃声"。单击这一行就会进入一个新的视图（见图6-4），其中显示了一个铃声列表和一个导航栏，导航栏用于返回"声音"首选项主视图。在希望显示具有不同层次结构的视图时，就可以使用这种基于导航的应用形式。

在iPad上，大部分基于导航的应用都是使用分割视图（split view）实现的，比如邮件应用。在分割视图中，导航元素在屏幕左侧显示，被选中的项在右侧显示。你将在第11章中学到更多有关分割视图的知识。

由于视图在本质上是分层的，因此甚至可以在一个应用中结合使用不同的视图交换机制。例如，iPhone的音乐应用使用分页栏来切换音乐的不同归类方式，使用导航控制器及其关联的导航栏来按照所选方法浏览音乐。分页栏和导航栏分别位于屏幕的底部和顶部，如图6-4所示。

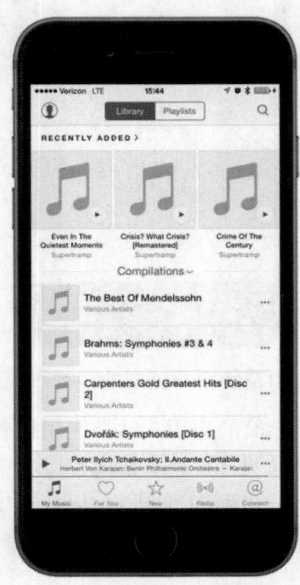

图6-4   音乐应用同时使用了导航栏和分页栏

一些应用则使用了工具栏，人们通常会将它与分页栏混淆。分页栏用于从两个或更多选项中选择一个选项，而且只能选择一个。工具栏可以包含按钮和其他一些控件，而且这些项并不是互斥的。Safari主视图的底部就有一个不错的工具栏（见图6-5）。如果将Safari视图底部的工具栏与电话或音乐应用底部的分页栏进行比较，会发现它们很容易区分。分页栏有多个分段，只有被选中的才会有高亮颜色，而工具栏上每个能点的按钮通常都是带高亮的。

所有这些多视图应用都使用UIKit提供的特定控制器类。分页栏界面是使用UITabBarController类实现的，而导航界面是使用UINavigationController实现的。我们将在下面几章中详细描述如何使用它们。

图6-5 移动版Safari底部有一个工具栏，可以在
工具栏上随意放置各种控件

6.2 多视图应用的体系结构

本章将构建View Switcher（视图切换器）应用，它的外观非常简单，但是从代码的角度来讲，它是目前为止本书所介绍的最复杂的应用。View Switcher由三个不同的控制器、一个storyboard和一个应用委托组成。

首次启动时，View Switcher看上去与图6-6类似，屏幕底部包含一个工具栏，其中仅包含一个按钮。视图的其余部分包括一个蓝色的背景和一个等待按下的按钮。

图6-6 首次启动View Switcher应用后会看到一个蓝色的视图，
这个视图上有一个按钮和一个带按钮的工具栏

按下Switch Views（切换视图）按钮时，背景会变为黄色，按钮的名称也会生发变化（见图6-7）。

图6-7   按下Switch Views按钮之后，蓝色视图会翻转过去，然后显示一个黄色视图

无论按下"Press Me"（请按下按钮）还是"Press Me, Too"（也请按下这个按钮）按钮，都会弹出一个警告对话框，指出按下了哪个视图的按钮（见图6-8）。

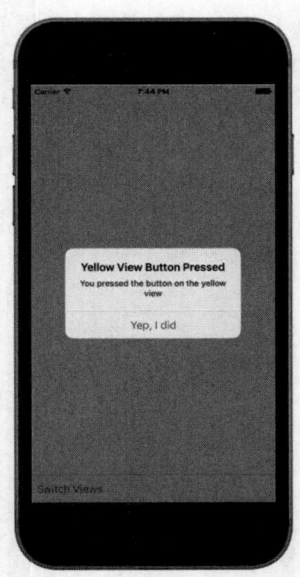

图6-8   按下"Press Me"或者"Press Me, Too"按钮，就会显示一个警告对话框

尽管编写一个单视图应用也能实现相同的功能，但我们采用这种比较复杂的方法旨在演示多视图应用的机制。在这个简单的应用中，实际上有3个视图控制器在进行交互：一个用于控制蓝色视图，一个用于控制黄色视图，还有一个特殊的控制器用于在按下Switch Views按钮时在这两个视图之间切换。

开始构建应用之前，先来了解一下iOS多视图应用的组织方式。几乎所有的多视图应用都使用相同的基本模式。

6.2.1　根控制器

在这里，storyboard扮演着重要角色，它包含了应用的所有视图和视图控制器。我们将创建一个storyboard以及一个控制器类的实例，它负责管理当前向用户显示哪个视图。我们将这个控制器称为根控制器，因为它是用户看到的第一个控制器，也是应用加载时加载的控制器。这个根控制器通常是UINavigationController或UITabBarController的一个实例，也可以是UIViewController的自定义子类。

在多视图应用中，根控制器的任务是接收两个或更多其他视图，并根据用户输入将合适的视图呈现给用户。例如，分页栏控制器会根据最后单击的标签项，在不同的视图和视图控制器之间进行切换。用户浏览分层数据时，导航控制器也具备相同的功能。

注意　根控制器是应用的主视图控制器，因此也是用于指定是否应该自动旋转到新方向的视图。不过，根控制器可以将这类任务转交给当前活动的控制器。

在多视图应用中，大部分屏幕都由一个内容视图组成，而每个内容视图都有自己的视图控制器以及输出接口和操作方法。例如，在分页栏应用中，点击分页栏将转到分页栏控制器中，但是点击屏幕上其他任何位置都将转到与当前显示的内容视图相对应的控制器中。

6.2.2　内容视图剖析

在多视图应用中，每个视图控制器（Swift代码）控制一个内容视图，应用的用户界面就是在这些内容视图中构建的。这样的组合在storyboard中被称为场景（scene）。每个场景都是由一个视图控制器和一个内容视图（可能是UIView或其子类的实例对象）构成的。因为Interface Builder强大、灵活、稳定，所以通常选择使用界面构建器，而不是直接在代码中创建界面。

在这个项目中，我们将为每个内容视图创建一个新的控制器。根控制器控制着一个内容视图，这个内容视图包含一个位于屏幕底部的工具栏。根控制器会加载一个蓝色的视图控制器，将蓝色的内容视图作为根控制器视图的子视图。按下根控制器的Switch Views按钮（这个按钮位于工具栏中）时，根控制器会将蓝色的视图控制器切换出去，同时把黄色的视图控制器切换进来，必要时还会实例化这个黄色的视图控制器。构建项目看看代码就明白了。

6.3　构建 View Switcher 项目

现在开始着手构建项目。选择File➤New➤New Project...或者按下Shift+Command+N。模板选择表单打开后，选择Single View Application，然后点击Next按钮。在向导的下一页输入View Switcher作为Product Name的值，设置Language为Swift，然后将Devices弹出按钮设置为Universal。全部完成之后点击Next按钮继续。在下个界面中，指定这个项目在硬盘上的保存位置，最后点击Create按钮，创建一个新的项目目录。

6.3.1　重命名视图控制器

Single View Application模板提供了一个应用程序委托、一个视图控制器和一个storyboard。视图控制器的名称为ViewController。在这个应用程序中，我们要处理三个视图控制器，但大部分逻辑是在主视图控制器内完成的。它的任务是切换显示内容，这样就可以随时显示其他视图控制器的视图了。为了让主视图控制器的任务更明确，我们要为它取一个合适的名称，比如SwitchingViewController。在项目中的很多地方都引用了视图控制器的类名称。如果想要更改它的名称，需要在所有这些地方进行更新。Xcode中有个很便利的功能——重构（refactoring），不过在编写本书时，作者所用的最新测试版Xcode还不支持在Swfit项目中进行重构。因此只能删除模板提供的控制器并创建一个全新的。

首先在项目导航面板选中选择ViewController.swift，右键单击它并在弹出菜单中选择Delete选项（见图6-9）。在对话框中选择将源文件送进废纸篓中。

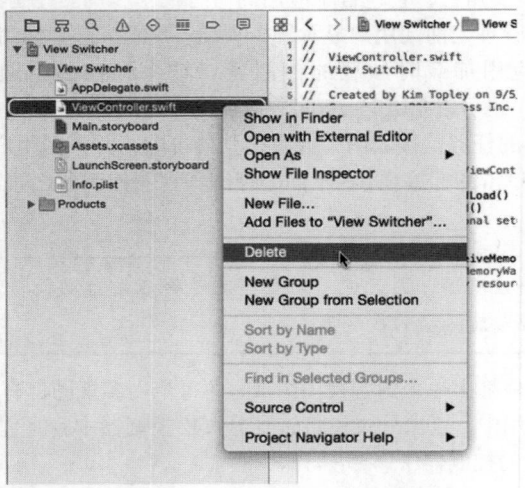

图6-9   删除模板中默认的视图控制器

现在右击View Switcher分组并选择New File…选项。在模板选择面板中，选择iOS Source分区的Cocoa Touch Class文件，将其命名为SwitchingViewController并设置为ViewController的子类。确保Also create XIB file复选框没有被勾选，稍后我们会将这个控制器添加到storyboard中并将Language设为Swift（如图6-10所示），然后点击Next按钮进行创建。

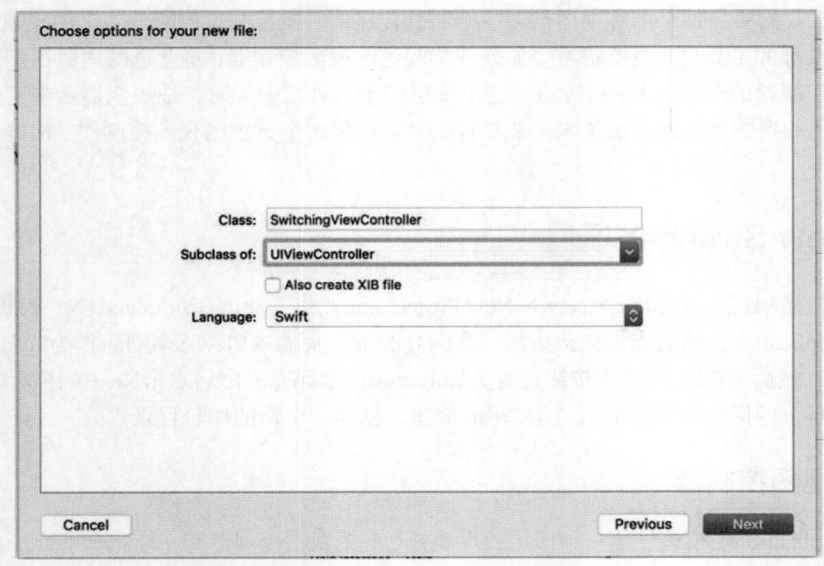

图6-10   创建SwitchingViewController类

现在我们拥有了新的视图控制器，需要将它添加到storyboard中。在文档略图中选择Main.storyboard以打开storyboard编辑器。可以看到模板为我们提供的视图控制器，只需将它连接到新的SwitchingViewController类上即可。在文档略图中选择视图控制器并打开身份检查器。在Custom Class部分将Class里的UIViewController更改为SwitchingViewController（见图6-11）。

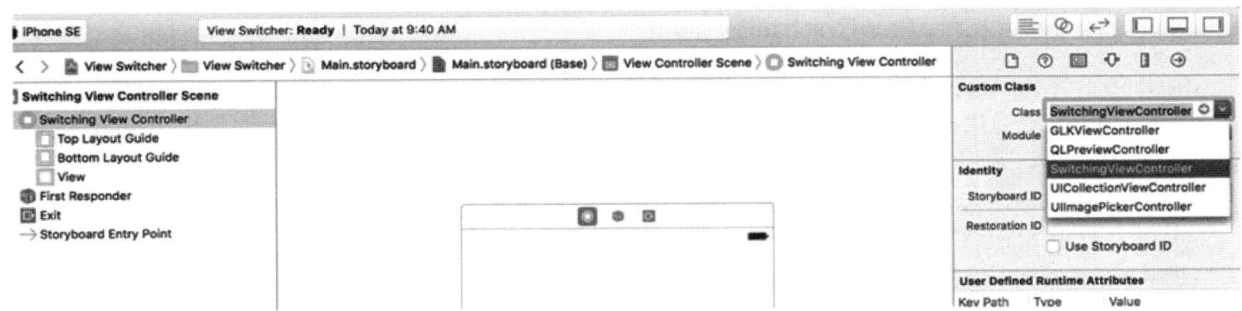

图6-11　更改storyboard中的视图控制器所关联的类

如果现在检查文档略图，就会看到视图控制器的名称变更为Switching View Controller，如图6-12所示。

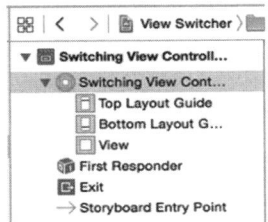

图6-12　文档略图中的新视图控制器

6.3.2　添加内容视图控制器

我们需要再添加两个视图控制器来展示内容视图。在项目导航面板中，右击View Switcher分组并选择New File…选项。在模板选择面板中，找到iOS Source分区中的Cocoa Touch Class并点击Next按钮。将这个新类命名为BlueViewController，设为UIViewController的子类，确保Also create XIB file复选框没有勾选。点击Next按钮，然后点击Create以保存新视图控制器的文件。重复以上步骤创建第二个内容视图控制器，将其命名为YellowViewController。可以将文件都放置在项目导航面板的View Switcher文件夹下，便于归类整合（如图6-13所示）。

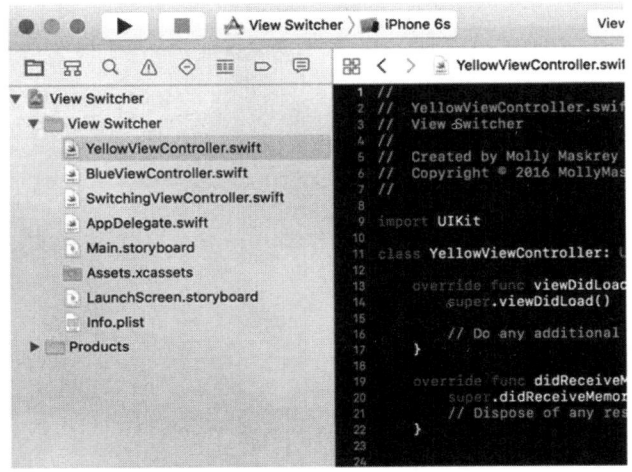

图6-13　将新建的swift文件放在Xcode项目导航面板的view Switcher文件夹里面

6.3.3　修改 SwitchingViewController.swift

　　SwitchingViewController类需要一个操作方法在蓝色视图和黄色视图之间进行切换。不需要任何输出接口，但需要两个属性，各自代表一个视图控制器。这些属性不需要设定为输出接口，因为我们将在代码中创建它们，而不是在storyboard中获取。在SwitchingViewController.swift中添加以下代码：

```
private var blueViewController: BlueViewController!
private var yellowViewController: YellowViewController!
```

　　接下来在类的底部添加下面的方法：

```
@IBAction func switchViews(sender: UIBarButtonItem) {
}
```

　　过去，我们是在Interface Builder中直接添加操作方法的，不过使用现在这种方法也是可行的，因为Interface Builder可以知道我们在源代码中定义的输出接口和操作方法。现在我们已经声明了所需的操作方法，在storyboard中就可以尽量减少用户界面设置的工作了。

6.3.4　创建拥有工具栏的视图

　　我们现在需要设置SwitchingViewController的视图。提示一下，这个视图控制器将会作为根视图控制器，即应用程序启动时运行的控制器。SwitchingViewController的内容视图在屏幕底部包含了一个工具栏。它的任务是在蓝色视图和黄色视图之间互相切换，因此它需要一种让能用户交互的方式来切换视图。为此我们将在工具栏上使用一个按钮。我们现在开始构建工具栏视图。

　　在项目导航面板中选择Main.storyboard。你将会在Interface Builder编辑视图中看到switching view controller。如图6-14所示，它当前是一片空白。我们就从这里开始构建图形用户界面。

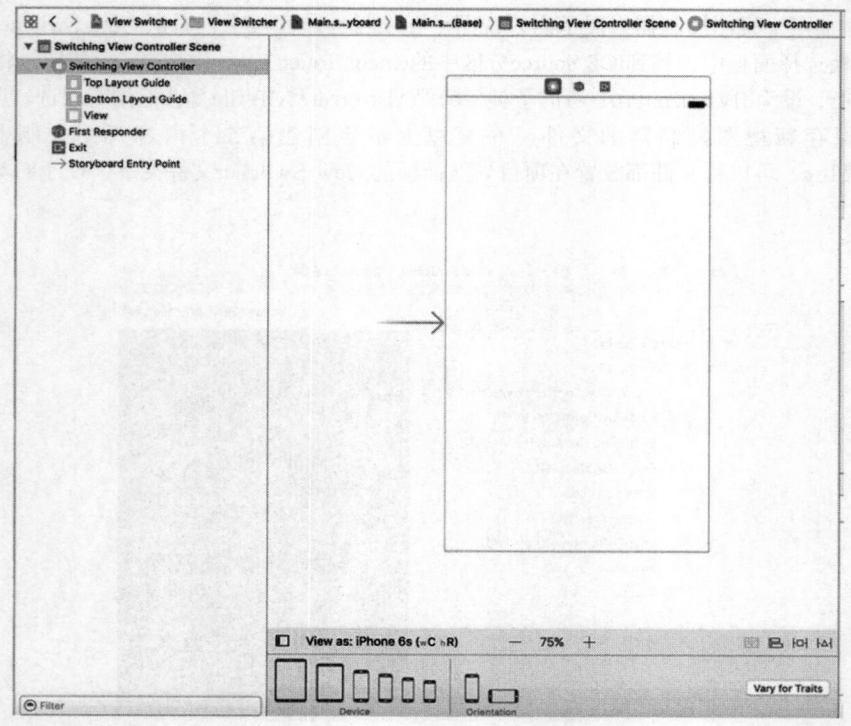

图6-14　storyboard中空的根视图控制器

从库中拖出一个工具栏（Toolbar），将其拖到视图上，并放置在底部，如图6-15所示。

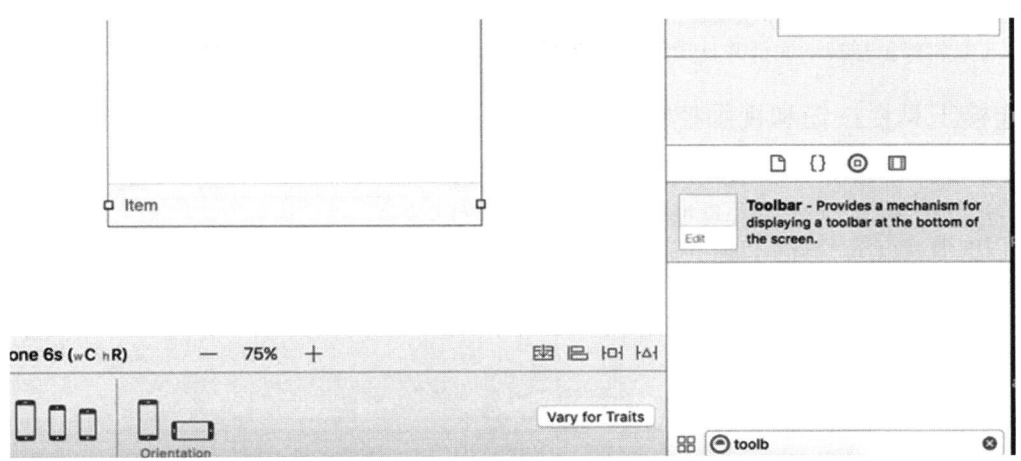

图6-15 添加一个工具栏到根视图底部

我们希望无论这个视图的尺寸怎么变化，工具栏始终铺满内容视图的底部。为此，需要添加3条布局约束：一条将工具栏固定在视图的底部，另外两条将其固定在视图的左边和右边。方法是在文档略图中选择工具栏，点击storyboard下方工具栏上的Add New Constraints按钮，改变弹出面板中的值，如图6-16所示。

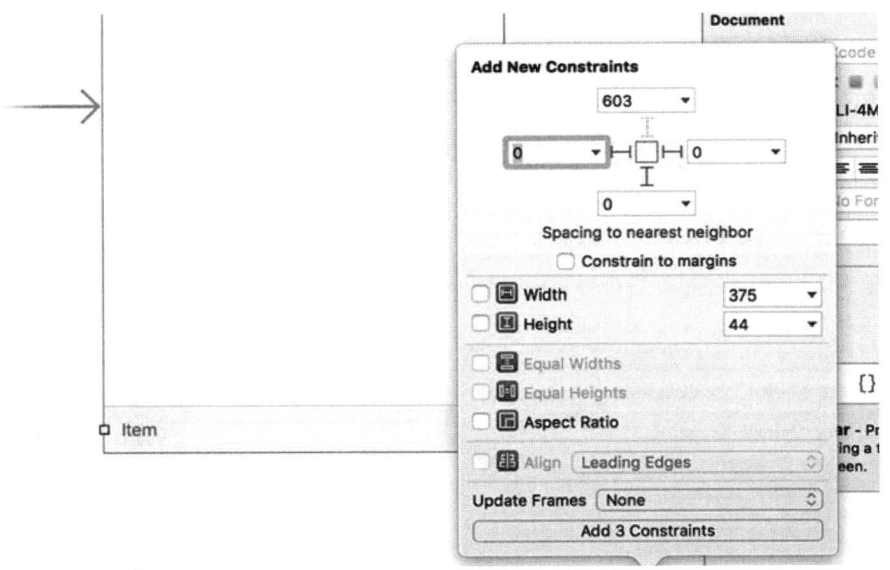

图6-16 将工具栏固定在底部、左侧和右侧

首先取消勾选Constrain to margins复选框，因为我们想让工具栏相对于内容视图的边缘进行定位，而不是基于边缘附近出现的蓝色引导线。接下来设置与左面、右面与下面最近物体之间的距离为零（如果你之前将工具栏放置正确的话，应该已经都是零了）。此时，离工具栏最近的物体是内容视图。你可以通过点击距离文本框的小箭头来确认这一点：它弹出的下拉菜单显示了最近的物体以及工具栏附近的其他物体（此时并不存在）。为了启用这些距离约束，点击连接了中央小正方形和距离文本框的3条红色虚线，这样它们就会变成实线。最后，将Update Frames的值改成Items of New Constraints（这样storyboard中的工具栏就会移动到新的位置）并点击Add 3 Constraints按钮。

为了确保我们没有出现问题，点击运行按钮并在模拟器中启动应用。你会看到纯白的应用启动界面，底部的浅灰色工具栏包含了一个按钮。假如没有显示出这样的场景，需要回退之前的步骤并查看遗漏了哪一步。旋转模拟器以确认工具栏停留在视图底部并且横跨屏幕。如果出现异常，需要修改之前在工具栏上添加的约束。

6.3.5　连接工具栏按钮和视图控制器

该工具栏带有一个按钮。用户使用该按钮在不同的内容视图之间切换。双击storyboard中的按钮（见图6-17）并将其标题更改为Switch Views。按下Return键确定。现在，我们可以以将工具栏按钮关联到SwitchingViewController视图控制器中的操作方法。在此之前，需要注意工具栏按钮不同于其他iOS控件。它们只支持一个操作方法，并只会在一个特定的时刻触发这个方法，相当于其他iOS控件上的touch up inside（按下并在控件内部抬起手指）事件。

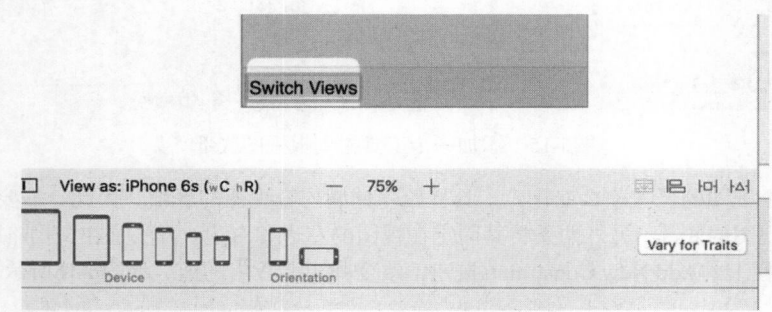

图6-17　将工具栏中按钮的标题改为Switch Views

在Interface Builder中选中工具栏按钮时需要一定的技巧。最简单的方法是在文档略图中不断展开Switching View Controller图标直到看见标题为Switch Views的按钮，然后点击它。选中Switch Views按钮之后，按下鼠标右键将其拖动到场景顶部的黄色Switching View Controller图标，如图6-18所示。松开鼠标后在弹出菜单中选择switchViewsWithSender:操作方法。如果没有看到switchViewsWithSender:操作方法，而是看到一个名为delegate的输出接口，这很可能是因为按住鼠标右键拖动的是工具栏而不是按钮。要解决这个问题，只需确保选定的是按钮而不是工具栏，然后重新按住鼠标右键进行拖动就可以了。

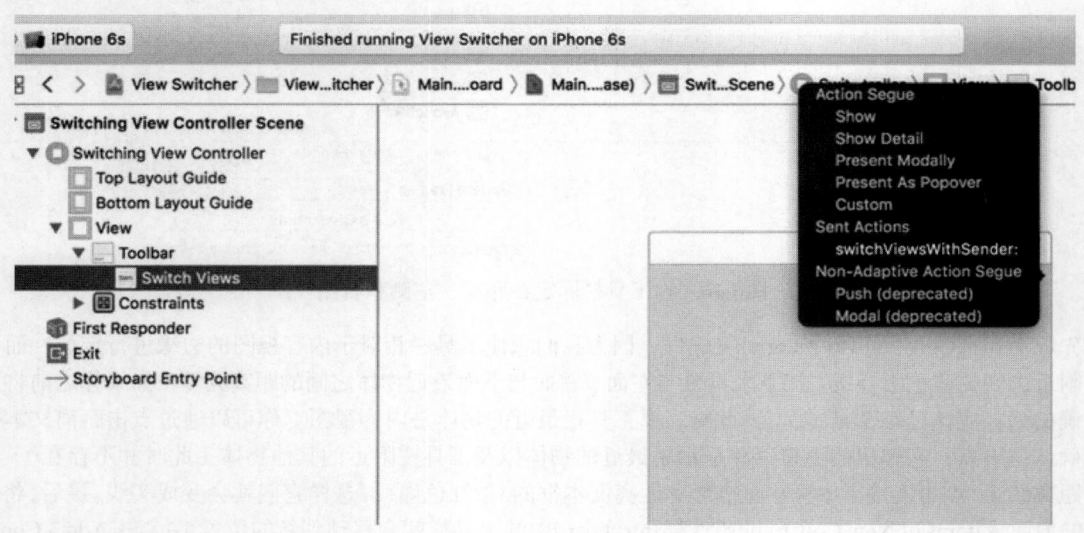

图6-18　将工具栏按钮连接到视图控制器类中的switchViewsWithSender:方法

> **注意** 你可能已经发现了,我们之前手动输入的函数名是switchViews,但因为它是一个操作方法,所以会向我们传递sender参数,无论是否会用到。

在这个场景中还有一件事需要提及,就是SwitchingViewController的view输出接口。这个输出接口已经与场景的视图关联起来,view输出接口是从父类UIViewController继承的,控制器使用view属性访问它管理的视图。在我们创建项目的时候,Xcode就立即构建了控制器和视图,并为我们建立了关联。至此任务就完成了,保存文件。下一步就来实现SwitchingViewController类。

6.3.6 编写根视图控制器

在项目导航栏中选择SwitchingViewController.swift,并在viewDidLoad()方法中添加代码清单6-1所显示的代码进行修改。

代码清单6-1 根视图控制器的viewDidLoad()方法的代码

```
override func viewDidLoad() {
    super.viewDidLoad()

    // Do any additional setup after loading the view.
    blueViewController =
        storyboard?.instantiateViewController(withIdentifier: "Blue")
        as! BlueViewController
    blueViewController.view.frame = view.frame
    switchViewController(from: nil, to: blueViewController) // helper method

}
```

> **注意** 当你把代码清单6-1中的代码写入Swift文件后,在调用switchViewController方法的那一行代码会出现错误提示。这是因为这个方法当前还没有写,很快就会补上。

viewDidLoad()方法的代码会覆盖UIViewController中的同名方法,这个方法会在storyboard加载时调用。我们是如何知道的呢?按住Option键并单击名为viewDidLoad()的方法,查看出现的文档弹出窗口(见图6-19)。也可以在菜单中选择View➤Utilities➤Show Quick Help Inspector,在Quick Help面板中查看类似的信息。viewDidLoad()方法是在超类UIViewController中定义的,视图加载完成时需要通知哪个类,就应该在哪个类中覆盖这个方法。

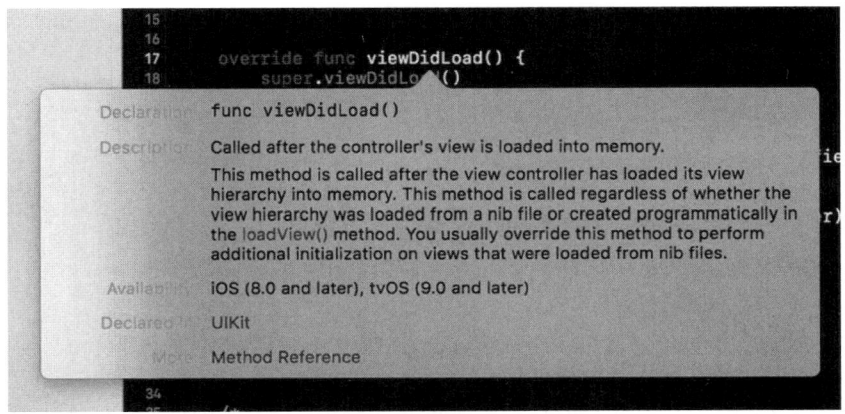

图6-19 按住Option键并单击viewDidLoad()方法名称时,就会显示这个文档窗口

这个viewDidLoad()方法创建了一个BlueViewController实例。使用instantiateViewController(with-Identifier:)方法从根视图控制器所属的storyboard中加载BlueViewController实例。为了访问storyboard中特定的视图控制器,我们将使用一个字符串来作为标识符(在本示例中是"Blue",我们将在之后为storyboard进行更多配置时设定此项)。BlueViewController实例创建之后,就将其赋给blueViewController属性:

```
blueViewController =
    storyboard?.instantiateViewController(withIdentifier:"Blue")
    as! BlueViewController
```

接下来,我们设置蓝色视图控制器的视图外形,使其与根视图控制器的内容视图一样,并切换到蓝色视图控制器,这样它的视图就会出现在屏幕上:

```
blueViewController.view.frame = view.frame
switchViewController(from: nil, to: blueViewController)
```

我们需要在很多地方实现视图控制器切换,很快就会在切换视图控制器的方法中看到代码内容了。

那么,为什么不在这里加载黄色视图控制器呢?我们会在某个时刻加载它,但为什么不是现在呢?这个问题非常好。答案是,用户可能永远不会点击Switch Views按钮。用户可能只使用应用启动时出现的视图,然后就退出了。在这种情形下,为什么还要浪费资源来加载黄色视图及其控制器呢?相反,应该在真正需要黄色视图时再加载它。这种行为称为延迟加载(lazy loading),是一种降低内存开销的常用方式。对黄色视图的实际加载发生在switchViews()方法中。在之前创建的方法中填充代码清单6-2中的代码。

代码清单6-2　switchViews()方法的实现

```
@IBAction func switchViews(sender: UIBarButtonItem) {
    // Create the new view controller, if required
    if yellowViewController?.view.superview == nil {
        if yellowViewController == nil {
            yellowViewController =
                storyboard?.instantiateViewController(withIdentifier: "Yellow")
                as! YellowViewController
        }
    } else if blueViewController?.view.superview == nil {
        if blueViewController == nil {
            blueViewController =
                storyboard?.instantiateViewController(withIdentifier: "Blue")
                as! BlueViewController
        }
    }

    // Switch view controllers
    if blueViewController != nil
        && blueViewController!.view.superview != nil {
        yellowViewController.view.frame = view.frame
        switchViewController(from: blueViewController,
                        to: yellowViewController)
    } else {
        blueViewController.view.frame = view.frame
        switchViewController(from: yellowViewController,
                        to: blueViewController)
    }
}
```

switchViews()方法首先通过检查属性yellowViewController的view的父视图是否为nil,判断出当前显示的是哪个视图。以下两种情况若其一为真,则值将为true。

❑ 如果yellowViewController存在,但是它的视图当前并没有显示给用户,这样它的视图就没有父视图,因为它的视图并没有在视图层次结构中显示,表达式的结果为true。

❑ 如果yellowViewController不存在，因为还没有创建或者从内存中清除了，这样也会返回true。

然后检查yellowViewController是否存在：

```
if yellowViewController?.view.superview == nil {
```

如果返回结果是nil，则表明yellowViewController实例不存在，需要创建。发生这种情况可能是因为这是该按钮第一次被按下，或者由于系统的内存不足，导致它已被擦除。在这种情况下，需要创建一个YellowView-Controller实例，就像在viewDidLoad()方法中创建BlueViewController实例一样：

```
if yellowViewController == nil {
    yellowViewController =
        storyboard?.instantiateViewController(withIdentifier: "Yellow")
        as! YellowViewController
}
```

如果要切换到蓝色控制器，同样需要先检查它是否存在（因为它可能已经在内存中被清掉）。若不存在，则需要创建它。代码和上面的类似，只是换成了蓝色控制器：

```
} else if blueViewController?.view.superview == nil {
    if blueViewController == nil {
        blueViewController =
            storyboard?.instantiateViewController(withIdentifier: "Blue")
            as! BlueViewController
    }
}
```

现在，我们已经有了一个视图控制器实例（要么本来就有，要么刚才创建了一个）。然后，设置设定视图控制器的外形以匹配SwitchViewController的内容视图，并使用下面的方法来进行切换：从视图层次结构中删除blueViewController的视图，将yellowViewController的视图添加进来，如代码清单6-3所示。

代码清单6-3　切换视图控制器

```
// Switch view controllers
if blueViewController != nil
    && blueViewController!.view.superview != nil {
    yellowViewController.view.frame = view.frame
    switchViewController(from: blueViewController,
                           to: yellowViewController)
} else {
    blueViewController.view.frame = view.frame
    switchViewController(from: yellowViewController,
                           to: blueViewController)
}
}
```

如果要从蓝色视图控制器切换到黄色视图控制器，就会进入if语句的第一个分支，反过来则是进入else分支。

除了在按下Switch Views按钮之前不会给黄色视图及其控制器浪费资源以外，延迟加载还能够释放当前未显示的视图所占的内存。当内存减少到系统设定的一个水平时，iOS将调用UIViewController的didReceive-MemoryWarning()方法。这个方法会被每个视图控制器继承。

既然知道下次向用户显示视图时会重新加载，那么只要它当前不是显示状态，就可以安全地释放每个控制器。可以在现有的didReceiveMemoryWarning()方法中添加几行代码完成此任务，如代码清单6-4所示。

代码清单6-4　在内存少的情况下安全释放不需要的控制器

```
override func didReceiveMemoryWarning() {
    super.didReceiveMemoryWarning()
    // Dispose of any resources that can be recreated.
```

```
    if blueViewController != nil
        && blueViewController!.view.superview == nil {
        blueViewController = nil
    }
    if yellowViewController != nil
        && yellowViewController!.view.superview == nil {
        yellowViewController = nil
    }
}
```

　　新添加的代码用于检查当前向用户显示的是哪个视图,并释放另一个视图的控制器(通过将其属性设置为nil来实现)。这样会释放控制器及其视图,从而释放它们占用的内存。

提示　延迟加载是iOS中一个关键的资源管理组件,应该尽可能在合适的地方使用。在复杂的多视图应用中,负责任地从内存中移除未使用的对象可以保证应用顺利运行,以免应用因为内存不足而间歇崩溃。

　　最后要解决的是负责切换视图控制器的方法,即switchViewController(from:, to:)方法。切换视图控制器的过程需要两步:首先移除当前显示的视图控制器中的视图,然后添加新视图控制器的视图。但这并不是全部,我们还需要处理一些代码。在这个方法中添加代码清单6-5中的代码。

代码清单6-5　switchViewController()方法

```
private func switchViewController(from fromVC:UIViewController?,
                                  to toVC:UIViewController?) {
    if fromVC != nil {
        fromVC!.willMove(toParentViewController: nil)
        fromVC!.view.removeFromSuperview()
        fromVC!.removeFromParentViewController()
    }

    if toVC != nil {
        self.addChildViewController(toVC!)
        self.view.insertSubview(toVC!.view, at: 0)
        toVC!.didMove(toParentViewController: self)
    }
}
```

　　代码的第一段移除了即将离开的视图控制器,不过我们先来看代码的第二段。我们在这里添加了即将到来的视图控制器。这段代码的第一行如下:

```
self.addChildViewController(toVC!)
```

　　这行代码让即将到来的视图控制器作为SwitchingViewController的子视图控制器。我们将SwitchingView-Controller这种能管理其他视图控制器的视图控制器称为容器视图控制器(container view controller)。标准类UITabBarController和UINavigationController都是容器视图控制器,都包含类似切换视图控制器的方法。让新视图控制器作为SwitchingViewController的子控制器可以确保根视图控制器触发的事件在需要时能够顺利地传达给子控制器,例如旋转事件的处理。

　　接下来将子视图控制器的视图添加到SwitchingViewController:

```
self.view.insertSubview(toVC!.view, atIndex: 0)
```

　　注意,这个视图是以索引为零的状态插入SwitchingViewController的子视图列表中的,这告诉iOS要将这个视图放在所有东西之下。将视图放在后面可以确保我们之前在Interface Builder中创建的工具栏在屏幕上是始终可见的,因为我们将内容视图放在了它下面。

　　最后,通知即将到来的视图控制器,它已经被作为子控制器添加到了其他控制器下。

```
toVC!.didMoveToParentViewController(self)
```

如果子视图控制器重载这个方法，使其在成为子控制器时触发一些操作，那么这个方法是必须要调用的。

现在你知道了如何添加一个视图控制器，从父结点移除某个视图控制器的代码也就非常好理解了：只需将添加视图控制器时执行的步骤颠倒过来即可。

```
if fromVC != nil {
    fromVC!.willMoveToParentViewController(nil)
    fromVC!.view.removeFromSuperview()
    fromVC!.removeFromParentViewController()
}
```

6.3.7 实现内容视图

此时代码已经完成了，不过我们还不能运行应用程序，因为在storyboard中还没有蓝色和黄色的内容视图。这两个控制器都极其简单。每个内容视图都包含一个操作方法，这个操作方法由一个按钮触发，而且两个视图都不需要输出接口。实际上，这两个视图太相似了，甚至可以用同一个类来表示。我们选择用两个不同的类来表示它们，因为大多数多视图应用就是这样构造的。

接下来要实现的两个操作方法仅用来显示警告视图（就像在第4章的Control Fun应用中所做的一样）。在BlueViewController.swift中继续添加代码清单6-6中的代码。

代码清单6-6　点击蓝色控制器上的按钮会显示一个警告视图

```
@IBAction func blueButtonPressed(sender: UIButton) {
    let alert = UIAlertController(title: "Blue View Button Pressed",
                                message: "You pressed the button on the blue view",
                                preferredStyle: .alert)
    let action = UIAlertAction(title: "Yes, I did", style: .default,
                                handler: nil)
    alert.addAction(action)
    present(alert, animated: true, completion: nil)
}
```

保存代码，然后切换到YellowViewController.swift，添加非常相似的代码清单6-7中的代码。

代码清单6-7　点击黄色控制器上的按钮也会显示一个警告视图

```
@IBAction func yellowButtonPressed(sender: UIButton) {
    let alert = UIAlertController(title: "Yellow View Button Pressed",
                                message: "You pressed the button on the yellow view",
                                preferredStyle: .alert)
    let action = UIAlertAction(title: "Yes, I did", style: .default,
                                handler: nil)
    alert.addAction(action)
    present(alert, animated: true, completion: nil)
}
```

接下来选中 Main.storyboard，在 Interface Builder 中打开它，以进行一些更改。首先，需要为BlueViewController添加一个新的场景。到目前为止，我们使用的每个storyboard都只包含一个视图控制器和一个视图，但storyboard的能力远远不止这些，其中就包括了管理多个场景。从对象库中再拖出一个View Controlller对象并放在编辑区中已有的视图控制器旁边。现在你的storyboard中包含了两个场景，每一个都可以在应用运行时各自动态进行加载。单击新场景上面那行图标中黄色的View Controller图标并按下Option+Command+3打开身份检查器。在Custom Class区域中，Class默认为UIViewController，将其更改为BlueViewController，如图6-20所示。

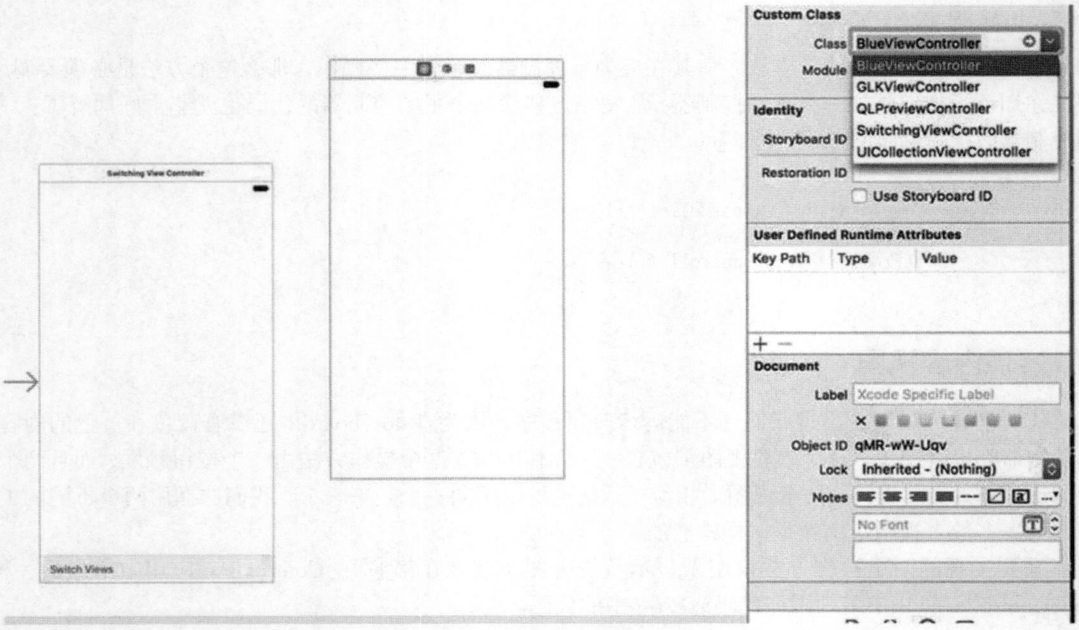

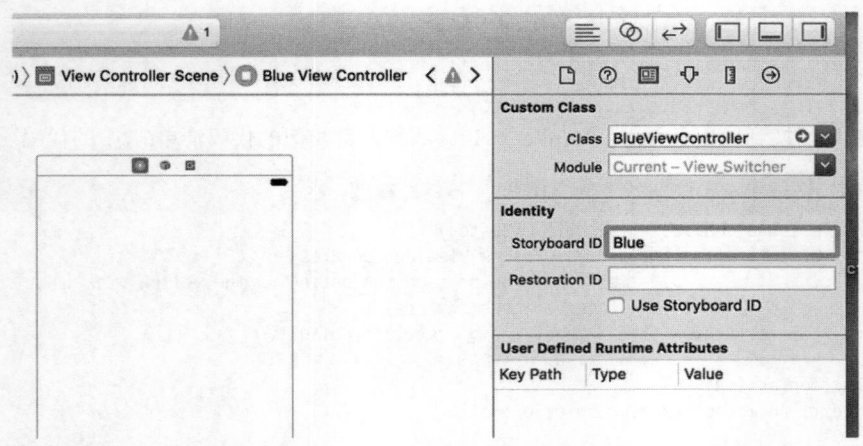

图6-20   添加新的视图控制器并将其关联到BlueViewController类文件

我们还需要为这个新的视图控制器创建一个标识符，这样代码就可以在storyboard中找到它了。在身份检查器的Custom Class标题下方，你会看到一个Storyboard ID文本框。点击并在里面输入Blue，与我们代码中的内容完全一样，如图6-21所示。

图6-21   设置Blue View Controller控制器的Storyboad ID为Blue

现在拥有了两个场景。之前展示了如何让应用在启动时加载这个storyboard，但并没有提到关于场景的任何信息。应用如何知道应该显示两个视图中的哪一个呢？答案就是图6-22中指向第一个场景的大箭头。箭头指向了storyboard的默认场景，即应用最开始显示的内容。如果想要选择另一个默认场景，只需将箭头拖到想要指向的场景上。

单击刚刚添加的新场景上的大正方形视图，然后按Option+Command+4调出特征检查器。在特征检查器的View部分，单击标有Background的颜色选项，使用弹出的颜色选取器将此视图的背景颜色改为蓝色。如果你对自己选择的蓝色满意，就关闭颜色选取器。

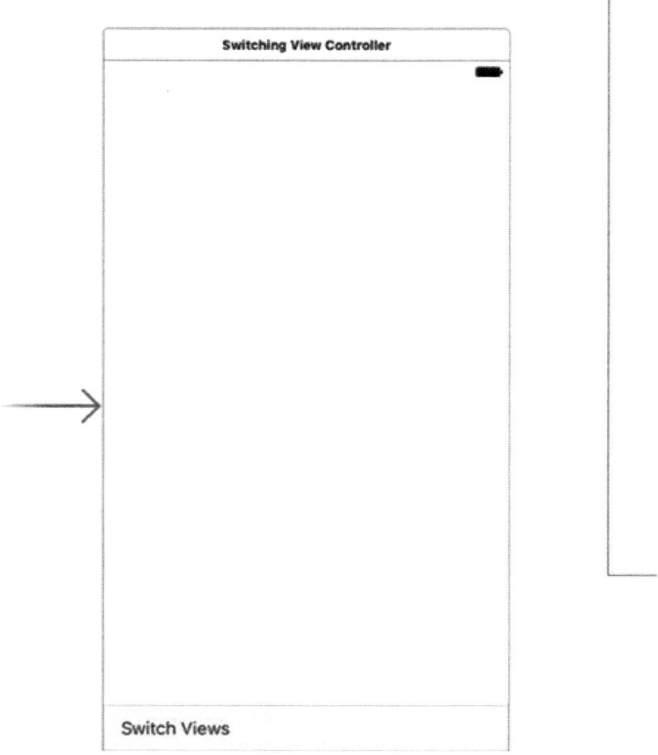

图6-22　在storyboard中添加了一个场景。大箭头指向默认场景

　　从库中拖出一个Button放到视图上，通过蓝色引导线让按钮在视图的水平方向和垂直方向上都居中对齐。我们想要按钮始终位于中心，因此要创建两个约束来达到效果。选中按钮后点击storyboard下方的Align图标。在弹出的面板中勾选Horizontally in Container和Vertically in Container复选框，并将Update Frames下拉列表的内容改为Items of New Constraints，然后点击Add 2 Constraints按钮（见图6-23）。由于背景和按钮文本颜色都是蓝色，为了便于观察对齐效果，可以先将背景颜色变为白色，完成之后再改回蓝色，或者将按钮文本颜色改为白色来增加可见度。

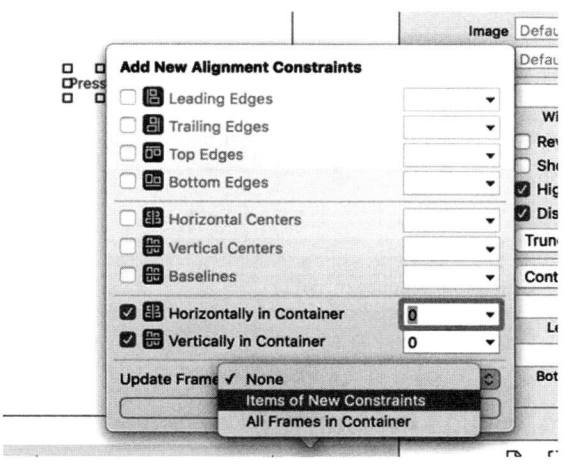

图6-23　让按钮位于视图中心对齐

双击这个按钮,将其标题改为Press Me。然后,选中按钮的同时切换到关联检查器(按下Option+Command+6),将Touch Up Inside事件拖到场景上方黄色的View Controller图标,并关联到blueButtonPressedWithSender操作方法。

之后,我们要对YellowViewController进行几乎一样的更改。再从对象库中拖出一个View Controller控制器并放在编辑区里。不必担心界面元素会过于密集,如果有需要,你可以把场景盖在另一个上面。在文档略图中点击新场景的View Controller图标,使用身份检查器将它的class属性更改为YellowViewController,并设定其Storyboard ID为Yellow。

接着,选择YellowViewController的视图并切换到特征检查器。在特征检查器中,单击Background颜色选择器并选择亮黄色,然后关闭颜色选取器。

接下来,从库中拖出一个Button,并通过引导线将其添加到此视图的中心位置。通过使用Align按钮的弹出菜单来创建水平和垂直中心对齐的约束(就像之前的按钮那样),并将其标题改为Press Me, Too。选中这个按钮,然后使用关联检查器将按钮的Touch Up Inside事件拖动到视图控制器的图标上,并关联yellowButtonPressedWithSender操作方法。

完成之后保存storyboard,就可以试着运行这个应用了。点击Xcode上的运行按钮,应用启动后将会显示出全部为蓝色的屏幕。单击Switch Views按钮时,会切换到我们构建的黄色视图。再次单击这个按钮,就会切回蓝色视图。单击蓝色视图或者黄色视图中间的按钮,都会弹出一个警告视图,指出按下的是哪个按钮。这个警告视图用于提示当前视图调用了正确的控制器类。

两个视图之间的过渡比较生硬,为给用户提供更好的视觉体验,我们准备使用动画效果。

6.3.8   过渡动画效果

UIView中有几个类方法用于指定视图过渡是否要使用动画效果,以及过渡类型和过渡的持续时间。

回到SwitchViewController.swift,在switchViews()方法中添加代码清单6-8中的代码。

代码清单6-8   添加了动画效果的、修改后的switchViews()方法

```
@IBAction func switchViews(sender: UIBarButtonItem) {
    // Create the new view controller, if required
    if yellowViewController?.view.superview == nil {
        if yellowViewController == nil {
            yellowViewController =
                storyboard?.instantiateViewController(withIdentifier: "Yellow")
                as! YellowViewController
        }
    } else if blueViewController?.view.superview == nil {
        if blueViewController == nil {
            blueViewController =
                storyboard?.instantiateViewController(withIdentifier: "Blue")
                as! BlueViewController
        }
    }

    UIView.beginAnimations("View Flip", context: nil)
    UIView.setAnimationDuration(0.4)
    UIView.setAnimationCurve(.easeInOut)
    // Switch view controllers
    if blueViewController != nil
        && blueViewController!.view.superview != nil {
        UIView.setAnimationTransition(.flipFromRight,
                                    for: view, cache: true)
```

```
        yellowViewController.view.frame = view.frame
        switchViewController(from: blueViewController,
                             to: yellowViewController)
    } else {
        UIView.setAnimationTransition(.flipFromLeft,
                                      for: view, cache: true)
        blueViewController.view.frame = view.frame
        switchViewController(from: yellowViewController,
                             to: blueViewController)
    }
    UIView.commitAnimations()
}
```

编译这个新版本并运行应用。单击Switch Views按钮之后，新视图将会以翻页的形式显示出来，而不是忽然出现。

为了告诉iOS我们希望在过渡中使用动画效果，需要声明一个动画模块（animation block）并指定动画的持续时间。动画块使用UIView的类方法或presentViewController(_:animated:completion:)。

这个方法接收两个参数。第一个是动画模块标题。只有在更直接地使用Core Animation（即用于实现动画的框架）时才会用到这个标题。对于我们这个示例而言，可以使用nil作为这个参数的值。第二个参数是一个指针，指向关联到这个动画模块的对象（或者任何C语言数据类型）。可以在转场过程运行添加的代码，不过这里不用这么做。这里使用空数据（nil），因为没有必要指定对象。我们还可以设定动画的持续时间，它告诉UIView动画应该运行多长时间（以秒为单位）。

然后设置动画曲线（animation curve），这决定了动画的运行速度。默认情况下，动画曲线是一条线性曲线，使动画匀速运行。此处设置的选项（UIViewAnimationCurve.EaseInOut）指定动画以较慢的速度开始，中间加速，然后慢慢停止。这样动画看起来会更加自然，不那么呆板。

```
UIView.setAnimationCurve(.easeInOut)
```

接下来，需要指定要使用的过渡类型。在编写本书时，iOS提供了5种视图过渡类型：

- UIViewAnimationTransition.flipFromLeft
- UIViewAnimationTransition.flipFromRight
- UIViewAnimationTransition.curlUp
- UIViewAnimationTransition.curlDown
- UIViewAnimationTransition.none

根据要显示的视图选择使用不同的效果。为一种过渡使用左侧翻入，为另一种过渡使用右侧翻入，这样可以让人感觉视图在不断地前后翻动。其中UIViewAnimationTransition.none值会触发一个视图控制器变成另一个的突然过渡。当然，如果你想要这种效果，根本就不需要去创建一个动画块。

cache选项会在动画开始时生成一个快照，并在动画执行过程的每一步使用这个快照，而不是重新绘制视图。应该始终对动画进行缓存，除非视图外观在动画执行过程中需要改变。

```
UIView.setAnimationTransition(.FlipFromRight,
                              forView: view, cache: true)
```

指定了要制作成动画的所有更改之后，在UIView上调用commitAnimations()方法。从动画块开始一直到调用commitAnimations()方法之间的所有动作都会被制成动画。

由于Cocoa Touch在后台使用了Core Animation，我们能够使用极少的代码制作出非常复杂而精美的动画。

6.4 小结

我们从头构建了一个多视图应用，现在你应该充分理解了多视图应用的组织结构。尽管Xcode包含了很多常用的多视图应用项目模板，但仍然需要理解这些应用的整体结构，这样才能从零开始构建自己的应用。标准的容器控制器（UITabBarController、UINavigationController和UIPageViewController）能够节省大量时间，你可以在需要时使用它们，但有时它们并不能满足要求。

接下来的几章将继续构建多视图应用，强化本章介绍的概念，让你可以更好地理解复杂应用的组织结构。第7章将构造一个分页栏应用。

第7章 分页栏与选取器

上一章构建了第一个多视图应用程序。本章将构建一个完整的分页栏应用程序，包含5个不同的分页和5个不同的内容视图。本章将通过这5个内容视图展示选取器视图（picker view，简称选取器）的用法，这是一种还未介绍过的iOS控件。你可能还不熟悉这个名字，但只要使用iPhone或iPod touch超过10分钟，就应该用到选取器了。选取器是带有可旋转刻度盘的控件，用于在日历（Calendar）应用程序中输入日期，或者在时钟（Clock）应用程序中设置计时器（见图7-1）。在iPad上，选取器视图不太常用，因为iPad屏幕较大，可以用其他方式在多个项中作出选择；但即便是iPad中的日历应用程序，也使用了选取器。

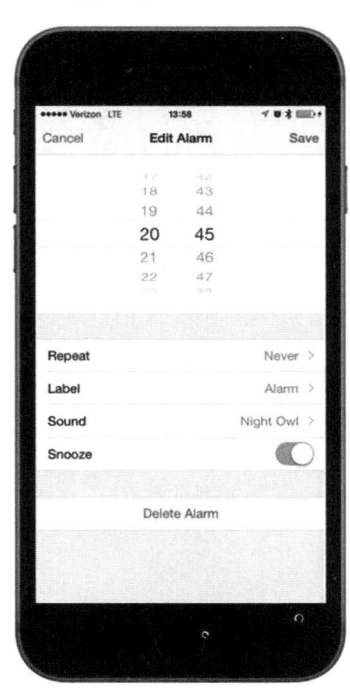

图7-1　时钟应用程序使用选取器设置闹钟时间

选取器是本书目前为止所介绍的最复杂的iOS控件，因此理应受到更多关注。选取器可以配置为显示一个或多个刻度盘。默认情况下，选取器显示文本列表，但是也能够显示图像。

7.1　Pickers 应用程序

本章的Pickers应用程序包含一个分页栏。构建该应用程序时，我们将更改默认的分页栏，使它包含5个分页。向每个分页项添加一个图标，然后创建一系列内容视图，并将每个视图连接到一个分页。该应用程序的内容视图会有5种不同的选取器。

❑ 日期选取器：将要构建的第一个内容视图包含一个日期选取器，这是最容易实现的选取器类型（见图7-2）。该视图还有一个按钮，单击该按钮时，将弹出一个警告视图，用于显示选取的日期。

图7-2 第一个分页显示日期选取器

❑ 单滚轮选取器：第二个分页中的选取器包含一组值（见图7-3）。此选取器的实现比日期选取器稍微复杂一些。本章将介绍如何使用委托和数据源在选取器中指定要显示的值。

图7-3 该选取器显示了一组值

❑ 多滚轮选取器：在第三个分页中，我们将创建带有两个独立滚轮的选取器。从技术上说，每个滚轮都是一个选取器组件，也就是说，这个应用将创建带有两个滚轮的选取器。你将了解如何使用数据源和委托向选取器提供两个独立的数据列表（见图7-4）。此选取器的每个滚轮都可以在不影响对方的情况下进行更改。

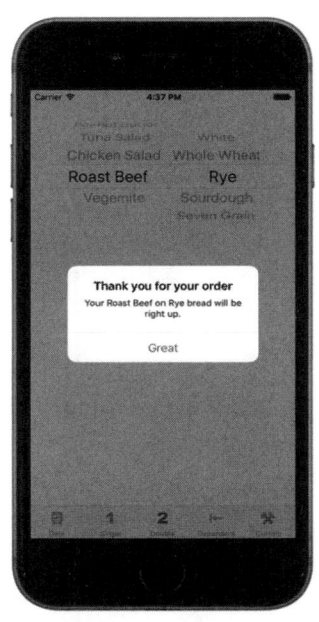

图7-4　包含两个滚轮的选取器，警告视图显示了所选的值

❑ 包含依赖滚轮的选取器：在第四个内容视图中，我们将创建另一个带有两个滚轮的选取器。但是这一次，右侧滚轮中显示的值将根据左侧滚轮中选定值的变化而变化。在本示例中，左侧滚轮将显示一组州名，右侧滚轮显示该州的邮政编码（见图7-5）。

图7-5　在这个选取器中，一个滚轮的内容受另一个滚轮的影响。在左侧滚轮中选定一个州时，右侧滚轮将显示该州的邮政编码列表

❑ 包含图像的自定义选取器：在第五个内容视图中，你将了解如何将图像数据添加到选取器，并编写一个小游戏进行演示，该游戏使用带有五个滚轮的选取器。苹果公司的文档在描述选取器的外观时，多次提到它类似老虎机。因此我们将创建一个"小型老虎机"（见图7-6）。对于这个选取器，用户无法手动更改滚轮的值，但是能够按下Spin按钮使五个滚轮旋转到一个新的、随机选定的值。如果在一行中出现连续三个完全一样的图片，用户获胜。

图7-6   第五个选取器，像"小型老虎机"

7.2   委托和数据源

在开始构建应用程序之前，先来看看为什么选取器比之前使用的控件都复杂。要使用选取器，仅仅从对象库中拖出一个选取器放在内容视图上然后进行配置是不行的（日期选取器例外）。除此之外，还需要为选取器提供委托和数据源。

我们已经使用过应用程序委托，这里的基本思想是一致的。选取器将一些工作分配给它的委托。其中最重要的任务是，确定要为每个滚轮中的每一行绘制的实际内容。选取器要求委托在特定滚轮上的特定位置绘制一个字符串或一个视图。选取器从委托获取数据。

除了委托之外，选取器还需要包含一个数据源。选取器通过数据源获知滚轮数量和每个滚轮中的行数。数据源的工作原理与委托类似，它的方法会在预先指定的某些时刻被调用。如果未指定数据源和委托，选取器就无法工作，甚至无法绘制出来。

在很多情况下，数据源和委托是同一个对象，且位于相同的Swift文件中，该对象也是包含选取器视图的视图控制器。本章的应用程序将采用这种方法。每个内容面板的视图控制器都是其选取器的数据源和委托。

注意 很多人存在这样的疑问：选取器数据源是应用程序的模型、视图或者控制器的某一部分吗？这个问题很难回答。数据源似乎应该是模型的一部分，但实际却是控制器的一部分。通常，数据源并不是用于保存数据的对象。虽然在简单的应用程序中，数据源可能用于保存数据，但它真正的作用是从模型中检索数据，并传递给选取器。

7.3 创建 Pickers 应用程序

虽然Xcode为分页栏应用程序提供了模板，但是我们还是从头开始构建这个应用程序。这并不需要太多额外的工作，而且是一个很好的实践机会。

创建一个新项目，再次选择Single View Application模板，点击Next进入下一个界面。在Product Name字段键入Pickers。确保Use Core Data复选框未勾选，设置Language为Swift，并且把Devices弹出菜单设置为Universal。再次点击Next，Xcode会要求你选择一个文件夹用于保存项目。

接下来介绍构建应用程序的完整步骤。如果在构建的过程中，你想在不看书的情况下尝试自己挑战，很好，大胆去尝试吧！如果遇到难以解决的问题，随时可以翻书查看。

7.3.1 创建视图控制器

上一章创建了一个根控制器（"根视图控制器"的简称）来管理切换应用程序其他视图的过程。这次仍然需要使用根控制器来控制视图的切换，但是不需要自己创建。因为苹果公司提供了一个非常不错的类来管理分页栏视图，所以我们直接使用UITabBarController实例作为根控制器。首先，需要在Xcode中创建5个新类。根控制器会控制这5个视图控制器之间的切换。

在项目导航面板中展开Pickers文件夹。这里有Xcode为项目创建的初始代码文件。单击Pickers文件夹，按组合键Command+N或者选择File➤New➤File...。

在新文件向导的左侧面板中选择iOS下的Source部分，然后选择Cocoa Touch Class图标并点击Next继续。之后会弹出对话框让你为新类命名。输入DatePickerViewController，并确保Subclass of的值是UIViewController。确认Also create XIB file的复选框取消了勾选，设置Language为Swift，然后点击Next按钮。

你会看到一个文件夹选择窗口，可以选择一个位置保存新建的类。选择Pickers目录，这个目录中已经包含了AppDelegate类和其他一些文件。确保在Group中选择了Pickers文件夹，并且在Targets中勾选了Pickers。单击Create按钮之后，Pickers文件夹中将出现新创建文件：DatePickerViewController.swift。

重复上述步骤四次，把新类分别命名为SingleComponentPickerViewController、DoubleComponentPickerView-Controller、DependentComponentPickerViewController和ICustomPickerViewController。全部完成之后，Pickers文件夹中就会包含所有的新文件，如图7-7所示。

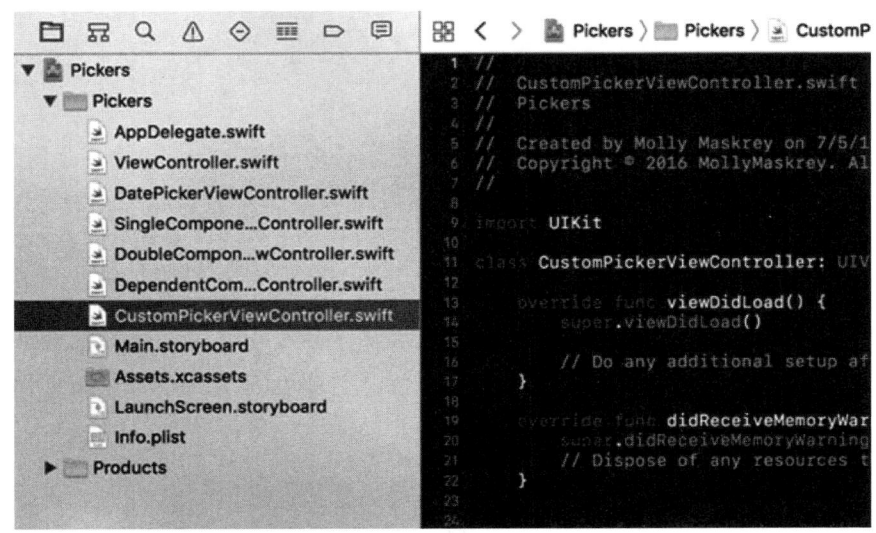

图7-7 创建5个视图控制器类之后，项目导航面板中应该包含这些文件

7.3.2　创建分页栏控制器

现在开始创建分页栏控制器。项目模板已经包含了一个名为ViewController的视图控制器，它是UIViewController的子类。为了将其转换为一个分页栏控制器，我们需要改变它的基类。打开ViewController.swift文件并执行下面粗体显示的代码更改：

```
class ViewController: UITabBarController {
```

接下来在storyboard中设置分页栏控制器，需要打开Main.storyboard。模板添加了一个初始的视图控制器，我们现在要替换它，在文档略图或编辑区中选中它并按下Delete键删除。在对象库中找到Tab Bar Controller对象并将其拖动到编辑区域中（见图7-8）。

在拖动时你会发现，与之前让你从对象库中拖出的其他控制器不同，这一次其实拖出了三个完整的视图控制器以及视图，它们彼此通过曲线连接起来。实际上，这不仅仅是一个分页栏控制器，还有两个已经关联好的子控制器。

将分页栏控制器放到编辑区域中，可以看到storyboard中所有场景的详细情况（见图7-8）。你会发现连接分页栏控制器和子控制器的曲线依然存在。你可以任意移动场景，这些线会自动进行调整并保持连接。storyboard中的场景在屏幕上的位置与应用运行时所显示的没有关系。

这个分页栏控件将成为根控制器。回想一下，根控制器控制着用户在程序运行时看到的第一个视图，同时负责在其他视图之间进行切换。因为要把每个视图分别连接到分页栏上的一个分页，所以分页栏控件是根控制器的合理选择。我们需要告诉iOS分页栏控制器会在应用程序启动时从Main.storyboard加载。因此，在文档略图中选中Tab Bar Controller图标并打开特征检查器，然后在View Controller区域勾选Is Initial View Controller复选框。保持视图控制器的选中状态，切换到身份检查器并将Class更改为ViewController。

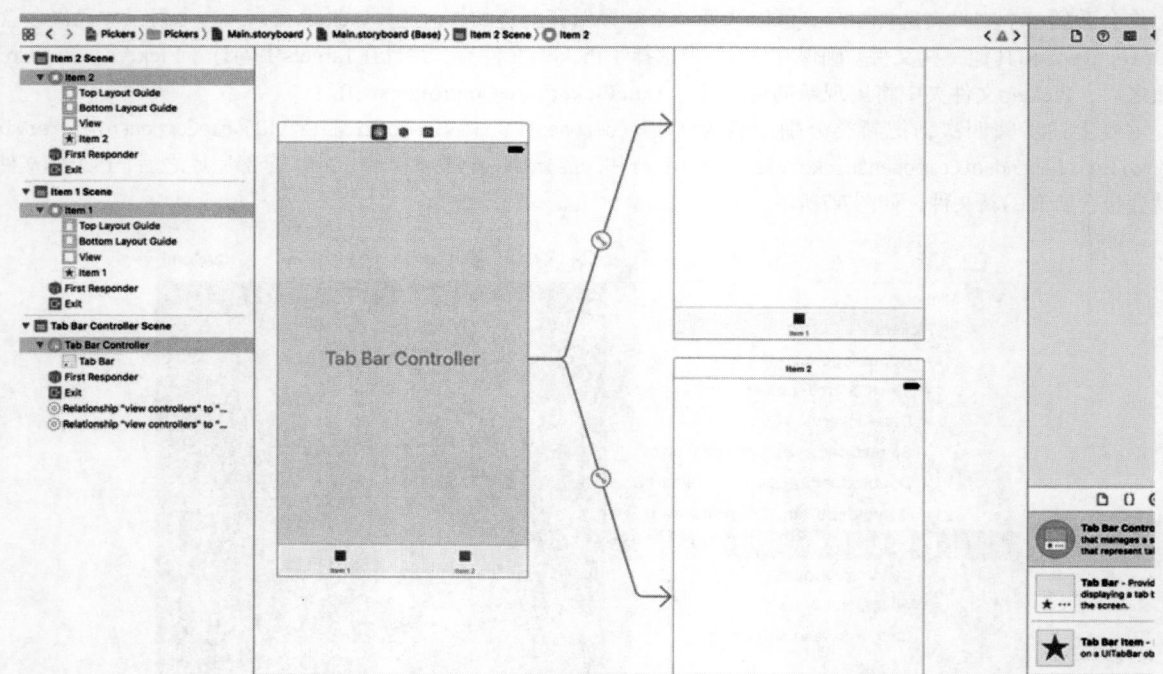

图7-8　从库中拖出一个Tab Bar Controller放到编辑区中

分页栏可以使用图标来表示每个分页，因此在编辑storyboard之前，应该添加要使用的图标。可以在本书附带的项目归档文件中找到合适的图标，这些图标位于本书配套源代码归档中的07-ImageSets文件夹中。在Xcode

的项目导航器中，选择Assets.xcassets。然后将07-ImageSets文件夹中的每个子文件夹拖动到编辑区域左边的AppIcon标题下，把它们复制到项目中（见图7-9）。

　　如果你想要使用自定义的图标，那么需要遵循一些相关标准。图标大小应该是24像素×24像素，以.png格式保存。图标文件应该有一个透明的背景。不需要担心分页栏的外观是否和分页栏适配。iOS会自动调整图像的外观，就像为应用程序设置图标时一样。

提示　实际上，24像素×24像素大小的图标供普通屏幕使用。对于iPhone 4和new iPad，以及后续版本的Retina屏幕来说，需要提供双倍分辨率的图像，不然就会出现马赛克。而对于iPhone 6/6s Plus，需要提供原始分辨率3倍的图片。这非常简单，对于一个名为foo.png的图像，应该同时再提供一张名为foo@2x.png的双倍分辨率版本，以及另一张名为foo@3x.png的尺寸为3倍的版本。调用UIImage(named:"foo")会自动返回标准大小的图像或者双倍分辨率的图片，以更好地适应应用当前所在的设备。

　　回到storyboard中，可以看到每个子视图控制器都在顶部显示了一个类似Item 1的标题，并且在视图底部都有一条横栏，还有与分页栏内容相应的简单标签。我们需要为这两个名字设置正确的内容，因此选中Item 1视图控制器，然后点击底端的分页栏项（也可以在文档略图中选中）。打开特征检查器后，会在Bar Item部分看到用来设置标题的Title文本框，它当前包含的文本是Item 1。将文本替换为Date并按下Return键，这样能立即更改视图控制器底部的文本（分页栏控制器的相应项也会同时变化）。在检查器中点击Image弹出菜单并选择clockicon来设置图标。现在对第二个子视图控制器重复同样的步骤，不过这次命名为Single，并使用singleicon图像作为分页项的图标。

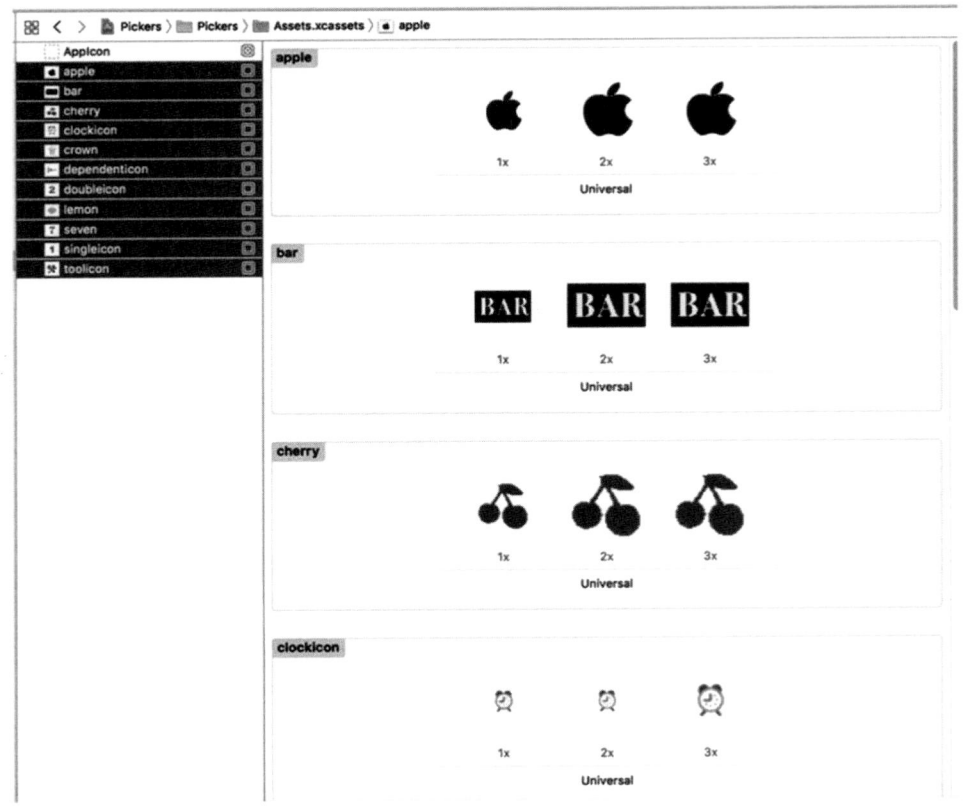

图7-9　把图片拖到Xcode中的Assets.xcassets目录中的AppIcon标题下面

我们接下来要完成分页栏控制器，使其对应如图7-2所示的5个分页，其中每个分页代表一个选取器。我们的办法只需要向storyboard中再添加另外3个视图控制器（分页栏控制器创建时已经包含了两个），然后连接它们以供分页栏使用。首先从对象库中拖出一个普通的View Controller并放在storyboard上。按住鼠标右键从分页栏控制器拖动到你的新视图控制器上，然后松开鼠标，并在弹出面板中的Relationship Segue标题下选择view controllers。这样就会告诉分页栏控制器它还有一个新的子控制器需要管理，分页栏立即出现一个新的分页，而且新控制器的视图底部也会出现一条横栏（和之前所见的一样）。最后对新的视图控制器执行和之前一样的步骤，将分页的标题改为Double，并使用doubleicon图像作为图标。

像之前那样再次拖出两个视图控制器并将它们连接到分页栏控制器上。将其中一个分页命名为Dependent并使用dependenticon作为图标，另一个命名为Custom并使用toolicon作为图标。完成之后就会看到一个底部有分页栏的视图控制器，此外它还连接了5个视图控制器（如图7-10所示）。

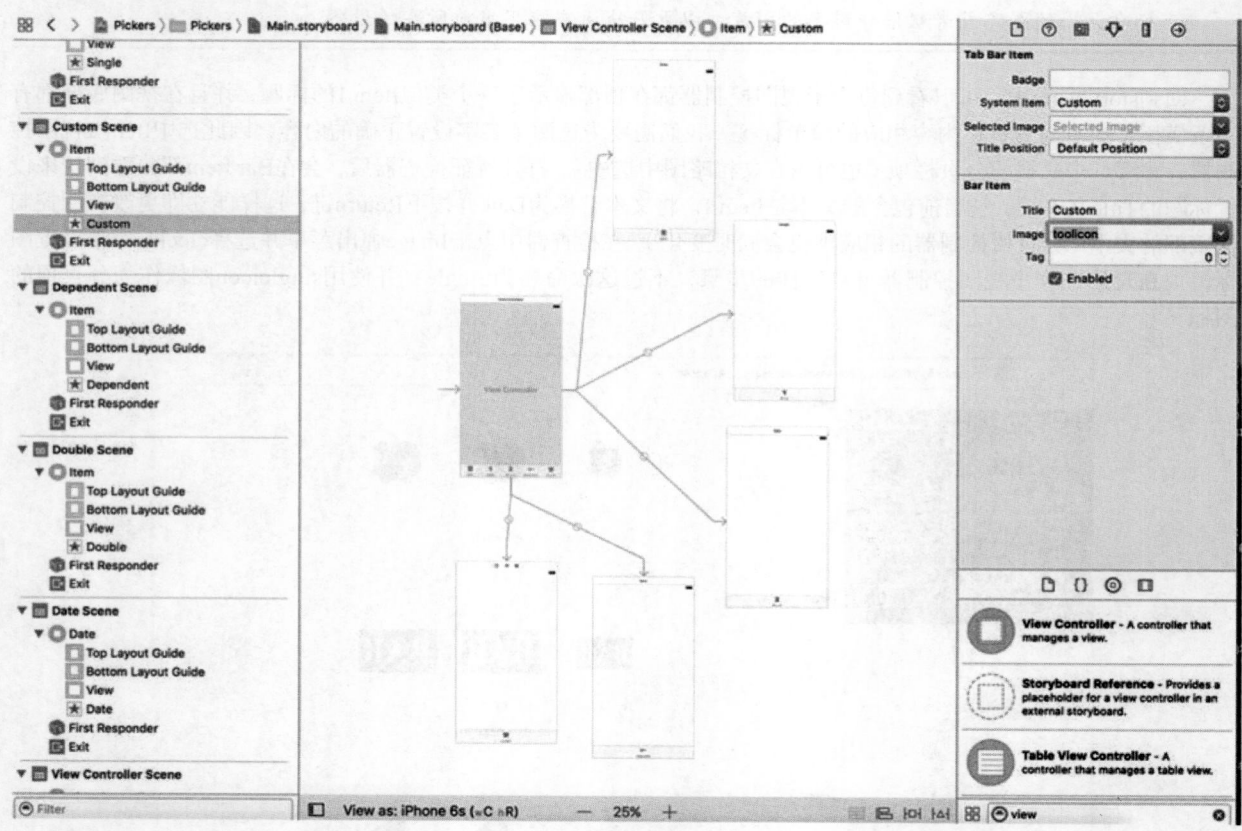

图7-10　添加了5个视图控制器，可以通过根视图控制器的分页栏来访问它们

所有的分页控制器都已经就位了，现在要为每个分页设置正确的控制器类。这样每一个控制器都会执行不同的功能。在文档略图中选择标签内容为Date的视图控制器并调出身份检查器。在检查器中的Custom Class部分将class改为DatePickerViewController，并按下Return键或Tab键提交设置（见图7-11）。

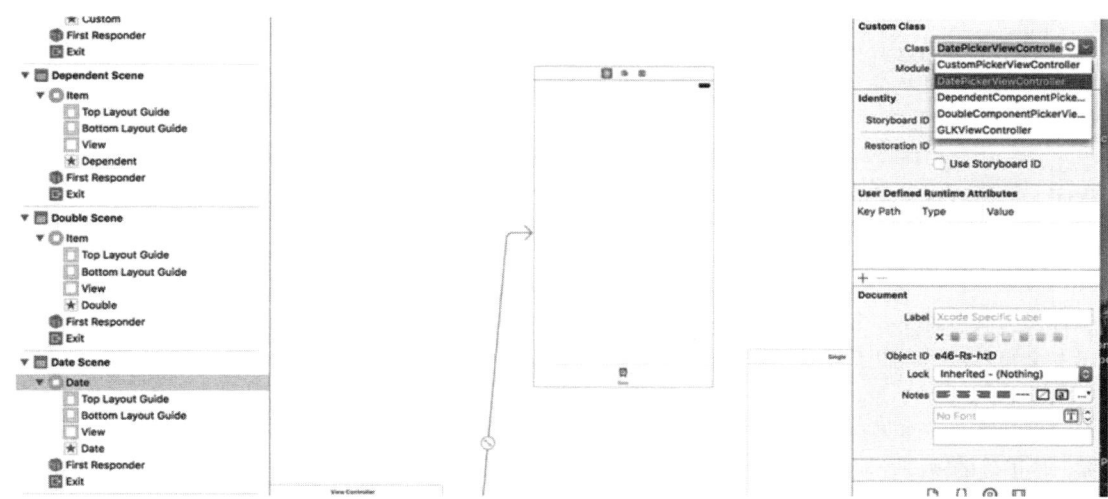

图7-11 将Date视图与它的视图控制器连接起来

现在对剩下的4个视图控制器重复相同的过程，按照它们在分页栏控制器底部出现的顺序进行设置。也可以通过在storyboard中点击来依次选中每个视图控制器，请确保点击的是视图控制器上方显示了控制器名称的顶栏位置。在每个控制器的特征检查器中，分别输入 SingleComponentPickerViewController、DoubleComponent-PickerViewController、DependentComponentPickerViewController和ICustomPickerViewController。在继续接下来的GUI编辑之前，保存storyboard文件。

7.3.3 首次模拟器测试

现在，分页栏和内容视图都已经被关联起来并且能够正常工作了。编译并运行，启动之后的应用程序应该包含一个能够正常工作的工具栏（见图7-12）。依次点击这些分页，每一个分页应该都可以点击。

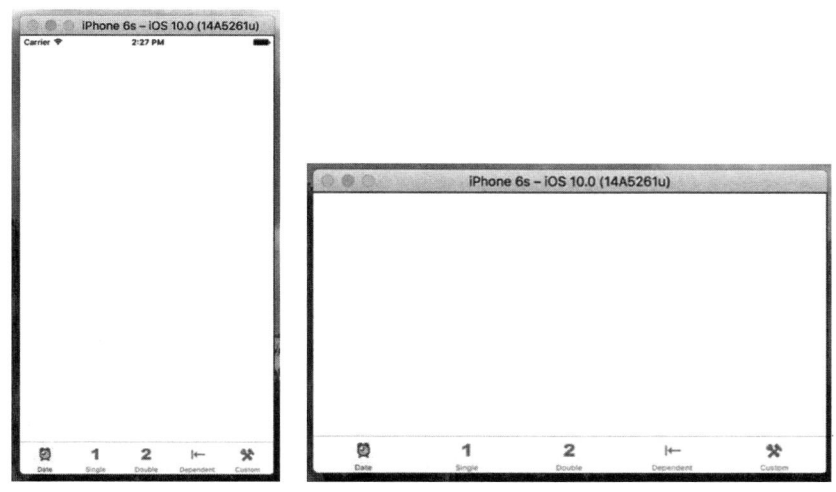

图7-12 应用程序拥有5个空白的分页，每个分页都是可以点击的

现在，内容视图中还没有任何内容，因此分页的切换其实并不明显。事实上，除了分页按钮上的高亮之外完全没有任何区别。但是如果所有组成部分都运行良好，那么这个多视图应用程序的基本框架现在就已经建立起来了，而且能够运行。接下来开始设置每个独立的内容视图。

提示   如果在单击某个分页时，模拟器出了问题，很可能是因为漏掉了某个步骤，或者输入出现了错误。回顾
之前的操作，并确保所有的关联和类名设置都是正确的。

如果想进一步确保所有元素都能够正常工作，可以为每个内容视图添加一个标签或者其他对象，然后重新运行应用程序。如果所有元素都运行良好，点击不同分页时会看到不同的视图内容。

7.3.4   实现日期选取器

实现日期选取器需要一个输出接口和一个操作方法。输出接口获取日期选取器的值。操作方法由一个按钮触发并弹出一个警告视图，用于显示在选取器中选择的日期。我们将在界面构建器中编辑时添加它们。如果当前编辑区域中的不是Main.storyboard，要在项目导航器中选中它。

我们要做的第一件事是在对象库中找到Date Picker并将其拖动到编辑区中的Date场景上。在文档略图中点击Date图标，让正确的视图控制器高亮显示，然后把日期选取器从对象库中拖出并放在视图的顶端，直到贴住屏幕的上面。不必担心它会遮住状态栏，因为这个控件顶端的垂直部分有一些没人留意的固定空白。

现在需要设置自动布局约束，使日期选取器在任意设备上运行的应用程序中都处于正确的位置且大小适中。我们想让日期选取器水平居中并且贴住视图顶部，同时可以根据内容设定大小，因此需要两条约束。选中日期选取器后，首先点击Xcode菜单栏中Editor➤Size to Fit Content项。如果这个选项是灰色不可选的，可以尝试通过稍微拖动日期选取器的方式来选中并再试一次。点击storyboard下方的Align按钮，勾选Horizontal Center in Container复选框，然后点击Add 1 Constraint按钮。之后点击Add New Constraints按钮（位于Align按钮旁边）。找到弹出面板顶部的四个距离文本框，在上方文本框中输入0以设置选取器与上面顶端边缘之间的距离为零，然后点击下方的红色虚线，使其变成实线。在弹出面板的底部，设置Update Frames的值为Items of New Constraints，然后点击Add 1 Constraint按钮。日期选取器会重新调整大小并移动到正确的位置，如图7-13所示。

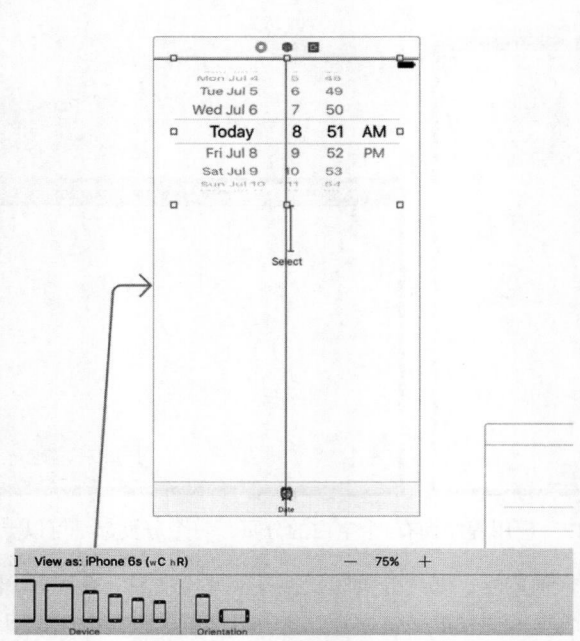

图7-13   日期选取器位于视图控制器的顶部

单击以选中这个日期选取器，回到特征检查器。从图7-14可以看到，日期选取器有许多属性可以配置。我们将保留大部分默认设置（本章结束之后，可以随意更改这些选项，并查看效果）。我们要做的是，将选取器限定在合理日期范围内。找到名为Constraints的项，选中Minimum Date复选框，保留默认值1/1/1970。同时选中Maximum Date复选框，并将其设置为12/31/2200。

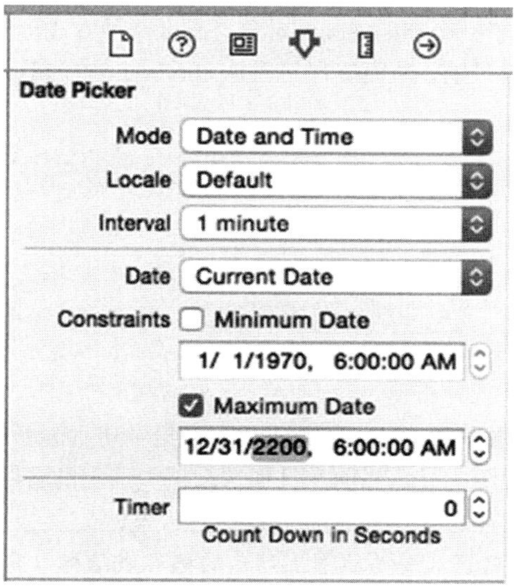

图7-14   日期选取器的特征检查器，设置最大日期，其余各项保留默认值

现在要将选取器连接到它的控制器。按下Option+Command+Return打开辅助编辑器并确保辅助编辑器顶部的跳转栏上是Automatic。这样就会显示出DatePickerViewController.swift。接下来按住鼠标右键从选取器拖到文件上方，并在Insert Outlet, Action, or Outlet Collection气泡提示出现时松开鼠标。确保弹出窗口中的Connection值为Outlet，并在Name文本框中输入名字datePicker，然后按下Return以创建输出接口并关联到选取器上。

接下来，从库中拖出一个Button按钮，并放到日期选取器下方。双击按钮，将其标题设置为Select。我们想让这个按钮水平居中并且与日期选取器下方保持固定的距离。选中按钮后，点击storyboard底部的Align按钮，勾选Horizontal Center in Container复选框，然后点击Add 1 Constraint按钮。为了固定它们之间的距离，按住鼠标右键从按钮拖到日期选取器并松开鼠标。在出现的弹出面板中，选择Vertical Spacing。最后点击storyboard底部的Resolve Auto Layout Issues按钮并点击弹出面板顶部的Update Frames选项（若无法实现该操作，说明按钮已经在正确的位置上）。按钮就会移动到正确的位置，而且自动布局警告也会消失。

请确保在辅助编辑器中显示的仍是DatePickerViewController.swift文件。如果不是的话，请通过跳转栏中的Manual找到并打开这个文件。现在按住鼠标右键并从按钮拖到辅助编辑器的源代码底部位置，看到Insert Action或Insert Outlet, Action, or Outlet Collection气泡提示就可以松开了。如果语言是Swift，将Connection类型更改为Action。将新的操作方法命名为onButtonPressed并按下Return键进行关联。这样会创建一个名字为onButtonPressed()的空方法，你可以编写代码清单7-1中的代码来实现它。

代码清单7-1   选择按钮操作代码

```swift
@IBAction func onButtonPressed(_ sender: UIButton) {
    let date = datePicker.date
    let message = "The date and time you selected is \(date)"
    let alert = UIAlertController(
        title: "Date and Time Selected",
        message: message,
        preferredStyle: .alert)
    let action = UIAlertAction(
```

```
            title: "That's so true!",
            style: .default,
            handler: nil)
    alert.addAction(action)
    present(alert, animated: true, completion: nil)
}
```

在viewDidLoad()方法中，创建了一个新的NSDate对象。通过这种方式创建的NSDate对象将包含当前的日期和时间。然后将datePicker设置为这个日期，从而确保每次从storyboard中加载此视图时，选取器都会重置为当前的日期和时间，具体见代码清单7-2。

代码清单7-2　在viewDidLoad()方法中设置日期

```
override func viewDidLoad() {
    super.viewDidLoad()

    // Do any additional setup after loading the view.
    let date = NSDate()
    datePicker.setDate(date as Date, animated: false)
}
```

编译并运行应用程序，看看选取器是否可以正常工作。如果一切进展顺利，那么应用程序应该与图7-2类似。单击Select按钮，会弹出一个警告视图，显示当前在日期选取器中选定的日期和时间。

注意　日期选取器不允许指定秒或时区。警告视图上显示的格林威治标准时间（GMT）是带有秒的。我们可以添加一些代码来简化警告中显示的字符串，但由于本章篇幅限制，这里不再赘述。如果有兴趣自己定制日期格式，可以看一下NSDateFormatter类。

7.4　实现单滚轮选取器

接下来看看如何使用选取器让用户从一系列值中进行选择。在这个例子中，我们将使用一个数组来保存显示在选取器中的值。选取器本身不会保存任何数据。它们调用其数据源和委托上的方法来获取需要显示的数据。选取器不会关心底层数据位于何处。它在需要时才会请求数据，数据源和委托（实际上，它们通常是同一个对象）将通过相互协作来提供该数据。因此，数据可以来自一个静态列表，比如本节中使用的数据，也可以从一个文件或URL载入，甚至通过动态组合或计算得到。

因为选取器会向它的控制器请求数据，所以必须确保控制器正确地实现了方法。其中一环是在类定义中声明将要实现的两个协议。在项目导航面板中，单击SingleComponentPickerViewController.swift。此控制器类同时充当选取器的数据源和委托，因此需要确保它遵循这两个角色的协议。添加以下代码：

```
class SingleComponentPickerViewController: UIViewController,
        UIPickerViewDelegate, UIPickerViewDataSource {
```

写完这些代码后，编辑器肯定会报错的。这是因为我们还没有来得及实现协议必需的方法。很快就会走到这一步的，所以可以先忽略这些错误提示。

7.4.1　构建视图

再次点击Main.storyboard，这次编辑的是分页栏中第二个分页的内容视图。在文件略图中，点击Single图标使其视图控制器位于编辑区域最上层。接下来，从库中拖出一个Picker View（见图7-15），将其添加到视图中，放置在靠近视图顶部的位置，就像之前操作日期选取器视图一样。

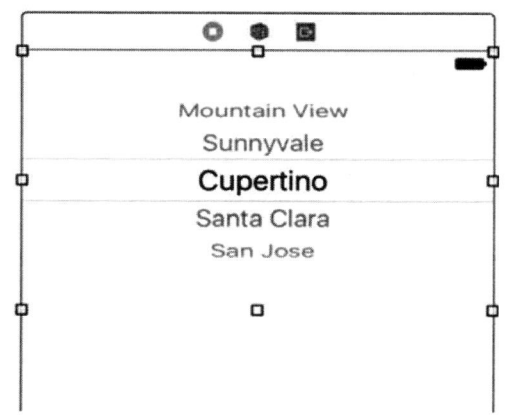

图7-15　从库中拖出一个Picker View放到第二个视图上

现在需要通过自动布局约束，使应用程序的选取器在不同类型的设备上运行时的尺寸以及位置都正确。选取器应该水平居中并靠近视图的顶端，而且它的尺寸大小是基于其内容的，因此我们需要三条约束。选中选取器后，首先单击Xcode菜单栏的Editor➤Size to Fit Content项。如果这个选项是灰色不可选的，可以尝试通过稍微拖动日期选取器的方式以选中并再试一次。接下来单击storyboard下方的Align按钮，勾选Horizontally in Container复选框，然后单击Add 1 Constraint按钮。单击Add New Constraints按钮（位于Align按钮的右侧），浮动面板上方有四个指定边距的文本框，在顶端的文本框中输入零，将选取器与视图顶端边缘之间的距离设为零，然后单击下方的红色虚线使其变为一条实线。在浮动面板下方将Update Frames下拉列表改为Items of New Constraints，然后单击Add 1 Constraint按钮。选取器就会自动调整尺寸大小并移动到正确的位置上（如图7-16所示）。

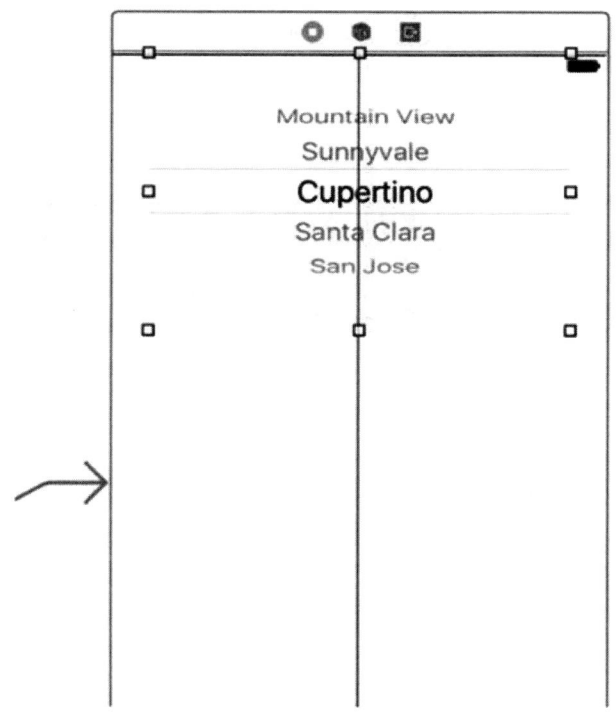

图7-16　选取器处于视图控制器中视图的顶端位置

现在我们将选取器连接到它的控制器。步骤和之前相似：打开辅助编辑器，通过跳转栏设置显示的内容为SingleComponentPickerViewController.swift文件，在选取器上按住鼠标右键拖动到SingleComponentPicker-ViewController类的顶部，并创建一个名为singlePicker的输出接口。

接下来选中选取器，按下Option+Command+6打开关联检查器。如果查看选取器可用的关联，会看到前两项是dataSource（数据源）和delegate（委托）。如果没有看到这些输出接口，请再检查一下，确保选中的是选取器而不是选取器父视图的UIView。将dataSource旁边的圆圈拖动到视图控制器图标上（位于文档略图中或storyboard中场景顶部的都可以，见图7-17）。然后把delegate旁边的圆圈也拖到视图控制器图标上。现在选取器已经知道storyboard中SingleComponentPickerViewController类实例化后的对象就是就是它的数据源以及委托对象了，而选取器会向这个实例对象请求获取数据并显示出来。也就是说，当选取器需要数据的信息以进行显示时，就会向负责控制这个视图的SingleComponentPickerViewController实例对象请求这些信息。

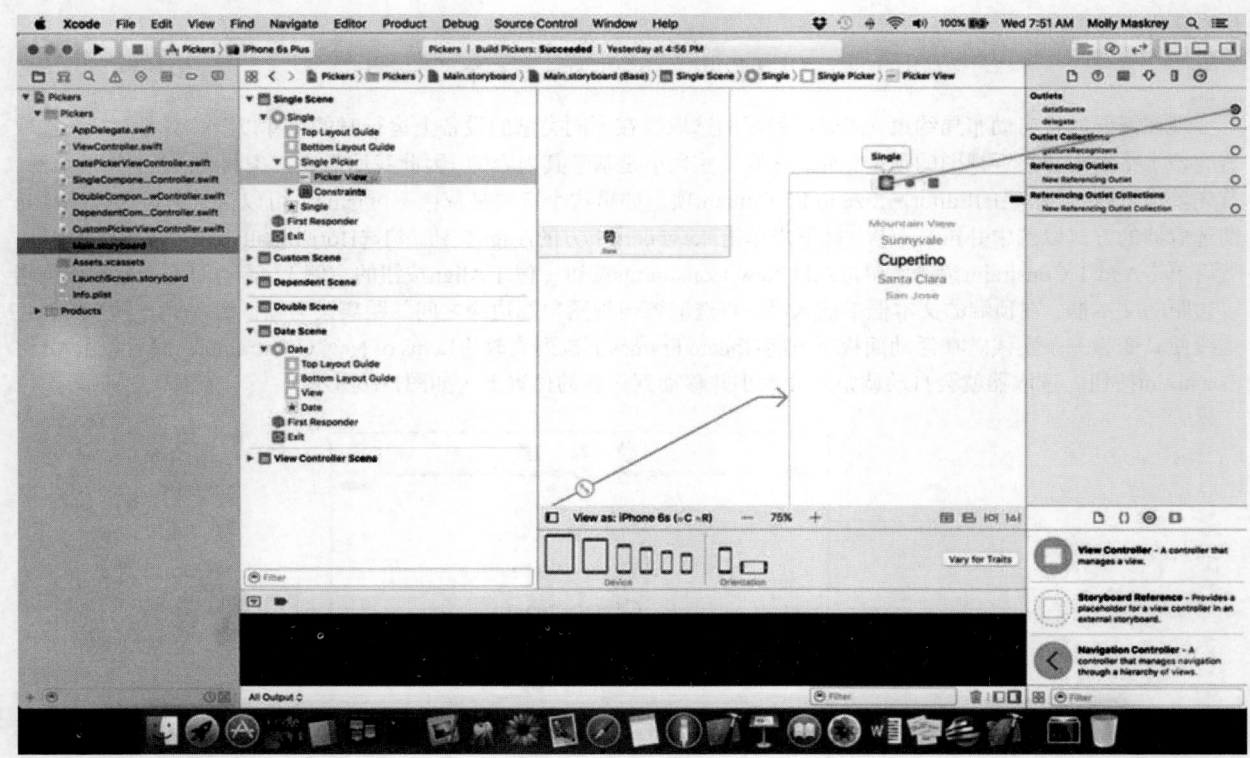

图7-17　将数据源与视图控制器相关联

把一个按钮拖动到这个视图上，放置在选取器下方。双击该按钮，将其标题设置为Select，按下Return键确认更改。在关联检查器中，将Touch Up Inside旁边的圆圈拖动到辅助编辑器中，位于类的定义代码结尾处大括号之上后松开鼠标，以创建一个新的操作方法，将其命名为onButtonPressed，之后你会看到Xcode自动为你补充了一个空的方法。这是另一种为视图控制器添加某个操作方法并将其关联到源视图的方式。我们想让这个按钮水平居中并在选取器下保持固定的距离。选中按钮后，单击storyboard底部的Align按钮，勾选Horizontally in Container复选框，然后单击Add 1 Constraint按钮（见图7-18）。

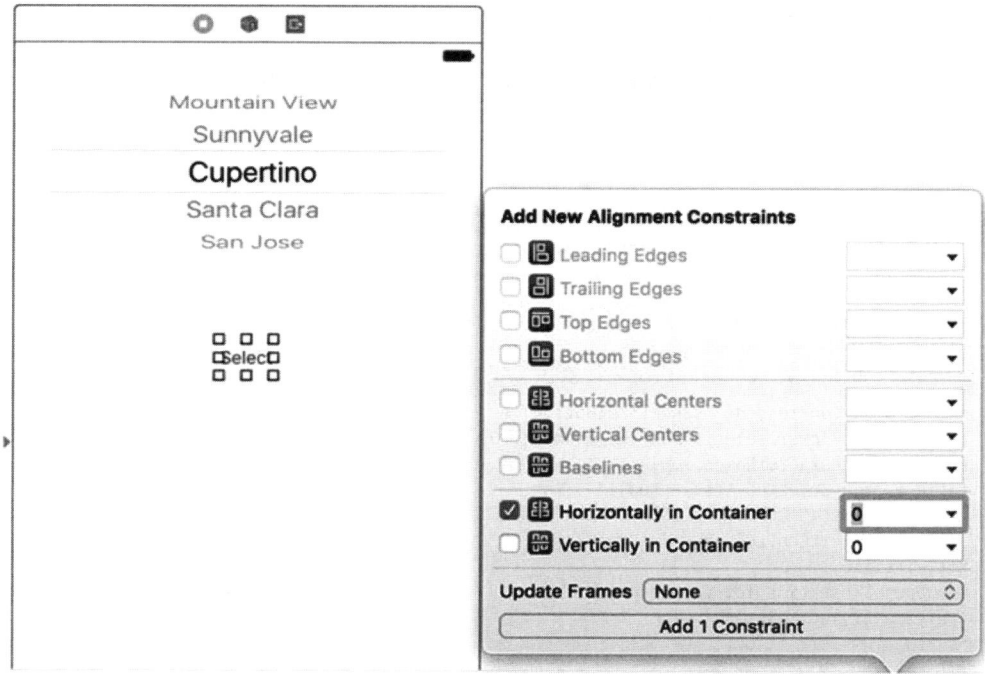

图7-18 按钮在视图中水平居中

　　为了固定它们之间的距离，可以在按钮上按住鼠标右键拖到选取器上并松开鼠标，在弹出的浮动面板中点击Vertical Spacing项（见图7-19）。最后，假如问题导航面板中仍有布局问题，可以点击storyboard底部的Resolve Auto Layout Issue按钮，然后点击浮动面板顶部区域的Update Frames按钮（如果是禁用状态，表示这个按钮已经处于正确位置了）。这时按钮应该移动到正确的位置，而且自动布局的警告也会全部消失。

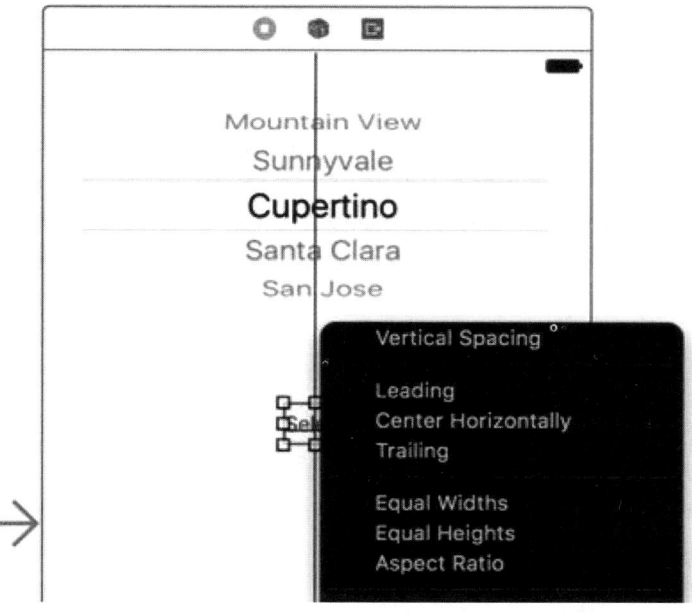

图7-19 设置按钮与选取器之间始终保持固定的垂直间距

7.4.2　将控制器实现为数据源和委托

要让控制器充当选取器的数据源和委托，先从熟悉的代码开始，再添加一些你从未见过的新方法。

单击SingleComponentPickerViewController.swift，并在类定义开头部分添加以下属性变量。这样我们就拥有了一个数组，它包含几个著名的电影角色名。

```
@IBOutlet weak var singlePicker: UIPickerView!
private let characterNames = [
        "Luke", "Leia", "Han", "Chewbacca", "Artoo",
        "Threepio", "Lando"]
```

接下来将onButtonPressed()方法改为代码清单7-3所示的代码。

代码清单7-3　Single Picker View的onButtonPressed()方法

```
@IBAction func onButtonPressed(_ sender: UIButton) {
    let row = singlePicker.selectedRow(inComponent: 0)
    let selected = characterNames[row]
    let title = "You selected \(selected)!"

    let alert = UIAlertController(
        title: title,
        message: "Thank you for choosing",
        preferredStyle: .alert)
    let action = UIAlertAction(
        title: "You're welcome",
        style: .default,
        handler: nil)
    alert.addAction(action)
    present(alert, animated: true, completion: nil)
}
```

前面介绍过，日期选取器包含我们要的数据，但是这里，常规的选取器把维护这些数据的工作交给了委托和数据源。onButtonPressed()方法需要询问选取器当前选中的是哪一行，然后从pickerData数组提取相应的数据。以下是询问选取器所选行的方法：

```
let row = singlePicker.selectedRow(inComponent: 0)
```

注意，需要指定想要询问的滚轮。此选取器中只有一个滚轮，因此我们传入0，即第一个滚轮的索引。

代码中创建了一个包含角色姓名的数组，用于向选取器提供数据。通常数据来自其他数据源，比如属性列表或Web服务请求。利用此处的方式在代码中嵌入一组元素，需要对这个列表进行更新或者把应用程序转换为其他语言时就会比较麻烦。但出于演示的目的，这种方法是将数据获取到数组中的最快捷、最简单的方式。但你通常不会采用这种方式创建数组，而是将使用的数据缓存到viewDidLoad()方法的一个数组中，这样选取器请求数据时就不必每次都访问磁盘或网络。

提示　如果不打算像刚才那样在代码中创建一个包含一组对象的数组，那么应该如何操作呢？可以将对象列表嵌入属性列表文件中，并将这些文件添加到项目中。无需重新编译源代码即可更改属性列表文件，这意味着在更改时不会引入新的程序bug。你也可以为不同语言提供不同版本的列表，第22章将介绍这种方法。在第13章中会详细讨论有关属性列表的细节。

最后，将代码清单7-4中的代码插入文件末尾。

代码清单7-4　选取器数据源和委托方法

```
// MARK:-
```

```
// MARK: Picker Data Source Methods

func numberOfComponents(in pickerView: UIPickerView) -> Int {
    return 1
}
func pickerView(_ pickerView: UIPickerView,
                numberOfRowsInComponent component: Int) -> Int {
    return characterNames.count
}

// MARK: Picker Delegate Methods
func pickerView(_ pickerView: UIPickerView, titleForRow row: Int, forComponent component:
Int) -> String? {
    return characterNames[row]
}
```

需要通过这三个方法来实现选取器。前两个方法来自UIPickerViewDataSource协议，所有选取器（除了日期选取器）都必须实现这两个方法。下面是第一个方法：

```
func numberOfComponents (in pickerView: UIPickerView) -> Int {
    return 1
}
```

选取器可以包含多个旋转滚轮或滚轮，这就是选取器会询问应该显示几个滚轮的原因。这一次只想显示一个列表，因此返回1。注意，有一个UIPickerView作为参数传到这个方法中。这个参数指向触发这个方法的选取器视图，这样一来，同一个数据源就能够控制多个选取器。本例中只有一个选取器，所以可以直接忽略这个参数，因为已经知道到底是哪个选取器在调用这个方法。

选取器使用第二个数据源方法询问给定的选取器滚轮应该包含多少行数据：

```
func pickerView(_ pickerView: UIPickerView,
                numberOfRowsInComponent component: Int) -> Int {
    return characterNames.count
}
```

这次又可以通过参数知道当前询问的是哪个选取器视图，以及选择器询问的是哪个滚轮。因为我们只有一个选取器，而且只包含一个滚轮，所以并不需要关心这些参数，可以直接返回数组中的对象数量。

// MARK:

注意到SingleComponentPickerViewController.swift中的如下代码了吗？

// MARK:-
// MARK: Picker Data Source Methods

以双斜线//开头的代码行是注释。以// MARK:开头的注释在Xcode中有特殊涵义：它们会在编辑器面板顶部展示方法与属性的下拉菜单中作为新的一项插入。其中第一行（里面包含横杠）会在菜单中插入一条分割线。第二行会将当前行的文本作为一项插入到菜单中，你可以通过它把源代码中的方法分组归类并作为描述内容的标题。

一些类（尤其是控制器类）的内容可能会非常多，通过方法与函数的下拉菜单可以简化查询代码的方式。使用// MARK:注释可以在逻辑层面上提高下拉菜单整合代码的效率。

在两个数据源方法之后，我们实现了一个委托方法。与数据源方法不同，所有委托方法都是可选的。可选（optional）这个词带有一定的欺骗性，因为实际上需要实现至少一个委托方法。我们将要实现的这种方法通常是需要的。但是，如果想在选取器中显示除文本以外的内容，必须实现另一个方法，本章后面介绍自定义选取器时会讲述。

```
func pickerView(_ pickerView: UIPickerView, titleForRow row: Int, forComponent component:
Int) -> String? {
    return characterNames[row]
}
```

在此方法中，选取器要求提供指定滚轮中指定行的数据。参数提供了一个指向正在请求数据的选取器的指针，以及它请求的滚轮和行。由于我们的视图只有一个选取器，且该选取器只有一个滚轮，因此可以忽略除row参数之外的其他参数，使用row参数作为索引返回数据数组中相应的元素。

再次编译并运行应用程序。当模拟器出现时，切换到第二个分页（名为Single），并检查新的自定义选取器，它应该与图7-3类似。

接下来讨论如何实现带有两个滚轮的选取器。如果想要挑战自我，那么下一个内容视图实际上是一个很好的尝试机会。你已经知道实现选取器需要的所有方法，可以试着自己实现。你可能想先实现图7-4所示的优美界面，以便温习刚刚学到的知识。实现之后请继续阅读，一起来看看我们是如何解决这个问题的。

7.5   实现多滚轮选取器

下一个分页将包含一个选取器，这个选取器带有两个相互独立的组件（滚轮）。左侧的滚轮包含一个三明治馅料列表，右侧的滚轮包含各种面包类型。刚才已经提到，要编写的数据源方法和委托方法与为单个滚轮选取器编写的方法相同。我们只需在这些方法中编写少量额外的代码，来确保为每个滚轮返回正确的值和行数。单击DoubleComponentPickerViewController.swift，并添加以下代码：

```
class DoubleComponentPickerViewController: UIViewController,
            UIPickerViewDelegate, UIPickerViewDataSource {
```

这只是让控制器遵循了委托和数据源协议。保存代码并点击Main.storyboard以编辑GUI。

7.5.1   构建视图

在文档略图中选中Double Scene并点击Double图标，使视图控制器位于编辑区域上层。现在要在视图中添加一个选取器和一个按钮，将按钮标签改为Select，然后创建必要的关联。我们不再讨论关联过程，如果需要逐步指导，可以参考上一节，因为这两个视图控制器在storyboard中的关联方式都是一样的。下面简要说明需要做的工作。

(1) 在DoubleComponentPickerViewController类的类扩展中创建一个名为doublePicker的输出接口，并将视图控制器关联到选取器。

(2) 使用关联检查器，将选取器视图上的dataSource和delegate关联到视图控制器。

(3) 使用关联检查器，将按钮的Touch Up Inside事件关联到视图控制器上名为onButtonPressed的新操作方法。

(4) 在选取器和按钮上添加自动布局约束以固定它们的位置。

确认保存了storyboard，然后返回Xcode。可以给本页加个书签，稍后还需要查阅这些内容。

7.5.2   实现控制器

选中DoubleComponentPickerViewController.swift，并在文件开头添加代码清单7-5中的代码。

代码清单7-5   两个滚轮的选取器所需的参数

```
@IBOutlet weak var doublePicker: UIPickerView!
private let fillingComponent = 0
private let breadComponent = 1
private let fillingTypes = [
    "Ham", "Turkey", "Peanut Butter", "Tuna Salad",
    "Chicken Salad", "Roast Beef", "Vegemite"]
```

```
private let breadTypes = [
    "White", "Whole Wheat", "Rye", "Sourdough",
    "Seven Grain"]
```

我们一开始定义了代表各自选取器滚轮的两个索引值常量，这样能使代码更易于阅读。用数字来表示选取器滚轮，最左边的滚轮赋值为0，向右数字依次加1。接下来我们声明了两个数组，用来包含两个选取器滚轮的数据内容。

现在来实现onButtonPressed()方法，如代码清单7-6所示。

代码清单7-6　按下Select按钮后会执行的操作

```
@IBAction func onButtonPressed(_ sender: UIButton) {
    let fillingRow =
        doublePicker.selectedRow(inComponent: fillingComponent)
    let breadRow =
        doublePicker.selectedRow(inComponent: breadComponent)

    let filling = fillingTypes[fillingRow]
    let bread = breadTypes[breadRow]
    let message = "Your \(filling) on \(bread) bread will be right up."

    let alert = UIAlertController(
        title: "Thank you for your order",
        message: message,
        preferredStyle: .alert)
    let action = UIAlertAction(
        title: "Great",
        style: .default,
        handler: nil)
    alert.addAction(action)
    present(alert, animated: true, completion: nil)
}
```

然后将委托方法和数据源方法添加到文件底部，如代码清单7-7所示。

代码清单7-7　数据源和委托方法

```
// MARK:-
// MARK: Picker Data Source Methods
func numberOfComponents(in pickerView: UIPickerView) -> Int {
    return 2
}

func pickerView(_ pickerView: UIPickerView, numberOfRowsInComponent component: Int) ->
Int {
    if component == breadComponent {
        return breadTypes.count
    } else {
        return fillingTypes.count
    }
}

// MARK:-
// MARK: Picker Delegate Methods

func pickerView(_ pickerView: UIPickerView, titleForRow row: Int, forComponent component:
Int) -> String? {
    if component == breadComponent {
        return breadTypes[row]
    } else {
        return fillingTypes[row]
```

```
    }
}
```

这一次，onButtonPressed()方法稍微有点复杂，但是其中绝大部分代码都是我们熟悉的。请求选中的行时，需要使用前面定义的常量breadComponent和fillingComponent指定所请求的行所属的滚轮：

```
let fillingRow =doublePicker.selectedRow(inComponent: fillingComponent)
let breadRow = doublePicker.selectedRow(inComponent: breadComponent)
```

可以看到，这里使用了两个常量来代替0和1，使得代码具有非常好的可读性。后面使用的onButtonPressed()方法都与这个基本相同。

接下来看一下数据源方法，从这里开始，代码与之前有一些不同。在第一个方法中，指定选取器应该拥有两个滚轮，而不是一个：

```
func numberOfComponents(in pickerView: UIPickerView) -> Int {
    return 2
}
```

这一次要求提供行数时，必须检查选取器正在询问的是哪个滚轮，然后返回相应数组的正确行数：

```
func pickerView(_ pickerView: UIPickerView, numberOfRowsInComponent component: Int) ->
Int {
    if component == breadComponent {
        return breadTypes.count
    } else {
        return fillingTypes.count
    }
}
```

然后，在委托方法中也要进行同样的处理。检查滚轮，根据指定的滚轮返回相应数组中的正确数据：

```
func pickerView(_ pickerView: UIPickerView, titleForRow row: Int, forComponent component:
Int) -> String? {
    if component == breadComponent {
        return breadTypes[row]
    } else {
        return fillingTypes[row]
    }
}
```

这不是很难，是吧？编译并运行应用程序，确保Double分页的内容面板与图7-4类似。

注意，各个滚轮之间是完全独立的。旋转一个滚轮不会影响到另一个。这正适合本例的需求。不过在有些情况下，一个滚轮依赖于另一个。日期选取器就是一个典型的例子。当更改月份时，显示每月天数的刻度盘可能需要更改，因为不是所有月份的天数都相同。只要知道基本的方法，实现这项功能实际上并不难，但是独自解决此问题并不容易，所以接下来一起来看如何操作。

7.5.3　滚轮内容根据环境变化

我们会逐渐加快学习速度。本节不再详细讨论前面已经介绍过的内容，主要介绍一些新知识。新选取器将在左侧滚轮中显示一个包含美国所有州名的列表，在右侧滚轮中显示与左侧选定州对应的邮政编码。

左侧滚轮中的每个项都需要一个独立的邮政编码列表。与上一节一样，我们将声明两个数组，分别对应每个滚轮，还需要一个字典。在该字典中，每个州都有一个对应的数组（见图7-20）。随后，实现一个委托方法，该方法将在选取器的选定项改变时通知我们。如果左侧的值改变，我们将从字典中提取正确的数组，并将它分配给右侧滚轮所使用的数组。如果不是很明白，不要担心，深入分析代码时会说明这一点。

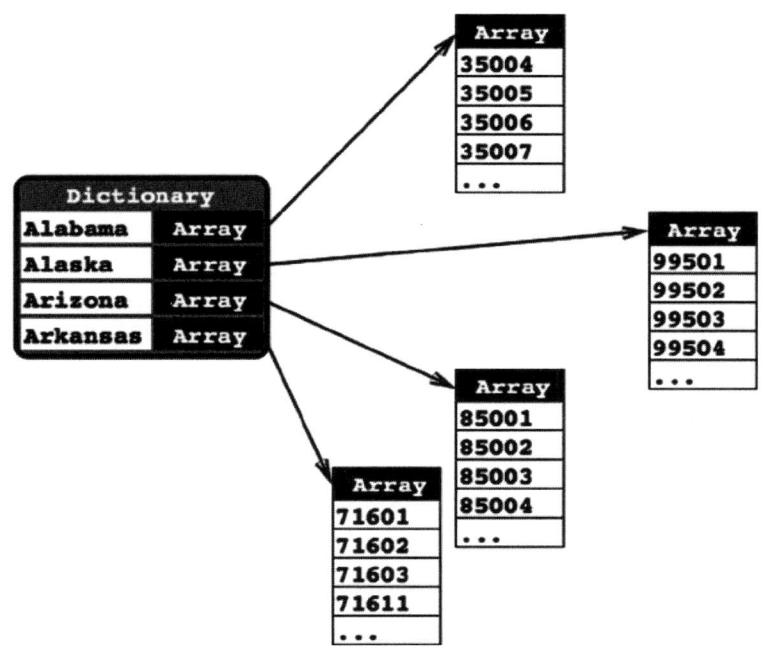

图7-20 应用程序的数据。对于每个州，字典里都有与之对应的、使用州名作为键的条目，这个键
对应的值是一个Array<String>实例，其中包含该州的所有邮政编码

将以下代码添加到DependentComponentPickerViewController.swift中：

```
class DependentComponentPickerViewController: UIViewController,
UIPickerViewDelegate, UIPickerViewDataSource {
private let stateComponent = 0
private let zipComponent = 1
private var stateZips:[String : [String]]!
private var states:[String]!
private var zips:[String]!
```

现在开始构建内容视图。构建过程与构建前面两个滚轮视图的过程大体相同。如果忘记了具体操作，可以查看7.5.1节，并按照其中的步骤进行操作。这里要注意一点：首先应打开Main.storyboard，找到DependentComponent-PickerViewController类的视图控制器，然后重复本章对其他内容视图所做的基本操作。你还要将名称为dependentPicker的输出接口属性变量关联到选取器，将一个空的onButtonPressed:方法关联到按钮上，并将选取器的delegate和dataSource属性都关联到视图控制器上。不要忘记为这两个视图添加自动布局约束！完成之后，保存storyboard。

现在我们来实现控制器类。刚开始可能会觉得这个实现方式有点难懂。为了让一个滚轮依赖于另一个滚轮，我们使控制器类的复杂度变得更高了。虽然选取器一次只能显示两个列表，但控制器类必须管理51个列表。此处使用的技巧可以简化这个过程。数据源方法看起来与为DoublePickerViewController实现的方法几乎相同。增加的所有复杂度都在viewDidLoad和一个新的委托方法pickerView(_:didSelectRow:inComponent:)之间处理。

在编写代码之前，需要创建要显示的数据。到目前为止，已经通过指定一列字符串在代码中创建了一些数组。但是现在，我们不打算再采用这种方式，因为不希望输入数千个值，所以将从一个属性列表载入数据。前面已经提到，NSArray和INSDictionary对象都可以通过属性列表创建。

我们已经在项目归档文件的07-Picker Data文件夹中包含了一个名为statedictionary.plist的属性列表文件。将该文件拖动到Xcode项目中的Pickers文件夹。单击项目导航面板中的.plist文件，可以查看甚至编辑其中的数据（见图7-21）。

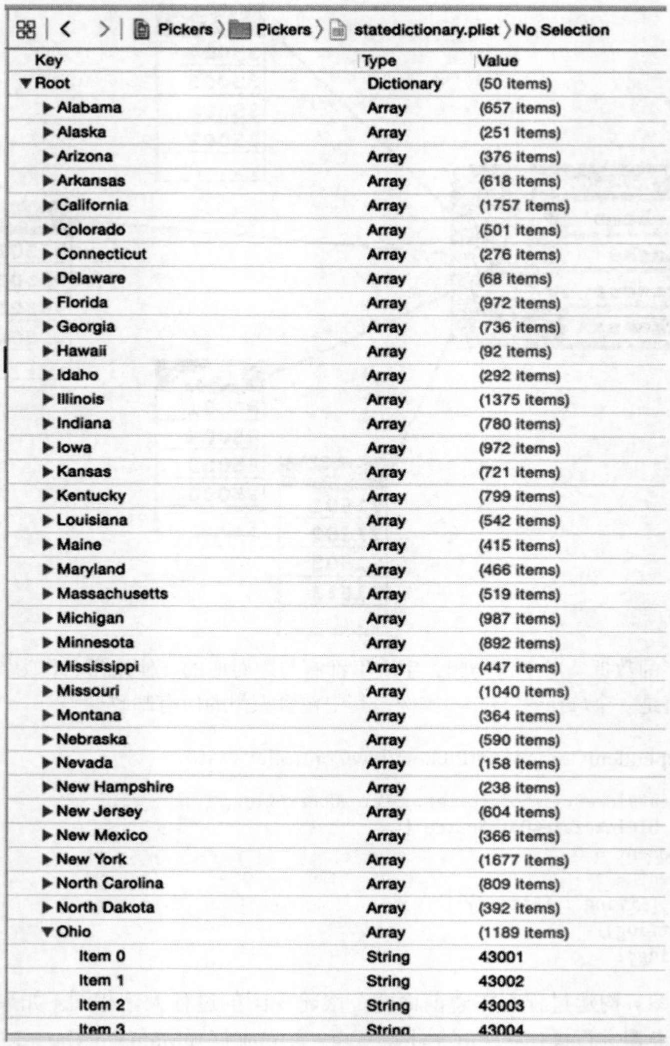

图7-21 statedictionary.plist文件显示一个列表，列出了美国所有的州名。在 Ohio（俄亥俄州）这项中可以看到一组邮政编码的开头

在DependentComponentPickerViewController.swift中，先把完整的实现方法都展示出来，然后再分块进行讨论。首先是onButtonPressed()方法的实现，如代码清单7-8所示。

代码清单7-8　邮政编码代码视图的onButtonPressed()方法

```
@IBAction func onButtonPressed(_ sender: UIButton) {
    let stateRow =
        dependentPicker.selectedRow(inComponent: stateComponent)
    let zipRow =
        dependentPicker.selectedRow(inComponent: zipComponent)

    let state = states[stateRow]
    let zip = zips[zipRow]

    let title = "You selected zip code \(zip)"
    let message = "\(zip) is in \(state)"
```

```
    let alert = UIAlertController(
        title: title,
        message: message,
        preferredStyle: .alert)
    let action = UIAlertAction(
        title: "OK",
        style: .default,
        handler: nil)
    alert.addAction(action)
    present(alert, animated: true, completion: nil)
}
```

将以下代码添加到现有的viewDidLoad()方法中，如代码清单7-9所示。

代码清单7-9 添加到viewDidLoad()方法

```
override func viewDidLoad() {
    super.viewDidLoad()

    // Do any additional setup after loading the view.
    let bundle = Bundle.main
    let plistURL = bundle.urlForResource("statedictionary",
                                    withExtension: "plist")
    stateZips = NSDictionary.init(contentsOf: (plistURL)!) as! [String : [String]]
    let allStates = stateZips.keys
    states = allStates.sorted()
    let selectedState = states[0]
    zips = stateZips[selectedState]
}
```

最后，将委托方法和数据源方法添加到文件底部，如代码清单7-10所示。

代码清单7-10 可以显示各州邮政编码的数据源和委托方法

```
// MARK:-
// MARK: Picker Data Source Methods
func numberOfComponents(in pickerView: UIPickerView) -> Int {
    return 2
}

func pickerView(_ pickerView: UIPickerView, numberOfRowsInComponent component: Int) -> Int {
    if component == stateComponent {
        return states.count
    } else {
        return zips.count
    }
}
// MARK:-
// MARK: Picker Delegate Methods
func pickerView(_ pickerView: UIPickerView, titleForRow row: Int, forComponent component:
Int) -> String? {
    if component == stateComponent {
        return states[row]
    } else {
        return zips[row]
    }
}

func pickerView(_ pickerView: UIPickerView, didSelectRow row: Int, inComponent component:
Int) {
    if component == stateComponent {
```

```
            let selectedState = states[row]
            zips = stateZips[selectedState]
            dependentPicker.reloadComponent(zipComponent)
            dependentPicker.selectRow(0, inComponent: zipComponent,
                                      animated: true)
        }
    }
```

这里不再讨论onButtonPressed()方法，它与上一个版本基本一样。但是，应该看一下viewDidLoad()方法。这里有一些内容需要理解，所以我们将仔细讨论。在这个新的viewDidLoad()方法中，首先获得应用程序包的引用。

```
    let bundle = Bundle.main
```

捆绑包（bundle）只是一种特定类型的文件夹，其中的内容遵循特定的结构。应用程序和框架都是捆绑包，这个调用返回的捆绑包对象表示我们的应用程序。

注意　在最新版的Xcode和iOS库中，苹果公司在Swift中提供了一种对用户更友好的方式来引用类似NSBundle的元素，替代了以往采用的let bundle = NSBundle.mainBundle()，我们将优先使用这种更简洁而且易于理解的方法。

NSBundle的一个主要作用是获取添加到项目的资源。构建应用程序时，这些文件将被复制到应用程序的包中。如果想在代码中使用这些资源，通常需要使用捆绑包。我们将使用捆绑包获取所需资源的路径：

```
    let plistURL = bundle.urlForResource("statedictionary",
                                         withExtension: "plist")
```

这将返回一个URL，内容是statedictionary.plist文件的位置。然后可以使用这个URL加载字典。之后，属性列表的所有内容将被载入到新创建的Dictionary对象中，然后将这个对象分配给stateZips：

```
    stateZips = NSDictionary.init(contentsOf: (plistURL!)) as! [String : [String]]
```

Swift的Dictionary类型没有能直接从外部源加载数据的方法，而NSDictionary类可以。可以使用代码将statedictionary.plist文件的内容加载到NSDictionary中，再强制转换成[String : [String]]类型（即字典使用州名作为字符串键，键对应的值是一个数组，其中包含所选州的邮政编码）。图7-18显示了其映射关系。

为了填充选取器左侧滚轮（显示州名）的数组，我们从字典获取一个包含所有键的列表，并将这个列表赋给states数组。在赋值之前，先对这个列表按字母顺序进行排序：

```
    let allStates = stateZips.keys
    states = allStates. sorted()
```

除非特别指定初始时选中的值，否则选取器将从选择的第一行开始（行0）。为了获取与states数组中的第一行相对应的zips数组，我们从states数组提取索引为0的对象。这将返回启动时默认选择的州名。然后使用这个州名提取该州对应的邮政编码数组，将这个数组赋给zips数组，zips数组用于给右侧滚轮提供数据：

```
    let selectedState = states[0]
    zips = stateZips[selectedState]
```

两个数据源方法实际上都与上一个版本相同。在合适的数组中返回行数。我们实现的第一个委托方法也与上一个版本相同。而第二个委托方法是全新的，这正是魔力所在：

```
    func pickerView(_ pickerView: UIPickerView, didSelectRow row: Int, inComponent component:
    Int) {
        if component == stateComponent {
            let selectedState = states[row]
```

```
            zips = stateZips[selectedState]
            dependentPicker.reloadComponent(zipComponent)
            dependentPicker.selectRow(0, inComponent: zipComponent,
                                animated: true)
        }
    }
```

只要选取器的选择发生变化，就会调用这个方法，在这个方法中检查component参数可以知道发生变化的是否为左侧的滚轮。如果确实是左侧的滚轮发生了变化，就提取新选择的项对应的数组，并将它赋给zips数组。然后，将右侧滚轮设置为选中第一行，并重新加载右侧滚轮。通过在州名发生变化时交换zips数组，可以使其他的代码与DoublePicker示例中的代码相同。

我们的工作还没有完成。编译并运行应用程序，查看Dependent分页的视图，如图7-22所示。两个滚轮的大小相同。即使邮政编码不超过5个字符，也会与州名占用同样的空间。在大部分的iPhone屏幕上，选取器的一半宽度无法完全显示Mississippi（密西西比州）和Massachusetts（马萨诸塞州）等州名，这似乎不太理想。

图7-22   两个滚轮的宽度一定要相同吗？注意，有个比较长的州名被截断了

幸好可以实现另一个委托方法来指定每个滚轮应该占用的宽度。将代码清单7-11中的方法添加到DependentComponentPickerViewController.swift的委托部分，可以在图7-23中看到区别。

代码清单7-11 设置滚轮宽度

```
func pickerView(_ pickerView: UIPickerView,widthForComponent component: Int) -> CGFloat
{
    let pickerWidth = pickerView.bounds.size.width
    if component == zipComponent {
        return pickerWidth/3
    } else {
        return 2 * pickerWidth/3
    }
}
```

图7-23　选取器的滚轮宽度调整之后，用户界面
看起来更实用了

这个方法返回一个数字，代表每个滚轮的宽度应该为多少像素，选取器将尽可能适应这个宽度值。我们决定让州名选取器占用三分之二的可用宽度，剩余的用来显示邮政编码选取器。你也可以根据自己的体验来设置其他的空间分配方式。保存应用程序，编译并运行，此时Dependent分页的视图与图7-5更加相似。

现在，你应该非常熟悉选取器和分页栏应用程序了。我们还要展示选取器的另一种用法。

7.6　使用自定义选取器创建一个简单游戏

接下来，我们将创建一个简单的老虎机游戏。先看看图7-6，了解一下将要构建的视图是什么样子的。

7.6.1　编写控制器头文件

首先将以下代码添加到CustomPickerViewController.swift中：

```
class CustomPickerViewController: UIViewController,
    UIPickerViewDelegate, UIPickerViewDataSource {
private var images:[UIImage]!
```

此时向类中添加的是一个数组属性，它包含了老虎机转盘上的图案。代码剩余内容后面会继续补充。

7.6.2　构建视图

尽管图7-6中的选取器看起来比我们构建的其他视图更漂亮，但是界面的设计方式实际上没有太大区别。额外的工作都在控制器的委托方法中完成。

确保保存了新的源代码，然后在项目导航面板中选中Main.storyboard并选中Custom Scene对GUI进行编辑。添加一个选取器视图，在选取器视图下方添加一个标签，在标签下添加一个按钮。将按钮的标题改为Spin。

选中标签，调出特征检查器。将Alignment设置为居中对齐。然后单击Text Color以更改文本颜色，将颜色设置为比较明亮的颜色。接下来，要将文本设置得大一些。在检查器中查找Font设置，点击它内部的图标（看起来像字母T被圈在一个小方框中）会弹出字体选择器。使用该控件可将设备的标准系统字体设为你喜欢的其他类型，或者仅仅改变字号。在这个例子中，只是简单地将字体大小更改为48并删除单词Label，因为我们不希望在用户第一次获胜之前显示任何文本。选中标签后，点击Editor➤Size to Fit Content，确保标签的宽度始终能够完全显示其内容。

现在添加自动布局约束使选取器、标签和按钮居中，并固定它们之间以及选取器和视图顶端之间的垂直距离。你可能会发现在文档略图中通过拖动标签来添加自动约束容易得多，因为storyboard中的标签是空白的，而且很难发现。

然后，建立界面元素到输出接口和操作方法的关联。创建一个名为picker的新输出接口并将视图控制器关联到选取器视图，另一个名为winLabel的输出接口将视图控制器关联到标签。同样，在文档略图中使用标签要比在storyboard中容易得多。接下来将按钮的Touch Up Inside事件关联到名为spin()的新操作方法。然后，确保为选取器关联了委托和数据源。

最后，还有一件事要做。选中选取器并打开特征检查器。需要取消选择View设置底部的User Interaction Enabled复选框。这样，用户就不能手动更改刻度盘作弊了。完成之后，保存对storyboard的修改。

iOS设备支持的字体

请谨慎使用Interface Builder中的字体面板设计iOS界面。特征检查器的字体选择器允许开发者从大量字体中指定字体类型，但不同的iOS设备可用的字体集可能不同。例如，编写本书时，一些字体在iPad上可用，但是在iPhone和iPod touch上却不可用。应该将字体选项限制为目标iOS设备上的一个字体集。Jeff LaMarche有一篇优秀的iOS博文介绍了如何使用程序获取设备的可用字体列表：http://iphonedevelopment.blogspot.com/2010/08/fonts-and-font-families.html。

简单来讲，只需创建一个基于视图的应用程序，并将下面这段代码添加到应用程序委托中的application(_: didFinishLaunchingWithOptions:)方法即可：

```
for family in UIFont.familyNames() as [String] {
    print(family)
    for font in UIFont.fontNamesForFamilyName(family) {
        print("\t\(font)")
    }
}
```

在恰当的模拟器中运行项目，可用的字体就会显示在项目的控制台日志中。

7.6.3 实现控制器

在实现这个控制器的过程中，会学习到许多新内容。选中CustomPickerViewController.swift并补充spin()方法的内容，如代码清单7-12所示。

代码清单7-12 spin()方法

```
@IBAction func spin(_ sender: UIButton) {
    var win = false
    var numInRow = -1
    var lastVal = -1

    for i in 0..<5 {
        let newValue = Int(arc4random_uniform(UInt32(images.count)))
        if newValue == lastVal {
// numInRow++ *** NOTE THAT increment/decrement operators are deprecated in Swift 3
            numInRow += 1
        } else {
            numInRow = 1
        }
        lastVal = newValue
```

```
            picker.selectRow(newValue, inComponent: i, animated: true)
            picker.reloadComponent(i)
            if numInRow >= 3 {
                win = true
            }
        }
        winLabel.text = win ? "WINNER!" : " " // Note the space between the quotes
}
```

注意　在 Swift 3 中废弃了一元的自增符号（foo++）与自减符号（foo--），分别用+=和-=来代替。

将 viewDidLoad()中的代码更改为代码清单7-13中所示的内容。

代码清单7-13　修改 viewDidLoad()方法以设置图像和标签

```
override func viewDidLoad() {
    super.viewDidLoad()

    // Do any additional setup after loading the view.
    images = [
        UIImage(named: "seven")!,
        UIImage(named: "bar")!,
        UIImage(named: "crown")!,
        UIImage(named: "cherry")!,
        UIImage(named: "lemon")!,
        UIImage(named: "apple")!
    ]
    winLabel.text = " " // Note the space between the quotes
    arc4random_stir()
}
```

最后，将数据源和委托代码添加到文件末尾，如代码清单7-14所示。

代码清单7-14　数据源和委托方法

```
// MARK:-
// MARK: Picker Data Source Methods
func numberOfComponents(in pickerView: UIPickerView) -> Int {
    return 5
}
func pickerView(_ pickerView: UIPickerView, numberOfRowsInComponent component: Int) ->
Int {
    return images.count
}
// MARK:-
// MARK: Picker Delegate Methods
func pickerView(_ pickerView: UIPickerView, viewForRow row: Int, forComponent component:
Int, reusing view: UIView?) -> UIView {
    let image = images[row]
    let imageView = UIImageView(image: image)
    return imageView
}
func pickerView(_ pickerView: UIPickerView, rowHeightForComponent component: Int) ->
CGFloat {
    return 64
}
```

1. spin()方法

spin()方法将在用户点击 Spin 按钮时触发。在该方法中，首先声明了一些变量，这些变量有助于跟踪用户的胜负情况。使用win判断一行中是否出现了3个连续相同的图像，若是，则将win设置为true。使用numInRow记录目前为止一行中连续相同的值出现的次数，同时在lastVal中记录前一个滚轮的值，以便与当前值进行比较。将lastVal初始化为-1，因为我们知道-1不会与任何真实的值相匹配：

```
var win = false
var numInRow = -1
var lastVal = -1
```

接下来，通过循环将所有5个滚轮的当前行都设置为一个新的随机行。根据images数组的元素个数来选取随机数，这是一种非常便捷的方法，因为我们知道这5列会用到相同数量的图像：

```
for i in 0..<5 {
    let newValue = Int(arc4random_uniform(UInt32(images.count)))
```

将新值与上一个值进行比较。如果匹配，那么将numInRow加1。如果不匹配，那么将numInRow重置为1。然后将新值赋给lastVal，这样就可以在下一次循环中用它进行比较：

```
if newValue == lastVal {
    numInRow +=1
} else {
    numInRow = 1
}
lastVal = newValue
```

然后，将相应的滚轮设置为新值，通知这个滚轮使用动画效果进行改变，并通知选取器重新加载这个滚轮：

```
picker.selectRow(newValue, inComponent: i, animated: true)
picker.reloadComponent(i)
```

每次循环要做的最后一件事，就是查看一行中是否出现了3个连续相同的图像。如果是，将win设置为true：

```
if numInRow >= 3 {
    win = true
}
```

完成循环之后，设置标签的文本以显示是否获胜：

```
winLabel.text = win ? "WINNER!" : " "
                    // Note the space between the quotes
```

2. `viewDidLoad()`方法

首先加载6个不同的图像，我们在本章一开始就添加到了Assets.xcassets中。我们使用了UIImage类提供的imageNamed()便利方法：

```
images = [
    UIImage(named: "seven")!,
    UIImage(named: "bar")!,
    UIImage(named: "crown")!,
    UIImage(named: "cherry")!,
    UIImage(named: "lemon")!,
    UIImage(named: "apple")!
]
```

接下来的任务是确保标签的内容是一个空格字符。我们希望标签的内容为空白，但如果真的为空白，它就会自动将高度缩小到零。让它包含一个空格，就可以确保它以正确的高度显示：

```
winLabel.text = " " // Note the space between the quotes
```

最后调用了arc4random_stir()函数来重新初始化随机数生成器的种子，这样每次运行应用程序时就不会获取相同的随机数序列了。

这6个图像是用来做什么的呢？如果浏览刚才输入的代码，会发现两个数据源方法与前面的版本几乎一样；

但是继续查看委托方法，将会发现我们使用了一个完全不同的委托方法向选取器提供数据。在此之前使用的委托方法都是返回一个字符串，但是这个委托方法返回的是UIView。

使用这个委托方法，可以为选取器提供任何能够在UIView中绘制的内容。当然，由于选取器的尺寸较小，既能够正常工作又比较美观的内容实际上是有限制的。虽然这个方法需要多编写一些代码，但它为我们选择显示的内容提供了更多自由：

```
func pickerView(_ pickerView: UIPickerView, viewForRow row: Int, forComponent component:
Int, reusing view: UIView?) -> UIView {
    let image = images[row]
    let imageView = UIImageView(image: image)
    return imageView
}
```

这个方法首先初始化6个图像中的其中一个，得到一个UIImageView对象，然后将这个对象返回。为此，首先获得与目标行对应的图像。然后使用这个图像创建一个图像视图并返回。因为视图比图像复杂，所以建议预先将所需的视图创建出来（比如在viewDidLoad()方法中创建），然后就可以在需要时直接返回预创建的视图。不过对于这个简单的示例，我们可以在需要时才创建视图。

你一口气学完了所有内容，接下来可以试玩这个游戏。构建并运行这个应用程序来玩一下吧（见图7-24）。

图7-24　虽然这个应用无法充当真正的老虎机，不过它为
选取器的使用方式提供了另一种思路

7.6.4　最后的细节

这个小游戏非常有趣，但它的构建方法却非常简单。接下来通过一些小的调整改进这个游戏。现在，还有两个地方不尽人意。

❑ 它没有声音。老虎机不会如此安静，所以我们的小游戏也不应该如此安静！
❑ 刻度盘旋转还未结束，游戏就告诉我们已经获胜了。这虽然是个小问题，但会降低游戏的趣味性。可以再次运行应用程序亲自观察一下。虽然不是很明显，但标签确实在转轮停止旋转之前就出现了。

本书附带项目归档文件的07-Picker Sounds文件夹中包含两个声音文件：crunch.wav和win.wav。将这两个文件夹添加到项目的Pickers文件夹中。这两个声音分别在用户单击Spin按钮和获胜时播放。

要使用声音，就需要访问iOS Audio Toolbox中的类。在CustomPickerViewControllerl.swift开头已有的import语句中插入下面粗体显示的代码：

```
import UIKit
import AudioToolbox
```

接下来，需要添加一个关联到Spin按钮的输出接口。在转轮旋转的过程中，需要将按钮隐藏。我们不希望用户在当前循环全部完成之前再次点击按钮。将以下粗体显示的代码添加到CustomPickerViewController.swift：

```
class CustomPickerViewController: UIViewController,
        UIPickerViewDelegate, UIPickerViewDataSource {
    private var images:[UIImage]!
    @IBOutlet weak var picker: UIPickerView!
    @IBOutlet weak var winLabel: UILabel!
    @IBOutlet weak var button: UIButton!
```

输入完成之后保存文件，点击Main.storyboard，开始编辑GUI。打开辅助编辑器并确保其显示的是CustomPickerViewController.swift文件。点中之前添加的输出接口左侧的小球并拖动到storyboard中的按钮上（如图7-25所示）。

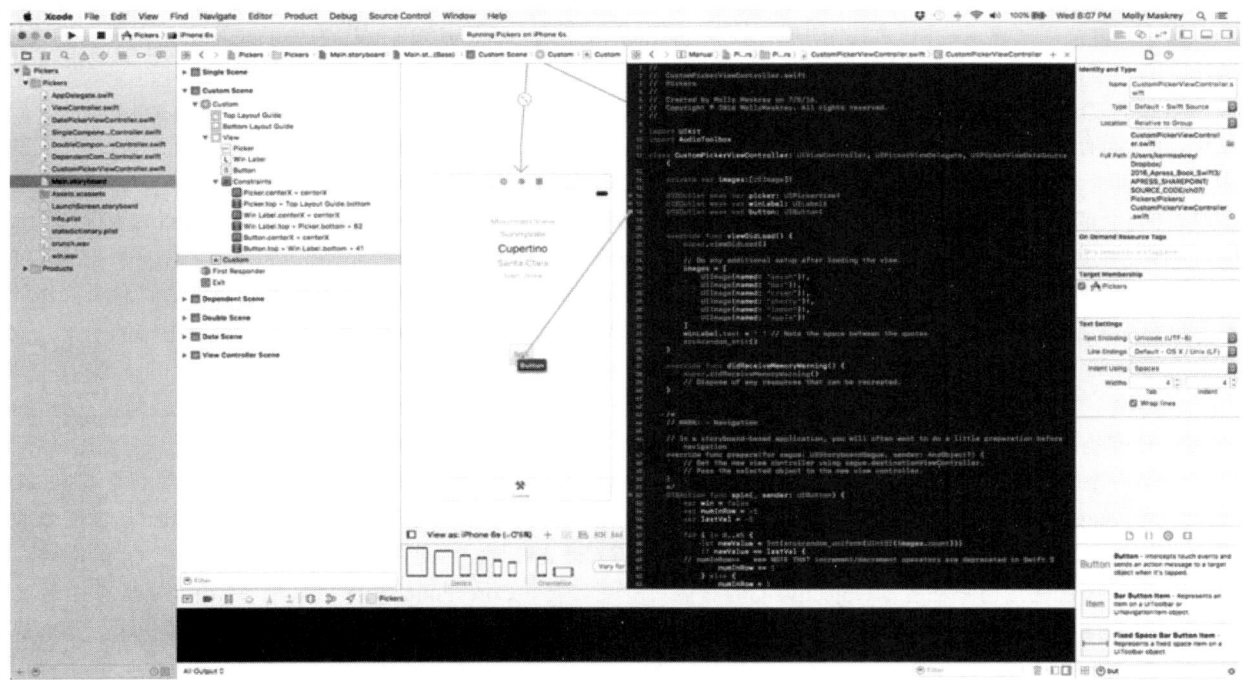

图7-25　将按钮的输出接口与storyboard画布上的按钮进行关联

现在，需要在控制器类的实现文件中做一些工作。首先，需要一些实例变量来保存声音。打开CustomPickerViewController.swift添加如下加粗代码：

```
class CustomPickerViewController: UIViewController,
        UIPickerViewDelegate, UIPickerViewDataSource {
    private var images:[UIImage]!
    @IBOutlet weak var picker: UIPickerView!
    @IBOutlet weak var winLabel: UILabel!
```

```
@IBOutlet weak var button: UIButton!
private var winSoundID: SystemSoundID = 0
private var crunchSoundID: SystemSoundID = 0
```

还需要向控制器类添加两个方法。将代码清单7-15中的两个方法添加到CustomPickerViewController.swift文件。

代码清单7-15　在老虎机游戏中隐藏Spin按钮并播放声音

```
func showButton() {
    button.isHidden = false
}

func playWinSound() {
    if winSoundID == 0 {
        let soundURL = Bundle.main.urlForResource(
            "win", withExtension: "wav")! as CFURL
        AudioServicesCreateSystemSoundID(soundURL, &winSoundID)
    }
    AudioServicesPlaySystemSound(winSoundID)
    winLabel.text = "WINNER!"
    DispatchQueue.main.after(when: .now() + 1.5) {
        self.showButton()
    }
}
```

　　第一个方法用于显示按钮。如之前所说，将在用户单击按钮之后将其隐藏，因为如果滚轮还在旋转，就不应该让它们在停止之前再次开始旋转。

　　第二个方法将在用户获胜时调用。首先，检查声音是否已经加载完成。winSoundID和IcrunchSoundID属性会初始化为0，而有效的声音标识符不会是0，所以通过比较实例变量的值是否为0就能知道声音是否已经加载完成。为了加载声音，首先向程序包请求名为win.wav的声音文件路径，就和之前在Dependent选取器视图中加载属性列表时一样。获取到该资源的路径后，接下来的3行代码就会加载该声音文件并播放。然后，将分页设置为WINNER!，并调用showButton()方法，但这里是通过DispatchQueue(when:)函数来调用showButton()方法。这是一个非常方便的函数。它支持在未来的某个时间执行代码。以本例来说，将在1.5秒之后调用showButton()方法，这就可以保证在刻度盘旋转到最终位置之后才将结果告知用户。该函数是GCD（Grand Central Dispatch）函数组中的一个，我们会在第15章中讨论。

注意　你可能注意到AudioServicesCreateSystemSoundID()方法的调用方式有点奇怪。该方法接受一个URL作为第一个参数，但它需要的并非是NSURL的实例，而是一个C语言的CFURL结构（以前是CFURLRef）。而NSURL是Foundation框架的一部分，是用Objective-C语言写成的。幸运的是，苹果通过Core Foundation框架为很多常用滚轮（比如URL、数组、字符串等）提供了C语言接口。通过这种方式，就算是完全用C编写的应用程序也能访问一些基于Objective-C的功能。有趣的是，Core Foundation框架中的C语言元素可以通过"桥接"（bridged）方式成为对应的Objective-C元素。因此CFURL在功能上与NSURL指针相同。这就意味着某些使用Objective-C或Swift创建的对象可以通过桥接用as关键字来使用C语言的API。

　　还需要对spin()方法进行一些更改。需要编写代码来播放声音，并在玩家获胜之后调用playWinSound方法。现在对代码进行以下更改，如代码清单7-16所示。

代码清单7-16　更新后的spin()方法，用于添加声音

```
@IBAction func spin(sender: AnyObject) {
    var win = false
    var numInRow = -1
    var lastVal = -1
```

```
for i in 0..<5 {
    let newValue = Int(arc4random_uniform(UInt32(images.count)))
    if newValue == lastVal {
        numInRow += 1
    } else {
        numInRow = 1
    }
    lastVal = newValue

    picker.selectRow(newValue, inComponent: i, animated: true)
    picker.reloadComponent(i)
    if numInRow >= 3 {
        win = true
    }
}

if crunchSoundID == 0 {
    let soundURL = Bundle.main.urlForResource(
        "crunch", withExtension: "wav")! as CFURL
    AudioServicesCreateSystemSoundID(soundURL, &crunchSoundID)
}
AudioServicesPlaySystemSound(crunchSoundID)

if win {
    DispatchQueue.main.after(when: .now() + 0.5) {
                self.playWinSound()
    }
} else {
    DispatchQueue.main.after(when: .now() + 0.5) {
        self.showButton()
    }
}
button.isHidden = true
winLabel.text = " " // Note the space between the quotes
}
```

首先，像之前处理获胜时的声音一样，先加载点击按钮时的效果声音（如果需要）。然后播放这个声音，使玩家知道他们已经转动了滚轮。接下来使用了一个小技巧，不是在知道玩家获胜之后立即将分页显示为WINNER!，而是调用了之前创建的两个方法中的一个，但通过DispatchQueue.main.after(when:)方法进行延迟调用。如果玩家获胜，程序会在0.5秒之后调用playWinSound()方法，这样就有足够的时间让刻度盘旋转到终点；如果玩家失败了，程序将等待0.5秒，然后重新启用Spin按钮，以便玩家可以再次点击。我们在转轮的旋转过程中隐藏了按钮并且清空了标签的文本。

现在你已经全部完成了！点击Xcode中的运行按钮并选中最后一个分页来检验这个老虎机吧。单击Spin按钮时会播放启动音效，胜利时会播放胜利音乐。

7.7 小结

现在，你应该已经掌握了分页栏应用程序和选取器的基础知识。本章从头构建了一个非常完整的分页栏应用程序，包含5个不同的内容视图。你学习了如何在各种不同配置下使用选取器，如何创建带有多个滚轮的选取器，以及如何使某个滚轮中的值依赖于另一个滚轮中选定的值。最后还学习了如何让选取器显示图像，而不仅仅是文本。

本章还介绍了选取器委托和数据源，如何载入图像和声音，以及如何通过属性列表创建字典。本章内容非常多，恭喜你掌握了这些知识！在下一章中，我们将讲解iPhone设备中最常见的界面元素：表视图。

第8章

表视图简介

在接下来几章中，我们将构建一些基于导航的分层应用，类似于iOS设备自带的邮件应用。这类应用程序通常被称为master-detail应用程序，用户可以访问嵌套的数据列表并进行编辑。不过在此之前，需要掌握表视图的基本概念。

表视图是iOS设备用来向用户显示数据列表的一种最常见机制。它们是高度可配置的对象，可以根据用户需求随意配置。邮件应用使用表视图显示账户、文件夹和消息的列表，但是表视图并不仅限于显示文本数据。设置、音乐、时钟应用同样会使用表视图，尽管这些应用的外观差别很大（见图8-1）。

图8-1 虽然外观不同，但设置、音乐和时钟应用都使用表视图显示数据

8.1 表视图基础

表用于显示数据列表。数据列表中的每一项对应表的一行。iOS没有限制表的行数，行数仅受可用存储空间的限制，但只能有一列。

8.1.1 表视图和表视图单元

表视图是用于显示表数据的视图对象，它是UITableView类的一个实例。表中的每个可见行都由UITable-ViewCell类的实例实现（如图8-2所示）。

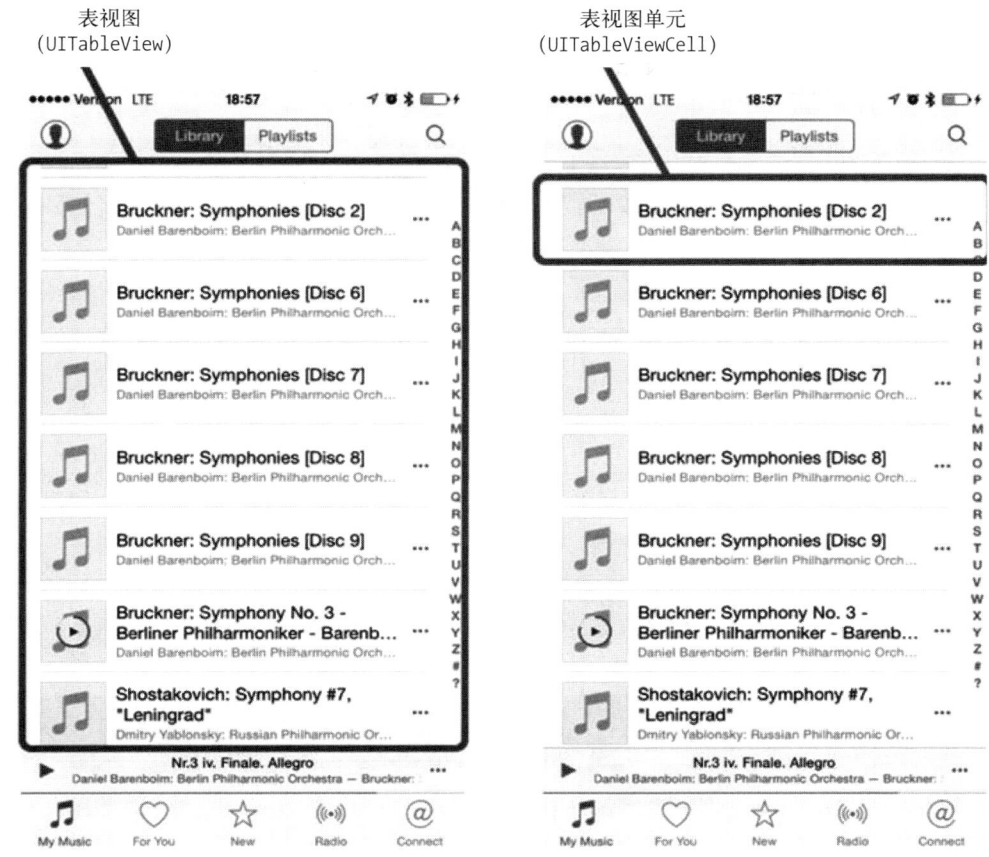

图8-2 每个表视图都是UITableView的一个实例，每个可见行都是UITableViewCell的一个实例

表视图并不负责存储表中的所有数据，它们只存储足够绘制当前可见行的数据。和选取器相似，表视图从遵循UITableViewDelegate协议的对象获取配置数据，从遵循UITableViewDataSource协议的对象获得行数据。本章稍后在开发示例程序时会介绍这些工作原理。

前面提到，所有表都只有单独1列。但是，图8-1右边的时钟应用，从外观看拥有2列，不过事实情况并非如此。表中的每一行都由一个UITableViewCell表示。默认每个UITableViewCell对象都可以包含图像、文本，还有一个可选的附加图标（最右边的小图标，第9章会详细介绍）。

向UITableViewCell添加子视图，能够扩充单元中显示的数据。可以通过两种基本方法来完成此操作：一种是创建单元时在程序中添加子视图，另一种是从storyboard或nib文件中加载它们。尽量让表视图单元的布局与里面需要的子视图相匹配。这样单列限制带来的影响也可以大大减少。我们将在本章分别研究这两种方法。

8.1.2 分组表和连续表

表视图有以下两种基本样式。

❑ 分组表（grouped table）：分组表包含一个或一个以上的行分区。分区中的每行都紧密地贴合在一起，但分区之间有明显的间距，如图8-3（左）所示。注意，一个分组表可以只包含一个分组。

❑ 连续表（plain table）：连续表[图8-3（中）]是默认的样式。这个样式中的分区间距更小，每个分区的标题可以选择自定义样式。使用了索引的这种表又被称为索引表[indexed table，见图8-3（右）]。

如果数据源提供了必要的信息，用户就可以通过表视图中右侧的索引在列表中定位。

iOS中的表是由分区（section）组成的。在分组表中，每个分区都会以分组的形式表现。在索引表中，数据的每个索引分组都是一个分区。例如，在图8-3所示的索引表中，以A开头的所有人名都是一个分区，以B开头的人名则是另一个分区，以此类推。

图8-3   同一个表视图，分别使用分组表（左）、不带索引的连续表（中）和带索引的连续表（右，也称为索引表）显示

警告 从技术上说，可以创建带索引的分组表，但是不推荐这么做。*iOS Human Interface Guidelines*文档中明确指出分组表不应该使用索引。

8.2   实现一个简单表

下面通过一个最简单的示例解释表视图的工作原理。第一个示例将显示一个文本值列表。

在Xcode中创建一个新项目，选择本章将使用的Single View Application模板。将项目命名为Simple Table，设置Language为Swift，将Device Family设为Universal，并确保Use Core Data复选框没有勾选。

8.2.1   设计视图

在项目导航面板中，展开最上层的Simple Table项目和Simple Table文件夹。这是一个极为简单的应用，不需要任何输出接口或操作方法。选中Main.storyboard，编辑storyboard。如果View窗口不可见，单击文档略图中的View图标打开它。在对象库中找到Table View（见图8-4），并将它拖到View窗口中。

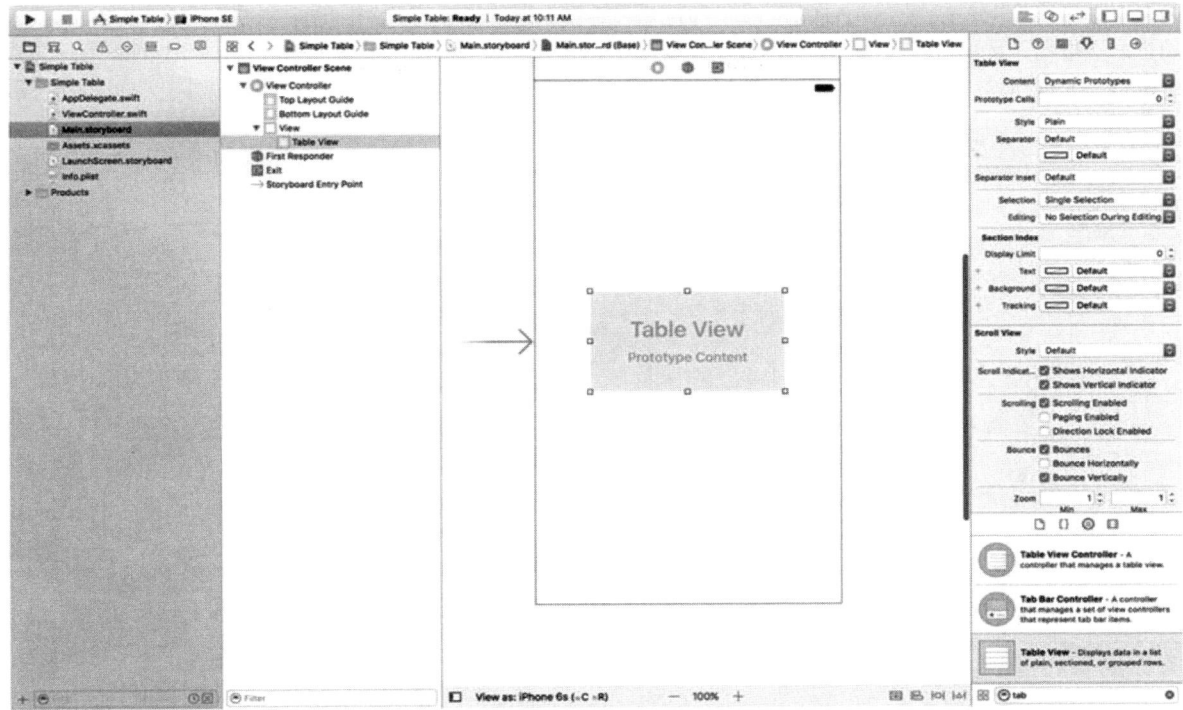

图8-4　从库中拖出一个表视图放到主视图上

　　将表视图放置在视图控制器中并与父视图中心大致对齐。现在来添加自动布局约束，确保无论在什么尺寸的屏幕上，表视图的位置和大小都正确。在文档略图中选中表，然后点击storyboard编辑器右下角的Add New Constraints图标（见图8-5）。

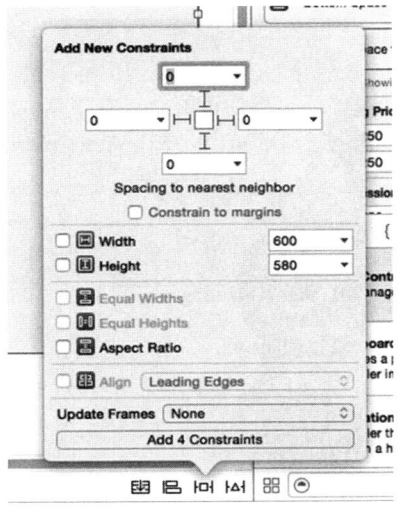

图8-5　固定表视图，使其适应屏幕

　　在弹出面板的顶端，取消勾选Constrain to margins复选框，点击所有4条虚线，并设置4个文本框中的距离为零。这样就会固定表视图4条边缘与父视图之间的距离。如果要采用约束，将Update Frames设为Items of New Constraints，并点击Add 4 Constraints按钮。表视图就会自动调整尺寸并占满整个视图。

再次选中表视图，按下Option+Command+6打开关联检查器。你会注意到，表视图的前两个有效关联和上一章用过的选取器视图的前两个关联是一样的，都是dataSource和delegate。把每个关联旁边的小圆圈拖到文档略图或storyboard编辑器中的View Controller图标上。这样一来，控制器类就成为了表的数据源和委托（如图8-6所示）。

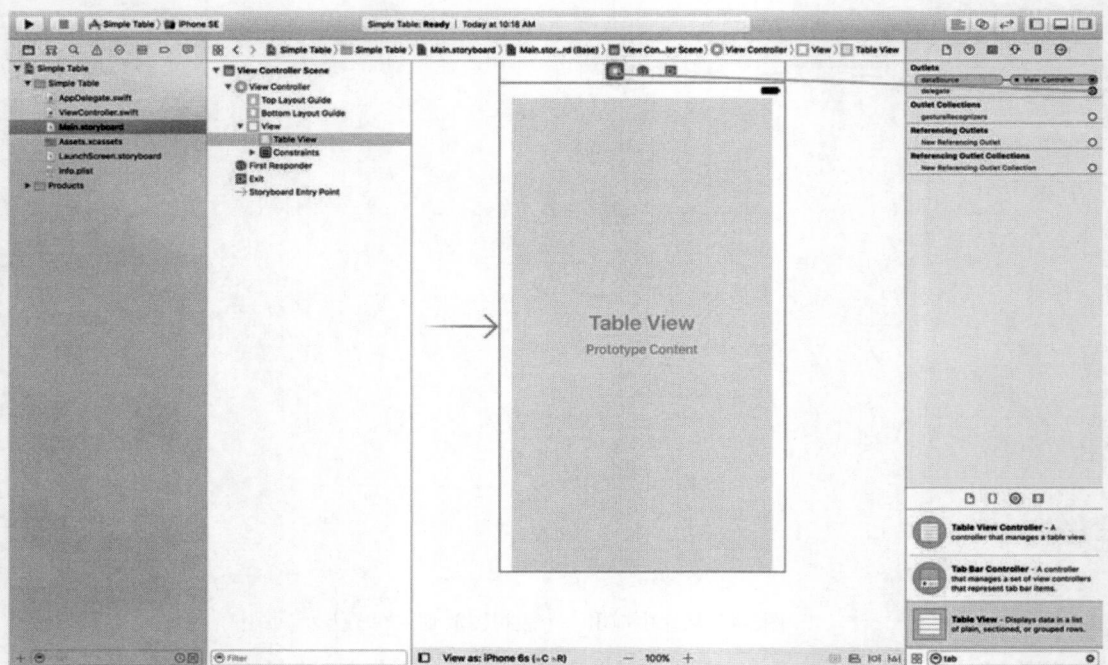

图8-6   关联Table View的dataSource和delegate输出接口

接下来我们要开始编写表视图的Swift代码。

8.2.2   实现控制器

控制器设计在前面章节中已经出现过了，再看到可能会有点啰嗦。然而由于有些读者会跳过前面的内容，在比较靠前的入门章节中，我还会尽可能介绍基础知识。单击ViewController.swift文件，并在文件顶部添加代码清单8-1中的代码。

代码清单8-1   在类声明位置顶端添加代码以创建文本数组

```
class ViewController: UIViewController,
            UITableViewDataSource, UITableViewDelegate {
    private let dwarves = [
            "Sleepy", "Sneezy", "Bashful", "Happy",
            "Doc", "Grumpy", "Dopey",
            "Thorin", "Dorin", "Nori", "Ori",
            "Balin", "Dwalin", "Fili", "Kili",
            "Oin", "Gloin", "Bifur", "Bofur",
            "Bombur"
    ]
    let simpleTableIdentifier = "SimpleTableIdentifier"
```

代码清单8-1中代码的作用是让类遵循两个协议，类只有遵循这两个协议才能作为表视图的数据源和委托；同时声明了一个数组以存储将要显示在表上的数据以及一个很快就会用到的标识符。在实际的应用程序中，数据应该来自其他源，例如文本文件、属性列表或者Web服务。

接下来，将代码清单8-2中的代码添加到文件的末尾。

代码清单8-2　表视图的数据源方法

```
// MARK:-
// MARK: Table View Data Source Methods

func tableView(_ tableView: UITableView, numberOfRowsInSection section: Int) -> Int {
    return dwarves.count
}

func tableView(_ tableView: UITableView, cellForRowAt indexPath: IndexPath) ->
UITableViewCell {
    var cell = tableView.dequeueReusableCell(withIdentifier: simpleTableIdentifier)
    if (cell == nil) {
        cell = UITableViewCell(
            style: UITableViewCellStyle.default,
            reuseIdentifier: simpleTableIdentifier)
    }

    cell?.textLabel?.text = dwarves[indexPath.row]
    return cell!
}
```

这些方法是UITableViewDataSource协议的一部分。第一个方法是tableView(_ tableView: UITableView, numberOfRowsInSection section: Int) -> Int，表会通过它获取指定分区中的行数。你可能猜到了，默认的分区数是一，此方法用于返回列表中某一分区中所有列表的行数。这里只需返回数组中的元素数量即可。

下一个方法可能需要稍加解释，因此我们会详细讲解该方法。

```
func tableView(_ tableView: UITableView,
               cellForRowAt indexPath: IndexPath) -> UITableViewCell {
```

当表视图需要绘制其中一行时，会调用此方法。你会注意到此方法的第二个参数是一个IndexPath（索引路径）实例。表视图正是利用IndexPath结构体把分区与行的索引集成到一个对象中。要从IndexPath中获得行或分区的索引，只需要访问row属性或section属性即可，它们都会返回一个整型值。

第一个参数tableView是一个引用，指向当前构建的表。这样就可以让创建的某一个类作为多个表的数据源。

表视图一次只能显示几行，但是表自身能够保存相当多的数据。记住，表中的每一行都由一个UITableViewCell实例表示，该实例是UIView的一个子类，这就意味着每一行都能拥有子视图。对于大型表来说，如果表视图为表中的每一行都分配一个表视图单元，而不管该行当前是否正在显示，那么这样做会造成大量的开销。幸好，表并不是这样工作的。

事实上，当表视图单元滚离屏幕时，它们将被放置在一个可重用的单元队列中。如果系统运行较慢，表视图就从队列中删除这些单元，以释放存储空间。不过，只要有可用的存储空间，队列就会一直保存这些单元，以便日后再次使用。

每当表视图单元滚离屏幕时，另一个表视图单元就会从另一边滚动到屏幕上。如果滚动到屏幕上的新行重新使用已滚离屏幕的某个单元，系统就能避免不断创建和释放那些视图的开销。要充分利用此机制，从表视图获取之前使用过的特定类型的单元，需要用到前面声明的标识符。当前示例中，我们需要一个SimpleTableIdentifier类型的可重用单元：

```
var cell = tableView.dequeueReusableCell(WithIdentifier: simpleTableIdentifier)
```

表只使用了一种类型的单元，但是在更加复杂的表中，可能需要根据其内容和位置来规定不同类型单元的格式。此时，要为各个单元类型使用不同的表单元标识符。

现在，表视图中完全有可能没有任何闲置单元（至少在最初排布时），所以需要在这个调用之后，检查得到的cell变量是否为nil。若是，则使用相同的标识符字符串手动创建一个全新的表视图单元。从某种程度上说，我们将不可避免地重复使用此处创建的单元，因此需要确保它是使用SimpleTableIdentifier创建的：

```
if (cell == nil) {
    cell = UITableViewCell(
        style: UITableViewCellStyle.Default,
        reuseIdentifier: simpleTableIdentifier)
}
```

对UITableViewCellStyle.default很好奇吧？我们很快会在介绍表视图单元样式时深入探讨它。

现在，我们拥有了一个可以提供给表视图使用的表视图单元。下面要做的就是把需要在单元中显示的信息放在该表视图单元中。在表的一行内显示文本是再平常不过的任务了，因此表视图单元提供了名为textLabel的UILabel属性，可以设置此属性的值以显示字符串。这里只需要从dwarves数组中获取正确的字符串，并用它设置表视图单元的textLabel属性。

要获得正确的值，需要知道表视图正在为哪一行获取数据。可以从indexPath的row属性获取当前行。使用表的行号从数组中获得相应的字符串，然后将其赋给表单元的textLabel.text属性，最后将表单元返回即可：

```
Cell?.textLabel?.text = dwarves[indexPath.row]
return cell!
```

编译并运行应用，应该可以看到数组中的值显示在表视图中（见图8-7）。

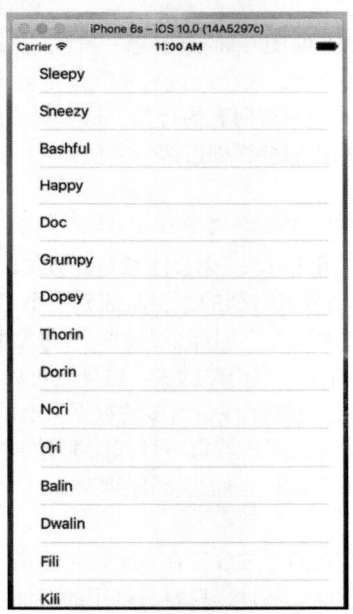

图8-7　简单的表应用展示了dwarves数组中的内容

你可能不清楚为什么我们要在这行代码中多次使用?操作符：

```
Cell?.textLabel?.text = dwarves[indexPath.row]
```

这里的每个?操作符都是Swift中可选值链（optional chaining）的用法，假如你需要对某个值有可能为nil的对象引用调用方法或访问属性，可以用这种方式能让代码更简洁的方式。第一个?操作符是必需的，因为cell是通过调用dequeueReusableCellWithIdentifier()方法得到的，而这个方法返回的是UITableViewCell?类型的值，所以在编译器看来，cell的值有可能为nil。当然编译器不会知道，事实上我们在代码执行到这句之前就检查了该返回值，若发现了值为nil的情况，就会创建一个全新的UITableViewCell对象，以确保cell最终引用的绝不会是nil。如果查阅UITableViewCell类的文档，你会看到textLabel属性是UILabel?类型的，因此它引用的也有可能会是nil。由于我们使用的是一个默认的UITabelViewCell实例，里面肯定包含了一个标签，因此这种情况实际上也不可能出现。然而编译器不知道这么多，所以我们要在访问引用值的时候使用?操作符。这是Swift使用体验的一部分内容。

8.2.3　添加一个图像

要是可以为每一行添加一个图像就好了。是不是需要创建一个UITableViewCell子类或使用子视图添加图像？不用。实际上，如果能接受图像位于每一行的左侧的话，就不需要做额外的工作了。默认的表视图单元会把这个情况处理好。下面来看一看。

在示例源代码归档文件的08-Star Image文件夹中的star.png和star2.png文件拖动到项目的Assets.xcassets目录中（如图8-8所示）。

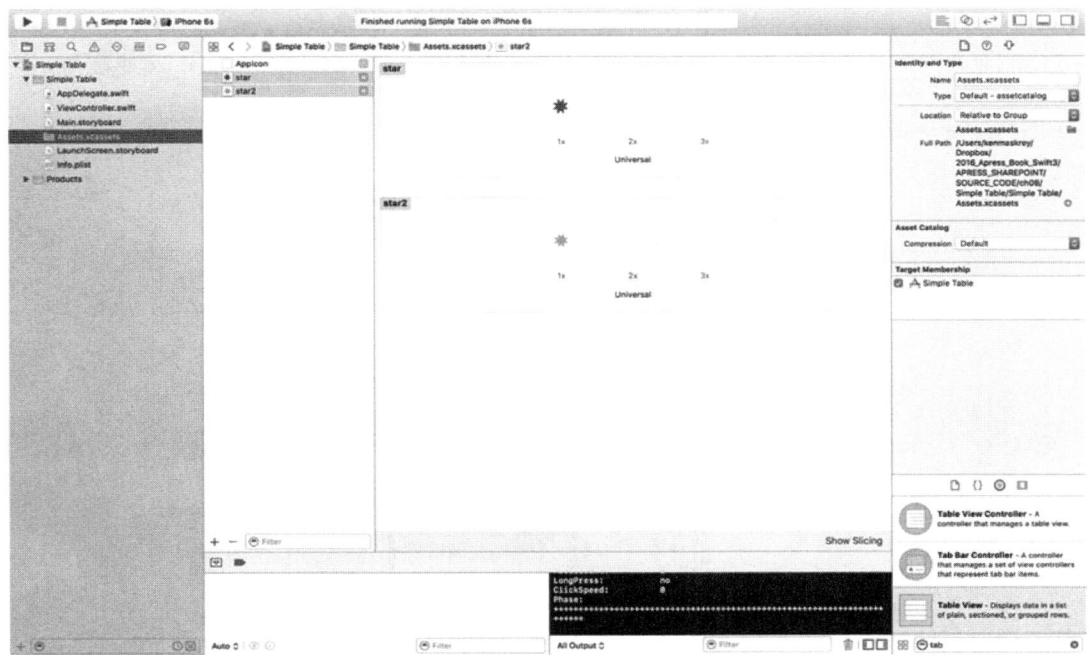

图8-8　向Assets.xcassets文件夹添加图像

我们要安排这些图标在表视图的每行中显示。先要为每张图片创建一个UIImage对象，并在表视图请求每一行的数据源时将其赋值给UITableViewCell对象。在ViewController.swift文件中修改tableView(_:cellForRowAt-IndexPath:)方法中的内容（如代码清单8-3所示）。

代码清单8-3　修改代码为每个单元添加图像

```
func tableView(_ tableView: UITableView, cellForRowAt indexPath: IndexPath) ->
UITableViewCell {
    var cell = tableView.dequeueReusableCell(withIdentifier: simpleTableIdentifier)
    if (cell == nil) {
        cell = UITableViewCell(
            style: UITableViewCellStyle.default,
            reuseIdentifier: simpleTableIdentifier)
    }
    let image = UIImage(named: "star")
    cell?.imageView?.image = image
    let highlightedImage = UIImage(named: "star2")
```

```
        cell?.imageView?.highlightedImage = highlightedImage

        cell?.textLabel?.text = dwarves[indexPath.row]
        return cell!
    }
```

大功告成！每个单元都拥有一个UIImage类型的imageView属性。其中还分别有名为 image和highlightedImage 的属性。image属性所用的图像出现在单元文本左侧位置，并且在这个单元被选中时，会被替换为highlightedImage 引用的图像（如果它存在的话）。可以把单元的imageView.image和imageView.highlightedImage属性设置为想要显 示的任何图像。

如果此时编译并运行应用，出现的列表每一行左侧都有一个漂亮的小星星图标（如图8-9所示）。如果你选中 了任意一行，会看到图标由蓝色切换成了star2.png图像文件的绿色。当然，如果愿意的话，可以为表中的每一行 设置不同的图像；也可以简单一点，针对相同类别的内容采用同一个图标[①]。

注意   UIImage使用一种基于文件名的缓存机制，所以它不会在每次调用UIImage(named:)方法时都重新加载新 的图像，而是使用已经缓存的版本。

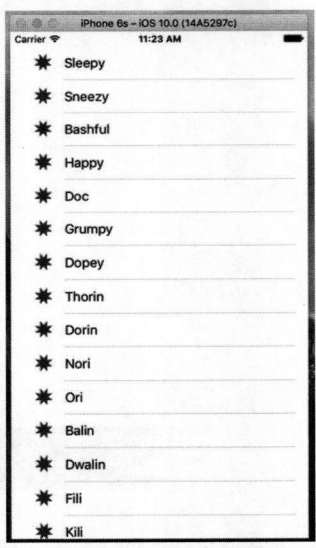

图8-9   使用表视图单元的imageView属性，为每个表视图单元添加一个图像

8.2.4   表视图单元样式

目前对表视图进行的处理使用了图8-9所示的默认单元格样式，由常量UITableViewCellStyle.default表示。 不过UITableViewCell类还包含其他几个预定义的单元格样式，可以很方便地向表视图添加更多风格。这些单元格 样式都涉及了3种不同的单元格元素。

- ❑ 图像（image）：如果指定的样式中包含图像，那么该图像将显示在单元的文本左侧位置。
- ❑ 文本标签（text label）：这是单元的主要文本。在目前用过的样式UITableViewCellStyle.default中，文 本标签是唯一在单元中显示过的文字内容。
- ❑ 详细文本标签（detail text label）：这是单元的次要文本，通常用作解释性的说明或标签。

---

① 本实例中表视图中显示的是各个小矮人的名字，其来源是迪士尼（Disney）电影或指环王图书（Tolkien著）。——译者注

要查看这些新样式的外观，将以下代码添加到ViewController.swift文件的tableView(_:cellForRowAt-IndexPath:)方法中。

```
if indexPath.row < 7 {
    cell?.detailTextLabel?.text = "Mr Disney"
} else {
    cell?.detailTextLabel?.text = "Mr Tolkien"
}
```

将这些代码放在该方法中包含cell?.textLabel?.text = dwarves[indexPath.row]内容的这一行上面。

这里所做的只是设置单元的详细文本。前7行使用字符串"Mr. Disney"，其余行使用字符串"Mr. Tolkien"。运行这段代码时，每个单元看起来仍然与之前一样（见图8-10）。这是因为我们使用的样式是UITableView-CellStyle.default，这个样式并不包含详细文本。

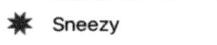

图8-10　默认单元样式在一行中垂直对齐显示图像和文本标签

将UITableViewCellStyle.default更改为UITableViewCellStyle.subtitle，代码如下：

```
if (cell == nil) {
    cell = UITableViewCell(
        style: UITableViewCellStyle.Subtitle,
        reuseIdentifier: simpleTableIdentifier)
}
```

再次运行应用。对于副标题样式，两个文本内容都会显示，其中一个位于另一个下方（如图8-11所示）。

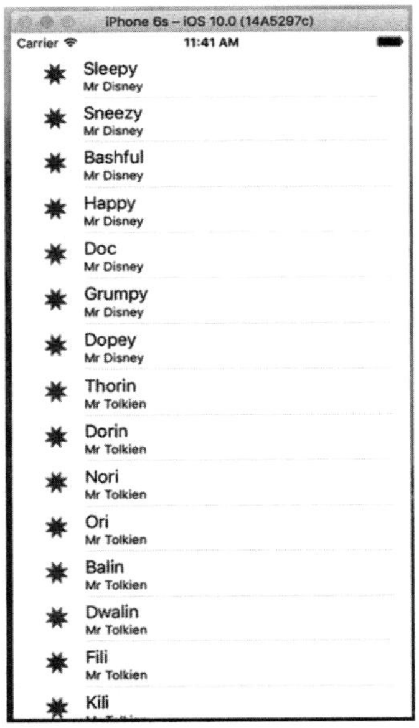

图8-11　副标题样式会在文本标签下方以较小的文字显示详细文本

接下来将UITableViewCellStyle.subtitle更改为UITableViewCellStyle.value1，然后再次编译并运行。此样式将文本标签和详细文本标签放在同一行，分别位于单元的两端（如图8-12所示）。

最后将UITableViewCellStyle.value1更改为UITabeViewCellStyle.value2。这种格式通常用于在信息旁边显示一个描述性的标签。这个样式并不显示表视图单元的图标，而详细文本标签则放在文本标签的右侧更近的位置（如图8-13所示）。在此布局中，详细文本标签用于描述文本标签中数据的类别。

图8-12 value1样式将文本标签放在左侧，文本颜色为黑色。详细文本则向右对齐

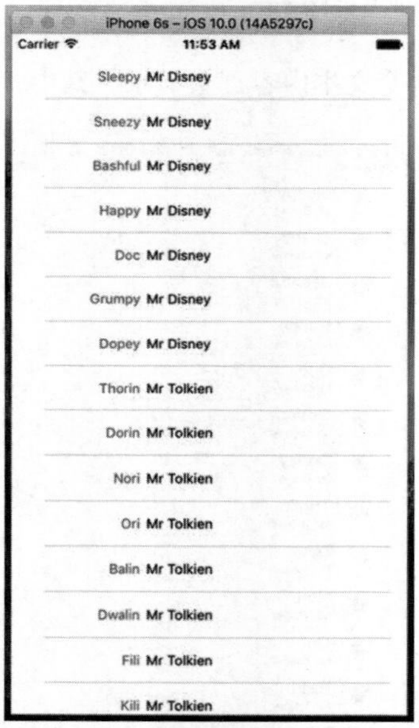

图8-13 value 2样式不显示图像。用蓝色显示文本标签，并将详细文本标签放在其右侧附近

现在你已经了解了已有的单元样式，继续学习之前，请将UITableViewCellStyle.value2改回为之前使用的 UITableViewCellStyle.default样式。稍后可以看到如何创建自定义的表视图单元。但在此之前，要确认有没有自带的表单元样式能够满足需求。

你会注意到我们使用了当前控制器作为此表视图的数据源和委托，不过到现在为止，还没有真正实现 UITableViewDelegate协议的任何方法。与选取器视图不同，较简单的表视图不需要委托来执行操作。数据源提供了绘制表所需要的所有数据。委托用于配置表视图的外观并处理某些用户交互。现在，让我们来看几个配置选项。下一章将更详细地介绍此内容。

8.2.5　设置缩进级别

可以使用委托指定缩进某些行。在ViewController.swift文件中，在代码中添加以下方法：

```
// MARK:-
// MARK: Table View delegate Methods
func tableView(_ tableView: UITableView, indentationLevelForRowAt indexPath: IndexPath) ->
Int {
    return indexPath.row % 4
}
```

此方法根据行的序数来设置每一行的缩进级别（indent level），所以第0行的缩进级别为0，第1行的缩进级别为1，以此类推。由于存在%（求余）操作符，第4行将回到缩进级别0并继续循环。缩进级别是一个整数，它会告诉表视图把行向右移动一点。缩进级别的数值越大，行向右缩进得就越多。例如，可以使用这项技术来表示一行从属于另一行，就好像在邮件应用中表示子文件夹一样。

再次运行应用，可以看到这些行有4种缩进状态（如图8-14所示）。

图8-14　表的缩进行

8.2.6　处理行的选择

表的委托对象有两个方法来让用户处理行的选择。在某一行被点击但是高亮显示之前会调用其中一种方法，它可以用于阻止这一行被选中，甚至改变被选中的行。我们来实现这个方法，并指定不能选中第一行。将以下方法添加到ViewController.swift文件的尾部：

```
func tableView(_ tableView: UITableView, willSelectRowAt indexPath: IndexPath) ->
IndexPath? {
    return indexPath.row == 0 ? nil : indexPath
}
```

这个方法会获取传递过来的indexPath，它代表即将被选中的行对应的索引。我们的代码首先检查哪一行将被选中。如果这一行是第一行（通常索引值是0），就返回nil，表示实际上不应该选中任何一行。否则，它返回原来的indexPath，表示可以继续选中indexPath对应的行。

在编译和运行应用之前，还要实现另一个委托方法，这个委托方法会在某一行被选中之后调用，通常也是在这个委托方法中对所选内容进行实际处理。下一章将在master-detail应用程序中使用这个方法对子表的导航进行处理。本章只在这个方法中弹出一个警告视图，用于显示被选中的行。将代码清单8-4中的方法添加到ViewController.swift文件的尾部。

代码清单8-4 用户点击某行后弹出警告界面

```swift
func tableView(_ tableView: UITableView, didSelectRowAt indexPath: IndexPath) {
    let rowValue = dwarves[indexPath.row]
    let message = "You selected \(rowValue)"

    let controller = UIAlertController(title: "Row Selected",
                                       message: message, preferredStyle: .alert)
    let action = UIAlertAction(title: "Yes I Did",
                               style: .default, handler: nil)
    controller.addAction(action)
    present(controller, animated: true, completion: nil)
}
```

添加此方法之后，编译并运行应用。看一下能否选中第一行（应该不能），然后试着选择其他行。选中的行应该会高亮显示，然后弹出一个警告视图，指出当前选中的是哪一行，而选中的行会淡入背景中（如图8-15所示）。

注意，还可以在将索引路径传递回来之前修改它，这样就会选中一个不同的行或分区。通常不应该这样做，除非你有充分的理由更改用户的选择。在大多数情况下，使用tableView(_:willSelectRowAtIndexPath:)方法将返回未修改的indexPath或nil，分别代表允许选择或禁止选择。如果确实想要改变选中的行或分区，可以使用NSIndexPath(forRow:, inSection:)初始化方法来创建一个新的NSIndexPath对象并返回它。例如代码清单8-5中的代码可以在你选中偶数行时，使它实际选中的是下面的那一行。

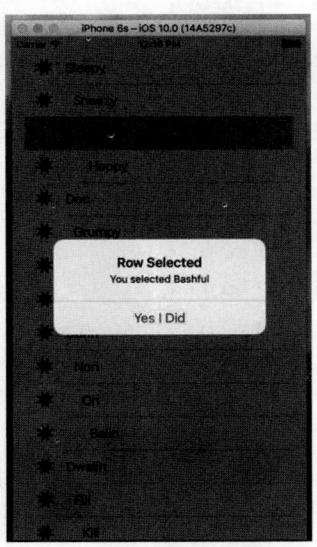

图8-15　在本示例中，第一行是不可选的。选中其他任意一行都会显示一个警告

代码清单8-5 某些情况会返回底下一行

```swift
func tableView(tableView: UITableView,
            willSelectRowAtIndexPath indexPath: NSIndexPath)
    -> NSIndexPath? {
        if indexPath.row == 0 {
            return nil
        } else if (indexPath.row % 2 == 0){
```

```
                return NSIndexPath(row: indexPath.row + 1,
                                    section: indexPath.section)
            } else {
                return indexPath
            }
        }
```

8.2.7　更改字体大小和行高

假设我们希望更改表视图中使用的字体大小。大多数情况下，不应该覆盖默认的字体，那是用户希望看到的。不过有时我们有合适的理由这样做。请修改tableView(_:cellForRowAtIndexPath:)方法中的代码。

```
func tableView(_ tableView: UITableView, cellForRowAt indexPath: IndexPath) ->
UITableViewCell {
    var cell = tableView.dequeueReusableCell(withIdentifier: simpleTableIdentifier)
    if (cell == nil) {
        cell = UITableViewCell(
            style: UITableViewCellStyle.default,
            reuseIdentifier: simpleTableIdentifier)
    }

    let image = UIImage(named: "star")
    cell?.imageView?.image = image
    let highlightedImage = UIImage(named: "star2")
    cell?.imageView?.highlightedImage = highlightedImage

    if indexPath.row < 7 {
        cell?.detailTextLabel?.text = "Mr Disney"
    } else {
        cell?.detailTextLabel?.text = "Mr Tolkien"
    }

    cell?.textLabel?.text = dwarves[indexPath.row]
    cell?.textLabel?.font = UIFont.boldSystemFont(ofSize: 50) // <- add this line
    return cell!
}
```

现在运行应用，列表中值的字体会变得很大，与该行并不匹配（如图8-16所示）。

图8-16　更改绘制表视图单元的字体大小

有很多解决方法。首先可以告诉表，所有的行都应该指定一个固定的高度。方法是设置rowHeight属性：

```
tableView.rowHeight = 70
```

如果需要让不同的行拥有不同的高度，可以实现UITableViewDelegate协议的tableView(_:heightForRow-AtIndexPath:)方法。在控制器类中添加下面的方法：

```
func tableView(_ tableView: UITableView, heightForRowAt indexPath: IndexPath) -> CGFloat
{
    return indexPath.row == 0 ? 120 : 70
}
```

在上面的代码中，除了第一行要高一些以外，表视图把所有行高都设置为70点。编译并运行应用，现在表中的行与内容更加匹配了（如图8-17所示）。

图8-17   使用委托更改行的高度。注意第一行比其他行高不少

委托能够处理的任务还有很多，但是它的大部分功能会保留到下一章处理多层次数据时使用。要了解更多内容，使用文档浏览器查看UITableViewDelegate协议，看一下还有哪些可用方法。

8.3   定制表视图单元

你可以直接对表视图执行很多操作，不过UITableViewCell默认支持的格式通常不能很好地满足需要。在这种情况下，可以采用三种基本方法：第一，在创建单元时通过程序向UITableViewCell添加子视图；第二，从XIB文件中加载单元；第三种有些类似，是从storyboard中加载单元。我们会在本章使用前两种方法，在第9章中你会看到通过storyboard来创建单元的示例。

向表视图单元添加子视图

要展示如何使用自定义单元，我们将创建一个新的应用来定制表视图。每一行将显示两行信息和两个标签（如图8-18所示）。应用将显示一系列较常见计算机型号的名称和颜色。通过向表视图单元添加子视图，我们将在同一行中显示这两组信息。

8.4 实现自定义表视图应用程序

使用Single View Application模板创建一个新的Xcode项目。它的设置跟上一个项目完全相同,将它命名为Table Cells。点击Main.storyboard就可以在Interface Builder中编辑GUI。

向主视图添加一个Table View,之后像在Simple Table应用程序中那样,使用关联检查器设置视图控制器作为它的数据源。然后使用窗口底部的Add New Constraints按钮来创建表与父视图和状态栏边缘之间的约束。你完全可以使用与图8-5中相同的设置,因为在弹出面板顶端输入框中指定的值默认是表视图与所有四个方向最近对象之间的距离。最后一步,保存storyboard文件。

图8-18　向一个表视图单元添加子视图,使其展示多行数据

8.4.1 创建 UITableViewCell 子类

至此,我们使用的标准表视图单元处理了所有单元布局的细节。控制器代码并不关心应在何处放置标签和图像等细节问题,只是将需要显示的值传递给表单元,从而将表示逻辑与控制器分离,开发者应该始终坚持这种优良设计。在这个项目中,我们将要创建一个新的表视图单元UITableViewCell子类,处理新布局的细节内容,从而使控制器尽可能简洁。

1. 添加新单元

在项目导航面板中选择Cells文件夹,按下Command+N创建一个新文件。在弹出的向导中,从iOS的Source分类中选择Cocoa Touch Class,然后点击Next。在下一个页面键入NameAndColorCell作为新类的名字,在Subclass of弹出列表中选择UITableViewCell,取消Also create XIB file复选框的勾选,然后再次点击Next。在下一个页面中,点击Create。

在项目导航面板中选中NameAndColorCell.swift文件,添加如下代码:

```
class NameAndColorCell: UITableViewCell {
    var name: String = ""
    var color: String = ""
    var nameLabel: UILabel!
    var colorLabel: UILabel!
```

这里，我们向表单元添加了两个属性（name和color），控制器将使用它们向每一个单元传递值。我们还添加了两个属性用来访问添加到表单元上的子视图。表单元包含4个子视图，其中的2个标签内容是固定的，而另外两个在每行的内容都有变化。

以上是我们需要添加的所有属性。继续编写代码，我们覆盖表视图单元的init(style: reuseIdentifier:)初始化函数并添加代码（如代码清单8-6所示）以创建我们想要显示的视图。

代码清单8-6   表视图单元的init()方法

```swift
override init(style: UITableViewCellStyle, reuseIdentifier: String?) {
    super.init(style: style, reuseIdentifier: reuseIdentifier)

    let nameLabelRect = CGRect(x: 0, y: 5, width: 70, height: 15)
    let nameMarker = UILabel(frame: nameLabelRect)
    nameMarker.textAlignment = NSTextAlignment.right
    nameMarker.text = "Name:"
    nameMarker.font = UIFont.boldSystemFont(ofSize: 12)
    contentView.addSubview(nameMarker)

    let colorLabelRect = CGRect(x: 0, y: 26, width: 70, height: 15)
    let colorMarker = UILabel(frame: colorLabelRect)
    colorMarker.textAlignment = NSTextAlignment.right
    colorMarker.text = "Color:"
    colorMarker.font = UIFont.boldSystemFont(ofSize: 12)
    contentView.addSubview(colorMarker)

    let nameValueRect = CGRect(x: 80, y: 5, width: 200, height: 15)
    nameLabel = UILabel(frame: nameValueRect)
    contentView.addSubview(nameLabel)

    let colorValueRect = CGRect(x: 80, y: 25, width: 200, height: 15)
    colorLabel = UILabel(frame: colorValueRect)
    contentView.addSubview(colorLabel)
}
```

这段代码相当直观。我们创建了4个UILabel，并将它们添加到表视图单元。表视图单元已经拥有了一个名为contentView的UIView子视图，用于管理它的所有子视图。因此，我们并没有将标签作为子视图直接添加到表视图单元，而是将其添加到contentView。

这些标签中有两个用于存放静态文本，名为nameMarker的标签包含文本Name:，而colorMarker标签包含文本Color:。我们不会修改它们。这两个标签都通过NSTextAlignment.right设置为右对齐。

另外两个标签用于显示特定于行的数据。记住，我们稍后需要通过某种方式获取这两个字段，所以需要通过之前声明的属性来引用它们。

因为我们覆盖了表视图单元类的初始化函数，Swift会要求我们需要提供init(coder:)初始化函数的实现代码。这个初始化函数并不会在这个示例中被调用，因此只需要添加下面三行代码：

```swift
required init?(coder aDecoder: NSCoder) {
    fatalError("init(coder:) has not been implemented")
}
```

在第13章中，我们将讨论初始化函数及其作用。

现在，对NameAndColorCell类进行最后一处修改，为name和color属性添加一些存值方法（setter）逻辑。参照下面的代码进行更改。

```swift
var name: String = "" {
    didSet {
        if (name != oldValue) {
            nameLabel.text = name
        }
    }
```

```
        }
    }
    var color: String = "" {
        didSet {
            if (color != oldValue) {
                colorLabel.text = color
            }
        }
    }
```

我们在这里添加代码，以确保name或color属性的值发生变化时，在同一个自定义表视图中相应标签的text属性会设置为同样的值。

2. 实现控制器代码

现在来实现这个简单的控制器，在新的表视图单元中显示内容。首先选中ViewController.swift文件，在里面添加代码清单8-7中的代码。

代码清单8-7 自定义单元中会显示的内容

```
class ViewController: UIViewController , UITableViewDataSource {

    let cellTableIdentifier = "CellTableIdentifier"
    @IBOutlet var tableView:UITableView!
    let computers = [
        ["Name" : "MacBook Air", "Color" : "Silver"],
        ["Name" : "MacBook Pro", "Color" : "Silver"],
        ["Name" : "iMac", "Color" : "Silver"],
        ["Name" : "Mac Mini", "Color" : "Silver"],
        ["Name" : "Mac Pro", "Color" : "Black"]
    ]

    override func viewDidLoad() {
        super.viewDidLoad()
        // Do any additional setup after loading the view, typically from a nib.
        tableView.register(NameAndColorCell.self,
                            forCellReuseIdentifier: cellTableIdentifier)
    }
```

我们让视图控制器遵循了UITableViewDataSource协议，并添加了一个表单元标识符名称和一个包含字典的数组。在两种情况下，每个字典都包含表中某行的名称和颜色信息。行名称在字典的Name键下，颜色在Color键下。

我们还为表视图添加了一个输出接口，因此需要将其关联到storyboard上。选中Main.storyboard文件，在文档略图中，按住鼠标右键从View Controller图标拖动到Table View图标上。松开鼠标并在弹出菜单中选择tableView以关联表视图和输出接口。

现在将代码清单8-8中的代码添加到ViewController.swift文件结尾处。

代码清单8-8 表视图的数据源方法

```
// MARK: -
// MARK: Table View Data Source Methods

func tableView(_ tableView: UITableView, numberOfRowsInSection section: Int) -> Int {
    return computers.count
}

func tableView(_ tableView: UITableView, cellForRowAt indexPath: IndexPath) ->
UITableViewCell {
    let cell = tableView.dequeueReusableCell(
        withIdentifier: cellTableIdentifier, for: indexPath)
        as! NameAndColorCell
```

```
    let rowData = computers[indexPath.row]
    cell.name = rowData["Name"]!
    cell.color = rowData["Color"]!

    return cell
}
```

你在上一个示例中已经见到了这些方法，它们都属于UITableViewDataSource协议。下面来着重看一下有新内容的**tableView(_ tableView: UITableView, cellForRowAt indexPath: IndexPath)**方法。在这里我们利用了一个有趣的特性：表视图能够利用某种注册机在需要时创建一个新单元。也就是说，只要注册了表视图会用到的所有可重用标识符，就总是能访问到一个可用的表单元。在上一个示例中，我们实现的同一个出队（dequeue）方法也使用了注册机，但如果标识符没有注册就会返回nil。nil作为一个标志，表示我们需要创建并布置一个全新的UITableViewCell对象。不过也可以让下面的方法一定不会返回nil：

```
dequeueReusableCell(
            withIdentifier: cellTableIdentifier, for: indexPath)
```

那么它如何获取表单元对象呢？只要将它的标识符作为键传递给注册机就行了。我们在viewDidLoad方法中向注册机中添加一个条目，使其与表单元标识符相映射：

```
tableView.register(NameAndColorCell.self,
                    forCellReuseIdentifier: cellTableIdentifier)
```

如果我们传来的标识符没有注册的话会怎样？在这个例子中，dequeueReusableCell方法会崩溃。崩溃听起来很可怕，不过在当前环境下，这意味着在开发中有一个bug需要立即找到。所以，我们不需要代码来检查返回值是否为nil，因为这种情况不可能会发生 。

创建新单元之后，使用传入的indexPath参数确定表正在请求单元的哪一行，然后使用该行的值为请求的行获取正确的字典。记住，该字典有两个键/值对，一个是Name，另一个是Color。

```
let rowData = computers[indexPath.row]
```

最后要做的就是使用从所选行中获取的数据来填充单元，使用在子类中定义的属性即可实现这一目的：

```
cell.name = rowData["Name"]!
cell.color = rowData["Color"]!
```

之前说过，设置这些属性会使表视图单元中的name和color标签设为同样的值。

构建并运行应用程序，会看到一个表视图，其中的每一行都显示了两行数据（如图8-19所示）。

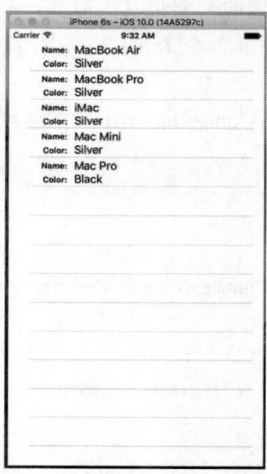

图8-19   在代码中创建表视图的自定义单元

向表视图添加视图比仅仅使用标准的表视图单元有更大的灵活性。不过，通过编程创建、定位和添加所有子视图是一项单调乏味的工作。唔，如果我们能使用Xcode的GUI编辑工具来设计表视图单元就好了。正如你所愿，之前我们就提到过可以使用Interface Builder设计表视图单元，然后在创建新单元时从storyboard或XIB文件中加载视图。

8.4.2　从 XIB 文件加载 `UITableViewCell`

我们将使用Interface Builder的可视化布局功能，重新创建刚才使用代码构建的两行文字界面。为此，可以创建一个包含表视图单元的新XIB文件，使用Interface Builder布局视图外观。如果需要一个表视图单元来展示某一行，那就不再创建一个标准的表视图单元，而是从XIB文件加载子类，并使用单元子类中已定义的属性设置名称和颜色。除了使用Interface Builder的可视化布局，我们还将在其他一些方面简化代码。在执行之前，你可能需要创建一份Table Cells项目的副本来进行修改。或者像我们之前所做的，退出Xcode，压缩项目文件夹并改一个合适的名字以便于识别。本书作者把它命名为Table Cells Orig.zip，表示这是Table Cells的原始项目（见图8-20）。

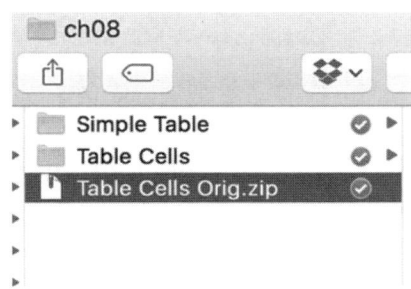

图8-20　你可以压缩项目文件夹以创建一个原始备份，将来也许会用到

首先，在NameAndColorCell.swift实现文件中修改NameAndColorCell类。第一步是将nameLabel和colorLabel属性标记为输出接口，这样就可以在Interface Builder中使用了。在文件中进行以下更改：

```
@IBOutlet var nameLabel: UILabel!
@IBOutlet var colorLabel: UILabel!
```

现在还记得init(style: UITableViewCellStyle, reuseIdentifier: String?)方法中用于创建标签的代码吗？这些都不需要了。事实上，应该删除整个方法，因为这些标签的所有创建工作都将在Interface Builder中完成。因为没有覆盖任何基类的初始化函数，甚至还可以删除init(coder:)方法的代码。

完成之后，这个单元子类就比之前简洁多了。它现在唯一的功能就是向标签中填入数据。现在需要在Interface Builder中重新创建表单元和其中的标签。

1. 在Interface Builder中设计表视图单元

在Xcode中右击Table Cells文件夹，然后在弹出的关联菜单中选择New File…。在新文件向导的左侧窗格中点击User Interface（确保在iOS区域中选择，而不是watchOS、tvOS或macOS区域）。在上方的窗格中选择User Interface and Empty，然后点击Next（见图8-21）。使用NameAndColorCell.xib作为文件名。确保在文件浏览器中选择主项目目录，并且在Group弹出框中选择Table Cells组。按下Create以创建一个新的XIB文件。

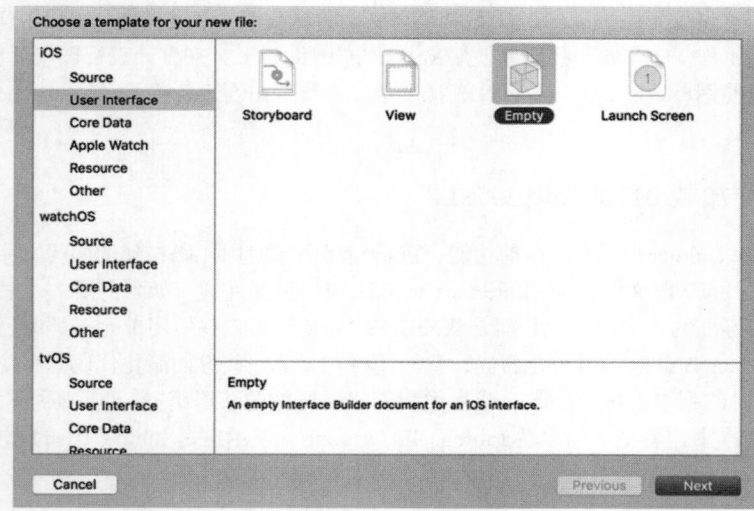

图8-21 创建一个空白的UI文件，之后它将成为我们的自定义XIB文件

　　接下来，选中项目导航面板中的NameAndColorCell.xib，打开文件进行编辑。目前为止，我们都是在storyboard中设计GUI的，不过这次要用到XIB文件。很多东西看起来都非常相似，不过还是有一些区别。其中一个主要区别就是storyboard文件中陈列的场景都是视图控制器与视图一体的，而XIB文件中则没有这样的强制绑定。事实上，XIB文件通常不会包含一个真正的控制器，而是一个叫作File's Owner（文件拥有者）的代理者。如果展开文档略图，就会在First Responder的上面找到它。

　　在库中找到一个Table View Cell并将其拖动到GUI布局区域上（如图8-22所示）。

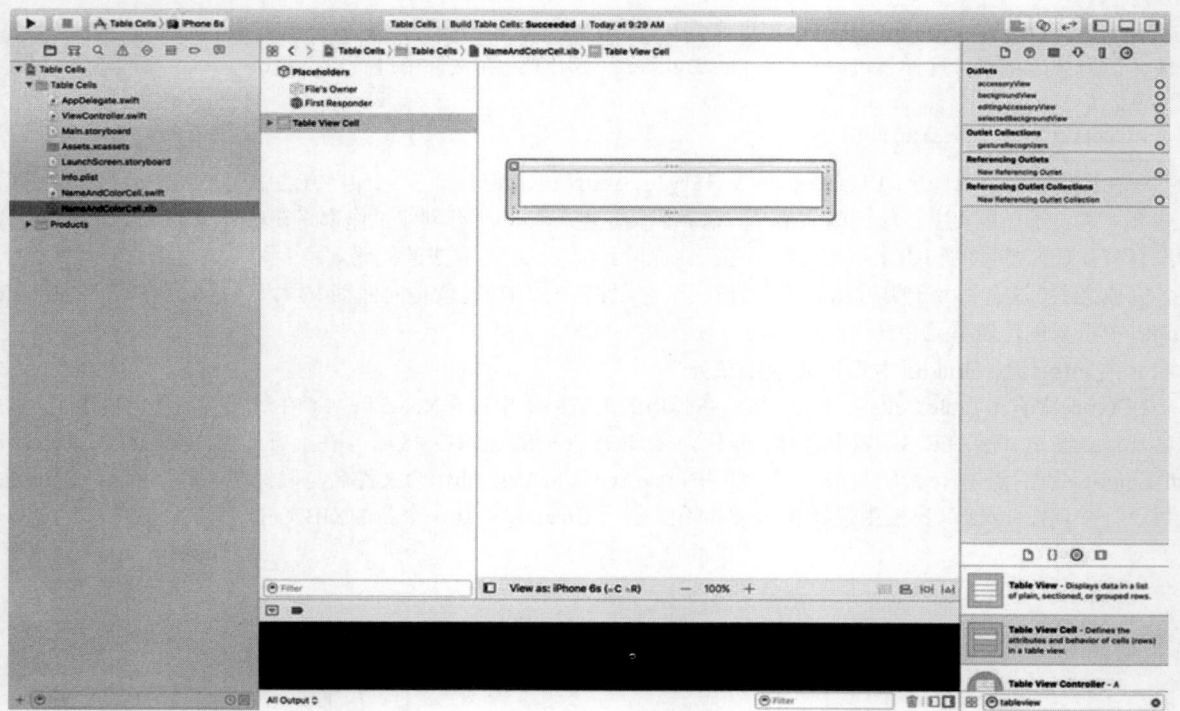

图8-22 从库中拖出表视图单元，放到画布上

8.4　实现自定义表视图应用程序　207

接下来，按下Option+Command+4，打开特征检查器（见图8-23）。其中第一个字段是Identifier，它是我们在代码中使用过的可重用标识符。如果记不清这一内容，可以回头在本章中查找CellTableIdentifier。请将Identifier的值设为CellTableIdentifier。

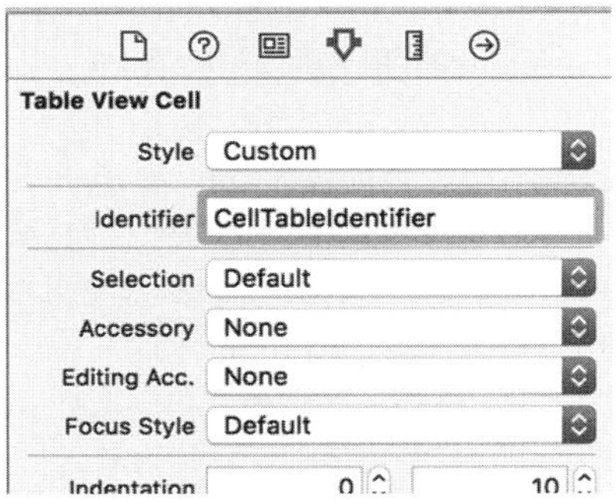

图8-23　表视图单元的特征检查器

这里的想法是，当获取一个单元格以便重用时，可能由于要将新单元格滚动到视图中，我们希望确保获得了正确类型的单元格。当这个特定的单元格从XIB文件实例化时，它的可重用标识符实例变量的值就是你预先在Identifier字段中输入的名称（本例中即是CellTableIdentifier）。

想象这样一种场景：创建一个带标题的表，下面是一系列"位于中间的"单元。如果将一个中间单元格滚动到视图中，需要获取一个中间单元以供重用，而不是获取标题单元。Identifier字段用于标记适合的单元。

下一步是编辑表单元的内容视图。首先在编辑区域中选中表单元并向下拖动它的底边以增加其高度。一直拖到高度为65为止。从库中拖出4个Label控件，将它们放在内容视图中（见图8-24）。由于标签之间靠得很近，顶部和底部的引导线基本上没有什么用，但左侧引导线和对齐引导线能帮不少忙。此外如果你觉得另一种方法更加简便的话，也可以先拖出一个标签，然后按住Option键创建其副本。

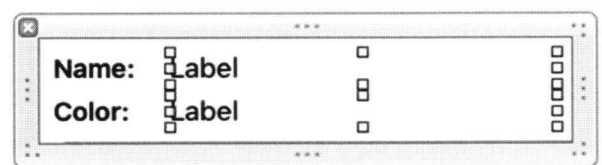

图8-24　表视图单元的内容视图，其中拖入了4个标签

接下来，双击左上方的标签并将它的标题更改为Name:，将左下方的标签更改为Color:。

现在将Name:和Color:标签都选中，按下特征检查器中Font字段旁边的小T按钮，这会打开一个小型面板，其中包含Font弹出列表。点击它并选择Headline作为字样。如果有必要，请选中右侧的两个没动过的标签，将它们稍微向右拖动，从而使设计更加合理，然后调整另外两个标签的尺寸，使其能看到之前设好的文本。接下来调整右侧的两个标签，将它们的区域一直拉伸至右侧的引导线。从图8-25中可以大致了解我们最终的单元内容视图。

图8-25　表视图单元的内容视图，更改左侧标签的名称并设置为粗体
的Headline字样，稍微移动右侧标签并调整其尺寸大小

每当创建一个新的布局，就要添加自动布局约束。一般的想法是固定标签左侧与表单元左侧之间以及标签右侧与表单元右侧之间的距离。还要保持标签与表单元顶端和底端以及标签之间的距离。我们将让每个标签的左侧与另一个标签的右侧关联。以下是详细步骤。

(1) 点击Name:标签，按住Shift键并点击Color:标签。点击XIB编辑器下方的Add New Constraints按钮，勾选Equal Widths复选框，然后点击Add 1 Constraint按钮。执行时会看到一些自动布局警告，不要在意，因为我们之后会添加更多的约束来修复它们。

(2) 在两个标签选中时，打开尺寸检查器并找到标题为Content Hugging Priority的部分。如果你没有看到它，就试着重新选择这些标签。这些值决定了标签能够如何向外部空间扩展。我们不希望这些标签在水平方向上扩展，所以将它的Horizontal值由251更改为500。其实任意大于251的值都是可以的，只需要比右侧两个标签的Content Hugging Priority的值大就够了，多余的水平空间将会留给它们。

(3) 按住鼠标右键从Color:标签拖动到Name:标签，在弹出菜单中选择Vertical Spacing选项，然后按下Return键。

(4) 按住鼠标右键从Name:标签向表单元的左上角拖动，直到表单元的背景全部变成蓝色。在弹出面板中，按住Shift键并选择Leading Space to Container Margin和Top Space to Container Margin，然后按下Return键。

(5) 按住鼠标右键从Color:标签向表单元的左下角拖动，直到表单元的背景全部变成蓝色。在弹出面板中，按住Shift键并选择Leading Space to Container Margin和Bottom Space to Container Margin，然后按下Return键。

(6) 按住鼠标右键从Name:标签向右边的标签拖动。在弹出面板中，按住Shift键并选择Horizontal Spacing和Baseline，然后按下Return键。按住鼠标右键，从右上角的标签开始向表单元的右边缘拖动，直到表单元的背景变成蓝色。在弹出面板中，选择Trailing Space to Container Margin并按下Return键。

(7) 按住鼠标右键从Color:标签向右边的标签拖动。在弹出面板中，按住Shift键并选择Horizontal Spacing和Baseline，然后按下Return键。按住鼠标右键从右下角的标签开始向表单元的右边缘拖动，直到表单元的背景变成蓝色。在弹出面板中，选择Trailing Space to Container Margin并按下Return键。

(8) 最后在文档略图中选中Content View图标并在菜单中选择Editor Resolve Auto Layout Issues➤Update Frames选项。4个标签就会移动到最终位置（如图8-26所示）。如果你的结果不是这样，就在文档略图中删除所有的约束并重新尝试。

图8-26　自定义单元中所有标签的最终位置

现在，我们需要告诉Interface Builder，这个表视图单元不是一个普通的单元，而是一个特殊子类的实例。否则，无法将输出接口关联至相关的标签。通过在文档略图中点击CellTableIdentifier以选择这个表视图单元，按下Option+Command+3打开身份检查器，在Class选项中选择NameAndColorCell（见图8-27）。

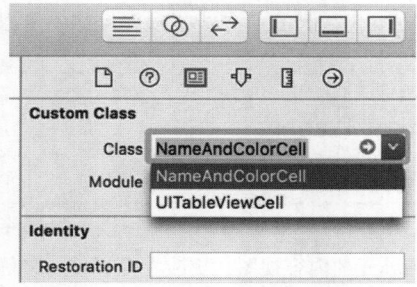

图8-27　设为我们的自定义类

接着按下Option+Command+6打开关联检查器,你将在这里看到colorLabel和nameLabel输出接口(见图8-28)。

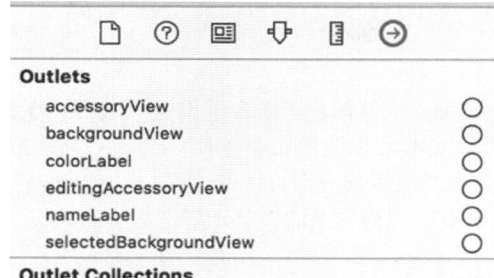

图8-28 colorLabel输出接口与nameLabel输出接口

拖动nameLabel输出接口到表单元右上角的标签,colorLabel输出接口到右下角的标签(如图8-29所示)。

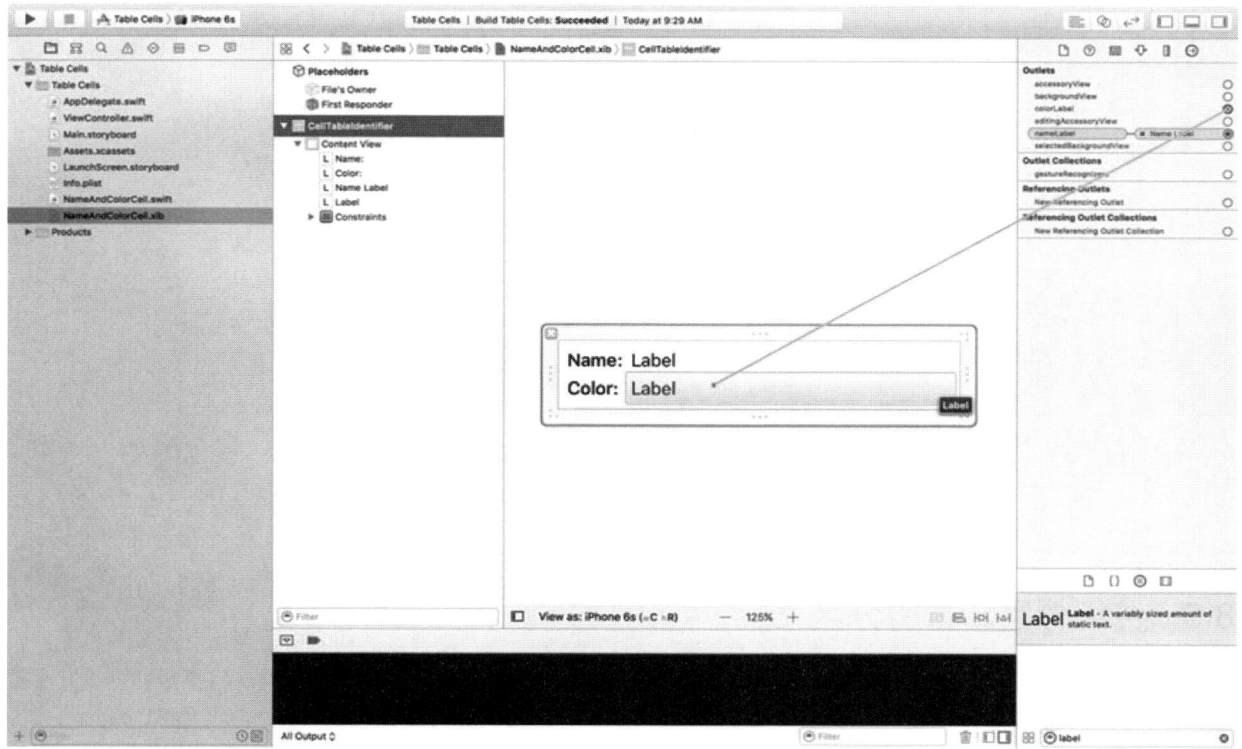

图8-29 关联名称与颜色的输出接口

2. 使用新的表视图单元

要使用刚刚设计的表视图单元,只需要在ViewController.swift文件中对viewDidLoad()方法进行一些简单的修改(如代码清单8-9所示)。

代码清单8-9 修改viewDidLoad()方法以使用新的单元

```
override func viewDidLoad() {
    super.viewDidLoad()
    // Do any additional setup after loading the view, typically from a nib.
    tableView.register(NameAndColorCell.self,
                       forCellReuseIdentifier: cellTableIdentifier)
```

```
let xib = UINib(nibName: "NameAndColorCell", bundle: nil)
tableView.register(xib,
                    forCellReuseIdentifier: cellTableIdentifier)
tableView.rowHeight = 65
}
```

　　类似将类与可重用标识符关联的操作（就像在上一个示例中所做的那样），表视图也可以将XIB文件与特定的可重用标识符相的关联记录下来。因此你可以为使用类或者XIB文件为不同类型的单元各注册一次，而dequeue-ReusableCell(_:forIndexPath:)方法总是会返回一个可用的单元。

　　这样就好了。构建并运行项目。此时两行文字的表单元都是基于Interface Builder的功能设计的（如图8-30所示）。

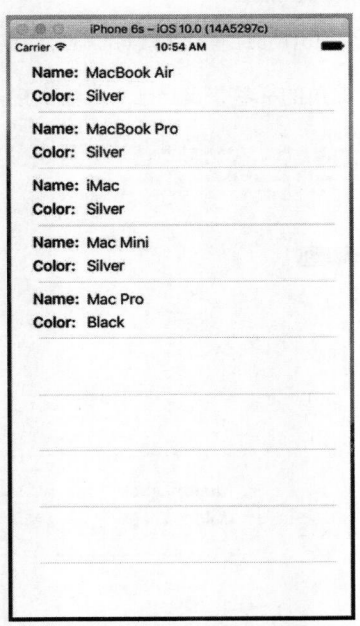

图8-30　自定义单元的演示效果

8.5　分组分区和索引分区

　　下一个项目将探讨表的另一项基本内容。仍然使用一个表视图（没有分层），不过这次将把数据分为几个分区。再次使用Single View Application模板创建一个新的Xcode项目，将它命名为Sections。　同样将Language设为Swift，Devices设为Universal。

8.5.1　构建视图

　　打开Sections文件夹，单击Main.storyboard，编辑文件。与之前一样，把表视图拖到View窗口中。使用在Table Cell示例中相同的方式添加自动布局约束。然后按下Option+Command+6，将dataSource连接到View Controller图标。

　　下一步，确保选中表视图，按下Option+Command+4，打开特征检查器。把表视图的Style从Plain改为Grouped（如图8-31所示）。保存storyboard文件。

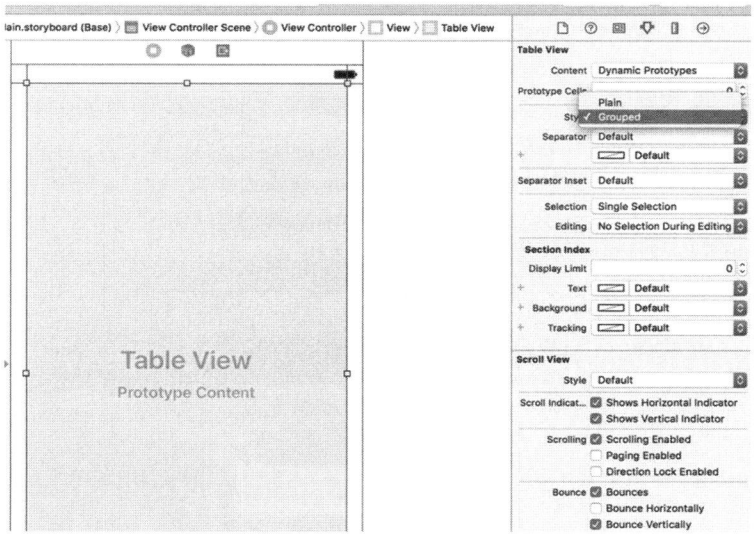

图8-31　表视图的特征检查器，在Style弹出列表中选中Grouped

8.5.2　导入数据

完成此项目需要大量的数据。我们提供了另一个属性列表，能为你节省几小时敲键盘的时间。从本书附带的示例源代码归档文件08-Sections Data文件夹中找到sortednames.plist文件，把它拖入Xcode中项目的Sections文件夹。

完成添加以后，单击sortednames.plist，看一下它到底是什么样子（如图8-32所示）。它是一个包含字典的属性列表，其中字母表中的每个字母都有一个条目。每个字母下面是以该字母开头的名称列表。

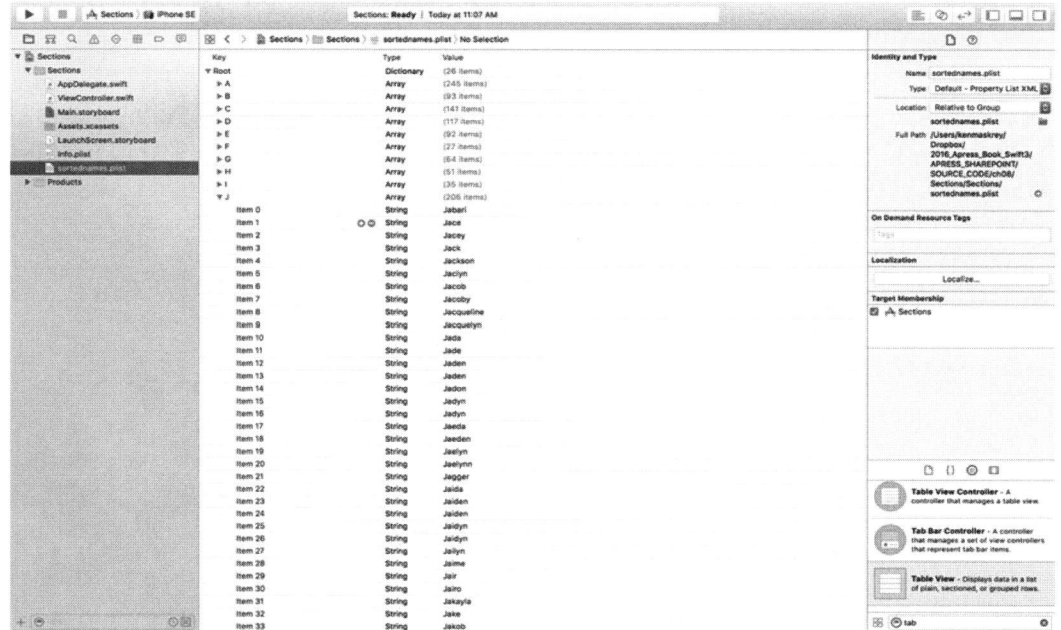

图8-32　sortednames.plist属性列表文件。展开字母J这一项，就会有看到字典的感觉

我们将使用这个属性列表中的数据填充表视图，并为每个字母创建一个分区。

8.5.3   实现控制器

单击ViewController.swift文件。添加以下粗体显示的代码，这样类就能够遵循UITableViewDataSource协议，其中添加了一个表单元标识符和两个属性：

```
class ViewController: UIViewController, UITableViewDataSource {
    let sectionsTableIdentifier = "SectionsTableIndentifier"
    var names: [String: [String]]!
    var keys: [String]!
```

再次选中Main.storyboard文件并打开辅助编辑器。如果显示的不是ViewController.swift文件，可以使用跳转栏找到它 。在表视图上按住鼠标右键拖动到辅助编辑器的keys属性定义下面以创建表的输出接口：

```
@IBOutlet weak var tableView: UITableView!
```

现在，在ViewController.swift文件中的viewDidLoad()方法中添加如代码清单8-10所示的代码。

代码清单8-10   新的viewDidLoad()方法

```
override func viewDidLoad() {
    super.viewDidLoad()
    // Do any additional setup after loading the view, typically from a nib.
    tableView.register(UITableViewCell.self,
                        forCellReuseIdentifier: sectionsTableIdentifier)

    let path = Bundle.main.path(forResource:
        "sortednames", ofType: "plist")
    let namesDict = NSDictionary(contentsOfFile: path!)
    names = namesDict as! [String: [String]]
    keys = (namesDict!.allKeys as! [String]).sorted()
}
```

上面大部分代码和以前看到的没有多大区别。前面我们为字典和数组都添加了属性。字典将保存所有数据，而数组将保存以字母顺序排列的分区。在viewDidLoad()方法中，我们使用前面声明的标识符注册了每行都会显示的默认表视图单元类。然后通过之前添加到项目中的属性列表，创建一个NSDictionary实例变量，并赋值给names属性（要强制转换成Swift中对应的字典类型）。接下来，获取字典中的所有键，按照字典中字母表的顺序对键值进行排序，得到一个有序的数组。记住，我们的数据使用字母表中的字母作为它的键，因此这个数组包含了从A到Z排序的26个字母。我们通过这个数组来匹配相应的分区。

接下来在ViewController.swift文件底部添加代码清单8-11中的代码。

代码清单8-11   表视图的数据源方法

```
// MARK: Table View Data Source Methods
func numberOfSections(in tableView: UITableView) -> Int {
    return keys.count
}

func tableView(_ tableView: UITableView, numberOfRowsInSection section: Int) -> Int {
    let key = keys[section]
    let nameSection = names[key]!
    return nameSection.count
}

func tableView(_ tableView: UITableView, titleForHeaderInSection section: Int) -> String? {
    return keys[section]
}
```

```
func tableView(_ tableView: UITableView, cellForRowAt indexPath: IndexPath) ->
UITableViewCell {
    let cell = tableView.dequeueReusableCell(withIdentifier: sectionsTableIdentifier, for:
    indexPath)
        as UITableViewCell
    let key = keys[indexPath.section]
    let nameSection = names[key]!
    cell.textLabel?.text = nameSection[indexPath.row]

    return cell
}
```

这些都是表的数据源方法。我们添加的第一个方法指定了分区的数量。上次没有实现此方法，是因为默认设置1很合适。这一次需要告诉表视图，字典中的每个键都各有一个分区：

```
func numberOfSectionsInTableView(tableView: UITableView) -> Int {
    return keys.count
}
```

第二个方法用于计算指定分区中的行数。上一次只有一个分区，所以只返回数组中的行数。这次我们需要使用section的值进行检索。可以通过相关分区的信息找到对应的数组，并从该数组返回行数：

```
func tableView(_ tableView: UITableView, numberOfRowsInSection section: Int) -> Int {
    let key = keys[section]
    let nameSection = names[key]!
    return nameSection.count
}
```

可以选择通过tableView(_:titleForHeaderInSection)方法为每个分区指定抬头的标题。我们只需返回这个表分组所对应的字母，即这个表分组的键：

```
func tableView(_ tableView: UITableView, titleForHeaderInSection section: Int) -> String? {
    return keys[section]
}
```

在tableView(_:cellForRowAtIndexPath:)方法中，必须使用索引路径中的section属性和row属性来提取分区的键以及名称数组，并用它们来确定要使用哪个值。分区号会告诉我们从名称字典中取出哪个数组，然后可以使用行指出要使用该数组中的哪个值。方法中的其他内容基本上和本章之前构建的Table Cells应用一致。

现在可以构建并运行项目。请记住，我们已经把表的样式改为Grouped，因此最终得到一个带有26个分区的分组表，如图8-33所示。

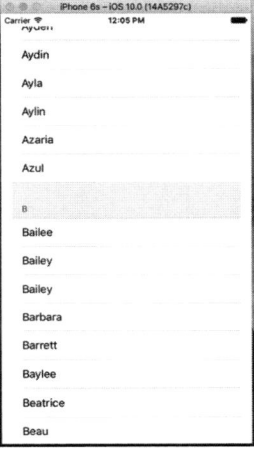

图8-33　有多个分区的分组表

为了进行比较，把表视图再次改为普通风格，然后看一下带有多个分区的连续表视图是什么样子。在Interface Builder中选中Main.storyboard进行编辑。选中表视图，使用特征检查器将视图改为Plain。保存项目，编译并运行，得到的表数据相同，外观则不同（如图8-34所示）。

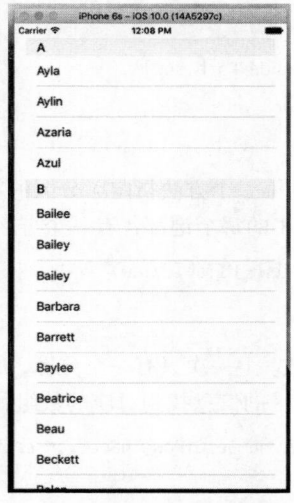

图8-34　带有分区的连续表

8.5.4　添加索引

当前表的一个问题是行太多了。此列表中有2000个名称，要查找Zachariah或Zayne，会非常累，更别说Zoie了。

这个问题的一个解决方案是，在表视图的右侧添加一个索引。既然我们已经把表视图改成了连续表样式，要添加索引相对来说也很容易（如图8-35所示）。在ViewController.swift文件尾部添加如下方法，然后构建并运行应用程序：

```
func sectionIndexTitles(for tableView: UITableView) -> [String]? {
    return keys
}
```

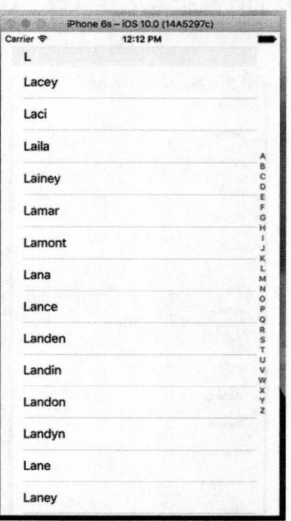

图8-35　为表视图添加了索引

8.5.5 添加搜索栏

索引很有用，即便如此，这里的名称还是太多了。例如，如果要查看Arabella是否在列表中，使用索引之后仍然需要在表上滚动一会儿。如果能通过指定搜索项筛选该列表就好了，这样对用户更友好。当然，实现搜索需要做一些额外的工作，但并不算太多。我们将使用搜索控件实现一个标准的iOS搜索栏，如图8-36（左）所示。

用户在搜索栏中输入时，列表中将减少出现的名字，只有包含所输入文本的字符串。搜索栏还提供了一种福利，允许你定义范围按钮来优化搜索。我们将向搜索栏添加三个范围按钮：Short按钮限制搜索的名字小于六个字符长度，Long按钮则负责大于六个字符长度的名字，而All按钮则搜索全部的名字。范围按钮只在用户正在搜索栏内输入时才会出现，你可以在图8-36（右）中看到它们。

添加搜索功能非常简单，只需要三个条件。

❑ 被搜索的数据。在本例中为名字的列表。

❑ 一个用来显示搜索结果的视图控制器。这个视图控制器会暂时替换掉提供数据的那个。可以用任何方式来显示结果，不过源数据通常是用表显示的，因此显示结果的视图控制器将使用另一张看起来非常相似的表，营造一种通过搜索筛选原表的感觉。之后你就会看到其效果，实际上并不是那么一回事。

❑ 一个UISearchController对象，它提供搜索栏并管理另一个视图控制器上搜索结果的展示。

我们先来创建结果视图控制器的架构。因为要在表中显示搜索结果，所以我们的结果视图控制器需要包含一张表。可以参照本章前面的示例拖动一个视图控制器到storyboard上并在上面添加一个表视图，不过这次我们换种方式。我们将使用UITableViewController，它是一个嵌入了UITableView的视图控制器，并预先设置为其表视图的数据源和委托。在项目导航面板中，右击Sections分组并在弹出菜单中选择New File...选项。在文件模板选取面板，选择iOS的Source分类中的Cocoa Touch Class并点击Next按钮。将新类命名为SearchResultsController并设置它为UITableViewController的子类。按下Next按钮，选择新文件的存储位置，然后让Xcode创建它。

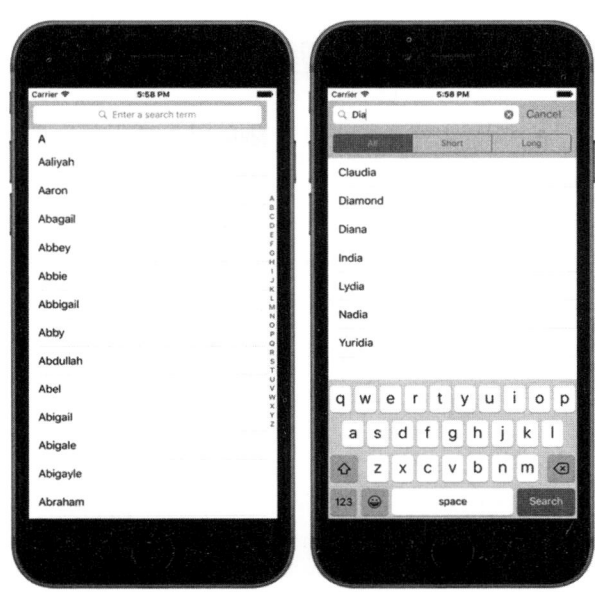

图8-36　在表中添加了搜索栏的应用程序

在项目导航面板中选择SearchResultsController.swift文件并进行如下更改：

```
class SearchResultsController: UITableViewController,
        UISearchResultsUpdating {
```

我们将在这个视图控制器中实现搜索逻辑，所以要让它遵循UISearchResultsUpdating协议，这样就可以将其作为UISearchController类的委托。之后你就会看到，用户在搜索栏中输入时，协议中定义的某个方法就会被调用以更新搜索结果。

因为SearchResultsController要实现搜索操作，需要访问主视图控制器显示的名称列表，所以我们需要提供属性来传递在主视图控制器中显示用的名称字典和关键字列表。现在为SearchResultsController.swift文件添加这些属性。你可能已经注意到了，这个文件已经包含了一些未完成的代码并实现了部分UITableViewDataSource协议，有些UITableViewController子类经常要实现的其他方法也包含被注释包住的代码内容。我们在这个示例中不会用到这些方法，因此可以删除这些被注释的代码以及那两个UITableViewDataSource协议的方法，然后在文件顶部添加如下代码：

```swift
class SearchResultsController: UITableViewController, UISearchResultsUpdating {
    let sectionsTableIdentifier = "SectionsTableIdentifier"
    var names:[String: [String]] = [String: [String]]()
    var keys: [String] = []
    var filteredNames: [String] = []
```

我们添加了sectionsTableIdentifier变量来保存视图控制器中表单元的标识符。虽然可以使用任意名称，不过这里使用了在主视图控制器中同样的标识符。我们还添加了三个属性，其中两个保存了在搜索时会用到的名字字典和关键字列表，另一个是对搜索结果数组的引用。

之后在viewDidLoad()方法中添加一行代码来为结果控制器嵌入的表视图注册表单元的标识符：

```swift
override func viewDidLoad() {
    super.viewDidLoad()
    tableView.register(UITableViewCell.self,
                       forCellReuseIdentifier: sectionsTableIdentifier)
}
```

这是目前要对结果视图控制器做的全部工作。现在回到主视图控制器并为其添加搜索栏。在项目导航面板中选中ViewController.swift文件并在顶部添加一个引用到UISearchController实例的属性，在本示例中它会为我们做不少的工作：

```swift
class ViewController: UIViewController, UITableViewDataSource {
    let sectionsTableIdentifier = "SectionsTableIndentifier"
    var names: [String: [String]]!
    var keys: [String]!
    @IBOutlet weak var tableView: UITableView!
    var searchController: UISearchController!   // ← add this line
```

接下来，在viewDidLoad()方法中添加代码以创建搜索控制器（如代码清单8-12所示）。

代码清单8-12　在ViewController.swift文件的主viewDidLoad()方法中添加搜索控制器

```swift
override func viewDidLoad() {
    super.viewDidLoad()
    // Do any additional setup after loading the view, typically from a nib.
    tableView.register(UITableViewCell.self,
                       forCellReuseIdentifier: sectionsTableIdentifier)

    let path = Bundle.main.pathForResource(
        "sortednames", ofType: "plist")
    let namesDict = NSDictionary(contentsOfFile: path!)
    names = namesDict as! [String: [String]]
    keys = (namesDict!.allKeys as! [String]).sorted()

    let resultsController = SearchResultsController()
    resultsController.names = names
    resultsController.keys = keys
    searchController =
        UISearchController(searchResultsController: resultsController)
```

```
    let searchBar = searchController.searchBar
    searchBar.scopeButtonTitles = ["All", "Short", "Long"]
    searchBar.placeholder = "Enter a search term"
    searchBar.sizeToFit()
    tableView.tableHeaderView = searchBar
    searchController.searchResultsUpdater = resultsController
}
```

我们首先创建了结果控制器，并设置了names和keys属性。然后创建UISearchController对象，并将结果控制器的引用传递给它，UISearchController在显示搜索结果时会出现这个视图控制器：

```
let resultsController = SearchResultsController()
resultsController.names = names
resultsController.keys = keys
searchController =
  UISearchController(searchResultsController: resultsController)
```

后面三行代码获取并配置了UISearchBar，它是UISearchController创建的，我们可以通过searchBar属性获取。

```
let searchBar = searchController.searchBar
searchBar.scopeButtonTitles = ["All", "Short", "Long"]
searchBar.placeholder = "Enter a search term"
```

搜索栏的scopeButtonTitles属性包含了要赋给范围按钮的标题。默认是没有范围按钮的，不过我们设定了本节之前讨论过的三个按钮名称。我们还设定了一些占位符文本让用户知道搜索栏的作用。你可以在图8-36中看到占位符。

到目前为止，我们创建了UISearchController对象，不过还没有将它关联到用户界面。因此，我们要把搜索栏作为主视图控制器中表视图的顶部视图：

```
searchBar.sizeToFit()
tableView.tableHeaderView = searchBar
```

表的顶部视图是由表视图自动管理的。它总是出现在第一个表分区的第一行前面。注意我们使用了sizeToFit()方法为搜索栏设置适配内容的尺寸。这样做就会得到一个合适的高度，这个方法设置的宽度并不重要，因为表视图会确保它伸展到整个表的宽度并会在表改变尺寸时（一般是设备旋转）自动调整尺寸。

viewDidLoad方法的最后一个改动是将UISearchController的searchResultsUpdater属性赋值为UISearch-ResultsUpdating类型：

```
searchController.searchResultsUpdater = resultsController
```

用户每次在搜索栏中输入时，UISearchController就会使用searchResultsUpdater属性的对象来更新搜索结果。之前提过，我们会在SearchResultsController类中处理搜索，这就是为什么要遵循UISearchResultsUpdating协议的原因。

对于主视图控制器，我们只需要在里面添加搜索栏并显示搜索结果即可。接下来，我们需要回到SearchResults-Controller.swift文件，并完成两个任务：添加代码来实现搜索，以及为嵌入的表视图中的UITableDataSource协议方法。

我们先来处理搜索的代码。用户在搜索栏中输入时，UISearchController会调用搜索结果更新器（即SearchResultsController对象）的updateSearchResultsForSearchController()方法。在这个方法中，我们需要从搜索栏中获取搜索文本，并使用它来构造一个名称的过滤列表，放在filteredNames数组中。我们还要使用范围按钮来限制搜索结果包含的名字。在SearchResultsController.swift文件的顶部中添加以下常量的定义：

```
class SearchResultsController: UITableViewController, UISearchResultsUpdating {
    private static let longNameSize = 6
    private static let shortNamesButtonIndex = 1
    private static let longNamesButtonIndex = 2
```

然后在文件的底部添加代码清单8-13中的代码。

代码清单8-13　搜索结果的代码

```
// MARK: UISearchResultsUpdating Conformance
func updateSearchResults(for searchController: UISearchController) {
    if let searchString = searchController.searchBar.text {
        let buttonIndex = searchController.searchBar.selectedScopeButtonIndex
        filteredNames.removeAll(keepingCapacity: true)

        if !searchString.isEmpty {
            let filter: (String) -> Bool = { name in
                // Filter out long or short names depending on which
                // scope button is selected.
                let nameLength = name.characters.count
                if (buttonIndex == SearchResultsController.shortNamesButtonIndex
                    && nameLength >= SearchResultsController.longNameSize)
                    || (buttonIndex == SearchResultsController.longNamesButtonIndex
                        && nameLength < SearchResultsController.longNameSize) {
                    return false
                }

                let range = name.range(of: searchString, options: NSString.
                CompareOptions.caseInsensitive, range: nil, locale: nil)
                //                  let range = name.rangeOfString( searchString ,
                //                                    options: NSString.
                CompareOptions.CaseInsensitiveSearch)
                return range != nil
            }

            for key in keys {
                let namesForKey = names[key]!
                let matches = namesForKey.filter(filter)
                filteredNames += matches
            }
        }
    }
    tableView.reloadData()
}
```

来看看这些代码执行了什么功能。首先，我们从搜索栏中获取搜索字符串和所选范围按钮的索引值，然后先把包含筛选后名称的列表清空。只有当text返回的是一个字符串时才会执行搜索，理论上text返回的有可能是nil，因此我们要把其余代码用if let语句包住：

```
if let searchString = searchController.searchBar.text {
    let buttonIndex = searchController.searchBar.selectedScopeButtonIndex
    filteredNames.removeAll(keepingCapacity: true)
```

接着检查被搜索条件是否为空字符串。对于没有内容的搜索字符串，不会显示任何匹配结果：

```
if !searchString.isEmpty {
```

现在会定义一个闭包（closure）用于判断名字与搜索字符串是否匹配。我们会为names字典中的每一个名称调用一次这个闭包并将此名称以字符串的形式传入。如果值匹配，就返回true；如果不匹配，就返回false。首先检查名称的长度与所选的范围按钮是否一致，如果不一致就返回false：

```
let filter: (String) -> Bool = { name in
    // Filter out long or short names depending on which
    // scope button is selected.
    let nameLength = name.characters.count
    if (buttonIndex == SearchResultsController.shortNamesButtonIndex
```

```
        && nameLength >= SearchResultsController.longNameSize)
    || (buttonIndex == SearchResultsController.longNamesButtonIndex
        && nameLength < SearchResultsController.longNameSize) {
        return false
    }
```

如果名字通过了这次检测，就寻找名字中是否有搜索字符串的分段。如果找到，就表示匹配成功：

```
let range = name.range(of: searchString, options:
NSString.CompareOptions.caseInsensitive,
    range: nil, locale: nil)
        return range != nil
}
```

这些就是在闭包中处理名称搜索所需的全部代码。接下来，对names字典中所有的键进行迭代，每个键都相当于一个名称数组（键A对应所有以字母A开头的名称，其他键依次类推）。对于每一个键，我们都获取它的名称数组并使用闭包进行筛选。这样会得到一个匹配的筛选列表（有可能是空的），将里面的内容添加到filteredNames数组中：

```
for key in keys {
    let namesForKey = names[key]!
    let matches = namesForKey.filter(filter)
    filteredNames += matches
}
```

在这段代码中，namesForKey是[String]类型的，包含了当前执行的键–值对应的名字。我们使用Array类的filter()方法对namesForKey的所有元素通过闭包进行筛选。得到的结果是只包含匹配筛选元素的另一个数组。也就是说，只有匹配搜索文本以及所选的范围按钮条件的名称，才能添加到filteredNames数组中。

当所有的名字数组执行筛选之后，filteredNames数组中就是能够匹配名字的完整集合了。现在我们要做的是让它们在SearchResultsController对象中的表上显示出来。首先告诉表它需要更新自身的内容：

```
    }
    tableView.reloadData()
}
```

我们需要表视图在每一行显示出filteredNames数组的一个名字，因此要实现SearchResultsController类中UITableViewDataSource协议里的方法。回想一下，SearchResultsController是UITableViewController的子类，因此它默认作为自身表的数据源。在SearchResultsController.swift文件的updateSearchResults方法上方添加代码清单8-14中的代码。

代码清单8-14 表视图的数据源方法

```
// MARK: Table View Data Source Methods
override func tableView(_ tableView: UITableView, numberOfRowsInSection section: Int) -> Int {
    return filteredNames.count
}

override func tableView(_ tableView: UITableView, cellForRowAt indexPath: IndexPath) ->
UITableViewCell {
    let cell = tableView.dequeueReusableCell(withIdentifier: sectionsTableIdentifier)
    cell!.textLabel?.text = filteredNames[indexPath.row]
    return cell!
}
```

现在可以运行应用并且试着对名字进行过滤，结果如图8-37所示。

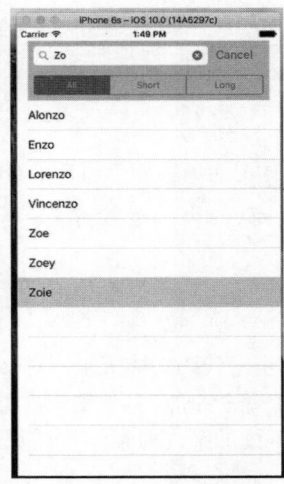

图8-37 在表中添加了搜索栏的应用程序

8.5.6 视图调试器

在示例中，UISearchController类对两张表的切换做得非常优秀，你可能很难相信它们互相切换了！除了查看所有的代码来了解这个机制，在界面上还可以看到两条线索：搜索表是一个连续表，所以名字不会像主表那样被分成各组；它没有分区索引。如果你想更加确信，可以利用Xcode中的一个功能，它的名称是视图调试器（View Debugging），可以对正在运行的应用程序拍下视图层级关系的快照并在Xcode的编辑区域中进行检查。这个功能在模拟器和真机上都可以使用。如果视图莫名消失或没有出现在想要的位置上，你就会发现这个功能非常有用。

我们首先来看一下当应用程序显示整个名字列表时，视图调试器会做些什么。再次运行应用程序，并在Xcode的菜单栏中选择Debug➤View Debugging➤Capture View Hierarchy选项。Xcode会从模拟器或设备上得到视图层级关系，并用图8-38所示的方式显示出来。

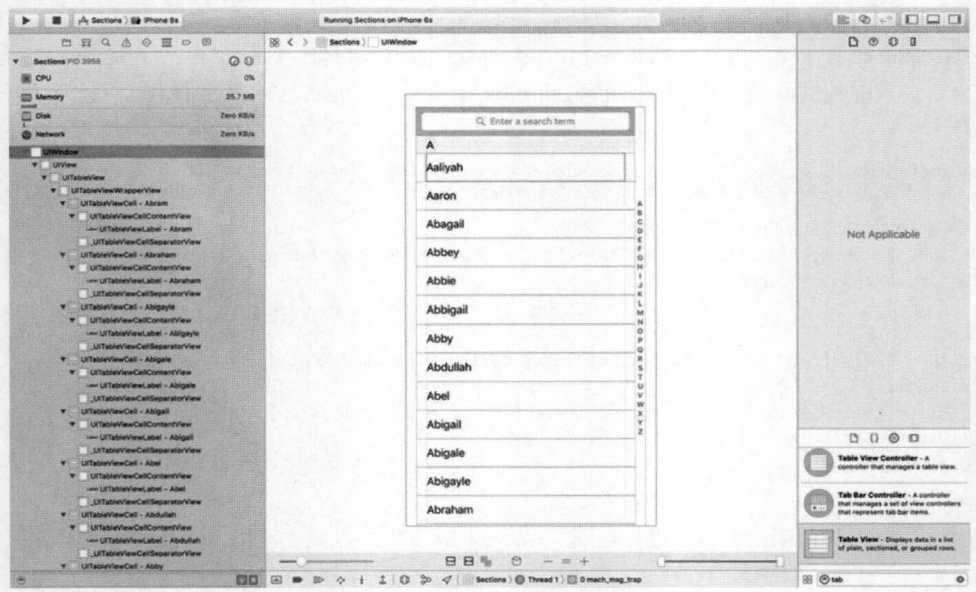

图8-38 Sections应用程序的视图层级关系

这看起来可能不是非常有帮助，事实上这些在模拟器中就能看到。为了展现视图的层级关系，你需要旋转应用程序的图片，拥有"侧面"的视角。方法是在编辑区域中的快照图像左边按住鼠标，并向右拖动。这样做的话，应用程序中视图的图层就会展现出来。旋转大约45°后，就会看到类似图8-39的效果。

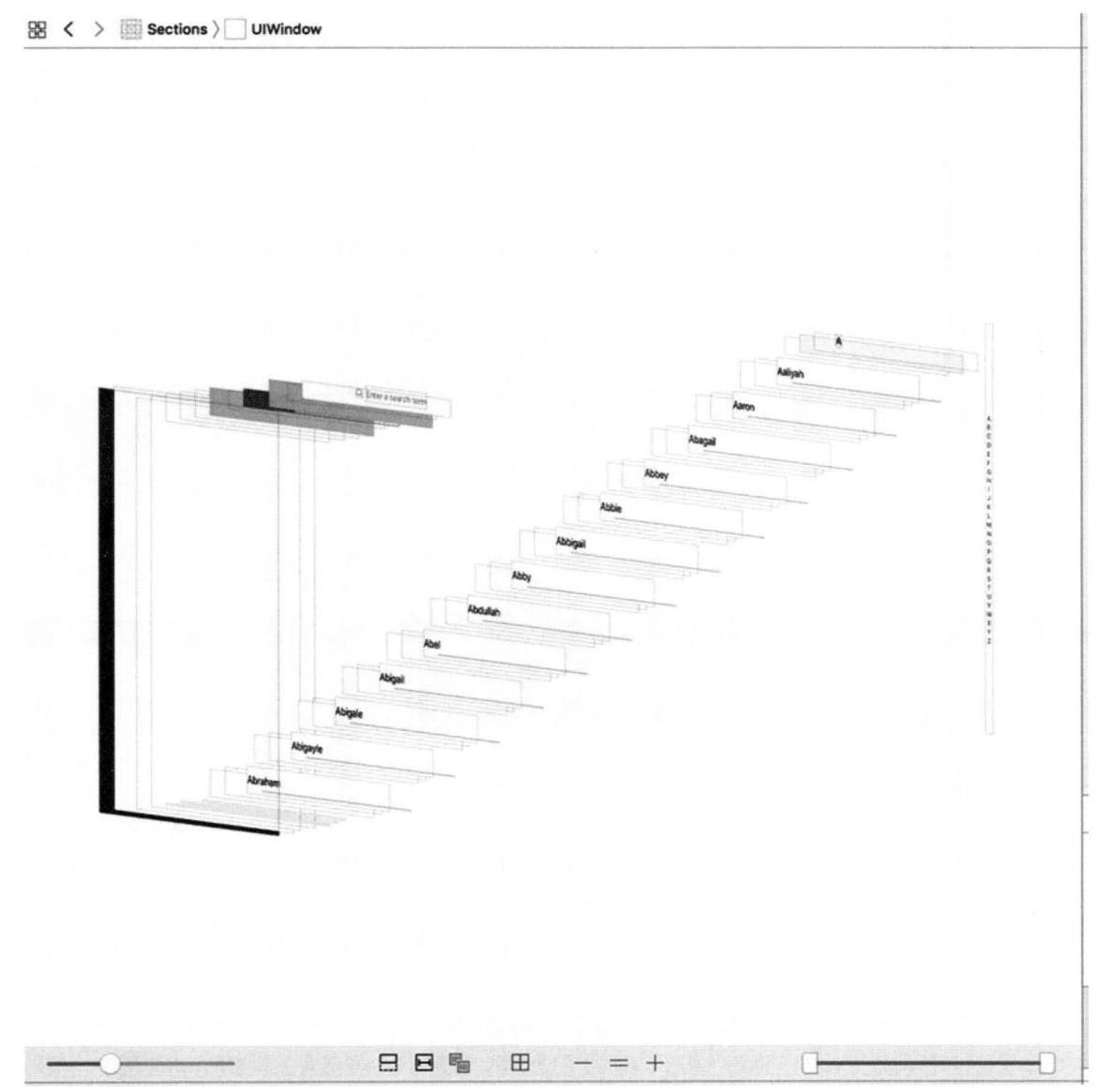

图8-39　检查应用程序的视图层级关系

如果你点击了其中某个视图，就会看到顶端的跳转栏显示的文字变成了被点击视图的类名和它的所有祖先视图。从后向前点击每个视图以熟悉表的结构。你应该可以找到视图控制器的主视图、表视图自身、一些表视图单元、搜索栏索引和实现表的其他视图。

现在看看正在搜索时的视图层级关系。Xcode会暂停你的应用程序来让你检查视图快照，点击菜单的Debug➤Continue选项就能继续。在应用程序的搜索栏中输入并再次使用Debug➤View Debugging➤Capture View Hierarchy选项抓拍视图层级关系。当视图层级关系出现后，稍微旋转就会出现如图8-40所示的效果。

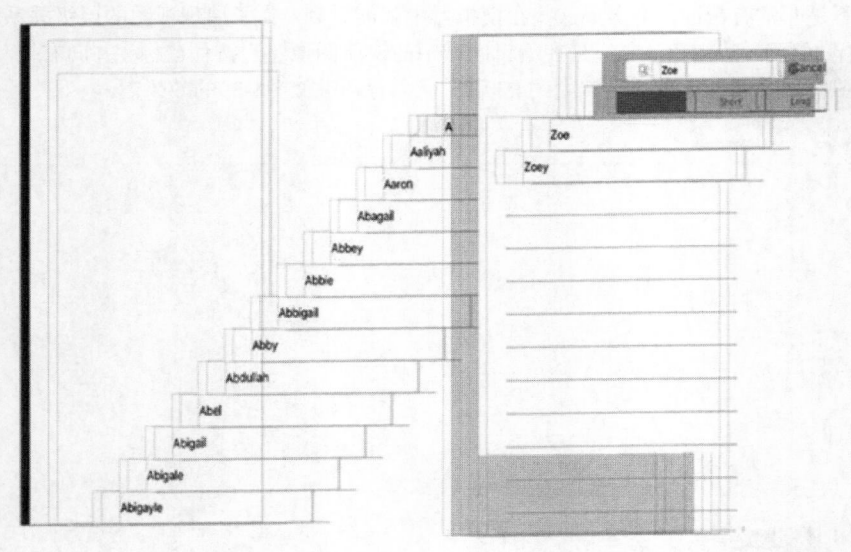

图8-40　搜索文字Zoe时的视图层级关系

　　现在可以肯定确实用到了两张表。你可以在视图栈接近底层的位置看到源表，而在它上方（或者说是右边）可以看到属于搜索结果视图控制器的表视图。在它后面是一个覆盖在原表上的半透明灰色视图，就是你在搜索栏输入时盖在原表前的阴影。

　　稍微了解一下编辑区域底部的按钮：可以使用它们来打开或关闭自动布局约束的显示，或恢复视图为之前自上而下的俯视视图，以及缩放视图。你还可以使用左侧的滑动条来更改视图之间的空隙，或者使用右侧的滑动条来移除层级顶端或底端的图层，这样就可以看到它们后面的内容了。视图调试器是一个非常神奇的工具。

8.6　小结

　　这一章的内容极其重要，你已经学习了很多。你应该很好地理解了表的工作方式，了解了如何自定义表和表视图单元，以及如何配置表视图。你还学习了如何实现搜索栏，它在任何呈现大量数据的iOS应用中，都是至关重要的工具。最后你认识了视图调试器，它是Xcode中一个非常有帮助的功能。请确保真正理解了本章的所有内容，因为本章是后面章节的基础。

　　下一章将继续介绍表视图，你将学习如何使用表视图呈现分层数据。你还将学到如何创建内容视图，以便用户编辑表视图中所选内容的数据，以及如何在表中呈现清单（checklist）、在表的行中嵌入控件和删除行，等等。

第 9 章

表视图中的导航控制器

上一章我们学习了使用表视图的基本知识。在本章中，通过添加导航控制器，你将学到更多的内容。

表视图与导航控制器是相互紧密配合的。严格来说，并不一定要使用表视图来实现导航控制器。然而在实际情况中，使用导航控制器时，里面通常至少会有一张以上的表，因为导航控制器的强大之处在于它可以轻而易举地处理复杂的层级数据。在iPhone的小屏幕上，利用一系列表视图是展示层级数据的最理想方式。

本章将逐步构建一个应用，就像之前在第7章的选取器应用中所做的那样。先实现可以使用的导航控制器以及根视图控制器，然后开始为层级结构添加更多的控制器和层。添加的每一个视图控制器都将对表的下面的某些用途以及配置进行完善：

❑ 如何从当前表视图切换到子表视图；
❑ 如何从当前表视图切换到内容视图，可以在其中浏览甚至编辑详细内容；
❑ 如何将一个表视图拆分成多个分区；
❑ 如何启用编辑模式从表视图中删除行；
❑ 如何启用编辑模式，使用户可以在表视图中重新排列行的顺序。

9.1 导航控制器基础

UINavigationController是用于构建层级应用的主要工具，其作用与UITabBarController的管理以及互相切换各个内容视图的方式类似。两者之间的主要区别在于，UINavigationController的子视图控制器是放在栈中陈列的，因此非常适合用于处理层级结构。

如果你以前接触过软件开发而且对栈的知识已经非常了解，可以直接略过或者快速浏览一遍9.1.1节的内容，然而如果你是第一次接触栈，请继续阅读。不必担心，它是一个非常简单的概念。

9.1.1 栈的概念

栈（stack）是一种常用的数据结构，采用后进先出的原则。普通的佩兹糖果盒（见图9-1）就是栈的一个很好的例子。要如何取出糖果？每个糖果盒都会在使用说明中列出几个简单的步骤：第一步，打开佩兹糖果盒的包装；第二步，把盒子的卡通头部向后扳开；第三步，用食指和拇指牢牢地捏住糖果栈，然后用一根小棍儿往里捅。

图9-1　佩兹糖果盒实现了一种简单的栈

还记得吗？我们说过栈是"后进先出"的，当然也可以说"先进后出"。放入糖果盒的第一个糖块将是最后一个出来的，最后一个被塞入的糖块会是第一个出来的。栈也遵循同样的规则。

❑ 向栈中添加对象的操作称为入栈（push），即把对象推到栈中。

❑ 第一个入栈的对象叫作栈底（base）。

❑ 最后一个入栈的对象叫作栈顶（top），下一个被推入的对象将取代它成为新的栈顶。

❑ 从栈中删除对象的操作称为出栈（pop）。出栈的那个对象永远是最后被推入栈的。同理，第一个入栈的对象也永远是最后一个出栈的。

9.1.2　控制器栈

导航控制器维护着一个视图控制器栈。在设计控制器时，必须制定用户最先看到的第一个视图。该视图控制器就是前面提到过的根视图控制器（或简称根控制器），它会作为导航控制器栈中的栈底。当用户选择查看新的视图时，栈中将插入另一个视图控制器，其视图内容也会显示出来。我们把这些新的视图控制器称为子控制器。本章的Fonts应用包含了一个导航控制器和若干子控制器。

在图9-2中，可以看到导航栏正中的标题（Title）和左侧的返回按钮（Back Button）。我们利用导航控制器中栈顶视图控制器的标题属性值来设置导航栏的标题，返回按钮的标题显示的是之前视图控制器的名称。返回按钮和浏览器中的后退按钮作用结果一致，当用户点击该按钮时，当前的视图控制器就被推出栈，之前的视图将成为当前的视图。

这种设计模式可以一层层地构建应用中复杂的层级结构，因此我们并不是非要了解整个结构才行。每个控制器只需要知道其子控制器，以便在用户操作时把相应的新控制器对象加入栈中。通过这种方式可以把若干零碎的内容组合成一个完整的应用程序，这正是本章所要做的。

图9-2　iOS上的设置应用使用了导航控制器。左上角的返回按钮用于将当前视图控制器推出栈外，并返回层级结构的上一级。同时显示了当前内容视图控制器的标题

导航控制器是许多iPhone应用的核心功能，但在iPad应用中，导航控制器的作用就没有那么重要了。邮件应用就是一个典型的例子，它实现了层级导航控制器，用户可以通过它在所有的邮件服务器、文件夹以及信息中进

行选择。而在iPad版的邮件应用中，导航控制器却没有铺满屏幕，而是显示为侧边栏（偶尔会遮住主视图的一部分）。我们将在第11章中使用。

9.2　简单的字体浏览器：Fonts

我们将要构建的应用能够体现显示层级数据所需的基本工作。应用运行后将显示一个包含iOS中所有字体系列的列表，如图9-3所示。字体系列是一组风格接近的字体（也有可能其中的某个字体是另一个的风格变体）。比如说，Helvetica、Helvetica-Bold、Helvetic-Oblique以及其他变体都是Helvetica字体大家族中的成员。

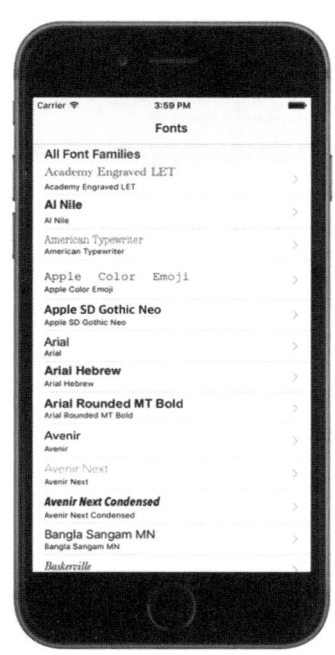

图9-3　本项目中，根视图控制器在视图的每一行右侧显示了辅助
图标。这种特别的辅助图标被称为扩展标识，通过它我们
知道触摸这一行将切换到里面的另一个表视图

选中这个顶级视图中的任意一行时，新的视图控制器将会被推入导航控制器的栈中。每行最右侧的小图都被称为辅助图标。这里，这种特别的辅助图标（即灰色箭头）显示为扩展标识（disclosure indicator），它会让用户知道触摸这一行将切换到里面的另一个视图。

9.2.1　Fonts 应用的子控制器

在实际开始操作本章项目之前，先确认将要使用的每一个子控制器。

1. 字体列表控制器

触摸图9-3所示表里的任意一行，将会切换到如图9-4所示的子视图中。

图9-4中每一行右侧的辅助图标被称为详情扩展（detail disclosure），它的作用与之前见过的箭头有些区别，详情扩展按钮不仅仅是一个图标，它还是一个用户可以独立轻点的控件。这意味着你针对给定的行可以有两种不同的操作：当用户选中该行时会触发一个操作；当用户轻点这个图标时，则会触发另一个操作。点击辅助图标中的圆形信息按钮，用户就可以浏览（或许还能编辑）当前行所对应的详细信息。而辅助图标中的右键头则提示用户，点击这行的任意位置将会导航到更深一层。

图9-4   Fonts应用的第一个子控制器实现了一个表，表中的
每一行都包含一个详情扩展按钮

2. 字体尺寸视图控制器

触摸图9-4所示表里的任意一行，将会切换到如图9-5所示的子视图中。

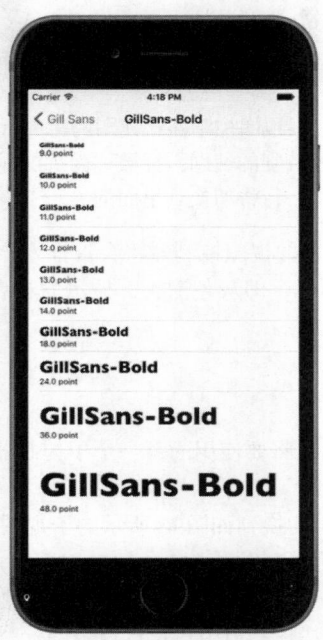

图9-5   字体尺寸视图控制器位于字体列表视图控制器的下一层，
其中的每一行都展示了所选字体的各种尺寸大小

- **使用扩展标识与详情扩展**

以下是使用扩展标识与详情扩展按钮的说明指导。

❑ 如果点击某行, 仅会打开该行的详情视图, 那么不要使用辅助图标。

❑ 如果点击某行, 会切换到一个带有更多项列表的新视图(不是详情视图), 那么可以使用扩展标识(即右键头)。

❑ 如果想要为某行提供两种操作, 那么可以为该行添加详情扩展标识或详情按钮, 这样用户就能够点击该行切换到新的视图或点击详情按钮以获取更多详情。

3. 字体信息视图控制器

图9-6展示的是应用程序的最后一个(也是唯一不是表视图的)子控制器。轻点图9-4中字体列表视图控制器任意一行上的信息图标就会出现。

图9-6　Fonts应用的最后一个视图控制器, 可以让
所选字体以想要的任何尺寸显示出来

这个视图可以让用户通过拖动滑动条以调整显示字体的尺寸。它还包含一个让用户指定此字体是否会出现在用户收藏中的开关。如果有字体被设置为收藏状态, 它们将在根视图控制器中作为独立的一个分组出现。

9.2.2　Fonts 应用的基础框架

Xcode为创建基于导航器的应用提供了一个极好的模板, 以后创建层级应用时可能会经常用到它。不过我们现在不会用到这个模板, 而是从零开始构建一个基于导航器的应用, 以便于读者了解所有内容是如何协作的。我们将全面概括所有知识, 你应该能够轻松地跟上节奏。

在Xcode中, 按下Command+Shift+N创建一个新的项目, 在iOS模板列表中选择Single View Application, 然后点击Next按钮继续。将Product Name设为Fonts, Language设为Swift, 并将Devices设为Universal。确保没有勾选Use Core Data复选框, 之后点击Next按钮并选择项目要存储的位置。

1. 设置导航控制器

现在我们要创建应用导航器的基础架构。其核心之处就是UINavigationController, 它管理着用户可以切换的视图控制器栈，以及一个用来显示顶级列表的UITableViewController。通过Interface Builder可以很轻松地完成。

选中Main.storyboard。模板会为我们创建一个基本的视图控制器，不过我们需要将其替换成UINavigation-Controller。在编辑区域或文档略图中选中视图控制器并删除它以清空storyboard。现在使用对象库搜索UINavigationController并拖动一个实例到编辑区域。你将会看到，实际上得到的不止一个场景，而是两个，和第7章中创建分页视图控制器的情况非常类似。在左侧的就是UINavigationController。选择这个控制器，打开特征检查器，然后勾选View Controller分区中的Is Initial View Controller选项，这样这个视图控制器就会在应用程序启动时出现。

UINavigationController上有一根线连接到了第二个场景，它包含一个UITableViewController。你会看到表上的标题是Root View Controller。在文档略图中点击Root View Controller图标（位于Table View图标下面，注意不要错选上面那个），打开特征检查器，然后设置其title字段为Fonts。如果storyboard中的标题没有发生变化，那么你恐怕是选到了错误的Root View Controller图标。

以上步骤完成后，我们得到了由导航控制器创建的视图，它集成了顶部导航栏（通常包含各种标题和在左侧出现的某些返回按钮）和导航控制器中当前视图控制器显示的任何内容。在我们的示例中，底下显示的所有内容会是与导航控制器一同创建的表视图。

在阅读过程中，你还将学到更多关于如何控制导航控制器中导航条中显示的内容，还将了解到导航控制器如何将焦点从一个子视图控制器切换到其他控制器。现在已经有了足够的准备工作，可以开始定义自定义视图控制器了。

这时的应用程序框架实质上已经完成了。你会看到一条关于设置样本表单元复用标识符的警告，不过现在可以忽略它。存储所有文件，然后构建并运行应用。如果一切正常，应用将会启动，而一个标题为Fonts的导航条也会出现。你还没有给表视图任何需要显示的信息，所以此时不会有内容在行中显示出来（如图9-7所示）。

图9-7　没有任何数据的应用程序基础框架

2. 收藏喜爱的字体

在应用中，用户能维护一个收藏字体列表，可以添加自己喜欢的字体，浏览所有已经选好的收藏字体，也可以从列表中移除它们。为了能使用一致的方式管理这个列表，我们要创建一个新类，它包含一个收藏内容的数组并将它们存储到应用的用户偏好设置中。你将在第12章中学到更多关于用户偏好设置的内容，这里我们只会接触一些皮毛。

现在开始创建一个新类。在项目导航面板中选中Fonts文件夹并按下Command+N调出新建文件向导。在iOS的Source分类中选择Swift File，然后点击Next按钮。在接下来的界面中，将新文件命名为FavoritesList.swift，并点击Create按钮。在项目导航面板中选择这个新文件，并添加如代码清单9-1所示的粗体代码。

代码清单9-1 FavoritesList类的文件

```swift
import Foundation
import UIKit

class FavoritesList {
    static let sharedFavoritesList = FavoritesList()
    private(set) var favorites:[String]

    init() {
        let defaults = UserDefaults.standard
        let storedFavorites = defaults.object(forKey: "favorites") as? [String]
        favorites = storedFavorites != nil ? storedFavorites! : []
    }

    func addFavorite(fontName: String) {
        if !favorites.contains(fontName) {
            favorites.append(fontName)
            saveFavorites()
        }
    }

    func removeFavorite(fontName: String) {
        if let index = favorites.index(of: fontName) {
            favorites.remove(at: index)
            saveFavorites()
        }
    }

    private func saveFavorites() {
        let defaults = UserDefaults.standard
        defaults.set(favorites, forKey: "favorites")
        defaults.synchronize()
    }
}
```

在上面的代码片段中，我们声明了新类的API。首先声明了一个名称为sharedFavoritesList的类属性，它会返回一个类的实例。无论什么时候调用这个方法，总是会返回同一个实例。这是因为FavoritesList没有使用多个实例，而是以单例的方式运行。我们在这个应用程序中只会用到一个实例。

接下来我们声明了一个属性来保存收藏的字体名称。注意这个数组的定义语句：

```swift
private(set) var favorites:[String]
```

private(set)修饰符意味着数组可以在类的外部通过代码读取，不过只有类里面的实现代码才可以修改它。这就是我们想要的效果，因为我们需要这个类的用户能够读取到收藏列表：

```swift
let favorites = FavoritesList.sharedFavoriteList.favorites              // Read-access is OK
```

但我们不希望出现这样的情况：

```swift
FavoritesList.sharedFavoriteList.favorites = []                        // Not allowed
FavoritesList.sharedFavoriteList.favorites.append("Comic Sans MS")     // Not allowed
```

类的初始化函数负责设置favorites数组的初始内容：

```
init() {
    let defaults = UserDefaults.standard
    let storedFavorites = defaults.object(forKey: "favorites") as? [String]
    favorites = storedFavorites != nil ? storedFavorites! : []
}
```

很快你就会看到，只要我们向这个数组添加或移除一些元素，就会将其内容保存到应用程序的用户默认设置中（在第12章会详细讨论），这样列表的内容就会在应用程序重新打开时依然保留。在初始化函数中，我们检测是否保存了一个收藏列表。如果有，就使用它来初始化favorites属性，否则它就会是空白的。

剩下的三个方法会处理favorites数组的添加或移除操作。实现的代码应该一目了然。前两个方法都调用了saveFavorites()方法，它基于同样的键（favorites，与初始化函数读取数据所用的相同）将更新后的数据存储到用户偏好设置中。第12章将介绍更多相关的工作原理，不过现在只需知道在这里使用的UserDefaults（以及NSUserDefaults）对象就像是一种永久性字典，放入其中的任何东西在下次访问时仍将存在，即便应用曾经停止或重启过。

注意 在Xcode 8中，苹果公司将许多带NS前缀的内容在Swift中改得让用户更容易接受。比如NSUserDefaults现在变成了UserDefaults。

9.2.3 创建根视图控制器

我们首先要开发第一个视图控制器。上一章使用一个简单的字符串数组来作为表的行。这里也使用类似的方法，不过这次将使用UIFont类来获取字体系列的列表，然后使用这些字体系列的名称作为每一行。我们还将使用字体本身的格式来显示字体名称，这样每行都将能够简单预览字体系列的内容。

开始为应用创建第一个控制器类。模板为我们创建了一个视图控制器，不过它的名称ViewController并不是特别适合，因为这个应用程序中会有多个视图控制器。首先在项目导航面板中选中ViewController.swift文件并按下Delete键删除到废纸篓中。接下来选中项目导航面板中的Fonts文件夹并按下Command+N以调出新建文件向导。在iOS的Source分类中选择Cocoa Touch Class，然后点击Next按钮。在之后的界面中将新类命名为RootViewController，并在Subclass of中输入UITableViewController。点击Next按钮，再点击Create按钮创建新类。在项目导航面板中选择RootViewController.swift文件并添加以下粗体所示的代码片段，来添加一些属性：

```
class RootViewController: UITableViewController {
    private var familyNames: [String]!
    private var cellPointSize: CGFloat!
    private var favoritesList: FavoritesList!
    private static let familyCell = "FamilyName"
    private static let favoritesCell = "Favorites"
```

为这三个属性赋值，之后会在类中多次使用它们。familyNames数组将包含所要显示的所有字体系列的列表，cellPointSize属性表示想要在表视图单元中使用的字体大小，favoritesList将包含指向FavoritesList单例的指针。最后两个属性是表示单元标识符的常量，我们将在这个控制器中处理表视图单元时用到它们。

在viewDidLoad()方法中添加如下粗体显示的代码（如代码清单9-2所示）以设置全部的类属性。

代码清单9-2 RootViewController.swift文件的viewDidLoad方法

```
override func viewDidLoad() {
    super.viewDidLoad()

    familyNames = (UIFont.familyNames() as [String]).sorted()
    let preferredTableViewFont =
        UIFont.preferredFont(forTextStyle: UIFontTextStyleHeadline)
```

```
        cellPointSize = preferredTableViewFont.pointSize
        favoritesList = FavoritesList.sharedFavoritesList
        tableView.estimatedRowHeight = cellPointSize
    }
```

在代码清单9-2中，familyNames中存放了从UIFont类获取的所有已知字体名称，并对结果数组进行排序。然后再次使用UIFont获取适合在标题处使用的字体。通过iOS 7新增的功能可以获取用户在Settings应用中指定的字体大小。通过这个动态字体尺寸，用户可以设置一个整个系统都能用到的全局字体缩放值。在这里，我们使用字体的pointSize属性来建立一个在视图控制器中普遍采用的标准字体大小。最后我们还要获取收藏列表对象的单例并通过设置表视图的estimatedRowHeight属性为表提供大概的行高。只要我们确保设置了这个属性，并保留表视图的rowHeight属性的值是默认的UITableViewAutomaticDimension，使用的是默认的表视图单元（也可以使用有自动布局约束的自定义表视图单元），那么表最后就能够基于单元的内容计算出每一行的正确尺寸。

在继续之前，删除didReceiveMemoryWarning()方法，以及模板为我们提供的所有的表视图委托和数据源方法，我们不会在这个类中用到它们。

这个视图控制器的目的是显示两个分区。第一个分区是全部有效字体系列的列表，每一项代表这个系列中的所有字体。第二个分区是收藏列表，只包含一个项目，用户通过它可以看到收藏的字体。不过，假如没有用户喜欢的收藏项（例如应用第一次启动的时候），将不会显示第二个分区，因为用户通过它得到的只是一张空列表。

因此我们还有一些工作要做，才能最终完成这个类。首先是实现下面的方法，它会在根视图控制器的视图在屏幕上出现之前被调用：

```
override func viewWillAppear(_ animated: Bool) {
    super.viewWillAppear(animated)
    tableView.reloadData()
}
```

之所以要这样做，是因为把一个视图切换到另一个时，需要显示的内容可能也会发生改变。比如，用户一开始时没有收藏项，但是切换视图后，会浏览某个字体并将其设置为收藏项，然后回到根视图。此时需要重新加载表视图，这样第二个分区便会显示出来。

接下来要实现一个在该类中使用的实用工具方法。很多时候，例如通过数据源方法配置表视图时，要计算出表单元中需要显示哪种字体。在里面的方法中写入代码清单9-3中的功能代码。

代码清单9-3 计算得出想要显示的字体

```
func fontForDisplay(atIndexPath indexPath: NSIndexPath) -> UIFont? {
    if indexPath.section == 0 {
        let familyName = familyNames[indexPath.row]
        let fontName = UIFont.fontNames(forFamilyName: familyName).first
        return fontName != nil ?
            UIFont(name: fontName!, size: cellPointSize) : nil
    } else {
        return nil
    }
}
```

这个方法使用了UIFont类，根据已有的字体系列名称找到所有的字体名称，然后获取系列中首个字体的名称。并不需要知道字体系列中首个字体来代表整个系列是否最为合适，姑且就这样认为吧。倘若这个系列中不包含字体名称，就会返回nil。

现在把注意力集中到视图控制器的主要代码——表视图数据源方法。首先来看看分区的数量：

```
override func numberOfSections(in tableView: UITableView) -> Int {
    return favoritesList.favorites.isEmpty ? 1 : 2
}
```

我们根据收藏列表来判断是否要显示第二个分区。接下来，处理每个分区的行数：

```
override func tableView(_ tableView: UITableView, numberOfRowsInSection section: Int) -> Int {
    // Return the number of rows in the section.
    return section == 0 ? familyNames.count : 1
}
```

这段代码也很简单。只需根据分区数的索引来判断分区究竟是显示所有字体系列的名称，还是只有一个链接到收藏列表的表单元。下面我们来定义另一个方法，它是UITableViewDataSource协议中的一个可选方法，能使我们指定每个分区的标题：

```
override func tableView(_ tableView: UITableView, titleForHeaderInSection section: Int) ->
String? {
    return section == 0 ? "All Font Families" : "My Favorite Fonts"
}
```

这个方法也很简单。它根据分区索引决定使用什么作为标题。最后是每个表视图都必须实现的核心数据源方法，用来配置每个表单元，代码如代码清单9-4所示。

代码清单9-4　CellForRow(atIndexPath:)函数

```
override func tableView(_ tableView: UITableView, cellForRowAt indexPath: IndexPath) ->
UITableViewCell {
    if indexPath.section == 0 {
        // The font names list
        let cell = tableView.dequeueReusableCell(withIdentifier: RootViewController.
        familyCell, for: indexPath)
        cell.textLabel?.font = fontForDisplay(atIndexPath: indexPath)
        cell.textLabel?.text = familyNames[indexPath.row]
        cell.detailTextLabel?.text = familyNames[indexPath.row]
        return cell
    } else {
        // The favorites list
        return tableView.dequeueReusableCell(withIdentifier: RootViewController.
        favoritesCell, for: indexPath)
    }
}
```

在创建这个类时，我们定义了两个不同的表单元标识符，可以用它们加载storyboard中的两个不同表单元样本（就像第8章中从XIB文件加载一样）。现在还没有开始配置表单元样本，不过快了。接着根据分区索引来判断针对当前indexPath索引路径将显示哪个表单元。如果表单元用来容纳字体系列名称，那么要在textLabel和detailTextLabel上显示字体系列名称。我们还在文本标签中使用了系列中的字体（通过之前添加的fontForDisplay (atIndexPath:)方法获取），这样就可以让字体系列名称以字体本身的格式显示出来，此外还有一个较小的标准系统字体。

9.2.4　初始化 storyboard

现在已经实现了一个视图控制器。为了让其显示一些内容，需要设置storyboard。在项目导航面板中选择Main. storyboard。可以看到我们之前添加的导航控制器和表视图控制器。我们首先需要配置表视图控制器。默认的控制器类是UITableViewController，需要将其更改为根视图控制器类。在文档略图中找到Fonts Scene，选择里面标示为Fonts 的黄色图标，然后使用身份检查器将视图控制器的Class更改为RootViewController。

我们现在还需要配置两个表单元样本，与代码中会用到的单元标识符相配。表视图在一开始就拥有一个表单元样本。选中它并按下Command+D键对它进行复制，之后将看到两个表单元。选中第一个表单元，使用特征检查器将其Style设为Subtitle，Identifier设为FamilyName，Accessory设为Disclosure Indicator。接下来选择第二个表单元样本，将其Style设为Basic，Identifier设为Favorites，Accessory设为Disclosure Indicator。还需要双击表单元中的标题并将文本由Title改为Favorites。

> **提示** 我们在这个示例中使用的两个表单元样本都拥有标准的表视图单元风格。如果将Style设为Custom，就可以在表单元样本中设计表单元的布局了，就像第8章在XIB文件中创建一个表单元所做的一样。

现在构建并运行这个应用，应该会看到一张不错的字体列表。向下稍微滚动会发现所有字体的文字高度并不相同（如图9-8所示）。所有表单元的高度都足以容纳它们的内容，假如你不记得其原理，可以回头看看之前我们在这一节中对viewDidLoad()方法中所添加代码的讨论内容。

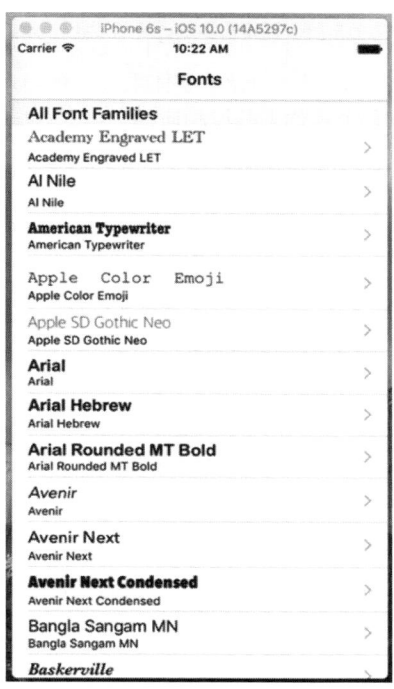

图9-8　根视图控制器显示系统内置的字体系列

9.2.5　第一个子控制器：字体列表视图

我们的应用当前只显示了一个字体系列的列表，没有其他的内容。我们想添加一个功能，让用户点击某个字体系列就可以看到其中的所有字体，因此要创建一个新的视图控制器来管理此字体列表。创建一个新的Cocoa Touch类，将其命名为FontListViewController并作为UITableViewController的子类。创建这个类之后，在项目导航面板中选中FontListViewController.swift文件并添加以下属性：

```
class FontListViewController: UITableViewController {
    var fontNames: [String] = []
    var showsFavorites:Bool = false
    private var cellPointSize: CGFloat!
    private static let cellIdentifier = "FontName"
```

fontNames属性用来告诉这个视图控制器显示何种内容。另外，还创建了一个showsFavorites属性，将通过它让视图控制器知道显示的究竟是收藏列表，还是字体系列列表。它在后面会非常有用。我们将使用cellPointSize属性存储每个字体的优先显示尺寸，再次通过UIFont找到优先尺寸。而最后的cellIdentifier是这个控制器中表视图单元的标识符。

为了初始化cellPointSize属性并设置表视图估算的行高，在viewDidLoad()方法中添加代码清单9-5中的代码。

```swift
override func viewDidLoad() {
    super.viewDidLoad()

    let preferredTableViewFont =
        UIFont.preferredFont(forTextStyle: UIFontTextStyleHeadline)
    cellPointSize = preferredTableViewFont.pointSize
    tableView.estimatedRowHeight = cellPointSize
}
```

接下来要创建一个简单的实用工具方法来选择每行的字体，这与我们在RootViewController类中所做的类似。但有些区别，之前的方法中获取的是这个视图控制器中字体系列的列表，而这里改成获取fontNames属性中字体名称的列表，我们将使用UIFont类根据每个名称来获取相应的字体，代码如下所示：

```swift
func fontForDisplay(atIndexPath indexPath: NSIndexPath) -> UIFont {
    let fontName = fontNames[indexPath.row]
    return UIFont(name: fontName, size: cellPointSize)!
}
```

现在要在viewWillAppear()方法的实现代码中添加部分内容。在RootViewController类中，实现这个方法是为了在收藏列表内容有变动时进行刷新。现在也是同样的道理。这个视图控制器也可能会显示收藏字体的列表，而用户也许会切换到另一个视图控制器，更改收藏项（我们之后会进行处理），然后再回到这里。我们需要重新加载表视图，而这个方法会对其进行处理（如代码清单9-6所示）。

```swift
override func viewWillAppear(_ animated: Bool) {
    super.viewWillAppear(animated)
    if showsFavorites {
        fontNames = FavoritesList.sharedFavoritesList.favorites
        tableView.reloadData()
    }
}
```

这里的基本概念是，在进行正常操作时，视图控制器会在内容显示之前先获取到一个字体名称列表。只要视图控制器仍在，该列表就始终保持不变。只有在某种特殊情况下（很快就会看到），这个视图控制器需要重新加载它的字体列表。

接下来，可以删除整个numberOfSectionsInTableView()方法。此处只有一个分区，忽略这个方法就相当于实现它并返回了1。接着要实现另外两个主要的数据源方法，参照代码清单9-7。

```swift
override func tableView(_ tableView: UITableView, numberOfRowsInSection section: Int) -> Int {
    // Return the number of rows in the section.
    return fontNames.count
}

override func tableView(_ tableView: UITableView, cellForRowAt indexPath: IndexPath) ->
UITableViewCell {

    let cell = tableView.dequeueReusableCell(
        withIdentifier: FontListViewController.cellIdentifier,
        for: indexPath)

    cell.textLabel?.font = fontForDisplay(atIndexPath: indexPath)
    cell.textLabel?.text = fontNames[indexPath.row]
    cell.detailTextLabel?.text = fontNames[indexPath.row]
```

```
    return cell
}
```

这些方法都不需要解释，因为它们与RootViewController中用到的类似，甚至还要简单。

我们之后要向这个类添加更多的内容，不过首先要让它运行。为此，还需要对storyboard再做一些配置，并对RootViewController进行一些修改。先切换到Main.storyboard继续吧。

9.2.6　设计字体列表的 storyboard

现在storyboard的导航控制器中包含一个显示字体列表的表视图控制器，需要添加一个新的层来配合显示特定系列字体的视图控制器。在对象库中找到Table View Controller（表视图控制器），拖出一个放在编辑区域，位于已有的表视图控制器右边。选择新的表视图控制器并使用身份检查器将它的class设置为FontListView-Controller。在表视图中选择单元样本并打开特征检查器来进行调整。将它的Style改为Subtitle，Identifier设为FontName，Accessory改为Detail Disclosure。使用详情扩展按钮可以让这类行对两种轻点作出响应，这样就可以根据用户轻点的是辅助按钮还是其他位置而触发两种不同的操作。

有一种方法可以让用户在一个视图控制器内操作，同时实例化并显示另一个视图控制器，这就是创建一个在两者之间相连的转场（segue）。转场实际上是一种"过渡"，作家和电影人有时会用它来描述一种能使段落或场景平滑地与后续内容衔接起来的行为。苹果公司本来可以直接称其为"过渡"，不过在UIKit的API中随处可见过渡（transition）一词，因此苹果可能为了避免混淆而使用了一个独特的术语。需要告诉你的是，segue与个人用交通工具Segway的发音完全一样（现在你可能终于明白了它为什么要叫Segway）。

通常转场完全是在Interface Builder中创建的。运行原理是某个场景中的操作可以触发转场去加载并显示另一个场景。如果正在使用导航控制器，转场可以将下一个控制器自动推入导航栈。我们会在应用中使用这个功能，现在就开始吧！

为了让根视图控制器中的表单元可以显示出字体列表视图控制器，需要创建一对转场来连接两个场景。只需按住鼠标右键，将鼠标光标从Fonts场景两个表单元样本中的第一个拖到新场景上即可。鼠标悬停时将看到整个场景高亮显示，表示可以连接了（如图9-9所示）。

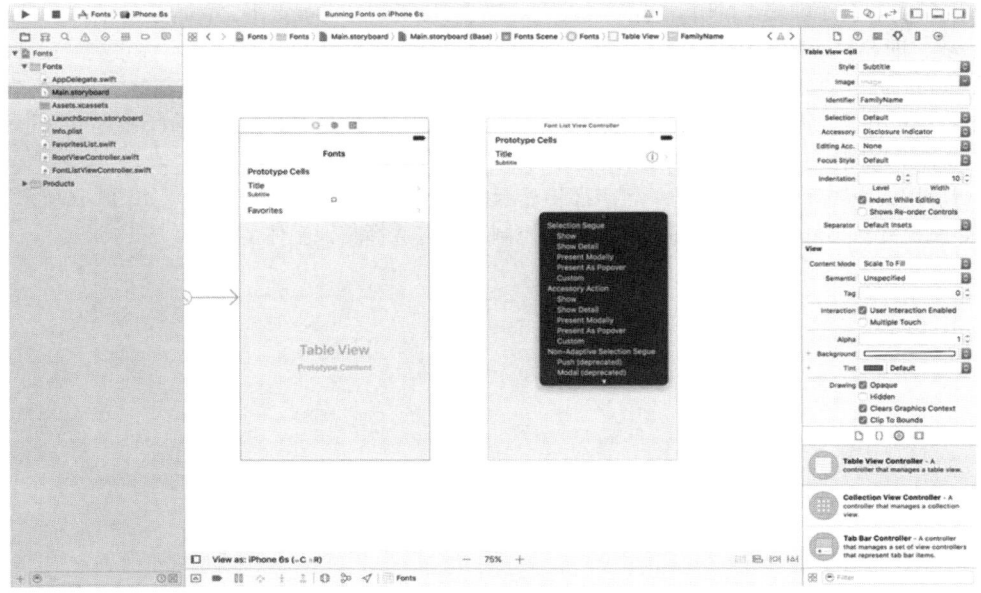

图9-9　创建一个从字体列表控制器到字体名称控制器的Show转场

松开鼠标右键并选择弹出菜单中Selection Segue部分的Show选项。现在对另一个单元样本执行同样的操作。创建这些转场意味着，只要用户轻点这些表视图，另一端相连的视图控制器便会分配内存空间并生成出来。

设置根视图控制器的转场

保存更改并切换回RootViewController.swift文件。注意不是刚刚用到的类FontListViewController，而是它的"父"控制器。你需要在这里响应用户在根表视图中的触摸行为，让新的FontListViewController（由你刚刚创建的其中一个转场所指定）可以显示，并传递需要显示的值。

新视图控制器实际的准备工作是由prepareForSegue(_:sender:)方法来完成的。请添加代码清单9-8中的代码来实现这个方法。

代码清单9-8   准备显示新的视图控制器

```swift
// MARK: - Navigation

override func prepare(for segue: UIStoryboardSegue, sender: AnyObject?) {
    // Get the new view controller using [segue destinationViewController].
    // Pass the selected object to the new view controller.
    let indexPath = tableView.indexPath(for: sender as! UITableViewCell)!
    let listVC = segue.destinationViewController as! FontListViewController

    if indexPath.section == 0 {
        // Font names list
        let familyName = familyNames[indexPath.row]
        listVC.fontNames = (UIFont.fontNames(forFamilyName: familyName) as [String]).
        sorted()
        listVC.navigationItem.title = familyName
        listVC.showsFavorites = false
    } else {
        // Favorites list
        listVC.fontNames = favoritesList.favorites
        listVC.navigationItem.title = "Favorites"
        listVC.showsFavorites = true
    }
}
```

这个方法通过sender(即轻点的UITableViewCell对象)来判断哪一行被点击，并向segue请求它的destination-ViewController，即要显示的FontListViewController实例。然后根据用户轻点的是字体系列（section为0）还是收藏单元（section为1）直接向新的视图控制器传入一些值。除了要设置目标视图控制器的自定义属性，还要访问控制器的navigationItem属性并设置它的标题。navigationItem属性是UINavigationItem类的一个实例，这是一个UIKit类，包含了视图控制器的导航条上所显示内容的相关信息。

现在运行应用，点击字体系列的任一名字都将显示它包含的所有独立字体列表（如图9-10所示）。你可以轻点字体列表导航控制器顶部的Fonts标签回到它的父控制器，以选择其他字体。

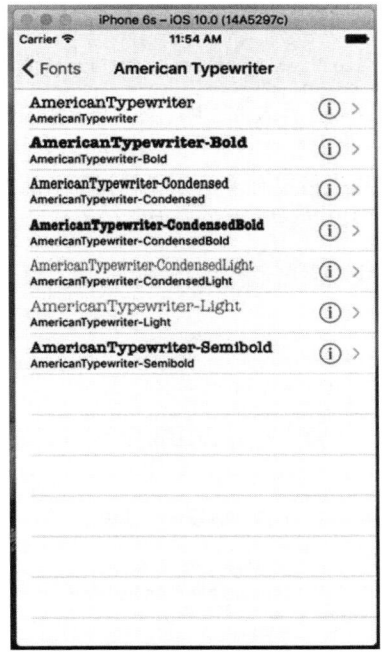

图9-10　显示某个字体系列中包含的独立字体

9.3　创建字体尺寸视图控制器

当前应用的功能还没有全部完成。图9-4和图9-5展示了能以多种方式浏览所选字体的界面，现在还没做到那一步，不过也不远了！下面要创建一个如图9-4所示的视图，它一次展示了多个字体尺寸。使用创建FontListView-Controller的同样步骤，创建一个UITableViewController子类的新视图控制器，并命名为FontSizesView-Controller。这个类只需要父控制器传入一个字体参数。此外还需要两个私有属性。

首先切换到FontSizesViewController.swift文件，删除didReceiveMemoryWarning和numberOfSectionsInTable-View:方法，以及所有位于底部被注释的方法。这次同样用不到它们。然后在类的顶端位置添加以下属性定义代码。

```
import UIKit

class FontSizesViewController: UITableViewController {
    var font: UIFont!
    private static let pointSizes: [CGFloat] = [
            9, 10, 11, 12, 13, 14, 18, 24, 36, 48, 64, 72, 96, 144
    ]
    private static let cellIdentifier = "FontNameAndSize"
```

font属性会在这个视图控制器推入导航控制器堆栈前由FontListViewController类设置。pointSizes属性是一个数组，包含所显示字体的尺寸点数。我们还需要以下实用工具方法，它可以基于表的行索引，获取某个字体的尺寸。

```
func fontForDisplay(atIndexPath indexPath: NSIndexPath) -> UIFont {
    let pointSize = FontSizesViewController.pointSizes[indexPath.row]
    return font.withSize(pointSize)
}
```

我们还需要设置表视图的estimatedRowHeight属性，这样表将能够根据每行包含的内容自动计算出正确的行高。请将下面这一行代码添加到viewDidLoad()方法中：

```
tableView.estimatedRowHeight = FontSizesViewController.pointSizes[0]
```

事实上无论为这个属性赋什么值，都不会有太大影响，因此我们随意使用这张表需要显示的最小的字体尺寸点数。

对于这个视图控制器，我们要忽略用来指定有多少分区需要显示的方法，这样就只会采用默认的数字1了。不过我们还是必须实现用来指定有多少行以及每个表单元内容的方法。这两个方法如代码清单9-9所示。

代码清单9-9   FontSizeViewController中表视图的数据源方法

```
// MARK: - Table view data source

override func tableView(_ tableView: UITableView, numberOfRowsInSection section: Int) -> Int {
    return FontSizesViewController.pointSizes.count
}
override func tableView(_ tableView: UITableView, cellForRowAt indexPath: IndexPath) ->
UITableViewCell {
    let cell = tableView.dequeueReusableCell(
        withIdentifier: FontSizesViewController.cellIdentifier,
        for: indexPath)

    cell.textLabel?.font = fontForDisplay(atIndexPath: indexPath)
    cell.textLabel?.text = font.fontName
    cell.detailTextLabel?.text =
        "\(FontSizesViewController.pointSizes[indexPath.row]) point"

    return cell
}
```

这里所有的代码都是之前遇到过的，所以我们直接来看如何在storyboard中设置其用户界面。

9.3.1   设计字体尺寸视图控制器的 storyboard

回到Main.storyboard并将另一个Table View Controller拖到编辑区域中。使用身份检查器将它的class改为FontSizesViewController。需要将它与父控制器FontListViewController用转场连接起来。因此，找到控制器并按住鼠标右键从它的单元样本拖动到最新的视图控制器上，然后在弹出菜单中的Selection Segue部分选择Show。接下来选择你最新添加场景中的单元样本，然后使用特征检查器将其Style设为Subtitle，将Identifier设为FontName-AndSize。

9.3.2   对字体列表视图控制器的转场进行设置

现在我们需要切换到父视图控制器以设置它的子控制器，就像之前扩展storyboard的导航层级那样。需要打开FontListViewController.swift文件并实现prepareForSegue(_:sender:)方法（如代码清单9-10所示）。

代码清单9-10   FontListViewController类的preparedForSeque方法

```
// MARK: - Navigation

override func prepare(for segue: UIStoryboardSegue, sender: AnyObject?) {
    // Get the new view controller using [segue destinationViewController].
    // Pass the selected object to the new view controller.
    let tableViewCell = sender as! UITableViewCell
    let indexPath = tableView.indexPath(for: tableViewCell)!
    let font = fontForDisplay(atIndexPath: indexPath)

    let sizesVC = segue.destinationViewController as! FontSizesViewController
```

```
    sizesVC.title = font.fontName
    sizesVC.font = font
}
```

这些代码看起来应该很熟悉，所以我们就不过于深入了。

运行应用，选择某个字体系列，再选择某字体（在行内，轻点除了右侧辅助图标以外的任意位置），你会看到如图9-11所示的多尺寸列表。

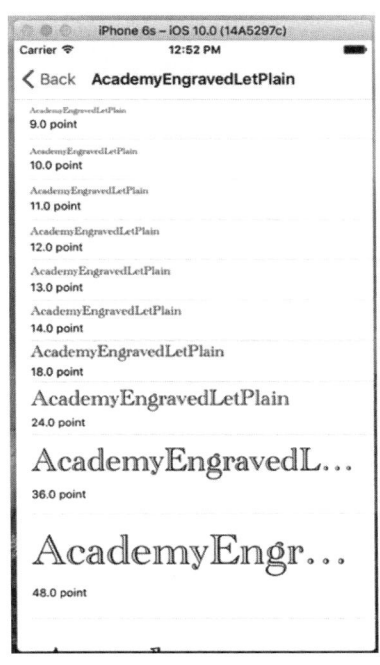

图9-11 多尺寸表视图列表

9.3.3 创建字体信息视图控制器

我们要创建的最后一个视图如图9-5所示。它并不基于表视图，而是包含了一个很大的文本标签，一个用于设置文字尺寸的滑动条，以及一个用于设置是否将当前使用的字体加入收藏列表的切换开关。在项目中创建一个新的Cocoa Touch类，使用UIViewController作为父类，然后将其命名为FontInfoViewController。与应用中大多数其他控制器一样，需要有由父控制器传来的两个参数。请在FontInfoViewController.swift文件中定义这些属性，以及在构建用户界面时会用到的四个输出接口：

```
class FontInfoViewController: UIViewController {
    var font: UIFont!
    var favorite: Bool = false
    @IBOutlet weak var fontSampleLabel: UILabel!
    @IBOutlet weak var fontSizeSlider: UISlider!
    @IBOutlet weak var fontSizeLabel: UILabel!
    @IBOutlet weak var favoriteSwitch: UISwitch!
```

接下来实现viewDidLoad()方法以及两个分别由滑动条和开关触发的操作方法（如代码清单9-11所示）。

代码清单9-11 viewDidLoad()方法以及滑动条和开关的操作方法

```
override func viewDidLoad() {
    super.viewDidLoad()
```

```
    // Do any additional setup after loading the view.
    fontSampleLabel.font = font
    fontSampleLabel.text =
        "AaBbCcDdEeFfGgHhIiJjKkLlMmNnOoPpQqRrSsTtUuVv"
        + "WwXxYyZz 0123456789"
    fontSizeSlider.value = Float(font.pointSize)
    fontSizeLabel.text = "\(Int(font.pointSize))"
    favoriteSwitch.isOn = favorite
}
@IBAction func slideFontSize(slider: UISlider) {
    let newSize = roundf(slider.value)
    fontSampleLabel.font = font.withSize(CGFloat(newSize))
    fontSizeLabel.text = "\(Int(newSize))"
}

    @IBAction func toggleFavorite(sender: UISwitch) {
        let favoritesList = FavoritesList.sharedFavoritesList
        if sender.isOn {
            favoritesList.addFavorite(fontName: font.fontName)
        } else {
            favoritesList.removeFavorite(fontName: font.fontName)
        }
    }
```

这些方法都很简单。viewDidLoad()方法根据所选字体设置显示内容；slideFontSize()方法根据滑动条的值改变fontSampleLabel标签中字体的尺寸；toggleFavorite()会根据开关的值将当前字体添加到或移除出收藏列表。

9.3.4   设计字体信息视图控制器的 storyboard

现在回到Main.storyboard以构建这个应用最后的视图控制器GUI。通过对象库找到一个原生的View Controller。将其拖动到编辑区域，并使用身份检查器将它的类设为FontInfoViewController。接下来通过对象库找到其他对象并将它们拖入新场景中。需要三个标签、一个开关和一个滑动条。将它们按照图9-12的布局放置。目前还不必担心如何添加自动布局约束，之后我们会执行这项操作。

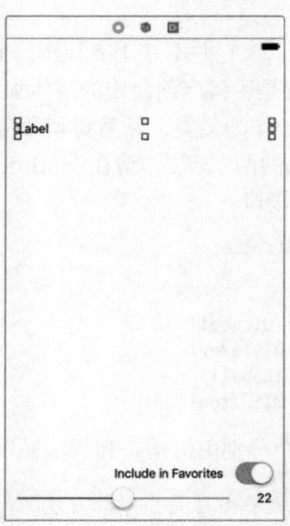

图9-12　标签、开关和滑动条的布局

　　注意我们在顶端标签之上留了一些空间，这是因为要在这里放置导航条。此外，我们希望顶端标签能够显示占有多行的大段文本，但标签默认设定为只能显示一行。如果要改变它，请选中标签，打开特征检查器，并将Lines文本框中的数字设为0。

　　图9-12还展示了下方两个标签中修改后的文本。请自己尝试同样的改动。从图中无法看出两个文本在特征检查器中都设为了右对齐。但你需要这么做，因为它们的布局约束本质上都是靠近右边的。此外，选择底部的滑动条，然后使用特征检查器将它的Minimum设为1，Maximum设为200。

　　现在要建立GUI中的所有关联。首先选择视图控制器并打开关联检查器。检查器中展示了我们要关联的许多内容。通过拖动favoriteSwitch、fontSampleLabel、fontSizeLabel和fontSizeSlider旁边的小圆圈到场景中相应的对象以创建每个输出接口的关联。为避免出现混淆，给出提示：fontSampleLabel应该关联顶部的标签，fontSizeLabel关联右下角的标签，而favoriteSwitch和fontSizeSlider输出接口都只有一个目标能关联。为了关联操作方法和控件，你还需要用到关联检查器。在视图控制器的关联检查器Received Actions区域，拖动slideFontSize旁边的小圆圈到滑动条上并松开鼠标按键，然后在显示的弹出菜单中选择Value Changed。接下来拖动toggleFavorite旁边的小圆圈到开关上并再次选择Value Changed。所有的关联看起来应如图9-13所示。

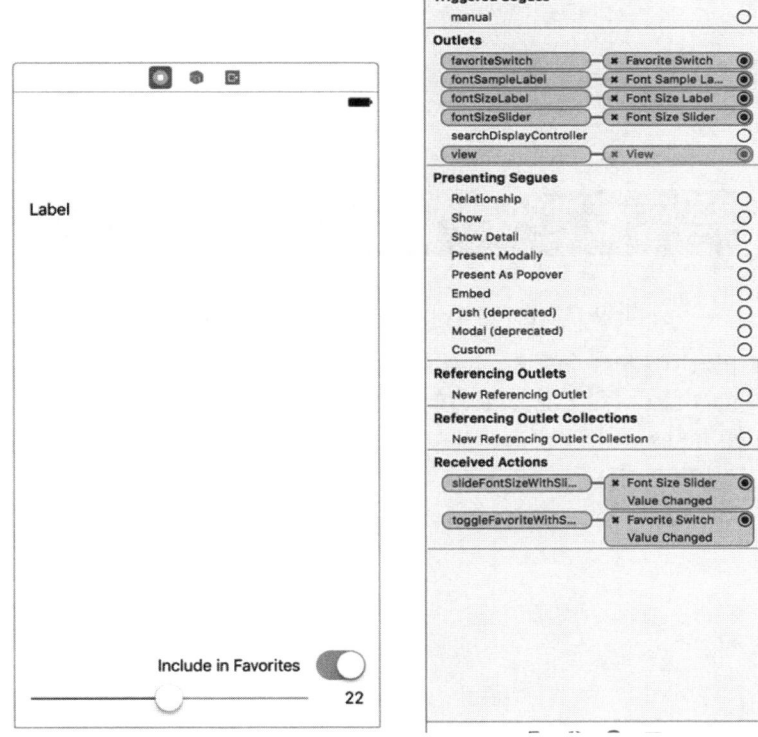

图9-13　字体信息视图控制器的storyboard中所有已完成的关联

　　还需要创建一个转场，否则该视图无法显示。记住，当用户轻点详情辅助图标（蓝色的带圆圈的字母i）来显示字体列表视图控制器时，该视图便会出现。因此，找到控制器，按住鼠标右键从它的单元样本拖到之前新创建的字体信息视图控制器，在弹出菜单中的Accessory Action区域中选择Show。注意我们说的是Accessory Action（辅助操作），而不是Selection Segue（选中转场），请参照图9-14。辅助操作是当用户轻点详情辅助图标时触发的转场，而选中转场是轻点行内任意其他位置时触发的转场。我们已经设置这个表单元的选中转场为打开一个FontSizesViewController控制器。

　　现在行中有两处不同的区域可以通过轻点来触发不同的转场。因为它们将显示不同的视图控制器，并且拥有不同的属性，所以要用某种方式对它们进行区分。幸运的是，转场是由UIStoryboardSegue类表示的，它提供了一种解决的办法：我们可以使用标识符，就像对表视图单元所做的那样。

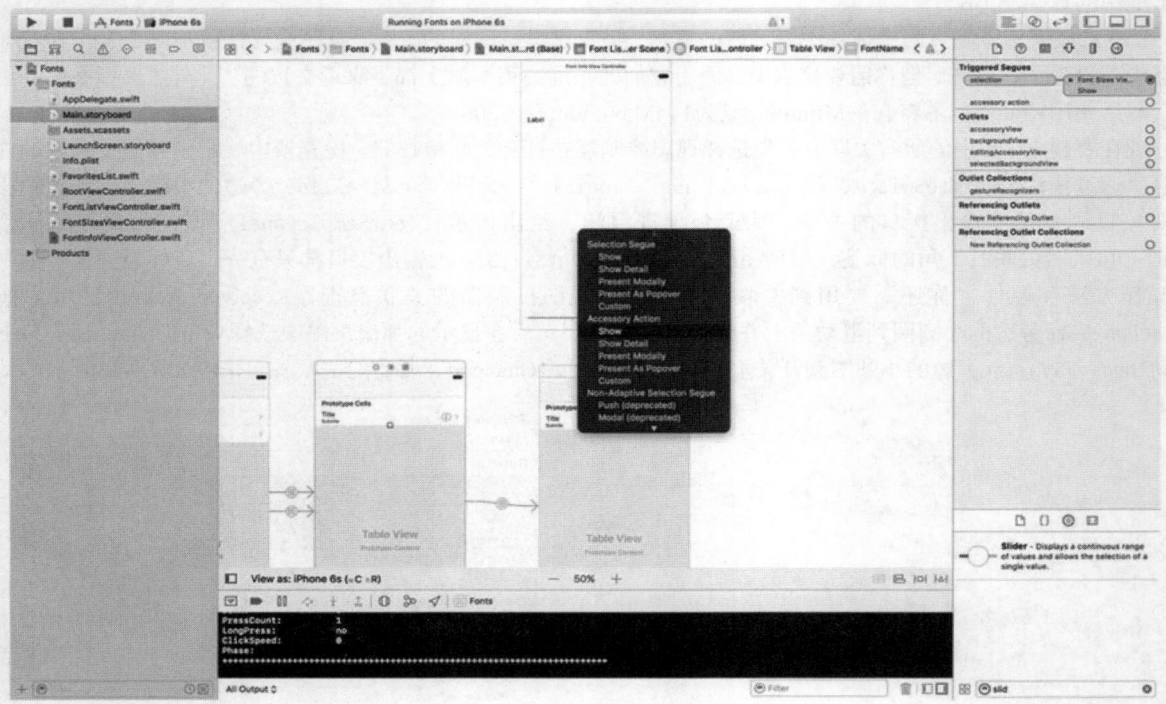

图9-14　设置Accessory Action区域中的Show转场

　　你要做的是在编辑区域中选择一个转场，并使用特征检查器设置它的Identifier。你可能需要稍微移动场景位置，以便看到两条都从Font List View Controller右侧引出的转场。选择指向Font Sizes View Controller的转场并设置它的Identifier为ShowFontSizes。接下来选择其中指向Font Info View Controller的转场并设置它的Identifier为ShowFontInfo（如图9-15所示）。

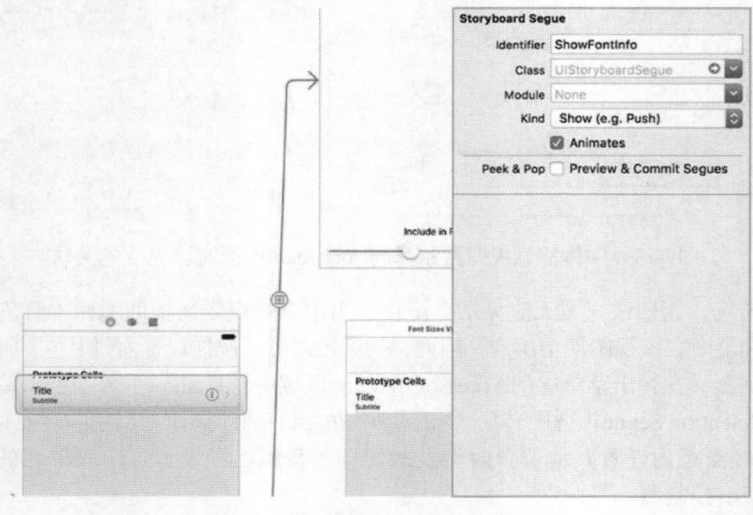

图9-15　设置转场的标识符

设置约束

设置转场可以让Interface Builder知道新场景会像其他场景一样在导航控制器的环境中使用，因此它会在顶端自动获取一个空白的导航栏。现在视图的实际范围已经确定了，是时候设置它的约束了。这是一个相对复杂的视图，包含了多个子视图，尤其是靠近底部的，因此不能指望系统的自动约束为我们做到。我们将使用编辑区域底部的Add New Constraints按钮和它调出的弹出窗口来创建大部分所需的约束。

首先是最上面的标签。如果你放得太靠近上面了，先把它往下拖，直到与导航栏之间的距离合适为止。点击Add New Constraints按钮，然后在弹出窗口中选中小正方形上方、左侧和右侧的红色实线（不要选中下方的）。现在点击底部的Add 3 Constraints按钮。

接下来选择底部的滑动条并点击Add New Constraints按钮。这次选中小正方形下方、左侧和右侧的红色实线（不要选中上方的）。再次点击Add 3 Constraints按钮以进行布置。

针对剩下的两个标签和开关，都采用这个步骤：选中对象，点击Add New Constraints按钮，选中小正方形下方和右侧的红色实线，勾选Width和Height的复选框，最后点击Add 4 Constraints。设置这三个对象的约束，将它们限定在右下角。

此处还要创建一个约束。我们想让顶端标签延长以容纳更多的文本，但是不能过于延长以致覆盖底部的视图。我们可以通过一个约束来解决这个问题。按住鼠标右键从上方的标签拖到Include in favorites标签，松开鼠标按钮并在出现的弹出菜单中选择Vertical Spacing。接下来点击新的约束（连接两个标签的蓝色垂直线条）以选中它并打开特征检查器，你将在这里看到这个约束的一些配置。将Relation弹出菜单改为Greater Than or Equal，然后设置Constant的值为10。这样能确保上方延长的标签不会越过底部的其他视图。

9.3.5 调整字体列表视图控制器的转场

现在回到之前的FontListViewController.swift文件。因为这个类现在能够触发两个不同子视图控制器的转场，所以还要调整prepareForSegue(_:sender:)方法（如代码清单9-12所示）。

代码清单9-12 处理多个转场

```swift
// MARK: - Navigation

override func prepare(for segue: UIStoryboardSegue, sender: AnyObject?) {
    // Get the new view controller using [segue destinationViewController].
    // Pass the selected object to the new view controller.
    let tableViewCell = sender as! UITableViewCell
    let indexPath = tableView.indexPath(for: tableViewCell)!
    let font = fontForDisplay(atIndexPath: indexPath)

    if segue.identifier == "ShowFontSizes" {
        let sizesVC = segue.destinationViewController as! FontSizesViewController
        sizesVC.title = font.fontName
        sizesVC.font = font
    } else {
        let infoVC = segue.destinationViewController as! FontInfoViewController
        infoVC.title = font.fontName
        infoVC.font = font
        infoVC.favorite =
            FavoritesList.sharedFavoritesList.favorites.contains(font.fontName)
    }
}
```

构建并运行应用来看看我们的成果。选择某个包含了多个字体的字体系列（比如Gill Sans），然后轻点任意字体那行的中间位置，就将进入前面看到过的列表，它用多种尺寸来显示字体。按下左上角的导航按钮（标题为Gill Sans）以返回，然后这次轻点另一行右侧显示的详情辅助图标。这样会进入最后一个视图控制器，它显示了一个字体样例，底部还有一个可以让你选取任意尺寸大小的滑动条。

现在还可以使用Include in favorites开关来将这个字体标为收藏字体。完成后点击左上角的导航按钮两次以回到根控制器视图。

9.3.6 我的收藏字体

滚动到根视图控制器的底部，你将看到一些新的内容：My Favorite Fonts分区出现了。选中它会显示目前所有已收藏字体的列表（如图9-16所示）。

图9-16 当前已选择收藏的字体列表

9.3.7 补充功能

现在应用的基本功能已经完成了，但还没有结束，仍有一些功能需要实现。如果曾经使用过iOS，可能就会发现经常可以在表视图中从右向左轻扫来删除某行。比如在邮件应用中，可以使用这种技术来删除信息列表中的信息。使用这个手势会在表视图行中的右侧出现一个小的GUI，询问你是否确认要删除。确认后，此行会消失，剩下的行会向上滑动填充空隙。所有的交互操作（包括处理轻扫手势、显示确认GUI以及与行有关的动画）都是由表视图自身完成的，你需要做的只是在控制器中实现两个方法。

表视图还提供了简易的功能，能让用户在表视图中通过向上或向下拖动行来重新为它们排序。与轻扫删除类似，表视图会处理所有的用户交互。需要做的是先用一行代码进行设置（创建一个开启重新排序GUI的按钮），然后实现一个方法，它会在用户完成拖动后被调用。

9.3.8 实现轻扫删除

在这个应用中，FontListViewController类就是该功能的一个典型示例。无论应用什么时候展示收藏列表，我们都应该让用户能够使用轻扫手势来删除收藏，以省去轻点详情辅助图标并关闭切换开关的麻烦。首先在

Xcode中选择FontListViewController.swift文件。然后添加一个tableView(_:canEditRowAt:indexPath:)方法并实现里面的代码：

```
override func tableView(_ tableView: UITableView, canEditRowAt indexPath: IndexPath) -> Bool {
    return showsFavorites
}
```

如果这里显示的是收藏列表就会返回true，否则返回false。这意味着能够删除行的编辑功能只会在显示收藏列表时启用。如果只进行了这个更改就再次运行应用并试着删除行，会发现没有任何变化。这个表视图不会处理轻扫手势，因为还没有实现另一个能完成删除的方法，所以我们要将其完成。参照代码清单9-13中的内容实现tableView(_:commitEditingStyle:forRowAtIndexPath:)方法。

代码清单9-13　允许从收藏列表中删除行

```
override func tableView(_ tableView: UITableView, commit editingStyle:
UITableViewCellEditingStyle, forRowAt indexPath: IndexPath) {
if !showsFavorites {
    return
}

if editingStyle == UITableViewCellEditingStyle.delete {
    // Delete the row from the data source
    let favorite = fontNames[indexPath.row]
    FavoritesList.sharedFavoritesList.removeFavorite(fontName: favorite)
    fontNames = FavoritesList.sharedFavoritesList.favorites

    tableView.deleteRows(at: [indexPath],
                         with: UITableViewRowAnimation.fade)
}

}
```

在表中完成编辑操作后会调用这个方法。它非常简单，不过有些内容很微妙。首先要通过判断以确保显示的是收藏列表，如果不是就会直接跳出。这种情况通常不可能发生，因为在上一个方法中指定了只有收藏列表可以被编辑。尽管如此，我们还是在这里做了一些防御性编程。之后我们检查了编辑类型以确保现在处理的是删除操作。在表视图中还可以进行插入操作，不过在这里不会使用它，所以不需要考虑这种情况。接下来我们算出哪一个字体需要被删除，将其从FavoritesList单例中移除，并更新收藏列表的本地副本。

最后，我们告诉表视图删除行，并通过一段渐隐动画消失。你应当知道，当你告诉表视图删除一行之后会发生什么。从直觉上你可能认为调用此方法会删除一些数据，但并不是这样的。事实上，我们已经删除了数据！最后一个方法的调用其实是以一种方式告诉表视图："嘿，我进行了点变动，想让你用动画移除这行。需要其他信息时再询问我。"方法调用后，表视图会开始对被删除那行下面的所有行执行动画，使它们上升，这意味着之前不在屏幕内的一行或多行现在将进入屏幕。这时它将通过控制器的通用方法询问表单元数据。因为这个原因，在tableView(_:commitEditingStyle:forRowAtIndexPath:)方法的实现代码中，先对数据模型（在这个示例中即FavoritesList单例）进行必要的改动后，再告诉表视图删除某一行。

再次构建并运行应用，确保你已经设定了一些收藏字体，然后进入Favorites列表并通过从右向左轻扫以删除某行。这一行会部分移出屏幕，并在右侧显示一个删除按钮（见图9-17）。轻点删除按钮，这一行就会消失。

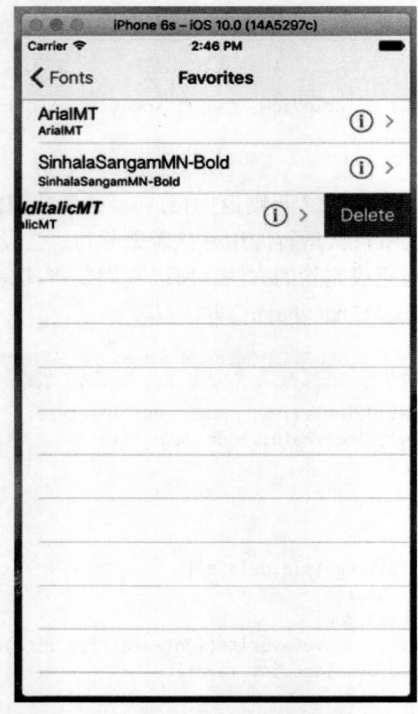

图9-17　收藏字体的一行显示了删除按钮

9.3.9　实现拖动排序

要为字体列表添加最后一个功能，使用户通过向上或向下拖动收藏项就能给它们排序。为了完成这个功能，我们要向FavoritesList类添加一个方法，它允许对内容进行各种排序。打开FavoritesList.swift文件并添加如下方法：

```
func moveItem(fromIndex from: Int, toIndex to: Int) {
    let item = favorites[from]
    favorites.remove(at: from)
    favorites.insert(item, at: to)
    saveFavorites()
}
```

这个新方法为我们要做的操作提供基本功能。现在选择FontListViewController.swift文件并在viewDidLoad方法的末尾添加以下语句：

```
if showsFavorites {
    navigationItem.rightBarButtonItem = editButtonItem()
}
```

之前提到过导航项，这个对象保存了视图控制器导航条上应该显示什么样的信息。其中有一个名为rightBar-ButtonItem的属性，它引用的是UIBarButtonItem类（只能用在导航条或工具栏上的特殊按钮）的一个实例。这里我们使用的是editButtonItem，它是UIViewController类中的一个属性，为我们提供一个特殊按钮，并已经预设好了启用表视图的编辑（或排序）GUI。

完成之后，试着再次运行应用并进入Favorites列表。你将看到右上角现在有一个编辑按钮。按下这个按钮就会启用表视图的编辑GUI，即每行左侧有一个删除按钮，而内容会略微向右移动以腾出空间（如图9-18所示）。这是另一种让用户删除行的方式，使用的也是我们已经实现的方法。

不过我们现在的主要目的是添加重新排序功能。因此需要做的是在FontListViewController.swift文件中添加以下代码：

```
override func tableView(_ tableView: UITableView, moveRowAt sourceIndexPath: IndexPath, to
destinationIndexPath: IndexPath) {
    FavoritesList.sharedFavoritesList.moveItem(fromIndex: sourceIndexPath.row,
                                               toIndex: destinationIndexPath.row)
    fontNames = FavoritesList.sharedFavoritesList.favorites:
}
```

这个方法会在用户完成一行的拖动时调用。从参数中可以得知哪一行移动了以及最终停下的目标位置。我们在这里告诉FavoritesList单例也执行同样的顺序改动，然后刷新字体名称的列表，这和完成删除一行后所做的相类似。为了观看实际效果，运行应用，进入Favorites列表，并轻点编辑按钮。你将看到编辑模式现在每行的右侧都包含了小的"拖动手柄"（dragger）图标，可以利用它来进行重新排序。

图9-18　在收藏列表中添加了编辑功能

9.4　小结

虽然我们在本章中处理了大量表视图，但其实重点在于使用导航控制器以及如何在宽度有限的空间中进入分层内容，我们应该在大部分的iPhone设备上（尤其是纵向的）都体验过这种功能。

我们创建了一个字体列表视图控制器，它不仅能向我们展示如何切换到更详细的视图，还能展示如何根据我们的行为，在单个表视图单元上处理切换到字体尺寸和字体信息场景的多个转场。

本章最后学习了如何改善表视图，使其包含在视图中删除或移动行的功能。

第 10 章

集合视图

10

多年来，iOS开发者使用UITableView组件创建了各式各样的用户界面。UITableView是许许多多应用的关键组件，它可以定义多种不同类型的表视图单元，并且在需要的时候即时创建，还可以很方便地垂直滚动。苹果公司在每次发布重要的iOS版本时都会加强表视图的功能，但这仍不是解决所有庞大数据集合的最终方案。假如想要以多列的形式展示数据，你需要将每行数据全部横向排列并放入一个表视图单元中。但没有可以让UITableView的内容进行水平滚动的办法。总之，功能强大的UITableView也存在某种妥协：开发者无法控制表视图的整体布局。你可以定制每个独立单元的外观，但表视图单元也只能自上而下堆叠在一排狭长的滚动列表中！

苹果公司在iOS 6中添加了一个名为UICollectionView（集合视图）的新类来弥补这些缺陷。与表视图类似，UICollectionView可以通过大量的"单元"来显示数据，也采用了一些比如把当前不用的单元放在队列中以待之后再用的功能。与表视图不同的是，UICollectionView并不是将这些单元垂直堆叠起来。事实上，UICollectionView根本就不处理这些单元的布局，而是使用一个辅助类处理布局。

10.1 创建 DialogViewer 项目

首先为了展示UICollectionView的能力，我们要用它对一些文本段落进行布局。每个单词都位于一个属于自己的单元中，每个段落里的所有单元都被集中在一个分区（section）中。每个分区都有自己的标题（header）。你也许并没有感到有多神奇，毕竟UIKit为处理文本布局提供了更完美的方式，但这个例子非常具有启发性，很快你将感受到UICollectionView的灵活性。如果使用表视图，是完全无法达到如图10-1所示的布局效果的。

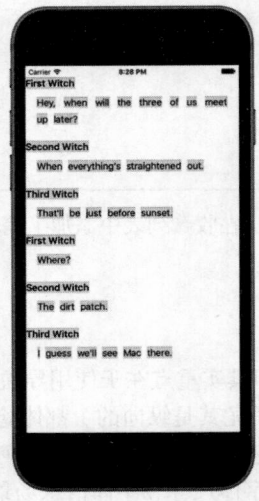

图10-1　每个单词都是独立的单元，而标题自身是其他类型。使用
单个UICollectionView就可以实现这种布局，而且不需要
计算实际值

为了达到这个效果，需要设置两个自定义单元类。这里将用到UICollectionViewFlowLayout类（当前UIKit中唯一的布局辅助类），并与以往一样，使用视图控制器类将这些东西排列在一起。

使用Xcode创建一个基于Single View Application模板的项目，如之前你多次做过的那样。将项目命名为DialogViewer，并使用本书中的通用设置（Language的值设为Swift，在Devices弹出菜单中选择Universal）。打开ViewController.swift并将其父类改为UICollectionView：

```
class ViewController: UICollectionViewController {
```

然后打开Main.stroyboard文件。我们需要对视图控制器进行一些相应的设置，使其与ViewController.swift文件中的改动相匹配。在文档略图中选中唯一的视图控制器并将其删除，留下一个空白的storyboard。然后在对象库中找到Collection View Controller，并将其拖曳到编辑区域。这时如果查看文档略图，将会看到集合视图控制器中还包含一个集合视图。它们之间的关系，与UITableViewController和里面的UITableView之间的关系非常相似。选中集合视图控制器的图标并使用身份检查器将它的类更改为ViewController（我们之前将它改为UICollection-ViewController的子类）。在特征检查器中，确保Is Initial View Controller复选框是勾选状态。接下来在文档略图中选择集合视图，并使用特征检查器将它的背景颜色改为白色。最后，你将看到集合视图，包含一个名为Collection View Cell的子视图。这是一个单元样本，你可以在Interface Builder中使用它设计真实单元的布局（就像我们之前对表视图所做的那样）。在本章中我们不打算用到这个功能，所以请选中这个单元并删除它。

10.1.1 配置自定义单元

现在来定义一些单元的类。如图10-1所示，我们要展示两种基本类型的单元：一种用于包含单词的“普通”单元，还有一种用作段落标题的单元。要在UICollectionView中创建并使用的所有单元都必须是系统提供的UICollectionViewCell类的子类，它的基本功能与UITableViewCell相似：都包含了backgroundView和contentView等内容。因为这两种类型的单元一些功能是共通的，所以我们完全可以让其中一个作为另一个的子类，并覆盖一些基类的功能。

首先在Xcode中创建一个Cocoa Touch类，将新类命名为ContentCell，使其作为UICollectionViewCell的子类。选中新类的源文件，并添加三个属性的声明和一个类方法（如代码清单10-1所示）。

代码清单10-1 ContentCell类的定义

```
class ContentCell: UICollectionViewCell {
    var label: UILabel!
    var text: String!
    var maxWidth: CGFloat!

    class func sizeForContentString(s: String,
                forMaxWidth maxWidth: CGFloat) -> CGSize {
        return CGSize.zero
    }
}
```

label属性将指向一个UILabel对象，使用text属性存放单元将要显示的内容，maxWidth属性控制着单元的最大宽度。我们将使用sizeForContentString(_:forMaxWidth:)方法（我们很快就要实现它）求出需要多大的单元才能将某字符串完整地显示出来。之后在创建并配置单元类实例的时候，使用它会非常方便。

现在覆盖继承于UIView的init(frame:)和init(coder:)方法（如代码清单10-2所示）。

代码清单10-2 为ContentCell类覆盖init方法

```
override init(frame: CGRect) {
    super.init(frame: frame)
    label = UILabel(frame: self.contentView.bounds)
    label.isOpaque = false
    label.backgroundColor =
```

```
            UIColor(red: 0.8, green: 0.9, blue: 1.0, alpha: 1.0)
        label.textColor = UIColor.black()
        label.textAlignment = .center
        label.font = self.dynamicType.defaultFont()
        contentView.addSubview(label)
    }

    required init?(coder aDecoder: NSCoder) {
        super.init(coder: aDecoder)
    }
```

代码清单10-2里面的代码相当简单。它创建了一个标签,设置其显示属性,并将标签添加到单元的contentView中。唯一值得注意的是,这里它使用defaultFont()方法得到的字体来设置标签的字体。背后的思路是应该为这个类指定要使用哪个字体显示内容,同时也可以让任意子类通过覆盖defaultFont()方法决定各自用于显示的字体。我们此时还没有创建defaultFont()方法,现在就动手吧:

```
class func defaultFont() -> UIFont {
    return UIFont.preferredFontForTextStyle(UIFontTextStyleBody)
}
```

代码相当直白。它使用了UIFont类的preferredFontForTextStyle()方法获取适合用户的正文字体。用户可以使用Settings应用更改字体的尺寸。使用这种方法代替在代码中编写固定的字体尺寸,应用的用户体验会更加友好。请注意这个方法是如何调用的:

```
label.font = self.dynamicType.defaultFont()
```

defaultFont()方法是ContentCell类的一个类型方法(type method)。你可以直接对类的名字调用该方法,就像这样:

```
ContentCell.defaultFont()
```

但在当前示例中不能这样写。如果是由ContentCell的子类(例如我们马上就要创建的HeaderCell类)来调用这个方法,实际上希望调用的是子类中覆盖的defaultFont()方法。因此我们需要获取一个指向它类型对象的引用。使用self.dynamicType[1]表达式就可以得到。如果由ContentCell类的实例执行这个表达式,会认为类型对象是ContentCell,我们将会调用这个类的defaultFont()方法。而在子类HeaderCell中,会认为类型对象是HeaderCell的,因此我们调用的是HeaderCell类的defaultFont()方法,这也正是我们想要的结果。这个类还没有完成,我们需要实现之前添加的方法,使其能为单元计算出合适的尺寸(如代码清单10-3所示)。

代码清单10-3　计算大致的单元尺寸

```
class func sizeForContentString(s: String,
                    forMaxWidth maxWidth: CGFloat) -> CGSize {
    let maxSize = CGSize(width: maxWidth, height: 1000.0)
    let opts = NSStringDrawingOptions.usesLineFragmentOrigin

    let style = NSMutableParagraphStyle()
    style.lineBreakMode = NSLineBreakMode.byCharWrapping
    let attributes = [ NSFontAttributeName: defaultFont(),
                    NSParagraphStyleAttributeName: style]
    let string = s as NSString
    let rect = string.boundingRect(with: maxSize, options: opts,
                            attributes: attributes, context: nil)
    return rect.size
}
```

代码清单10-3中的方法执行了很多内容,我们将逐个讲解。首先声明了一个最大尺寸,这样单词的宽度就

---

[1] 在翻译此书时,苹果公司最新版Swift已经弃用了dynamicType属性,并用type(of: self)方法替代。如果遇到编译报错,请读者自行更改代码。——译者注

不能超过maxWidth参数的值（它将被设置为UICollectionView视图的宽度）。我们还创建了一个允许以字符为单位来换行的段落样式，这样万一某个字符串过长，超过了特定的最大宽度，多余的文本内容将移至下一行。我们还创建了一个特征字典来保存为这个类指定的默认字体和刚刚创建的段落样式。最后使用一些UIKit提供的NSString函数来计算字符串所占的尺寸。将最大允许尺寸和其他选项以及设定好的特征值传给这个方法，就会获取一个尺寸的返回值。

这个类还需要为text属性做一些特殊处理。相比以往一般将其单纯作为实例变量使用，这次我们要基于之前创建的UILabel属性为text属性定义取值方法和存值方法，UILabel属性本质上用来存储所要显示的值。这样做的话，当文本内容发生变化时，我们还可以在存值方法中重新计算单元的尺寸范围。请使用代码清单10-4中的代码替换ContentCell.swift文件中text属性的定义代码。

代码清单10-4　ContentCell.swift文件中text属性的定义代码

```
var label: UILabel!
var text: String! {
    get {
        return label.text
    }
    set(newText) {
        label.text = newText
        var newLabelFrame = label. frame
        var newContentFrame = contentView.frame
        let textSize = self.dynamicType.sizeForContentString(s: newText,
                                                forMaxWidth: maxWidth)
        newLabelFrame.size = textSize
        newContentFrame.size = textSize
        label.frame = newLabelFrame
        contentView.frame = newContentFrame
    }
}
```

取值方法并没有什么特别的，但是存值方法做了一些额外的工作。简单地说，它根据显示当前字符串所需要的尺寸修改了标签和内容视图的frame值。

这个集合视图单元的基类就算完成了。现在再创建一个单元类用作段落标题。使用Xcode另外创建一个新的Cocoa Touch类，将其命名为HeaderCell，并让它继承ContentCell类。打开HeaderCell.swift文件并进行一些修改。我们在这个类中要做的，只是通过覆盖几个继承于ContentCell类的方法以改变单元的外观，使其与普通的内容单元看起来不同（如代码清单10-5所示）。

代码清单10-5　HeaderCell类

```
class HeaderCell: ContentCell {

    override init(frame: CGRect) {
        super.init(frame: frame)
        label.backgroundColor = UIColor(red: 0.9, green: 0.9,
                                    blue: 0.8, alpha: 1.0)
        label.textColor = UIColor.black()
    }

    required init?(coder aDecoder: NSCoder) {
        super.init(coder: aDecoder)
    }

    override class func defaultFont() -> UIFont {
        return UIFont.preferredFont(forTextStyle: UIFontTextStyleHeadline)
    }
}
```

以上就是我们要做的全部内容，为标题单元提供了特定的颜色以及字体，使它的的外观可以区分出来。

10.1.2   配置视图控制器

选中ViewController.swift文件，首先声明一个用来存储想要显示内容的数组（如代码清单10-6所示）。

代码清单10-6   请将要显示的内容放在ViewController.swift文件中

```
private var sections = [
    ["header": "First Witch",
     "content" : "Hey, when will the three of us meet up later?"],
    ["header" : "Second Witch",
     "content" : "When everything's straightened out."],
    ["header" : "Third Witch",
     "content" : "That'll be just before sunset."],
    ["header" : "First Witch",
     "content" : "Where?"],
    ["header" : "Second Witch",
     "content" : "The dirt patch."],
    ["header" : "Third Witch",
     "content" : "I guess we'll see Mac there."]
]
```

sections数组包含了一个字典列表，其中每个字典都拥有两个键：header和content。我们将使用这些键对应的值来显示内容[①]。

UICollectionView与UITableView很相似，我们可以使用某标识符将这个类注册为可重用的单元。这样做的话，之后需要提供单元时，我们可以调用一个出队方法，如果不存在可用的单元，集合视图将会自动为我们创建一个，与UITableView类一样。将下面这行代码添加到viewDidLoad()方法的末尾来完成这一步：

```
self.collectionView?.register (ContentCell.self, forCellWithReuseIdentifier: "CONTENT")
```

因为这个应用程序没有导航栏，所以主视图的内容在状态栏下是可见的。在viewDidLoad()方法的末尾再添加以下代码就能防止这样的状况：

```
var contentInset = collectionView!.contentInset
contentInset.top = 20
collectionView!.contentInset = contentInset
```

目前viewDidLoad()方法要做的配置就是这些。在着手集合视图布置的代码之前，我们需要编写一个简单的辅助方法。所有的段落内容都是一条很长的字符串，但一次必须在里面取得单个词，才能将它放入一个单元中。因此，我们来创建一个能把字符串拆分的内部方法。这个方法会得到一个分区索引的参数，从分区数据中提取出相对应的字符串内容，并且把它拆分为各个单词：

```
func wordsInSection(section: Int) -> [String] {
    let content = sections[section]["content"]
    let spaces = NSCharacterSet.whitespacesAndNewlines
    let words = content?.components(SeparatedBy: spaces)
    return words!
}
```

10.1.3   提供内容单元

现在将要创建真正用于布置集合视图的一组方法了。UICollectionViewController类所遵循的UICollection-

---

① 这里所用的文字实际来源于莎士比亚创作的经典戏剧《麦克白》第一幕女巫的对话，作者在最后一句将Macbeth写成了Mac。

——译者注

ViewDataSource协议定义了以下三个方法。UICollectionViewController将自身作为里面的UICollectionView视图的数据源，因此这些方法会在UICollectionView视图需要知道它的内容时自动被调用。

首先，我们通过某个方法让集合视图知道需要显示多少个分区：

```
override func numberOfSections(inicollectionView: UICollectionView) -> Int {
    return sections.count
}
```

接下来的方法可以告诉集合视图每个分区中包含多少个单元，这里用到了我们之前定义过的wordsInSection()方法：

```
override func collectionView(_ collectionView: UICollectionView, numberOfItemsInSection
section: Int) -> Int {
    let words = wordsInSection(section: section)
    return words.count
}
```

代码清单10-7中展示的方法实质上会给单元配置一个单词，然后将其返回。这个方法也用到了我们之前定义过的wordsInSection()方法。如同你所看到的那样，它会对UICollectionView实例调用一个出队方法（与UITableView所用的类似）。因为之前曾经为这里使用的标识符注册了相关单元的类，所以我们知道这个出队方法总是能返回一个单元实例。

代码清单10-7　配置集合视图单元

```
override func collectionView(_ collectionView: UICollectionView, cellForItemAt indexPath:
IndexPath) -> UICollectionViewCell {
    let words = wordsInSection(section: indexPath.section)

    let cell = collectionView.dequeueReusableCell(
        withReuseIdentifier: "CONTENT", for: indexPath) as! ContentCell
    cell.maxWidth = collectionView.bounds.size.width
    cell.text = words[indexPath.row]
    return cell
}
```

如果按照UITableView的工作方式来判断，也许你会认为现在至少完成雏型了。构建并运行应用，你将发现我们离目标还差得远呢（如图10-2所示）。

图10-2　这还不是我们想要的效果

我们可以看到这些单词，但是此处根本没有很"流畅"的感觉。每个单元都是同样的尺寸，所有内容都混杂在一起。这是因为还需要完成一些集合视图委托方法，才能出现正常的布局。

10.1.4   实现流动布局

目前为止，我们始终都在探讨UICollectionView类，不过这个类还有一个搭档负责处理实际布局。UICollectionViewFlowLayout就是UICollectionView默认的布局辅助类，它自身包含了一些委托方法，可以从我们这里获得更多信息。现在我们将实现其中一个方法。布局对象会为每个单元调用这个方法，可以得出这个单元的尺寸是多少。这里我们又一次用到了之前定义过的wordsInSection()方法来获取当前所需的单词，之后还使用了我们在ContentCell类中定义的一个方法来计算这个单元的尺寸大小。

在UICollectionViewController初始化的时候，就会让自身作为其UICollectionView视图的委托对象。如果集合视图遵循了UICollectionViewDelegateFlowLayout协议，那么UICollectionViewFlowLayout就会将视图控制器视作自身的委托对象。我们首先需要在ViewController.swift文件中更改视图控制器的声明语句，使其遵循这个协议：

```
class ViewController: UICollectionViewController,
        UICollectionViewDelegateFlowLayout {
```

UICollectionViewDelegateFlowLayout协议中的所有方法都是可选的，而我们只需要实现其中一个就能达到目的。请在ViewController.swift文件中添加代码清单10-8所示的方法。

代码清单10-8   使用UICollectionViewDelegateFlowLayout协议重新确定单元尺寸大小

```
func collectionView(collectionView: UICollectionView,
        layout collectionViewLayout: UICollectionViewLayout,
        sizeForItemAtIndexPath indexPath: NSIndexPath) -> CGSize {
    let words = wordsInSection(indexPath.section)
    let size = ContentCell.sizeForContentString(words[indexPath.row],
                    forMaxWidth: collectionView.bounds.size.width)
    return size
}
```

现在再次构建并运行应用，可以看出效果比之前好多了（如图10-3所示）。

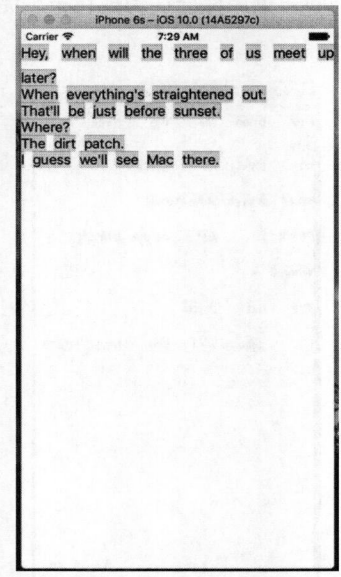

图10-3   文本段落的流动布局开始成形了

可以看出，所有单元现在是流动排布的，并且会适当换行，因此文本变得易读了，每个分区换行的位置都会向下一点。但是分区上下之间靠得非常紧，还紧压着屏幕的边缘，这样并不美观。可以通过添加一些配置来修复这个问题。请在viewDidLoad()方法末尾添加如下代码：

```
let layout = collectionView!.collectionViewLayout
let flow = layout as! UICollectionViewFlowLayout
flow.sectionInset = UIEdgeInsetsMake(10, 20, 30, 20)
```

这段代码从集合视图获取到布局对象。我们首先将其视作UICollectionViewLayout类型，并赋值给某个临时变量。这样做主要是为了强调真实类型：UICollectionView类只知道它是一般的布局类（即UICollectionViewLayout），但它实际上引用的是UICollectionFlowLayout类（它也是UICollectionViewLayout类的子类）的实例。知道了布局对象的真实类型后，我们可以将其类型转换后赋给另一个类型正确的变量，这样便可以访问只有这个子类才支持的属性了。在这里我们使用sectionInset属性告诉UICollectionViewLayout，为集合视图中的所有元素保留一些空白间距。也就是说，每个单词之间都会有一点距离，再次运行示例就能看到效果（如图10-4所示）。

图10-4 没有之前那么别扭了

10.1.5 实现标题视图

现在只剩下标题对象的显示，是时候完善它了。回想一下，UITableView的机制会为每个分区特别请求标题和尾注的视图。UICollectionView让这个概念变得更加通用了，使布局更为灵活。其工作原理是：除了可以使用委托方法访问普通的单元视图的机制，还有一套平行系统用于获取其他类型的视图（比如用作标题、尾注等）。在viewDidLoad()的末尾添加如下代码，可以让集合视图知道用于标题的单元类：

```
self.collectionView?.register(HeaderCell.self,
                forSupplementaryViewOfKind: UICollectionElementKindSectionHeader,
                withReuseIdentifier: "HEADER")
```

如上所示，我们在这个示例中不仅指定了单元类和标识符，而且还指定了视图的"种类"。主要思路是，不同的布局可能会定义不同种类的额外视图，然后要求委托方法提供相应的视图。UICollectionFlowLayout会为集合视图中的每一个分区请求一个标题，请参照代码清单10-9中的代码内容。

代码清单10-9　得到标题单元视图

```
override func collectionView(_ collectionView: UICollectionView,
viewForSupplementaryElementOfKind kind: String, at indexPath: IndexPath) ->
UICollectionReusableView {
    if (kind == UICollectionElementKindSectionHeader) {
        let cell =
            collectionView.dequeueReusableSupplementaryView(
                ofKind: kind, withReuseIdentifier: "HEADER",
                for: indexPath) as! HeaderCell
        cell.maxWidth = collectionView.bounds.size.width
        cell.text = sections[indexPath.section]["header"]
        return cell
    }
    abort()
}
```

注意该方法末尾对abort()的调用。这个函数会使应用程序立刻终止。在正式代码中不应该频繁使用这种行为。我们在这里调用委托方法只想得到标题单元；如果请求的是另一种类型的单元，那我们就会不知所措了，甚至都无法返回nil值（因为方法限制了返回类型）。如果要调用这个方法创建不是标题的其他类型单元，就会出现程序报错或UIKit中的bug了。

构建并运行，你将会看到……等等，标题呢？那些标题到哪里去了？它们没有出现的原因在于，除非明确指定标题视图的尺寸，否则UICollectionFlowLayout不会在布局中为标题视图提供任何显示空间。因此回到view-DidLoad()方法并在末尾再添加一行代码：

```
flow.headerReferenceSize = CGSize(width: 100, height: 25)
```

再次构建并运行这个应用，可以看到分区的标题出现在了正确的位置，如之前的图10-1以及图10-5所示。

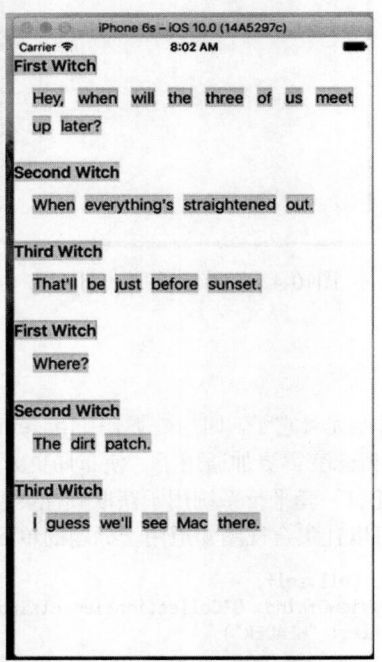

图10-5　完成后的DialogViewer应用

10.2 小结

本章中，我们只是稍微了解了UICollectionView以及默认的布局类UICollectionFlowLayout。通过定义自己的布局类，我们可以实现更加精美的布局，不过本书不对此展开介绍。

在考虑为应用程序使用集合视图时，你还应该了解除此之外的堆叠（Stack）视图[①]。它提供了可以替代的方法，能够节约时间。但由于本书随着全新Swift语言、Xcode和iOS功能补充了更多的内容，因篇幅所限，作者将堆叠视图留给读者自己练习。

---

① UIStackView类是苹果公司在iOS 9版本中带来的新特性。它能够以行或列的方式对视图组合平铺布局。——译者注

第 11 章

iPad应用中的分割视图和浮动窗口

11

第9章花了较长篇幅介绍基于表视图的选择实现应用导航，其中每个选择都会让顶层视图（即填满整个屏幕的视图）滑到左边并调出下一个层级的视图。许多iPhone和iPod touch上的应用都采用了这种工作方式，例如邮件应用，它支持通过邮箱账号和文件夹中不断向下展开，一直到看见邮件信息为止。虽然在iPad上可以沿用这种设计，但它会导致用户交互问题。

在iPhone或iPod touch这样大小的屏幕上，让一个屏幕大小的视图滑出以显示另一个屏幕大小的视图，这没有什么问题。但是对于iPad，同样的交互方式看起来有些生硬，甚至华而不实。区区一个表视图却占用了这么大面积的屏幕，浪费了显示空间。因此，你会看到iPad内置的应用都没有采用这个设计方式，而是把任何向下导航功能（比如邮件应用中使用的）都归入了一个较窄的列中，用户对其进行层级中向下或者返回的导航时，它的内容会向左或向右滑动。当iPad处于横向模式时，导航栏位于左侧固定位置，而所选项的内容则在右侧显示。这被称为分割视图（如图11-1所示）。以此方式构建的应用程序被称为master-detail应用程序。

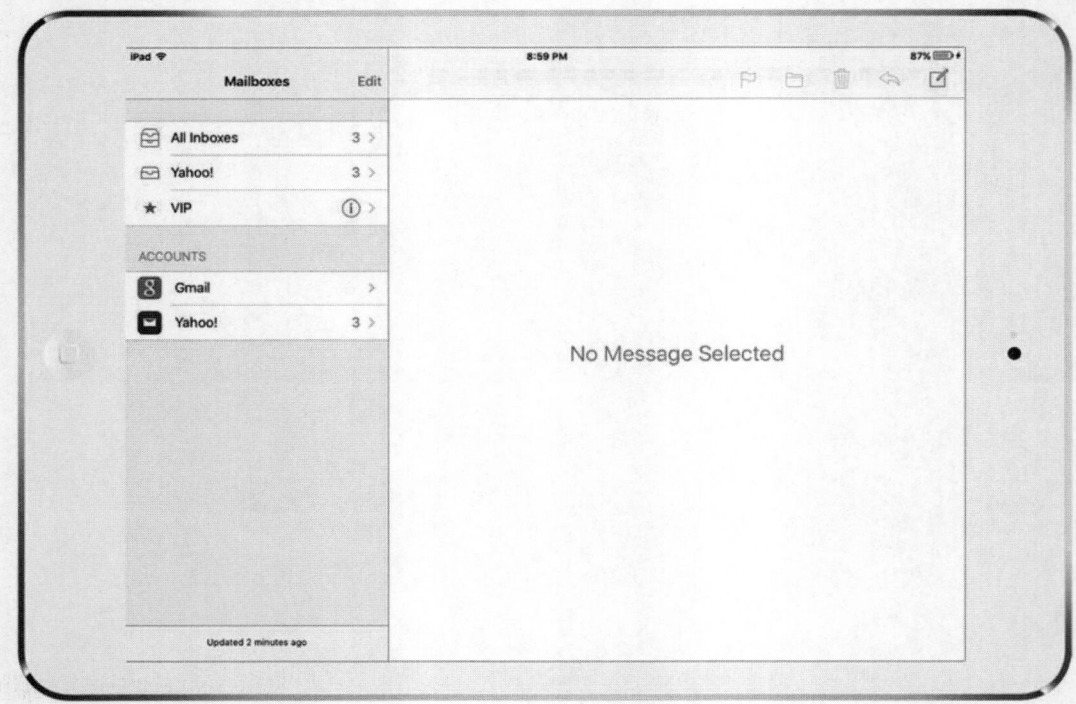

图11-1　此iPad处于横向模式，显示了一个分割视图。导航栏位于左侧。
点击导航栏中的一项，其内容会在右侧区域中显示

　　分割视图非常适合用来开发像邮件这样的master-detail应用程序。在iOS 8之前，分割视图类（UISplitView-Controller）只支持iPad，这意味着如果你想要构建一个通用的master-detail应用程序，必须在iPad上采用一种方式，在iPhone上采用另一种方式。现在UISplitViewController可以通用了，这意味着你不再需要为iPhone编写特定的代码了。

　　在iPad上，左侧的分割视图宽度默认是320点，只有在横向模式下，分割视图会显示并排的导航栏以及内容视图。如果将iPad切换为纵向，分割视图仍然有效，但显示方法会发生变化。导航视图不再固定在某个位置，而是要从视图左侧轻扫或点击一个工具栏按钮来激活，这会它就会从左侧弹出，漂浮在屏幕上所有其他内容的前方（如图11-2所示）。

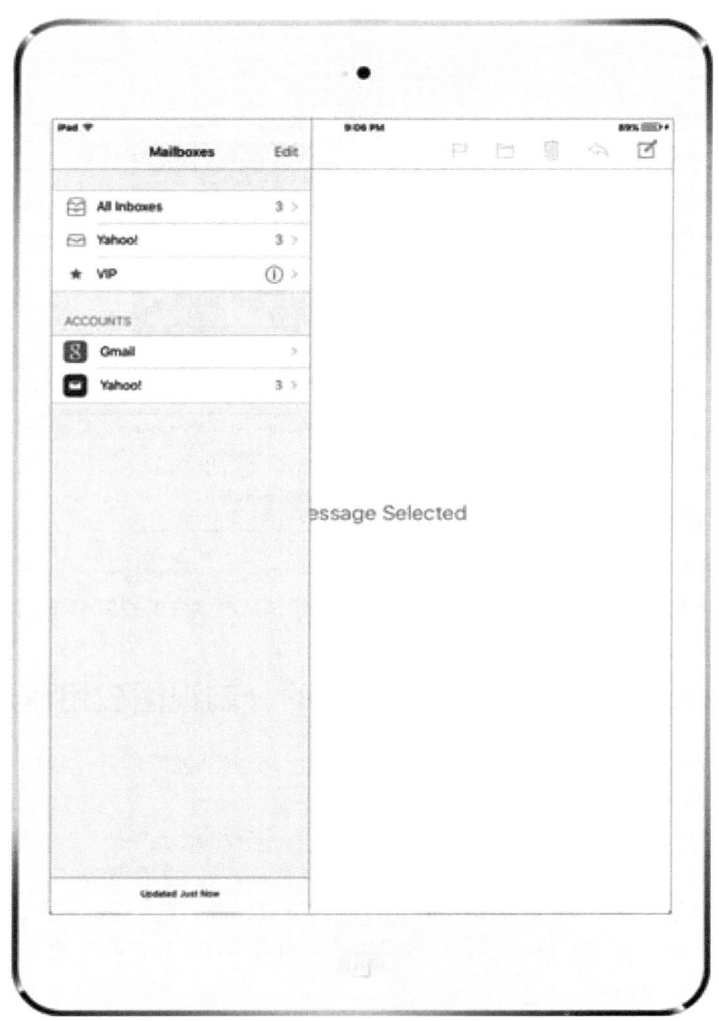

图11-2　iPad上的分割视图纵向模式的外观与横向模式不一样。横向模式中分割视图左侧的信息，
在纵向视图中只有从左侧轻扫或轻点工具栏按钮才会出现

　　有些应用不会严格遵循这个规范。例如iPad上的Settings应用就是分割视图始终都是可见的，左侧的视图不会消失，也不会遮盖右侧的视图。不过在本章的项目中，我们仍然会坚持遵循这个标准方案。

　　我们将使用分割视图创建master-detail应用程序。然后在iPad模拟器上测试应用程序，之后你将看到同样的代码在iPhone上也能正常运行（虽然外观上有些差异）。你还会学习如何自定义分割视图的外观和行为，以及如何创建并显示浮动窗口，就像第4章中讨论的警告视图和操作表单。与图4-29中显示操作表单的浮动窗口不同，这里包含的内容是示例应用程序特有的，即各国语言的列表（如图11-3所示）。

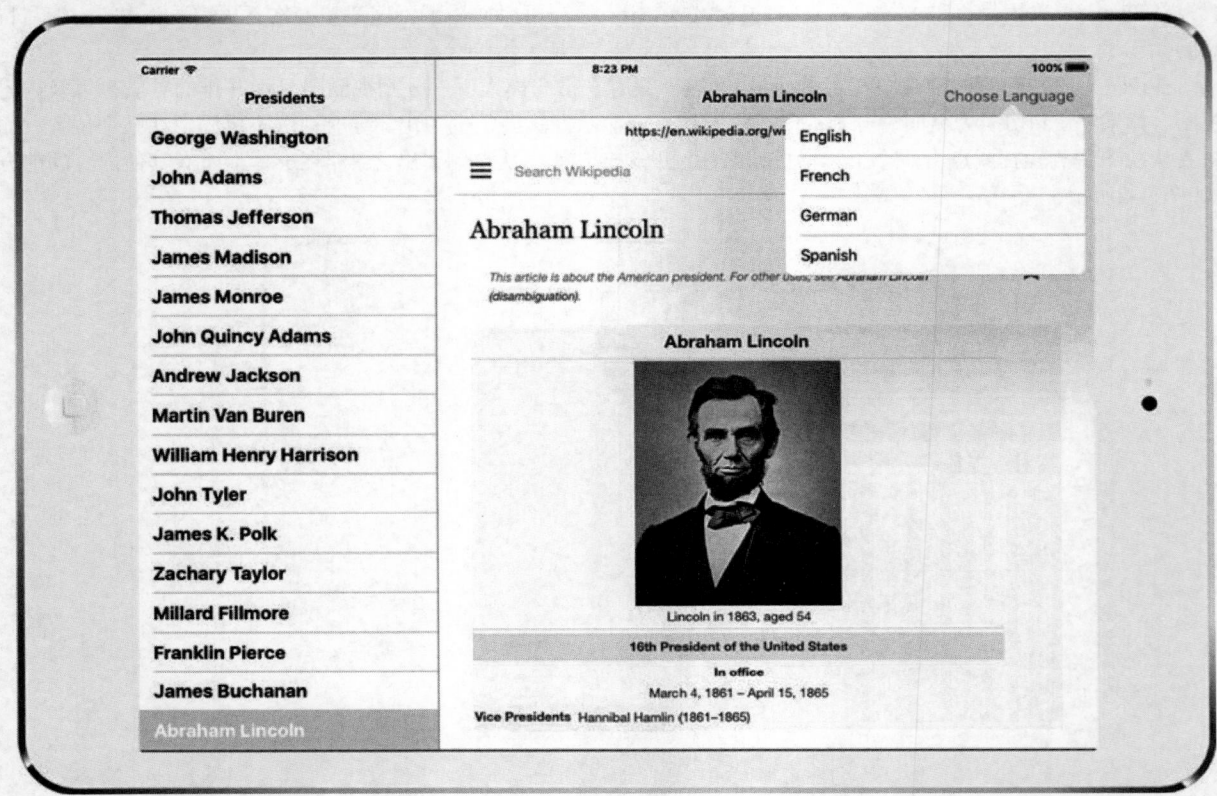

图11-3　一个典型的浮动窗口，看起来像是从触发它的按钮中弹出的

11.1　创建基于 UISplitViewController 的分割视图应用程序

我们先从简单的工作开始，利用Xcode预定义的模板创建一个分割视图项目。我们将构建一个应用，功能是列出美国历届总统，并显示你所选择的总统的维基百科条目。

打开Xcode并选择File➤New➤Project…菜单。在iOS下的Application分类中，选择Master-Detail Application，然后点击Next。在下一个页面中，将新项目命名为Presidents，将Language设置为Swift，并将Devices设为Universal。确保所有复选框都没有勾选。点击Next，为该项目选择存储位置，最后点击Create。Xcode将会完成一些常规工作，为你创建一些类以及storyboard文件，然后显示该项目。如果项目文件是收起的，那么请展开Presidents文件夹并查看其中的内容。

项目最初包含一个应用委托（和平常一样）、一个MasterViewController类和一个DetailViewController类。这两个视图控制器分别表示将在分割视图左侧和右侧显示的视图。MasterViewController定义导航结构的顶级视图，DetailViewController定义在选择某个导航元素时，在较大的区域中显示的内容。应用启动时，这两部分都包含在分割视图内，你可能还记得，旋转设备时它们的形状会发生一些变化。

要查看这个应用模板提供了哪些功能，可以在iPad模拟器中构建并运行它。如果应用程序在纵向模式启动，你只会看到详情视图控制器，如图11-4（左）所示。按下工具栏上的Master按钮或从视图左边缘向右轻扫，可以使主视图控制器出现在详情视图的上方，如图11-4（右）所示。

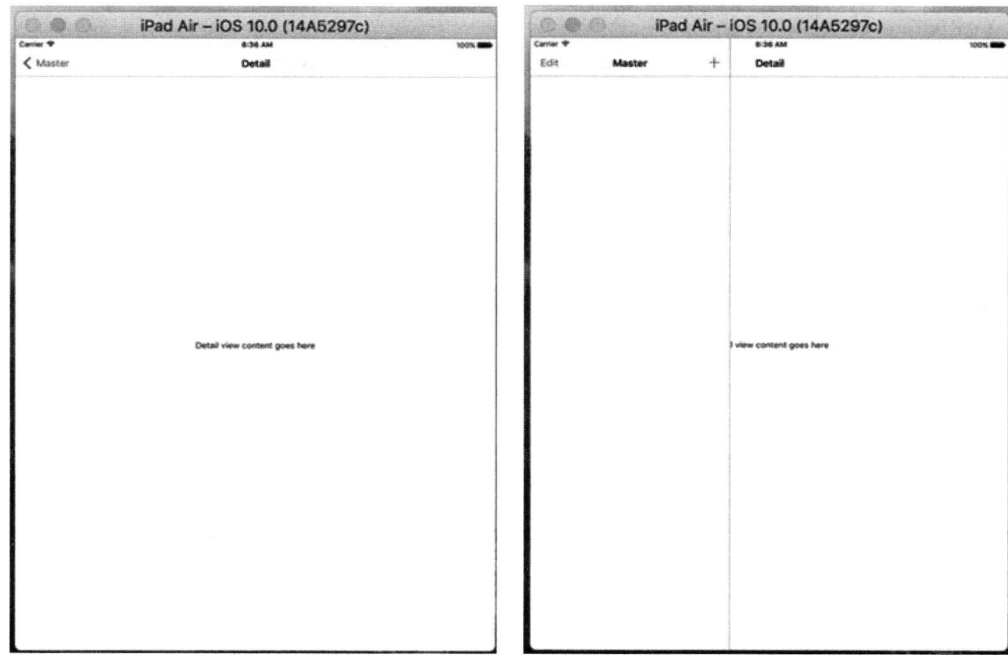

图11-4 纵向模式下默认的master-detail应用程序。右图的布局与图11-2很相似

向左或向右旋转模拟器以进入横向模式。在这个模式中，分割视图在左侧显示了导航视图，而详情视图位于右侧（如图11-5所示）。

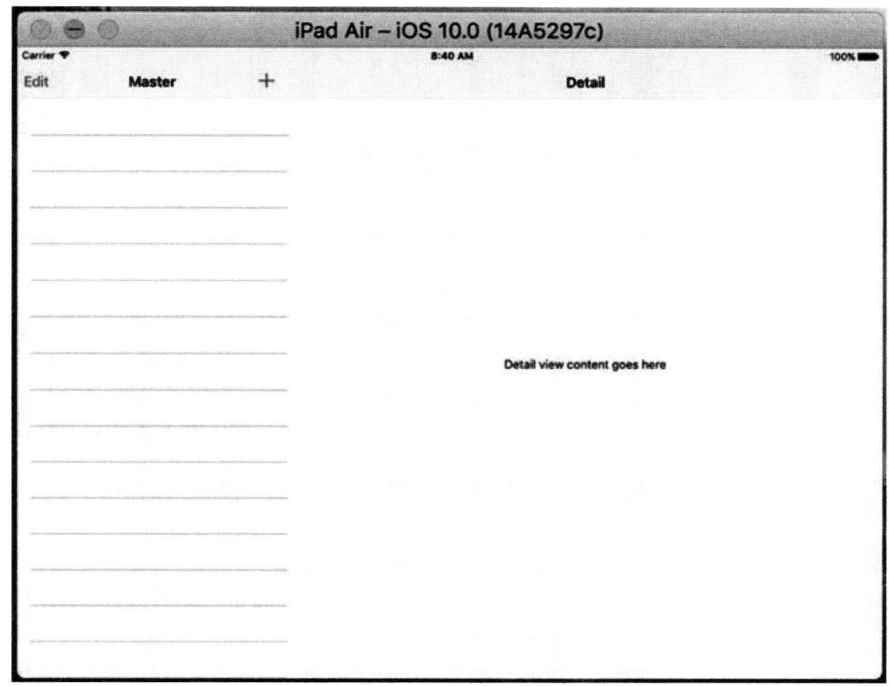

图11-5 master-detail应用程序在横向模式下的外观。注意布局与图11-1很相似

11.1.1   在 storyboard 中定义结构

现在，你有了一些相当复杂的视图控制器：
- 一个分割视图控制器，其中包含所有元素；
- 一个导航控制器，用于处理左侧分割视图上的操作；
- 一个主视图控制器，位于导航控制器中，用于显示主列表项；
- 一个位于右侧的详情视图控制器；
- 还有一个导航控制器，作为右侧详情视图控制器的容器。

在我们使用的默认Master-Detail Application模板中，这些视图控制器在主storyboard文件中设置和互连，而不是在代码中。除了进行GUI布局以外，Interface Builder还提供了不用编写代码建立不同的组件之间的联系（relationship）的功能。我们观察项目的storyboard文件，看一下各项内容是如何设置的。

选择Main.storyboard文件就可以在Interface Builder中打开它，这个storyboard包含大量内容，你应该切换到文档略图来达到最佳查看效果（如图11-6所示）。也可以缩小视图来帮助你纵观全局内容。

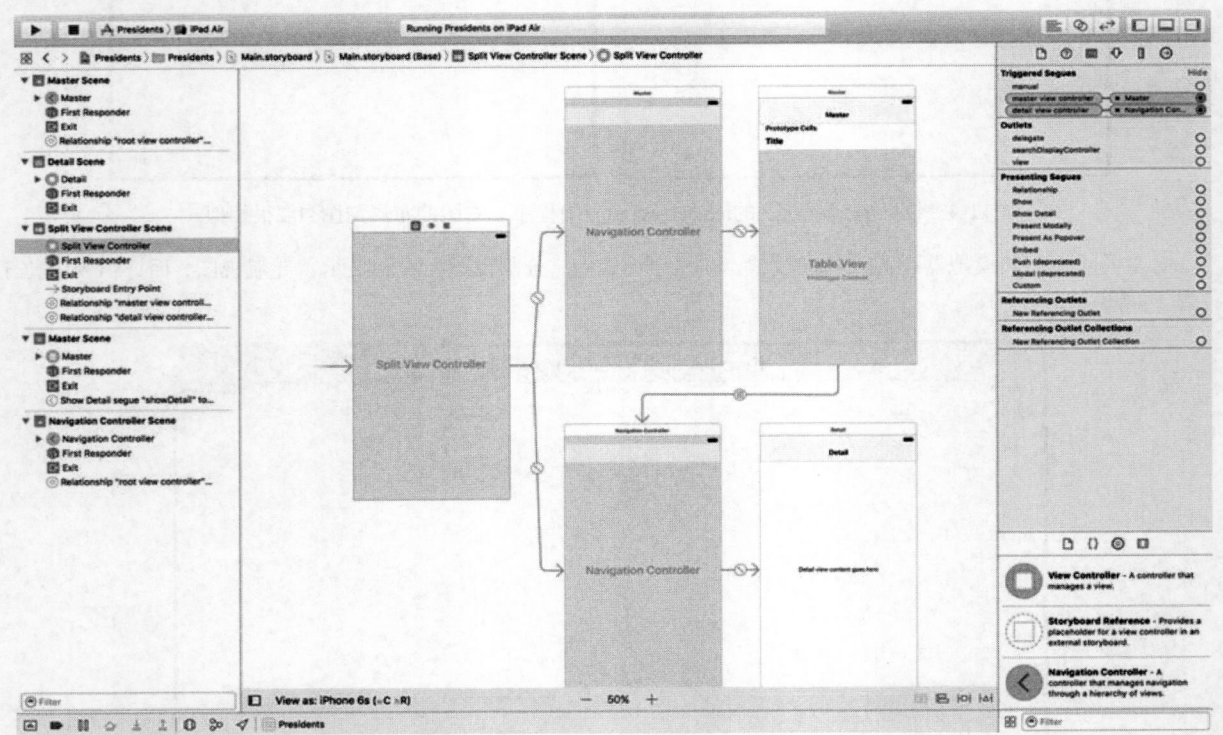

图11-6   在Interface Builder中打开的Main.storyboard，最好在文档略图下查看这些复杂的对象层次

打开关联检查器，花些时间轮流点击每个视图控制器，以便更清晰地了解它们之间的关联。下面是关键内容的简要概括。
- UISplitViewController有两个指向UINavigationController的转场，名字分别是master view controller和detail view controller。它们用来告诉UISplitViewController左侧较窄的边栏显示什么（主视图控制器），以及右侧较大的显示区域显示什么（详情视图控制器）。
- 通过master view controller转场连接的UINavigationController有一个指向根视图控制器的root view controller relationship，它是模板默认创建的MasterViewController类。主视图控制器是UITableViewController的子类（你在第9章中应该对它很熟悉了）。

- 同样，另一个UINavigationController也有一个指向详情视图控制器的root view controller relationship，它是模板默认创建的DetailViewController类。模板创建的详情视图控制器是普通的UIViewController的子类，不过你可以使用任何符合应用程序需求的视图控制器。
- 还有一个从主视图控制器中表单元到详情视图控制器的storyboard转场，它是showDetail（展示详情）转场。这个转场会让被点击表单元的内容显示在详情视图中，我们之后会在学习主视图控制器时再详细讨论。

目前，Main.storyboard中的内容定义了应用中各个控制器之间的关联，很多使用storyboard的例子都有所体现。使用storyboard可以减少大量代码，这通常是好事。

11.1.2 使用代码定义功能

在storyboard中完成视图控制器相互关联主要原因在于，这些配置信息如果放在源代码中，会让内容变得零乱，可以选择不用代码来联系，这样就只剩下了定义实际功能的代码。首先来看我们有哪些源代码。Xcode在创建项目时定义了多个类，我们大致浏览一下，然后再进行更改。

1. 应用委托

首先是AppDelegate.swift文件中的应用委托。它的源文件看起来应该如代码清单11-1所示。

代码清单11-1　AppDelegate.swift文件

```
import UIKit

@UIApplicationMain
class AppDelegate: UIResponder, UIApplicationDelegate, UISplitViewControllerDelegate {

    var window: UIWindow?

    func application(_ application: UIApplication, didFinishLaunchingWithOptions
    launchOptions: [NSObject: AnyObject]?) -> Bool {
        // Override point for customization after application launch.
        let splitViewController = self.window!.rootViewController as! UISplitViewController
        let navigationController = splitViewController.viewControllers[splitViewController.
        viewControllers.count-1] as! UINavigationController
        navigationController.topViewController!.navigationItem.leftBarButtonItem =
        splitViewController.displayModeButtonItem()
        splitViewController.delegate = self
        return true
    }
```

我们先来看一看代码的最后一部分：

```
splitViewController.delegate = self;
```

这行代码设置了UISplitViewController的delegate属性，使其指向应用程序委托自身。但是为什么要在代码中创建连接，而不是直接在storyboard中创建？毕竟前面刚说过去除冗余的代码（例如"将这个物体关联至那个物体"）是XIB文件和storyboard的主要优势之一，而且我们已经多次在Interface Builder中进行过这类关联，为什么这里不能这么做呢？

要理解这里不能使用storyboard来建立关联的原因，需要了解storyboard和XIB文件的差别。XIB文件实际上是静态对象图（frozen object graph）。当向运行中的应用加载XIB文件时，它所包含的对象会全部加载并且一直存在，包括文件中指定的所有连接。系统将依次为文件中的每个单独对象创建一个全新的实例，并且关联所有的输出接口和对象。storyboard则不完全是这样。你可以认为storyboard中的每个场景大致上都是相应的XIB文件。当添加了元数据以描述场景如何通过转场互相关联之后，最终得到的就是一个storyboard。不过，与单个XIB文件不同，一个复杂的storyboard通常不会一次加载所有内容；导致使用新场景的任何行为都只会加载storyboard中特定场景的静态对象图。这就意味着你在查看storyboard文件时看到的所有对象并不需要同时存在。

因为Interface Builder不知道哪些场景会共存，所以它其实禁止你从一个场景中的对象向另一个场景中的对象关联任何输出接口或者目标/操作。事实上，能在不同场景之间进行关联的只有转场。

自己动手实践一下吧！首先，在storyboard中选择Split View Controller（可以在文档略图中的Split View Controller Scene中找到它）。打开关联检查器，试着从delegate输出接口拖向另一个视图控制器或者对象。可以将它拖到布局编辑区域或文档略图列表上面，但是无法找到任何高亮提示（这代表拖动操作是有效的）的地方。所以只能通过代码来进行连接。总的来说，这一点额外代码相对于使用storyboard省去的大量代码来说，确实微不足道。

我们回头看一下application(_:didFinishLaunchingWithOptions:)方法中开头的代码：

```
let splitViewController = self.window!.rootViewController as! UISplitViewController
```

这行代码用于获取窗口的rootViewController，在storyboard中有浮动箭头来表示。如果仔细看图11-6，就会看到指向UISplitViewController实例的箭头。代码如下所示：

```
let navigationController = splitViewController.viewControllers[splitViewController.
viewControllers.count-1] as! UINavigationController
```

在这一行中，我们获取了UISplitViewController的viewControllers数组。从storyboard中加载分割视图时，这个数组拥有对导航控制器的引用，里面包含了主视图控制器和详情视图控制器。我们获取了数组的最后一项，它指向详情视图的UINavigationController。再看看最后的代码：

```
navigationController.topViewController!.navigationItem.leftBarButtonItem =
    splitViewController.displayModeButtonItem()
```

这里将分割视图控制器的displayModeButtonItem赋给了详情视图控制器的导航栏。displayModeButtonItem是由分割视图创建并管理的工具栏按钮。这段代码实际上添加了一个Master按钮，你可以在图11-4的导航栏左边看到。在iPad上，当设备处于纵向模式而且主视图控制器不可见时，分割视图就会显示这个按钮。当设备旋转到横向或者用户按下这个按钮使主视图控制器出现后，按钮就会隐藏。

2. 主视图控制器

现在来看一下MasterViewController，它用于创建包含应用导航的表视图。MasterViewController.swift开头部分如代码清单11-2所示。

代码清单11-2　MasterViewController.swift文件

```
import UIKit

class MasterViewController: UITableViewController {

    var detailViewController: DetailViewController? = nil
    var objects = [AnyObject]()

    override func viewDidLoad() {
        super.viewDidLoad()
        // Do any additional setup after loading the view, typically from a nib.
        self.navigationItem.leftBarButtonItem = self.editButtonItem()

        let addButton = UIBarButtonItem(barButtonSystemItem: .add, target: self, action:
                    #selector(insertNewObject(_:)))
        self.navigationItem.rightBarButtonItem = addButton
        if let split = self.splitViewController {
            let controllers = split.viewControllers
            self.detailViewController = (controllers[controllers.count-1] as!
            UINavigationController).topViewController as? DetailViewController
        }
    }
}
```

这里主要关注viewDidLoad()方法。在前几章里，当你要实现一个能响应用户选中某行操作的表视图控制器时，典型做法是创建一个新的视图控制器，然后将其压入导航控制器栈。然而在这个应用中，我们想要显示的视图控制器一开始就存在，而且每当用户在左侧栏中选择某项时，都会重用该视图控制器。它是包含在storyboard文件中的DetailViewController实例。这里，我们获取该DetailViewController实例并将其赋给一个属性变量，也许之后需要时会用到它，尽管这个属性不会在其余模板代码中使用。

viewDidLoad()方法还向工具栏添加了一个按钮。这是一个加号按钮，你可以在图11-4和图11-5中的主视图控制器导航栏右边看到它。在运行模板的应用程序使用这个按钮会创建一个新的条目并添加到主视图控制器的表视图中。因为在我们的这个应用程序中不需要这个按钮，之后很快会直接移除这段代码。

这个类的模板中还包含了很多方法，不过目前不需要担心它们。学完详情视图控制器的章节之后，我们会删除一部分内容并重新编写其余代码。

3. 详情视图控制器

Xcode创建的最后一个类是DetailViewController，它负责实际显示用户在主视图控制器的表中所选的项。在DetailViewController.swift文件中可以看到如代码清单11-3所示的代码。

代码清单11-3   DetailViewController.swift文件

```swift
import UIKit

class DetailViewController: UIViewController {

    @IBOutlet weak var detailDescriptionLabel: UILabel!

    func configureView() {
        // Update the user interface for the detail item.
        if let detail = self.detailItem {
            if let label = self.detailDescriptionLabel {
                label.text = detail.description
            }
        }
    }

    override func viewDidLoad() {
        super.viewDidLoad()
        // Do any additional setup after loading the view, typically from a nib.
        self.configureView()
    }

    override func didReceiveMemoryWarning() {
        super.didReceiveMemoryWarning()
        // Dispose of any resources that can be recreated.
    }

    var detailItem: NSDate? {
        didSet {
            // Update the view.
            self.configureView()
        }
    }

}
```

detailDescriptionLabel属性是一个关联了storyboard中某标签的输出接口。在模板的应用程序中，标签只是显示detailItem属性中对象的描述。视图控制器在里面存储了对用户在主视图控制器中所选对象的引用。属性观察器（didSet代码块中的代码）会在它的值变化时被调用，并会在里面调用模板生成的另一个方法configureView()。最终会对详情对象调用description方法，并将结果赋给storyboard中标签的text属性：

```
func configureView() {
    // Update the user interface for the detail item.
    if let detail = self.detailItem {
        if let label = self.detailDescriptionLabel {
            label.text = detail.description
        }
    }
}
```

　　NSObject的每个子类都实现了description方法。如果你的类没有重写它，它就会返回默认值，这可能并不是你所需要的。而在这个示例的模板中，详情对象都是NSDate类的实例，而NSDate类中description方法的实现会以通用格式返回日期与时间。

11.1.3　Master-Detail 模板应用程序的工作原理

　　现在你已经了解了模板应用程序的所有构成，不过可能仍然不是很清楚它是如何运行的，因此下面来运行它并观察它实际上做了什么。在iPad模拟器上运行应用程序并旋转设备为横向模式，这样主视图控制器就会出现。可以看到，详情视图控制器中标签当前的默认文本是在storyboard中设置的。我们在这一节要观察的是，在主视图控制器中选择某项的行为会使文本如何发生变化。主视图控制器中当前没有任何内容。为了解决这个问题，需要多次点击导航栏右上角的加号按钮。每次点击都会向控制器的表视图中添加一个条目，如图11-7所示。

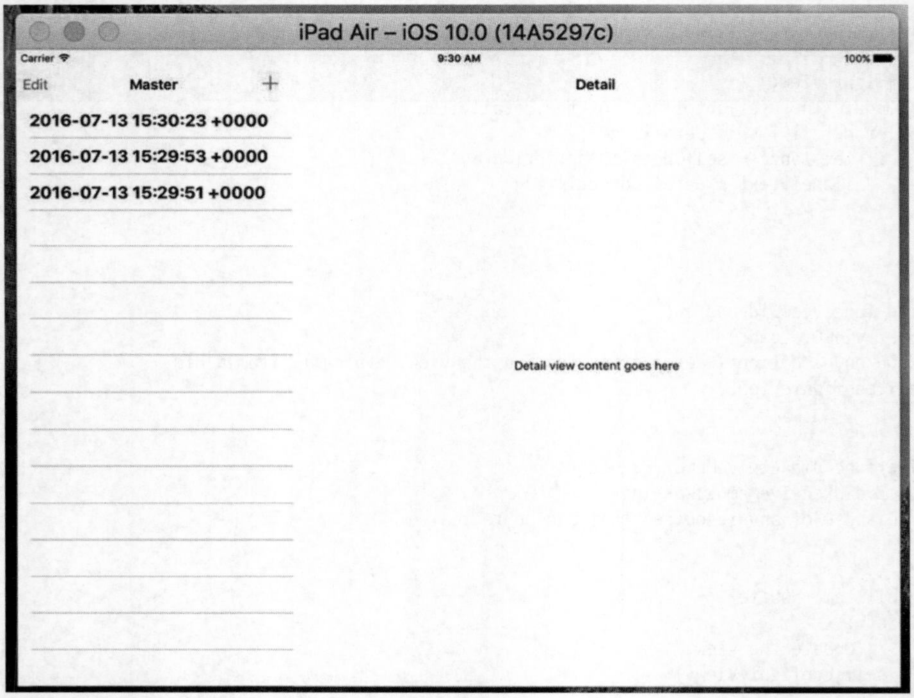

图11-7　模板应用程序中主视图控制器里被选中的内容会显示在详情视图控制器中

　　主视图控制器表中的所有内容都是日期。选择其中一个，详情视图中标签的内容就会变成同样的日期。你已经见过执行这个操作的代码：DetailViewController.swift文件中的configureView方法。每当有新的值赋给详情视图控制器的detailItem属性，就会调用这个方法。那么要如何设置detailItem属性的新值呢？观察一下图11-6中的storyboard。有一个连接了主视图控制器中表单元样本和详情视图控制器的转场。如果你点击这个转场并打开特征检查器，将会发现这是一个标识符为showDetail的展示详情转场（如图11-8所示）。

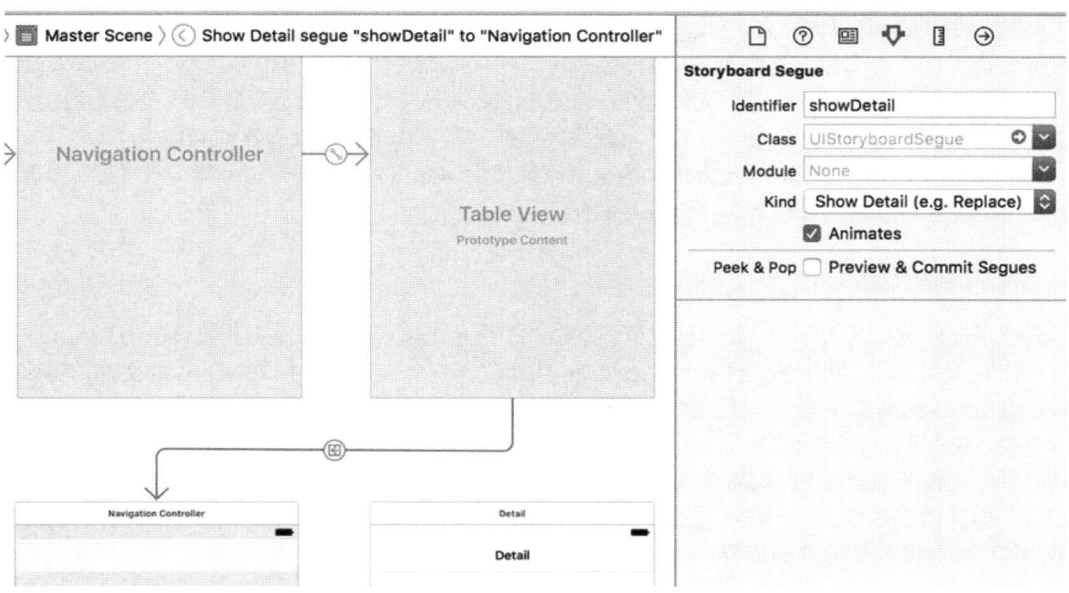

图11-8 连接主视图控制器和详情视图控制器的展示详情转场

如你在第9章中所见，连接了表视图单元的转场会在表单元被选中时触发。因此，如果在主视图控制器的表视图中选择了某行，iOS就会执行Show Detail转场，而包含了详情视图控制器的导航控制器就是转场的目标。此时会发生两件事情：

❑ 创建一个新的详情视图控制器并将其视图添加到视图层级中；
❑ 主视图控制器中的prepareForSegue(_:sender:)方法被调用。

第一步是为了确保详情视图控制器是可见的。在第二步中，主视图控制器需要以某种方式来表示里面的对象被选中了。以下是MasterViewController.swift实现文件中模板代码的处理方式（如代码清单11-4所示）。

代码清单11-4　MasterViewController.swift文件的prepare()方法

```swift
// MARK: - Segues

override func prepare(for segue: UIStoryboardSegue, sender: AnyObject?) {
    if segue.identifier == "showDetail" {
        if let indexPath = self.tableView.indexPathForSelectedRow {
            let object = objects[indexPath.row] as! NSDate
            let controller = (segue.destinationViewController as! UINavigationController).
                            topViewController as! DetailViewController
            controller.detailItem = object
            controller.navigationItem.leftBarButtonItem = self.splitViewController?.
                                            displayModeButtonItem()
            controller.navigationItem.leftItemsSupplementBackButton = true
        }
    }
}
```

首先验证转场标识符以确保它符合要求，然后从视图控制器的表中获取被选择内容的NSDate对象。接下来，主视图控制器将获取DetailViewController实例，方法是找到触发这个方法的转场中目标视图控制器的topViewController属性。现在我们有了被选中对象和详情视图控制器，之后要做的是对详情视图控制器的detailItem属性进行赋值，使详情视图的内容得到更新。prepare(ForSegue:)方法的最后两行代码在详情视图控制器的导航栏上添加了一个显示模式按钮。如果设备处于横向模式，这段代码不会有任何效果，因为显示模式按钮是不可见的；但是假如旋转为纵向模式，就会看到这个按钮（即Master按钮）。

现在你知道了在主视图控制器中被选中的条目如何显示在详情视图控制器中。虽然这里看起来没有太多操作，但实际上发生了很多底层的行为，无论是在iPad还是iPhone上，无论是纵向还是横向。分割视图控制器的优点是可以替你负责所有的细节，免去了你自己实现主视图控制器和详情视图控制器的麻烦。

Xcode的Master-Detail Application模板提供的全部内容就大体介绍完了。刚开始可能很难掌握，但理想情况下这种条分缕析的展示可以帮助你理解各个部分是如何一起协作的。

11.1.4　添加总统信息

前面介绍了此项目的基本布局，是时候"填补空白"并将这个模板应用转换为我们自己的东西了。首先看一下本书的源代码归档文件，其中的文件夹11-Presidents Data包含一个名为PresidentList.plist的文件。将该文件拖入Xcode中项目的Presidents文件夹，并添加到项目中，确保告诉Xcode复制文件的复选框处于选中状态。这个文件包含到目前为止美国历届总统的信息，由每位总统的姓名和维基百科条目的URL组成。

现在看一下主视图控制器，并看看要如何修改它来恰当地处理总统数据。只需要加载总统列表，在表视图中显示它们，并向详情视图传递一个URL供显示即可。在MasterViewController.swift文件中，向类的顶部添加以下粗体显示的代码并移除有删除线的部分：

```
class MasterViewController: UITableViewController {
    var detailViewController: DetailViewController? = nil
    var objects = [AnyObject]()
    var presidents: [[String: String]]!
```

现在来看viewDidLoad()方法，此处的更改稍微复杂一些（不过并不是太难）。你要添加一些代码来加载总统列表，然后移除其他与设置工具栏上编辑按钮和插入按钮相关的语句（如代码清单11-5所示）。

代码清单11-5　MasterViewController.swift文件的viewDidLoad方法

```
override func viewDidLoad() {
    super.viewDidLoad()
    // Do any additional setup after loading the view, typically from a nib.
    let path = Bundle.main.path(forResource: "PresidentList", ofType: "plist")
    let presidentInfo = NSDictionary(contentsOfFile: path)!
    presidents = presidentInfo["presidents"]! as! [[String: String]]

    if let split = self.splitViewController {
        let controllers = split.viewControllers
        self.detailViewController = (controllers[controllers.count-1] as!
                             UINavigationController).topViewController as?
                             DetailViewController
    }
}
```

这段代码乍一看可能有点令人困惑：

```
let path = Bundle.main.path(forResource:"PresidentList", ofType: "plist")!
let presidentInfo = NSDictionary(contentsOfFile: path)!
presidents = presidentInfo["presidents"]! as! [[String: String]]
```

对Bundle.main调用的pathForResource(_:ofType:)方法获取了PresidentList.plist文件的路径，将文件的内容加载到一个NSDictionary对象中。这个字典包含了一个名为presidents的键，它对应的值是一个数组，里面的每位总统都有一个对应的NSDictionary对象，这个字典的键–值对中，键和值都是字符串类型的。我们将这个数组强制转换为适合Swift的[[String: String]]类型，并将结果赋值给presidents变量。

模板生成的类还包含一个名为insertNewObject()的方法，用来向objects数组添加内容。现在这个数组已经不存在了，所以请将这个方法整段删除。

这里还有两个可以让用户编辑表视图中的行的数据源方法。在这个应用中我们不会允许用户编辑行，因此在添加自己的代码之前，先来移除canEditRowAt和commitEditingStyle:方法的代码。

现在轮到了主要的表视图数据源方法，要针对我们的应用进行调整。首先需要让表视图知道每个分区有多少行数据需要显示，因此先修改下面这个方法：

```
override func tableView(_ tableView: UITableView, numberOfRowsInSection section: Int) -> Int {
    return presidents.count
}
```

然后修改tableView(_:cellForRowAtIndexPath:)方法，让每个表视图单元显示一位总统的姓名：

```
override func tableView(_ tableView: UITableView, cellForRowAt indexPath: IndexPath) ->
UITableViewCell {
    let cell = tableView.dequeueReusableCell(withIdentifier: "Cell", for: indexPath)

    let president = presidents[indexPath.row]
    cell.textLabel!.text = president["name"]
    return cell
}
```

最后，更改prepareForSegue(_:sender:)方法，以便将所选总统的数据（即之前提到的[String: String]类型的字典）传递给详情视图控制器（如代码清单11-6所示）。

代码清单11-6 Prepare(forSegue:)方法

```
// MARK: - Segues


override func prepare(for segue: UIStoryboardSegue, sender: AnyObject?) {
    if segue.identifier == "showDetail" {
        if let indexPath = self.tableView.indexPathForSelectedRow {
            let object = presidents[indexPath.row]
            let controller = (segue.destinationViewController
                as! UINavigationController).topViewController as! DetailViewController
            controller.detailItem = object
            controller.navigationItem.leftBarButtonItem =
                self.splitViewController?.displayModeButtonItem()
            controller.navigationItem.leftItemsSupplementBackButton = true
        }
    }
}
```

注意 如果模板中DetailViewController.swift文件的detailItem方法是类似NSDate这样类型的值，需要将其改为AnyObject?类型，否则可能会出现错误。

这就是需要对主视图控制器进行的所有修改。

接下来选择Main.storyboard文件，并在文档略图的Master Scene中点击Master图标以选中主视图控制器（即在storyboard顶行右边的那个），然后双击其标题栏并将文字Master替换成Presidents，之后保存storyboard。

现在就可以构建并运行这个应用了。旋转至横向模式以显示总统列表的主视图控制器（如图11-9所示），然后点击一位总统的名字。详情视图中显示了无意义的字符串。

在本例最后，让详情视图对获得的数据执行一些更加实用的操作。首先，在DetailViewController.swift文件中，添加一个Web视图的输出接口，用于显示所选总统的维基百科页面。添加以下粗体显示的代码：

```
class DetailViewController: UIViewController {
    @IBOutlet weak var detailDescriptionLabel: UILabel!
    @IBOutlet weak var webView: UIWebView!
```

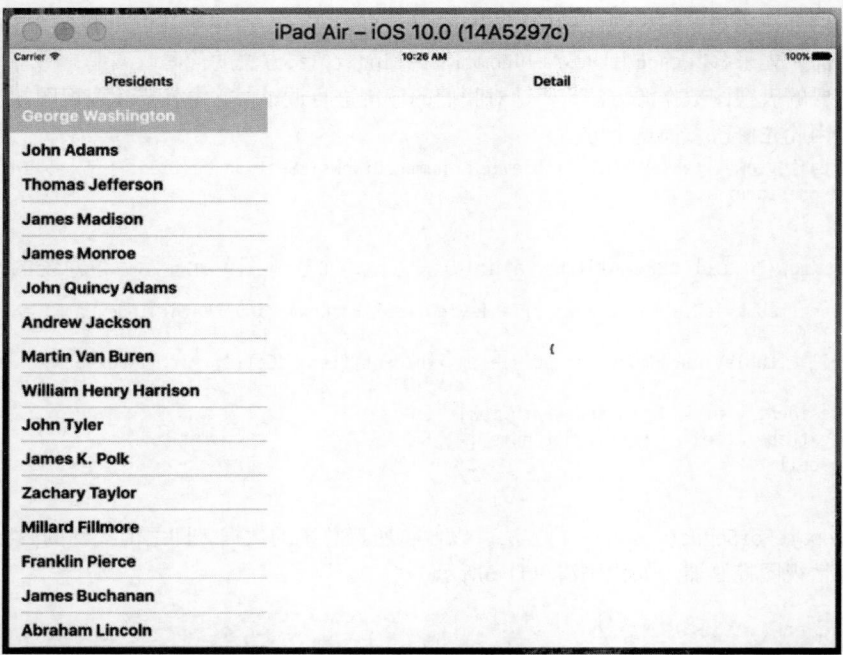

图11-9   Presidents应用的第一次运行。主视图控制器中显示了总统的列表，但详情视图中没有任何
         实质性的东西

接着向下滚动到configureView()方法，改成代码清单11-7中的内容。

代码清单11-7   configureView方法

```
func configureView() {
    // Update the user interface for the detail item.
    if let detail = self.detailItem {
if let label = self.detailDescriptionLabel {
            let dict = detail as! [String: String]
            let urlString = dict["url"]!
            label.text = urlString

            let url = NSURL(string: urlString)!
            let request = URLRequest(url: url as URL)
            webView.loadRequest(request)
            let name = dict["name"]!
            title = name
        }
    }
}
```

主视图控制器将detailItem赋值为包含两个键–值对的字典：一个名为name并存放了总统的姓名，另一个名为url并提供总统维基百科网页地址。我们使用URL来设置详情描述标签的文本并构建一个URLRequest对象，UIWebView加载页面时会用到它。我们使用姓名来设置详情视图控制器的标题。UINavigationController中的视图控制器会将title属性的值显示在导航控制器的导航栏中。这些代码用于让Web视图加载所请求的页面。

最后需要在Main.storyboard文件中进行更改。打开它并在右下方找到详情视图，首先看一下GUI中的标签（它显示的文字是"Detail view content goes here"）。首先选择该标签。在文档略图中选择它是最容易的，位于Detail Scene中。选择该标签后，将其拖到窗口顶部。这个标签应该从左侧一直延展到右侧蓝色引导线处，并且恰好位于导航栏下方（通过手动调整完成它）。这个标签用于显示当前URL。不过在应用刚启动、用户选择一位总统之前，我们想要用它提示用户进行操作。

双击该标签，将其文本内容改为Select a President。你应该使用尺寸检查器，以确保将该标签的位置约束在父视图的左侧边缘、右侧边缘以及顶部边缘处（见图11-10）。如果需要调整这里的约束，可以使用前面描述过的方法来设置。通过选中标签并点击菜单中的Editor➤Resolve Auto Layout Issues➤Reset to Suggested Constraints选项可以近乎准确地得到你想要的效果。

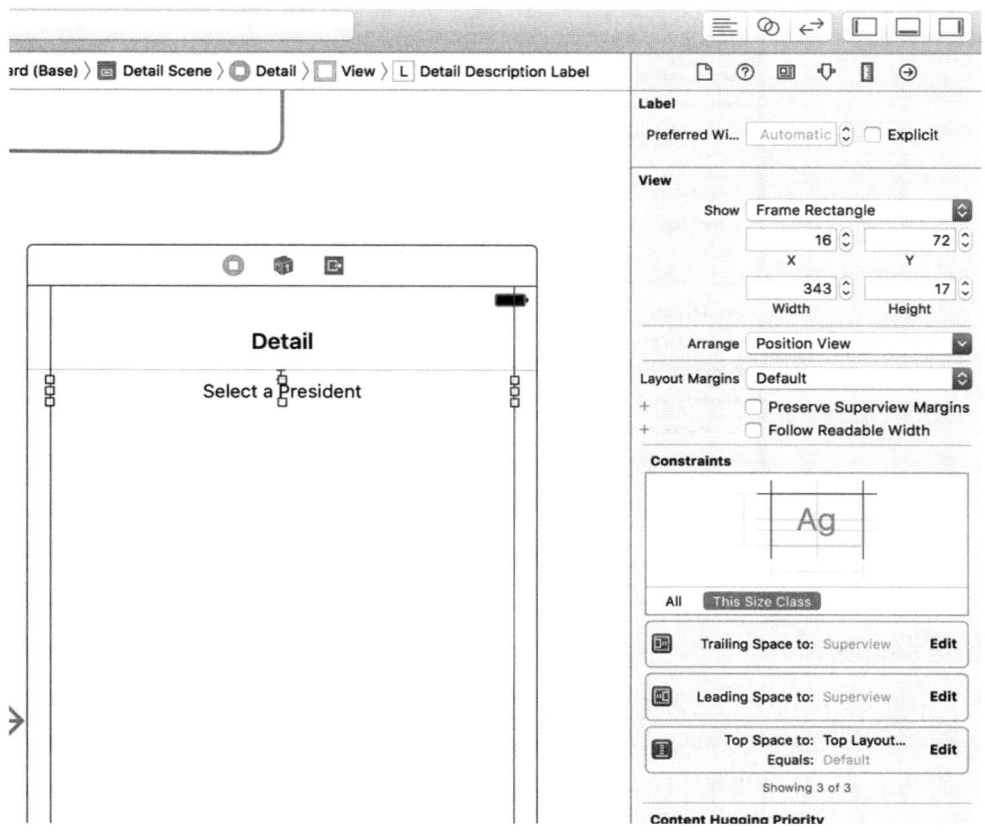

图11-10　尺寸检查器，显示底部Select a President标签的约束设置

接着从对象库中找到UIWebView，将它拖到刚才移动的标签下方。放置好之后，使用调整手柄使它适合标签下方剩余的视图空间。将它与左右两边对齐，从标签底部的蓝色参考线覆盖到窗口底部的空间。接下来，使用尺寸检查器将这个Web视图约束在父视图的左侧边缘、右侧边缘和底部边缘，还需要约束顶部边缘与标签之间的距离。因为很重要，所以再说一次：通过选择菜单中的Editor➤Resolve Auto Layout Issues➤Reset to Suggested Constraints选项可以近乎准确地得到你想要的效果。

现在从文档略图中选择Master视图控制器并打开特征检查器。在View Controller分段中，将Title由Master改为Presidents。这里改变了详情视图控制器顶端导航按钮的标题，使其更加实用。

最后还有一处需要修改。连接刚刚创建的输出接口，按住鼠标右键并从Detail图标（位于文档略图的Detail Scene图标下的第一个）拖到新的Web View（就在文档略图里同一区域的标签下方或storyboard中），连接webView输出接口。保存所做的更改。

现在可以构建并运行应用了，它将显示每位总统的维基百科条目（如图11-11所示）。在两个方向上旋转显示屏，将会看到分割视图控制器为你处理了所有事务，还在一定程度上借助了详情视图控制器。

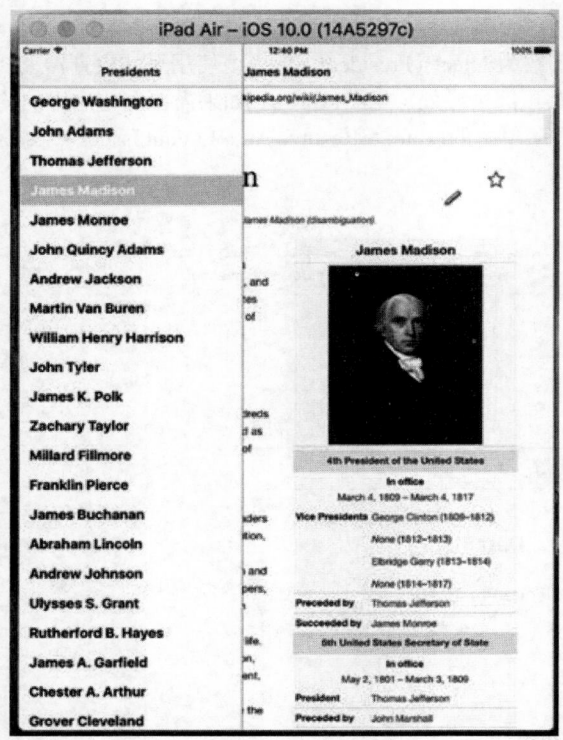

图11-11　Presidents应用程序，显示乔治·华盛顿的维基百科页面

11.1.5　创建浮动窗口

在第4章中出现的操作表单很像卡通漫画对话框的视图（见图4-29）。这个对话框表示的是一个浮动窗口控制器（简称浮动窗口）。包含操作表单的浮动窗口是在它要出现时由UIPopoverPresentationController替你创建的，也就是说可以使用同样的控制器创建你自己需要的浮动窗口。

为了熟悉它的工作原理，我们将自行添加一个浮动窗口，它将由一个始终存在的工具栏项激活（与UISplitView中的不同，它只会自行显示并消失）。此浮动窗口将显示一个表视图，其中包含一个语言列表。如果用户从该列表中选择一种语言，Web视图就会加载使用这种新语言显示的维基百科条目。这非常简单，因为要在维基百科中从一种语言切换到另一种，只需更改URL中嵌入的国家代码部分即可。

注意　在本示例中，UIPopoverPresentationController类被用来显示表视图控制器，但不要让这误导了你——这个类可用于处理你想要的任何视图控制器内容的显示。我们在本例中坚持使用表视图，是因为它是一种常见的使用情形，很容易使用较少的代码来显示，并且你应该已经对它很熟悉了。

首先右击Xcode中的Presidents文件夹，从弹出菜单中选择New File...。当出现向导时，选择iOS下Source分类中的Cocoa Touch Class，然后点击Next。在下一个页面中，将新类命名为LanguageListController，在Subclass of字段选择UITableViewController。单击Next按钮，再次检查保存文件的路径，点击Create。

LanguageListController是一个非常标准的表视图控制器类。它将显示一组列表项，使用详情视图控制器指针，让详情视图控制器知道何时进行了选择。编辑LanguageListController.swift文件，在类名称的声明下方添加以下三行代码：

```
class LanguageListController: UITableViewController {
    weak var detailViewController: DetailViewController? = nil
    private let languageNames: [String] = ["English", "French", "German", "Spanish"]
    private let languageCodes: [String] = ["en", "fr", "de", "es"]
```

这里添加的代码定义了一个指向详情视图控制器的指针（我们将在显示语言列表时在详情视图控制器自身的代码中设置），以及两个数组，其中包含将显示的值（English、French等）以及对应的用于构建URL地址的值（en、fr等）。

如果从本书源代码归档文件（或电子版）中将该代码复制并粘贴到自己的项目中，或者自行键入它时未加留意，你可能注意不到detailViewController属性在声明方式上的重要区别。与大多数引用对象指针的属性不同，我们使用weak而不是strong声明此属性。必须这样做才能避免互持循环（retain cycle）。

什么是互持循环？它指的是这样一种情形：两个或以上的一组对象以一种类似循环的方式相互引用对方。因此，每个对象都会拒绝其他对象在内存中被释放。请谨慎考虑对象的创建，通常通过确定哪个对象"拥有"谁，可以避免大多数潜在的互持循环。从这个意义上来讲，DetailViewController的实例拥有LanguageListController的实例，因为正是这个DetailViewController对象实际创建了LanguageListController对象来完成部分工作。如果有两个需要相互引用的对象，通常会让所有者对象持有另一个对象，但另一个对象绝对不能持有它的所有者。由于我们使用了苹果公司过去在Xcode 4.2中引入的ARC特性，编译器会为我们做很多工作。不用关心释放和保留对象的细节问题，我们要做的就是，如果不是这个对象的拥有者，那么用weak关键字（而不是strong）来声明这个属性，余下的事交给ARC就可以了。

接着向下滚动到viewDidLoad()方法，并添加以下设置代码：

```
override func viewDidLoad() {
    super.viewDidLoad()

    clearsSelectionOnViewWillAppear = false
    preferredContentSize = CGSize(width: 320, height: (languageCodes.count * 44))
    tableView.register(UITableViewCell.self, forCellReuseIdentifier: "Cell")
}
```

这里定义了此视图在浮动窗口中显示时（我们知道它将在浮动窗口中显示）使用的尺寸。如果没有定义这个尺寸，得到的浮动窗口会垂直拉伸至几乎填满整个屏幕，即便用更小的视图也能显示这些内容。最后，按照第8章的方法，注册一个默认的表视图单元类。

接下来是两个由Xcode模板生成的方法，但是其中并不包含有效的代码，只是一个警告和一些占位符文本。我们将这些文本替换为有实际用处的代码：

```
override func numberOfSections(in tableView: UITableView) -> Int {
    return 1
}
override func tableView(_ tableView: UITableView, numberOfRowsInSection section: Int) -> Int {
    return languageCodes.count
}
```

现在编写tableView(_:cellForRow atIndexPath:)方法的代码，使其获取一个表视图单元，并将语言名称添加到里面（如代码清单11-8所示）。

代码清单11-8　获取表视图单元

```
override func tableView(_ tableView: UITableView, cellForRowAt indexPath: IndexPath) ->
UITableViewCell {
    let cell = tableView.dequeueReusableCell(withIdentifier: "Cell", for: indexPath)
    // Configure the cell...
    cell.textLabel!.text = languageNames[indexPath.row]

    return cell
}
```

接下来，实现tableView(_:didSelectRowAtIndexPath:)方法，使其能响应用户的触摸，传递所选语言到详情视图控制器中，并通过调用dismissViewControllerAnimated(_:completion:)方法关闭当前正在显示的Language-ListController浮动窗口：

```swift
override func tableView(_ tableView: UITableView, didSelectRowAt indexPath: IndexPath) {
    detailViewController?.languageString = languageCodes[indexPath.row]
    dismiss(animated: true, completion: nil)
}
```

注意　DetailViewController实际上还没有languageString属性，因此会发生一个编译器错误。我们稍后将探讨这一主题。

现在对DetailViewController进行一些必要的更改以显示浮动窗口，以及在用户更改显示语言或选中不同的总统时生成正确的URL。首先在DetailViewController.swift文件中的UIWebView声明下方添加以下三行代码：

```swift
private var languageListController: LanguageListController?
private var languageButton: UIBarButtonItem?
var languageString = ""
```

我们添加一些属性变量以记录浮动窗口所需的GUI元素和用户所选的语言。现在需要做的是修改DetailViewController.swift文件，使它可以处理语言浮动窗口和URL的构造。

首先添加一个函数，它接受指向维基百科页面的URL以及一个双字母语言代码作为参数，并返回一个结合了这两部分的URL。我们稍后将在控制器代码中的恰当位置调用这个方法（如代码清单11-9所示）。

代码清单11-9　获取指定语言对应URL的函数

```swift
private func modifyUrlForLanguage(url: String, language lang: String?) -> String {
    var newUrl = url

    // We're relying on a particular Wikipedia URL format here. This
    // is a bit fragile!
    if let langStr = lang {
        // URL is like https://en.wikipedia...
        let range = NSMakeRange(8, 2)
        if !langStr.isEmpty && (url as NSString).substring(with: range) != langStr {
            newUrl = (url as NSString).replacingCharacters(in: range,
                                                        with: langStr)
        }
    }

    return newUrl
}
```

接下来需要更新configureView()方法。此方法将使用刚才定义的函数，将传入的URL与所选的language-String结合在一起，生成正确的URL（如代码清单11-10所示）。

代码清单11-10　更新configureView方法以获取指定语言的URL

```swift
func configureView() {
    // Update the user interface for the detail item.
    if let detail = self.detailItem {
        if let label = self.detailDescriptionLabel {
            let dict = detail as! [String: String]
//          let urlString = dict["url"]!
            let urlString = modifyUrlForLanguage(url: dict["url"]!, language: languageString)
            label.text = urlString
```

```
                    let url = URL(string: urlString)!
                    let request = URLRequest(url: url )
                    webView.loadRequest(request)
                    let name = dict["name"]!
                    title = name
                }
            }
        }
```

现在更改viewDidLoad()方法。这里将创建一个UIBarButtonItem，并将其置于屏幕顶部的UINavigationItem中。这个按钮会在点击后调用控制器的showLanguagePopover()方法，我们很快就会实现它，如代代清单11-11所示。

代码清单11-11　修改后的viewDidLoad方法

```
override func viewDidLoad() {
    super.viewDidLoad()
    // Do any additional setup after loading the view, typically from a nib.
    self.configureView()
    languageButton = UIBarButtonItem(title: "Choose Language", style: .plain,
                                          target: self, action:
              #selector(DetailViewController.showLanguagePopover))
    navigationItem.rightBarButtonItem = languageButton

}
```

接下来实现languageString的属性观察器，它会在属性的值发生变化时被调用。它会调用configureVIew()函数以重新生成一个包含所选语言的URL，并载入到新的网页。

```
var languageString = "" {
    didSet {
        if languageString != oldValue {
            configureView()
        }
    }
}
```

下面实现用户点击Choose Language按钮后调用的方法。简单地说，我们要显示LanguageListController，首先创建它，然后获取它的浮动窗口控制器，并设置其属性以控制窗口出现的位置。将此方法添加到viewDidLoad()方法之后（如代码清单11-12所示）。

代码清单11-12　showLanguagePopover方法

```
func showLanguagePopover() {
    if languageListController == nil {
        // Lazy creation when used for the first time
        languageListController = LanguageListController()
        languageListController!.detailViewController = self
        languageListController!.modalPresentationStyle = .popover
    }
    present(languageListController!, animated: true, completion: nil)
    if let ppc = languageListController?.popoverPresentationController {
        ppc.barButtonItem = languageButton
    }
}
```

在这个方法的第一部分中，我们检查了是否已经创建了LanguageListController对象。如果没有，便创建一个实例并设置其detailViewController属性指向自己。我们还设置了其modalPresentationStyle属性为.popover。这个属性决定了控制器的正常显示方式。此外还有其他一些值，你可以在UIViewController类的文档页面中了解它们。如果你需要让这个控制器以浮动窗口的方式出现，那么毫不意外需要选择.popover这个值。

接下来我们使用presentViewController(_:animated:completion:)方法展示了LanguageListController对象，就像在第4章中显示一个警告视图所做的那样。调用这个方法并不会让这个控制器立刻显示（UIKit会在这个方法点击事件处理完毕后再执行），而是创建一个将负责管理控制器浮动窗口的UIPopoverPresentationController对象。在显示浮动窗口之前，我们需要告诉UIKit出现的位置。在第4章中，我们采用了设置UIPopoverPresentation-Controller对象的sourceRect和sourceView属性的技巧，把浮动窗口放在了指定的视图附近位置。在这个示例中，我们想让浮动窗口出现在语言选择按钮的附近，可以通过将这个按钮的引用赋值给控制器的barButtonItem属性的方法来达成。

现在用iPad模拟器运行示例并按下Choose Language按钮。你将看到浮动窗口显示了语言列表控制器（如图11-12所示）。你应该可以选择语言弹出列表四个可选语言中的任意一种语言，并观察Web视图更新显示为当前语言版本的总统信息页面。

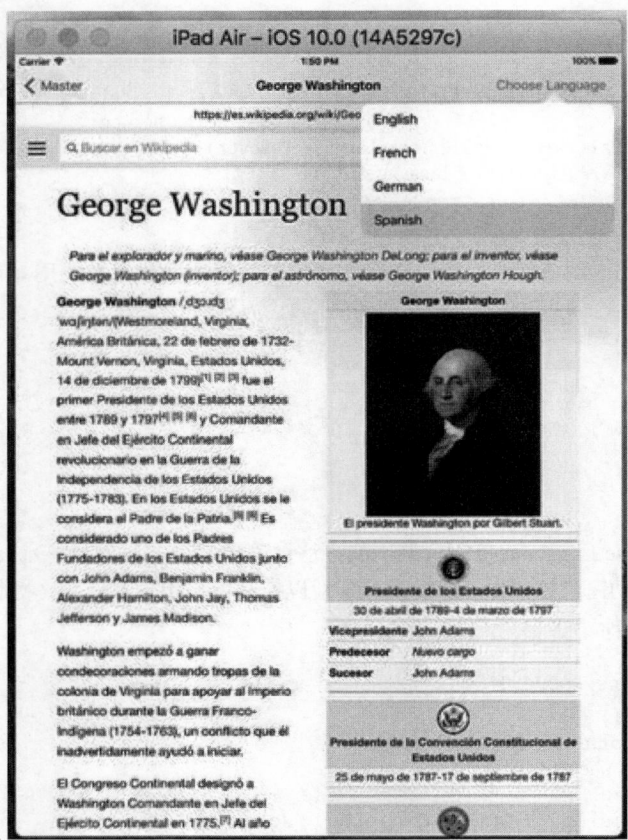

图11-12　选择用不同的语言载入页面

从一种语言切换到另一种应该始终保持所选的总统不变；同理，从一位总统切换到另一位总统应该保持所选语言不变。但实际上并不是这样。尝试一下：选择一位总统，将语言改为西班牙语，然后选择另一位总统。很遗憾，语言已经不是西班牙语了。

为什么会出现这种情况？Show Detail转场每次被调用都会创建一个详情视图控制器的实例。这意味着语言设置作为一个属性存储在详情视图控制器中，每次选择一位新总统的时候就会丢失。为了解决这个问题，我们需要在主视图控制器中添加一些代码。打开MasterViewController.swift文件并对prepareForSegue方法进行代码清单11-13中的更改。

代码清单11-13 更新prepareForSegue方法

```
override func prepare(for segue: UIStoryboardSegue, sender: AnyObject?) {
    if segue.identifier == "showDetail" {
        if let indexPath = self.tableView.indexPathForSelectedRow {
            let object = presidents[indexPath.row]
            let controller = (segue.destinationViewController as!
                UINavigationController).topViewController as! DetailViewController
            if let oldController = detailViewController {
                controller.languageString = oldController.languageString
            }
            controller.detailItem = object
            controller.navigationItem.leftBarButtonItem =
                self.splitViewController?.displayModeButtonItem()
            controller.navigationItem.leftItemsSupplementBackButton = true
            detailViewController = controller
        }
    }
}
```

11.2 小结

本章介绍了分割视图控制器及其在创建master-detail应用程序时的作用，还介绍了一个复杂的应用程序示例，包含多个相互关联的视图控制器，并且完全可以在Interface Builder中配置。虽然现在分割视图支持所有的设备，但它们还是在iPhone 6/6s Plus和iPad这种大屏幕空间上更有用处。

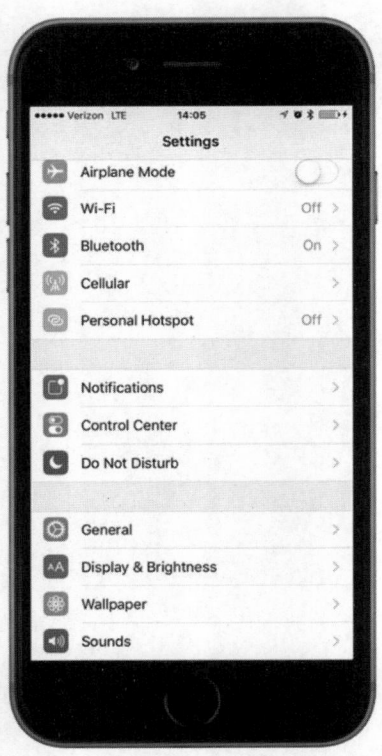

第 12 章

应用设置和用户默认设置

除去最简单的那种，你用到的所有应用基本上都包含一个偏好设置窗口，用户可以在其中设置应用专属的选项。在macOS中，通常可以在应用程序菜单中找到Preferences...菜单项。选择该菜单项会弹出一个窗口，用户可以在其中输入和更改各种选项。iPhone和iPad中一个名为Settings（设置）的应用程序就是为此存在的，你可能之前用过。本章将介绍如何在Settings应用中为你的iOS应用程序添加设置项，以及如何从应用程序内部访问这些设置项。

12.1 设置捆绑包入门

通过Settings应用，用户可以输入和更改任何带有设置捆绑包（settings bundle）的应用程序中的偏好设置。设置捆绑包是应用自带的一组文件，用于告诉Settings该应用期望得到用户的哪些偏好设置（如图12-1所示）。对于iOS中的用户默认（User Default）机制，Settings应用作为其一般用户界面。可以通过User Default存放或取出应用程序的偏好设置。

图12-1 iPhone显示屏上的Settings应用程序

在iOS应用中，NSUserDefaults类提供了用户默认设置服务。如果你在macOS的Cocoa框架上进行过开发，那么可能比较熟悉NSUserDefaults，因为在macOS上也是用这个类来保存和读取偏好设置。应用通过NSUserDefaults用键–值对的方式来读取和保存偏好设置数据，与通过键从字典中获取数据一样。不同之处在于NSUserDefaults数据会持久保存在文件系统中，而不是存储在内存的对象实例中。本章将开发一个应用，添加并配置一个设置捆绑包，然后从Settings应用和我们自己的应用中访问并编辑这些偏好设置。

由于Settings应用提供了标准的用户界面，你不需要为你的应用设计自己的UI。创建可以描述应用有效设置的属性列表后，Settings应用会自动创建用户界面。游戏等沉浸式应用一般应该自行提供偏好设置视图，这样用户更改设置后不用退出应用就能使设置生效。即使是实用工具和生产效率应用，也应该允许用户在不离开应用的情况下更改偏好设置。我们还将介绍如何直接从应用用户处收集偏好设置，以及如何将其保存在iOS的User Defaults中。

iOS允许用户从一个应用程序切换到设置应用，修改偏好设置，然后再切回还在运行的应用。我们将在本章末尾演示如何处理这种情况。

12.2　Bridge Control 应用程序

本章中，我们构建一个简单的应用，来模拟控制星际飞船舰桥[①]的一些功能。首先创建一个设置捆绑包，这样当用户启动Settings应用时，界面会显示一个该应用（Bridge Control）的条目（如图12-2所示）。

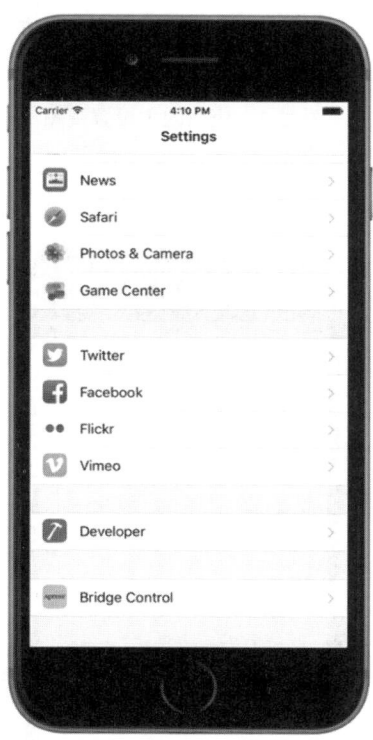

图12-2　在模拟器中，Settings应用显示了Bridge Control应用的一个入口

如果用户点击了图12-2中应用程序的条目，系统会显示一个与该应用有关的偏好设置视图。Settings应用为用

---

① 舰桥这个名称源于蒸汽机明轮船，其操纵部位设在左右舷明轮护罩间的过桥上，因此被称为舰桥。后沿用至今，因此飞船的控制中心亦用Bridge来表示。——译者注

户提供了文本框、密码文本框、开关和滑动条来更新这些值（如图12-3所示）。

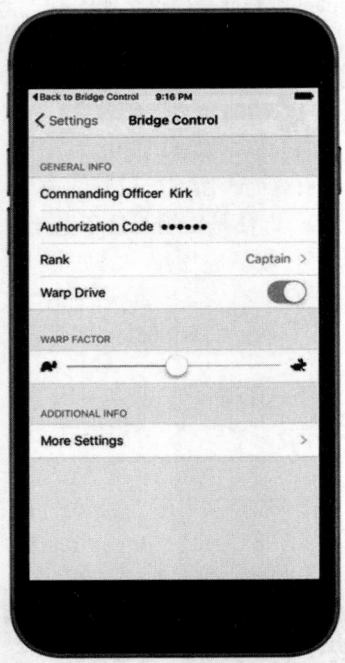

图12-3　应用的主设置视图

此视图中还有两项包含了扩展标识。第一项是Rank，用户可以通过它进入另一个表视图，其中显示该条目的可用选项。用户只能在该表视图中选择单个值（如图12-4所示）。

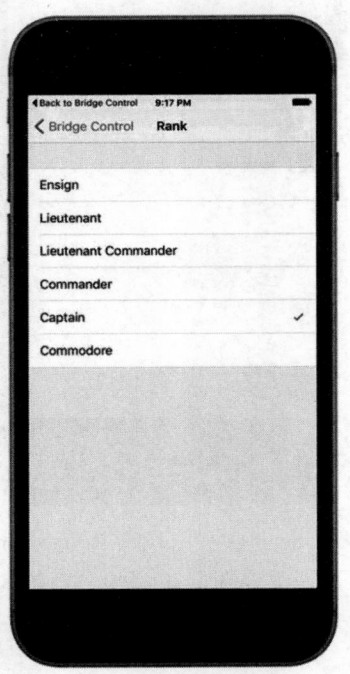

图12-4　从列表中选择单个偏好设置选项

　　还有一个扩展标识是More Settings（更多设置），用户可以利用它打开另一组偏好设置（如图12-5所示）。该子视图拥有的控件类型可以和主设置视图相同，甚至还可以有自己的子视图。Settings应用需要用到导航控制器，因为它支持构建多级偏好设置视图。

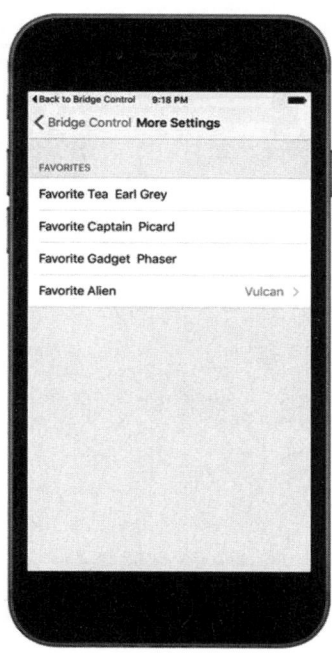

图12-5　Bridge Control应用程序的子设置视图

用户启动Bridge Control后，应用会显示一组从Settings应用中得到的偏好设置（如图12-6所示）。

图12-6　应用的主视图向用户展示了偏好设置列表

为了演示如何在应用中更新偏好设置，Bridge Control还提供了一个视图，用户可以直接在应用程序中修改其他偏好设置（如图12-7所示）。

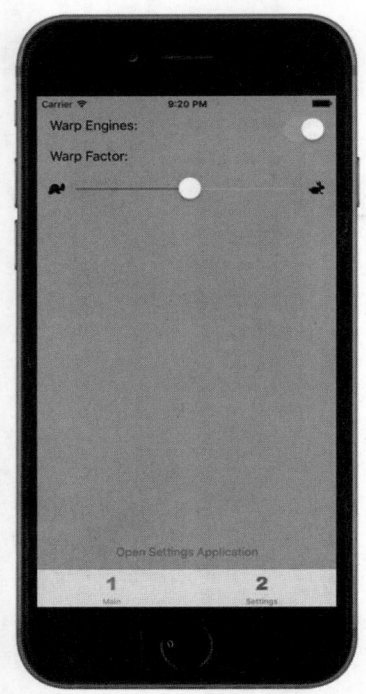

图12-7   直接在Bridge Control应用中设置部分偏好设置

12.2.1   创建项目

在Xcode中，按下Shift+Command+N或从File菜单中选择New➤Project...。当新项目向导出现后，选择左侧窗格中iOS标题下的Application，单击Tabbed Application图标，点击Next。在下一个页面中，将新项目命名为Bridge Control。将Devices设为Universal。然后点击Next按钮。最后为该项目选择保存位置，点击Create。

Bridge Control应用程序基于我们在第7章用过的UITabBarController类。这个模板创建了我们需要的两个分页，每个分页需要一个图标。你可以在示例源代码归档的12-Images文件夹中找到它们。在Xcode中，选中Assets.xcassets，然后删除Xcode模板创建的first和second图片。现在将12-Images文件夹中的singleicon.imageset和doubleicon.imageset文件夹拖动到编辑区域中来添加这些替代图片。

接下来，我们将为分页栏选项配置图标。选中Main.storyboard文件，可以看到分页栏控制器和对应分页的子控制器，其中一个标为First View，另一个标为Second View。选择第一个子控制器，然后点击它的分页栏选项（当前显示了一个矩形和标题First）。在特征检查器的Bar Item区域中，将Title改成Main，将Image改为singleicon（如图12-8所示）。现在选择第二个子控制器的分页栏选项并将标题由Second改为Settings，图片由second改为doubleicon。目前这样就可以了，现在来创建应用程序的设置捆绑包。

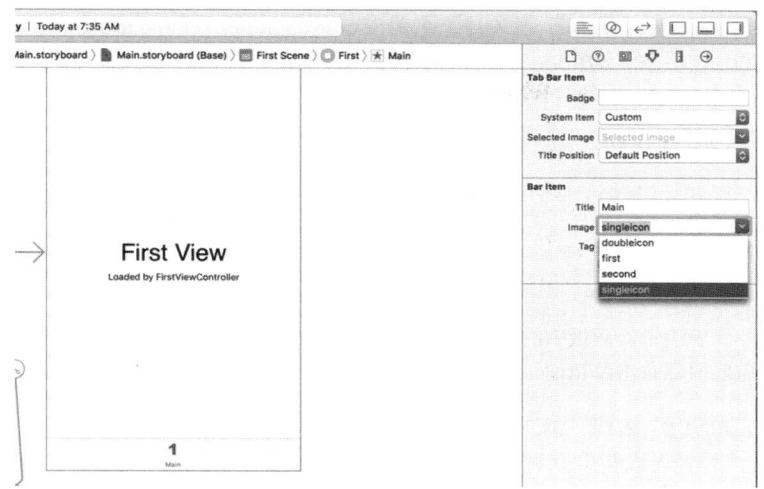

图12-8　设置第一个分页栏项的图标

12.2.2　使用设置捆绑包

设置应用使用每个应用中设置捆绑包的内容构建出一个应用的设置视图。如果应用没有设置捆绑包，那么设置应用不会显示出应用程序的任何信息。每个设置捆绑包必须包含一个名为Root.plist的属性列表，它定义了根级偏好设置视图。此属性列表必须遵循一种非常严格的格式，我们在设定应用设置捆绑包的属性列表时会讨论这种格式。

当Settings应用启动时，它会检查每个应用的设置捆绑包，并为包含设置捆绑包的每个应用添加设置组。如果你希望偏好设置包含子视图，就必须向设置捆绑包添加属性列表，并在Root.plist中为每个子视图添加一个条目。本章稍后将详细介绍如何操作。

1. 在项目中添加设置捆绑包

在项目导航面板中，点击Bridge Control文件夹，然后选择File➤New➤File...或者按下Command+N。在左侧窗格中，选择iOS部分中的Resource，然后选择Settings Bundle图标（见图12-9）。点击Next按钮，名字保留默认的Settings.bundle，最后点击Create。

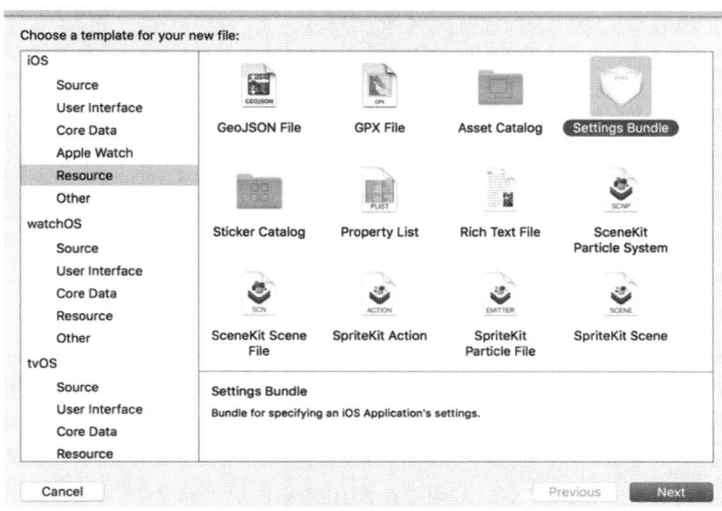

图12-9　在项目中添加设置捆绑包

现在你应该能在项目窗口中看到一个新条目，名为Settings.bundle。展开Settings.bundle，应该能看到一个名为en.lproj的文件夹（其中有一个名为Root.strings的文件以及一个名为Root.plist的文件）。之后在介绍本地化应用为其他语言时会讨论en.lproj。现在主要讲解Root.plist。

选中Root.plist，查看编辑器面板，你将看到Xcode的属性列表编辑器（如图12-10所示）。

Key	Type	Value
▼ iPhone Settings Schema	Dictionary	(2 items)
Strings Filename ⇕ ⊕ ⊖	String	Root
▶ Preference Items	Array	(4 items)

> ☒ < > 📁 Bridge Control ⟩ 📁 Bridge Control ⟩ ◎ Settings.bundle ⟩ 📄 Root.plist ⟩ No Selection

图12-10　属性列表编辑器面板中的Root.plist。如果你的编辑面板看起来不太一样，请不要惊慌，
只需要鼠标右击编辑面板，从弹出的上下文菜单中选中Show Raw Keys/Values即可

注意属性列表中各项的组织结构。属性列表在本质上就是字典，要通过键来检索存储条目的类型和值，与使用Dictionary一样。属性列表可以包含几种不同类型的节点。Boolean、Data、Date、Number和String节点类型可以保存数据，还可以通过两种方式来处理整个节点集合。除了能保存字典的Dictionary节点类型外，还有Array节点。它会存储一个含有其他节点的有序列表，与数组类似。Dictionary和Array是唯一能够包含其他节点的属性列表节点类型。

> **注意** 虽然在Dictionary中可以使用大多数对象作为键，但属性列表Dictionary节点中的键必须为字符串类型。不过，该键所对应的值可以选择任意节点类型。

创建设置属性列表时，必须遵循特定的格式。所幸，在项目中添加设置捆绑包时，应用会创建一个符合这种格式的属性列表，名为Root.plist。下面就来介绍它。

在Root.plist编辑器面板中，键名能以真实的、未经处理的形式显示；也能以更易于阅读的形式显示。我们希望尽可能看到真实的内容，所以在编辑区域中任意位置右击鼠标，在弹出的菜单中选择Show Raw Keys/Values选项（如图12-11所示）。本章之后讨论的所有键都使用真实的键名，所以这一步很重要。

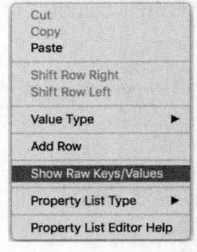

图12-11　在属性列表编辑面板中的任意位置右击或者按住Control
键点击，确保选中Show Raw Keys/Values选项。这将保
证在属性列表编辑器中使用真实键名，从而使你的编辑
工作更为精确

> **警告** 不论是因为编辑不同的文件还是因为退出Xcode而离开属性列表，都会取消选中Show Raw Keys/Values项。如果你的文本突然间变得不太一样，要再次检查该项是否处于选中状态。

字典中有一条目为StringsTable。字符串表用于将应用转换成另一种语言。第22章介绍本地化时，将讨论字符串的翻译。本章不会用到它，不过你可以将它留在项目中，反正也没什么坏处。除了StringsTable，属性列表

还有个名为PreferenceSpecifiers的节点，它是一个数组。这个数组节点用于保存一组Dictionary节点，每个Dictionary节点都代表用户可修改的一个偏好设置项或用户可以访问的一个子视图。

点击PreferenceSpecifiers左边的展开三角以显示节点。你会注意到Xcode的模板中提供了4个子节点（如图12-12所示）。有些节点与我们示例中的偏好设置没有任何联系，所以分别单击Item 1、Item 2和Item 3，按下Delete键依次删除，只留下Item 0。

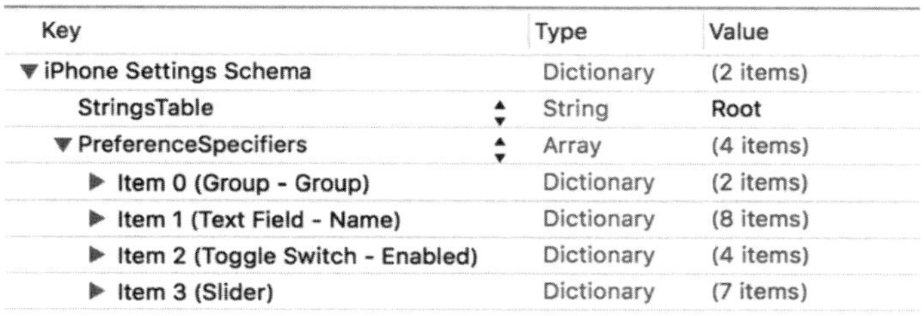

Key	Type	Value
▼ iPhone Settings Schema	Dictionary	(2 items)
StringsTable	String	Root
▼ PreferenceSpecifiers	Array	(4 items)
▶ Item 0 (Group - Group)	Dictionary	(2 items)
▶ Item 1 (Text Field - Name)	Dictionary	(8 items)
▶ Item 2 (Toggle Switch - Enabled)	Dictionary	(4 items)
▶ Item 3 (Slider)	Dictionary	(7 items)

图12-12　编辑器面板中的Root.plist，这次展开了PreferenceSpecifiers

注意　要在属性列表中选择一项，最好是单击Key列的一侧或其他位置，小心手误打开Key列的下拉菜单。

单击Item 0，但不要展开它。你只需要在Xcode的属性列表中按下Return键添加新行。当前的选择状态（包括选中了哪行以及该行是否展开）决定了新行的插入位置。如果选择了一个没有展开的数组或者字典，按下Return键将会在该行后面添加一个同级节点。也就是说，将会添加一个与当前所选项同级的新节点。若此时按下Return键（现在不要这么做），将得到一个名为Item 1的新行，紧跟Item 0。图12-13展示了按下Return键创建新行的例子。注意，可以通过下拉菜单指定该项显示的偏好设置标识符的类型（稍后会详细介绍）。

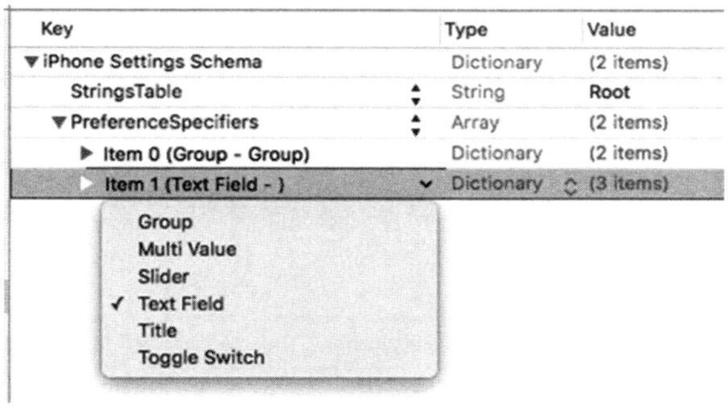

Key	Type	Value
▼ iPhone Settings Schema	Dictionary	(2 items)
StringsTable	String	Root
▼ PreferenceSpecifiers	Array	(2 items)
▶ Item 0 (Group - Group)	Dictionary	(2 items)
▶ Item 1 (Text Field -) ⌄	Dictionary ⌃	(3 items)

Group
Multi Value
Slider
✓ Text Field
Title
Toggle Switch

图12-13　选中Item 0并按下Return键可以创建同级新行。注意弹出的下拉菜单，可以通过它指定该项显示的偏好设置标识符的类型

展开Item 0查看其中的内容（如图12-14所示）。现在可以在编辑器中为选中的条目添加子节点，若按下Return（现在不要按）就会在Item 0中创建一个新的子节点。

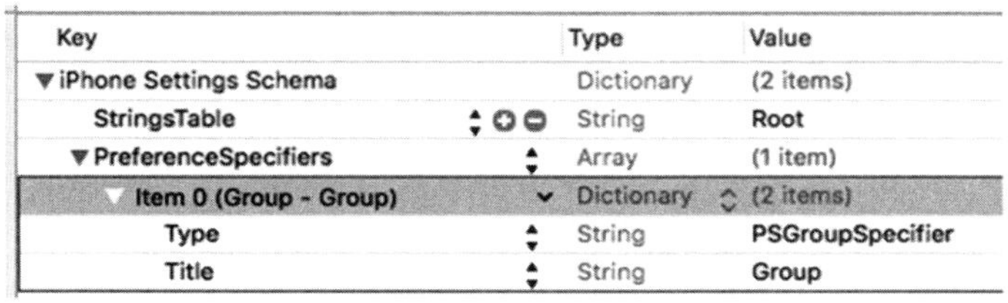

Key	Type	Value
▼ iPhone Settings Schema	Dictionary	(2 items)
StringsTable	String	Root
▼ PreferenceSpecifiers	Array	(1 item)
▼ Item 0 (Group - Group)	Dictionary	(2 items)
Type	String	PSGroupSpecifier
Title	String	Group

图12-14　展开Item 0，显示键为Type和Title的两行。Item 0代表Group组

Item 0下有一个Type键，并且PreferenceSpecifiers数组中的每一个属性列表节点都必须有一个包含此键的条目。Type键可以让设置应用知道与此条目关联的是哪种类型的数据。在Item 0中，此Type键的值PSGroupSpecifier用来说明该条目是一个新分组的开始。其后的每个条目都将是此分组的一部分，直到下一个Type对应的值为PSGroupSpecifier的条目为止。从图12-3中可以看出，设置应用在一个分组表的视图中显示应用程序设置信息。PreferenceSpecifiers数组中的Item 0在设置捆绑包里属性列表中的值应该始终为PSGroupSpecifier，这样设置便会在一个新的分组中开始。这很重要，因为每个Settings表中需要至少一个分组。

Item 0中剩下的一个条目包含一个名为Title的键，它用于在这个组上设置一个可选标题。现在仔细观察Item 0行本身，可以看到它实际显示为Item 0 (Group - Group)。圆括号里的值代表Type项的值（第一个Group）和Title项的值（第二个Group）。这是Xcode提供的一种便捷方式，有助于直观地浏览设置捆绑包的内容。

如图12-3所示，我们将第一个组命名为General Info。双击Title旁边的值，将它从Group改为General Info（见图12-15）。键入这个新的标题后，你可能会注意到Item 0发生了细微的变化。它现在显示为Item 0 (Group - General Info)，反映了新标题的值。在设置应用中，标题是用大写字母显示的，因此用户会看到GENERAL INFO，如图12-3所示。

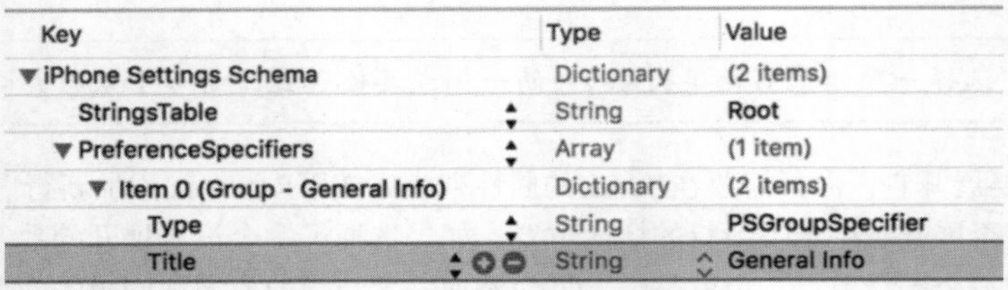

Key
Type
Value
iPhone Settings Schema
Dictionary
(2 items)
StringsTable
String
Root
PreferenceSpecifiers
Array
(1 item)
Item 0 (Group - General Info)
Dictionary
(2 items)
Type
String
PSGroupSpecifier
Title
String
General Info

图12-15　将Item 0分组的标题从Group改为General Info

2. 添加文本框设置

现在需要在此数组中添加另一个条目，它表示第一个实际的偏好设置字段。我们将从一个简单的文本框开始。若在编辑器面板中单击PreferenceSpecifiers（不要这么做，先继续往下读），按下Return键添加一个子项，那么新行将会插在列表的开头。这不是我们想要的，我们希望在数组末尾添加一行。

要添加该行，首先点击Item 0左边展开的三角形，把它关闭，然后选择Item 0并按下Return键，此时将在当前行下方添加一个新的同级行（如图12-16所示）。同样，添加新条目后，将会出现一个下拉菜单，显示了默认值Text Field。

Bridge Control
Bridge Control
Settings.bundle
Root.plist
No Sele
Key
Type
Value
iPhone Settings Schema
Dictionary
(2 items)
StringsTable
String
Root
PreferenceSpecifiers
Array
(2 items)
Item 0 (Group - General Info)
Dictionary
(2 items)
Item 1 (Text Field -)
Dictionary
(3 items)
Group
Multi Value
Slider
✓ Text Field
Title
Toggle Switch

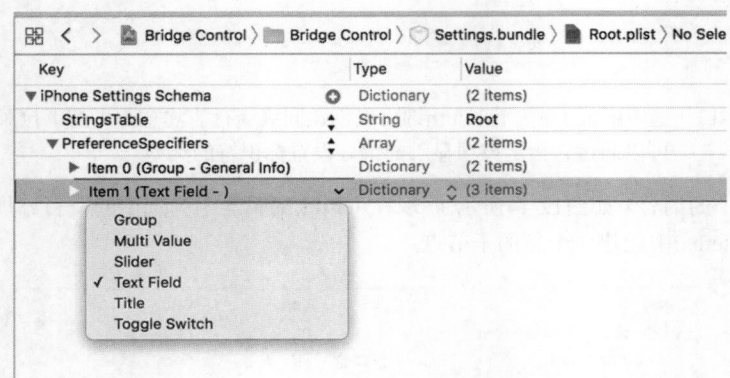

图12-16　添加一个与Item 0同级的新行

点击下拉菜单以外区域使其消失，然后点击Item 1旁边的展开三角形展开它。可以看到它包含了一个值为PSTextFieldSpecifier的Type行，用于告诉Settings应用我们希望用户在一个文本框中编辑这项设置。此外，它还包含了键为Title和Key的两个空行（如图12-17所示）。

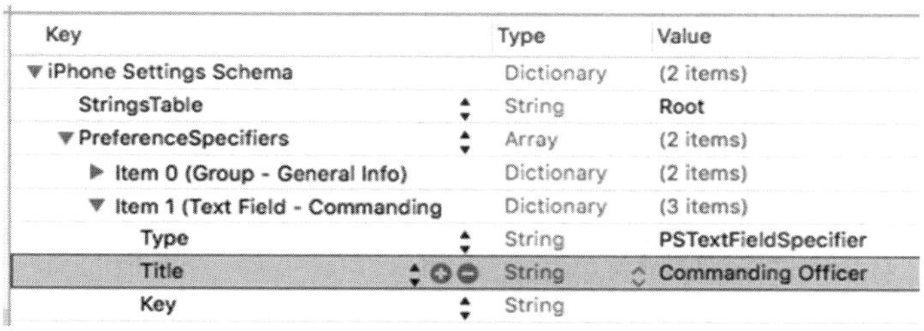

Key		Type	Value
▼ iPhone Settings Schema		Dictionary	(2 items)
StringsTable	↕	String	Root
▼ PreferenceSpecifiers	↕	Array	(2 items)
▶ Item 0 (Group - General Info)		Dictionary	(2 items)
▼ Item 1 (Text Field - Commanding)		Dictionary	(3 items)
Type	↕	String	PSTextFieldSpecifier
Title	↕ ⊕ ⊖	String	↕ Commanding Officer
Key	↕	String	

图12-17　我们的文本框条目，展开它会显示Type、Title和Key

选择Title行，双击Value列的空白部分，键入Commanding Officer来设置该Title的值。该文本将会出现在设置应用中。

现在对Key行进行同样的设置（不是印刷错误，这里的Key刚好就是键的名称），将其value值设为officer（注意首字母要小写）。在存储此文本框中输入的值时会用到这个键。

还记得我们讲过关于NSUserDefaults的内容吗？它允许用户使用键保存值，这与Dictionary类似。设置应用将对替你保存的每个偏好设置进行同样的操作。如果你为它提供了一个键值foo，则稍后可以在应用中请求foo值，它会返回用户为该偏好设置输入的值。稍后，我们将使用officer键值从应用中的获取此用户默认设置。

注意　Title的值为Commanding Officer，而Key的值为officer。这种大小写差异将会经常出现，并且这里我们为显示标题使用了两个单词，而键只使用了一个。Title是在屏幕上显示的内容，所以用大写字母C和O比较合适。而Key是一个文本字符串，用于从用户默认设置中获取偏好设置，所以所有字母采用小写形式比较合适。可以选择将Title的内容全部小写，而将Key的内容全部大写。只要保存和检索时使用相同的大小写形式，为偏好设置键指定什么大小写形式都可以。

现在，选择Item 1中三行的最后一行（键为Key的那行），按下Return键，在Item 1字典中添加另一项，将其键设为AutocapitalizationType。注意，当你开始键入AutocapitalizationType时，Xcode会向你显示一些匹配项，你可以从中选择一个，而不用键入完整的名字。当你完成了AutocapitalizationType输入后，按下Tab键或点击Value栏右侧的上下箭头图标可以打开一个列表，你可以在里面选择有用的选项。我们选择Words，它表示文本框会自动将用户在里面输入的每个单词改成首字母大写。

创建最后一个新行，将其键设为AutocorrectionType，将其值设为No。它告诉设置应用不要自动更正输入到该文本框中的值。如果某些时候确实想要自动更正该文本框的值，则需将其值更改为Yes。同样，输入AutocorrectionType后，Xcode会为你提供匹配项列表，并在下拉列表中显示有效的选项。

完成这些操作后，属性列表应该如图12-18所示。

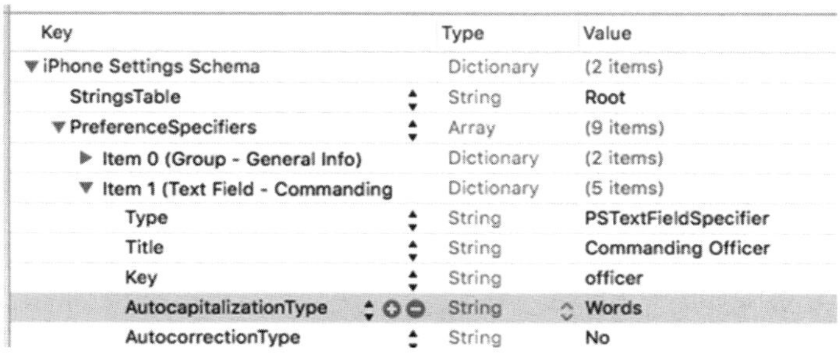

Key		Type	Value
▼ iPhone Settings Schema		Dictionary	(2 items)
StringsTable	↕	String	Root
▼ PreferenceSpecifiers	↕	Array	(9 items)
▶ Item 0 (Group - General Info)		Dictionary	(2 items)
▼ Item 1 (Text Field - Commanding)		Dictionary	(5 items)
Type	↕	String	PSTextFieldSpecifier
Title	↕	String	Commanding Officer
Key	↕	String	officer
AutocapitalizationType	↕ ⊕ ⊖	String	↕ Words
AutocorrectionType	↕	String	No

图12-18　完成后的Root.plist中指定的文本框属性

3. 添加应用图标

在体验新设置之前，我们向项目中添加一个应用图标。前面已经这么做过了，这些步骤应该很熟悉。首先保存Root.plist属性文件。然后在项目导航面板中选中Assets.xcassets，并选择里面的AppIcon项。你会看到一组通过拖动来放置图标的方框。

在Finder中找到源代码归档文件并打开12-Images文件夹。参照下面的步骤将12-Images文件夹内的图片拖动并放置在Xcode中Assets.xcassets的编辑器视图里从上到下的所有方框内。

❑ 将Settings-iPhone@2x.png和Settings-iPhone@3x.png分别拖放在左上角那组的2×和3×方框内。
❑ 将Spotlight-iPhone@2x.png和Spotlight-iPhone@3x.png分别拖放在右上角那组的2×和3×方框内。
❑ 将AppIcon-iPhone@2x.png和AppIcon-iPhone@3x.png分别拖放在第二行那组的2×和3×方框内。
❑ 将Settings-iPad.png和Settings-iPad@2x.png分别拖放在第三行左边那组的1×和2×方框内。
❑ 将Spotlight-iPad.png和Spotlight-iPad@2x.png分别拖放在第三行右边那组的1×和2×方框内。
❑ 将AppIcon-iPad.png和AppIcon-iPad@2x.png分别拖放在最后一行那组的1×和2×方框内。
❑ 将AppIcon-iPadPro.png拖放在右下角iPad Pro的方框内。

在执行这些步骤时，请留意Xcode的活动视图：如果你将图片放在了错误的方框内，会看到一个表示警告的三角形符号出现。如果出现了这种情况，请把问题先解决了再执行下一步。完成之后的编辑器应该如图12-19所示。

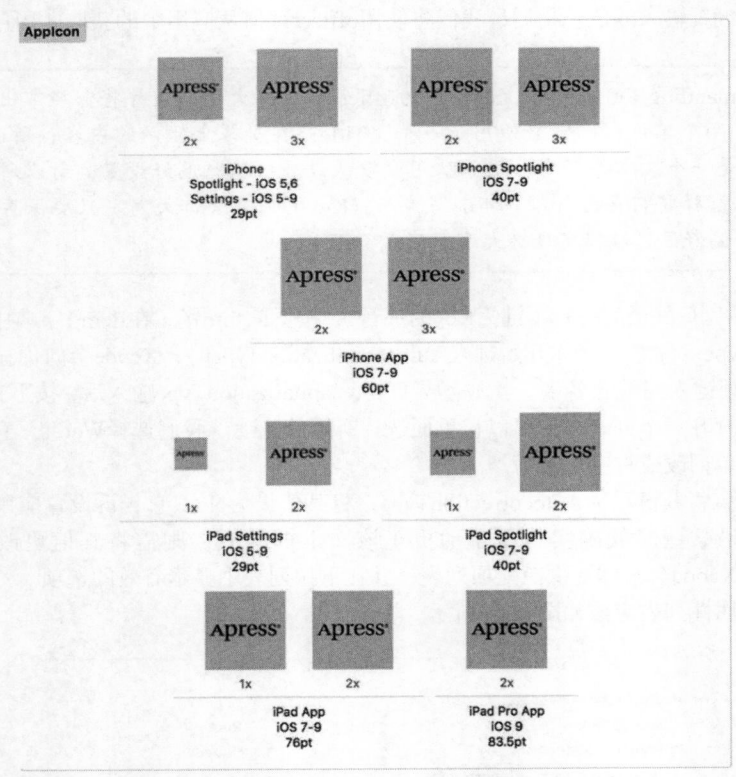

图12-19 为应用程序添加Settings应用程序内的图标和应用程序自身图标

这就做好了。现在从Product菜单中选择Run构建并运行应用。由于我们尚未给应用构建任何GUI，你将看到的是分页栏控制器的第一个分页。按下主屏幕按钮（如果是模拟器，可以按下Command+Shit+H快捷键），轻点Settings应用的图标，向下滚动列表后应该能够看到一个我们应用的条目，它用的就是刚才添加的图标（见图12-2）。点击Bridge Control会显示一个简单的设置视图，其中包含一个文本框（见图12-20）。

iPhone 6s – iOS 10.0 (14A5297c)
Carrier
9:03 AM
Settings
Bridge Control
GENERAL INFO
Commanding Officer

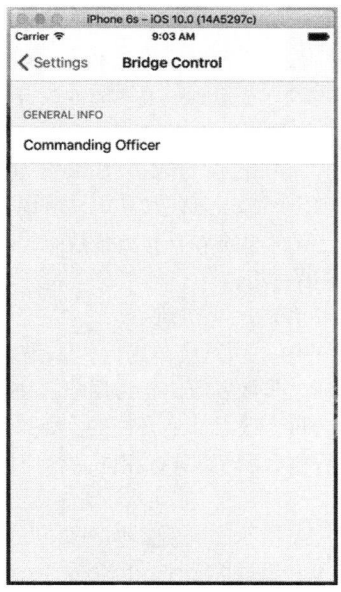

图12-20 Settings应用程序的根视图中添加了分组表和文本框

虽然我们的工作还没有完成，但你应该发现为应用添加偏好设置很容易。现在添加根设置视图的其他字段。我们添加的第一项是用于输入用户验证码的密码文本框。

4. 添加密码文本框设置

回到Xcode并点击Root.plist文件，继续设置标识符（不要忘了选中Show Raw Keys/Values，Xcode可能重置过这一项）。收起Item 0和Item 1。然后选择Item 1，按Command+C将其复制到剪贴板，再按Command+V将其粘贴回原来的位置，这将创建一个与Item 1相同的新条目Item 2。展开Item 2，将Title改为Authorization Code，将Key改为authorizationCode。（记住Title是用来显示在屏幕上的，Key是用来存储值的。）

接下来，向Item 2中添加一个子项。记住，条目的顺序无关紧要，将新条目放置在Key条目下方即可。只需要选键值为Key/authorizationCode的那行，按下Return键就可以了。

将这个新条目的Key设为IsSecure（注意开头的大写字母I）并按下Tab键，Xcode会自动将其Type改为Boolean。现在将其Value由NO改为YES。它会告诉设置应用，该框应该是一个隐藏用户输入文字的密码框，而不是一个普通的文本框。最后将AutocapitalizationType的值更改为None。完成后的Item 2如图12-21所示。

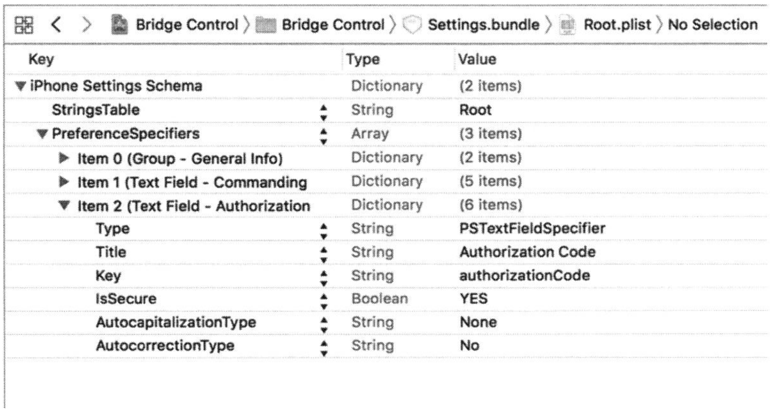

Bridge Control 〉 Bridge Control 〉 Settings.bundle 〉 Root.plist 〉 No Selection
Key | Type | Value
iPhone Settings Schema | Dictionary | (2 items)
StringsTable | String | Root
PreferenceSpecifiers | Array | (3 items)
Item 0 (Group - General Info) | Dictionary | (2 items)
Item 1 (Text Field - Commanding | Dictionary | (5 items)
Item 2 (Text Field - Authorization | Dictionary | (6 items)
Type | String | PSTextFieldSpecifier
Title | String | Authorization Code
Key | String | authorizationCode
IsSecure | Boolean | YES
AutocapitalizationType | String | None
AutocorrectionType | String | No

图12-21 完成后的Item 2，其中的密码文本框用于输入验证码

5. 添加多值字段

我们将添加的下一个条目是一个多值字段。这种字段类型会自动生成带有展开指示器的行。单击它将切换到另一个表，可以在它的多行数据中选择某一项。折叠Item 2并选中该行，按下Return键添加Item 3。在Key字段的弹出菜单中选择Multi Value，单击展开三角形展开Item 3。

展开的Item 3已经包含了一些行。其中Type行设置成了PSMultiValueSpecifier。找到Title行并将其值设置为Rank。然后找到Key行，将其值设为rank。下一部分会有点麻烦，所以在操作之前先行解释。

我们将向Item 3中添加另外两个子项，但它们的节点类型是数组，而不是字符串。

❑ Titles数组，用于存放可供用户选择的一组值。

❑ Values数组，用于存放User Default中存储的一组值。

Values列表中的第一项与Titles数组中的第一项对应。因此，如果用户选择第一项，设置应用实际保存的是Values数组中的第一个值。这种Titles/Values对非常方便，能为用户提供易于理解的文本，而实际上却保存了其他的内容，如数字、日期或不同的字符串。这两个数组都是必需的。如果希望两个数组的内容相同，可以只创建一个数组，然后复制粘贴并更改副本的键，这样就会得到具有相同内容但保存在不同键下的两个数组。实际操作时，我们会采用这种方法。

选择Item 3（保留它的展开状态），然后按下Return键添加一个新的子项。你将再次发现，Xcode知道我们正在编辑的文件类型，而且似乎也预料到了我们想做的事情，因为这个新子行的Key值已经设置成了Titles，而它本身也已被配置为一个数组。这正是我们希望的！按下Return键退出编辑状态，然后展开这个Titles行，按下Return键添加一个子节点。重复5次，这样你总共就拥有了6个子节点。将这6个节点全部设置为字符串类型，并将其值分别设置为：Ensign、Lieutenant、Lieutenant Commander、Commander、Captain和Commodore。

创建所有的6个节点并输入相应值后，折叠Titles行并将其选中，按Command+C进行复制，然后按Command+V进行粘贴。这将创建一个新项，其键为Titles-2。双击Titles-2键，将它改为Values。

到此，我们基本完成了多值字段的操作。唯一缺少的是字典中的一个必需值，即默认值。多值字段必须有且只有一行被选中，所以必须指定要使用的默认值，以防没有值被选中。此外，默认值需要与Values数组中的项相对应（如果这两个数组不同的话，就不是Titles数组）。我们创建项目时，Xcode自动添加了DefaultValue行，将其值设为Ensign即可。按照这些步骤完成之后，图12-22显示了最终完成的Item 3。

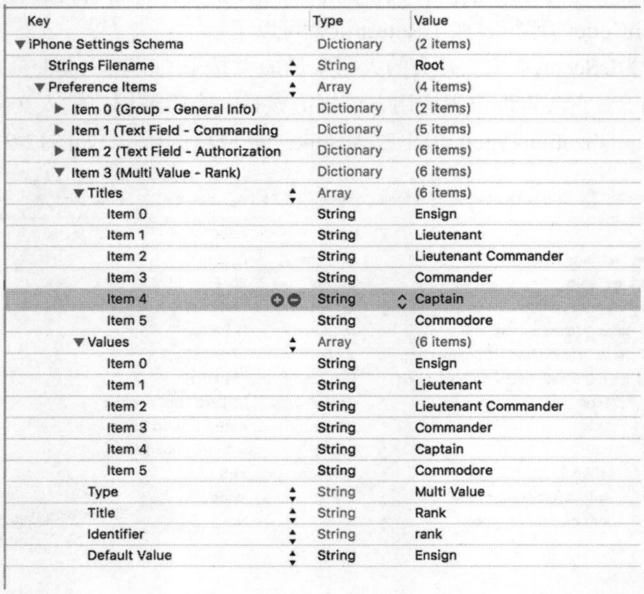

Key	Type	Value
▼ iPhone Settings Schema	Dictionary	(2 items)
Strings Filename	String	Root
▼ Preference Items	Array	(4 items)
▶ Item 0 (Group - General Info)	Dictionary	(2 items)
▶ Item 1 (Text Field - Commanding)	Dictionary	(5 items)
▶ Item 2 (Text Field - Authorization)	Dictionary	(6 items)
▼ Item 3 (Multi Value - Rank)	Dictionary	(6 items)
▼ Titles	Array	(6 items)
Item 0	String	Ensign
Item 1	String	Lieutenant
Item 2	String	Lieutenant Commander
Item 3	String	Commander
Item 4	String	Captain
Item 5	String	Commodore
▼ Values	Array	(6 items)
Item 0	String	Ensign
Item 1	String	Lieutenant
Item 2	String	Lieutenant Commander
Item 3	String	Commander
Item 4	String	Captain
Item 5	String	Commodore
Type	String	Multi Value
Title	String	Rank
Identifier	String	rank
Default Value	String	Ensign

图12-22　最终完成的Item 3，其中的多值字段用于从5个可能值中选择一个

检验一下我们的工作。保存属性列表，编译并再次运行应用。应用启动时，按下主屏幕按钮，并启动设置应用。选择Bridge Control条目之后，根级视图上应该显示3个字段（如图12-23所示）。尝试使用新建的多值字段，然后学习下一项任务。

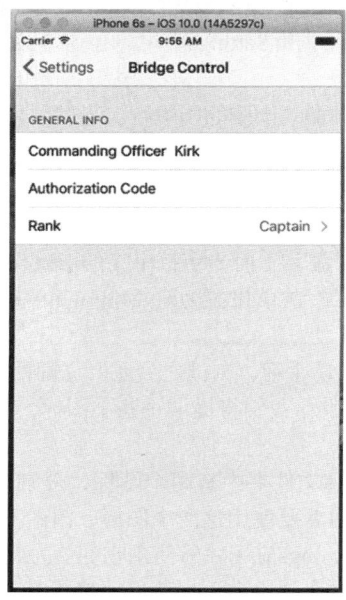

图12-23　现在有三个字段了，看起来不错

6. 添加拨动开关设置

需要从用户处获取的下一项内容是一个布尔值，该值表示拨动开关是否打开。为了获取偏好设置中的布尔值，我们将向PreferenceSpecifiers数组添加另一个类型为PSToggleSwitchSpecifier的条目，告诉Settings应用使用UISwitch。

如果Item 3当前处于展开状态，那么将它收起。单击将其选中，按下Return键创建Item 4。在下拉菜单中选择Toggle Switch，单击展开三角形展开Item 4，它已经创建了一个默认的子行，键和值分别设置为Type和PSToggleSwitchSpecifier。将空Title行的值设置为Warp Drive，Key行的值设置为warp。

这个字典中还有一个必填项：默认值。和Multi Value一样，Xcode已经为我们创建了DefaultValue行，我们将DefaultValue的值设置为YES，默认开启曲速引擎。图12-24显示了设置好的Item 4。

Key		Type	Value
▼ iPhone Settings Schema		Dictionary	(2 items)
Strings Filename	↕	String	Root
▼ Preference Items	↕	Array	(5 items)
▶ Item 0 (Group - General Info)		Dictionary	(2 items)
▶ Item 1 (Text Field - Commanding		Dictionary	(5 items)
▶ Item 2 (Text Field - Authorization		Dictionary	(6 items)
▶ Item 3 (Multi Value - Rank)		Dictionary	(6 items)
▼ Item 4 (Toggle Switch - Warp	⌄	Dictionary ↕	(4 items)
Type	↕	String	Toggle Switch
Title	↕	String	Warp Drive
Identifier	↕	String	warp
Default Value	↕	Boolean	YES

图12-24　设置好的Item 4，这个拨动开关用于打开和关闭曲速引擎

7. 添加滑动条设置

接下来要添加的项是一个滑动条。在Settings应用中，滑动条两端可以各有一个小图像，但不能有标签。我们将滑动条放置在一个带有自己标题的组中，以便用户了解滑动条的作用。首先将Item 4收起，然后单击Item 4并按下Return键添加一个新行。使用弹出菜单将新项改为Group，然后点击旁边的展开三角形展开它。可以看到，Type已经设置成了PSGroupSpecifier。这是告诉Settings应用，在这个位置开始一个新组。双击Title行中的值，将该值改为Warp Factor。

收起Item 5并将其选中，按下Return添加一个新的同级行。通过弹出菜单将新项更改为Slider，它指示Settings应用应该使用UISlider从用户处获取此信息。展开Item 6，将Key行的值设置为warpFactor。这样，Settings应用就能知道存储该值时使用什么键。

我们允许用户输入1~10的一个值，并将默认值设置为warp 5。滑动条需要有一个最小值、一个最大值和一个起始（或默认）值，所有这些值都需要以数字（而非字符串）的形式保存到属性列表中。幸好，Xcode替这些值创建了相应的行，我们只需将DefaultValue行的值设置为5，MinimumValue行的值设置为1，MaximumValue行的值设置为10。

如果想要测试一下该滑动条，就赶快动手吧。测试之后还要立即回来，对滑动条进行一些定制工作。你应该注意到了，可以在滑动条两端分别放置图像。我们将提供一些小图标，表示向左滑动会减速，而向右滑动会提速。

8. 为设置捆绑包添加图标

在本书附带的项目归档文件12-Images文件夹中有两个图标，分别为rabbit.png和turtle.png。我们需要将这两个图标添加到设置捆绑包中。Settings应用需要使用这两个图标，因此不能仅将它们放在Bridge Control文件夹中，还需要将它们放在设置捆绑包中，这样Settings应用才能使用它们。为此我们需要在Finder文件管理器中打开此捆绑包。鼠标右击Settings.bundle图标，此时会弹出上下文菜单，选择Show in Finder项（如图12-25所示）在Finder中显示该捆绑包。

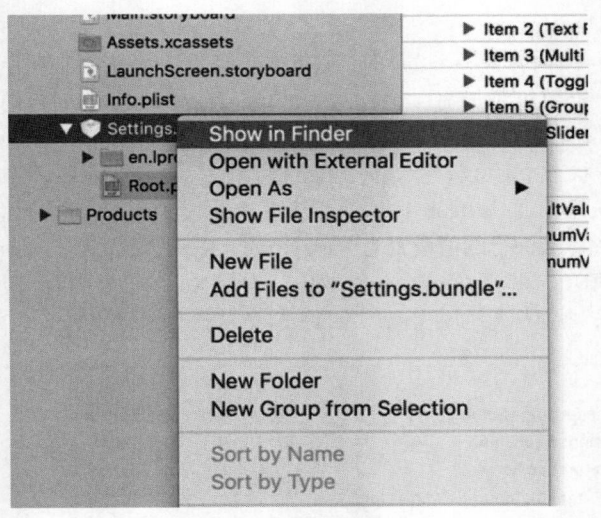

图12-25　Settings.bundle的右键菜单

记住，在Finder中，捆绑包看起来像文件，但实际上它们是文件夹，可以鼠标右击捆绑包的图标，然后在出现的上下文菜单中选择Show Package Contents来访问捆绑包的内容。这将打开一个新的Finder窗口来显示设置捆绑包，你应该能够在Xcode的Settings.bundle中看到那两个图标。将图标文件rabbit.png和turtle.png从12-Images文件夹中复制到Finder窗口的Settings.bundle包内容中，位于en.proj和Root.plist后面。在Finder中将此窗口保留为打开状态，因为稍后我们还要将另外一个文件复制到这里。现在返回Xcode，告诉滑动条使用这两个图像。

返回Root.plist，在Item 6下添加两个子行，将它们的键和值分别设置为MinimumValueImage和turtle，以及

MaximumValueImage和rabbit。完成后的Item 6如图12-26所示。

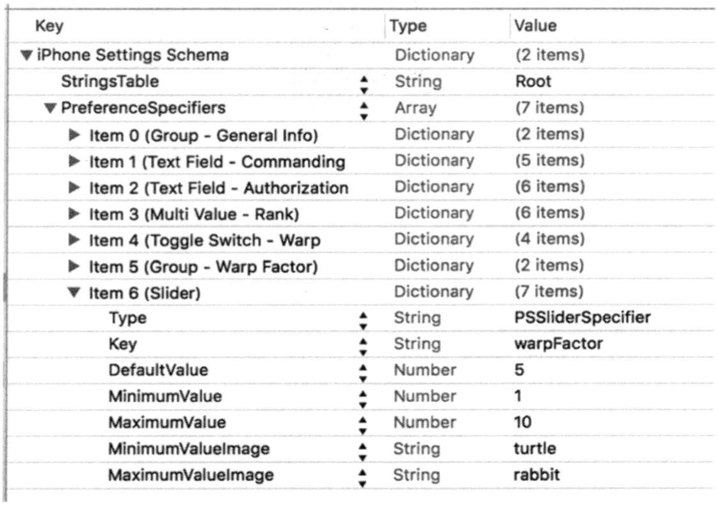

Key	Type	Value
▼ iPhone Settings Schema	Dictionary	(2 items)
StringsTable	String	Root
▼ PreferenceSpecifiers	Array	(7 items)
▶ Item 0 (Group - General Info)	Dictionary	(2 items)
▶ Item 1 (Text Field - Commanding	Dictionary	(5 items)
▶ Item 2 (Text Field - Authorization	Dictionary	(6 items)
▶ Item 3 (Multi Value - Rank)	Dictionary	(6 items)
▶ Item 4 (Toggle Switch - Warp	Dictionary	(4 items)
▶ Item 5 (Group - Warp Factor)	Dictionary	(2 items)
▼ Item 6 (Slider)	Dictionary	(7 items)
Type	String	PSSliderSpecifier
Key	String	warpFactor
DefaultValue	Number	5
MinimumValue	Number	1
MaximumValue	Number	10
MinimumValueImage	String	turtle
MaximumValueImage	String	rabbit

图12-26　设置好的Item 6，其中的滑动条分别用乌龟和兔子来表示慢和快

　　保存属性列表，编译并运行应用，确保所有属性都能够生效。如果所有属性都设置正常，导航到Settings应用，就应该能找到一个滑动条，两端分别带有酣睡的乌龟和快乐的兔子图标（如图12-27所示）。

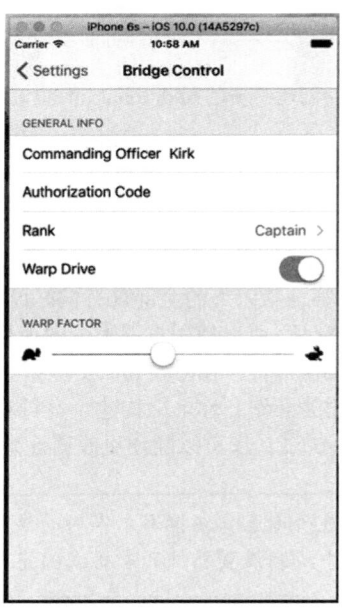

图12-27　我们已经拥有了文本框、多值字段、拨动开关和滑动条，应用就要做好了

9. 添加子设置视图

　　接下来将添加另一个偏好设置标识符，告诉Settings应用，我们希望它显示一个子设置视图。此标识符将呈现一个带有展开指示器的行，单击该展开指示器会调出一个全新的偏好设置视图。

　　因为我们不希望新的偏好设置与滑动条分到同一组，所以在添加此节点之前，复制Item 0中的组标识符，并将它粘贴到PreferenceSpecifiers数组的末尾，为子设置视图创建一个新组。在Root.plist中，收起所有展开的项，然后单击Item 0将其选中，并按Command+C将其复制到剪贴板。接下来选择Item 6，然后按Command+V粘贴新项Item 7。展开Item 7，双击键Title旁边的Value列，将它由General Info改为Additional Info。

现在，再次收起Item 7。选择Item 7，按下Return键添加Item 8，它将是实际的子视图。单击展开三角形将其展开。找到Type行，将它的值设置为PSChildPaneSpecifier。然后将Title行的值设置为More Settings。我们需要向Item 8添加最后一行，它将告诉Settings应用为More Settings视图加载哪个属性列表。添加另一个子行，并将其键和值分别设置为File（可以把分组中最后一行的键由Key改成File）和More（见图12-28）。假定文件扩展名为.plist，而且.plist不应包含在文件名中，否则Settings应用将无法找到此属性列表文件。

Key		Type	Value
▼ iPhone Settings Schema		Dictionary	(2 items)
StringsTable	↕	String	Root
▼ PreferenceSpecifiers	↕	Array	(9 items)
▶ Item 0 (Group - General Info)		Dictionary	(2 items)
▶ Item 1 (Text Field - Commanding)		Dictionary	(5 items)
▶ Item 2 (Text Field - Authorization)		Dictionary	(6 items)
▶ Item 3 (Multi Value - Rank)		Dictionary	(6 items)
▶ Item 4 (Toggle Switch - Warp)		Dictionary	(4 items)
▶ Item 5 (Group - Warp Factor)		Dictionary	(2 items)
▶ Item 6 (Slider)		Dictionary	(7 items)
▶ Item 7 (Group - Additional Info)		Dictionary	(2 items)
▼ Item 8 (Child Pane - More)		Dictionary	(4 items)
Type	↕	String	PSChildPaneSpecifier
Title	↕	String	More Settings
Key	↕	String	
File	↕	String	More

图12-28　设置好的Item 7和Item 8，创建了新的Additional Info设置组，将子窗格链接到More.plist文件

现在，我们需要向主偏好设置视图添加一个子视图。捆绑包已经配置为子视图的所有设置都在More.plist文件中指定。因此我们需要在设置捆绑包中添加一个名为More.plist的文件。不能在Xcode中向设置捆绑包添加新文件，而且属性列表编辑器的Save对话框不允许将新文件保存到设置捆绑包中。因此，必须创建一个新的属性列表，将它保存到其他某个地方，然后通过Finder将它拖入Settings.bundle窗口。创建子设置视图最简单的方法是复制Root.plist，并重新命名副本。然后删掉除第一项以外的全部现有偏好设置标识符，将需要的所有偏好设置标识符添加到此新文件中。为了免去这些操作的麻烦，可以使用本书附带的项目归档文件12-Images文件夹中的More.plist文件，将它拖入之前打开的Settings.bundle窗口（放在Root.plist文件旁）。

现在我们已经完成了设置捆绑包的相关操作。你可以构建、运行和测试Settings应用。你应该能够进入该子视图并设置所有其他字段的值。可以动手试试，还可以随便更改属性列表。

提示　这里介绍了几乎所有可用的配置选项（至少在撰写本书时是这样），你也可以在iOS开发中心的*Settings Application Schema Reference*文档中找到设置属性列表格式的完整文档。可以在以下网页中找到该文档以及许多有用的其他参考文档：http://developer.apple.com/library/ios/navigation/。

继续讨论之前，在Xcode的项目导航面板中选中Assets.xcasset，把项目归档文件12-Images文件夹中的rabbit.png和turtle.png复制到编辑区域的左侧。将这些图标作为新图像资源添加到项目中。我们会在应用中使用它们显示当前设置的值。

你可能注意到了，刚才添加的两个图标与之前添加到设置捆绑包中的图标完全相同。你可能会疑惑为什么要把它们添加到Xcode项目中两次。请记住，iOS上的应用程序不能从其他应用程序的沙盒中读取文件。设置捆绑包并不是我们应用程序沙盒的一部分，而是Settings应用沙盒的一部分。我们还要在自己的应用中使用这些图标，

因此需要单独将它们添加到Assets.xcassets目录中，这样它们便会复制到我们的应用沙盒中。

12.2.3　读取应用中的设置

现在问题解决了一半。用户能够使用Settings应用来声明他们的偏好设置，但是如何在应用中获取用户的偏好设置呢？非常简单。在编写代码检索这些设置之前，请打开Settings应用并找到当前应用程序的设置界面，为每一项设置都提供一个值，这样应用程序就能在用户界面中显示出我们提供的内容。

1. 获取用户设置

我们将使用UserDefaults（或NSUserDefaults）类访问用户设置。UserDefaults作为单例类，意味着应用中只能有一个UserDefaults实例拥有应用程序的设置内容。为了访问这个实例，调用类方法standard，如下所示：

```
let defaults = UserDefaults.standard
```

有了指向标准用户默认设置的指针之后，我们可以像使用字典一样使用它。要获取标准用户默认设置的值，可以调用object(forKey:)，它会返回一个对象或一个字符串，可能是如Date（NSDate）或NSNumber之类的Foundation对象。如果我们要以标量（如整型、浮点型或布尔型）的形式获取该值，可以使用int(forKey:)、float(forKey:)、bool(forKey:)等其他方法。

创建应用的属性列表时，实质上是在属性表文件中创建一个PreferenceSpecifiers数组，其中一些标识符在设置应用里用于创建表分组，而另一些则用于创建用户进行交互时使用的界面对象。这些才是我们真正感兴趣的标识符，因为它们保存了实际设置数据的键。绑定到用户设置的每个标识符都有一个名为Key的键。回顾一下前面的内容。例如，滑动条键的值为warpFactor，而Authorization Code字段的键为authorizationCode。我们通过这些键获取用户设置。

我们将在代码中定义它们的常量，而不是直接在方法中使用它们。这样我们在代码中可以使用这些临时常量以替代内置文本，避免输入错误导致的一些问题。因为我们之后要在其他类中使用它们，所以要在其他Swift文件中对它们进行设定。因此，在Xcode中按下Command+N键，在文件创建窗口的iOS分类中选择Swift File。按下Next按钮，将其命名为Constants，之后点击Create按钮。打开新创建的文件并添加代码清单12-1中的代码。

代码清单12-1　常量值

```
let officerKey = "officer"
let authorizationCodeKey = "authorizationCode"
let rankKey = "rank"
let warpDriveKey = "warp"
let warpFactorKey = "warpFactor"
let favoriteTeaKey = "favoriteTea"
let favoriteCaptainKey = "favoriteCaptain"
let favoriteGadgetKey = "favoriteGadget"
let favoriteAlienKey = "favoriteAlien"
```

这些常量是我们在属性列表文件中为不同的偏好设置字段使用的键值。现在我们已经拥有了显示设置的地方，接下来使用一组标签快速设置主视图。进入Interface Builder之前，先为需要的所有标签创建输出接口。点击FirstViewController.swift文件，并执行代码清单12-2中的更改。

代码清单12-2　为FirstViewController.swift文件添加输出接口

```
class FirstViewController: UIViewController {
    @IBOutlet var officerLabel:UILabel!
    @IBOutlet var authorizationCodeLabel:UILabel!
    @IBOutlet var rankLabel:UILabel!
    @IBOutlet var warpDriveLabel:UILabel!
    @IBOutlet var warpFactorLabel:UILabel!
    @IBOutlet var favoriteTeaLabel:UILabel!
    @IBOutlet var favoriteCaptainLabel:UILabel!
```

```
@IBOutlet var favoriteGadgetLabel:UILabel!
@IBOutlet var favoriteAlienLabel:UILabel!
```

代码中没有涉及什么新知识。我们声明了9个属性变量，它们都是标签，而且都带有能在Interface Builder中进行关联的@IBOutlet关键字。保存修改。现在我们已经声明了各个输出接口，下面转到storyboard文件来创建用户界面。

2. 创建主视图

选中Main.storyboard文件就能在Interface Builder中编辑它。打开后你会发现分页栏视图控制器在左侧，两个分页的视图控制器在右侧上下摆放。上面的是第一个分页，对应FirstViewController类，下面的是第二个分页，由SecondViewController类实现。

现在向FirstViewController的View中添加一些标签，如图12-29所示。我们需要使用18个标签。其中有一半位于屏幕左侧、粗体、右对齐；另一半位于屏幕右侧，用于显示从用户默认设置获取的实际值，并使输出接口指向这些标签。这里的所有更改都针对storyboard右上角第一个分页的视图控制器。

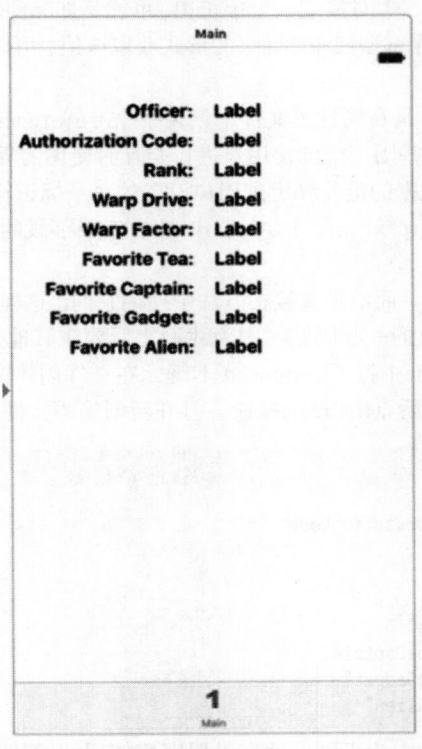

图12-29　Interface Builder中第一个分页的视图控制器，显示了我们添加的18个标签

首先展开文档略图中的Main Scene结点，然后展开View项。你会看到已经有两个子视图，将它们全部删除。现在从对象库中拖出一个Label并放在storyboard中视图的左上角。尽量向窗口的左侧拖动（或者贴住左侧蓝色的引导线），然后向视图的中央方向拖动它的右侧边缘来增加宽度，如图12-29中的Officer标签所示。在特征检查器中，让文本右对齐并将字体改为System Bold 15。现在按住Option键向下拖动标签来创建另外8个副本，沿直线整齐地排列成左边一列。参照图12-29将标签的文本改为一致的内容。

构建右边一列更简单一些。拖出另一个标签并放在View视图中Officer标签的右边，之间保留一小段空隙。在特征检查器中，将字体设置为System 17。按住Option键向下拖动标签来创建另外8个副本，每个要与左边一列的相应标签对齐。

现在需要设置自动布局约束。首先关联最顶端的两个标签。按下鼠标右键从Officer标签拖到右侧的标签上。松开鼠标后，按住Shift键在弹出菜单中选择Horizontal Spacing和Baseline，然后点击弹出菜单以外的区域。对其他8个标签执行同样的操作，关联每一对标签。

接下来固定左边一列标签与视图左上角之间的关系。在文档略图中，按下鼠标右键从Officer标签拖到其父视图View上。松开鼠标，并按住Shift键选择Leading Space to Container Margin和Vertical Spacing to Top Layout Guide，然后按下Return键以使用约束。对左边一列的其他8个标签也执行同样的操作。

最后要固定左边一栏标签的宽度。选择Officer标签并点击storyboard编辑器下面的Add New Constraints按钮。在弹出面板中勾选Width复选框并点击Add 1 Constraint按钮。对左边一栏的其他标签重复这个操作。

所有的标签现在都应该被正确约束了。在文档略图中选择Main视图控制器，然后点击Xcode菜单中的Editor ➤Resolve Auto Layout Issues➤Update Frames选项（如果这个选项是不可选的，意味storyboard中所有的标签都已经位于正确的位置上了）。如果一切正常，标签就会移动到它们的最终位置上。

接下来要做的是将右边一栏的标签关联到它们的输出接口。在辅助编辑器内打开FirstViewController.swift文件并按住鼠标右键从右边一栏的顶端标签拖动到officerLabel输出接口以关联它们。按住鼠标右键从右边一列的第二个标签拖动到authorizationLabel输出接口以关联它们，并重复这一操作直到右边一栏的所有9个标签都关联到了它们的输出接口。之后保存Main.storyboard文件。

3. 更新主视图控制器

在Xcode中，选择FirstViewController.swift文件，在类的底部位置添加代码清单12-3中的代码。

代码清单12-3　在标签中显示数据

```
func refreshFields() {
    let defaults = UserDefaults.standard
    officerLabel.text = defaults.string(forKey: officerKey)
    authorizationCodeLabel.text = defaults.string(forKey: authorizationCodeKey)
    rankLabel.text = defaults.string(forKey: rankKey)
    warpDriveLabel.text = defaults.bool(forKey: warpDriveKey)
        ? "Engaged" : "Disabled"
    warpFactorLabel.text = defaults.object(forKey: warpFactorKey)?.stringValue
    favoriteTeaLabel.text = defaults.string(forKey: favoriteTeaKey)
    favoriteCaptainLabel.text = defaults.string(forKey: favoriteCaptainKey)
    favoriteGadgetLabel.text = defaults.string(forKey: favoriteGadgetKey)
    favoriteAlienLabel.text = defaults.string(forKey: favoriteAlienKey)
}

override func viewWillAppear(_ animated: Bool) {
    super.viewWillAppear(animated)
    refreshFields()
}
```

上面的代码中需要解释的内容不是很多。新方法refreshFields()主要做了两件事情。首先它获取了标准用户默认设置，其次使用我们输入到plist文件中的相同键值，将所有标签的文本属性设置为用户默认设置中的适当对象。注意，对于warpFactorLabel，我们在返回的对象上调用string方法。所有其他偏好设置都是字符串，以String对象的形式从用户默认设置返回。但是，滑动条存储的偏好设置以NSNumber的形式返回，而我们要用文本来显示。因此，调用该对象的string方法来获取它存储的值的字符串表现格式。

然后，覆盖父类的viewWillAppear()方法，它会调用refreshFields()方法。这样每当视图出现时（包括应用程序启动以及用户从第二个分页切换到第一个分页），显示的值就会更新。

此时运行应用程序，应该会看到为第一个分页构建的用户界面，里面的大部分字段都包含了之前在设置应用中输入的值。不过一些标签内容是空的。不必担心，这不是bug，只是正常的情况。你将在12.2.5节中了解原因并修复它。

12.2.4 在应用中修改默认设置

现在我们已经构建好了主视图，下一步构建第二个分页。第二个分页显示的是曲速引擎开关，以及曲速倍率滑动条，如图12-30所示。我们会用与设置应用相同的控件：一个开关和一个滑动条。除了声明输出接口，我们还会声明一个refreshFields()方法（与FirstViewController中的做法一样）以及两个在用户点击控件时触发的方法。

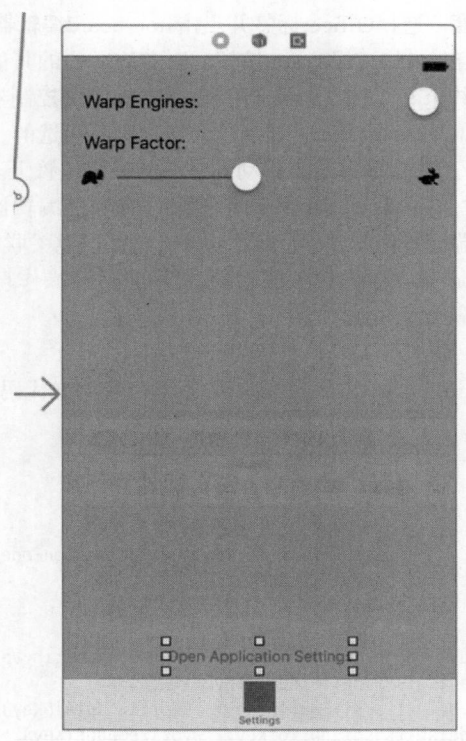

图12-30 在Interface Builder中设计第二个视图控制器

选定SecondViewController.swift文件，并进行如下修改：

```
class SecondViewController: UIViewController {
    @IBOutlet var engineSwitch:UISwitch!
    @IBOutlet var warpFactorSlider:UISlider!
```

现在，保存更改。选中Main.storyboard，在Interface Builder中编辑GUI，这次我们主要看一下文档略图中的Settings Scene。首先按下Option键，点击展开三角来展开Settings Scene及其子项，找到View节点并删除其所有子节点。接着，在文档略图中选择View节点，打开特征检查器。在Background弹出菜单中将背景色改为Light Gray Color（浅灰色）。

然后，从库中拖出两个Label，并将它们放置在storyboard中的视图上。确保将它们放在了storyboard右下角的Settings Scene控制器上。双击一个标签并将其名称改为Warp Engines:。双击另一个标签并将其名称改为Warp Factor:。将两个标签贴住左边的引导线、上下对齐，可以参考图12-30进行布局。

接下来，从库中拖出一个Switch，将它放置在视图右侧的Warp Engines:标签旁边。按住鼠标右键并从Settings Scene顶部的View Controller图标（即黄颜色的那个）拖到新开关上，将其连接到engineSwitch输出接口。接下来在辅助编辑器中打开SecondViewController并按住鼠标右键从开关拖到文件的底部。松开鼠标并创建一个名为onEngineSwitchTapped的操作方法，弹出面板的所有其他选项都保留默认值。

从库中拖出一个滑动条，放置在Warp Factor:标签的下方。调整滑动条的大小，将其从左侧的蓝色引导线拉伸到右侧的引导线，然后按住鼠标右键并从Settings Scene顶部的View Controller图标拖到滑动条，将其连接到warpFactorSlider输出接口。然后按住鼠标右键并从滑动条拖到SecondViewController类的底部，并创建一个名为onWarpSliderDragged的操作方法，弹出面板的所有其他选项都保留默认值。

如果未选中滑动条，则单击滑动条将其选中，然后调出特征检查器。将Minimum、Maximum和Current分别设置为1.00、10.00和5.00。然后，分别选择乌龟和兔子作为Min Image和Max Image的图标。如果它们没有出现在弹出菜单中，那么需要确认是否将图片拖入了Assets.xcassets资源目录中。

为了完成用户界面，从对象库中拖出一个按钮，将其放在视图的底部，并将其名称改为Open Settings Application。按住鼠标右键从按钮拖到SecondViewController类的onWarpSliderDragged方法下并创建一个名为onSettingsButtonTapped的操作方法。我们将在本章末尾使用这个按钮。

现在要添加自动布局约束。首先选中Main.storyboard。在文档略图中，按住鼠标右键从Warp Engines:标签拖到其父视图View并松开鼠标。按住Shift键并选择Leading Space to Container Margin和Vertical Spacing to Top Layout Guide选项，然后按下Return键以使用约束。对Warp Factor:标签也重复同样的操作。

接下来，按住鼠标右键从开关拖到View并松开鼠标。按住Shift键并选择Trailing Space to Container Margin和Vertical Spacing to Top Layout Guide选项，然后按下Return键。按住鼠标右键从滑动条拖到View并松开鼠标。按住Shift键并选择Leading Space to Container Margin、Trailing Space to Container Margin和Vertical Spacing to Top Layout Guide选项，然后按下Return键。

最后，需要固定底部按钮在视图中的位置。按住鼠标右键从按钮拖到View上，松开鼠标后按住Shift键并选择Vertical Spacing to Bottom Layout Guide和Center Horizontally in Container选项，然后按下Return键。这样就完成了所有的自动布局约束。此外还要在文档略图中选中Main视图控制器，点击Xcode菜单中的Editor➤Resolve Auto Layout Issues➤Update Frames项。确保所有内容在视图中都是显示正确的。

接下来完成设置视图控制器。选择SecondViewController.swift文件，在文件中添加代码清单12-4中的代码。

代码清单12-4　SecondViewController.swift文件的refreshFields和viewWillAppear方法

```
override func viewWillAppear(_ animated: Bool) {
    super.viewWillAppear(animated)
    refreshFields()
}

func refreshFields() {
    let defaults = UserDefaults.standard
    engineSwitch.isOn = defaults.bool(forKey: warpDriveKey)
    warpFactorSlider.value = defaults.float(forKey: warpFactorKey)
}
```

接着在onEngineSwitchTapped()和IonWarpSliderDragged()方法中添加以下代码：

```
@IBAction func onEngineSwitchTapped(_ sender: AnyObject) {
    let defaults = UserDefaults.standard
    defaults.set(engineSwitch.isOn, forKey: warpDriveKey)
}
@IBAction func onWarpSliderDragged(_ sender: AnyObject) {
    let defaults = UserDefaults.standard
    defaults.set(warpFactorSlider.value, forKey: warpFactorKey)
}
```

在视图控制器的视图出现时（比如选择了某个分页），我们会调用refreshFields()方法。这个方法中的3行代码获取了对标准用户默认设置的引用，并通过开关和滑动条的输出接口将用户默认设置中存储的值显示出来。我们还实现了onEngineSwitchTapped和IonWarpSliderDragged操作方法，这样用户更改后控件中的值就能回填到用户默认设置中。

现在运行这个应用，切换到第二个分页，修改那里的值，然后切换回第一个分页，就应该可以看到修改后的值。

12.2.5   注册默认值

我们已经创建了一个设置捆绑包，其中包括一些值的默认设置。这样，设置应用能够直接访问应用的偏好设置。我们还对应用进行了其他设置，使其能够访问相同的信息，并为用户提供了一个GUI来查看和修改偏好设置。不过，百密一疏啊：应用完全不知道我们在设置捆绑包中指定的那些默认值。你可以在iOS模拟器中或设备上先删掉Bridge Control应用（这样就删除了已保存的该应用偏好设置），然后再从Xcode运行一次，验证一下。第一次运行时，这个应用会将大部分设置的值都显示为空值。即使是在设置捆绑包中为warp drive指定的默认值也不会显示出来。如果你转到Settings应用，就能看到默认值，但除非你在Settings应用中实际修改了这些值，否则我们的Bridge Control应用还是不会显示它们。

这些设置之所以没有显示，是因为这个应用完全不知道它包含的设置捆绑包。因此，当尝试从UserDefaults中为warpFactor读取值而未在该键下找到任何已保存的值时，它就不会显示任何值。幸好，UserDefaults包含了一个名为register()的方法，如果我们尝试查找一个尚未设置的键/值，但该键至少应有默认值，就可以通过该方法指定默认值。为了使该设置在整个应用中都有效，最好在应用启动时就立即调用它。选中AppDelegate.swift文件，修改application(_:didFinishLaunchingWithOptions:)方法：

```
func application(application: UIApplication,
                 didFinishLaunchingWithOptions launchOptions: [NSObject: AnyObject]?) -> Bool {
    // Override point for customization after application launch.

    let defaults = [warpDriveKey: true, warpFactorKey: 5, favoriteAlienKey: "Vulcan"]
    UserDefaults.standard.register(defaults)
    return true
}
```

我们首先创建了一个包含3个键/值对的字典，其中每一项都对应一个在设置中需要默认值的键。我们使用与之前定义的键相同的键名，以避免输入错误的键名。我们将整个字典传递给标准的NSUserDefaults实例的registerDefaults()方法。由此，只要没有在我们的应用或Settings应用中设置不同的值，NSUserDefaults就会提供这里指定的值。

这个类已经完成了。删除Bridge Control应用程序并再次运行该应用。运行结果如图12-6所示。当然，你的应用会显示你在Settings应用中设置的值。

注意   删除应用的方法是在主设备屏幕上按住某应用图标，直到图标开始抖动。然后松开并点击想要删除的应用上的X符号。

12.2.6   保证设置有效

现在你可以运行这个应用、查看设置信息并按下主屏幕按钮打开Settings应用来修改一些值了。然后再按一次主屏幕按钮，并在主屏幕界面重新启动这个应用，结果可能令你大吃一惊。当你回到该应用时，会看到设置并未改变！它们依然跟之前一样，显示的是以前的值。

在iOS中，当应用正在运行时点击主屏幕按钮并不会退出该应用，而是由操作系统在后台将其暂停，这样它就能随时快速启动了。这点在用户进行应用间切换时非常有用，因为重新唤醒一个暂停的应用比从头启动一个应用节省时间。不过，在这个例子中，我们需要一点额外的工作。这样，当应用被唤醒时，就能够很快响应，重新加载用户偏好设置并重新显示它们的值。

第15章会介绍更多有关后台应用的知识，但这里会简单介绍一下如何在切换回它时，让应用知道自己已经起死回生。要实现这个功能，我们将注册所有控制器类，以便接收从暂停执行状态唤醒的应用发送出来的通知。

通知（notification）是对象之间进行通信的轻量级机制。任何对象都能定义一个或多个发送到应用通知中心的通知。通知中心是一个单例对象，作用是在对象之间传送通知。通知通常是某些事件发生时发送的说明，而发布通知信息的对象会在它们的文档中包含一系列通知。UIApplication类会发送大量的通知（你可以在Xcode的文档阅读器中找到这些内容，在UIApplication页面的底部）。大多数通知的用途从命名就能看出来，但当你发现有通知的用途不甚明了时，可以在文档中找到更详细的信息。

应用需要在它回到前台时刷新它显示的内容，所以我们需要关注名为UIApplicationWillEnterForeground的通知。我们将修改视图控制器的viewWillAppear()方法以订阅该通知，并告诉通知中心在通知出现时调用另一个方法。将下面的代码添加到FirstViewController.swift和SecondViewController.swift文件中：

```
func applicationWillEnterForeground(notification:NSNotification) {
    let defaults = UserDefaults.standard
    defaults.synchronize()
    refreshFields()
}
```

这个方法本身很简单。首先，它会获得一个到标准用户默认值对象的引用，然后调用该对象的synchronize()方法，强制用户默认值系统保存尚未保存的修改，然后从存储中重新加载所有未修改的偏好设置。实际上，这是在强制它重新读取已保存的偏好设置，从而获得Settings应用中所做的修改。然后applicationWillEnter-Foreground()方法会调用refreshFields()方法——每个类都用它来更新显示的内容。

现在，我们需要使每个控制器都订阅我们关注的通知。将下面两行代码添加到FirstViewController.swift和SecondViewController.swift文件里的viewWillAppear方法中：

```
let app = UIApplication.shared()
NotificationCenter.default.addObserver(self, selector: #selector(self.applicationWillEn
terForeground(notification:)), name: Notification.Name.UIApplicationWillEnterForeground,
object: app)
```

我们先获得一个对应用实例的引用，通过默认的NotificationCenter实例和名为addObserver(_:selector:name:object:)的方法订阅UIApplicationWillEnterForeground通知，然后将如下内容传给该方法。

❑ 对于observer，我们向它传递self，也就是我们的控制器类（每个控制器类，因为它们都会包含这段代码）需要得到通知。

❑ 对于selector，我们向刚写的applicationWillEnterForeground()方法传递一个选择器，告诉通知中心在该通知发出时调用该方法。

❑ 第三个参数applicationWillEnterForeground是我们要接收的通知的名称。

❑ 最后一个参数app是我们关心的获得通知的来源对象。我们使用的是指向这个应用程序的引用。如果向最后一个参数传递的是nil，只要有应用程序发出UIApplicationWillEnterForeground，我们就会得到通知。

它会负责更新显示的内容，但我们还需要考虑当用户在我们的应用中操作控件时，那些值要怎么放到用户默认值中。要保证在控制权转移到其他应用前将它们保存到存储空间中。最简单的办法就是，只要设置得到修改，就调用synchronize方法。我们可以在SecondViewController.swift文件中的前面两个方法中添加一行：

```
@IBAction func onEngineSwitchTapped(_ sender: AnyObject) {
    let defaults = UserDefaults.standard
    defaults.set(engineSwitch.isOn, forKey: warpDriveKey)
    defaults.synchronize()
}
@IBAction func onWarpSliderDragged(_ sender: AnyObject) {
    let defaults = UserDefaults.standard
    defaults.set(warpFactorSlider.value, forKey: warpFactorKey)
    defaults.synchronize()
}
```

注意　调用synchronize()方法的开销可能会很大,因为要比较内存中和存储中的所有用户偏好默认值。如果你一次对大量用户默认值作了修改,而要保证所有内容都保持同步,那么最好尽量减少对synchronize()的调用,这样整个比较就不会一次又一次地重复进行。不过,像本例这样在响应每个用户操作时调用它一次,不会造成任何显著的性能问题。

还有一件事需要注意,它能让整个工作过程更清晰。你知道,当不会再用到属性时,必须将属性设置为nil来清理内存,其他清理工作也是一样。通知系统是另外一处需要清理的地方。你可以告诉默认的Notification-Center不想收到任何其他通知。在这个例子中,我们将每个视图控制器都进行了注册,以便在viewWillAppear()方法中监听该通知,所以我们应该在对应的viewDidDisappear()方法中撤销注册。因此,在FirstViewController.swift和SecondViewController.swift文件中添加以下代码:

```
override func viewDidDisappear(_ animated: Bool) {
    super.viewDidDisappear(animated)
    NotificationCenter.default.removeObserver(self)
}
```

注意,也可以使用removeObserver(_:name:object:)方法来撤销对特定通知的订阅,将前面注册observer时用的参数值传递给该方法即可。前面这种方法是确保通知中心彻底忘记我们的observer的简便方法,不管注册它是为了接收多少种通知。

做完以上这些工作,就可以构建和运行该应用,并查看在应用和Settings应用之间切换时会发生什么了。当切换回你的应用时,你在设置应用中所做的修改应该会立即体现出来。

12.2.7　切换到 Settings 应用程序

为了从Bridge Control应用程序切换到它的设置界面,你需要回到主屏幕,启动Settings应用程序,找到Bridge Control条目并轻点它。这需要执行很多步,很麻烦。因此许多应用程序自身包含设置界面,而不是麻烦用户回到主屏幕。如果可以让用户直接进入Settings应用程序的界面就好了。好吧,事实上你可以这样做。还记得在图12-30中添加到SecondViewController中的Open Settings Application按钮吗?我们将其连接到视图控制器中的onSettingsButtonTapped()方法,不过还没有在该方法中编写任何代码。现在就来解决它。在onSettingsButton-Tapped()方法中添加以下代码:

```
@IBAction func onSettingsButtonTapped(_ sender: AnyObject) {
    let application = UIApplication.shared()
    let url = URL(string: UIApplicationOpenSettingsURLString)! as URL
    if application.canOpenURL(url) {
        application.open(url, options:["":""] , completionHandler: nil)
    }
}
```

这段代码使用一个保存了外部常量UIApplicationOpenSettingsURLString(其值实际为app-settings:)的系统自定义URL在视图控制器中启动了Settings应用程序。运行应用程序,切换到第二个分页,并点击Open Settings Application按钮将直接切换到设置界面,如图12-3所示。这是个不错的进步。还不止这些,从iOS 9开始,在Settings应用界面的顶端可以看到一个小按钮,使用它可以直接返回到应用程序中(见图12-31)。现在你可以在Bridge Control和Settings应用之间方便地自由切换了,更改设置之后就可以在应用程序的用户界面上看到效果了。

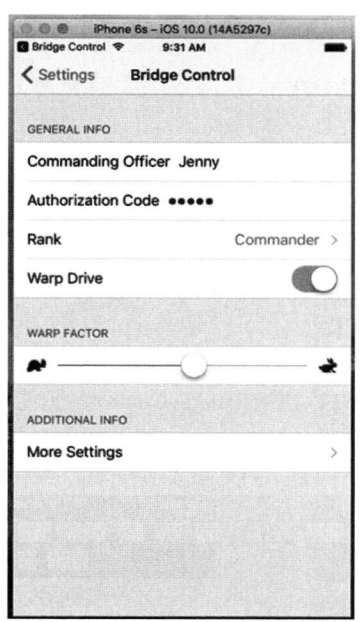

图12-31　如果是通过Bridge Control应用跳转到Settings应用中的，在状态栏
上会有一个立刻回到之前应用程序的按钮

12.3　小结

此时此刻，你应该已经对Settings应用程序和用户默认设置机制有了深刻的了解。你知道如何为应用添加捆绑包，以及如何为应用偏好设置构建层级视图。你还学习了如何通过UserDefaults读写偏好设置，以及如何让用户在应用内修改偏好设置。你甚至还尝试了在Xcode中使用一个新的项目模板。总之，你已经掌握了应用偏好设置的所有知识。

第 13 章

数据持久化基础知识 13

到目前为止，我们重点介绍了模型－视图－控制器范型中的控制器和视图。尽管我们的几个应用会从应用程序自身的捆绑包中读取数据，但是只有第12章中的Bridge Control示例能将所有数据持久地放置在存储空间内。启动其他应用中的任意一个，加载后的数据都与首次开启时完全相同。目前采用这种方式还不会出问题，但真正有效的应用需要让数据持久。当用户更改了内容，再次启动程序时，看到的应该是更改后的结果。

有多种机制可以将数据持久存储在iOS设备上。用macOS 平台的Cocoa写过程序的朋友可能已经接触过这方面的部分或者全部技术了。本章将介绍4种将数据持久存储在iOS文件系统的机制：

❑ 属性列表；

❑ 对象归档（简称归档）；

❑ iOS的嵌入式关系数据库SQLite3；

❑ 苹果公司提供的持久化工具Core Data。

注意 在iOS开发中，持久化数据的方法并不限于属性列表、对象归档、SQLite3和Core Data。它们只是4种最常用且最简单的方法。你可以使用传统的C语言I/O调用（比如fopen()）读取和写入数据，也可以使用Cocoa的底层文件管理工具。只不过以上两种方法都需要写很多代码，并且也没有必要这么做。当然，如果确实需要的话，选择它们是没有问题的。

13.1 应用程序的沙盒

本章介绍的4种数据持久化机制都涉及一个共同要素，即应用程序的Documents文件夹。每个应用都有自己的Documents文件夹，且仅能读写各自Documents目录中的内容。

首先来看一下iPhone模拟器使用的文件夹布局，从而了解iOS中应用是如何组织的。为此，需要查看主目录中所包含的Library（资源库）目录。在OS X 10.6及之前的版本中，这没有任何问题，但是从10.7版开始，苹果公司默认隐藏了Library文件夹，需要几个额外的操作才能找到这个目录。打开Finder窗口，找到用户主目录。如果能看到Library文件夹自然不错。而如果没有看到，请按住Option键，并选择Go➤Library菜单项。如果不按下Option键，Library选项就会被隐藏起来。

在Library文件夹中，向下找到Developer/CoreSimulator/Devices/。在该目录中可以看到一些子目录，分别对应Xcode中的模拟器。子目录的名称是Xcode自动生成的GUID（Globally Unique Identifier，全局唯一标识符），因此只靠眼看无法确定每个目录对应哪一个模拟器。解决这个问题的方法是找到模拟器目录中名为device.plist的文件并打开它。你会看到一个对应模拟器设备名称的键。图13-1展示了iPad Pro模拟器的device.plist文件。

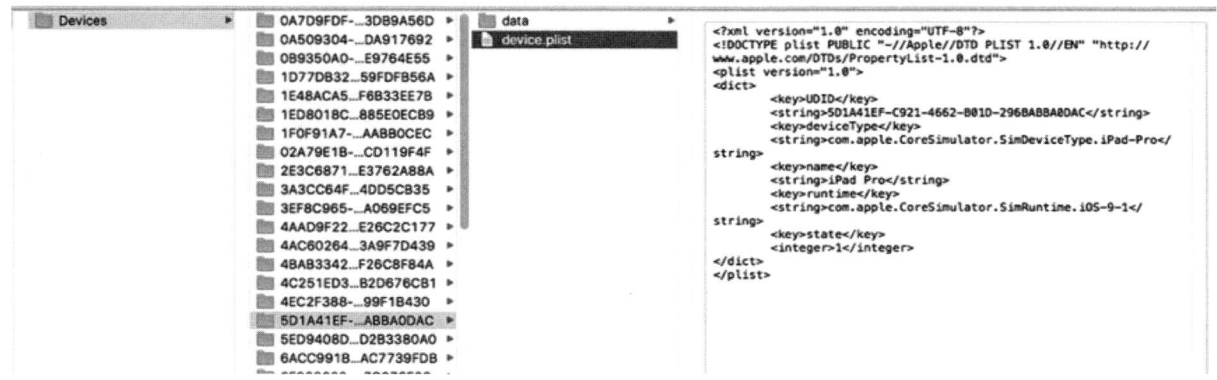

图13-1 使用device.plist文件以映射目录和模拟器

选择一个设备并在data目录中向下访问,一直到data/Containers/Data/Application子目录。这里你会再次看到名称为GUID的子目录。这里的每一项代表一个预安装应用程序或一个你自己在模拟器上运行的应用程序。选择一个目录并打开它,你将看到如图13-2所示的界面。

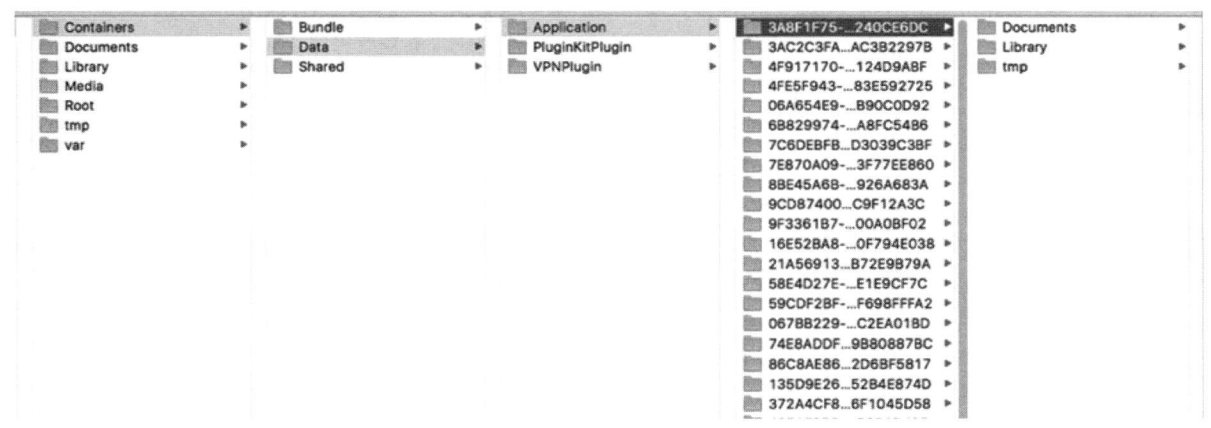

图13-2 模拟器中应用程序的沙盒

> **注意** 从图13-1中的Devices目录开始向下找到Containers子目录需要费一番功夫。如果一开始找不到它,请耐心地在设备GUID文件夹列表中继续寻找,直到你找到Containers子目录为止[①]。

虽然之前列出的是模拟器的目录,但真机设备上的文件结构功能与此相似。如果想看到设备上应用程序的沙盒,就将它连接到你的Mac上并打开Xcode的Devices窗口(Window➤Devices菜单项)。你应该会在窗口边栏看到你的设备。选中它,然后在Installed Apps表中选择一个应用程序。在窗口右侧的底下附近,可以看到一个名为Installed Apps的区域(有时可能需要点击窗口底端附近的向下箭头才看到这个区域),Xcode将安装的所有应用显示在这个表里面,每一行对应一个应用。在表的下方有一个看起来像齿轮的图标。点击它并在弹出菜单中选择Show Container选项,就可以看到表中选择的应用程序沙盒的内容(见图13-3)。你还可以将沙盒中的所有东西下载到你的Mac上。图13-4展示了一个名为townslot2的应用程序的沙盒,项目来自于作者的另一本书*App Development Recipes for iOS and watchOS*。

---

① 如果设备列表数量非常庞大,难以检索,可以考虑在Finder窗口的搜索框中输入Containers提高搜索效率。——译者注

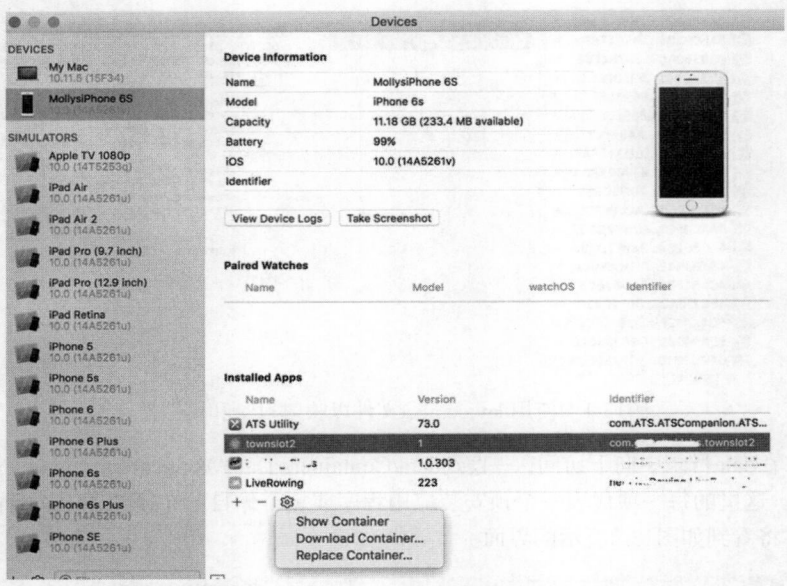

图13-3 真机设备上的townslot2应用的配置以及内容

每个应用程序沙盒都包含以下三个目录。

❑ Documents：你的应用程序将数据存储在Documents目录中。如果你的应用程序启用了iTunes文件分享功能，用户就可以在iTunes中看到目录的内容（以及应用程序创建的所有子目录），也许还可以对其上传文件。

提示　如果要为应用程序启用文件分享功能，需要打开它的Info.plist文件并添加键为Application supports iTunes file sharing、值为YES的条目。

❑ Library：应用程序也可以在这里存储数据。它用来存放不想共享给用户的文件。需要时你可以创建自己的子目录。在图13-4中可以看到，系统创建了名为Cache和Preferences的子目录。后者包含了存储应用程序偏好设置的plist文件，可以通过我们在第12章中讨论过的UserDefaults来进行设置。

❑ tmp：tmp目录供应用存储临时文件。当iOS设备执行同步时，iTunes不会备份tmp中的文件。在不需要这些文件时，应用要负责删除tmp中的文件，以免占用文件系统的空间。

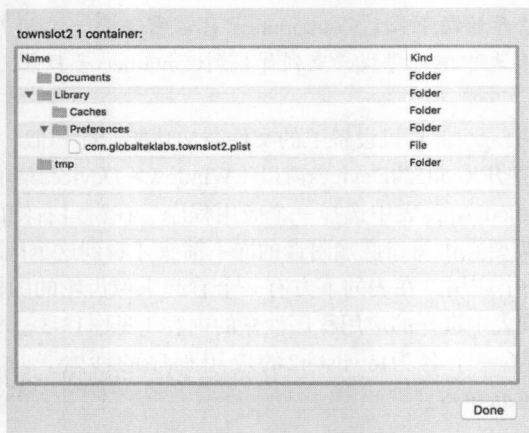

图13-4 在iPhone 6s上townslot2应用程序的沙盒

13.1.1 获取 Documents 和 Library 目录

虽然我们的应用位于一个名称看上去随机的文件夹中，不过检索Documents目录的完整路径并不困难，我们可以使用FileManager类的urls(for:in:)方法来查找各种目录并对其读取或写入文件。FileManager是Foundation框架中的一个类，因此可以与基于OS X平台的Cocoa共享。它的很多可用选项都是专门为macOS设计的，而有些在iOS上返回的值没有用处。原因在于应用程序因为iOS的沙盒机制而没有访问目录的权限。代码清单13-1展示了可以访问iOS上Documents目录的Swift 3示例代码片段。

代码清单13-1　通过指向Documents目录的NSURL获取路径的代码

```
let urls = FileManager.default.urls(for:
    .documentDirectory, ins: .userDomainMask)
if let documentUrl = urls.first {
    print(documentUrl)
```

urlsForDirectory(_:in:)[①]方法的第一个参数指定了我们要查找哪个目录。枚举SearchPathDirectory定义了可用的值，这里使用SearchPathDirectory.documentDirectory（缩写为.documentDirectory）表明我们正在查找Documents目录。第二个参数提供了搜索的范围（在苹果公司的文档中写作domainMask）。所有可用的值都来自SearchPathDomainMask枚举，这里我们指定的是.userDomainMask。在iOS中，这个范围会指向当前运行的应用程序的沙盒。urls(for:in:)方法返回的值是一个包含了指向特定范围里所需目录的一个或多个URL的数组。在iOS中，每个应用程序总是只有一个Documents目录，所以我们可以很确定返回的是单个NSURL对象，不过从代码容错角度考虑，使用if let代码保护，即便NSURL数组的第一个元素是空值，也可以安全地访问。在iOS真机设备上，Documents目录的URL格式看起来应该像file:///var/mobile/Containers/Data/Application/69BFDDB0-E4A8-4359-8382-F6DDDF031481/Documents/这样。

可以在刚刚检索到的URL结尾补充其他内容，以创建Documents目录中文件的URL。我们将使用NSURL类中名为appendingPathComponent()的方法，它是专为该目的设计的：

```
let fileUrl = try documentUrl.appendingPathComponent("theFile.txt")
```

注意　Swift 3中异常错误处理的操作方式与其他语言一样，使用try、catch和throw关键字。

完成此调用之后，fileURL应该就包含了指向应用程序Documents目录中theFile.txt文件的完整URL（参见代码清单13-2）。然后，我们就可以使用这个URL来创建、读取和写入文件了。需要强调的是，可以为并不存在的文件创建一个NSURL对象。

代码清单13-2　你也可以使用同样的方法并指定第一个参数为.libraryDirectory来检索应用程序的Library目录

```
let urls = FileManager.default.urls(for:
    .libraryDirectory, in: .userDomainMask)
if let libraryUrl = urls.first {
    print(libraryUrl)
}
```

这段代码将会返回一个URL，格式如下：

```
file:///var/mobile/Containers/Data/Application/69BFDDB0-E4A8-4359-8382-F6DDDF031481/Library/
```

也可以指定一个以上的搜索范围。这样FileManager会在所有这些范围内查找目录，并可能返回多个NSURL对象。不过之前已经解释过了，在iOS上这样做会返回内容，但毫无用处，参考代码清单13-3。

---

① Swift 3中简化了部分函数名称，并剔除了参数名，因此本书中作者虽然有时提到的名称和代码中的方法名不一致，但指的是同一内容。读者可以在苹果公司开发者网站的Reference页面搜索API的详细信息。——译者注

```
let urls = FileManager.default.urls(for:
    .libraryDirectory,in: [.userDomainMask, .systemDomainMask])
print(urls)
```

这里我们用FileManager查找在用户及系统范围内的Library目录，结果会得到一个包含了两个NSURL对象的数组：

❑ file:///var/mobile/Containers/Data/Application/69BFDDB0-E4A8-4359-8382-F6DDDF031481/Library/

❑ file:///System/Library/

第二个URL指向系统的Library目录，当然我们无法访问。如果返回的是多个URL，它们在返回的数组中的顺序是没有规律的。

请注意在代码清单13-3中我们是如何编写inDomains参数的：

```
[.userDomainMask, .systemDomainMask]
```

这个格式很像数组的初始化函数，不过实际上创建了一个集合（set）。在Swift中，初始化一个数组和一个集合的语法是一样的。

13.1.2　获取临时目录

获取对应用临时目录的引用比获取对Documents目录的引用容易。名为NSTemporaryDirectory()的Foundation函数将返回一个字符串，该字符串包含到应用临时目录的完整路径。若要创建一个会存储在临时目录中的文件的NSURL对象，首先要找到该临时目录：

```
let tempPath = NSTemporaryDirectory()
```

接着把路径转为URL格式，并像上次那样，通过补完路径为临时目录中的文件创建一个路径（如代码清单13-4所示）。

```
let tempDirUrl = NSURL(fileURLWithPath: tempDirPath)
let tempFileUrl = tempDirUrl.appendingPathComponent("tempFile.txt")
```

URL的最终结果应该是这样的格式：

```
file:///private/var/mobile/Containers/Data/Application/29233884-23EB-4267-8CC9-86DCD507D84C/
tmp/tempFile.txt
```

13.2　文件保存方案

本章将介绍的4种实现数据持久化的方法都基于iOS的文件系统。使用SQLite3将创建一个SQLite3数据库文件，并让SQLite3去存储和检索数据。Core Data则以其最简单的形式帮助开发者完成所有文件系统的管理工作。使用属性列表和归档则需要考虑将数据存储在一个文件中还是多个文件中。

13.2.1　单文件持久化

把数据保存在一个文件中是最简单的方法，而且对于许多应用，这也是完全可以接受的方法。首先，创建一个根对象，通常是数组或字典（使用归档容器的情况下根对象可以基于这个自定义类）。接下来，使用所有需要保存的程序数据填充根对象。真正保存的时候，代码会将该根对象的全部内容重新写入单个文件。应用在启动时会将该文件的全部内容读入内存，并在退出时注销。这就是本章要使用的方法。

使用单文件的缺点是必须将全部数据加载到内存中，并且不管有多小的更改也必须将所有数据全部重新写入文件系统。如果应用管理的数据不超过几兆字节,此方法会非常好,而且它非常简单,一点也不麻烦。

13.2.2　多文件持久化

使用多个文件是另一种实现持久化的方法。比如,电子邮件应用可能会将每封邮件都单独存储在一个文件中。

这种方法有明显的优势,比如应用可以只加载用户请求的数据(另一种形式的延迟加载),当用户进行更改时只保存更改的文件。此方法允许开发人员在收到内存不足通知时释放内存。用户当前未查看的任何数据都可以从内存中删除,下次需要时再从文件系统重新加载即可。多文件持久化的缺点是大大增加了应用的复杂性。到目前为止,我们还是采用单文件持久化。

接下来,我们将分别详细介绍属性列表、对象归档、SQLite3和Core Data这几种持久化方法。我们在探讨每种方法时都会用相应的方法构建一个应用,将数据保存到设备的文件系统。首先从属性列表开始。

13.3　属性列表

我们的许多示例应用都使用了属性列表,比如第12章中通过创建属性列表来指定应用的设置和偏好设置。属性列表非常方便,因为可以使用Xcode或Property List Editor应用手动编辑它们。而且只要字典或数组包含特定可序列化对象,就可以将Dictionary和Array实例写入属性列表或者从属性列表创建它们。

13.3.1　属性列表序列化

序列化对象(serialized object)是指可以被转换为字节流,以便于存储到文件中或通过网络进行传输的对象。虽然任何对象都可以被序列化,但只有某些对象才能被放置到某个集合类中(如NSDictionary或NSArray中),然后才使用该集合类的writeToURL(_:atomically:)或writeToFile(_:atomically:)方法将它们存储到属性列表中。可以按照该方法序列化下面的类:

- ❏ Array或NSArray
- ❏ NSMutableArray
- ❏ Dictionary或NSDictionary
- ❏ NSMutableDictionary
- ❏ NSData
- ❏ NSMutableData
- ❏ String或NSString
- ❏ NSMutableString
- ❏ NSNumber
- ❏ Date或NSDate

如果只使用这些对象构建数据模型,就可以使用属性列表来保存和加载数据。

注意　writeToURL(_:atomically:)和writeToFile(_:atomically:)方法的功能是一样的,不过前者需要提供
　　　　NSURL对象来表示文件位置,而后者提供一个字符串。以往文件位置总是字符串路径,不过从最近开始,
　　　　苹果公司倾向于使用NSURL,因此本书也会采用这套规范,不过也有一处API会需要路径。对指向文件的
　　　　NSURL对象使用path属性可以轻松获取路径,本章的第一个示例中就会用到。

如果你打算使用属性列表持久保存应用数据,那么可以使用Array或Dictonary来容纳需要持久化的数据。假设放到Array或Dictionary中的所有对象都是前面列出的可序列化对象,则可以通过对字典或数组实例调用write(to url:URL, atomically:Bool) -> Bool方法来写入属性列表(如代码清单13-5所示)。

代码清单13-5　写入属性列表

```
let array: NSArray = [1,2,3]
let tempDirPath = NSTemporaryDirectory()
let tempDirUrl = NSURL(fileURLWithPath: tempDirPath)
let tempFileUrl = tempDirUrl.appendingPathComponent("tempFile.txt")
array.write(to: tempFileUrl!, atomically:true)
```

注意　稍微解释一下，这里的atomically参数让该方法将数据写入辅助文件，而不是写入指定位置。成功写入该文件之后，辅助文件将被复制到第一个参数指定的位置。这是更安全的写入文件的方法，因为如果应用在保存期间崩溃，那么现有文件（如果有）不会被破坏。尽管这增加了一点开销，但是多数情况下还是值得的。

　　属性列表方法的一个问题是无法将自定义对象序列化到属性列表中，另外也不能使用Cocoa Touch的其他类。这意味着无法直接使用NSURL、UIImage和UIColor等类。

　　且不说序列化问题，将这些模型对象保存到属性列表中，还意味着你无法轻松创建派生的或需要计算的属性（例如，等于两个属性之和的属性），并且必须将实际上应该包含在模型类中的某些代码移动到控制器类。这些限制也适用于简单数据模型和应用。但在多数情况下，通过创建专用的模型类，可以让应用更容易维护。

　　在复杂的应用中，简单的属性列表仍然非常有用。它们是将静态数据包含在应用中的最佳方法。例如，当应用包含一个选取器时，创建一个属性列表文件并将其放在项目的Resources文件夹中，就是将内容列表导入的最佳办法，这样能把项目列表编译到应用中。

　　下面让我们构建一个使用属性列表存储数据的简单应用。

13.3.2　创建 Persistence 应用程序的第一个版本

　　本节将构建一个程序，能让你在4个文本框中输入数据；应用退出时会将这些字段保存到属性列表文件，然后在下次启动时从该属性列表文件中重新加载这些数据（见图13-5）。

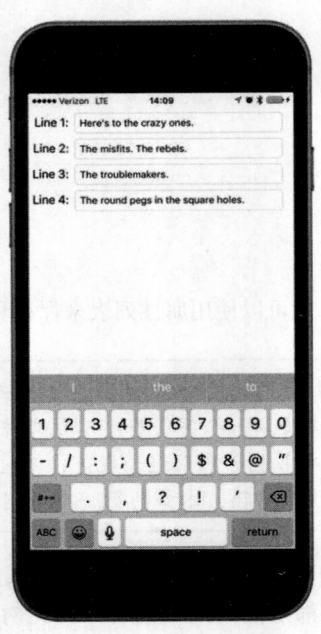

图13-5　Persistence应用

注意 对于本章的应用，我们不会花费时间设置所有用户界面细节（前几章中也是这么做的）。例如，按Return键既不会让键盘消失，也不会进入下一个文本框。如果你希望向应用添加这类功能，这非常好，我们鼓励你自己动手实现。

在Xcode中，使用Single View Application模板创建一个新项目，命名为Persistence。稍后将构建一个具有4个文本框的视图，但构建前要先创建所需的输出接口。在项目导航面板中单击ViewController.swift文件，并添加以下输出接口：

```
class ViewController: UIViewController {
    @IBOutlet var lineFields:[UITextField]!
```

1. 设计Persistence应用的视图

接下来选中Main.storyboard，将其打开以编辑GUI。启动Interface Builder之后，你会在编辑面板中看到View Controller Scene。从库中拖出一个Text Field，然后根据顶部和右侧的蓝色引导线放置。打开特征检查器，取消选中标签为Clear When Editing Begins的复选框。

现在，向窗口中拖入一个Label，使用左侧的蓝色引导线将其置于文本框的左边，并且使用水平居中引导线将该标签与文本框对齐。双击标签，将其值改为Line 1:。最后，使用文本框左侧的调节手柄调整该字段的大小，使其靠近标签（见图13-6）。接着，同时选中标签和文本框，按下Option键，往下拖动以复制一份副本。使用蓝色引导线将其放置在适当位置。然后同时选中标签和文本框，再次按下Option键向下拖动。现在就有了4个标签和旁边对应的4个文本框。依次双击复制的标签，将它们的名字分别改为Line 2:、Line 3:和Line 4:，见图13-6。

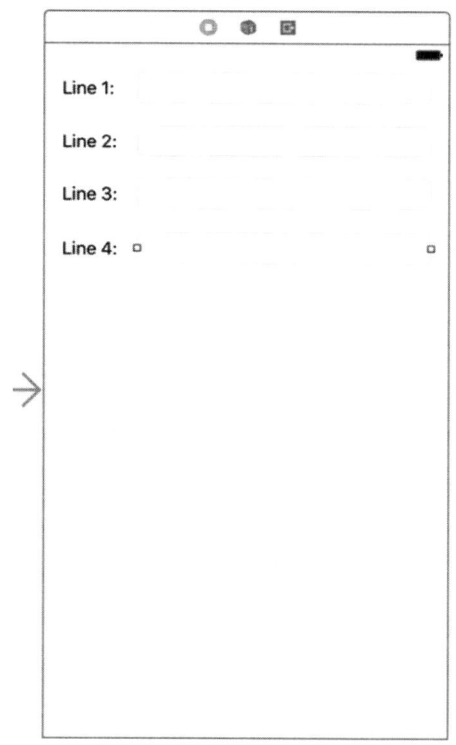

图13-6 设计Persistence应用程序的视图

添加4个文本框和标签之后，按住鼠标右键从文档略图中的View Controller图标拖到每个文本框中。将所有文本框连接到lineFields输出接口集合，确保连接顺序为从顶部到底部。最后保存对Main.storyboard所做的修改。

现在我们添加自动布局约束来确保所有设备的界面设计都是相同的。首先按住鼠标右键从Line 1标签拖到右侧的文本框上，然后松开鼠标。按住Shift键并选择Horizontal Spacing和Baseline，然后按下Return键。对其他三个标签和文本框也执行同样的操作。

接下来要固定文本框的位置。在文档略图中，按住鼠标右键从顶端的文本框拖到其父视图View的图标上，松开鼠标后按住Shift键并选择Trailing Space to Container Margin和Vertical Spacing to Top Layout Guide，然后点击菜单外部区域。对其他3个文本框执行同样的操作。

我们需要固定标签的宽度，这样当用户输入超过文本框能容纳的文本时，它们不会自动调整大小。选中顶端的标签并点击storyboard编辑器下方的Add New Constraints按钮。在弹出面板中，勾选Width复选框并按下Add 1 Constraint按钮。对其他3个标签执行同样的操作。

最后回到文档略图，按住鼠标右键从Line 1标签拖到View的图标上，松开鼠标后选择Leading Space to Container Margin。对所有的标签执行同样的操作。完成之后就意味着所有的自动布局约束都已经设置好了。在文档略图中选中视图控制器图标后，点击菜单中的Editor ➤ Resolve Auto Layout Issues ➤ Update Frames项来移除Xcode活动视图中的警告。现在构建并运行应用程序，将结果与图13-6进行比较。

2. 编辑Persistence类

在项目导航面板中，选中ViewController.swift文件并添加代码清单13-6中的代码：

代码清单13-6   从data.plist文件中获取URL

```
func dataFileURL() -> NSURL {
    let urls = FileManager.default.urls(for:
        .documentDirectory, in: .userDomainMask)
    var url:NSURL?
    url = URL(fileURLWithPath: "")        // create a blank path
    do {
        try url = urls.first!.appendingPathComponent("data.plist")
    } catch {
        print("Error is \(error)")
    }
    return url!
}
```

我们将会在这个示例中创建一个数据文件，使用dataFileURL()方法查找Documents目录并在其后附加文件的文件名，然后返回一个URL。需要加载或保存数据的任何代码都可以调用该方法。对url的处理可以严格一些。请注意，我们将appendingPathComponent方法放在了Swift的do-catch代码块中。我们应当这样写，因为附加方法假如遇到异常，会"抛出"一个错误，需要将其"捕捉"。不过，由于我们知道应用捆绑包里肯定有一个文档目录，而且data.plist文件是我们自己创建的，因此只要代码没有写错就不会看到这个错误。通常我们想要让代码更稳定，这样用户就不会遇到崩溃，不过为了降低复杂度，我们不会做太多类似的操作，因为这已经不在我们讨论的范围内了。

注意   在Swift中我们使用一个do-catch代码块（可在Xcode代码库中找到），尝试调用了一个会抛出（throw）异常（exception）的方法，然后捕捉（catch）这个异常（或错误）并执行一些处理，以防止应用崩溃。

找到viewDidLoad()方法，然后向其中添加一些代码，以及一个名为applicationWillResignActive()的方法，用于接收通知，如代码清单13-7所示。

代码清单13-7   ViewController.swift文件中的viewDidLoad方法和applicationWillResignActive方法

```
override func viewDidLoad() {
    super.viewDidLoad()
    // Do any additional setup after loading the view, typically from a nib.
    let fileURL = self.dataFileURL()
```

```
        if (FileManager.default.fileExists(atPath: fileURL.path!)) {
            if let array = NSArray(contentsOf: fileURL as URL) as? [String] {
                for i in 0..<array.count {
                    lineFields[i].text = array[i]
                }
            }
        }
    }
    let app = UIApplication.shared()
    NotificationCenter.default.addObserver(self, selector: #selector(self.applicationWill
    ResignActive(notification:)), name: Notification.Name.UIApplicationWillResignActive,
    object: app)
}

func applicationWillResignActive(notification:NSNotification) {
    let fileURL = self.dataFileURL()
    let array = (self.lineFields as NSArray).value(forKey: "text") as! NSArray
    array.write(to: fileURL as URL, atomically: true)
}
```

在viewDidLoad()方法中，我们做了几件事情。首先是使用FileManager类的fileExists(atPath:)方法来检查数据文件是否存在，事实上只要运行过一次应用程序就会生成这个文件。这个方法需要文件的路径名称，我们可以从它的URL中获取path属性（很遗憾，目前还没有能接收URL参数的类似方法）。如果不存在就不加载；如果存在，就用该文件的内容实例化数组，然后将数组中的对象复制到4个文本框。由于数组是按顺序排列的列表，可以根据存放顺序来复制数组。

为了能读取文件，我们使用一个NSArray初始化函数。根据URL所指的文件内容来创建一个NSArray对象，因为在后面的代码中我们会用属性列表的格式保存这个文件，所以这里读取的文件也是这个格式。

应用程序应该在终止运行或者退入后台之前保存其数据，所以我们需要使用名为application-WillResignActive的通知。这样，只要这个应用结束与用户的交互就会发布这个通知，包括用户按下主屏幕按钮（Home键）以及其他事件（比如有来电）导致应用退入后台运行。只要向iOS的通知中心注册这个通知，就能知道这些事件是否发生了。通知中心通过调用你注册的方法来发送通知，并传递一个Notification类型的参数，其中包含了被通知事件的细节。为了注册这个通知，我们要获得对应应用程序实例的引用，并使用该引用订阅UIApplicationWillResignActive，使用默认的NotificationCenter实例以及一个名为addObserver（_:selector:name:object:)的方法。我们将self作为第一个参数传递，这样ViewController实例就会作为观察者接收通知。对于第二个参数，将一个选择器传入applicationWillResignActive方法，告知通知中心在发布该通知后调用这个方法。第三个参数UIApplicationWillResignActive是我们希望接收的通知名称，它是由UIApplication类定义的字符串常量。

最后我们为通知中心会调用的applicationWillResignActive()方法添加实现代码：

```
func applicationWillResignActive(notification:NSNotification) {
    let fileURL = self.dataFileURL()
    let array = (self.lineFields as NSArray).value(forKey: "text") as! NSArray
    array.write(to: fileURL as URL, atomically: true)
}
```

此方法非常简短，不过实际上调用了很多方法。通过调用lineFields数组中每个文本框的text方法构建一个字符串数组。我们没有通过迭代数组中的文本框获取每个text值，来添加到新的数组中，而是利用了一个便捷的方式：将名为lineFields的Swift格式数组（由UITextField对象构成）强制转换为NSArray格式再调用其value(forKey:)方法，并传递文本"text"作为参数。NSArray类的valueForKey方法为我们实现了迭代获取UITextField实例变量的text值，返回包含这些值的NSString。之后通过write(_ to:atomically:)方法将该数组的内容以属性列表格式写入一个.plist文件。以上就是用属性列表保存数据的全部操作。

我们来总结一下工作流程。当主视图完成加载后，我们查找属性列表文件。如果该文件存在，那么将其中的数据复制到文本框中。接下来，应用将在终止（退出运行或进入后台）时通知我们。当应用终止时，我们收集4个文本框中的值，将它们保存到可变数组中，并将该可变数组写入属性列表。

构建并运行应用。现在构建并在模拟器中运行这个应用。应用在模拟器上运行之后，你应该能够在这4个文本框中键入文本。在其中键入某些内容后，按下Command+Shift+H快捷键可以回到主屏幕。这一步骤非常重要，如果只是退出模拟器（不按主屏幕按钮），等同于强制退出应用，视图控制器不会收到应用终止的通知，并且绝对不会保存数据。回到主屏幕之后，就可以退出模拟器，或者是在Xcode中结束应用，然后再次运行。应用再次运行时，之前的文本数据仍然存在于文本框中。

注意 需要知道一点：回到主屏幕通常不会退出应用，至少不会立即退出。应用将进入后台状态，并准备在用户切换回来之后迅速重新激活。第15章将深入介绍这些状态和它们对运行和退出应用的影响。

属性列表序列化非常实用，也非常好用，但它有一点限制，即只能将一小部分类型的对象存储在属性列表中。下面来看一个更加强大的方法。

13.4 对模型对象进行归档

在Cocoa世界中，归档（archiving）是指另一种形式的序列化，但它是任何对象都可以实现的更常规的类型。专门编写用于保存数据的任何模型对象都应该支持归档。使用对模型对象进行归档的技术可以轻松将复杂的对象写入文件，然后再从中读取它们。只要在类中实现的每个属性都是标量（如整型或浮点型）或都是遵循NSCoding协议的某个类的实例，你就可以对整个对象进行完全的归档。由于大多数支持存储数据的Foundation和Cocoa Touch类都遵循NSCoding协议（不过有一些例外，如UIImage），对于大多数类来说，归档相对而言比较容易实现。

尽管对归档的使用没有严格要求，但还有一个协议应该与NSCoding一起实现，即NSCopying协议。后者允许复制对象，这使你在使用数据模型对象时具备了较大的灵活性。

13.4.1 遵循 NSCoding 协议

NSCoding协议声明了两个方法，这两个方法都是必需的。一个方法将对象编码到归档中，另一个方法通过对归档解码来创建一个新对象。这两个方法都传递一个NSCoder实例，使用方式与第12章的NSUserDefaults非常相似。也可以使用KVC（Key-Value Coding，键-值编码）对对象和原生数据类型（如整型和浮点型）进行编码和解码。

如果让某对象支持归档，我们需要让它成为NSObject的子类（或任何继承于NSObject的其他类），并且要用合适的编码方法对每个实例变量进行编码。我们来看看它如何操作。假设我们创建了这样的简单容器类：

```
class MyObject : NSObject, NSCoding, NSCopying {
    var number = 0;
    var string = ""
    var child: MyObject?

    override init() {
    }
}
```

这个类包含了一个整型属性、一个字符串属性和一个对同一类实例的引用。它继承于NSObject并且遵循NSCoding和NSCopying协议。NSCoding协议的方法为MyObject类型的对象编码的代码看起来应该如下所示：

```
func encode(with aCoder: NSCoder) {
    aCoder.encode(string, forKey: "stringKey")
    aCoder.encode(32, forKey: "intKey")
    if let myChild = child {
```

```
        aCoder.encode(myChild, forKey: "childKey")
    }
}
```

若MyObject的父类也遵循NSCoding，则需要确保对其父类调用encodeWithCoder()方法，使父类也对数据进行编码。这种情况下的代码如下所示：

```
func encode(with aCoder: NSCoder) {
    super.encode(with aCoder: NSCoder)
    aCoder.encode(string, forKey: "stringKey")
    aCoder.encode(32, forKey: "intKey")
    if let myChild = child {
        aCoder.encode(myChild, forKey: "childKey")
    }
}
```

NSCoding协议还需要实现一个通过NSCoder初始化对象的初始化方法，恢复我们之前归档的对象。这个方法与encodeWithCoder()非常相似。如果你的对象没有基类，或者你继承的类并不遵循NSCoding，那么你的初始化函数看起来会像下面这样：

```
required init?(coder aDecoder: NSCoder) {
            string = aDecoder.decodeObject(forKey: "stringKey") as! String
            number = aDecoder.decodeInteger(forKey: "intKey")
            child = aDecoder.decodeObject(forKey: "childKey") as? MyObject
}
```

初始化函数对传递过来的NSCoder实例进行解码，并将值赋给对象的属性。由于我们允许源对象中child属性的值为nil，需要在为解码对象的child属性赋值时使用可选值转换，因为归档对象中也许没有存储child对象。

如果实现了NSCoding协议的这个类，父类也遵循NSCoding协议，那么需要添加额外一行代码来让父类自身进行初始化操作：

```
required init?(coder aDecoder: NSCoder) {
    string = aDecoder.decodeObject(forKey: "stringKey") as! String
    number = aDecoder.decodeInteger(forKey: "intKey")
    child = aDecoder.decodeObject(forKey: "childKey") as? MyObject
    super.init(code: aDecoder)
}
```

基本上就是这些。只要根据所用语言实现这两个方法，就可以对所有对象的属性进行编码和解码，然后便可以将对象进行归档，并且可以将其写入归档或者从归档中读取它们。

13.4.2　实现 NSCopying 协议

之前说过，遵循NSCopying对于任何数据模型对象来说都是非常好的事情。NSCopying有一个copyWithZone()方法，可用来复制对象。实现NSCopying与实现init(coder:)非常相似，只需创建一个同一类的新实例，然后将新实例的所有属性都设置为与该对象属性相同的值即可。即使你实现了copy(with zone:)方法，应用程序代码实际上调用的还是copy()方法，它触发了copy(with zone:)方法的执行：

```
let anObject = MyObject()
let objectCopy = anObject.copy() as! MyObject
```

以下是MyObject类中copy(with zone:)方法的内容：

```
func copy(with zone: NSZone? = nil) -> AnyObject {
    let copy = MyObject()
    copy.number = number
    copy.string = string
    copy.child = child?.copy() as? MyObject
```

```
    return copy
}
```

如果存在引用到子对象的属性，要注意新对象中的是子对象的副本，而不是源对象的副本。如果子对象的类型是不可变的，或者如果你只需要对象的浅副本，那么可以将原来子对象的引用直接赋给新的对象。

注意　不要过于担心NSZone参数。它指向系统用于管理内存的struct。只有在极少数情况下，开发人员才需要关注zone或者创建自己的zone。目前，还没有使用多个zone的说法。对某个对象调用copy的方法与使用默认zone调用copy(with zone:)的方法完全相同，几乎始终能满足你的需求。事实上，现在的iOS上完全可以忽略zone。NSCopying用到zone在本质上是考虑向后兼容性所致。

13.4.3　对数据对象进行归档和取消归档

从遵循NSCoding的一个或多个对象创建归档相对比较容易。首先创建一个NSMutableData（此类来自Foundation框架）实例，用于包含编码的数据，然后创建一个NSKeyedArchiver实例，用于将对象归档到此NSMutableData实例中：

```
let data = NSMutableData()
let archiver = NSKeyedArchiver(forWritingWith: data)
```

创建这两个实例之后，我们使用键–值编码来对希望包含在归档中的所有对象进行归档：

```
archiver.encode(anObject, forKey: "keyValueString")
```

对所有要包含的对象进行编码之后，我们只需告知归档程序已经完成了这些操作，并将NSMutableData实例写入文件系统：

```
archiver.finishEncoding()
let success = data.write(to: archiveUrl as URL, atomically: true)
```

如果你感觉面对归档有点不知所措，不要担心，实际上它非常简单。我们将为Persistence应用添加归档功能，以便你理解其内部原理。操作几次之后，归档将变成第二天性，因为你所有实际执行的操作就是使用键–值编码存储和检索对象的属性。

13.4.4　归档应用

本节将改进Persistence应用，让它使用归档而不是属性列表。我们将对Persistence源代码进行一些非常重要的更改，因此在继续下述步骤之前，先为整个项目文件夹创建一个副本。我已经将使用属性列表方式的项目原封不动地压缩到PersistencePL.zip[①]文件中。

1. 实现FourLines类

准备好后，在Xcode中打开Persistence项目的副本。按下Command+N或从File菜单中选择New➤New File...。出现新建文件向导后，在iOS分类下选择Swift File，然后单击Next。在下一个界面中将新类命名为FourLines.swift，选择Persistence文件夹保存文件，单击Create。该类将作为我们的数据模型，并且将容纳之前属性列表应用程序用来存放的字典中的数据。

单击FourLines.swift文件并添加代码清单13-8中的代码。

[①] 读者可以在随书示例代码文件夹中找到这个压缩文件。——译者注

代码清单13-8 FourLines类

```
class FourLines : NSObject, NSCoding, NSCopying {
    private static let linesKey = "linesKey"
    var lines:[String]?

    override init() {
    }

    required init?(coder aDecoder: NSCoder) {
        lines = aDecoder.decodeObject(forKey: FourLines.linesKey) as? [String]
    }
    func encode(with aCoder: NSCoder) {
        if let saveLines = lines {
            aCoder.encode(saveLines, forKey: FourLines.linesKey)
        }
    }
    func copy(with zone: NSZone? = nil) -> AnyObject {
        let copy = FourLines()
        if let linesToCopy = lines {
            var newLines = Array<String>()
            for line in linesToCopy {
                newLines.append(line)
            }
            copy.lines = newLines
        }
        return copy
    }
}
```

我们刚才实现了为遵循NSCoding和NSCopying协议的要求所必须实现的所有方法。在encode(with aCoder:)中对lines属性进行编码，并在init(with aCoder:)中使用相同的键对这些属性进行解码。在copy(with zone:)中，我们创建了一个新的FourLines对象，并将字符串数组复制到其中。注意要使用深副本，这样对源对象的改动就不会影响到新对象了。看到了吗？这一点儿也不难。复制代码时不要忘记进行必要的修改。

2. 实现ViewController类

创建可归档的数据对象之后，我们使用它来持久化应用数据。单击ViewController.swift文件，并进行代码清单13-9中的更改。

代码清单13-9 ViewController.swift文件中保存及取回归档对象的代码

```
override func viewDidLoad() {
    super.viewDidLoad()
    // Do any additional setup after loading the view, typically from a nib.
    let fileURL = self.dataFileURL()
    if (FileManager.default.fileExists(atPath: fileURL.path!)) {
        if let array = NSArray(contentsOf: fileURL as URL) as? [String] {
            for i in 0..<array.count {
                lineFields[i].text = array[i]
            }
        }
        let data = NSMutableData(contentsOf: fileURL as URL)
        let unarchiver = NSKeyedUnarchiver(forReadingWith: data as! Data)
        let fourLines = unarchiver.decodeObject(forKey: ViewController.rootKey) as!
                        FourLines
        unarchiver.finishDecoding()

        if let newLines = fourLines.lines {
            for i in 0..<newLines.count {
                lineFields[i].text = newLines[i]
```

```
            }
        }
    }
    let app = UIApplication.shared()
    NotificationCenter.default.addObserver(self, selector: #selector(self.applicationWill
    ResignActive(notification:)), name: Notification.Name.UIApplicationWillResignActive,
    object: app)
}

func applicationWillResignActive(notification:NSNotification) {
    let fileURL = self.dataFileURL()
    let fourLines = FourLines()
    let array = (self.lineFields as NSArray).value(forKey: "text")
        as! [String]
    fourLines.lines = array

    let data = NSMutableData()
    let archiver = NSKeyedArchiver(forWritingWith: data)
    archiver.encode(fourLines, forKey: ViewController.rootKey)
    archiver.finishEncoding()
    data.write(to: fileURL as URL, atomically: true)
}

func dataFileURL() -> NSURL {
    let urls = FileManager.default.urls(for:
        .documentDirectory, in: .userDomainMask)
    var url:NSURL?
    url = URL(fileURLWithPath: "")        // create a blank path
    do {
        try url = urls.first!.appendingPathComponent("data.archive")
    } catch {
        print("Error is \(error)")
    }
    return url!
}
```

保存更改，构建并运行一下这个版本的应用。更改的东西不多。我们首先在dataFileURL()方法中指定了一个新的文件名，以避免应用加载旧的属性列表作为归档。我们还定义了一个新的常量，作为编码和解码的键。然后重新编写加载和保存的代码，使用FourLines保存数据，并且使用NSCoding的方法完成实际的加载和保存工作。GUI与上一个版本完全相同。

新版本需要比属性列表序列化多实现几行代码，因此你可能想知道使用归档是否比使用序列化属性列表更有优势。对于该应用，答案非常简单：实际上并没有什么优势。如果我们拥有一个包含可归档对象的数组（像刚才构建的FourLines类），那么可以对数组实例本身进行归档来归档整个数组。对集合类（如数组）进行归档时，也会归档其包含的所有对象。只要放入数组或字典中的对象遵循NSCoding，你就可以归档数组或字典并还原它。这样，对其进行归档时，其中所有对象都将位于已还原的数组或字典中。这一点并不适用于属性链接的持久化，它只支持一小部分的Foundation对象类型。如果你没有编写额外的代码，来将这些自定义类的实例与字典通过每个对象属性的键进行互相转化，就不能对其进行持久化。

换句话说，NSCoding方法具有非常好的伸缩性（至少从代码量看是这样），因为无论添加多少对象，将这些对象写入磁盘的方式（假设使用单文件持久化）都完全相同。不过使用属性列表的话，工作量会随着添加对象而增加。

13.4.5　使用 iOS 嵌入的 SQLite3

第三个持久化选项是iOS的嵌入式SQL数据库，名为SQLite3。SQLite3在存储和检索大量数据方面非常有效。

它还能够对数据进行复杂的聚合，与使用对象执行这些操作相比，获得结果的速度更快。考虑这样两种情况，假设你需要计算其中所有对象的特殊字段的总和，或者你需要符合特定条件的对象的总和，SQLite3可以不需要将所有对象加载到内存中就获取到这些信息。与将所有对象加载到内存，然后计算它们值的总和相比，从SQLite3获取聚合要快几个数量级。作为一个功能比较完善的嵌入式数据库，SQLite3还可以通过一些工具进一步提升速度（如创建表索引加快查询速度）。

SQLite3使用SQL（Structured Query Language，结构化查询语言）。SQL是与关系数据库交互的标准语言。本书全部采用SQL语法（实际上有几百个）以及SQLite本身编写。因此，如果你还不了解SQL，并且想在应用中使用SQLite3，就需要提前做些工作。我将介绍如何在iOS应用中进行设置并与SQLite数据库交互，还会在本章中展示一些基本语法。但是，要真正充分利用SQLite3需要更为深入的研究和探索。www.sqlite.org/cintro.html上的"An Introduction to the SQLite3 C/C++ Interface"和www.sqlite.org/lang.html上的"SQL As Understood by SQLite"都是不错的起点。

关系数据库（包括SQLite3）和面向对象的编程语言使用完全不同的方法来存储和组织数据。这些方法差异很大，因而出现了在两者之间进行转换的各种技术以及很多库和工具。这些技术统称为ORM（Object-Relational Mapping，对象关系映射）。目前有多种ORM工具可用于Cocoa Touch。实际上，我们将在下一节讨论苹果公司提供的ORM解决方案，即Core Data。

在此之前，我们将重点介绍基础知识，包括设置SQLite3、创建容纳数据的表以及利用应用中的数据库。很明显，现实世界中像示例这么简单的应用，不值得兴师动众地使用SQLite3。但是，正是它的简单性使它成为一个非常好的学习示例。

13.4.6 创建或打开数据库

使用SQLite3之前，必须打开数据库。用于执行此操作的命令是sqlite3_open()，这样将打开一个现有数据库。如果指定位置上不存在数据库，函数会创建一个新的数据库。下面是打开数据库的代码：

```
var database:OpaquePointer? = nil
let result = sqlite3_open("/path/to/database/file", &database)
```

若result等于常量SQLITE_OK，就表示数据库已成功打开。需要注意database变量的类型。在SQLite3的API中，这个变量是一个sqlite3类型的C语言结构体。当C语言的API导入Swift，这个变量会被映射为UnsafeMutablePointer<COpaquePointer>，这是Swift表示C指针类型void *的方式。也就是说我们必须将其视作一个不透明指针（opaque pointer）。这样就行了，因为我们不需要通过Swift代码访问这个结构体的内部，只需要将指针传递给其他SQLite3函数，例如sqlite3_close()：

```
sqlite3_close(database)
```

数据库将所有数据存储在表中。可以通过SQL的CREATE语句创建一个新表，并使用函数sqlite3_exec将其传递到打开的数据库，如下所示：

```
let createSQL = "CREATE TABLE IF NOT EXISTS PEOPLE" +
                "(ID INTEGER PRIMARY KEY AUTOINCREMENT, FIELD_DATA TEXT)"
var errMsg:UnsafeMutablePointer<Int8> = nil
result = sqlite3_exec(database, createSQL, nil, nil, &errMsg)
```

函数sqlite3_exec针对SQLite3运行任何不返回数据的命令。它用于执行更新、插入和删除操作。从数据库中检索数据有点复杂，必须首先向其输入SQL的SELECT命令来准备该语句：

```
let createSQL = "SELECT ID, FIELD_DATA FROM FIELDS ORDER BY ROW"
var statement: OpaquePointer? = nil
result = sqlite3_prepare_v2(database, createSQL, -1, &statement, nil)
```

若result等于SQLITE_OK，则语句准备成功，可以开始遍历结果集。这里的Swift代码显示了另一种必须将一个SQLite3结构体视作不透明指针的例子：在SQLite3的API中，statement变量是sqlite3_stmt类型的。

下面的例子会遍历结果集并从数据库中检索整型和字符串：

```
while sqlite3_step(statement) == SQLITE_ROW {
    let row = Int(sqlite3_column_int(statement, 0))
    let rowData = sqlite3_column_text(statement, 1)
    let fieldValue = String.init(cString: UnsafePointer<CChar>(rowData!))
    lineFields[row].text = fieldValue!
}
sqlite3_finalize(statement)
```

我们必须注意C语言API的需求与Swift支持的类型。在这里，sqlite3_column_text()函数返回了一个类型为const unsigned char *的值，Swift可以将它转换成UnsafePointer<UInt8>。我们需要通过返回的字符数据创建一个 String ， 通 过 String.init(cString:)(UnsafePointer<CChar>)[①] 方 法 就 可 以 做 到 了 。 这 里 我 们 使 用 UnsafePointer<UInt8>代替了UnsafePointer<CChar>，不过幸运的是，有一个初始化函数可以让我们根据前者创建出后者。一旦获取了String，就将其赋值给UITextField的text属性。

13.4.7　使用绑定变量

虽然可以通过创建SQL字符串来插入值，但常用的方法是使用绑定变量（bind variable）来执行数据库插入操作。正确处理字符串并确保它们没有无效字符（以及引号处理过的属性）是非常烦琐的事情。借助绑定变量，这些问题将迎刃而解。

要使用绑定变量插入值，只需按正常方式创建SQL语句即可，不过要在SQL字符串中添加一个问号。每个问号都表示一个需要在语句执行之前进行绑定的变量。然后，准备好SQL语句，将值绑定到各个变量并执行命令。

下面这个示例使用两个绑定变量预处理SQL语句。它将整型数绑定到第一个变量，将字符串绑定到第二个变量，然后执行并结束语句：

```
var statement:OpaquePointer? = nil
let sql = "INSERT INTO FOO VALUES (?, ?);"
if sqlite3_prepare_v2(database, sql, -1, &statement, nil)
        == SQLITE_OK {
    sqlite3_bind_int(statement, 1, 235)
    sqlite3_bind_text(statement, 2, "Bar", -1, nil)
}
if sqlite3_step(statement) != SQLITE_DONE {
    print("This should be real error checking!")
}
sqlite3_finalize(statement);
```

存在多种绑定语句，根据希望使用的数据类型，可以选择不同的绑定语句。大部分绑定函数都只有3个参数。

❏ 无论针对哪种数据类型，任何绑定函数的第一个参数都指向之前在sqlite3_prepare_v2()调用中使用的sqlite3_stmt。

❏ 第二个参数是被绑定变量的索引。它是一个有序索引的值，这表示SQL语句中的第一个问号是索引1，其后的每个问号都依次按序加1。

❏ 第三个参数始终表示应该替换问号的值。

有些绑定函数（比如用于绑定文本和二进制数据的绑定函数）拥有另外两个参数。

❏ 一个参数是在上面第三个参数中传递的数据长度。对于C字符串，可以传递-1来代替字符串的长度，这样函数将使用整个字符串。对于其他所有情况，需要指定所传递数据的长度。

❏ 另一个参数是可选的函数回调，用于在语句执行后完成内存清理工作。通常，这种函数使用malloc()释放

---

① 假如读者因Swift版本升级遇到了编译错误，可以尝试将其改为String(cString: rowData!)。——译者注

已分配的内存。

绑定语句后面的语法看起来可能有点奇怪，因为我们执行了一个插入操作。当使用绑定变量时，会将相同语法同时用于查询和更新。如果SQL字符串包含一个SQL查询（而不是更新），就需要多次调用sqlite3_step()，直到它返回SQLITE_DONE。因为这里是更新，所以仅调用一次。

13.5 创建 SQLite3 应用程序

在Xcode中，使用Single View Application模板创建一个新项目，命名为SQLite Persistence。这个项目的前期部分与上一个项目相同，因此打开ViewController.swift文件并添加一个输出接口：

```
class ViewController: UIViewController {
    @IBOutlet var lineFields:[UITextField]!
```

然后选中Main.storyboard。根据13.3.2节的内容设计视图并关联输出接口。设计完成之后，保存storyboard文件。

我们已经讲述了基本知识，下面付诸实践。再次改写Persistence应用程序，使用SQLite3来存储它的数据。它将使用一个表并将字段值存储在表的4个行中。我们为每一行提供一个与其字段相对应的行号。例如，第一行的值存储在表中行号为0的行中，第二行的值存储在行号为1的行中，以此类推。下面让我们开始吧！

链接到 SQLite3 库

我们通过一个过程API来访问SQLite3，该API提供对很多C函数调用的接口。要使用此API，需要将应用链接到一个名为libsqlite3.dylib的动态库。选中项目导航列表（最左边的面板）顶部的SQLite Persistence，然后在主要区域的TARGETS分类中（即图13-7中间的面板）中选择SQLite Persistence（注意要选择TARGETS标题下面的SQLite Persistence，而不是从PROJECT的标题下面选择）。

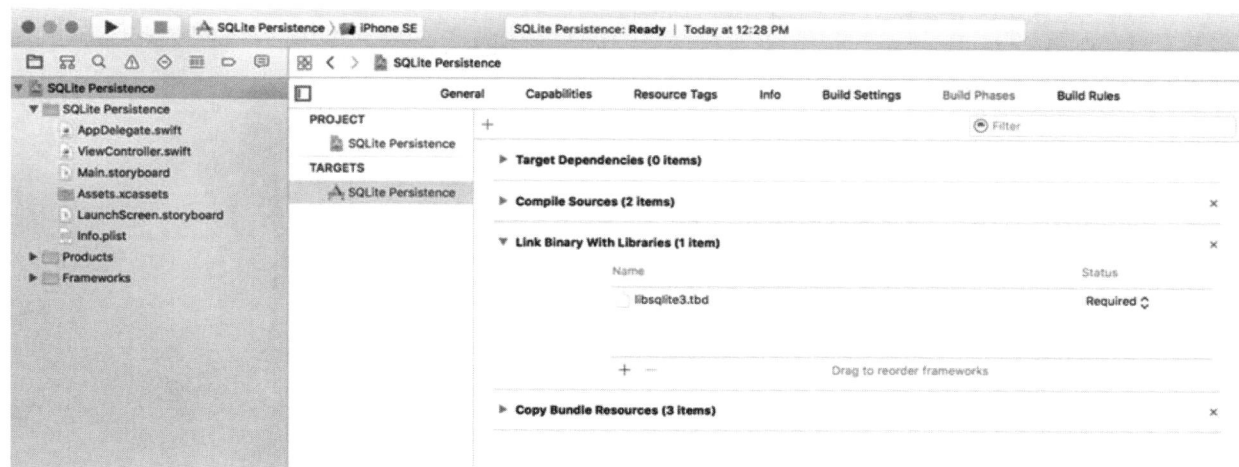

图13-7　在项目导航面板中选择SQLite Persistence项目，然后选择TARGETS标题下的SQLite Persistence，最后选择Build Phases标签页

在选中SQLite Persistence目标后，在最右边的面板中点击Build Phases标签。其中包含一些列表项，初始都是收起的，它们代表Xcode构建应用的各个步骤。展开一行名为Link Binary With Libraries的项。里面包含了Xcode链接到应用程序的库和框架。这里默认是空的，因为编译器会自动链接应用程序会用到的所有iOS框架，不过编译器并不知道SQLite3库，因此我们需要在这里添加它。

点击链接框架列表底部的+按钮，将会列出所有可用框架和库。在其中找到libsqlite3.tbd（也可以使用搜索框），然后点击Add按钮。注意，目录中可能有多个以libsqlite3开头的条目，务必选择libsqlite3.tbd，它始终指向最新版本的SQLite3库。

修改SQLite Persistence的视图控制器

接下来我们需要在视图控制器中导入SQLite3的头文件，这样编译器就可以看到组成API的函数和其他定义。没有直接在Swift代码中导入头文件的办法，因为SQLite3库没有打包成框架。解决这个问题的最简单办法是在项目中添加一个过渡头文件（bridging header）。只要你拥有一个过渡头文件，就可以对它添加其他头文件了，这些头文件都能被Swift编译器读到。有两种添加过渡文件的方法。我们使用简单的一种，即在项目中临时添加一个Objective-C类。现在来试试吧。

按下Command+N或在菜单中选择File➤New➤File...选项。在对话框的iOS Sources分类中，选择Cocoa Touch Class并按下Next按钮。将新类命名为Temporary，使其作为NSObject的子类，将语言更改为Objective-C，然后按下Next按钮。在下一个界面中按下Create按钮。这时Xcode将会弹出一个窗口询问你是否要创建一个过渡头文件。按下Create Bridging Header按钮。现在你可以在项目导航面板中看到新类的文件（Temporary.m和Temporary.h）以及名称为SQLite Persistence-Bridging-Header.h的过渡头文件。删除Temporary.m和Temporary.h文件，已经不再需要它们了。选择过渡头文件并在编辑区中打开它，然后添加下面这行代码：

```
#import <sqlite3.h>
```

现在编译器可以看到SQLite3库和头文件，我们可以编写更多的代码了。选择ViewController.swift文件，对其进行代码清单13-10中的修改。

代码清单13-10   使用SQLite3保存及取出信息

```
override func viewDidLoad() {
    super.viewDidLoad()
    // Do any additional setup after loading the view, typically from a nib.
    var database:OpaquePointer? = nil
    var result = sqlite3_open(dataFilePath(), &database)
    if result != SQLITE_OK {
        sqlite3_close(database)
        print("Failed to open database")
        return
    }
    let createSQL = "CREATE TABLE IF NOT EXISTS FIELDS " +
                        "(ROW INTEGER PRIMARY KEY, FIELD_DATA TEXT);"
    var errMsg:UnsafeMutablePointer<Int8>? = nil
    result = sqlite3_exec(database, createSQL, nil, nil, &errMsg)
    if (result != SQLITE_OK) {
        sqlite3_close(database)
        print("Failed to create table")
        return
    }

    let query = "SELECT ROW, FIELD_DATA FROM FIELDS ORDER BY ROW"
    var statement:OpaquePointer? = nil
    if sqlite3_prepare_v2(database, query, -1, &statement, nil) == SQLITE_OK {
        while sqlite3_step(statement) == SQLITE_ROW {
            let row = Int(sqlite3_column_int(statement, 0))
            let rowData = sqlite3_column_text(statement, 1)
            let fieldValue = String.init(cString: UnsafePointer<CChar>(rowData!))
            lineFields[row].text = fieldValue
        }
        sqlite3_finalize(statement)
    }
    sqlite3_close(database)
```

```
    let app = UIApplication.shared()
    NotificationCenter.default.addObserver(self, selector: #selector(self.applicationWill
    ResignActive(notification:)), name: Notification.Name.UIApplicationWillResignActive,
    object: app)
}

func dataFilePath() -> String {
    let urls = FileManager.default.urls(for:
        .documentDirectory, in: .userDomainMask)
    var url:String?
    url = ""       // create a blank path
    do {
        try url = urls.first?.appendingPathComponent("data.plist").path!
    } catch {
        print("Error is \(error)")
    }
    return url!
}

func applicationWillResignActive(notification:NSNotification) {
    var database:OpaquePointer? = nil
    let result = sqlite3_open(dataFilePath(), &database)
    if result != SQLITE_OK {
        sqlite3_close(database)
        print("Failed to open database")
        return
    }
    for i in 0..<lineFields.count {
        let field = lineFields[i]
        let update = "INSERT OR REPLACE INTO FIELDS (ROW, FIELD_DATA) " +
        "VALUES (?, ?);"
        var statement:OpaquePointer? = nil
        if sqlite3_prepare_v2(database, update, -1, &statement, nil) == SQLITE_OK {
            let text = field.text
            sqlite3_bind_int(statement, 1, Int32(i))
            sqlite3_bind_text(statement, 2, text!, -1, nil)
        }
        if sqlite3_step(statement) != SQLITE_DONE {
            print("Error updating table")
            sqlite3_close(database)
            return
        }
        sqlite3_finalize(statement)
    }
    sqlite3_close(database)
}
```

新增的第一段代码位于viewDidLoad()方法中。首先使用我们添加的dataFilePath()方法获取到数据库的路径。这个方法有点类似我们在之前示例中添加的dataFileURL()方法，不过返回的不是文件的URL，而是路径。这样做是因为SQLite3的API需要路径来对文件进行操作，不支持URL。接着我们使用路径来打开数据库（假如不存在会创建一个），若打开时遇到了问题，则关闭数据库，打印一段错误信息并跳出这个方法：

```
var database:OpaquePointer? = nil
var result = sqlite3_open(dataFilePath(), &database)
if result != SQLITE_OK {
    sqlite3_close(database)
    print("Failed to open database")
    return
}
```

接下来，需要确保有一个表来保存我们的数据。可以使用CREATE TABLE的SQL语句完成此任务。通过指定IF NOT EXISTS，可以防止数据库覆盖现有数据。如果已有一个具有相同名称的表，此命令不会执行任何操作，这表示可以在应用程序每次启动时安全地使用它，不需要预先检查表是否存在：

```
let createSQL = "CREATE TABLE IF NOT EXISTS FIELDS " +
                    "(ROW INTEGER PRIMARY KEY, FIELD_DATA TEXT);"
var errMsg:UnsafeMutablePointer<Int8>? = nil
result = sqlite3_exec(database, createSQL, nil, nil, &errMsg)
if (result != SQLITE_OK) {
    sqlite3_close(database)
    print("Failed to create table")
    return
}
```

数据库中的每一行包含一个整型和一个字符串。整型指出图形界面中得到的是哪一行的数字（从0开始计数），而字符串是这一行中文本框的内容。最后，需要加载数据。为此，使用SELECT语句。在这个简单的例子中，我们创建一个SELECT的SQL语句，从数据库请求所有行，并要求SQLite3准备我们的SELECT。要告诉SQLite3按行号排序各行，以便我们总是以相同顺序获取它们。否则，SQLite3将按内部存储顺序返回各行：

```
let query = "SELECT ROW, FIELD_DATA FROM FIELDS ORDER BY ROW"
var statement:OpaquePointer? = nil
if sqlite3_prepare_v2(database, query, -1, &statement, nil) == SQLITE_OK {
```

接着使用sqlite3_step()函数来执行SELECT语句，并遍历返回的每一行：

```
    while sqlite3_step(statement) == SQLITE_ROW {
```

现在抓取行号并将它存储在一个int变量中，然后抓取字段数据保存到C语言字符串中。可以按照前面提到的方法将其转换成Swift格式的String类型：

```
        let row = Int(sqlite3_column_int(statement, 0))
        let rowData = sqlite3_column_text(statement, 1)
        let fieldValue = String.init(cString: UnsafePointer<CChar>(rowData!))
```

接下来，利用从数据库获取的值设置相应的字段：

```
        lineFields[row].text = fieldValue
```

最后关闭数据库连接，所有操作到此结束：

```
    }
    sqlite3_finalize(statement);
}
sqlite3_close(database)
```

注意，我们在创建表和加载它所包含的所有数据后立即关闭了数据库连接，而不是在应用运行的整个过程中保持打开状态。这是管理连接最简单的方式，对于这个小应用，我们可以在需要连接时再打开它。在其他需要频繁使用数据库的应用中，可能有必要始终打开连接。

其他更改是在applicationWillResignActive()方法中进行的，我们需要把应用数据保存在这里。

applicationWillResignActive()方法首先会再次打开数据库。然后保存数据，在4个字段中进行循环，生成4条独立的命令来更新数据库中的每一行：

```
for i in 0..<lineFields.count {
    let field = lineFields[i]
```

我们设计了一条带有两个绑定变量的INSERT OR REPLACE语句。第一个变量代表所存储的行，第二个变量代表要存储的实际字符串值。使用INSERT OR REPLACE，而不是更标准的INSERT，就不需要担心某行是否已经存在：

```
let update = "INSERT OR REPLACE INTO FIELDS (ROW, FIELD_DATA) " +
```

```
"VALUES (?, ?);"
```

接下来声明一个指向语句的指针，然后为语句添加绑定变量，并将值绑定到两个绑定变量：

```
var statement:OpaquePointer? = nil
if sqlite3_prepare_v2(database, update, -1, &statement, nil) == SQLITE_OK {
    let text = field.text
    sqlite3_bind_int(statement, 1, Int32(i))
    sqlite3_bind_text(statement, 2, text!, -1, nil)
}
```

然后调用sqlite3_step来执行更新，检查并确定其运行正常，最后完成语句，结束循环：

```
if sqlite3_step(statement) != SQLITE_DONE {
    print("Error updating table")
    sqlite3_close(database)
    return
}
sqlite3_finalize(statement)
```

注意，我们只是在出现错误时打印了错误信息。在真实的应用程序中，若某个错误条件是用户正常情况下可能遇到的，则应该使用其他形式的错误报告，比如弹出一个警告框。

```
sqlite3_close(database)
```

注意　有一个条件可能导致前面的SQLite代码出现错误，但不是程序员错误。如果设备的存储区已满，SQLite无法将其更改保存到数据库，那么这里也会发生错误。但是，这种情况很少见，并可能为用户带来更深层次的问题，不过这已经超出了应用数据的范围。如果系统处于这一状态，我们的应用甚至可能无法成功启动。因此我们可以完全不用考虑这个问题。

构建并运行该应用。输入一些数据，按下iPhone模拟器的主屏幕按钮。然后退出模拟器，重新启动SQLite Persistence应用。启动后，该数据应该处于原来的位置。在用户看来，这3个版本的应用之间绝对没有任何差别，但每个版本都使用了不同的持久化机制。

13.6　使用 Core Data

本章演示的最后一项技术是如何使用苹果的Core Data框架实现持久化。Core Data是一款稳定、功能全面的持久化工具。这里，我将展示如何使用Core Data重新创建与Persistence应用相同的持久化。

注意　有关Core Data较为全面的讨论，请阅读Michael Privet和Robert Warner合著的*Pro iOS Persistence: Using Core Data*。

在Xcode中创建一个新项目。在iOS分类下选择Single View Application模板，单击Next。将产品命名为Core Data Persistence，选择Swift作为开发语言并在Devices弹出框中选择Universal，但先不要单击Next按钮。仔细查看Devices弹出窗口的下方，应该能看到一个标签为Use Core Data的复选框。在已开发的项目中添加Core Data的操作会有一定复杂性，为此苹果公司在应用程序项目模板中帮助你完成了不少工作。选中Use Core Data复选框（见图13-8），然后单击Next按钮。在提示窗口中选择保存项目的目录，然后单击Create按钮。

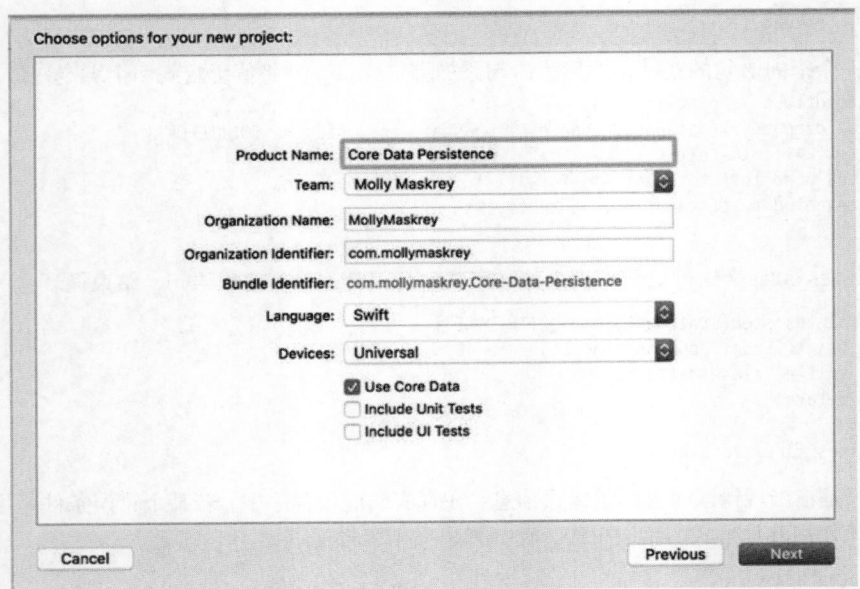

图13-8   选择Single View Application模板，并且为持久化功能开启Core Data

在讨论代码之前，先来看项目窗口，其中包括一些全新的元素。展开Core Data Persistence文件夹（见图13-9）。

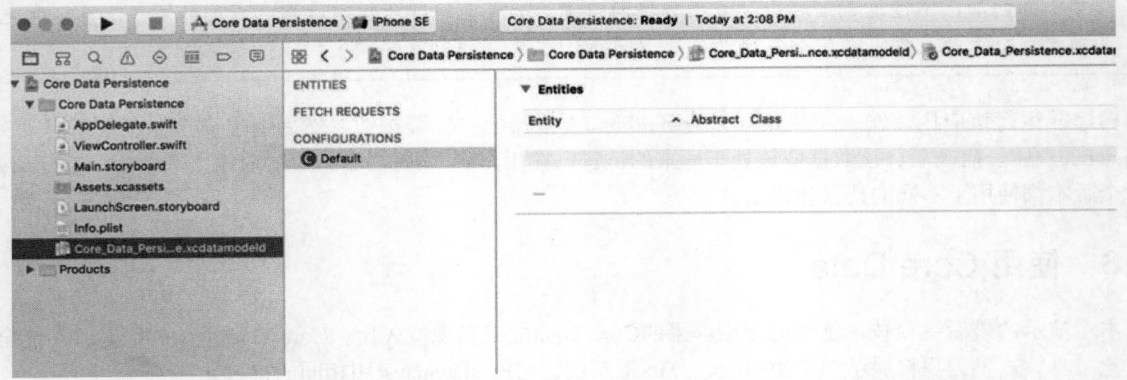

图13-9   项目模板提供了Core Data所需的文件。当前已经选中了Core Data模型，数据模型编辑器
　　　　　显示在编辑面板中

13.6.1   实体和托管对象

项目导航面板中显示的大部分内容你应该都很熟悉，有应用程序委托、视图控制器、两个storyboard和资源目录。此外，还有一个名为Core_Data_Persistence.xcdatamodeld的文件，其中包含我们的数据模型。在Xcode中，Core Data可用于直观地设计数据模型（无需编写代码）并将该数据模型存储在.xcdatamodeld文件中。

单击.xcdatamodeld文件，会显示数据模型编辑器，如图13-9右侧所示。数据模型编辑器为数据模型提供了两种视图，可以在项目窗口右下角的选项处设置编辑器类型。Table模式如图13-9所示，数据模型中包含的数据项会显示为一系列可编辑的表；在Graph模式中，数据项是以图形方式来表示的。目前，这两个视图都显示了同样的空数据模型。

在Core Data之前，创建数据模型的传统方式是创建NSObject的子类并让其遵循NSCoding和INSCopying，以便能够像本章之前那样对它们进行归档。Core Data使用了一种完全不同的方法。你不需要创建类，而是先在数据模型编辑器中创建一些实体（entity），然后在代码中为这些实体创建托管对象（managed object）。

实体由属性（property）组成，属性分为3种类型。

- 特征（attribute）：特征在Core Data实体中的作用与属性在Swift类中的作用完全相同，它们都用于保存数据。
- 关系（relationship）：顾名思义，关系用于定义实体之间的关系。举例来说，假设要定义一个Person实体，你可能首先会定义一些特征，比如hairColor、eyeColor、height和weight。你还可以定义地址特征，比如state和zipCode，或者将它们嵌入到单独的HomeAddress实体中。使用后面这种方法，你可能还希望在Person与HomeAddress之间创建一个关系。关系可以是一对一或一对多。从Person到HomeAddress的关系可以是"一对一"，因为大多数人都只有一个家庭地址。从HomeAddress到Person的关系则可以是"一对多"，因为可能多个人住在同一个家庭地址。
- 提取属性（fetched property）：提取属性是关系的备选方法。用提取属性可以创建一个能在提取时被评估的查询，从而确定哪些对象属于这个关系。沿用刚才的例子，一个Person对象可以拥有一个名为Neighbors的提取属性，该属性查找数据存储中与这个Person的HomeAddress拥有相同邮政编码的所有HomeAddress对象。由于提取属性的结构和使用方式，它们通常都是一对一关系。提取属性也是唯一一种能够让你跨越多个数据存储的关系。

通常，特征、关系和提取属性都是使用Xcode的数据模型编辑器定义的。在Core Data Persistence应用中，我们将构建一个简单的实体，以便于你了解其运行原理。

1. 键–值编码

我们的代码中不再使用存取方法和修改方法，而是使用键–值编码来设置属性或检索它们的已有值。键–值编码看上去有点令人生畏，但本书已经在多处使用了这种方法。举例来说，每次使用字典时，我们都需要使用一种形式的键–值编码，因为字典中的每个对象都保存在一个唯一的键值中。与字典相比，Core Data所使用的键–值编码更加复杂一些，但它们的基本概念是相同的。在操作托管对象时，用于设置和检索属性值的键就是希望设置的特征的名称。因此，要从托管对象中检索存储在name特征中的值，需要调用以下方法：

```
let name = myManagedObject.valueForKey("name")
```

同样，要为托管对象的属性设置新值，可以执行以下操作：

```
myManagedObject.setValue("Gregor Overlander", forKey:"name")
```

2. 在上下文中结合

那么，这些托管对象的活动区域在哪里呢？它们位于所谓的持久存储（persistent store）中，有时也称为支持存储（backing store）。持久存储可以采用多种不同的形式。默认情况下，Core Data应用将支持存储实现为存储在应用Documents目录中的SQLite数据库。虽然数据是通过SQLite存储的，但Core Data框架中的类将完成与加载和保存数据相关的所有工作。若使用Core Data，则不需要编写任何SQL语句（就像你在SQLite的Persistence应用程序中看到的那样）。你只需要操作对象，内部的工作将由Core Data完成。

除了SQLite之外，支持存储还可以作为二进制文件实现，甚至以XML形式存储。另一种选择是创建一个内存库，编写缓存机制时可以采用这种方法，但它在当前会话结束后无法保存数据。在几乎所有情况下，你都应该采用默认设置，并使用SQLite作为持久存储。

虽然大多数应用都只有一个持久存储，但也可以在同一应用中使用多个持久存储。如果你对支持存储的创建和配置方式感到好奇，可以查看Xcode项目中的AppDelegate.swift文件。我们选择的Xcode项目模板提供了为应用设置单个持久存储所需的所有代码。

　　除了创建它之外，通常不会直接操作持久存储，而是使用所谓的托管对象上下文（通常称为上下文）。上下文协调对持久存储的访问，同时保存自上次保存对象以来修改过的属性信息。上下文还能通过撤销管理器来注册所有更改，这意味着你可以撤销单个操作或者回滚到上次保存的数据。

注意　可以将多个上下文指向相同的持久存储，但大多数iOS应用都只会使用一个。

　　许多核心数据调用都需要NSManagedObjectContext作为参数，或者需要在上下文中执行。除了一些更加复杂、多线程的iOS应用之外，应用委托中都可以只使用managedObjectContext属性，它是Xcode项目模板自动为应用创建的默认上下文。

　　你可能会发现，除了托管对象上下文和持久存储协调者（persistent store coordinator）之外，所提供的应用委托还包含一个NSManagedObjectModel实例。该类负责在运行时加载和表示使用Xcode中数据模型编辑器创建的数据模型。通常，你不需要直接与该类交互。该类由其他Core Data类在后台使用，因此它们可以确定数据模型中定义了哪些实体和属性。只要使用所提供的文件创建数据模型，就完全不需要担心这个类。

3. 创建新的托管对象

　　创建托管对象的新实例非常简单，但没有（Objective-C使用alloc和init）创建常规对象实例那么直观。这里使用NSEntityDescription类中的insertNewObject(forEntityName: into:)工厂方法。NSEntityDescription的工作是跟踪在应用的数据模型中定义的所有实体并让你创建这些实体的实例。此方法创建并返回一个实例，表示内存中的单个实体。它返回使用该特定实体的正确属性设置的NSManagedObject实例；如果将实体配置为使用NSManagedObject的特定子类实现，则返回该类的实例。请记住，实体类似于类。实体是对象的描述，用于定义特定的实体拥有哪些属性。

　　创建新对象的方法如下：

```
let thing = NSEntityDescription.insertNewObject (forEntityName: "Thing",
                                 into:managedObjectContext)
```

　　这个方法的名称为insertNewObject(forEntityNmae: into:)，因为除了创建新对象外，它还将此新对象插入上下文，并返回这个对象。调用结束后，对象存在于上下文中，但还不是持久存储的一部分。下一次托管对象上下文的save()方法被调用时，这个对象将被添加到持久存储内。

4. 获取托管对象

　　要从持久存储中获取托管的对象，可以使用提取请求（fetch request），这是Core Data处理预定义的查询的方式。例如，可以要求"返回所有eyeColor为blue的Person"。创建提取请求之后，为它提供一个NSEntityDescription，指定希望检索的一个或多个对象实体。下面是一个创建提取请求的例子：

```
let context = appDelegate.managedObjectContext
let request: NSFetchRequest<NSFetchRequestResult> = NSFetchRequest(entityName:"Thing")
```

　　使用NSManagedObjectContext中的实例方法来执行（execute）提取请求：

```
do {
    let objects = try context.fetch(request)
    // No error - use "objects"
} catch {
    // Error - the "error" variable contains an NSError object
  print(error)
}
```

fetch()方法将从持久存储中加载指定对象，并在一个数组中返回它们。如果遇到错误，fetch()会抛出一个描述详细问题的NSError对象。你需要尽可能捕捉这个错误并对其进行处理，或者报告给这个函数的调用者。这里我们只是把错误写到控制台。假如你还不熟悉Swift的错误处理机制，可以参考附录A.7节。如果没有遇到错误，那么会获得一个有效的数组，但其中可能没有任何对象，因为可能没有对象满足指定标准。此后，托管对象上下文（对它执行了请求）将跟踪对该数组中返回的托管对象的所有更改。向该上下文发送一条save:消息可以保存更改。

13.6.2　Core Data 应用

在编写代码之前，先来创建数据模型。

设计数据模型

选中Core_Data_Persistence.xcdatamodel以打开Xcode的数据模型编辑器。数据模型编辑面板中列出了数据模型中的所有实体、提取请求和配置。

注意　Core Data的配置（configuration）允许开发者定义一个或多个包含在数据模型中的实体的命名子集。在某些特定场合下，这一点很有用。例如，如果你想创建一些共享相同数据模型的应用，而另一些应用不能获取这些数据模型（比如一个应用提供给普通用户使用，而另一个给系统管理员使用），通过这种方式就可以做到。也可以在一个应用中使用多个配置，在不同操作模式之间进行切换。本书中，我们并不涉及配置，但是因为配置列表（包括在你的模型中包含所有内容的默认配置）使你得以接触实体和提取请求的底层内容，所以我们认为有必要在这里提一下。

在图13-9中，这些列表都是空的，因为我们还没有创建任何内容。单击编辑器面板左下方的加号图标（标为Add Entity），选择创建一个名为Entity的实体（如图13-10所示）。

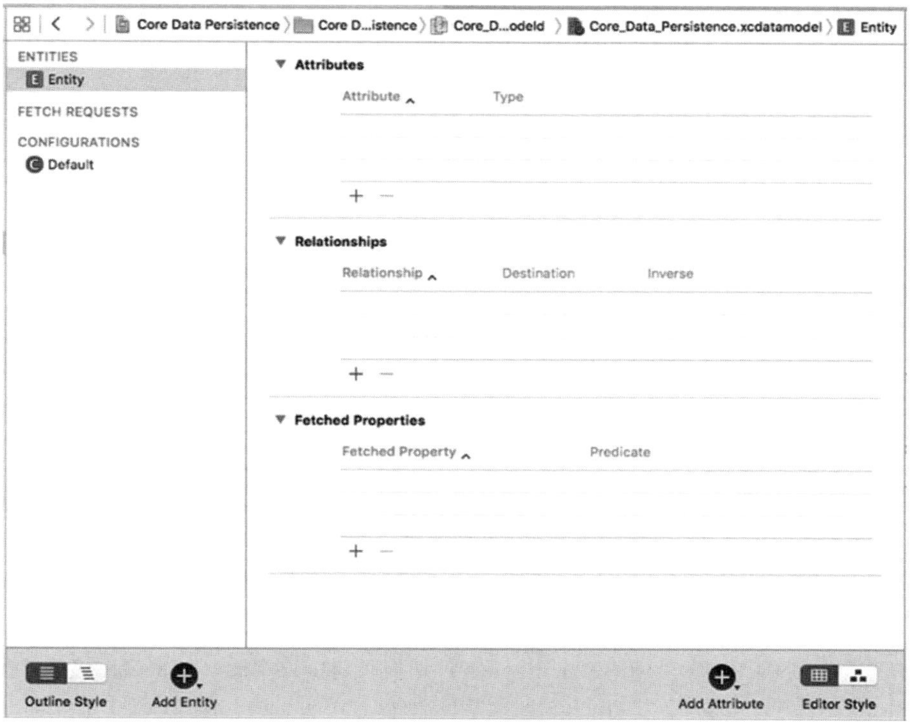

图13-10　数据模型编辑器，其中显示了刚添加的实体

构建数据模型时，需要使用编辑区域右下方的Editor Style控件在Table视图和Graph视图之间进行切换。现在切换到Graph视图。Graph视图显示一个代表实体的小方框，它包含用于显示该实体特征和关系的部分，现在也是空的（见图13-11）。如果你的模型包含多个实体，那么Graph视图会非常有用，它以图形化方式显示了所有实体之间的关系。

注意 如果你倾向于使用图形化方式工作，那么可以在Graph视图下构建实体模型。本章使用Table视图，因为这种模式更容易解释。当你创建自己的数据模型时，可以随意使用Graph视图（如果这种方式更适合你的话）。

无论是使用Table视图还是Graph视图来设计数据模型，都需要打开Core Data数据模型检查器。这个检查器可以查看和编辑在数据模型编辑器中选中的项（可以是实体、特征、关系等内容）的相关细节。不需要数据模型检查器就能查看已存在的模型，但要编辑模型，就得使用这个检查器，就像编辑nib文件时要经常使用特征检查器一样。

按下Option+Command+3打开数据模型检查器。此时，检查器中显示了我们刚添加的实体的信息。模型中的单个实体包含了GUI上某行的数据，因此我们将其命名为Line。将Name字段中的Entity改为Line（如图13-12所示）。

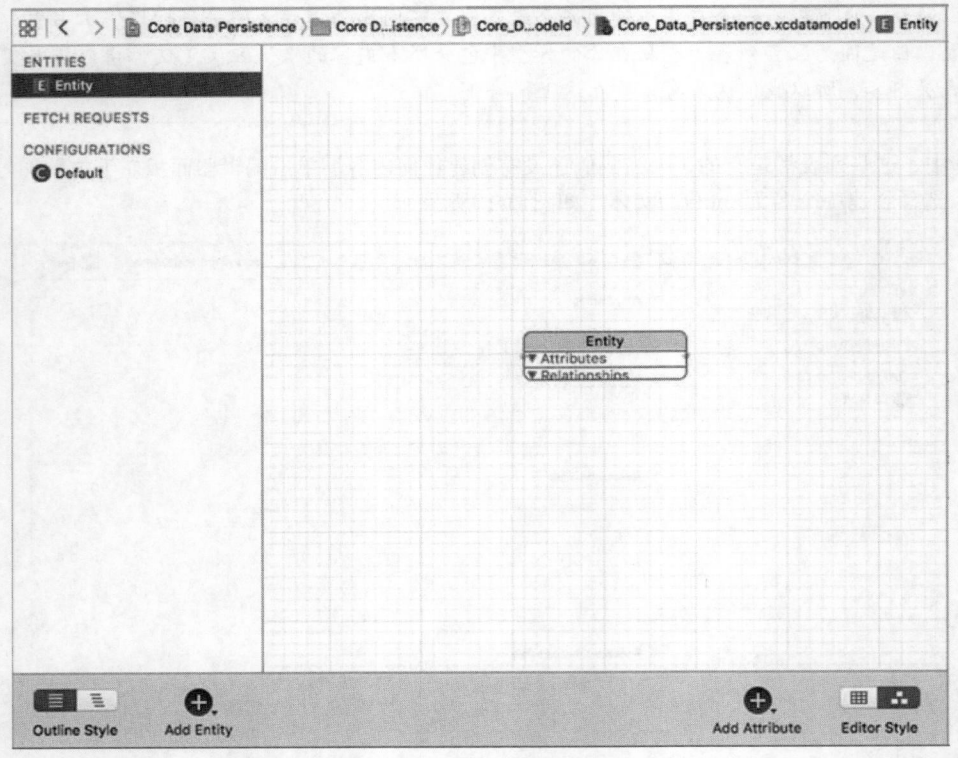

图13-11 使用右下角的控件将数据模型编辑器切换到Graph模式。注意，Graph模式显示的实体与Table模式下的相同，只是以图形化方式显示。如果有多个相互关联的实体，这种模式就会很有用

如果你现在位于Graph视图中，就使用Editor Style控件切换回到Table视图。Table视图显示了当前编辑实体的更多详细信息，所以在创建一个新实体时Table视图通常比Graph视图更有用。在Table视图中，数据模型编辑器大部分都用于显示该实体的特征、关系和提取属性。我们就在这里设置实体。

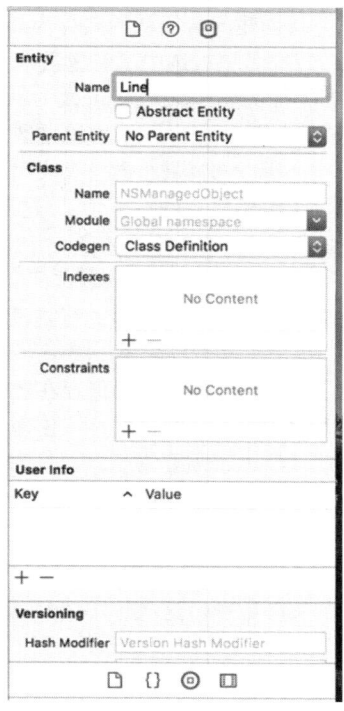

图13-12　使用数据模型检查器将实体的名称改为Line

　　注意，在编辑区域右下角的Editor Style控件旁边有一个标注为Add Attribute的加号图标。如果你选择实体，然后在这个控件上按住鼠标按键，将会出现一个弹出菜单，可以用来向实体添加特征、关系或者提取属性（见图13-13）。如果只是想添加一个特征，点击加号图标也可以做到。

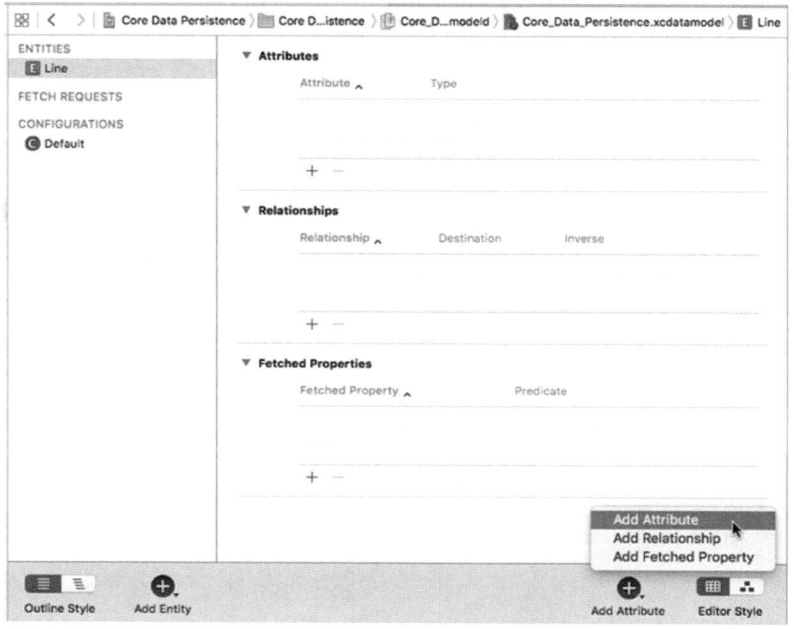

图13-13　选择一个实体，按住右下方加号图标，为该实体添加一个特征、关系或提取属性

用这种方式为Line实体添加一个特征。新创建的特征初始名称为attribute，添加在表和所选项中的Attributes部分。从表中可以看到，不仅该行被选中，特征名也被选中了。这意味着点击加号图标之后，可以立即为新特征键入名字，而不用另外再点击它。将这个新特征的名称从attribute改为lineNumber，然后点击旁边的弹出框，将其Type从Undefined改为Integer16，从而将该特征转换为保存整型值的类型。我们将使用这个特征来标识托管对象中保存的4个字段其中之一。我们只有4个选项，所以选择最小的整型类型。

现在将注意力转向数据模型检查器（位于编辑区域的右下角），这里可以配置额外的详细信息。检查器为你刚刚添加的特征显示其属性。如果它显示的仍然是Line实体的信息，请在编辑器中点击特征那行以选中它，此时检查器应该会切换到显示这个特征的内容。Name字段右下方的复选框Optional默认处于选中状态，点击它以取消选择。我们不希望这个特征是可选的（在界面中没有对应标签的行是没有用处的）。

选择Transient复选框可以创建一个瞬态特征，这个特征用于将一个值指定为：当应用运行时托管对象会持有该值，但是不会将它保存在数据存储区中。因为我们想要行号保存在数据存储区中，所以不能选中Transient复选框。选择Indexed复选框会在底层SQL数据库中为保存此特征的字段创建索引。同样不要选择该复选框，因为数据量很小，而且我们不会向用户提供搜索功能，所以不需要索引。

这些选项的下面还有更多设置，你可以在这里进行一些简单的数据验证、为整数指定最小值和最大值、设置默认值，等等。在本例中，我们不使用这里的任何设置。

现在，确保选择了Line实体，点击Add Attribute控件添加另一个特征。将新特征命名为lineText，并将其Type改为String。这个特征用于保存文本框中的实际数据。这次选中Optional复选框，因为用户完全有可能不在给定字段中键入值。

注意 将Type更改为String时，你会注意到其他一些选项，它们用于设置默认值或限制字符串的长度。在此应用中，我们不会使用这些选项，但知道它们的作用是有好处的。

数据模型已经创建完毕。只需要一些点击操作，Core Data就能帮助你成功创建一个应用数据模型。接下来，我们将完成应用的构建，以便了解如何在代码中使用数据模型。

13.6.3 修改 AppDelegate.swift 文件

在AppDelegate.swift文件中找到这一行：

```
// MARK: - Core Data stack
```

你会在这一行下面看到两段代码。第一段创建了一个NSPersistentContainer对象，这个新功能本质上封装了很多Core Data的结构。我们不打算在这个示例中使用它，因此可以删除这一段代码。

注意 这个新的容器功能可以为Core Data应用程序的开发减少很多麻烦，不过在编写本书时，我认为其功能还不够稳定，因此会沿用本书上一版采用的方式创建这一个项目。用这套方法可以保证正常运行。

同样删除模板提供的saveContext方法并替换为代码清单13-11中所示的内容。这个方法保存了我们所有的"存货"。View Controller会在我们准备结束应用时调用这个方法。

代码清单13-11 AppDelegate.swift文件中的saveContext方法

```swift
func saveContext () {
    if managedObjectContext.hasChanges {
        do {
            try managedObjectContext.save()
        } catch {
```

```
        // Replace this implementation with code to handle the error appropriately.
        // abort() causes the application to generate a crash log and terminate. You
        should not use this function in a shipping application, although it may be
        useful during development.

        let nserror = error as NSError
        NSLog("Unresolved error \(nserror), \(nserror.userInfo)")
        abort()
        }
    }
}
```

接着在AppDelegate.swift文件的这一行下面添加代码清单13-12中的代码：

```
// MARK: - Core Data stack
```

代码清单13-12　Core Data stack

```
// MARK: - Core Data stack

lazy var applicationDocumentsDirectory: URL = {
    // The directory the application uses to store the Core Data store file. This code uses
    a directory in the application's documents Application Support directory.
    let urls = FileManager.default.urls(for: .documentDirectory, in: .userDomainMask)
    return urls[urls.count-1]
}()

lazy var managedObjectModel: NSManagedObjectModel = {
    // The managed object model for the application. This property is not optional. It is a
    fatal error for the application not to be able to find and load its model.
    let modelURL = Bundle.main.url(forResource: "Core_Data_Persistence", withExtension: "momd")!
    return NSManagedObjectModel(contentsOf: modelURL)!
}()

lazy var persistentStoreCoordinator: NSPersistentStoreCoordinator = {
    // The persistent store coordinator for the application. This implementation creates and
    returns a coordinator, having added the store for the application to it. This property
    is optional since there are legitimate error conditions that could cause the creation of
    the store to fail.
    // Create the coordinator and store
    let coordinator = NSPersistentStoreCoordinator(managedObjectModel: self.
    managedObjectModel)
    let url = try! self.applicationDocumentsDirectory.appendingPathComponent("SingleViewCore
    Data.sqlite")
    var failureReason = "There was an error creating or loading the application's saved data."
    do {
        try coordinator.addPersistentStore(ofType: NSSQLiteStoreType, configurationName:
        nil, at: url, options: nil)
    } catch {
        // Report any error we got.
        var dict = [String: AnyObject]()
        dict[NSLocalizedDescriptionKey] = "Failed to initialize the application's saved data"
        dict[NSLocalizedFailureReasonErrorKey] = failureReason
        dict[NSUnderlyingErrorKey] = error as NSError
        let wrappedError = NSError(domain: "YOUR_ERROR_DOMAIN", code: 9999, userInfo: dict)
        // Replace this with code to handle the error appropriately.
        // abort() causes the application to generate a crash log and terminate. You should
        not use this function in a shipping application, although it may be useful during
        development.
        NSLog("Unresolved error \(wrappedError), \(wrappedError.userInfo)")
        abort()
```

```
    }

    return coordinator
}()

lazy var managedObjectContext: NSManagedObjectContext = {
    // Returns the managed object context for the application (which is already bound
    to the persistent store coordinator for the application.) This property is optional
    since there are legitimate error conditions that could cause the creation of the
    context to fail.
    let coordinator = self.persistentStoreCoordinator
    var managedObjectContext = NSManagedObjectContext(concurrencyType:
    .mainQueueConcurrencyType)
    managedObjectContext.persistentStoreCoordinator = coordinator
    return managedObjectContext
}()
```

注意 在之前版本的Xcode中，Single View模板会生成很多这样的代码。不知道是工具更新还是出现了错误的原因，在Xcode的最新测试版中大部分这类代码都很少出现了。但如果选择用Master-Detail模板来创建项目，你还是会看到很多由Xcode自动生成的这类代码。

这行代码定义了Core Data存储文件的路径：

```
lazy var applicationDocumentsDirectory: URL = {
```

而这个变量代表托管对象模型：

```
lazy var managedObjectModel: NSManagedObjectModel = {
    // The managed object model for the application.
    // This property is not optional. It is a fatal error for
    //the application not to be able to find and load its model.
    let modelURL = Bundle.main.url(forResource: "Core_Data_Persistence", withExtension: "momd")!
    return NSManagedObjectModel(contentsOf: modelURL)!
}()
```

与之类似，下面这段代码提供了持久存储协调者的引用：

```
lazy var persistentStoreCoordinator: NSPersistentStoreCoordinator = {
    // The persistent store coordinator for the application. This implementation creates
    and returns a coordinator, having added the store for the application to it. This
    property is optional since there are legitimate error conditions that could cause
    the creation of the store to fail.
    // Create the coordinator and store
    let coordinator = NSPersistentStoreCoordinator(managedObjectModel: self.managedObjectModel)
    let url = try! self.applicationDocumentsDirectory.appendingPathComponent("SingleVie
    wCoreData.sqlite")
    var failureReason = "There was an error creating or loading the application's saved data."
    do {
        try coordinator.addPersistentStore(ofType: NSSQLiteStoreType, configurationName:
        nil, at: url, options: nil)
    } catch {
        // Report any error we got.
        var dict = [String: AnyObject]()
        dict[NSLocalizedDescriptionKey] = "Failed to initialize the application's saved data"
        dict[NSLocalizedFailureReasonErrorKey] = failureReason

        dict[NSUnderlyingErrorKey] = error as NSError
        let wrappedError = NSError(domain: "YOUR_ERROR_DOMAIN", code: 9999, userInfo: dict)
        // Replace this with code to handle the error appropriately.
        // abort() causes the application to generate a crash log and terminate. You
```

```
        should not use this function in a shipping application, although it may be
        useful during development.
        NSLog("Unresolved error \(wrappedError), \(wrappedError.userInfo)")
        abort()
    }

    return coordinator
}()
```

最后的一段代码获取的是托管对象上下文：

```
lazy var managedObjectContext: NSManagedObjectContext = {
    // Returns the managed object context for the application (which is already bound
    to the persistent store coordinator for the application.) This property is optional
    since there are legitimate error conditions that could cause the creation of the
    context to fail.
    let coordinator = self.persistentStoreCoordinator
    var managedObjectContext = NSManagedObjectContext(concurrencyType: .mainQueueConcurrencyType)
    managedObjectContext.persistentStoreCoordinator = coordinator
    return managedObjectContext
}()
```

这就是当前应用程序所需的全部委托。我们把所有准备都做好了，剩下的就是让当前应用可以访问Core Data功能。

创建持久化视图

选中ViewController.swift文件，并进行以下粗体显示的更改：

```
class ViewController: UIViewController {
    @IBOutlet var lineFields:[UITextField]!
```

保存文件，选择Main.storyboard以在Interface Builder中编辑GUI。设计视图，并依照13.3.2节"设计Persistence应用的视图"中的步骤连接输出接口。回过头来参考图13-6是很有用的。设计完成之后，保存storyboard文件。

现在回到ViewController.swift文件，按代码清单13-13更改代码。

代码清单13-13　修改ViewController.swift文件以使用Core Data功能

```
import UIKit
import CoreData

class ViewController: UIViewController {
    private static let lineEntityName = "Line"
    private static let lineNumberKey = "lineNumber"
    private static let lineTextKey = "lineText"
    @IBOutlet var lineFields:[UITextField]!

    override func viewDidLoad() {
        super.viewDidLoad()
        // Do any additional setup after loading the view, typically from a nib.

        let appDelegate =
                    UIApplication.shared().delegate as! AppDelegate
        let context = appDelegate.managedObjectContext
        let request: NSFetchRequest<NSFetchRequestResult> = NSFetchRequest(entityName:
        ViewController.lineEntityName)

        do {
            let objects = try context.fetch(request)
            for object in objects {
                let lineNum: Int = object.value(forKey: ViewController.lineNumberKey)! as! Int
                let lineText = object.value(forKey: ViewController.lineTextKey) as? String ?? ""
                let textField = lineFields[lineNum]
```

```
                    textField.text = lineText
                }

            let app = UIApplication.shared()
            NotificationCenter.default.addObserver(self,
                            selector: #selector(UIApplicationDelegate.
                            applicationWillResignActive(_:)),
                            name: NSNotification.Name.UIApplicationWillResignActive,
                            object: app)
        } catch {
            // Error thrown from executeFetchRequest()
            print("There was an error in executeFetchRequest(): \(error)")
        }
    }

    func applicationWillResignActive(_ notification:Notification) {
        let appDelegate =
            UIApplication.shared().delegate as! AppDelegate
        let context = appDelegate.managedObjectContext
        for i in 0 ..< lineFields.count {
            let textField = lineFields[i]

            let request: NSFetchRequest<NSFetchRequestResult> = NSFetchRequest(entityName:
            ViewController.lineEntityName)
            let pred = NSPredicate(format: "%K = %d", ViewController.lineNumberKey, i)
            request.predicate = pred

            do {
                let objects = try context.fetch(request)
                var theLine:NSManagedObject! = objects.first as? NSManagedObject
                if theLine == nil {
                    // No existing data for this row - insert a new managed object for it
                    theLine =
                        NSEntityDescription.insertNewObject(
                            forEntityName: ViewController.lineEntityName,
                            into: context)
                            as NSManagedObject
                }

                theLine.setValue(i, forKey: ViewController.lineNumberKey)
                theLine.setValue(textField.text, forKey: ViewController.lineTextKey)
            } catch {
                print("There was an error in executeFetchRequest(): \(error)")
            }
        }
        appDelegate.saveContext()
    }
}
```

我们导入了Core Data框架，这样就可以使用Core Data了。接着修改了viewDidLoad()方法。需要用它来确定持久存储中是否已经存在数据，若有，则加载数据并使用它填充文本字段。该方法首先获取对应用委托的引用，我们将使用这个引用获得为我们创建的托管对象上下文（NSManagedObjectContext类型）：

```
let appDelegate =
        UIApplication.shared().delegate as! AppDelegate
let context = appDelegate.managedObjectContext
```

下一个步骤是创建一个提取请求并将实体名称传递给它，以便请求知道要检索的对象类型：

```
let request: NSFetchRequest<NSFetchRequestResult> =
NSFetchRequest(entityName: ViewController.lineEntityName)
```

我们希望检索持久存储中的所有Line对象，因此没有创建谓词。通过执行没有谓词的请求，上下文将返回存储中的每一个Line对象。我们可以使用托管对象上下文的fetch()方法来执行已经创建的提取请求。因为fetch()可以抛出一个错误，所以我们需要在do-catch代码块中实施调用并在代码中处理其结果，这样在发生异常时可以记录这个错误：

```
do {
    let objects = try context.fetch(request)
```

接下来，我们遍历已获取托管对象的数组，从中提取每个托管对象的lineNum和lineText值，并使用该信息更新用户界面上的一个文本框：

```
for object in objects {
    let lineNum: Int = object.value(forKey: ViewController.lineNumberKey)! as! Int
    let lineText = object.value(forKey: ViewController.lineTextKey) as? String ?? ""
    let textField = lineFields[lineNum]
    textField.text = lineText
}
```

当然，我们在首次执行此代码时不会在数据存储中保存任何内容，因此对象列表也会是空的。

然后，与本章中的所有其他应用一样，我们需要在应用即将结束（无论是转到后台还是完全退出）的时候获取通知，以便保存用户对数据所做的任何更改：

```
let app = UIApplication.shared()
NotificationCenter.default.addObserver(self,
        selector: #selector(UIApplicationDelegate.applicationWillResignActive(_:)),
        name: NSNotification.Name.UIApplicationWillResignActive,
        object: app)
```

只要fetch()方法抛出异常，catch语句就会打印错误信息：

```
} catch {
    // Error thrown from executeFetchRequest()
    print("There was an error in executeFetchRequest(): \(error)")
}
```

我们接下来看看applicationWillResignActive()方法。这里使用的方法和前面一样，先获取对应用委托的引用，然后使用此引用获取指向应用程序的默认托管对象上下文的指针。

```
let appDelegate =
    UIApplication.shared().delegate as! AppDelegate
let context = appDelegate.managedObjectContext
```

然后，使用循环语句为每个标签执行1次，获得每一个字段对应的索引：

```
for i in 0 ..< lineFields.count {
    let textField = lineFields[i]
```

接下来，为Line实体创建提取请求。需要确认持久存储中是否已经有一个与这个字段对应的托管对象，因此创建一个谓词，通过将文本框的索引作为记录的关键字，为字段标识正确的对象：

```
let request: NSFetchRequest<NSFetchRequestResult> =
let pred = Predicate(format: "%K = %d", ViewController.lineNumberKey, i)
request.predicate = pred
```

此时在上下文中执行提取请求。和之前一样，我们在do-catch代码块中嵌入这段代码，这样Core Data出现了异常就可以报告错误信息：

```
do {
    let objects = try context.fetch(request)
```

现在声明一个名为theLine的NSManagedObject类型的对象，它将引用这一行数据的托管对象。我们之前可能还没有为这一行保存任何数据，所以此时我们还不知道是否要从持久存储中加载其托管对象。因此，需要将theLine声明为可选值。不过为了省去麻烦，我们可以将其强行拆包，因为当持久存储不存在值时，可以使用insertNewObject (forEntityName: inManagedObjectContext:)方法为这一行创建新的托管对象。我们将利用这个托管对象初始化本来没有值的theLine：

```
var theLine:NSManagedObject! = objects.first as? NSManagedObject
if theLine == nil {
    // No existing data for this row - insert a new managed object for it
    theLine =
        NSEntityDescription.insertNewObject(
                forEntityName: ViewController.lineEntityName,
                into: context)
                as NSManagedObject
```

接着，使用键－值编码来设置行号以及此托管对象的文本。记录catch语句中捕捉到的任何错误信息：

```
theLine.setValue(i, forKey: ViewController.lineNumberKey)
theLine.setValue(textField.text, forKey: ViewController.lineTextKey)
```

最后，完成循环之后，通知上下文保存其更改：

```
appDelegate.saveContext()
```

大功告成。编译并运行以确保程序正常运行。Core Data版本的应用应该与之前的版本功能完全相同。

13.7　小结

现在，你应该牢牢掌握了在会话之间保存应用数据的4种方法，若包括上一章介绍的用户默认设置方法，则为5种。我们使用属性列表构建了持久保存数据的应用，并将该应用修改为使用对象归档来保存数据。然后进行更改，使用iOS内置的SQLite3机制来保存应用数据。最后，使用Core Data重新构建了同样的应用。几乎所有iOS应用都使用这些机制来保存和加载数据。

第 14 章

文档和iCloud

14

苹果公司自iOS 5开始引入iCloud服务（见图14-1），它为iOS设备以及运行macOS的计算机提供云存储服务。大部分iOS用户都能在购买新设备或者将旧设备升级到新版的iOS后，获得iCloud设备备份选项。不需多久就能感受到其不需要使用计算机就能自动完成备份的神奇之处。

图14-1　苹果公司自iOS 5首次引入iCloud，为iOS和macOS应用程序使用服务器存储提供了便利

不需要借助计算机就能完成备份是一项很强大的特性，但它对iCloud来说仅是小菜一碟。或许，iCloud更强大的特性是为应用程序开发者提供了一种能够轻松向苹果公司云服务器透明地存储数据的机制。你可以将应用中的信息存储在iCloud中，然后自动传输给同一个iCloud用户的其他设备。用户可能在iPad上创建了一份文档，而后就可以在他们的iPhone或Mac上浏览同一份文档。不需要任何干预措施，文档就能出现在其他设备上了。

有一个系统进程负责验证用户是否正确登录了iCloud并且管理文件传输，因此你完全不需要担心网络或者身份验证。只需要少量的应用配置，在保存文件、定位可用文件方面对方法进行一些小修改，就能使用iCloud的空间。

iCloud文件归档系统的一个关键组成部分是UIDocument类。UIDocument通过处理一些读取、写入文件方面的常规工作，在创建基于文档的应用方面节省了一部分工作。通过这种方式，开发者会更多地关注特定于应用的功能，而不是为所有应用构建相同的内容。

无论你是否使用iCloud，UIDocument都为在iOS中管理文档文件提供了一些强大的工具。为了演示这些特性，本章的第一部分将创建TinyPix项目，这是一个基于文档的简单应用，将文件保存在本地存储器上。这种方式能够很好地运用到iOS上所有类型的应用，最近苹果开始测试在模拟器中同步iCloud，以替代在真机设备上的执行。

本章稍后将介绍如何让TinyPix支持iCloud。

14.1 使用 UIDocument 管理文档存储

所有可以处理多个数据集并将每个数据集保存到独立文件中的应用，都可以被看作基于文档的应用程序。通常，屏幕窗口和它所包含的文档是一对一交互的，但有时（比如Xcode），一个窗口可以通过某种方式显示多个相互关联的文档。

iOS设备上通常不会使用多个窗口，但是大部分应用仍然受益于基于文档的方式。多亏有了UIDocument类来负责文档文件存储方面的大部分常规工作。你不需要直接处理文件（只要URL），而且所有必要的文件读写工作都在后台线程中进行，所以就算正在访问文件，应用也能保持响应。另外，UIDocument还自动定期保存编辑过的文档，当应用程序挂起时（比如关闭设备，按下主屏幕按钮等）也会自动保存，所以不再需要任何类型的保存按钮。这些都有助于使应用程序的行为更符合用户的期望。

14.1.1 构建 TinyPix

我们将要构建一个名为TinyPix的应用，该应用可以使用1位颜色编辑简单的8×8图像（如图14-2所示）。为了方便用户，每个图像都在全屏方式下编辑。我们将使用UIDocument来表示每个图像的数据。

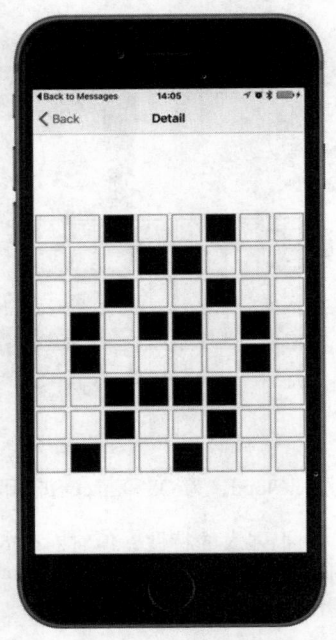

图14-2　在TinyPix中编辑分辨率极低的图标

首先在Xcode中创建一个新项目。从iOS Application部分选择Master-Detail Application模板，然后点击Next。将这个新项目命名为TinyPix，将Devices设为Universal，并确保没有选中Use Core Data复选框。然后再次点击Next，为该项目选择保存位置。

Xcode的项目导航面板中包含了AppDelegate、MasterViewController和DetailViewController的相关文件，以及Main.storyboard文件。这些文件中的大部分都需要进行一些修改，我们还将创建一些新的类。

14.1.2 创建 TinyPixDocument 类

首先要创建的是一个文档类，用于包含每个从文件存储器中加载的TinyPix图像的数据。在Xcode中选择TinyPix文件夹，按下Command+N创建一个新文件。在iOS Source分类，选择Cocoa Touch Class，然后点击Next。

在Class文本框内键入TinyPixDocument，Subclass of文本框内键入UIDocument，然后点击Next。最后点击Create创建文件。

在深入实现细节之前，我们先来考虑一下该类的公共API。这个类要显示一个8×8的像素网格，每个像素由一个表示开启或关闭的值构成。因此我们这里要创建3个方法：一个方法接收一对行和列索引作为参数，返回布尔值；一个方法为指定的行和列设置特定的状态；为了方便起见，再用一个方法来单纯负责切换特定位置处的状态。

现在转到TinyPixDocument.swift文件，我们要在这里存储8×8像素网格，实现在公共API中所需的方法，以及实现加载、保存文档所必需的UIDocument方法。

首先为8×8位图数据定义存储区。我们将在一个UInt8的数组中保存该数据。在TinyPixDocuments类中添加以下属性：

```
class TinyPixDocument: UIDocument {
    private var bitmap: [UinT8]
```

UIDocument类指定了所有子类都应该使用的初始化方法。我们要在该方法中创建初始位图。在真实的位图类型中，需要使用单字节来包含每一行，尽量减少内存使用。字节中的每一位代表行中每一个列索引的开/关值。我们的文档总共只有8字节。

注意　这部分包含少量位操作，以及一些C指针和数组操作。这些内容对C开发者来说很平常，但是如果你没有C语言开发经验，可能会感到迷惑或者完全无法理解。如果是这样的话，你只需复制和使用这里所提供的代码（它们都可以正常运行）。如果想要彻底理解其原理，那就先要深入理解C语言。

在文档实现文件中添加初始化函数：

```
override init(fileURL: NSURL) {
    bitmap = [0x01, 0x02, 0x04, 0x08, 0x10, 0x20, 0x40, 0x80]
    super.init(fileURL: fileURL as URL)
}
```

这段代码将每个位图初始化为从一个角延伸到另一个角的对角线图案。现在开始实现公共API方法。首先来实现从位图读取某一位（bit）状态的方法。添加代码清单14-1中的方法。

代码清单14-1　读取在某一位的状态

```
func stateAt(row: Int, column: Int) -> Bool {
    let rowByte = bitmap[row]
    let result = UInt8(1 << column) & rowByte
    return result != 0
}
```

这段代码只是从字节数组中获取相关字节，然后对其进行移位操作和AND（位与）操作，检查具体某一位是否设定了值，并相应地返回true或者false。而下一个方法正好相反，它用于为给定行和列的位设置值。这里，我们再一次获取指定行相关字节，并且进行一些移位操作。但是这一次，我们不是用移位来检查行的内容，而是用来设置或者清空行中某一位的值。在文件底部添加代码清单14-2中的方法。

代码清单14-2　在行内设定某一位的值为零或非零

```
func setState(state: Bool, atRow row: Int, column: Int) {
    var rowByte = bitmap[row]
    if state {
        rowByte |= UInt8(1 << column)
    } else {
        rowByte &= ~UInt8(1 << column)
```

```
    }
    bitmap[row] = rowByte
}
```

现在来添加辅助方法，外部的代码使用该方法可以切换指定单元的状态。

```
func toggleStateAt(row: Int, column: Int) {
    let state = stateAt(row: row, column: column)
    setState(state: !state, atRow: row, column: column)
}
```

要成为基于文档的应用，我们的文档类还需要实现最后两个用于读取和写入的方法。以前也提到过，我们不需要直接处理文件，甚至也不用担心之前传递给init(fileURL:)初始化函数的URL参数。只需要实现两个方法：一个用于将文档的内部数据结构（在这里是bitmap字节数组）转换成NSData对象，以便存储；另一个获取最新加载的NSData对象，从中取出对象的数据结构。添加代码清单14-3中的两个方法以实现所需的功能。

代码清单14-3   NSData对象与字节之间的转换

```
override func contents(forType typeName: String) throws -> AnyObject {
    print("Saving document to URL \(fileURL)")
    let bitmapData = NSData(bytes: bitmap, length: bitmap.count)
    return bitmapData
}

override func load(fromContents contents: AnyObject, ofType typeName: String?) throws {
    print("Loading document from URL \(fileURL)")
    if let bitmapData = contents as? NSData {
        bitmapData.getBytes(UnsafeMutablePointer<UInt8>(bitmap), length: bitmap.count)
    }
}
```

第一个方法contents(forType:typeName:)在保存文档时调用，只会返回位图包装到NSData对象后的副本，之后系统负责存储它。当系统从存储区加载了数据，并且准备将这个数据提供给文档类的一个实例时，则会调用第二个方法load(fromContents contents:)。这里，我们会获取传递的NSData数据的字节副本。我们还在两个方法中编写了一些代码来输出日志，便于后续在Xcode日志中查看执行结果。

你可以在这些方法中完成一些我们在应用中忽略的工作。它们都提供了typeName参数，你的文档可以从不同类型的数据存储器中加载数据，或者向它们保存数据，该参数就用于区分这些数据存储的类型。此外可以将它们都设定为出现问题时会抛出一个错误。然而在本例中，我们所做的实在很简单，没有出错的机会，就不需要防范于未然了。

这些就是文档类要做的所有工作了。我们的文档类严格遵循MVC原则，是个完完全全的模型（即Model）类，对自己的显示方式一无所知。有了UIDocument父类，这个文档类甚至不必知道其存储方式的细节。

14.1.3   主控制器代码

现在我们已经完成了文档类，是时候开始编写用户在运行该应用时最先看到的视图了：一个现存TinyPix文档的列表，由MasterViewController类负责。我们需要让这个类知道如何获取可用文档的列表，让用户选择一个已存在的文档，然后创建并命名新的文档。当用户创建或者选择一个文档后，将它传递给详细控制器以便显示。

首先选择MasterViewController.swift文件。这个文件是作为Master-Detail Application模板的一部分自动生成的，其中包含一些用于显示数组的"示例"代码。我们并不打算使用这些代码，而是全部自己来完成，所以将这些方法全部删除，只保留UIKit框架的import语句和类的声明。完成之后，精简的代码看起来应该如下所示：

```
import UIKit

class MasterViewController: UITableViewController {
}
```

GUI中还将包括一个分段控件，用于让用户选择TinyPix的GUI部分高亮颜色。虽然它本身并不是一个特别有用的功能，但有助于演示iCloud机制。你在一个设备上所设置的高亮颜色，也会显示在另一个运行了同一个应用的设备上。在这个应用的第一个版本中，每个设备所设置的颜色都是本地的。在本章后面的部分，我们将会添加代码，使颜色设置能够通过iCloud传递给该用户的其他设备。

为了实现这个颜色分段控件，我们在代码中添加一个输出接口和一个操作方法。我们还需要添加用来存储文档名称列表和指向用户所选文档指针的属性变量。对MasterViewController.swift文件进行如下修改：

```
class MasterViewController: UITableViewController {
    @IBOutlet var colorControl: UISegmentedControl!
    private var documentFileURLs: [URL] = []
    private var chosenDocument: TinyPixDocument?
```

在实现表视图方法以及其他需要的标准方法之前，需要先编写两个实用方法。第一个方法接收一个文件名作为参数，将它和应用的Documents目录的URL结合起来，然后返回一个指向该文件的URL指针。如你在第13章中所见，Documents目录是iOS另外设置的一个特殊位置，iOS设备上的每个应用都有一个Documents目录。你可以用它来存放应用中创建的文档，当用户备份他们的iOS设备时（无论是在iTunes还是iCloud中备份），会自动包含这些文档。

在MasterViewController.swift文件中添加如下方法：

```
private func urlForFileName(fileName: String) -> URL {
    let urls = FileManager.default.urls (for:
        .documentDirectory, inDomains: .userDomainMask)
    var url: URL = URL(fileURLWithPath: "")      // create a blank path
    do {
        try url = urls.first!.appendingPathComponent(fileName)
    } catch {
        print("Error is \(error)")
    }
    return url
}
```

第二个私有方法有些长。它也用到了Documents目录，这次是用于查找代表现存文档的文件。该方法获取它所找到的文件，并将它们根据创建时间来排序，以便用户以"博客风格"（blog-style）的顺序来查看文档列表（第一个文档是最新的）。文档文件的全部URL都被存放在documentFileURLs属性中，然后重新加载表视图（我们尚未处理）。在类中添加代码清单14-4中的方法。

代码清单14-4 重新加载文件的方法

```
private func reloadFiles() {
    let fm = FileManager.default
    let documentsURL = fm.urls(for:
        .documentDirectory, inDomains: .userDomainMask).first!

    do {
        let fileURLs = try fm.contentsOfDirectory(at: documentsURL,
                                        includingPropertiesForKeys: nil,
                                        options: [])
        let sortedFileURLs = fileURLs.sorted(isOrderedBefore: { (file1URL, file2URL) -> Bool in
            let attr1 = try! fm.attributesOfItem(atPath: file1URL.path!)
            let attr2 = try! fm.attributesOfItem(atPath: file2URL.path!)
            let file1Date = attr1[FileAttributeKey.creationDate] as! NSDate
            let file2Date = attr2[FileAttributeKey.creationDate] as! NSDate
            let result = file1Date.compare(file2Date as Date)
            return result == ComparisonResult.orderedAscending
        })
```

```
        documentFileURLs = sortedFileURLs
        tableView.reloadData()

    } catch {
        print("Error listing files in directory \(documentsURL.path!): \(error)")
    }
}
```

现在来添加一些表视图的数据源方法，你应该对此已经相当熟悉了。在MasterViewController.swift文件中添加代码清单14-5中的方法。

代码清单14-5　表视图的数据源方法

```
override func numberOfSections(in tableView: UITableView) -> Int {
    return 1
}

override func tableView(_ tableView: UITableView, numberOfRowsInSection section: Int) -> Int {
    return documentFileURLs.count
}

override func tableView(_ tableView: UITableView, cellForRowAt indexPath: IndexPath) ->
UITableViewCell {
    let cell = tableView.dequeueReusableCell(withIdentifier: "FileCell")!
    let fileURL = documentFileURLs[indexPath.row]
    do {
        try cell.textLabel!.text = fileURL.deletingPathExtension().lastPathComponent
    } catch {
        print("Error is \(error)")
    }
    return cell
}
```

这些方法都基于存储在documentFileURLs属性中的数组内容（是在reloadFiles()方法中生成的）。这个数组中的每一个NSURL对应Documents目录中的每一个文件，并按照创建时间排序，最早的放在最前面。调用tableView(_:cellForRowAtIndexPath:)方法可以获取一个表视图单元，但前提是存在一个绑定了表视图并且标识符为"FileCell"的单元，所以我们必须保证之后会在storyboard中创建该单元。

现在只差storyboard还没有设计，不然当前就可以运行至此所编写的代码并且查看其运行结果了。但是如果没有先前创建好的TinyPix文档，表视图就没有任何可以显示的内容。而且到目前为止，也还无法创建新文档。另外，我们也没有实现颜色选择控件（接下来就要处理这部分内容）。所以在运行该应用之前，我们先来实现这些内容。

用户选择的高亮色彩会立即对分段控件生效。UIView类拥有一个tintColor属性，如果设置了某个视图的色彩，视图上使用的值将会向下继承到所有子视图中。我们设置了分段控件的tintColor之后，要将它存储在NSUserDefaults中以便之后获取。之后在类的末尾添加下面两个方法：

```
@IBAction func chooseColor(sender: UISegmentedControl) {
    let selectedColorIndex = sender.selectedSegmentIndex
    setTintColorForIndex(colorIndex: selectedColorIndex)

    let prefs = UserDefaults.standard
    prefs.set(selectedColorIndex, forKey: "selectedColorIndex")
    prefs.synchronize()
}

private func setTintColorForIndex(colorIndex: Int) {
    colorControl.tintColor = TinyPixUtils.getTintColorForIndex(index: colorIndex)
}
```

第一个方法会在用户更改分段控件的选项时触发。它将所选的索引值保存在用户默认设置中，并传递给第二个方法。第二个方法会将索引值转换成颜色并应用在分段控件上，也就是控件的tint色彩会改成用户指定的颜色。我们在详情视图控制器中也需要使用将索引值转换成颜色的代码，因此要在一个独立的类中实现它。按下Command+N打开新文件对话框以创建这个类。在iOS Source分类中选择Swift File并点击Next，然后输入TinyPixUtils.swift作为文件名。最后点击Create按钮来创建文件。

现在切换到TinyPixUtils.swift文件并实现所需的代码：

```
import UIKIt

class TinyPixUtils {
    class func getTintColorForIndex(index: Int) -> UIColor {
        let color: UIColor
        switch index {
        case 0:
            color = UIColor .red

        case 1:
            color = UIColor(red: 0, green: 0.6, blue: 0, alpha: 1)

        case 2:
            color = UIColor.blue

        default:
            color = UIColor.red
        }
        return color
    }
}
```

我们还没有在storyboard中创建分段控件，但很快就会进行这项工作。首先要在MasterViewController.swift文件中做些工作。我们来处理viewDidLoad方法。首先调用父类的实现，然后在导航栏的右侧添加一个按钮，用户按下该按钮可创建新的TinyPix文档。我们还从用户默认设置中加载了保存的高光颜色，并使用它设置分段控件的高光颜色。在方法的最后，调用之前实现的reloadFiles()方法。在viewDidLoad()方法中添加这些实现代码。

代码清单14-6　MasterViewController.swift文件的viewDidLoad方法

```
override func viewDidLoad() {
    super.viewDidLoad()

    let addButton = UIBarButtonItem(
        barButtonSystemItem: UIBarButtonSystemItem.add,
        target: self, action: #selector(MasterViewController.insertNewObject))
    navigationItem.rightBarButtonItem = addButton

    let prefs = UserDefaults.standard
    let selectedColorIndex = prefs.integer(forKey: "selectedColorIndex")
    setTintColorForIndex(colorIndex: selectedColorIndex)
    colorControl.selectedSegmentIndex = selectedColorIndex

    reloadFiles()
}
```

在第一次运行应用程序的时候，你会看到分段控件的高光颜色一开始是红色的。这是因为用户默认设置中还没有存储任何值，因此integerForKey()方法返回的是0，setTintColorForIndex()方法会将其理解为红色。

你可能已经注意到了，创建UIBarButtonItem时，我们在该按钮按下时告诉它调用insertNewObject()方法。我们还没有编写该方法，现在就来实现它。在代码中添加如下方法：

```
func insertNewObject() {
    let alert = UIAlertController(title: "Choose File Name",
                               message: "Enter a name for your new TinyPix document",
                               preferredStyle: .alert)
    alert.addTextField(configurationHandler: nil)

    let cancelAction = UIAlertAction(title: "Cancel", style: .cancel, handler: nil)
    let createAction = UIAlertAction(title: "Create", style: .default) { action in
        let textField = alert.textFields![0] as UITextField
        self.createFileNamed(textField.text!)
    };

    alert.addAction(cancelAction)
    alert.addAction(createAction)

    present(alert, animated: true, completion: nil)
}
```

这个方法使用UIAlertController显示了一个警告视图（它包含文本框和一个Create按钮，以及一个Cancel按钮）。如果按下Create按钮，之后创建新项的任务就交给了按钮的handler代码块调用。现在我们就来实现它，在文件中添加如下方法：

```
private func createFileNamed(fileName: String) {
    let trimmedFileName = fileName.trimmingCharacters(in: NSCharacterSet.whitespaces)
    if !trimmedFileName.isEmpty {
        let targetName = trimmedFileName + ".tinypix"
        let saveUrl = urlForFileName(fileName: targetName)
        chosenDocument = TinyPixDocument(fileURL: saveUrl)
        chosenDocument?.save(to: saveUrl,
                        for: UIDocumentSaveOperation.forCreating,
                            completionHandler: { success in
                                if success {
                                    print("Save OK")
                                    self.reloadFiles()
                                    self.performSegue(withIdentifier: "masterToDetail",
                                    sender: self)
                                } else {
                                    print("Failed to save!")
                                }
        })
    }
}
```

这个方法前面的部分相当简单。它清除了传递的名字开头和末尾的空格字符。如果结束不是空字符串，就会根据用户的输入创建一个文件名，并根据该文件名创建一个URL（使用之前我们编写的urlForFilename()方法），然后使用该URL创建一个新的TinyPixDocument实例。

接下来的部分就有些复杂了。有一点非常重要：仅仅使用一个给定的URL创建新文档，并不会创建真正的文件。事实上，在调用init(fileURL:)方法时，文档并不知道这个给定的URL是指向一个已存在的文件，还是指向一个需要创建的新文件。因此我们必须告诉它应该怎么做。在本例中，我们通过以下代码告诉它使用这个给定的URL来保存一个新文件。

```
chosenDocument?.save(to: saveUrl,
            for: UIDocumentSaveOperation.forCreating,
            completionHandler: { success in
    .
    .
    .
})
```

我们来看一下作为最后一个参数传递给save(to:saveUrl:)方法的闭包，它的目的和用法很有意思。这个方法没有提供返回值来告诉我们它是如何完成的。事实上，这个方法在调用后会立即返回（远在文件实际保存之前），它先进行文件保存工作，完成后调用我们传递的闭包，使用success参数告诉我们是否成功。为了使它尽可能稳定地工作，文件保存实际上是在后台线程中执行的。而我们传递的闭包是在调用了save(to:saveUrl)的线程中执行的，而当前示例也就是在主线程中调用的，所以可以安全地使用需要在主线程中执行的资源（比如UIKit）。明白这些后，再次查看以下这段代码块的作用。

```
if success {
    print("Save OK")
    self.reloadFiles()
    self.performSegue(withIdentifier: "masterToDetail", sender: self)
} else {
    print("Failed to save!")
}
```

这就是我们向文件保存方法传递的代码块内容，文件操作完成后会调用它。我们检查该操作是否成功。如果成功了，就立即重新加载这个文件，然后初始化一个转向另一个视图控制器的转场。之前在第9章中没有过多涉及转场的这方面功能，但是这些内容相当简单。storyboard文件中的转场可以拥有一个标识符，与表视图单元一样。可以使用该标识符通过编程触发转场。在本例中，我们只需要记得在storyboard中配置该转场。在进行配置前，先在这个类中添加最后一个必需的方法，用来处理这个转场。在MasterViewController.swift文件中插入代码清单14-7中的方法。

代码清单14-7　MasterViewController.swift文件的prepareForSeque方法

```
override func prepare(for segue: UIStoryboardSegue, sender: AnyObject?) {
    let destination =
        segue.destinationViewController as! UINavigationController
    let detailVC =
        destination.topViewController as! DetailViewController
    if sender === self {
        // if sender === self, a new document has just been created,
        // and chosenDocument is already set.
        detailVC.detailItem = chosenDocument
    } else {
        // Find the chosen document from the tableview
        if let indexPath = tableView.indexPathForSelectedRow {
            let docURL = documentFileURLs[(indexPath as NSIndexPath).row]
            chosenDocument = TinyPixDocument(fileURL: docURL)
            chosenDocument?.open() { success in
                if success {
                    print("Load OK")
                    detailVC.detailItem = self.chosenDocument
                } else {
                    print("Failed to load!")
                }
            }
        }
    }
}
```

这个方法有两条清晰的执行路径，由顶部的条件来决定。从第9章中对于storyboard的讨论可知，一个转场在准备从视图控制器切换时，将会对视图控制器调用该方法。sender参数就是初始化这个转场的对象，这里我们只用它来指出接着要做什么。如果转场通过我们在警告视图委托方法中执行的方法调用来初始化，那么sender参数为self，因为它是createFileNamed()方法中performSegue(withIdentifier:sender:)的sender参数值。在这种情况下，我们知道chosenDocument属性已经被设置好了，只要将它的值传递给目标视图控制器就可以了。

另一种情况下，我们知道用户触碰了表视图的某一行，需要对此作出响应，这种情况则稍微复杂一些。创建文档类的一个新实例，然后尝试打开用户所选的文件。可以看到，用于打开文件的open()方法与之前用来保存文件的方法很相似，我们向它传递一个闭包，用于之后执行。和文件保存方法相同，加载过程发生在后台，而传入的闭包将会在加载完成后在主线程中执行。此时，如果加载成功，我们就将该文档传递给详情视图控制器。

注意，这些方法都使用了键–值编码技术，我们在之前已经用过多次。通过这种技术，我们甚至不用包含转场的目标控制器的头文件，就能设置它的detailItem属性。这样就足够了，因为DetailViewController（作为Xcode项目的一部分创建的详情视图控制器类）正好包含了一个名为detailItem的属性，不过我们需要在代码中将其类型由NSDate改为AnyObject?：

```
var detailItem: AnyObject? {
```

代码已经写得差不多了，现在是时候来配置storyboard了，以便能够运行应用进行测试。保存代码，然后继续后面的内容。

14.1.4　设置 storyboard

在Xcode项目导航面板中选择Main.storyboard，首先看一下里面已经存在的内容。其中包括一个分割视图控制器、两个导航控制器、主视图控制器和详情视图控制器（见图14-3）。这里我们只会用到主视图控制器和详情视图控制器。

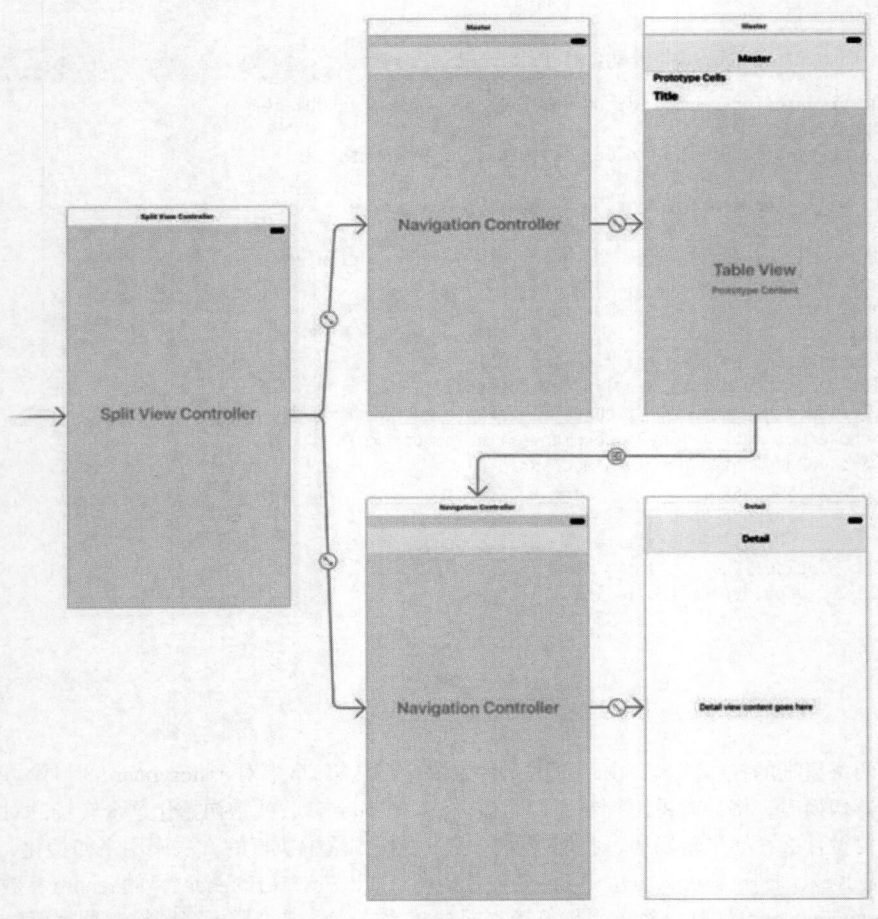

图14-3　TinyPix项目的storyboard，显示了分割视图控制器、导航控制器、主视图控制器和详情视图控制器

首先来处理主视图控制器场景（位于图14-3的顶端右侧）。我们在这里配置显示所有TinyPix文档的表视图。默认情况下，这个场景的表视图使用静态单元，而非动态单元。我们要让这个表视图从之前实现的数据源方法中获取内容，所以使用默认的设置就可以。但我们需要配置单元原型，所以选中它并打开属性检查器。将单元的Identifier属性设置由Cell改为FileCell。这样，我们之前编写的数据源代码就可以访问表视图单元了。

还需要创建一个在代码中触发的转场。按住鼠标右键，从主视图控制器的图标（场景顶部的黄色圆圈或者是文档略图中Master Scene下面的Master图标）拖到详情视图的Navigation Controller（位于图14-3底端左侧，也可以在文档略图中展开Navigation Controller Scene找到）上，从storyboard的转场菜单中选择Show Detail。

现在，可以看到有两个转场关联了这两个场景。分别选择这两个转场，可以看到它们的起始场景。一个会高亮显示整个主场景，而另一个只会高亮显示表视图单元。选择那个高亮显示整个场景的转场（即你刚才创建的转场），使用属性检查器将它的Identifier（当前是空值）设为masterToDetail。

最后要为主视图控制器场景做的是：让用户选择一种颜色，用来在详情视图中代表一个"开启"的点。我们并不想实现某种复杂的颜色选取器，只是添加一个分段控件，让用户从预定义的颜色中进行选取。

从对象库中找到一个Segmented Control，将它拖至主视图顶部的导航栏中（见图14-4）。

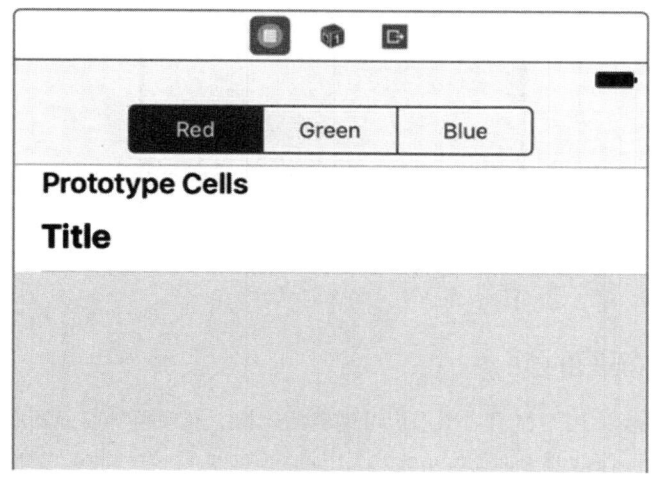

图14-4 TinyPix项目的storyboard，显示了一个主视图控制器，
在该控制器的导航栏中放置了一个分段控件

确保选中了分段控件，然后打开属性检查器。在检查器顶部的Segmented Control部分，使用stepper选项将Segments的数量从2改为3。然后依次双击每个分段的标题，将它们分别改为Red、Green和Blue。设置完这些标题后，调整分段控件的尺寸到合适的宽度，使三个标题都可以显示出来。

接着，按下鼠标右键，从分段控件拖向代表主控制器的图标（storyboard中控制器上方标为Master的黄色圆圈，或者文档略图中在Master Scene下方标为Master的图标），选择chooseColor()方法。然后再次按下鼠标右键，从主视图控制器拖向分段控件，选择colorControl输出接口。我们现在已经将分段控件关联到它在主控制器的输出接口，以及选择分段控件时会调用的操作方法。

终于可以构建并运行这个应用了。它显示了一个空的表视图，视图顶部有一个分段控件，右上角有一个加号（+）按钮（如图14-5所示）。

点击返回按钮回到主列表，你可以在这里看到刚刚添加的项。继续添加一两个项，看看它们能否正确地添加到列表。最后回到Xcode，我们还有很多工作要做。

图14-5   第一次启动后的TinyPix应用。单击加号图标添加一个新文档。
应用会提示你为新文档输入名称。目前，详情视图所做的只是
在标签中显示文档名

14.1.5   创建 TinyPix 视图的类

接下来要创建一个视图类，用于显示一个用户可编辑的网格。在项目导航面板中选择TinyPix文件夹，按下
Command+N创建一个新文件。在iOS下面的Source分类中选择Cocoa Touch Class，然后点击Next。将新类命名为
TinyPixView，并在Subclass of弹出菜单中选择UIView。点击Next，确认保存位置正确，最后点击Create。

注意   这个视图类的实现包括一些我们尚未提及的内容，比如绘图和触屏处理。这里暂不讨论这些主题的细
节，只是先向你展示这些代码。第16章会详细讨论使用Core Graphics绘图的相关话题，第18章会讨论如
何响应触屏以及拖动事件。

选择TinyPixView.swift文件并在文件顶部的类定义前添加以下结构体定义：

```
struct GridIndex {
    var row: Int
    var column: Int
}
```

我们将在网格中表示行列时使用这个结构体。现在向类中添加以下属性定义，后面很快就会用到：

```
var document: TinyPixDocument!
var lastSize: CGSize = CGSizeZero
var gridRect: CGRect!
var blockSize: CGSize!
var gap: CGFloat = 0
var selectedBlockIndex: GridIndex = GridIndex(row: NSNotFound, column: NSNotFound)
```

UIView子类的初始化通常是调用它的init(frame:)方法，它是默认的初始化方法。然而，由于该类将从storyboard中加载，需要使用init(coder:)方法来进行初始化。我们将同时实现这两个初始化方法，在每个方法中都调用第三个方法来初始化属性。在TinyPixView.swift文件中添加代码清单14-8中的代码。

代码清单14-8　TinyPixView.swift的初始化函数

```
override init(frame: CGRect) {
    super.init(frame: frame)
    commonInit()
}

required init?(coder aDecoder: NSCoder) {
    super.init(coder: aDecoder)
    commonInit()
}

private func commonInit() {
    calculateGridForSize(bounds.size)
}
```

calculateGridForSize()方法基于TinyPixView的尺寸，计算出颜色网格中单元应有的尺寸。网格尺寸的计算允许我们在同一个应用程序使用不同的屏幕尺寸，并且能支持因设备旋转视图尺寸变化的情况。向TinyPixView.swift文件中添加calculateGridForSize()方法的实现代码：

```
private func calculateGridForSize(_ size: CGSize) {
    let space = min(size.width, size.height)
    gap = space/57
    let cellSide = gap * 6
    blockSize = CGSize(width: cellSide, height: cellSide)
    gridRect = CGRect(x: (size.width - space)/2, y: (size.height - space)/2,
                        width: space, height: space)
}
```

这个方法背后的思想是让网格用视图填充全部宽度或全部高度（无所谓哪个短一些），并让它沿着较长的坐标轴居中。方法是计算出每个单元的尺寸，再加上单元之间的间距（通过让视图高度和宽度中较小的那个数字除以57得出）。为什么是57？我们想放置8个单元，而且每个单元的尺寸是单元间距的6倍。考虑到每对单元之间的空隙以及每行每列在起始和末尾的空隙，实际上我们需要(6 × 8) + 9 = 57个空隙的空间。只要我们算出空隙的尺寸，就能获取每个单元的尺寸（即乘以6）。我们使用这个信息来设置blockSize属性的值（代表每个单元的尺寸）和gridRect属性的值（对应网格单元在视图中实际绘制的区域范围）。

现在来看看绘图工作。我们重写了标准的UIView方法drawRect()，用于绘制网格中的所有方格，并且为每一个方格调用另一个方法来绘制每个单元方块。添加如下代码：

```
override func draw(_ rect: CGRect) {
    if document != nil {
        let size = bounds.size
        if !size.equalTo(lastSize) {
            lastSize = size
            calculateGridForSize(size)
        }

        for row in 0 ..< 8 {
            for column in 0 ..< 8 {
                drawBlockAt(row: row, column: column)
            }
        }
    }
}
```

在绘制单元之前，我们要对视图当前尺寸和lastSize属性进行比较，如果两者不同，我们就调用calculate-GridForSize()方法。在视图首次绘制以及尺寸每次改变之后（通常是因为设备旋转）就会发生这种情况。

现在添加绘制网格中每个方块的代码：

```
private func drawBlockAt(row: Int, column: Int) {
    let startX = gridRect.origin.x + gap
            + (blockSize.width + gap) * (7 - CGFloat(column)) + 1
    let startY = gridRect.origin.y + gap
            + (blockSize.height + gap) * CGFloat(row) + 1

    let blockFrame = CGRect(x: startX, y: startY,
                        width: blockSize.width, height: blockSize.height)
    let color = document.stateAt(row: row, column: column)
                    ? UIColor.black() : UIColor.white()

    color.setFill()
    tintColor.setStroke()
    let path = UIBezierPath(rect:blockFrame)
    path.fill()
    path.stroke()
}
```

这段代码使用网格的原点以及通过calculateGridForSize()方法计算出的单元尺寸和间距的值得出每个单元应在的位置，然后使用当前高光颜色作为轮廓、黑色或白色为填充颜色（表示单元是否需要填充）进行绘制。在第16章中会详细讲解用来绘制的方法。

最后，我们添加一组响应用户触摸事件的方法。touchesBegan(_:withEvent:)和touchesMoved(_:withEvent:)方法是所有UIView子类都能实现的标准方法，它们用于捕获视图框架中发生的触摸事件。我们将在第19章中详细讨论这些方法。实现代码中用到了之前我们在类扩展中定义的两个方法，根据触摸位置来计算网格位置，并切换文档中指定值的状态。同样这些方法使用了calculateGridForSize()方法算出的值来确定触摸是在网格单元中还是在外面。在文件底部添加以下4个方法（如代码清单4-9所示）。

代码清单14-9　在TinyPixView.swift文件中添加触摸事件的方法

```
private func touchedGridIndexFromTouches(_ touches: Set<UITouch>) -> GridIndex {
    var result = GridIndex(row: -1, column: -1)
    let touch = touches.first!
    var location = touch.location(in: self)
    if gridRect.contains(location) {
        location.x -= gridRect.origin.x
        location.y -= gridRect.origin.y
        result.column = Int(8 - (location.x * 8.0 / gridRect.size.width))
        result.row = Int(location.y * 8.0 / gridRect.size.height)
    }
    return result
}

private func toggleSelectedBlock() {
    if selectedBlockIndex.row != -1
            && selectedBlockIndex.column != -1 {
        document.toggleStateAt(row: selectedBlockIndex.row,
                column: selectedBlockIndex.column)
        document.undoManager?.prepare(withInvocationTarget: document)
                .toggleStateAt(row: selectedBlockIndex.row,
                                column: selectedBlockIndex.column)
        setNeedsDisplay()
    }
}

override func touchesBegan(_ touches: Set<UITouch>, with event: UIEvent?) {
```

```
        selectedBlockIndex = touchedGridIndexFromTouches(touches)
        toggleSelectedBlock()
    }

    override func touchesMoved(_ touches: Set<UITouch>, with event: UIEvent?) {
        let touched = touchedGridIndexFromTouches(touches)
        if touched.row != selectedBlockIndex.row
                && touched.column != selectedBlockIndex.column {
            selectedBlockIndex = touched
            toggleSelectedBlock()
        }
    }
```

细心的读者可能会注意到，toggleSelectedBlock()方法做了一些特别的工作。在调用文档类的toggleStateAt (row:column:)方法改变特定网格点的值后，它还做了一些其他工作。我们再来看一下：

```
    private func toggleSelectedBlock() {
        if selectedBlockIndex.row != -1
                && selectedBlockIndex.column != -1 {
        document.toggleStateAt(row: selectedBlockIndex.row,
                column: selectedBlockIndex.column)
        document.undoManager?.prepare(withInvocationTarget: document)
                    .toggleStateAt(row: selectedBlockIndex.row,
                                column: selectedBlockIndex.column)
        setNeedsDisplay()
        }
    }
```

调用document.undoManager()会返回一个NSUndoManager实例。本书中还没有直接处理过这个类，NSUndoManager在iOS和macOS中都是撤销/重做功能的结构基础。它的思想是，无论用户何时在GUI中执行一项操作，开发者都可以使用NSUndoManager来"记录"一个用于撤销用户先前操作的方法调用，从而保留某种路径导航。NSUndoManager会将该方法存储在一个特殊的撤销栈（undo stack）中，当用户激活系统的撤销功能时，可以使用它回溯文档的状态。

它的工作原理是prepare(withInvocationTarget:)方法返回一个委托对象，你可以向它发送任何消息，而这个消息会和目标一起被打包，压入撤销栈。因此，虽然看起来好像在一行里调用了两次toggleStateAt(row:column:)方法，但实际上第二次没有调用，仅是放入队列，以备后用。

那为什么这里要这么做呢？至此，我们还没有考虑过任何撤销/重做问题，为什么现在提出来？这是因为：用文档的NSUndoManager注册一个可被撤销的操作，可以将该文档标记为"脏的"，并且确保稍后会被自动保存。事实上，支持用户撤销操作只能算锦上添花，起码在这个应用中是这样（因为我们没有在界面中添加任何支持用户执行此功能的控件）。而在一个拥有较复杂文档结构的应用中，支持文档层面的撤销是颇有益处的。

保存你所做的修改。现在视图类已经完成了，我们回到storyboard配置详情视图。

14.1.6 设计 storyboard 的详情视图

选择Main.storyboard，找到详情视图场景（位于底端右侧），首先来看看已有的内容。GUI只有一个标签（"Detail view content goes here"，查看详情视图内容），它就是之前运行应用时看到的包含文档描述的标签。这个标签没什么特别用处，所以在storyboard或文档略图中选中该标签，按下Delete键移除它。使用对象库找到一个UIView，将它拖入详情视图中。放好后调整尺寸，使其填充标题栏下的整个区域（如图14-6所示）。

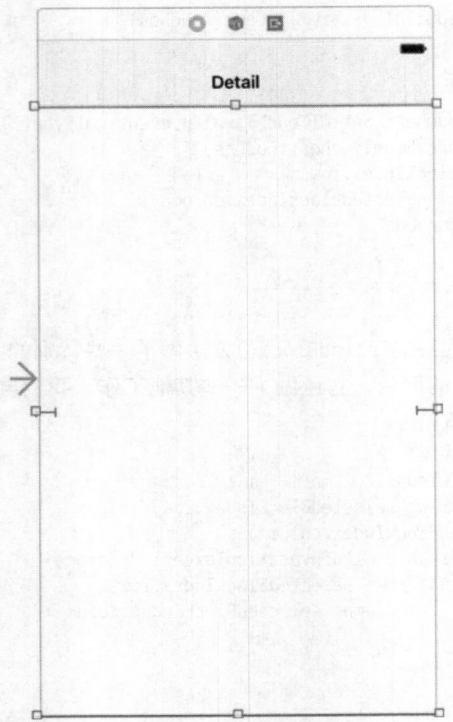

图14-6　将标签与另一个视图放在详情视图中，并位于容器视图
的中央。之后调整其大小，覆盖标题栏下的全部区域

　　切换到身份检查器，在这里可以将UIView实例改为我们自定义类的实例。在检查器顶部的Custom Class部分，选择Class弹出列表，然后选择TinyPixView。现在打开属性检查器并将Mode设置为Redraw。这样当尺寸变化时就会重新绘制TinyPixView。这是必需的，因为网格在视图中的位置基于视图本身的尺寸，设备旋转时它就会发生变化。此时Detail Scene的视图层级关系应该如图14-7所示。

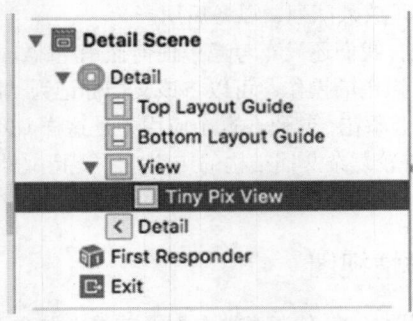

图14-7　详情视图场景的视图层级关系

　　继续进行之前，需要调整新视图的自动布局约束。我们想要填满详情视图中的可用空间。在文档略图中，按住鼠标右键从TinyPixView拖到它的父视图上并松开鼠标。按住Shift键并在弹出菜单中选择Leading Space to Container Margin、Trailing Space to Container Margin、Vertical Spacing to Top Layout Guide和Vertical Spacing to Bottom Layout Guide，然后按下Return键来使用约束。

　　现在，我们需要将自定义视图和详情视图控制器关联起来。我们还没有为自定义视图准备输出接口，但是没问题，因为Xcode的拖动生成代码（drag-to-code）功能可以帮我们轻松做到。打开辅助编辑器，文本编辑器将会滑至GUI编辑器的旁边，显示DetailViewController.swift文件的内容。如果它显示的是其他内容，可以使用文本编辑器顶部的跳转栏将DetailViewController.swift文件显示出来。建立关联的方法是，按下鼠标右键从文档略图中的TinyPixView图标拖到代码中，在文件顶部位置的IBOutlet松开鼠标，在出现的弹出窗口中，确保Connection设为Outlet，并将这个新的输出接口命名为pixView，然后点击Connect按钮。之后要删除detailDescriptionLabel输出接口，因为我们不打算用到它。

现在应该看到DetailViewController.swift文件中增加了这个关联的代码：

```swift
@IBOutlet weak var pixView: TinyPixView!
```

现在修改configureView()方法。它并非标准的UIViewController方法，只是项目模板包含在这个类中的一个私有方法，以便编写发生变化后更新详情视图的代码。因为我们不再使用描述标签，所以删除相关代码。接着添加一些代码，用来将所选文档传递给我们的自定义视图，并调用setNeedsDisplay()方法通知它重绘自身。

```swift
func configureView() {
    // Update the user interface for the detail item.
    if detailItem != nil && isViewLoaded() {
        pixView.document = detailItem! as! TinyPixDocument
        pixView.setNeedsDisplay()
    }
}
```

注意代码在更新TinyPixView对象中文档之前调用的isViewLoaded()方法。这是必需的，因为configureView()方法很可能在详情视图控制器加载完视图前就被调用。这种情况下，pixView属性仍然是nil，并且应用程序在尝试使用它时就会崩溃。这时我们可以安全地延迟文档的更新，因为视图在实际被加载时，viewDidLoad会再次调用configureView()方法。

接下来需要将分段控件上所选的高光颜色应用到TinyPixView上。我们需要在视图首次加载以及高光颜色变化时执行这个操作。我们知道可以从用户默认设置中获得高光颜色，因为我们在分段控件关联的操作方法中保存了用户所选颜色的索引值，所以要添加一个方法来获取存储在那里的值，并将其转换成一个UIColor变量并使用在TinyPixView上。在类中添加这个方法：

```swift
private func updateTintColor() {
    let prefs = UserDefaults.standard
    let selectedColorIndex = prefs.integer(forKey: "selectedColorIndex")
    let tintColor = TinyPixUtils.getTintColorForIndex(selectedColorIndex)
    pixView.tintColor = tintColor
    pixView.setNeedsDisplay()
}
```

我们需要调用这个方法在视图首次加载时设置初始高光颜色。我们还需要在高光颜色改变时调用它。如何检测这种情况？毕竟分段控件从属于主控制器，我们没有关联它。事实上不需要关联它也可以知道高光颜色改变了，因为新的值会保存在用户默认设置中。你可以通过注册一个默认通知中心（default notification center）中NSUserDefaultsDidChangeNotification通知的观察器来监测用户默认设置有没有变化。在viewDidLoad方法的末尾添加如下代码：

```swift
updateTintColor()
NotificationCenter.default.addObserver(self,
        selector: #selector(DetailViewController.onSettingsChanged(_:)),
        name: UserDefaults.didChangeNotification , object: nil)
```

现在用户默认设置的任何改动都会调用onSettingsChanged()方法。当高光颜色改变时，我们需要设置新的高光颜色。在类中添加这个方法：

```swift
func onSettingsChanged(notification: NSNotification) {
    updateTintColor()
}
```

因为添加了一个通知观察者，我们必须在类销毁时将其移除。可以在类的析构方法中实现如下的代码：

```
deinit {
    NotificationCenter.default.removeObserver(self,
            name: UserDefaults.didChangeNotification, object: nil)
}
```

我们很快就能完成这个类，但还有一处需要修改。还记得之前提过的自动保存吗？文档被告知发生了一些修改后（通过注册可撤销操作来触发）会进行自动保存。保存工作通常在编辑后约10秒内发生。这和本章之前讨论过的其他保存和加载过程相同，也是在后台线程中发生的，用户通常不会注意到。然而，这仅在文档还存在时才有效。

当前的设置存在一些风险，当用户按下返回按钮回到主列表时，文档实例将在没有进行任何保存操作的情况下被销毁，用户的最终更改也将丢失。为了确保不会发生这种情况，我们需要在viewWillDisappear()方法中添加一些代码，一旦用户离开详情视图，就关闭文档。关闭文档会导致该文档被自动保存。同样，保存工作发生在后台线程中。本例中我们不需要在保存完成后做任何事情，因此只要传递nil即可，不必传递代码块：

```
override func viewWillDisappear(_ animated: Bool) {
    super.viewWillDisappear(animated)
    if let doc = detailItem as? UIDocument {
        doc.close(completionHandler: nil)
    }
}
```

现在，我们第一个真正基于文档的应用就完成了。构建并运行一下应用。你可以创建几个新文档，编辑它们，返回文档列表，选择另一个文档（或同一个文档），这些操作都可以执行。体验一下更改高光颜色以及确认它在应用程序启动和终止时有没有正确地保存与恢复。如果你在测试应用时打开了Xcode控制台，那么可以看到每次加载或者保存文档时都会输出记录。使用自动保存体系无法直接控制保存工作发生的时刻（关闭文档除外），但看看这些日志，感受一下它们是何时发生的也挺有趣。

14.2 添加 iCloud 支持

现在有了一个基于文档的完整应用，但我们不想止步于此。要为TinyPix添加对iCloud的支持相当简单。考虑到所有工作都在后台发生，需要的修改简直少得出乎意料。我们需要修改用于加载可用文件列表的方法，以及用于为加载新文件指定URL的方法，就是这些了。

除了代码修改，还需要处理一些额外的管理事项。只有应用嵌入了配置为允许使用iCloud的配置描述文件（provisioning profile），苹果公司才允许该应用向iCloud存储文件。这意味着，要让应用支持iCloud，你必须是付费iOS开发者，并且安装了开发者证书。另外，该应用必须在真实设备上运行，而不是模拟器上。所以你必须至少有一台注册了iCloud的iOS设备，用来运行支持iCloud的新TinyPix应用。如果有两台设备，那就更有意思了，你可以看到一台设备上的更改如何传给另一台设备。

14.2.1 创建配置描述文件

首先，为TinyPix创建一个支持iCloud的配置描述文件。过去需要在苹果公司的开发者网站上执行大量复杂的步骤，但现在的Xcode简化了这些操作。在项目导航栏的顶端选择TinyPix条目，然后点击编辑区域的Capabilities分页。你应该会看到如图14-8所示的内容。

如果你没有使用付费开发者的账号，看到的功能列表会小一些，其中并没有iCloud。如果遇到这种情况，只能在苹果公司的网站注册一个开发者账号再试试。如果你的开发者账号不是之前在设备上运行应用程序的那个免费账号，你需要将其添加到Xcode中。方法是在菜单栏中点击Xcode➤Preference..项以打开偏好设置对话框，然后选中Accounts分页，看起来应该如图14-9所示。

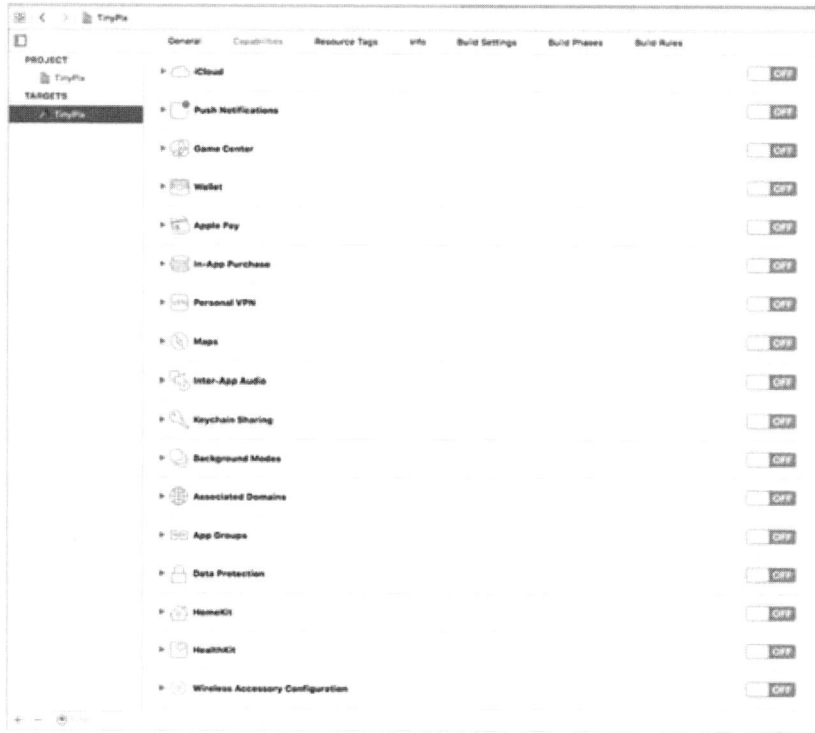

图14-8　Xcode可以设定的应用程序技术和服务界面

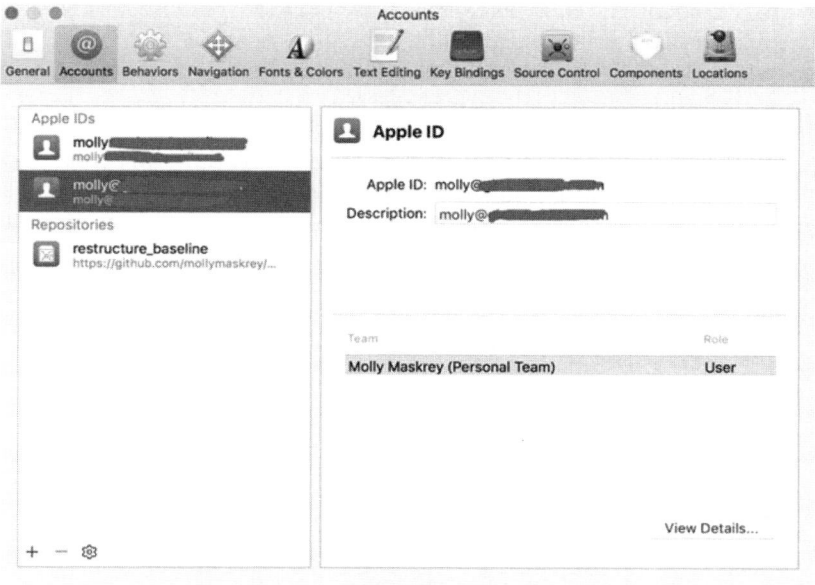

图14-9　Acccounts页展示了有效的开发者账号

　　点击左下角的＋图标并在弹出的菜单中选择Add Apple ID…项。然后输入付费开发者账号的名称和密码，这样它就会添加到Accounts页面的有效账号列表中。现在关闭偏好设置对话框并在Xcode编辑器中选中General标签页。在Identity区域中，你将会看到一个Team选择列表（如图14-10所示）。

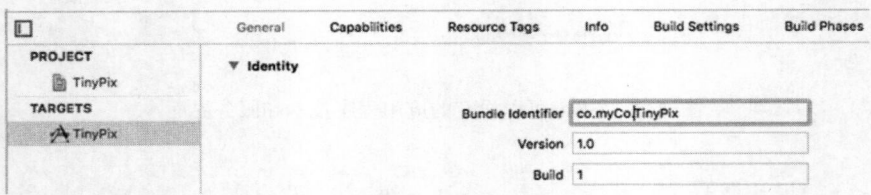

图14-10　使用团队选择列表可以在Xcode项目中采用付费开发者账号

　　选择你的付费开发者账号后切换到Capabilities标签页。如果一切正常，你就会看到图14-8中所展示的完整功能列表。

　　图14-8中展示的功能可以通过Xcode直接设定，不需要登录网站来进行创建和下载配置描述文件等操作。在此之前，你需要为应用程序提供一个唯一的App ID。例如设置Bundle Identifier将App ID更改为co.myCo（如图14-11所示）。

图14-11　更改应用程序的捆绑包ID

　　当然，你应该使用专属的唯一值，不能是这里的co.myCo。现在回到Capabilities分页。针对TinyPix，我们想要启用iCloud，即列表中第一个功能，因此点击云图标旁边的展开三角。这里你将看到一些关于此功能的信息。点击右侧的开关来启用它。Xcode会与苹果公司的服务器通信来为你配置描述文件。如果你之前所设的捆绑包ID已经被用了，就会看到一个红色的图标以及iCloud区域底部的错误信息。请切换回General标签页并设定其他捆绑包ID再试一次。接着点击Key-value storage和iCloud Documents复选框以勾选它（如图14-12所示）。

图14-12　应用程序现在设定为启用了iCloud

应用程序现在拥有了通过代码访问iCloud的必要权限。接下来就是一些简单的编程。

14.2.2　如何查询

选择MasterViewController.swift文件，开始为iCloud功能修改代码。最大的一处改动是查询可用文档的方式。TinyPix的第一个版本使用FileManager来查看本地文件系统中的可用文档。而这次，我们的做法有所不同，要使用一种特殊的查询方式来查找文档。

首先在类中添加一个属性，代表当前正在进行的查询：

```
@IBOutlet var colorControl: UISegmentedControl!
private var documentFileURLs: [URL] = []
private var chosenDocument: TinyPixDocument?
private var query: NSMetadataQuery!
```

接着是新的文件列表方法。删除整个reloadFiles()方法，用代码清单14-10中的方法替换。

代码清单14-10　iCloud的reloadFiles方法

```
private func reloadFiles() {
    let fileManager = FileManager.default

    // Passing nil is OK here, matches the first entitlement
    let cloudURL = fileManager.urlForUbiquityContainerIdentifier(nil)
    print("Got cloudURL \(cloudURL)")
    if (cloudURL != nil) {
        query = NSMetadataQuery()
        query.predicate = Predicate(format: "%K like '*.tinypix'",
                                    NSMetadataItemFSNameKey)
        query.searchScopes = [NSMetadataQueryUbiquitousDocumentsScope]

        NotificationCenter.default.addObserver(self,
                selector: #selector(MasterViewController.updateUbiquitousDocuments(_:)),
                name: NSNotification.Name.NSMetadataQueryDidFinishGathering,
                object: nil)
        NotificationCenter.default.addObserver(self,
                selector: #selector(MasterViewController.updateUbiquitousDocuments(_:)),
                name: NSNotification.Name.NSMetadataQueryDidUpdate,
                object: nil)

        query.start()
    }
}
```

这里有一些新内容值得注意。首先是下面这行：

```
let cloudURL = fileManager.urlForUbiquityContainerIdentifier(nil)
```

Ubiquity？这是什么？对于iCloud存储中的资源，苹果公司的大量术语都包括类似于ubiquity和ubiquitous这样的单词，用以表明这些资源"无处不在"，也就是说可以使用同一个iCloud登录凭证在任意设备上访问它们。

在本例中，我们向文件管理器请求一个基本的URL，以便访问与特定的容器标识符（container identifier）相关的iCloud目录。容器标识符通常是包含公司唯一捆绑包种子ID（bundle seed ID）和应用程序标识符的字符串，容器标识符用于选取包含在应用中的一个iCloud授权。这里传递nil是一种快捷方式，意味着"给我列表中的第一项"。因为我们的应用只包含启用的一项（你可以在图14-12底部Containers标题下看到它），所以这完全符合我们的需要。

之后，我们创建并配置一个NSMetadataQuery的实例。

```
query = NSMetadataQuery()
```

```
query.predicate = Predicate(format: "%K like '*.tinypix'",
                            NSMetadataItemFSNameKey)
query.searchScopes = [NSMetadataQueryUbiquitousDocumentsScope]
```

NSMetaDataQuery类起初用在OS X（macOS）的Spotlight搜索工具上，现在它还能让iOS应用查找iCloud目录。我们为这个查询设置了一个谓词，将搜索结果限制为仅包含那些正确的文件名类型，另外我们还指定了搜索范围，只在应用iCloud存储中的Documents文件夹中进行查找。然后我们设置了一些通知，以便获知查询是何时完成的，然后就可以初始化查询。

```
NotificationCenter.default.addObserver(self,
        selector: #selector(MasterViewController.updateUbiquitousDocuments(_:)),
        name: NSNotification.Name.NSMetadataQueryDidFinishGathering,
        object: nil)
NotificationCenter.default.addObserver(self,
        selector: #selector(MasterViewController.updateUbiquitousDocuments(_:)),
        name: NSNotification.Name.NSMetadataQueryDidUpdate,
        object: nil)

query.start()
```

现在，我们需要实现当查询完成时的那些通知调用。在reloadFiles()方法之后添加如下方法（如代码清单14-11所示）。

代码清单14-11　发生通知时的更新方法

```
func updateUbiquitousDocuments(_ notification: Notification) {
    documentFileURLs = []

    print("updateUbiquitousDocuments, results = \(query.results)")
    let results = query.results.sorted() { obj1, obj2 in
        let item1 = obj1 as! NSMetadataItem
        let item2 = obj2 as! NSMetadataItem
        let item1Date =
            item1.value(forAttribute: NSMetadataItemFSCreationDateKey) as! Date
        let item2Date =
            item2.value(forAttribute: NSMetadataItemFSCreationDateKey) as! Date
        let result = item1Date.compare(item2Date)
        return result == ComparisonResult.orderedAscending
    }
    for item in results as! [NSMetadataItem] {
        let url = item.value(forAttribute: NSMetadataItemURLKey) as! URL
        documentFileURLs.append(url)
    }
    tableView.reloadData()
}
```

查询的结果包含一个NSMetadataItem对象的列表，从中可以获取文件URL和创建日期等数据项。我们根据创建日期来排列这些项，然后获取所有的URL并将其赋给已有的documentFileURLs属性中以供之后使用。

14.2.3　保存位置

下一个要修改的是urlForFilename方法，这个方法也完全不同了。这里，我们使用一个普适的URL来为给定的文件名创建一个完整的URL路径。我们还在生成的路径中插入"Documents"以确保使用应用在iCloud中的Documents目录。删除原来的方法，用下面这个新的替换：

```
private func urlForFileName(_ fileName: String) -> URL {
    // Be sure to insert "Documents" into the path
    let fm = FileManager.default
    let baseURL = fm.urlForUbiquityContainerIdentifier(nil)
```

```
        let pathURL = try! baseURL?.appendingPathComponent("Documents")
        let destinationURL = try! pathURL?.appendingPathComponent(fileName)
        return destinationURL!
}
```

现在，在真实的iOS设备上（不是模拟器）构建并运行该应用。如果你已经在这个设备上运行了老版本的应用，就会发现之前创建的TinyPix文档现在不见了。新版本忽略了应用的本地Documents目录，完全依赖于iCloud。但你应该能够创建新的文档，在退出和重启应用后新文档仍然存在。不仅如此，你甚至可以从设备上删除TinyPix应用，然后再次从Xcode运行它，你会发现所有保存在iCloud上的文档都立刻可用了。如果你还有采用同一个iCloud用户配置的iOS设备，使用Xcode在该设备上运行应用，就可以看到同样的文档也出现在了这个设备上，真是太好了！ 此外，你还能在iOS设备Settings应用程序的iCloud部分查找这些文档（使用菜单中的Storage➤Manage Storage➤TinyPix）。如果运行的是OS X 10.8或以上版本，你也能在Mac机System Preferences应用的iCloud部分查找这些文档。

14.2.4 将偏好设置保存到 iCloud

只要再稍微下点儿功夫，就能使用iCloud的另一个功能了。iOS 的iCloud支持包含了一个新类NSUbiquitousKeyValueStore。它非常类似于UserDefaults，不同的是NSUbiquitousKeyValueStore的键–值都存放在"云"上。对应用程序的偏好设置、登录令牌，以及其他任何不属于同一个文档，但需要在用户的所有设备上共享的数据来说，NSUbiquitousKeyValueStore非常实用。

在TinyPix项目中，我们将使用这项功能来保存用户首选的高亮颜色。这样的话，用户就不需要在每台设备上进行配置了。只要设置一次，就可以在所有设备上出现。我们的计划如下。

❑ 当用户改变高光颜色时，我们会将新的值保存到NSUserDefaults中，并且也会保存到NSUbiquitous KeyValueStore（在iCloud上的一种用户偏好设置）中，通过它就可以在其他设备上使用这个值。

❑ 我们将对NSUbiquitousKeyValueStore中改变的通知进行注册。当我们接收到改变了的通知时，就会获取到一个新的高光颜色值。这里我们需要更新分段控件以及主视图控制器使用的高光颜色和详情视图控制器中的绘制颜色。我们可以不直接更改，而是将新的高光颜色保存到UserDefaults中。更改UserDefaults会生成一个通知。详情视图控制器已经在观察这个通知了，因此它会自动更新自身。我们要对主视图控制器进行一点修改来执行同样的操作。

需要注意NSUbiquitousKeyValueStore的更新不会立刻传达到其他设备上。实际上，如果一台设备因为某些原因没有连接到iCloud，它将看不到更新，直到下次连接到网络中。因此不要期望改动能立刻看到效果。

首先，我们注册了当iCloud键–值存储改变时会触发并接收到通知。打开AppDelegate.swift文件并向application (_ application:, didFinishLaunchingWithOptions:)方法中添加以下代码（如代码清单14-12所示）。

代码清单14-12 更新后的application(_ application:, didFinishLaunchingWithOptions:)方法

```
    func application(_ application: UIApplication, didFinishLaunchingWithOptions
launchOptions: [NSObject: AnyObject]?) -> Bool {
        // Override point for customization after application launch.
        let splitViewController = self.window!.rootViewController as! UISplitViewController
        let navigationController = splitViewController.viewControllers[splitViewController.
                                viewControllers.count-1] as! UINavigationController
        navigationController.topViewController!.navigationItem.leftBarButtonItem =
        splitViewController.displayModeButtonItem()
        splitViewController.delegate = self

        // Register for notification of iCloud key-value changes
        NotificationCenter.default.addObserver(self,
            selector: #selector(AppDelegate.iCloudKeysChanged(_:)),
            name: NSUbiquitousKeyValueStore.didChangeExternallyNotification,
            object: nil)
```

```
    // Start iCloud key-value updates
    NSUbiquitousKeyValueStore.default().synchronize()
    updateUserDefaultsFromICloud()

    return true
}
```

代码的第一行会在NSUbiquitousKeyValueStoreDidChangeExternallyNotification通知发生时调用应用程序的
iCloudKeysChanged()方法，也就是当iCloud通知应用程序的键/值对发生变化时，synchronize方法就会将本地
NSUbiquitousKeyValueStore的变化在后台写入iCloud并开始远程通知更新。你之后会看到一个updateUserDefaults-
FromICloud()方法，它会从iCloud的键–值存储中获取所选高光颜色的当前状态，之后再存入本地的用户默认设置
中，这样它就可以立即生效了。

接下来添加iCloudKeysChanged()和updateUserDefaultsFromCloud()方法的实现（如代码清单14-13所示）。

代码清单14-13　从iCloud更新

```
func iCloudKeysChanged(_ notification: Notification) {
    updateUserDefaultsFromICloud()
}

private func updateUserDefaultsFromICloud() {
    let values = NSUbiquitousKeyValueStore.default().dictionaryRepresentation
    if values["selectedColorIndex"] != nil {
        let selectedColorIndex =
            Int(NSUbiquitousKeyValueStore.default().longLong(
                forKey: "selectedColorIndex"))
        let prefs = UserDefaults.standard
        prefs.set(selectedColorIndex, forKey: "selectedColorIndex")
        prefs.synchronize()
    }
}
```

当出现通知时，我们就使用longLongForKey()方法从键存储中获取新的所选高光颜色索引值。API与
UserDefaults非常相似，不过这里没有方法能存储整型值，因此我们将高光颜色索引值作为一个long long类型。
有了这个值，只需要将其复制到UserDefaults并同步更改，就会生成一个通知。我们已经知道详细视图控制器会
在接收到通知时更新自身。接下来需要更改主视图控制器，使它也能做同样的事情。回到MasterViewController.
swift文件，首先要在viewDidLoad()方法中注册，让控制器接收UserDefaults改变的通知：

```
reloadFiles()

NotificationCenter.default.addObserver(self,
    selector: #selector(MasterViewController.onSettingsChanged(_:)),
    name: UserDefaults.didChangeNotification ,
    object: nil)
```

接下来添加onSettingsChanged方法：

```
func onSettingsChanged(_ notification: Notification) {
    let prefs = UserDefaults.standard
    let selectedColorIndex = prefs.integer(forKey: "selectedColorIndex")
    setTintColorForIndex(selectedColorIndex)
    colorControl.selectedSegmentIndex = selectedColorIndex
}
```

这个方法更新高光颜色的方式与用户轻点分段控件时调用的方法相同，不过区别是从UserDefaults中获取颜
色索引值，而不是从控件中。

最后当用户更改了高光颜色，我们需要将新的值保存到iCloud键–值存储中。在chooseColor()方法中进行以

下更改来实现这个功能。

```
@IBAction func chooseColor(_ sender: UISegmentedControl) {
    let selectedColorIndex = sender.selectedSegmentIndex
    setTintColorForIndex(selectedColorIndex)

    let prefs = UserDefaults.standard
    prefs.set(selectedColorIndex, forKey: "selectedColorIndex")
    prefs.synchronize()

    NSUbiquitousKeyValueStore.default()
                .set(Int64(selectedColorIndex),
                forKey: "selectedColorIndex")
    NSUbiquitousKeyValueStore.default().synchronize()
}
```

完成！现在你可以在配置了同一个iCloud用户的多个设备上运行这个应用了。可以看到，在一台设备上设置的颜色将会很快出现在另一台设备上。

14.3　小结

现在，我们已经掌握了创建并运行一个支持iCloud、基于文档的应用程序的基本知识，但还有更多需要考虑的问题。本书中我们并不打算讨论这些主题，不过如果真想开发一个出色的基于iCloud的应用，应该注意以下问题。

- 存储在iCloud中的文档有可能会发生冲突。在多个设备上同时编辑一个TinyPix文件会发生什么？很幸运，苹果公司已经考虑到了这个问题，而且提供了一些方式来处理应用中的冲突。是忽略冲突，还是尝试自动修正它们，或者让用户挑出这个问题，这些完全取决于你。详细内容可以在Xcode文档查看器中搜索标题为 "Resolving Document Version Conflicts" 的文档。
- 苹果公司建议将应用设计为能够在完全离线的模式下运行，以防用户因为某种原因不使用iCloud。同时，苹果公司也建议你为用户提供一种在iCloud存储和本地存储之间移动文件的方式。但苹果公司并没有提供或者建议任何标准的GUI来帮助用户对此进行管理。目前提供这项功能的应用，比如苹果公司的iWork应用，在这个问题的处理上似乎并没有实现很好的用户体验。更多内容可以查阅苹果公司Xcode文档中的 "Managing the Life Cycle of a Document"。
- 苹果公司支持为Core Data存储使用iCloud，甚至提供了一个UIManagedDocument类，想使用这项功能，可以继承该类。想要了解更多信息，可以查看UIManagedDocument类。我们需要指出，这个架构比普通的iCloud文档存储更加复杂且难以掌握。苹果公司在最近的iOS版本中改善了一部分，但仍然不完美，使用时请三思。

第 15 章

用 Grand Central Dispatch 进行多线程编程

无论在何种环境中，开发多线程功能乍听上去可能都挺令人望而却步（如图15-1所示）。苹果公司推出了一种新方法，大大简化了多线程编程。Grand Central Dispatch由语言特性、运行时库和系统增强元素构成，可以为iOS和macOS的多核硬件上执行的并发代码提供系统级的、更全面的支持。

图15-1　开发多线程应用程序是一种会让人崩溃的体验

开发人员如今面临的一个巨大挑战是编写这样的软件：它可以执行复杂的操作来响应用户输入，同时保持迅速响应，确保用户不会在处理器执行某些后台任务时长时间等待。这一挑战一直以来都伴随着我们，即使计算技术的进步使CPU越来越快，这一问题也始终存在。看看眼前的计算机屏幕，很可能就在上次使用计算机时，你的工作流就被一个不断旋转的光标（表示系统繁忙）或者其他事件中断过。

造成困难的一个原因是软件的典型编写方式：编写为一个按顺序执行的事件序列。这种软件可能随着CPU速度的提高而相应变快，但这种改善只能是一定程度上的。只要程序开始等待外部资源（比如文件或网络连接），整个事件序列都会暂停。所有现代操作系统目前都支持在一个程序中使用多个执行线程，因此即使一个线程在等待特定的事件，其他线程仍然可以继续运行。即便如此，许多开发人员仍然将多线程编程视为玄学而不屑使用。

注意 线程是由操作系统独立管理的指令序列。

苹果公司提供的GCD（Grand Central Dispatch）为开发者带来了一个全新的API，可以将应用程序需要执行的工作拆分为可分散在多个线程和多个CPU（依赖支持的硬件）上的更小的块。

这个新API可以使用Swift中的闭包访问，它们可以提供便利的新方式，在不同对象之间建立交互性，同时确保相关代码紧密地结合在方法中。

15.1　创建 SlowWorker 应用程序

作为演示GCD工作原理的平台，我们将创建一个SlowWorker应用程序，它有个简单的界面，包含一个按钮和一个文本视图。单击按钮会立即启动一个同步任务，将应用锁定大约10秒。任务完成后，会在文本视图中显示一些文本（如图15-2所示）。

图15-2　SlowWorker应用将其界面隐藏在一个按钮之后。点击按钮，
应用程序便执行工作，界面会挂起大约10秒

首先在Xcode中使用Single View Application构建一个新应用，如你之前所做的那样。将它命名为SlowWorker，将Devices设置为Universal，点击Next按钮存储项目。接下来对ViewController.swift文件进行更改（如代码清单15-1所示）。

代码清单15-1　在ViewController.swift文件中添加这些方法

```
@IBOutlet var startButton: UIButton!
@IBOutlet var resultsTextView: UITextView!
```

```swift
func fetchSomethingFromServer() -> String {
    Thread.sleep(forTimeInterval: 1)
    return "Hi there"
}

func processData(_ data: String) -> String {
    Thread.sleep(forTimeInterval: 2)
    return data.uppercased()
}

func calculateFirstResult(_ data: String) -> String {
    Thread.sleep(forTimeInterval: 3)
    return "Number of chars: \(data.characters.count)"
}

func calculateSecondResult(_ data: String) -> String {
    Thread.sleep(forTimeInterval: 4)
    return data.replacingOccurrences(of: "E", with: "e")
}

@IBAction func doWork(_ sender: AnyObject) {
        let startTime = NSDate()
        self.resultsTextView.text = ""
        let fetchedData = self.fetchSomethingFromServer()
        let processedData = self.processData(fetchedData)
        let firstResult = self.calculateFirstResult(processedData)
        let secondResult = self.calculateSecondResult(processedData)
        let resultsSummary =
            "First: [\(firstResult)]\nSecond: [\(secondResult)]"
        self.resultsTextView.text = resultsSummary
        let endTime = NSDate()
        print("Completed in \(endTime.timeIntervalSince(startTime as Date)) seconds")
}
```

如你所见，这个类的工作被拆分为许多小片段。此代码模拟了一些较慢的活动，这些方法不会真正执行任何耗时的操作。为了增添一些趣味，每个方法包含对Thread类中sleep(forTimeInterval:)类方法的一次调用，这会使程序（具体来讲是调用该方法的线程）"暂停"几秒，不执行任何操作。doWork()方法还在开头和末尾包含了一些代码，计算完成所有工作所花的时间。

现在打开Main.storyboard，将一个Button和Text View控件拖到空白的View窗口中，按照图15-3所示布置这些控件。你将会看到一些默认的文本。清空文本视图中的内容，并将按钮的标题改为Start Working。之后要设置自动布局约束。首先选择Start Working按钮，然后点击编辑区域底部右侧的Align按钮。在弹出的菜单中勾选Horizontally in Container复选框并点击Add 1 Constraint按钮。接下来按住鼠标右键从按钮拖到View窗口的顶部，松开鼠标并选择Vertical Spacing to Top Layout Guide选项。为了完成这个按钮的约束，按住鼠标右键从按钮向下拖到文本视图上，松开鼠标，然后选择Vertical Spacing选项。为了固定文本视图的位置和尺寸，在文档略图中展开View Controller Scene，并按住鼠标右键从故事板中的文本视图拖到文档略图中的View图标上。松开鼠标并在弹出菜单出现后按住Shift键，同时选择Leading Space to Container Margin、Trailing Space to Container Margin和Vertical Spacing to Bottom Layout Guide，然后按下Return键以使用约束。这样就完成了应用程序的自动布局约束。

在文档略图的View Controller图标上按住鼠标右键拖到按钮和文本视图上，以关联视图控制器的两个输出接口（即startButton和resultsTextView实例变量）。

接下来，按住鼠标右键从按钮拖到View Controller，松开鼠标并在弹出菜单中选择doWork()方法。这样，当按钮按下时就会调用这个方法。最后，选择文本视图，使用特征检查器取消选择Editable复选框（位于右上角），从文本视图中删除默认文本。

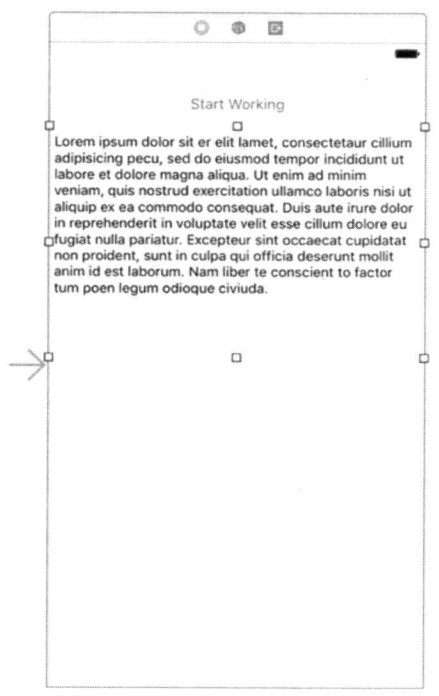

图15-3 SlowWorker界面包含一个按钮和一个文本视图

现在保存工作，点击Run。应用应该启动，按下按钮使它运行大约10秒（所有这些休眠时间量的总和），然后显示结果。在等待期间，可以看到Start Working按钮颜色变淡，只有在"工作"完成后才转为正常的颜色。另外，在"工作"完成之前，应用的视图无法响应。点击屏幕上的任何位置或者旋转设备都没有反应。事实上，在此期间与应用交互的唯一方式是点击主屏幕按钮从它切换出来，而这正是我们希望避免的事件状态。

15.1.1 线程基础知识

在开始实现解决方案之前，我们先介绍一下并发（concurrency）的一些基础知识。这里不会对iOS中的线程或一般线程知识进行完整介绍，只介绍理解本章中具体操作所需的知识。大部分现代操作系统（当然包括iOS）都支持执行线程的概念。每个进程可以包含多个线程，它们可以同时运行。如果只有一个处理器核心，操作系统将在所有执行线程之间切换，非常类似于在所有执行进程之间切换。如果拥有多个核心，线程将像进程一样，分散到几个核心上去执行。

一个进程中的所有线程共享可执行程序代码和全局数据。每个线程也可以拥有一些独有的数据。线程可以使用一种称为互斥量（mutex，即mutual exclusion的缩写）或锁的特殊结构，这种结构可以确保特定的某段代码无法一次被多个线程运行。在多个线程同时访问相同数据时，这有助于保证正确的结果，在一个线程更新某个值（在代码中称为临界区）时锁定其他线程。

在处理线程的过程中，我们通常会关注线程安全（thread-safe）问题。一些软件库在编写时考虑了线程并发性，并使用互斥量恰当地保护它们的所有临界区。也有一些代码库不是线程安全的。举例来说，在Cocoa Touch中，Foundation框架通常被视为线程安全的。但是，UIKit框架（包含专门用于构建GUI应用的类，如UIApplication、UIView及其所有子类等）在很大程度上被视为非线程安全的（不过一些UIKit功能，比如绘制功能可以被认为是线程安全的）。这意味着在一个运行的iOS应用中，处理任何UIKit对象的所有方法调用都应从相同线程执行，该线程通常称为主线程（main thread）。如果从另一个线程访问UIKit对象，那结果就不堪设想了！你还可能会遇到一些莫名其妙的bug，更糟的是，你自己没有遇到任何问题，但发布之后一些用户却遭殃了。

提示 有许多关于线程安全的著作，你有必要花时间深入理解和掌握相关知识。可以先看看苹果公司的相关文档，花几分钟阅读一下此页面，绝对有帮助：http://developer.apple.com/library/ios/documentation/Cocoa/Conceptual/Multithreading/ThreadSafetySummary/ThreadSafetySummary.html。

15.1.2 工作单元

一般程序员都会遇到前面介绍的线程模型问题，编写没有错误的多线程代码几乎是不可能的。这里并不是在批判行业或普通程序员的能力，只是在说明一种客观现象。在跨多个线程同步数据和操作时，需要在代码中考虑的复杂交互确实太多了，大部分人都无法应付。假设5%的人能够编写软件，那么其中只有一小部分人能真正胜任大型多线程应用的编写任务。甚至成功处理了多线程问题的人通常也会建议其他人不要这样做。

好在还有其他办法。我无需太多底层的复杂工作就可以实现一定的并发性。就像无需直接将每个二进制位放入视频RAM即可在屏幕上显示数据，无需直接与磁盘控制器交互即可从磁盘读取数据，我们也可以使用软件抽象确保我们无需直接对线程执行太多处理即可在多个线程上运行代码。

苹果公司推荐使用的解决方案体现了这样一种理念：将长期运行的任务拆分为多个工作单元，并将这些单元添加到执行队列中。系统会为我们管理这些队列，为我们在多个线程上执行工作单元。我们不需要直接启动和管理后台线程，而是可以从通常实现多线程应用所涉及的太多"登记"工作中脱离出来，系统会为我们完成这些工作。

15.1.3 GCD：底层队列

这种将工作单元放在可后台执行的队列中，以及让系统管理线程的理念确实很强大，而且显著简化了许多需要并发性的开发工作。在几年前的OS X（即现在的macOS）中，GCD开始展露锋芒，提供了执行此任务的基础架构。之后几年，iOS平台也引入了GCD。GCD在C语言接口中添加了一些优秀的概念，比如工作单元、自动化后台进程（painless background processing）和自动线程管理，它们不仅可以在Objective-C中使用，也适用于C和C++，当然也包括Swift。为了进一步完善，苹果公司开源了GCD的实现，所以它也可以移植到其他类Unix操作系统。

GCD的一个重要概念是队列（queue）。系统提供了许多预定义的队列，包括可以保证始终在主线程上执行其工作的队列。它非常适合非线程安全的UIKit。开发人员也可以创建自己的队列，按照自己的需求创建任意多个。GCD队列严格遵循FIFO（先进先出）原则。添加到GCD队列的工作单元将始终按照加入队列的顺序启动。这样看来，它们不会总是按相同顺序完成，因为如果可能，GCD队列将自动在多个线程之间分配工作。

GCD能够访问一个线程池，该线程池可在应用整个生命周期内重用。GCD会尽量维护一些适合机器体系结构的线程。在有工作需要处理时，它将自动利用更多的处理器核心，以充分利用更强大的机器性能。以前的iOS设备都是单核的，所以线程池的用处不大，不过最近几年发布的所有iOS设备都采用了双核处理器，GCD终于可以大显身手了。

GCD使用闭包来封装代码并添加到队列中。闭包是Swift语言世界中的一等公民——你可以将闭包赋值给变量，传递给方法或作为调用方法的返回结束。闭包等价于Objective-C中的代码块而且功能相似，在其他编程语言中（例如Python）有时会使用术语lambda来称呼。与方法或函数相似，闭包可以接受一个或多个参数并指定一个返回值（虽然GCD中的闭包可以不接受参数或不返回值）。如果要声明一个闭包变量，你只需将代码放在花括号内赋给它（可以包含参数）：

```
// Declare a closure variable "loggerClosure" with no parameters
// and no return value.
let loggerClosure = {
    print("I'm just glad they didn't call it a lambda")
}
```

执行这个闭包与调用函数的方式类似:

```
// Execute the closure, producing some output in the console.
loggerClosure()
```

15.1.4 改进 SlowWorker

为了了解闭包是如何实现的,我们回头看一下SlowWorker类的doWork()方法,目前如下所示:

```
@IBAction func doWork(_ sender: AnyObject) {
        let startTime = NSDate()
        self.resultsTextView.text = ""
        let fetchedData = self.fetchSomethingFromServer()
        let processedData = self.processData(fetchedData)
        let firstResult = self.calculateFirstResult(processedData)
        let secondResult = self.calculateSecondResult(processedData)
        let resultsSummary =
            "First: [\(firstResult)]\nSecond: [\(secondResult)]"
        self.resultsTextView.text = resultsSummary
        let endTime = NSDate()
        print("Completed in \(endTime.timeIntervalSince(startTime as Date)) seconds")
}
```

我们可以让该方法完全在后台运行,只需将所有代码包装在一个闭包中并将它传递给一个名为Dispatch-Queue的GCD函数。此函数接收两个参数:一个GCD队列和一个分配给该队列的闭包。对doWork()进行代码清单15-2中的更改:

代码清单15-2 修改doWork()方法以使用GCD功能

```
@IBAction func doWork(sender: AnyObject) {
    let startTime = NSDate()
    resultsTextView.text = ""
    let queue = DispatchQueue.global(qos: .default)
    queue.async {
        let fetchedData = self.fetchSomethingFromServer()
        let processedData = self.processData(fetchedData)
        let firstResult = self.calculateFirstResult(processedData)
        let secondResult = self.calculateSecondResult(processedData)
        let resultsSummary =
            "First: [\(firstResult)]\nSecond: [\(secondResult)]"
        self.resultsTextView.text = resultsSummary
        let endTime = NSDate()
        print("Completed in \(endTime.timeIntervalSince(startTime as Date)) seconds")
    }
}
```

改动的第一行使用DispatchQueue.global()函数,抓取一个已经存在并始终可用的全局队列。该函数接收一个指定优先级的参数。如果指定了不同的优先级,那么实际上会得到一个不同的全局队列,系统将对该队列分配不同的优先级。目前,我们仍然使用默认的全局队列。

然后将该队列及其后面的闭包一起传递给queue.async()函数。GCD获取闭包并将它放入队列中,它将被安排在后台线程中运行,并一次执行一步,和主线程中运行的方式一样。

注意,我们在闭包创建之前定义了名为startTime的变量,而后在末尾使用了它的值。这看起来似乎没什么特别的意义,但因为闭包执行时doWork()方法已经退出了,所以startTime变量所指向的NSDate实例应该已经释放了! 这是理解闭包用法的关键点:如果一个闭包在执行过程中访问任何"外部"变量,那么当该闭包被创建时,会进行一些特殊的设置工作,以允许它访问那些变量(Swift编译器和运行时会自动帮你处理一切,因此你不需要进行任何操作)。

1. 记得回到主线程

回到项目本身，这里有一个问题，即UIKit的线程安全性。要记住，从后台线程向任何GUI对象（包括我们的resultsTextView）发送消息都是不可能的。事实上，如果你现在去运行这个示例，大约10秒后（即闭包打算更新文本视图时）就会在Xcode的控制台看到一个异常。幸好，GCD也提供了一种方式来处理此问题。在闭包内部，可以调用另一个分派函数，将工作传回主线程。需要继续修改doWork()方法（如代码清单15-3所示）：

代码清单15-3　修改后的doWork()方法

```
@IBAction func doWork(sender: AnyObject) {
    let startTime = NSDate()
    resultsTextView.text = ""
    let queue = DispatchQueue.global(attributes: DispatchQueue.GlobalAttributes.qos:.Default)
    queue.async {
        let fetchedData = self.fetchSomethingFromServer()
        let processedData = self.processData(fetchedData)
        let firstResult = self.calculateFirstResult(processedData)
        let secondResult = self.calculateSecondResult(processedData)
        let resultsSummary =
            "First: [\(firstResult)]\nSecond: [\(secondResult)]"
        DispatchQueue.main.async {
            self.resultsTextView.text = resultsSummary
        }
        let endTime = NSDate()
        print("Completed in \(endTime.timeIntervalSince(startTime as Date)) seconds")
    }
}
```

2. 提供反馈

如果现在构建并运行应用，会看到它似乎能更加流畅地运行，至少在一定程度上是这样。按钮在触摸之后不再卡在高亮状态，这样可能导致用户不断地重复点击按钮。检查Xcode的控制台日志，会看到每次点击的结果，但只有最后一次点击的结果会在文本视图中显示。我们真正希望做的是改进GUI，以便在用户按下按钮时，显示界面会立即更新，表明一个操作正在运行。我们还想要该按钮在此过程中被禁用，这样用户就无法继续点击它以致在后台线程中不断生成更多的任务。为此，我们将向显示界面添加UIActivityIndicatorView。此类提供了在许多应用和网站上看到过的"旋转指示器"（spinner）。首先在ViewController.swift文件顶部添加一个输出接口：

@IBOutlet var spinner : UIActivityIndicatorView!

然后打开Main.storyboard文件，在库中找到一个Activity Indicator View，并将它拖到视图中的按钮旁边。你需要添加自动布局约束来固定活动旋转指示器与按钮的相对位置。一种方法是按住鼠标右键从按钮拖到活动旋转指示器并在弹出菜单中选择Horizontal Spacing选项来固定它们之间的水平距离，然后再次按住鼠标右键拖动并选择Center Vertically来确保它的中心保持垂直对齐。

选中活动旋转指示器，在特征检查器中勾选Hides When Stopped复选框，这样旋转指示器仅在我们告诉它开始旋转时才出现（没人希望自己的GUI中有一个不会旋转的旋转指示器）。接下来，按住鼠标右键从View Controller图标拖到旋转指示器，将旋转指示器关联到输出接口，保存更改。

打开ViewController.swift文件。这里首先处理doWork()方法，添加一些代码，管理在用户轻点按钮和工作完成时按钮和旋转指示器的外观。首先将按钮的enabled属性设置为false，这会阻止它注册任何点击操作并通过让其文字变成灰色和透明使按钮呈现出被禁用的状态。接下来通过调用它的**startAnimating()**方法让旋转指示器转动。在闭包的末尾，我们重新启用了按钮并停止了旋转指示器，这么做就会让它再次消失（如代码清单15-4所示）。

代码清单15-4　在doWork()方法中添加旋转指示器的功能

```
@IBAction func doWork(sender: AnyObject) {
    let startTime = NSDate()
    resultsTextView.text = ""
```

```
startButton.isEnabled = false
spinner.startAnimating()
let queue = DispatchQueue.global(qos: .default)
queue.async {
    let fetchedData = self.fetchSomethingFromServer()
    let processedData = self.processData(fetchedData)
    let firstResult = self.calculateFirstResult(processedData)
    let secondResult = self.calculateSecondResult(processedData)
    let resultsSummary =
        "First: [\(firstResult)]\nSecond: [\(secondResult)]"
    DispatchQueue.main.async {
        self.resultsTextView.text = resultsSummary
        self.startButton.isEnabled = true
        self.spinner.stopAnimating()
    }
    let endTime = NSDate()
    print("Completed in \(endTime.timeIntervalSince(startTime as Date)) seconds")
}
}
```

构建并运行应用，然后按下按钮。即使完成"工作"需要几秒，用户也不会感到在盲目等待，按钮被禁用时同样如此，动画式的旋转指示器告诉用户应用没有真正挂起，有望在某个时刻返回正常状态。

3. 并发闭包

细心的读者会注意到，在经历这些变化后，我们仍然没有真正更改算法（如果这个简单的步骤列表可以称为算法）的起始顺序排布。我们所做的只是将此方法的一部分转移到一个后台线程，然后在主线程中完成它。Xcode控制台输出证明了这一点：此工作的运行花了10秒，就像最初一样。但关键在于，calculateFirstResult()和calculateSecondResult()方法之间并没有依赖关系，不需要顺序执行，并发执行可以显著提高速度。

幸而GCD提供了一种途径来完成此任务：使用所谓的分派组（dispatch group）。将在一个组的上下文中通过dispatch_group_async()函数异步分派的所有闭包设置为松散的，以便尽可能快地执行。如果可能，将它们分发给多个线程来同时执行。也可以使用dispatch_group_notify()指定一个额外的闭包，让它在组中的所有闭包运行完成时再执行。

对doWork()方法进行最后的更改（如代码清单15-5所示）：

代码清单15-5　最终的doWork()方法

```
@IBAction func doWork(_ sender: AnyObject) {
    let startTime = Date()
    self.resultsTextView.text = ""
    startButton.isEnabled = false
    spinner.startAnimating()
    let queue = DispatchQueue.global(qos: .default)
    queue.async {
        let fetchedData = self.fetchSomethingFromServer()
        let processedData = self.processData(fetchedData)
        var firstResult: String!
        var secondResult: String!
        let group = DispatchGroup()

        queue.async(group: group) {
            firstResult = self.calculateFirstResult(processedData)
        }
        queue.async(group: group) {
            secondResult = self.calculateSecondResult(processedData)
        }

        group.notify(queue: queue) {
            let resultsSummary = "First: [\(firstResult!)]\nSecond: [\(secondResult!)]"
```

```
DispatchQueue.main.async {
    self.resultsTextView.text = resultsSummary
    self.startButton.isEnabled = true
    self.spinner.stopAnimating()
}
let endTime = Date()
print("Completed in \(endTime.timeIntervalSince(startTime)) seconds")
        }
    }
}
```

这里的一个难题是，每个calculate方法都会返回一个我们希望抓取的值，因此我们需要确保变量firstResult和secondResult可以在闭包内赋值。为此我们没有使用let，而是用var来对它们进行声明。不过Swift要求引用闭包的变量在声明时必须初始化，因此以下声明格式是不被允许的：

```
var firstResult: String
var secondResult: String
```

当然，你可以通过使用任意值初始化两个变量的方式来解决这个问题，不过在声明语句中添加感叹号来对可选值进行隐性拆包的方法要更简单一些：

```
var firstResult: String!
var secondResult: String!
```

现在Swift并不需要初始化，不过我们要确保两个变量在最终读取时是有值的。这个示例中，我们可以确定这一点，因为变量会在异步分派组的事后（completion）闭包中被读取，这时它们确实已经被赋值。完成之后，再次构建并运行应用，你会看到自己的努力得到了回报。以前需要10秒的操作现在只需要7秒，这得益于我们同时进行了两种计算。

显然，我们设计的示例获得了最好的效果，因为这两种"计算"实际不会执行任何操作，只会导致运行它们的线程休眠。在真实的应用中，加速程度取决于所执行的工作和可用的资源。只有在多个CPU核心可用时，执行CPU资源密集型的计算才能从这种技术受益，在未来配备更多CPU的iOS设备上，这项技术会变得更好。对于其他用途（比如一次从多个网络连接抓取数据），即使只有一个CPU时，也能加快速度。

可以看到，GCD不是万能的。使用GCD不会自动加速所有应用，但是，在速度至关重要时或应用对用户的响应迟缓部分谨慎地应用这些技术，即使无法改进真实性能，也能够提供更出色的用户体验。

15.2　后台处理

处理并发性的另一项重要功能是后台处理，后台处理支持在后台运行应用，在一些情形下甚至可以在用户按下主屏幕按钮之后仍在后台运行。

不要将此功能跟现代桌面操作系统提供的真正多任务混淆。在桌面操作系统中启动的所有程序将保留在系统RAM（random access memory，即通常所说的内存）中，直到确实退出系统为止（若操作系统内存空间不够会将程序交换到硬盘中）。iOS设备的RAM仍然太少，无法胜任这一职责。不过，后台处理功能意味着需要特定系统功能的应用在后台可以在受限方式下继续运行。例如，如果应用播放来自互联网广播站的音频流，iOS将允许该应用在用户切换到另一个应用后继续运行。除此之外，在应用播放音频时，iOS甚至还在iOS控制中心（当你从屏幕的底部向上滑动时出现的半透明面板）上提供了标准的暂停和音量调节控件。

假设你要创建播放音频（即便用户此时正在运行其他应用）、持续请求位置更新（响应特殊类型的推送请求，让其从服务器端加载新数据）或实现VoIP来让用户在互联网上拨打和接听电话的应用，那么这其中的任何一种情况，都可以在应用的Info.plist文件中声明此情形，系统将以一种特殊方式处理应用。这种用途尽管有趣，但可能不是本书的大部分读者将处理的问题，所以我们不打算在这里赘述。

除了在后台运行应用，iOS还能在用户按下主屏幕按钮之后将应用添加到挂起（suspended）状态中。挂起状态在概念上类似于将Mac设置为休眠模式。应用的所有工作内存都在RAM中，在挂起时它完全不执行。因此，切换回此类应用的速度非常快。这种行为不仅限于特殊的应用，事实上是使用Xcode所构建一切应用的默认行为（但可以通过Info.plist文件中的另一项设置禁用）。要查看此行为的实际应用，打开设备的邮件应用并打开一封邮件，然后按下主屏幕按钮，再打开一款笔记类应用并选择一条笔记。现在双击主屏幕按钮并切换回邮件应用。几乎感觉不到延迟，它就会立即滑到视图中，像是一直在运行一样。

对于大部分应用，这种形式的自动挂起和恢复正是你所需要的。但是，在一些情形下，应用可能需要知道它何时被挂起和被唤醒。系统提供了多种方式，通过UIApplication类通知应用改变其执行状态。UIApplication类针对此用途提供了许多委托方法和通知，本章稍后将介绍如何使用它们。

应用即将被挂起时，它可以做的一件事是请求在后台运行一段时间（无论它是否属于可在后台运行的特殊应用类型）。这样做是为了确保应用有足够的时间来关闭已经打开的文件、网络资源等。稍后将给出一个相关例子。

15.3　应用生命周期

在详细介绍如何处理对应用执行状态的变更之前，我们来探讨一下它的生命周期中有哪些状态。

- ❑ 未运行（not running）：此状态表明所有应用都位于一个刚刚重新启动的设备上。在设备打开状态下，不论应用在何时启动，只有遇到以下状况时才返回未运行状态。
  - ■ 应用的Info.plist包含UIApplicationExitsOnSuspend键（并且其值设置为YES）。
  - ■ 应用之前被挂起且系统需要清除一些内存。
  - ■ 应用在运行过程中崩溃。
- ❑ 活跃（active）：这是应用在屏幕上显示时的正常运行状态。它可以接收用户输入并更新显示。
- ❑ 后台（background）：在此状态下，应用获得了一定的时间来执行一些代码，但它无法直接访问屏幕或获取任何用户输入。在用户按下主屏幕按钮后不久，所有应用都会进入此状态，它们中的大部分会迅速进入挂起状态。需要在后台执行各种操作的应用会一直处于此状态，直到被再次激活。
- ❑ 挂起（suspended）：挂起的应用被冻结执行。普通应用在处于后台状态后不久就会转变为此状态。应用在活跃时使用的所有内存将原封不动地得以保留。如果用户将应用切换回活跃状态，它将恢复到之前的状态。如果系统需要为当前活跃的应用提供更多内存，任何挂起的应用都可能被终止（并返回未运行状态），它们的内存将被释放用于其他用途。
- ❑ 不活跃（inactive）：应用仅在其他状态之间的临时过渡阶段处于不活跃状态。应用可以在任意时间内处于不活跃状态的唯一前提是，用户正在处理系统提示（比如显示的传入呼叫或SMS提示）或用户锁定了屏幕。这基本上是一种中间过渡状态。

15.4　状态更改通知

为了管理这些状态之间的变更，UIApplication定义了其委托可以实现的一些方法。除了委托方法，UIApplication还定义了一个匹配的通知名称集合（见表15-1）。这使其他对象也像应用委托一样，可以在应用状态更改时注册通知。

表15-1　跟踪应用执行状态的委托方法和相应的通知名称

委托方法	通知名称
application(_:didFinishLaunchingWithOptions:)	UIApplicationDidFinishLaunching
applicationWillResignActive()	UIApplicationWillResignActive
applicationDidBecomeActive()	UIApplicationDidBecomeActive
pplicationDidEnterBackground()	UIApplicationDidEnterBackground
applicationWillEnterForeground()	UIApplicationWillEnterForeground
applicationWillTerminate()	UIApplicationWillTerminate

注意，这些委托方法和通知都直接与某种"运行"状态相关：活跃、不活跃和后台。每个委托方法仅在一种

状态中调用（每个通知也仅在一种状态中出现）。最重要的状态过渡发生在活跃状态与其他状态之间，一些过渡（比如从后台到挂起）不会出现任何通知。让我们分析一下这些方法，看看应该如何使用它们。

第一个方法application(_:didFinishLaunchingWithOptions:)已在本书出现多次，它是在应用启动后直接进行应用级编码的主要方式。有一个名称为application(_:willFinishLaunchingWithOptions:)的类似方法，它最先调用，对使用了存储或恢复视图控制器状态功能的应用程序可以提供帮助（这些超过了本书讨论的范围）。这里之所以没有列出这个方法是因为它与状态改变没有关联。

接下来的applicationWillResignActive()和applicationDidBecomeActive()会在许多情况下使用。用户按下主屏幕按钮将调用applicationWillResignActive()。如果他们稍后将应用切换回前台，将调用application-DidBecomeActive()。如果用户接听电话，也会发生相同序列的事件。应用启动时也会调用applicationDidBecome-Active()方法。一般而言，这两个方法代表着应用从活跃状态过渡到不活跃状态，可以用它们来启用或禁用任何动画、应用内的音频或其他用于向用户展示的应用内元素。由于使用applicationDidBecomeActive()的情况很多，我们可能想在其中添加一些应用初始化代码，而不是在application(_:didFinishLaunchingWithOptions:)中。注意，不应该在applicationWillResignActive()中假设应用将进入后台状态，因为它只是一种临时变化，最终将恢复到活跃状态。

接下来是applicationDidEnterBackground()和applicationWillEnterForeground()，这两个方法的适用范围稍有不同，它们处理一定会进入后台状态的应用。应用应该在applicationDidEnterBackground()中释放所有可在以后重新创建的资源、保存所有用户数据、关闭网络连接等。如果需要，也可以在这里请求在后台运行更长时间，稍后将会演示这一点。如果在applicationDidEnterBackground()中花了太长时间（超过5秒），系统将断定应用的行为异常并终止它。应该实现applicationWillEnterForeground()来重新创建在applicationDidEnterBackground()中销毁的内容，比如重新加载用户数据、重新建立网络连接等。注意，当调用applicationDidEnterBackground()时，可以安全地假设最近也调用了applicationWillResignActive()。类似地，当调用applicationWillEnter-Foreground()时，可以认为即将调用applicationDidBecomeActive()。

最后是applicationWillTerminate()方法，你可能很少使用它。只有在应用已进入后台、并且系统出于某种原因决定跳过暂停状态并终止应用时，才会真正调用它。

现在你对应用状态过渡的理论有了基本了解。我们在一个简单的应用（只是在每次调用这些方法时向Xcode的控制台日志写入一条消息）中试用一下这些知识。然后我们通过各种方式操作正在运行的应用，就像用户一样，看一下将发生哪些过渡。为了最佳学习效果，你需要一个iOS设备。如果没有的话，可以使用模拟器并跳过需要设备的部分。

15.4.1 创建 State Lab 项目

在Xcode中，以Single View Application模板为基础创建一个新项目，将它命名为State Lab。一开始除了自带的默认白色屏幕，此应用不会显示任何信息。之后我们会做一些有趣的行为，不过目前它还只能在Xcode控制台中输出日志结果。AppDelegate.swift文件已经包含了我们打算尝试的所有方法，其他要做的就是添加一些日志，如以下粗体代码所示。注意，我们也删除了这些方法中的注释，以保持简洁（如代码清单15-6所示）。

代码清单15-6　AppDelegate.swift的日志方法

```
func application(_ application: UIApplication,
              didFinishLaunchingWithOptions launchOptions: [NSObject: AnyObject]?) -> Bool {
    print(#function)
    return true
}

func applicationWillResignActive(_ application: UIApplication) {
    print(#function)
}
```

```swift
func applicationDidEnterBackground(_ application: UIApplication) {
    print(#function)
}

func applicationWillEnterForeground(_ application: UIApplication) {
    print(#function)
}

func applicationDidBecomeActive(_ application: UIApplication) {
    print(#function)
}

func applicationWillTerminate(_ application: UIApplication) {
    print(#function)
}
```

你也许会对每个方法中传递给print()函数的值感到好奇，字面表达式#function表示它所在方法的名称。这里我们使用它来获取当前方法的名称，不需要重复输入或者复制粘贴每个生命周期方法。

15.4.2　探索执行状态

现在构建并运行应用。查看一下控制台（View➤Debug Area➤Activate Console），应该会看到以下类似信息：

```
application(_:didFinishLaunchingWithOptions:)
applicationDidBecomeActive
```

可以使用控制台输出面板下方的搜索框，在大量无关的信息中筛选出你要寻找的内容。

可以看到，应用已经成功启动并进入了活跃状态。现在按下主屏幕按钮（如果你使用的是模拟器，只能点击菜单的Hardware➤Home选项或按下键盘的Shift+Command+H组合键），应该会在控制台看到以下信息：

```
applicationWillResignActive
applicationDidEnterBackground
```

这两行显示了应用在两个状态之间的实际过渡。它首先转变为不活跃状态，然后进入后台。在这里无法看到的是，应用还切换到了第三个状态：挂起。前面提到过，你不会被告知发生了这一过程，它完全在你的控制之外。注意，从某种意义上讲该应用仍然是"活跃"的，Xcode仍然与它相连，即使它实际上没有占用任何CPU时间。要验证这一点，可以点击应用的图标重新启动它，这应该会生成以下输出：

```
applicationWillEnterForeground
applicationDidBecomeActive
```

应用又开始正常运行了。应用之前被挂起，然后唤醒到不活跃状态，最后再次返回活跃状态。那么当应用真正被终止时会发生什么？再次点击主屏幕按钮，你会看到如下输出：

```
applicationWillResignActive
applicationDidEnterBackground
```

然后双击主屏幕按钮（模拟器中要按下Shift+Command+H+H，需要按H键两下），会出现一个能够横向滚动的应用列表界面。按住并向上滑动State Lab截屏，直到飞出屏幕以结束State Lab。你应该会看到像这样的内容：

```
2016-07-21 10:15:40.201746 temp[2825:864732] [Common] <FBSUIApplicationWorkspaceClient
[0x6080000f8700]>: Received exit event
applicationDidEnterBackground
applicationWillTerminate
```

提示　不要通过applicationWillTerminate()方法的调用来保存应用程序的状态，而应该在applicationDid-
　　　EnterBackground()方法中。

这里还有另一种有趣的交互需要介绍，就是当系统在显示警告对话框时，临时接管来自应用的输入流，并且将它设为不活跃状态。这种状态只有在真实设备上（而不是模拟器）运行时才会被触发（使用内置的信息应用）。信息应用和其他很多应用一样，可以从外部接收消息，并能通过多种方式显示。

要看这是如何建立的，可以在你的设备上运行Settings应用，在列表中选择"通知"（Notifications），然后从应用列表里选择"信息"（Messages）应用。iOS 5中首次引入显示消息的全新方式称为"横幅"（Banner）。它显示一条覆盖在屏幕顶部的小通知栏，而不会中断当前正在运行的应用。但是，我们这里想要显示的是不太理想的旧式"提醒"方法，它会在当前应用前弹出一个窗口，要求用户进行操作。在"解锁后的提醒样式"（ALERT STYLE WHEN UNLOCKED）标题下选择"提醒"（Alerts），信息应用将会回到早期的形式（使用iOS 4及早期版本的用户不得不处理的恼人情形）。

现在回到Mac。在Xcode中，使用左上方的弹出菜单从模拟器切换到你的设备，然后点击Run按钮在你的设备上构建和运行该应用。现在，你要做的是向设备发送一条消息。如果使用的是iPhone，可以用另一个手机给它发送一条短信。如果是iPod touch或者iPad，只能用Apple自带的iMessage进行通信，它在所有iOS设备上都可用（包括macOS中的"信息"应用）。根据你的情况，通过短信或者iMessage向iOS设备发送一条消息。当设备显示收到消息的提醒时，会在Xcode控制台中出现以下信息：

```
applicationWillResignActive
```

注意，应用没有被发送到后台，它处于不活跃状态，并且仍然可以在系统提醒背后看到。如果此应用是一个游戏或有视频、音频或动画正在运行，那么这时需要暂停它们。

按下提醒上的"关闭"（Close）按钮，将得到以下信息：

```
applicationDidBecomeActive
```

现在看一下如果决定回复短信会发生什么。发送另一条短信到你的设备，会生成以下信息：

```
applicationWillResignActive
```

这一次单击"回复"（Reply），切换回信息应用，应该会看到以下一系列活动：

```
applicationDidBecomeActive
applicationWillResignActive
applicationDidEnterBackground
```

我们的应用迅速地再次激活，然后变为不活跃，最后进入后台（接下来默默地被挂起）。

15.4.3 利用执行状态更改

那么，我们应该如何对待这些状态呢？基于刚才演示的例子，看起来在处理这些状态更改时有一条明确的策略可以遵循。

1. 活跃➤不活跃

使用applicationWillResignActive()或者UIApplicationWillResignActive()通知来"暂停"应用的显示。如果应用是游戏，你可能已经能够通过某种方式暂停游戏。对于其他类型的应用，确保工作中对用户输入没有严格的时间要求，因为应用在一段时间内不会获得任何用户输入。

2. 不活跃➤后台

使用applicationDidEnterBackground()或者UIApplicationDidEnterBackground()通知释放在应用处于后台状态时不需要保留的任何资源（比如缓存的图像或其他可以轻松重新加载的数据），或可能无法保存在后台状态的任何资源（比如活跃的网络连接）。在这里，避免过度使用内存能确保应用最终的挂起快照更小，从而降低了应用从RAM中完全清除的风险。还应该借此机会保存任何必要的应用数据，这些数据将有助于用户在下一次重新启动应用时找到上次离开时的进度。如果应用返回到活跃状态，这通常没什么问题，但在应用被清除并必须重新启动时，用户会非常希望从相同位置恢复。

3. 后台➤不活跃

使用applicationWillEnterForeground()或者UIApplicationWillEnterForeground()通知恢复从不活跃切换到

后台状态时所执行的任何操作。例如，可以从这里重新建立持久网络连接。

4. 不活跃➤活跃

使用applicationDidBecomeActive()或者UIApplicationDidBecomeActive()通知恢复从活跃切换到不活跃状态时执行的所有操作。注意，如果是游戏类应用，这可能不会直接从暂停状态返回游戏，应该让用户自行返回游戏。另外要记住，这个方法和通知在应用全新启动时使用，所以这里执行的任何操作也必须在该上下文中有效。

对于从不活跃到后台状态的过渡，还有一个需要注意的特殊因素。相比其他过渡，它除了描述文字最多，还可能是大部分应用中使用代码最多和耗时最长的过渡，因为你希望应用执行的"登记"操作量可能很大。在执行此过渡的过程中，系统不会提供大量时间来保存这里的更改，仅提供大约几秒。如果应用从委托方法返回（或处理已经注册的任何通知）的时间超过了，应用将立刻从内存中清除并进入未运行状态。如果这看起来不公平，不要担心，因为可以采用一种推迟方法。在处理该委托方法或通知时，可以要求系统在后台队列中执行一些额外的工作，这会争取到更多时间。

15.4.4 处理不活跃状态

应用遇到的最简单的状态更改是从活跃过渡到不活跃，然后再返回活跃。回想一下，iPhone在应用运行时收到短信并显示就是这种情况。本节将让State Lab执行一些有意思的操作，我们可以看到忽略该状态更改会发生什么，然后了解如何修复它。

我们还要将一个UILabel添加到显示视图，使用Core Animation（iOS中制作对象动画的方法）来移动它。首先在ViewController.swift文件中添加一个UILabel作为实例变量和属性：

```
class ViewController: UIViewController {
    private var label:UILabel!
```

现在设置视图加载时的标签。参照代码清单15-7修改viewDidLoad()方法：

代码清单15-7　修改后的viewDidLoad()方法

```
override func viewDidLoad() {
    super.viewDidLoad()
    // Do any additional setup after loading the view, typically from a nib.
    let bounds = view.bounds

    let labelFrame = CGRect(origin: CGPoint(x: bounds.origin.x, y: bounds.midY - 50) ,
                    size: CGSize(width: bounds.size.width, height: 100))
    label = UILabel(frame: labelFrame)
    label.font = UIFont(name: "Helvetica", size:70)
    label.text = "Bazinga!"
    label.textAlignment = NSTextAlignment.center
    label.backgroundColor = UIColor.clear()
    view.addSubview(label)
}
```

这段代码让标签垂直居中对齐，并且拉伸到刚好为其父视图的宽度。然后设置一些动画。我们将定义两个方法，一个用于将标签旋转为倒置：

```
func rotateLabelDown() {
    UIView.animate(withDuration: 0.5, animations: {
            self.label.transform = CGAffineTransform(rotationAngle: CGFloat(M_PI))
        },
        completion: {(Bool) -> Void in
            self.rotateLabelUp()
        }
    )
}
```

另一个将它旋转回正常位置：

```
func rotateLabelUp() {
    UIView.animate(withDuration: 0.5, animations: {
            self.label.transform = CGAffineTransform(rotationAngle: 0)
        },
        completion: {(Bool) -> Void in
                self.rotateLabelDown()
        }
    )
}
```

这段代码需要解释一下。UIView定义一个名为animate(withDuration:completion)的类方法，该方法可以配置一个动画。在动画闭包内可以设置接受者的特征值逐渐改变，而不是立即产生效果。Core Animation会将该特征从其当前值平滑地过渡到我们指定的新值。这就是所谓的隐式动画（implicit animation），是Core Animation的主要功能之一。最后完成的闭包可指定在动画完成后执行何种操作。注意这个闭包的语法：

```
completion: {(Bool) -> Void in
    if self.animate {
        self.rotateLabelDown()
    }
}
```

粗体代码是闭包的签名，它告诉闭包调用时有一个布尔型参数并且没有返回值。如果动画正常结束了，参数的值就是true，如果失败了就是false。在这个示例中，我们不会使用这个参数。

所以，这些方法将标签的transform属性设置为特定的旋转角度（以弧度为单位指定）。它们还使用一个完成闭包来调用其他方法，使文本继续不停地反复显示动画。

最后，我们需要设置一种方式来启动动画。在viewDidLoad()末尾添加以下代码来实现该功能：

```
rotateLabelDown();
```

现在构建并运行应用，应该看到Bazinga!标签不停地旋转（如图15-4所示）。

图15-4　State Lab应用旋转标签

　　要测试活跃➤不活跃过渡，需要在真正的iPhone上再次运行此应用，从其他设备向它发送短信。在iPhone上构建并运行应用，可以看到动画一直运行。现在向设备发送一条短信，系统警告显示该短信时会看到动画仍在运行！这可能很有趣，但却不是用户想要的。我们将使用应用程序状态过渡通知，在发生这种情况时停止动画。

　　我们的控制器类将需要有某种内部状态来记录它是否应该在给定时刻显示动画。出于此用途，我们向View-Controller类添加一个属性：

```
class ViewController: UIViewController {
    private var label:UILabel!
    private var animate = false
```

　　如你所见，改变应用程序状态会通知应用程序委托，不过因为我们的类不是应用委托，所以无法实现委托方法并期望它们生效，但我们可以注册以接收在执行状态更改时来自应用的通知。为此，在ViewController.swift文件中的viewDidLoad方法末尾添加以下代码：

```
let center = NotificationCenter.default
center.addObserver(self, selector: #selector(ViewController.applicationWillResignActive),
        name: Notification.Name.UIApplicationWillResignActive, object: nil)
center.addObserver(self, selector: #selector(ViewController.applicationDidBecomeActive),
        name: NSNotification.Name.UIApplicationDidBecomeActive, object: nil)
```

　　这段代码设置了两个通知，将分别在恰当的时刻调用类中的一个方法。可以在ViewController类中添加以下方法：

```
func applicationWillResignActive() {
    print("VC: \(#function)")
    animate = false
}

func applicationDidBecomeActive() {
    print("VC: \(#function)")
    animate = true
    rotateLabelDown()
}
```

　　这些方法包含了和之前一样的方法名称记录方式，所以可以在Xcode控制台中看到它们在何处发生。注意，我们在打印函数调用开头添加了"VC: "以区别在委托中调用的相同方法（VC表示这是View Controller）。第一个方法关闭animate标记，第二个打开该标记，然后再次实际地启动动画。要使第一个方法奏效，我们必须添加一些代码来检查animate标记，并仅在它启用时保持动画效果。

```
func rotateLabelUp() {
    UIView.animate(withDuration: 0.5, animations: {
            self.label.transform = CGAffineTransform(rotationAngle: 0)
        },
        completion: {(Bool) -> Void in
            if self.animate {
                self.rotateLabelDown()
            }
        }
    )
}
```

　　我们将这段代码添加到rotateLabelUp()的完成闭包中。只有添加到这里，动画才仅在文本旋转到正常位置时停止。最后，因为我们在应用程序活跃时播放了动画，而在它启动时也会发生这种行为，所以不需要继续在viewDidLoad()方法中调用rotateLabelDown()方法，请删除它。

```
override func viewDidLoad() {

    rotateLabelDown();
    let center = NSNotificationCenter.default
```

现在构建并运行，应该会看到像之前那样的动画。再次向iPhone发送短信，这一次当系统警告出现时将会看到，只要文本转到正确位置，后台运行的动画就会停止。点击Close按钮，动画将重新开始。

前面介绍了如何处理从活跃切换到不活跃状态并切换回来的简单情形。更大型（或许更重要）的任务是处理切换到后台，然后切换回前台的过程。

15.4.5　处理后台状态

前面已经提到，切换到后台状态对于确保最佳用户体验非常重要。我们需要在这里丢弃可以轻松重新获取（或在应用进入静默状态时一定会丢失）的资源，保存与应用当前状态相关的信息，所有这些操作都不应占用主线程超过5秒钟。

为了演示部分行为，我们将通过多种方式扩展State Lab。首先，向显示视图添加一个图像，以便在以后展示如何删除内存中的图像。然后，展示如何保存与应用状态相关的信息，以便在以后轻松地还原它。最后，我们将展示如何将所有这些工作放入后台队列中，确保这些活动不会占用主线程太长时间。

进入后台时移除资源

首先从本书的源文件归档中15-Image文件夹中将smiley.png添加到项目的State Lab文件夹，一定要勾选告诉Xcode将文件复制到项目目录的复选框。不要将它添加到Assets.xcassets资源目录中，因为这样会产生自动缓存，妨碍我们将要实现的资源管理。

现在，将图像和图像视图的属性添加到ViewController.swift文件中：

```
class ViewController: UIViewController {
    private var label:UILabel!
    private var smiley:UIImage!
    private var smileyView:UIImageView!
    private var animate = false
```

然后设置图像视图，并通过修改viewDidLoad()方法将它放在屏幕上，如代码清单15-8所示。

代码清单15-8　修改viewDidLoad方法

```
override func viewDidLoad() {
    super.viewDidLoad()
    // Do any additional setup after loading the view, typically from a nib.

    let bounds = view.bounds
    let labelFrame = CGRect(origin: CGPoint(x: bounds.origin.x, y: bounds.midY - 50) ,
                    size: CGSize(width: bounds.size.width, height: 100))
    label = UILabel(frame:labelFrame)
    label.font = UIFont(name:"Helvetica", size:70)
    label.text = "Bazinga!"
    label.textAlignment = NSTextAlignment.center
    label.backgroundColor = UIColor.clear()

    // smiley.png is 84 x 84
    let smileyFrame = CGRect(x: bounds.midX - 42,
        y: bounds.midY/2 - 42, width: 84, height: 84)

    smileyView = UIImageView(frame:smileyFrame)
    smileyView.contentMode = UIViewContentMode.center
    let smileyPath =
        Bundle.main.pathForResource("smiley", ofType: "png")!
    smiley = UIImage(contentsOfFile: smileyPath)
    smileyView.image = smiley
    view.addSubview(smileyView)

    view.addSubview(label)
```

```
let center = NotificationCenter.default
center.addObserver(self, selector: #selector(ViewController.applicationWillResignActive),
        name: NSNotification.Name.UIApplicationWillResignActive, object: nil)
center.addObserver(self, selector: #selector(ViewController.applicationDidBecomeActive),
        name: NSNotification.Name.UIApplicationDidBecomeActive, object: nil)
}
```

构建并运行应用，会在屏幕中的旋转文本上方看到一个非常开心的笑脸（如图15-5所示）。

图15-5　State Lab应用在旋转标签上方添加了一个笑脸图标

现在，按下主屏幕按钮将应用切换到后台，然后点击它的图标再次启动它。可以看到，应用恢复重启后，标签再次开始如期望般旋转。一切看起来都很好，不过实际上我们还没有尽可能地优化系统资源。记住，应用处于挂起状态时占用的资源越少，该应用被iOS终止的风险就越低。通过从内存中清理那些易于重新创建的资源，可以增加应用驻留内存的机会，因此也可以大幅加快重启速度。

让我们来看看可以对这个笑脸做些什么。我们很想在应用进入后台状态时释放该图片，然后在从后台返回时重新创建它。为此，我们还需要在viewDidLoad()方法中再注册两个通知。

```
center.addObserver(self, selector: #selector(ViewController.applicationDidEnterBackground),
        name: NSNotification.Name.UIApplicationDidEnterBackground, object: nil)
center.addObserver(self, selector: #selector(ViewController.applicationWillEnterForeground),
        name: NSNotification.Name.UIApplicationWillEnterForeground, object: nil)
```

我们还需要实现两个新方法：

```
func applicationDidEnterBackground() {
    print("VC: \(#function)")
    self.smiley = nil;
    self.smileyView.image = nil;
}
func applicationWillEnterForeground() {
    print("VC: \(__FUNCTION__)")
```

```
let smileyPath =
    Bundle.main.path(forResource:"smiley", ofType:"png")!
smiley = UIImage(contentsOfFile: smileyPath)
smileyView.image = smiley
}
```

现在构建并运行应用，执行与让应用进入后台并切换回来相同的步骤。从用户的角度看，应用的行为应该大体相同。如果希望亲自确认发生了此行为，可以注释掉applicationWillEnterForeground()方法的内容，再次构建并运行应用。这样应该会看到图像真的消失了。

15.4.6　进入后台时保存状态

前面的例子展示了如何在进入后台时释放一些资源，现在是时候考虑保存状态了。要记住，我们的想法是保存与用户执行操作有关的信息。这样一来，如果应用在以后从内存转储，用户下次回来时仍然可以恢复到他们离开时的进度。

我们这里介绍的状态类型与具体的应用密切相关，与视图无关。不要误以为它保存并恢复了视图的位置或应用程序最后活跃时用户所看到的界面。iOS对此提供了状态保存和恢复机制，你可以在苹果公司官方网站的*App Programming Guide for iOS*（https://developer.apple.com/library/ios/documentation/iPhone/Conceptual/iPhoneOS Programming Guide/StrategiesforImplementingYourApp/StrategiesforImplementingYourApp.html）中了解它。这里我们将其想象成类似应用程序的用户偏好设置，不想将其实现为一个独立的设置。通过使用第12章中介绍的UserDefaults的API，你可以快速并轻松地在应用程序中保存偏好设置并在之后读取它。当然，如果你的应用程序界面并不复杂或者你并不想使用状态保存及恢复机制，也可以保存信息并在用户偏好设置中恢复它。

State Label示例非常简单，不需要真的用户偏好设置，因此我们只在视图控制器中简单地添加一些应用程序特定的状态。在ViewController.swift文件中添加一个名为index的属性和一个分段控件：

```
class ViewController: UIViewController {
    private var label:UILabel!
    private var smiley:UIImage!
    private var smileyView:UIImageView!
    private var segmentedControl:UISegmentedControl!
    private var index = 0
    private var animate = false
```

我们将让用户使用分段控件来设置这个属性的值并将其保存到用户默认设置中。然后终止并重新启动应用程序来展示属性值的恢复。

然后移到viewDidLoad()方法的中间，我们将在这里创建分段控件并将它添加到视图：

```
smileyView.image = smiley
segmentedControl =
    UISegmentedControl(items: ["One", "Two", "Three", "Four"])
segmentedControl.frame = CGRect(x: bounds.origin.x + 20, y: 50,
    width: bounds.size.width - 40, height: 30)
segmentedControl.addTarget(self, action: #selector(ViewController.selectionChanged(_:)),
    for: UIControlEvents.valueChanged)

view.addSubview(segmentedControl)
view.addSubview(smileyView)
```

我们还使用了addTarget(_:action:forControlEvents)方法来连接分段控件到selectionChanged()方法上，它会在选择的分段控件变化时被调用。可以在ViewController类的文件任意位置添加如下代码：

```
func selectionChanged(_ sender:UISegmentedControl) {
        index = segmentedControl.selectedSegmentIndex;
}
```

现在每当用户改变了所选的分段，index属性的值就会更新。

构建并运行该应用。现在应该可以看到这个分段控件，并且能够点击其分段，每次选择其中一个。这样，index属性的值就会变化，虽然你看不到发生了什么。再次按下主屏幕按钮让应用进入后台运行，然后双击主屏幕按钮打开任务管理器，接着结束你的应用，然后重新启动它。应用程序重新启动后，index属性会再次为零，而且没有分段被选中。我们接下来需要修复它。

保存index属性的值是非常简单的。我们需要在ViewController.swift文件中的applicationDidEnterBackground()方法末尾添加几行代码：

```
func applicationDidEnterBackground() {
    print("VC: \(#function)")
    self.smiley = nil;
    self.smileyView.image = nil;
    UserDefaults.standard.set(self.index,
        forKey:"index")
}
```

但是应该在哪里恢复属性值并用于配置分段控件呢？applicationWillEnterForeground()方法并不是我们想要的。这个方法被调用的时候应用已经处于运行状态了，但设置还是最原始的状态。应该在应用重新运行之后就进行设置，也就是说，应该在viewDidLoad()方法中进行处理。在viewDidLoad()方法中添加如下代码：

```
view.addSubview(label)
```

```
index = UserDefaults.standard.integer(forKey: "index")
segmentedControl.selectedSegmentIndex = index;
```

当应用程序第一次启动时，用户默认设置中没有保存的值。这种情况下，integerForKey()方法会返回零值，这是index属性正确的初始值。如果你想使用一个不同的初始值，可以将其注册为index键的默认值，参考12.2.5节。

现在构建并运行应用，你很快就会发现不同：分段控件的第一个分段一开始是选中的，因为viewDidLoad()方法设置了所选分段的索引值。现在触摸一个分段，然后执行完整的"后台-结束-重新启动"步骤，就会发现index恢复了，结果就是分段控件当前选中的是正确的分段。

显然，我们这里介绍的概念非常简单，但可以将该概念扩展到所有的应用状态。你可以自行决定应用它的程度，从而让用户感觉应用仍然在运行并在等待他们回来。

请求更多后台时间

前面提过，如果进入后台状态花费了太长时间，应用可能会从内存中移出。例如，你的应用可能正在进行文件传输工作，如果没能完成则很遗憾，但试图强制applicationDidEnterBackground()方法在应用真正进入后台前完成这项工作并不是一个很好的选择。相反，你应该在applicationDidEnterBackground()方法中告诉系统还有额外的工作要做，然后启动一段真正地执行该工作的代码。假设用户在执行其他操作时系统仍然有足够的RAM将你的应用保存在内存中，那么系统会强制保留你的应用继续运行一段时间。

我们将要演示这一点，不过不是真正的文件传输，而是一个简单的睡眠呼叫。我们再次使用刚刚学习的GCD和闭包，让applicationDidEnterBackground()方法的内容在一个单独的队列中运行。

在ViewController.swift文件中，修改applicationDidEnterBackground()方法，如代码清单15-9所示。

代码清单15-9　更新后的applicationDidEnterBackground()方法

```
func applicationDidEnterBackground() {
    print("VC: \(#function)")
    UserDefaults.standard.set(self.index,
        forKey:"index")

    let app = UIApplication.shared()
    var taskId = UIBackgroundTaskInvalid
    let id = app.beginBackgroundTask() {
```

```
            print("Background task ran out of time and was terminated.")
            app.endBackgroundTask(taskId)
        }
        taskId = id

        if taskId == UIBackgroundTaskInvalid {
            print("Failed to start background task!")
            return
        }

        DispatchQueue.global(qos: .default).async {
                print("Starting background task with " +
                    "\(app.backgroundTimeRemaining) seconds remaining")

                self.smiley = nil;
                self.smileyView.image = nil;

                // simulate a lengthy (25 seconds) procedure
                Thread.sleep(forTimeInterval: 25)

                print("Finishing background task with " +
                    "\(app.backgroundTimeRemaining) seconds remaining")
                app.endBackgroundTask(taskId)
        });
    }
```

我们详细分析一下这段代码。首先抓取共享的UIApplication实例，因为我们将在此方法中多次使用它。然后是以下代码：

```
var taskId = UIBackgroundTaskInvalid
let id = app.beginBackgroundTask() {
    print("Background task ran out of time and was terminated.")
    app.endBackgroundTask(taskId)
}
taskId = id
```

调用app.beginBackgroundTask()基本是在告诉系统：我们需要更多时间来完成某件事，并承诺在完成后告诉它。如果系统断定我们运行了太长时间并决定停止后台任务，可以调用我们作为参数提供的闭包。对app.beginBackgroundTask()的调用会返回一个我们存在本地变量taskId中的标识符（如果它适用于你的类设计，也可以将这个值保存在视图控制器类的属性中）。

请注意，我们提供的闭包最后会调用endBackgroundTask()方法，传入taskId。这告诉系统我们完成了之前请求额外时间来完成的工作。一定要权衡对app.beginBackgroundTask()的每次调用和对endBackgroundTask的匹配调用，以便让系统知道我们何时完成工作。

注意　这里说的"**任务**"一词可能使人联想起计算机术语，类似于我们通常所说的"**进程**"，即包含多个线程的程序。本例中使用的"任务"不是专业术语，只是表示"某件需要完成的事情"。这里创建的任何"任务"都在你执行的应用中运行。

接下来，添加以下代码：

```
if taskId == UIBackgroundTaskInvalid {
    print("Failed to start background task!")
    return
}
```

若前面对app.beginBackgroundTask()的调用返回特殊值UIBackgroundTaskInvalid，则表明系统没有为我们提

供任何多余的时间。在这种情况下，可以尝试完成必须完成的操作中最快的部分，希望它能在应用终止之前完成。例如在较旧设备（比如iPhone 3G）上运行时，这很可能无法完成。但是在本例中，我们只是让它滑动一下。接下来是完成工作本身的有趣部分：

```
DispatchQueue.global(qos: .default).async {
        print("Starting background task with " +
            "\(app.backgroundTimeRemaining) seconds remaining")

        self.smiley = nil;
        self.smileyView.image = nil;

        // simulate a lengthy (25 seconds) procedure
        Thread.sleep(forTimeInterval: 25)

        print("Finishing background task with " +
            "\(app.backgroundTimeRemaining) seconds remaining")
        app.endBackgroundTask(taskId)
});
```

这段代码所做的是获取我们的方法最初所做的工作，并将它放在一个后台队列中。注意，使用UserDefaults来保存状态的代码不在闭包中。这是因为进入后台时，无论iOS是否会给予应用程序额外的时间来运行，都要把状态保存下来。在该闭包末尾，我们调用endBackgroundTask()来让系统知道我们已经完成。

添加此代码后构建并运行应用，然后按下主屏幕按钮让应用进入后台，观察Xcode控制台，25秒后将会在输出中看到最后的日志。现在完整地运行应用会得到包含以下内容的控制台输出：

```
application(_:didFinishLaunchingWithOptions:)
applicationDidBecomeActive
VC: applicationDidBecomeActive()
applicationWillResignActive
VC: applicationWillResignActive()
applicationDidEnterBackground
VC: applicationDidEnterBackground()
Starting background task with 179.808078499991 seconds remaining
Finishing background task with 154.796897583336 seconds remaining
```

可以看到，在后台执行操作与它在应用的主线程中相比，系统提供了更多的时间。在这个示例中，它将会给你一两分钟时间以执行任何需要在后台中完成的工作。所以如果还有任何正在运行的任务要处理，此步骤能真正有助于完成工作。

注意，我们仅仅使用了一个后台任务，但实际上如果需要，可以尽可能多地使用。例如，如果在后台发生了多个网络传输任务，并且需要完成它们，可以为每个任务创建一个后台任务，并允许每项任务在后台队列中继续运行，以便轻松地允许多个操作在可用的时间内并行运行。

15.5 小结

本章的内容非常密集，介绍了大量新概念：不仅介绍了苹果公司添加到C语言的完整的新功能，还介绍了处理并发的一种新的概念范式，无需考虑线程即可处理并发性。此外，我们还阐述了确保应用在iOS的多线程世界中良好运行的技术。现在我们已经解决了一些重要问题，下一章将集中介绍绘图。

第 16 章

图形与绘制

16

目前为止，我们创建的所有应用程序的UI都是使用UIKit框架中的视图以及控件来构造的。UIKit框架的用处很大，仅仅利用其中的预定义对象就构造出了许多优质的应用程序。然而，对于有些可视化元素（见图16-1）而言，仅仅使用UIKit框架内置的组件是无法完全实现的。

图16-1　UIKit的控件无法满足高级图形应用的需求

例如，有时应用程序需要能够进行自定义绘图。iOS内置了Core Graphics框架，能帮助我们进行各类绘图工作。在本章中，我们将要探索这个功能强大的图形绘制环境的冰山一角。通过构建一个示例应用程序来深度展示Core Graphics的主要功能，并详细讲解其核心概念。

16.1　Quartz 2D 基础概念

Core Graphics中的关键部分是一个名为Quartz 2D的API集合，它包含了各种函数、数据类型以及对象，能让你在内存中直接绘制视图和图像。Quartz 2D将正在进行绘制的视图或图像视作一个虚拟的画布，并遵循绘画模式。之所以使用这个词，是因为使用绘图命令的方式在很大程度上与在画布上使用颜料的方式相同。

如果绘画者将整个画布涂成红色，然后将画布的下半部分涂为蓝色，那么画布将变为一半是红色，另一半是蓝色或紫色（如果颜料是不透明的，那应该为蓝色；而如果颜料是半透明的，那应该为紫色）。Quartz 2D的虚拟画布采用了相同的工作方式。如果将整个视图涂为红色，然后将视图的下半部分涂为蓝色，那么你将拥有一个一半是红色，另一半是蓝色或紫色的视图，这要取决于第二个绘图操作是完全不透明的还是部分透明的。画布上的每一个绘图操作都会覆盖在之前的绘图操作之上。

Quartz 2D提供了各种直线、形状以及图像的绘图函数。虽然使用方便，但Quartz 2D仅限于二维绘图。我们将从Quartz 2D工作原理的基础讲起，随后构建一个简单的绘图应用程序。

16.2　Quartz 2D 绘图方法

使用Quartz 2D（简称为Quartz）绘制图形时，通常需要向所绘制的视图中添加Swift图形代码。比如可以创建一个UIView的子类，并向该类的**draw(_ rect:)**方法中添加对Quartz函数的调用。**draw(_ rect:)**方法是UIView类定义的一部分，视图每次需要自身重新绘制时都会调用该方法，所以如果在**draw(_ rect:)**方法中插入Quartz代码，那么该段代码就会在视图重新绘制之前先被调用。

16.2.1　Quartz 2D 图形环境

与Core Graphics中其他部分一样，Quartz的绘制是在图形环境（graphics context）中进行的，通常简称为环境（context）。每个视图都有相关的环境。你需要先获取当前环境，通过它可以调用各类Quartz绘图函数，由环境负责将图形渲染在视图上。你可以认为环境是一种画布。系统提供了默认的环境来将显示内容呈现在屏幕上。然而你也可以创建一个自己的环境，来绘制不想立刻显现在屏幕上的内容，以待后续使用。我们现在研究如何使用默认的环境，可以在**draw(_ rect:)**方法中使用let context = UIGraphicsGetCurrentContext()来获取它。

图形环境是CGContext类型。它是Swift对C语言指针类型CGContextRef（代表着Core Graphics原生的环境）的映射。context变量在预代码中的实际推断类型为CGContext!。它为可选值的原因是C调用语言函数理论上可以返回NULL（虽然UIGraphicsGetCurrentContext()会确保只要使用它就会存在当前的环境），而且返回值是拆包的，因此环境的所有引用都不需要拆包。

注意　Core Graphics是一个C语言API。所有名称以CG开头的函数都是C函数，而非Swift函数。

得到图形环境之后，就可以通过将该环境传递给各种Core Graphics绘图函数来进行绘制。例如，代码清单16-1中的代码会创建并绘制一条由直线组成的路径。

代码清单16-1　在图形环境上绘制

```
context?.setLineWidth(4.0)
context?.setStrokeColor(UIColor.red.cgColor)
context?.moveTo(x: 10.0, y: 10.0)
context?.addLineTo(x: 20.0, y: 20.0)
context?.strokePath()
```

第一个函数调用指定了之后所有参与创建当前路径的绘制命令必须使用宽度为4点的画笔。可以将其想像成选择绘图时所用的笔刷尺寸大小。所有的直线在这个环境中绘制时宽度都应该为4点，除非再次调用该函数并另设置一个不同的值。然后，指定笔刷颜色为红色。Core Graphics的绘图操作涉及以下两种颜色：

❑ 笔刷颜色，用于绘制直线以及形状的轮廓；
❑ 填充颜色，用于填充形状。

可以认为，环境是通过一支看不见的画笔来绘制线条的。随着绘制命令的执行，画笔的移动会形成一段路径。当调用.moveTo(x:, y:)时，会将虚拟画笔移动到指定的位置，这样做事实上不会执行任何绘图操作。无论接下来执行何种操作，它都将以画笔最后移动到的点为参照物执行自己的工作。以前面的代码为例，我们首先将画笔移动到(10, 10)。下一个函数调用添加一条从当前的画笔位置(10, 10)到指定位置(20, 20)的线条，而(20, 20)会成为画笔的新位置。

在Core Graphics中绘图时，你并没有绘制任何实际可见的内容（至少目前是）。你创建了一段路径，也可以是形状、线条或其他对象，但它们不包含颜色或其他可见的内容。就像是用隐形墨水书写一样。在执行某些使其可见的操作之前，你的路径是看不到的。因此，下一步是调用.strokePath()函数告诉Quartz来绘制路径。该函数将使用我们之前设置的线宽和笔刷颜色对此路径进行涂色并使其可见。

16.2.2 坐标系统

在代码清单16-1中,我们将一对浮点数作为参数传递给context!.moveTo(x:, y:)函数和context!.addLineTo(x:, y:)函数。这些浮点数表示的是Core Graphics坐标系中的位置。点在此坐标系中的位置由其横坐标和纵坐标表示,我们通常用(x, y)来表达。环境的左上角为(0, 0)。向下移动时,y值会增加,而向右移动时,x值会增加。在这段代码中,我们绘制了一条从(10, 10)到(20, 20)的对角线,看起来应该如图16-2所示。

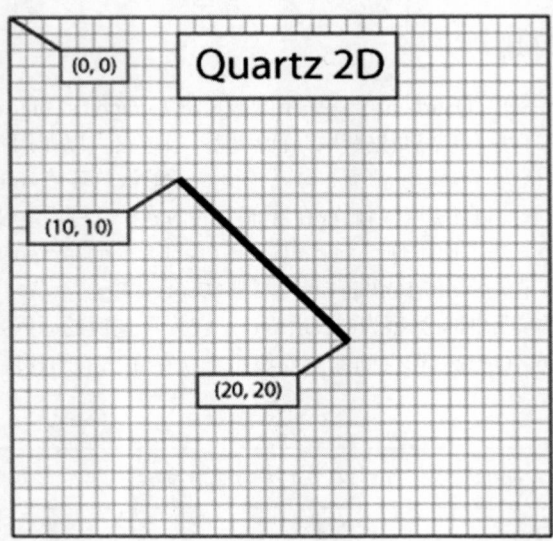

图16-2 使用Quartz 2D的坐标系绘制一条直线

在iOS上使用Quartz绘图时,坐标系会是其中一个误区,因为它的垂直轴向与许多图形库使用的坐标系以及传统笛卡儿坐标系上下相反。在其他坐标系中(比如OpenGL或者macOS版本的Quartz),坐标(0, 0)位于左下角。若y轴坐标上升,你将向环境或视图的顶端移动,如图16-3所示。

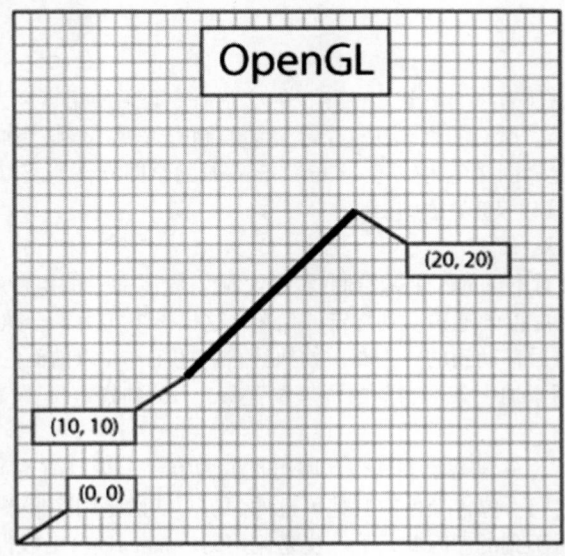

图16-3 在许多图形库中(包括OpenGL),从(10, 10)到(20, 20)绘制所
生成的直线应该看起来如此图中所示,而不是图16-2的那种

　　若要在坐标系中指定一个点，某些Quartz函数需要使用两个浮点值作为参数。而另一些Quartz函数则要求将该坐标值封装在CGPoint中，CGPoint是一个包含了两个浮点值（即x和y）的结构体。若要描述视图或其他对象的尺寸，Quartz则会使用CGSize，CGSize也是一个拥有两个浮点值（即width和height）的结构体。此外Quartz还声明了一个名为CGRect的数据类型，用于在坐标系中定义矩形。CGRect中包含两个元素：一个是名为origin的CGPoint，它的x与y值确定了矩形的左上角位置；另一个是名为size的CGSize，它确定了矩形的宽度与高度（如代码清单16-2所示）。

代码清单16-2　创建一个矩形

```
var startingPoint = CGPoint(x: 1.0, y: 1.0)
var sizeOfrect = CGSize(width: 10.0, height: 10.0)
var rectangle = CGRect(origin: startingPoint, size: sizeOfrect)
```

16.2.3　指定颜色

　　颜色是绘图的一个重要部分，因此理解颜色在iOS上的实现机制是非常重要的。UIKit框架提供了一个UIColor类来表示颜色。不能在Core Graphics函数调用中直接使用UIColor对象，不过UIColor刚好包含了一个名为cgColor的Core Graphics结构体（而这也正是Core Graphics需要的参数）。因此你可以使用UIColor实例的CGColor属性来获取一个对cgColor的引用，和之前的代码类似：context!.setStrokeColor(UIColor.red.cgColor)。

　　我们使用名为red的类型方法获取了一个预定义UIColor实例的引用，然后获取它的cgColor属性值，并将该值传递给函数。如果你查看UIColor类的文档，会看到有很多像redColor()这样的便利方法，可以使用它们获取一些常用的颜色的UIColor对象。

1. iOS设备上的色彩理论

　　在现代计算机图形学中，显示在屏幕上所有颜色的数据都会被保存下来，并遵循色彩模型（color model）。色彩模型有时也被称为色彩空间（color space），是将现实世界中的颜色以计算机可以理解的数值表示出来的方法。一种常见的方法是使用四种元素（红、绿、蓝和不透明度）来表示颜色。在Quartz中，这些值都是CGFloat类型，并且只能在0.0～1.0之间取值。

　　注意　在32位操作系统中，CGFloat是一个32位的浮点数，对应Swift中的Float类型。而在64位操作系统中，它是一个64位的值，相当于Swift的Double类型。在Swift代码中使用CGFloat值时需要注意。

　　红、绿、蓝这三个元素很容易理解，因为它们代表加法三原色（additive primary colors）和RGB色彩模型（如图16-4所示）。如果将这三种颜色的光线以相同的比例投射在一处，在眼前出现的结果会是白色或某种灰色光影，具体情况取决于所混合光线的强度。以不同的比例混合这三种颜色，将会生成一系列不同的颜色，统称为色域（gamut）。

　　你可能学过，原色包括红色、黄色和蓝色。它们被称为历史减法三原色（historical subtractive primaries）或RYB色彩模型，在现代色彩理论中很少采用，在计算机图形学中也几乎从未使用过。RYB色彩模型的色域是非常有限的，并且很难用数学的方式来表示。因此我们达成共识，本书中提到的三原色是指红色、绿色和蓝色，而不是红色、黄色和蓝色。

　　除了红色、绿色和蓝色之外，Quartz还使用了另一个叫作alpha的颜色元素，它表示颜色的不透明度。当在一种颜色上绘制另一种颜色时，alpha用于确定绘制的最终颜色。如果alpha的值为1.0，则绘制的颜色为100%不透明，下面的任何颜色都无法看到。如果它的值小于1.0，那么下面的颜色能透过并混合上层的颜色显示出来。如果alpha的值为0.0，那么当前颜色完全不可见，下面的颜色也会全部透视出来。有时会将使用了alpha值的色彩模型称为RGBA色彩模型，虽然从技术上来说，alpha实际上并不是颜色的一部分，只是定义了绘制时颜色与其他色彩的交互方式。

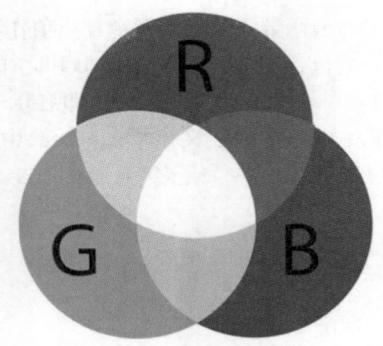

图16-4   组成RGB色彩模型的加法三原色简单图示

2. 其他色彩模型

虽然在计算机图形学中最常用的是RGB模型，但它不是唯一的色彩模型。下面的几项模型也得到了使用：

☐ 色相、饱和度、色明度（HSV）

☐ 色调、饱和度、亮度（HSL）

☐ 蓝绿色、洋红色、黄色、黑色（CMYK），被应用于四色胶印

☐ 灰度级

这些模型（包括RGB模型）还有各种不同的版本变化，从而令情况变得更加混乱。幸运的是，对于大多数操作来说，我们不必担心所使用的色彩模型。我们只需从UIColor对象中调用cgColor属性，在大多数情况下Core Grahpics将会处理任何需要的数值转换。

16.2.4   在环境中绘制图像

通过Quartz可以在环境中直接绘制图像。这是UIKit类（UIImage）的另一种用法，你可以使用它作为Core Graphics中数据结构（cgImage）的替代方式。此UIImage类包含了将图像绘制到当前环境中的方法。你需要使用下面任意一种方法来确定此图像出现在环境中的位置：

☐ 指定一个CGPoint以确定图像的左上角；

☐ 指定一个CGRect以确定图像的范围，并根据需要调整到适当的尺寸大小。

你可以在当前环境中绘制一个UIImage，代码如代码清单16-3所示。

代码清单16-3   在当前环境中绘制一个UIImage

```
var image:UIImage = UIImage() // assuming this exists and points at a UIImage instance
let drawPoint = CGPoint(x: 100.0, y: 100.0)
image.draw(at: drawPoint)
```

16.2.5   绘制形状：多边形、直线和曲线

Quartz提供了许多函数，使我们更加容易创建复杂的形状。如果需要绘制矩形或多边形，并不需要计算角度、绘制线段或者执行任何数学运算，只需要调用一个Quartz函数即可。比如说，假如要绘制一个椭圆形，你需要定义一个刚好能包住它的矩形，接下来的全都可以交给Core Graphics来完成（如代码清单16-4所示）。

代码清单16-4   在当前环境中绘制一个矩形

```
let startingPoint = CGPoint(x: 1.0, y: 1.0)
let sizeOfrect = CGSize(width: 10.0, height: 10.0)
let theRect = CGRect(origin: startingPoint, size:sizeOfrect)
context!.addEllipse(inRect: theRect)
context!.addRect(theRect)
```

对于矩形也采用类似的方法。此外还有许多方法可用于创建更为复杂的形状,比如弧形和贝塞尔路径(Bezier path)。

注意 本章的示例中不会介绍复杂的形状。若要了解有关Quartz中弧形和贝塞尔路径的详细信息,请查看iOS Dev Center中的*Quartz 2D Programming Guide*文档(http://developer.apple.com/documentation/GraphicsImaging/ Conceptual/drawingwithquartz2d/),也可以在Xcode中的在线文档中找到。

16.2.6 Quartz 2D 样例:图案、渐变色、虚线图

Quartz提供了许多强大的工具。例如,除了纯色以外,Quartz还支持使用渐变色填充多边形。除了能够绘制实线,也可以使用各种各样的虚线图形。浏览图16-5中截取自苹果公司QuartzDemo官方样例代码实现的屏幕截图,以了解Quartz可以做到的各种图形效果。

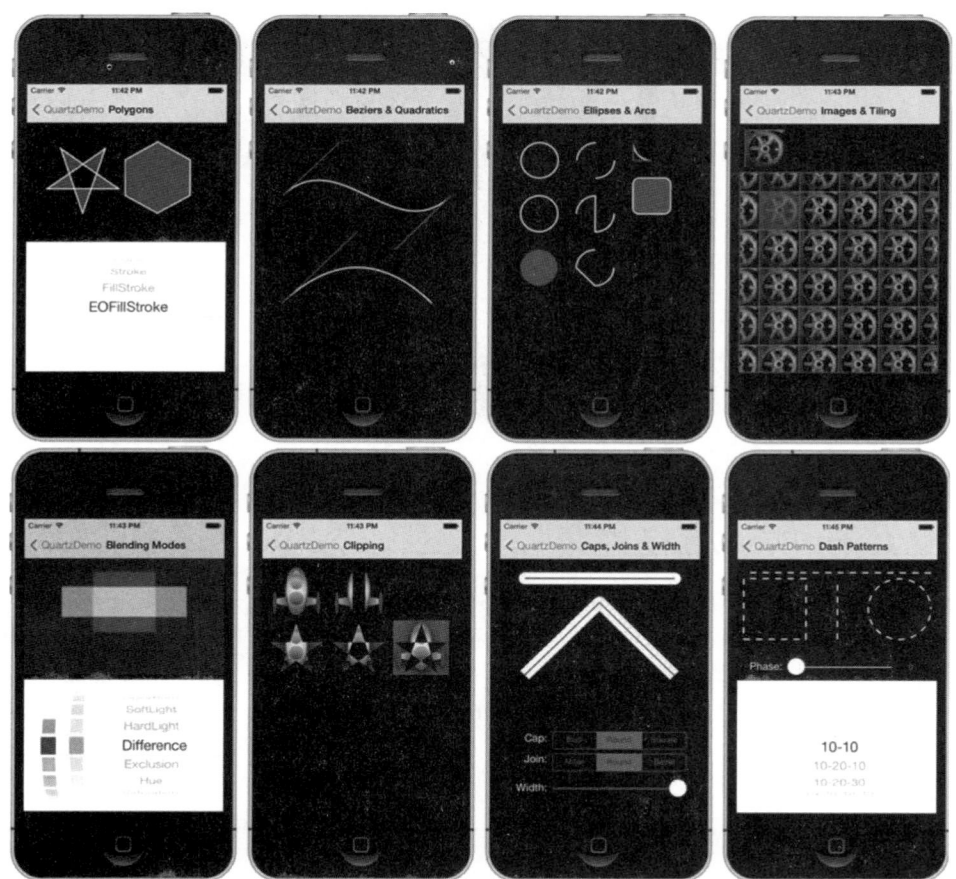

图16-5 一些Quartz 2D的示例,来自于苹果公司提供的QuartzDemo样例项目

现在你已经基本理解了Quartz的工作原理以及功能,那么马上开始使用它吧。

16.3　QuartzFun 应用程序

　　接下来的应用程序是一个简单的绘图程序（见图16-6）。为了让你更好地结合之前所描述的概念并获得实际的体验效果，我们将使用Quartz来构建此应用程序。

图16-6　QuartzFun应用程序正在运行中

16.3.1　构建 QuartzFun 应用程序

　　在Xcode中，使用Single View Application模板创建一个新的项目，并将其命名为QuartzFun。这个模板已经为我们提供了一个应用程序委托和一个视图控制器。因为我们将在视图中执行自定义绘图，所以需要创建一个自定义的UIView子类。在该子类中，我们将通过重载draw(_ rect:)方法进行绘图。选中QuartzFun文件夹（即应用程序委托与视图控制器文件当前位于的文件夹），按下Command+N打开新文件向导，然后从iOS Source分类中选择Cocoa Touch Class图标。将新类命名为QuartzFunView，并设置其为UIView的子类。

　　我们要添加两个枚举值：一个是可以绘制的形状，另一个是可以使用的颜色。此外，因为其中一种颜色是随机的，我们还需要一个在每次调用时返回随机颜色的方法。首先从创建方法和两个枚举值开始。

1. 创建随机颜色

　　我们要定义一个返回随机颜色的全局函数，较好的方法是将这个函数添加为UIColor类的扩展。先打开QuartzFunView.swift文件并在顶部附近添加以下代码：

```
// Random color extension of UIColor
extension UIColor {
    class func randomColor() -> UIColor {
        let red = CGFloat(Double(arc4random_uniform(255))/255)
        let green = CGFloat(Double(arc4random_uniform(255))/255)
```

```
        let blue = CGFloat(Double(arc4random_uniform(255))/255)
        return UIColor(red: red, green: green, blue: blue, alpha:1.0)
    }
}
```

这段代码非常简单。我们使用arc4random_uniform()函数为每个颜色元素生成一个0～255范围的随机浮点数。每个元素的值都需要在0.0～1.0之间，因此我们直接把结果再除以255。为什么是255？因为iOS中Quartz 2D的颜色元素支持256种不同的区段。因此使用数字255可以确保我们有机会随机到任意一种颜色。最后使用这3个随机值创建一个新的颜色，并设置alpha值为1.0，这样新生成的颜色就会是完全不透明的。

2. 定义形状和颜色的枚举

我们使用枚举来表示可能的形状和绘制颜色。在QuartzFunView.swift文件中添加以下定义：

```
enum Shape : Int {
    case line = 0, rect, ellipse, image
}

// The color tab indices
enum DrawingColor : Int {
    case red = 0, blue, yellow, green, random
}
```

两个枚举都基于UInt，之后你就会看到，这是因为我们需要使用枚举的原始数值来映射形状和颜色，以及分段控件的所选分段。

3. 实现QuartzFunView框架

由于我们将在UIView的某个子类中进行绘图，因此要将这个类的所有内容都设置好，关键的绘图代码稍后再填上。首先向QuartzFunView文件中添加下面六个属性：

```
// Application-settable properties
var shape = Shape.line
var currentColor = UIColor.red
var useRandomColor = false
// Internal properties
private let image = UIImage(named:"iphone")
private var firstTouchLocation = CGPoint.zero
private var lastTouchLocation = CGPoint.zero
```

shape属性存放用户想要绘制的形状，currentColor属性存放用户当前所选的颜色，而useRandomColor属性为true则代表用户想要使用随机颜色绘画。这些属性都是为了在类的外部能被用到（事实上是视图控制器用到了它们）。

接下来三个属性只会在类的实现代码里面用到，所以都使用了private修饰符。前两个属性将跟踪用户在屏幕上拖动的手指。我们会将用户第一次触摸屏幕的位置存放在firstTouchLocation变量中，并将拖动时手指的当前位置和拖动结束时手指的位置存放在lastTouchLocation变量中。绘图代码通过使用这两个变量来确定在什么位置绘制所需的形状。当用户选择底部工具栏最右边选项时，image属性可以用来控制将要绘制在屏幕上的图片（如图16-7所示）。

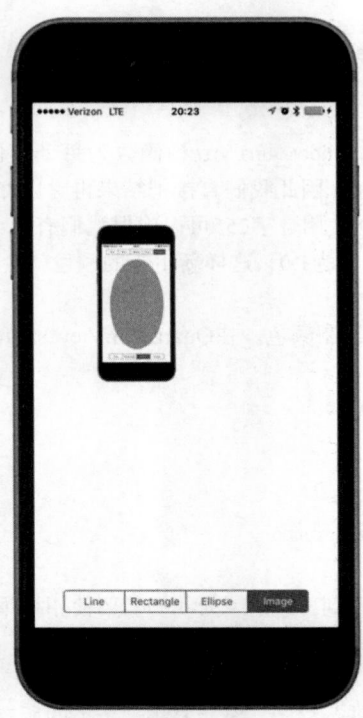

图16-7　使用QuartzFun绘制一个UIImage图像

继续修改实现代码。先添加三个能响应用户触摸事件的方法。在属性的声明语句之后插入代码清单16-5中的三个方法。

代码清单16-5　QuartzFunView.swift文件的触摸方法

```
override func touchesBegan(_ touches: Set<UITouch>, with event: UIEvent?) {
if let touch = touches.first {
    if useRandomColor {
        currentColor = UIColor.randomColor()
    }
    firstTouchLocation = touch.location(in: self)
    lastTouchLocation = firstTouchLocation
    setNeedsDisplay()
}
}

override func touchesMoved(_ touches: Set<UITouch>, with event: UIEvent?) {
if let touch = touches.first {
    lastTouchLocation = touch.location(in: self)
    setNeedsDisplay()
}
}

override func touchesEnded(_ touches: Set<UITouch>, with event: UIEvent?) {
if let touch = touches.first {
    lastTouchLocation = touch.location(in: self)
    setNeedsDisplay()
}
}
```

这三个方法都继承自UIView类（实际上是在UIView的父类UIResponder中声明的），可以通过覆盖这些方法来识别用户触摸了屏幕的什么位置。以下是它们的执行过程。

❑ touchesBegan(_:withEvent:)方法会在用户的手指第一次触摸到屏幕时被调用。在这个方法中，假如用户选择了随机颜色选项，我们会使用之前为UIColor新增的randomColor方法改变当前颜色。然后存储当前坐标，这样就能知道用户第一次触摸到屏幕的位置。之后调用self上的setNeedsDisplay方法将视图标记为需要重新绘制的。

❑ touchesMoved(_:withEvent:)方法会在用户的手指在屏幕上拖动时被持续调用。我们在这里要做的只是每次都在lastTouchLocation变量中存储最新的当前位置，并标记为需要重新绘制屏幕。

❑ touchesEnded(_:withEvent:)方法会在用户的手指离开屏幕时被调用。与我们在touchesMoved(_:withEvent:)方法中所做的一样，只需要在lastTouchLocation变量中存储最终的位置并将视图标记为需要重新绘制。

即便你不能完全理解这些代码的内容也不必担心。我们将在第18章中详细地讲解触摸事件以及这些触摸方法的工作原理。

完成应用程序框架并且能够运行之后，我们要回来继续完善这个类。我们会在draw(_ rect:)方法中实现应用程序的主要功能，这段代码当前是被注释的状态，还没有写任何内容。我们首先完成应用程序的设置，之后将在这里添加绘图代码。

4. 向视图控制器中添加输出接口和操作方法

开始绘图之前，我们需要向GUI中添加分段控件，然后连接操作方法和输出接口。单击Main.storyboard图标来设置这些内容。要做的第一件事就是修改视图所代表的类。在文件略图中展开场景的内容，并在里面的视图控制器中单击选中View图标。按下Command+3打开身份检查器，将Class文本框中的内容由UIView改成QuartzFunView。

接下来，在库中找到分段控件（Segmented Control），将其直接拖动到导航栏的顶部，并放在状态栏下方，靠近中间位置。不需要过于精准，因为我们很快就要添加布局约束使其居中。

确保分段控件处于选中状态，打开属性检查器，并将分段数量从2更改为5。依次双击各个分段，将它们的标签分别改为（从左至右）Red、Blue、Yellow、Green和Random。现在开始使用布局约束。按住鼠标右键从分段控件图标拖到文档略图中的Quartz Fun View图标上，松开鼠标并按住Shift键，选择Vertical Spacing to Top Layout Guide和Center Horizontally in Container选项，然后按下Return键。在文档略图中选中View Controller图标，然后回到storyboard编辑器，点击Resolve Auto Layout Issues按钮（位于Add New Constraints按钮右边）并选择Update Frames选项。如果这个选项是不可选的，要确保在文档略图中选择的是View Controller。现在分段控件应该拥有了正确的位置和尺寸，如图16-8所示。

图16-8 分段控件处于正确位置，标签内容都已设好

如果辅助编辑器界面还没有显示，现在打开它，然后在文件跳转栏中选择ViewController.swift文件。现在按住鼠标右键从文档略图中的分段控件拖动到右边的ViewController.swift文件顶部的空白处。松开鼠标以创建一个新的输出接口。给新的输出接口命名为colorControl，并保留所有其他选项为默认值。请确保你是从分段控件开始拖动的，而不是导航栏或导航按钮。类文件看起来应该像这样：

```
class ViewController: UIViewController {
    @IBOutlet weak var colorControl: UISegmentedControl!
```

接着，我们添加一个操作方法。在辅助编辑器中打开ViewController.swift文件，再次选择Main.storyboard，然后按住鼠标右键，从分段控件拖向视图控制器文件，停留在文件底部。在浮动面板中将连接类型更改为Action，使用changeColor作为操作方法的名称。下拉列表默认的值应该刚好就是你需要的Value Changed事件，此外还须将Type设置为UISegmentedControl。

现在我们来添加第二个分段控件，它将用来选择绘制的形状。从对象库中拖出一个分段控件并将其放在视图的底部附近。接着在文档略图中选择分段控件，打开属性检查器，并将分段数量由2更改为4。现在双击每个分段并将它们的名称依次改为Line、Rectangle、Ellipse和Image。现在我们需要添加布局约束来固定控件的尺寸和位置，类似于之前对颜色选取控件的操作。需要执行以下几个步骤。

(1) 按住鼠标右键，从新的分段控件图标拖到文档略图中的Quartz Fun View图标，松开鼠标并按住Shift键，选择Vertical Spacing to Bottom Layout Guide和Center Horizontally in Container选项，然后按下Return键。

(2) 在文档略图中，选择View Controller图标，然后回到编辑器。点击Resolve Auto Layout Issues按钮并选择Update Frames选项。

完成这些之后，在辅助编辑器打开ViewController.swift文件，然后按住鼠标右键并将指针从分段控件拖动到ViewController.swift文件底部以创建另一个操作方法。将连接类型改为Action，并使用changeShape作为新的操作方法名称，类型更改为UISegmentedControl后点击Connect按钮。storyboard现在看起来应该如图16-9所示。接下来的任务就是实现我们的操作方法。

图16-9　storyboard中的两个分段控件都处于正确的位置

5. 实现操作方法

保存storyboard并关闭辅助编辑器。现在选中ViewController.swift文件，找到Xcode为你创建的changeColor()
方法，在里面添加代码清单16-6中的代码。

代码清单16-6　ViewController.swift文件中的changeColor方法

```
@IBAction func changeColor(_ sender: UISegmentedControl) {
    let drawingColorSelection =
            DrawingColor(rawValue: UInt(sender.selectedSegmentIndex))
    if let drawingColor = drawingColorSelection {
        let funView = view as! QuartzFunView
        switch drawingColor {
        case .red:
            funView.currentColor = UIColor.red
            funView.useRandomColor = false

        case .blue:
            funView.currentColor = UIColor.blue
            funView.useRandomColor = false

        case .yellow:
            funView.currentColor = UIColor.yellow
            funView.useRandomColor = false

        case .green:
            funView.currentColor = UIColor.green
            funView.useRandomColor = false

        case .random:
            funView.useRandomColor = true
        }
    }
}
```

这些代码非常简单，只是检查究竟选中了哪个分段按钮，并根据用户的选择创建新的颜色作为当前的绘制颜
色。为了让分段控件被选的索引值能映射到相应颜色的枚举值，我们使用枚举的构造函数来获取一个原始数值：

```
let drawingColorSelection =
        DrawingColor(rawValue: UInt(sender.selectedSegmentIndex))
```

然后设置了currentColor属性，这样该类在绘制时就能知道应该使用哪种颜色了——除非你选择的是随机颜
色。如果选择的是随机颜色，我们会将useRandomColor属性设为true。这样，每当用户开始一次新的绘图操作时，
就得到一个新的颜色。你可以在touchesBegan(_:withEvent:)方法中找到这段代码，我们之前就已经添加了。由
于所有绘制代码都包含在视图自身中，所以我们不需要在这个方法中执行任何其他操作。

接下来找到已有的changeShape()方法并添加以下代码：

```
@IBAction func changeShape(_ sender: UISegmentedControl) {
    let shapeSelection = Shape(rawValue: UInt(sender.selectedSegmentIndex))
    if let shape = shapeSelection {
        let funView = view as! QuartzFunView
        funView.shape = shape
        colorControl.isHidden = shape == Shape.image
    }
}
```

这个方法要做的就是根据所选择的分段控件按钮来设置图形形状。Shape枚举中的四个元素分别对应于应用
程序视图底部的四个工具栏分段。我们将形状设置为当前分段按钮所选代表的形状，并根据是否选择了Image分
段来显示或隐藏颜色选取控件。

编译并运行应用程序，以确保以上所有步骤都已正常完成。目前你还不能在屏幕上绘制图形，不过分段控件已经能够正常工作了。点击底部的Image分段控件按钮时，颜色控件便会消失。

到现在为止一切都很顺利，我们开始剩下的绘制内容吧。

16.3.2 添加 Quartz 2D 绘制代码

现在要添加执行绘图的代码。我们将绘制一条直线、一些图形和一张图片。整个工作将循序渐进地进行，先编写一小段代码，然后运行应用程序以查看代码所实现的内容。

1. 绘制直线

首先绘制最简单的一条直线。选择QuartzFunView.swift文件，然后将被注释掉的**draw(_ rect: CGRect)**方法改为代码清单16-7所示的方法。

代码清单16-7 draw(_ rect:)方法

```
override func draw(_ rect: CGRect) {
    let context = UIGraphicsGetCurrentContext()
    context!.setLineWidth(2.0)
    context!.setStrokeColor(currentColor.cgColor)

    switch shape {
    case .line:
        context?.moveTo(x: firstTouchLocation.x,
                        y: firstTouchLocation.y)
        context?.addLineTo(x: lastTouchLocation.x,
                           y: lastTouchLocation.y)
        context?.strokePath()

    case .rect:
        break

    case .ellipse:
        break

    case .image:
        break
    }
}
```

首先要获取当前环境的引用，这样就能在QuartzFunView上进行绘制。

```
let context = UIGraphicsGetCurrentContext()
```

接下来将直线的宽度设置为2.0，这意味着画的任何直线宽都是2个点。

```
context!.setLineWidth(2.0)
```

随后设置所画直线的颜色。由于UIColor类中存在一个CGColor类型的属性，而它正是函数所需的参数，因此使用currentColor实例变量的这个属性将正确的颜色传递给该函数。

```
context!.setStrokeColor(currentColor.cgColor)
```

使用switch语句根据每个形状的类型跳转到对应的代码位置。如之前所说，先从处理绘制直线的代码开始，完成之后再依次为示例中其余的形状添加代码。

```
switch shape {
case .line:
```

为了绘制一条直线，我们要让图形环境在用户触摸的第一个位置开始创建路径。回忆一下，我们在

touchesBegan(_:withEvent:)方法中存储了这个值，因此能获取最近一次触摸或拖动时的起点位置。

```
context?.moveTo(x: firstTouchLocation.x,
                y: firstTouchLocation.y)
```

接下来绘制一条从该点到用户触摸的最后一个点的直线。如果用户的手指仍然停留在屏幕上，则 lastTouchLocation变量包含的是用户手指的位置。如果用户的手指离开了屏幕，则lastTouchLocation变量包含的是用户手指离开时的位置。

```
context?.addLineTo(x: lastTouchLocation.x,
                   y: lastTouchLocation.y)
```

这个方法没有真的绘制线条，只是将其添加到环境的当前路径中。为了让线条出现在屏幕上，我们需要描绘这条路径。这个函数会将所画直线以之前设置好的颜色与宽度绘制出来。

```
context?.strokePath()
```

目前就是这些内容。此时你应该能够再次进行编译并运行应用程序了。Rectangle、Ellipse和Image选项都不可用，不过你可以使用选中的任意颜色来很好地绘制出直线（见图16-10）。

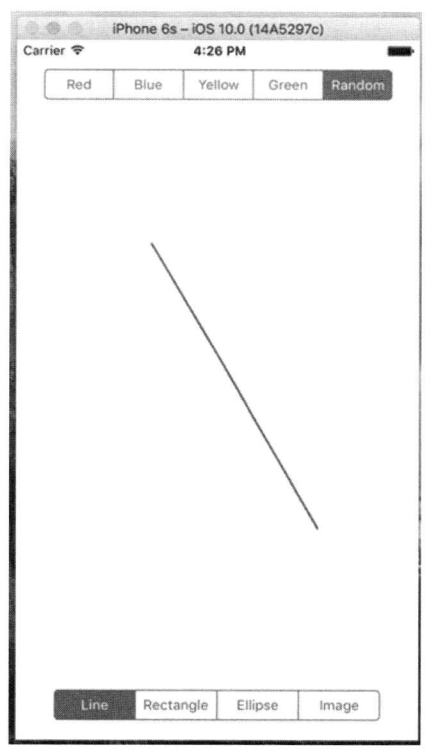

图16-10　应用程序中绘制直线的部分现在已经完成。
该图中使用的是随机颜色

2. 绘制矩形和椭圆形

这次我们同时实现绘制矩形和椭圆形的代码，因为Quartz实现这两种对象的方法基本类似。将已有的draw(_ rect:)方法更改为代码清单16-8所示代码。

代码清单16-8　更改draw(_ rect:)方法来对矩形和椭圆进行处理

```
override func draw(_ rect: CGRect) {
```

```
let context = UIGraphicsGetCurrentContext()
context?.setLineWidth(2.0)
context?.setStrokeColor(currentColor.cgColor)
context?.setFillColor(currentColor.cgColor)
let currentRect = CGRect(x: firstTouchLocation.x,
                         y: firstTouchLocation.y,
                         width: lastTouchLocation.x - firstTouchLocation.x,
                         height: lastTouchLocation.y - firstTouchLocation.y)
switch shape {
case .line:
    context?.moveTo(x: firstTouchLocation.x,
                    y: firstTouchLocation.y)
    context?.addLineTo(x: lastTouchLocation.x,
                       y: lastTouchLocation.y)
    context?.strokePath()

case .rect:
    context?.addRect(currentRect)
    context?.drawPath(using: .fillStroke)

case .ellipse:
    context?.addEllipse(inRect: currentRect)
    context?.drawPath(using: .fillStroke)

case .image:
    break
}
}
```

因为除了轮廓以外，我们还想给椭圆形和矩形内部涂上纯色，所以要添加一个方法调用，并使用currentColor
变量来设置填充颜色：

```
context?.setFillColor(currentColor.cgColor)
```

接下来声明一个CGRect变量，因为矩形和椭圆形都是基于矩形绘制的。我们将使用currentRect存放的值描述
用户拖出的矩形。记住，CGRect内包含两个成员变量：size和origin。通过CGRect((x: y: width: height:)函数，
我们可以通过指定所需的值来创建一个CGRect，用它来生成矩形。创建矩形的代码非常简单。我们使用存储在
firstTouchLocation中的点创建左上角的起点。然后通过计算两点之间x值与y值的差来获取尺寸大小。请注意，
根据拖动的方向，其中一个或两个尺寸的值可能会为负数，不过这没关系。具有负值的CGRect将从起点按相反方
向渲染（负宽度值向左绘制，负高度值则向上绘制）：

```
let currentRect = CGRect(x: firstTouchLocation.x,
        y: firstTouchLocation.y,
        width: lastTouchLocation.x - firstTouchLocation.x,
        height: lastTouchLocation.y - firstTouchLocation.y)
```

将矩形的内容定义好之后，只需要简单调用两个函数就可以绘制矩形或椭圆形了。其中一个函数是在我们定
义的CGRect中绘制矩形或椭圆形，另一个函数用来描边并填充它：

```
case .rect:
    context?.addRect(currentRect)
    context?.drawPath(using: .fillStroke)

case .ellipse:
    context?.addEllipse(inRect: currentRect)
    context?.drawPath(using: .fillStroke)
```

编译并运行应用程序，试着用一下矩形和椭圆形工具来看看你的杰作。别忘了多换几种颜色试试，包括随机
颜色。

3. 绘制图像

我们要做的最后一件事就是绘制图像。16-Image文件夹中包含三个名称分别为iphone.png、iphone@2x.png和iphone@3x.png的图片，你可以将该图像添加到项目的资源目录中。在项目导航面板中选中Assets.xcassets以打开编辑器，然后在Finder中选中所有三张图片并将它们拖动到编辑区域，就可以在资源目录中创建一个名为iphone的新图像集。现在修改draw(_ rect:)方法（如代码清单16-9所示）。

代码清单16-9 处理图像的修改后的draw(_ rect:)方法

```
override func draw(_ rect: CGRect) {
    let context = UIGraphicsGetCurrentContext()
    context?.setLineWidth(2.0)
    context?.setStrokeColor(currentColor.cgColor)
    context?.setFillColor(currentColor.cgColor)
    let currentRect = CGRect(x: firstTouchLocation.x,
                             y: firstTouchLocation.y,
                             width: lastTouchLocation.x - firstTouchLocation.x,
                             height: lastTouchLocation.y - firstTouchLocation.y)
    switch shape {
    case .line:
        context?.moveTo(x: firstTouchLocation.x,
                        y: firstTouchLocation.y)
        context?.addLineTo(x: lastTouchLocation.x,
                           y: lastTouchLocation.y)
        context?.strokePath()

    case .rect:
        context?.addRect(currentRect)
        context?.drawPath(using: .fillStroke)

    case .ellipse:
        context?.addEllipse(inRect: currentRect)
        context?.drawPath(using: .fillStroke)

    case .image:
        let horizontalOffset = image!.size.width / 2
        let verticalOffset = image!.size.height / 2
        let drawPoint =
            CGPoint(x: lastTouchLocation.x - horizontalOffset,
                    y: lastTouchLocation.y - verticalOffset)
        image!.draw(at: drawPoint)
    }
}
```

首先要计算该图像的中心，因为我们希望绘制的图像以用户最后触摸的点为中心。若不这样调整的话，则会以用户的手指作为左上角绘制图像（当然这也是一种方案）。然后通过从lastTouch中的x值和y值中减去这些偏移量来生成一个新的CGPoint：

```
let horizontalOffset = image!.size.width / 2
let verticalOffset = image!.size.height / 2
let drawPoint =
    CGPoint(x: lastTouchLocation.x - horizontalOffset,
            y: lastTouchLocation.y - verticalOffset)
```

现在我们通知图像将自身绘制出来，以下代码将执行此工作：

```
image!.draw(at: drawPoint)
```

构建并运行应用程序，在分段控件中选择Image，就可以在绘图画布上放置图像了。在屏幕上移动手指可以看到图片会随着移动，非常有趣。

16.3.3 优化 QuartzFun 应用程序

应用程序的功能如预想的那样，不过仍需要考虑进行一些优化。在这个简单的应用程序中，你不会注意到速度有所减慢，但如果是在早期iOS设备上运行更加复杂的应用程序，可能会看到一些延迟。该问题由QuartzFunView.swift文件中的touchesMoved(_:withEvent:)和touchesEnded(_:withEvent:)方法引起。这两个方法都包含下面这行代码：

```
setNeedsDisplay()
```

顾名思义，它的作用是告诉视图有些内容发生了变化，需要重新绘制自身。该代码能正常工作，但它导致整个视图被擦除并重新绘制，即使只有非常微小的更改也是如此。准备拖动新形状时，我们希望能擦除该屏幕，但并不想要在拖动形状时一秒钟多次清除屏幕。

为避免在拖动期间多次强制重新绘制整个视图，可以改用setNeedsDisplayInRect()方法。它是一个UIView对象的方法，会将视图区域的某一块矩形部分标记为需要重新绘制。通过使用此方法，可以仅标记受当前绘图操作影响而需要重新绘制视图的某一部分，从而提高效率。

需要重新绘制的不仅仅是firstTouchLocation和lastTouchLocation之间的矩形，还有当前拖动所包围的所有屏幕部分。假设用户触摸屏幕，并在屏幕上到处乱画。如果只重新绘制firstTouchLocation和lastTouchLocation之间的部分，则重新绘制之后屏幕上仍会残留许多我们不希望看到的内容。

解决办法是跟踪受CGRect实例变量中特定拖动影响的整个区域。在touchesBegan(_:withEvent:)方法中，先将该实例变量重新设置仅为用户触摸的点。然后在touchesMoved(_:withEvent:)和touchesEnded(_:withEvent:)方法中，使用一个Core Graphics函数获取当前矩形和已存储矩形的并集，然后再存储所得到的矩形。我们还需要使用它来指定需要重新绘制的视图部分。通过该解决办法，可以获得受当前拖动影响而变化的所有区域。

现在需要在draw(_ rect:)方法中计算当前矩形，以便绘制椭圆形和矩形。将该计算相关的代码移动到新的方法中，就可以在3个地方使用到它，以避免编写重复的代码。那么开始吧。

在QuartzFunView类中添加一个名为redrawRect的新属性：

```
// Internal properties
private let image = UIImage(named:"iphone")
private var firstTouchLocation = CGPoint.zero
private var lastTouchLocation = CGPoint.zero
private var redrawRect = CGRect.zero
```

我们将使用这个属性来跟踪需要重新绘制的区域。在QuartzFunView类文件的结尾，我们还要创建一个新的方法，计算要重新绘制的区域的代码将单独放在这里：

```
func currentRect() -> CGRect {
    return CGRect(x: firstTouchLocation.x,
        y: firstTouchLocation.y,
        width: lastTouchLocation.x - firstTouchLocation.x,
        height: lastTouchLocation.y - firstTouchLocation.y)
}
```

现在draw(_ rect:)方法中所有对currentRect变量的引用都改成currentRect()，这样代码就会用到刚刚创建的新方法。接着删除为currentRect变量计算的那段代码（如代码清单16-10所示）。

代码清单16-10　draw(_ rect:)方法的最终版本
```
override func draw(_ rect: CGRect) {
    let context = UIGraphicsGetCurrentContext()
    context?.setLineWidth(2.0)
    context?.setStrokeColor(currentColor.cgColor)
    context?.setFillColor(currentColor.cgColor)

    switch shape {
```

```
case .line:
    context?.moveTo(x: firstTouchLocation.x,
                    y: firstTouchLocation.y)
    context?.addLineTo(x: lastTouchLocation.x,
                       y: lastTouchLocation.y)
    context?.strokePath()

case .rect:
    context?.addRect(currentRect())
    context?.drawPath(using: .fillStroke)

case .ellipse:
    context?.addEllipse(inRect: currentRect())
    context?.drawPath(using: .fillStroke)

case .image:
    let horizontalOffset = image!.size.width / 2
    let verticalOffset = image!.size.height / 2
    let drawPoint =
        CGPoint(x: lastTouchLocation.x - horizontalOffset,
                y: lastTouchLocation.y - verticalOffset)
    image!.draw(at: drawPoint)
    }
}
```

此外还需要对touchesBegan(_:withEvent:)、touchesMoved(_:withEvent:)和touchesEnded(_:withEvent:)方法做一些修改。需要重新计算受当前操作影响的范围，并用它来指示需要重新绘制的视图部分。将已有的这些方法替换为代码清单16-11中的新版代码。

代码清单16-11　更新后的触摸逻辑

```
override func touchesBegan(_ touches: Set<UITouch>, with event: UIEvent?) {
    if let touch = touches.first {
        if useRandomColor {
            currentColor = UIColor.randomColor()
        }
        firstTouchLocation = touch.location(in: self)
        lastTouchLocation = firstTouchLocation
        redrawRect = CGRect.zero
        setNeedsDisplay()
    }
}

override func touchesMoved(_ touches: Set<UITouch>, with event: UIEvent?) {
    if let touch = touches.first {
        lastTouchLocation = touch.location(in: self)

        if shape == .image {
            let horizontalOffset = image!.size.width / 2
            let verticalOffset = image!.size.height / 2
            redrawRect = redrawRect.union(CGRect(x: lastTouchLocation.x - horizontalOffset,
                    y: lastTouchLocation.y - verticalOffset,
                    width: image!.size.width, height: image!.size.height))
        } else {
            redrawRect = redrawRect.union(currentRect())
        }
        setNeedsDisplay(redrawRect)
    }
}

override func touchesEnded(_ touches: Set<UITouch>, with event: UIEvent?) {
```

```
        if let touch = touches.first {
            lastTouchLocation = touch.location(in: self)

            if shape == .image {
                let horizontalOffset = image!.size.width / 2
                let verticalOffset = image!.size.height / 2
                redrawRect = redrawRect.union(CGRect(x: lastTouchLocation.x - horizontalOffset,
                        y: lastTouchLocation.y - verticalOffset,
                        width: image!.size.width, height: image!.size.height))
            } else {
                redrawRect = redrawRect.union(currentRect())
            }
            setNeedsDisplay(redrawRect)
        }
    }
```

　　再次构建并运行应用程序以观看最终效果。你也许看不到任何区别，不过增加了几行代码，我们就减少了重新绘制视图所需的大量工作（不再需要擦除和重新绘制未受当前拖动影响的视图部分）。这样妥善处理iOS设备宝贵的处理器周期，可以在应用程序性能方面产生巨大的差别，尤其是遇到复杂的应用程序时。

注意　如果希望更深入地学习Quartz 2D主题，可以查阅由Jack Nutting、Dave Wooldridge和David Mark编写的《iPad开发基础教程》，其中介绍了大量Quartz 2D绘图知识。此书中的所有绘图代码和说明都同时适用于iPhone和iPad。

16.4　小结

　　在本章中，我们事实上只学习了iOS绘图功能的一点皮毛。现在你应该逐渐适应了Quartz 2D。通过参考苹果公司的文档，你还可以处理遇到的大多数绘图需求。

　　现在是时候进一步提高你的图形技能了。第17章将会向你介绍iOS 7中引入的SpriteKit框架，它能让你快速执行位图渲染，以创建游戏或其他可以交互的内容。

SpriteKit制作简单游戏

在iOS 7中，苹果公司引入了一个可以高性能渲染2D图形的框架——SpriteKit。与主要通过绘图模式绘制图形的Core Graphics以及主要用来管理GUI元素动画特征的Core Animation不同，SpriteKit专注于一个完全不同的领域：视频游戏，而且这是苹果公司对iOS系统的游戏开发在图形方面的首次尝试。它同时在iOS 7和OS X 10.9（Mavericks）上发布，并在两个平台上提供相同的API，因此应用都只需要编写一次就可以轻松移植到另一个平台上。尽管苹果此前从未提供过像SpriteKit这样的框架，它却与多个开源库（比如Cocos2D）非常相似。如果你使用过Cocos2D或其他类似的工具，就会觉得学起来很轻松。

SpriteKit并没有像Core Graphics那样去实现一个灵活的通用绘图系统。它没有绘制路径、渐变或颜色填充的方法。你用到的是一个场景图表（scene graph），与UIKit视图的层级关系有些相似。它可以对每一个图表节点的位置、缩放和旋转进行变换，每个节点还可以绘制自身。大部分绘图都是通过SKSprite类（或其子类）的实例执行的，它用来表示将要放置在屏幕上的单个图像。

本章将通过SpriteKit构建一个简单的射击游戏，名字叫作TextShooter。不必制作图像，我们将使用文本来构建游戏中的对象，通过SKSprite的某个子类就可以专门实现这个功能。采用这种方式，你就不需要从项目库或类似资源中提取图片了。我们创建的应用外观很简洁，很容易修改，也适合娱乐。

17.1 创建 TextShooter 应用

在Xcode中，按下Command+N或选择File➤New➤Project...菜单项，并从iOS分类中选择Game模板。按下Next按钮，将你的项目命名为TextShooter，将Devices设为Universal，并将Game Technology设为SpriteKit，然后创建项目。此处其他可选的类型也值得简单一看。OpenGL ES和Metal（后者是iOS 8中的新技术）是底层图形API，可以让你对图形硬件拥有几乎全部的控制权，不过要比SpriteKit复杂很多。此外请不要勾选Integrate GamePlayKit复选框，因为我们不会用到这个功能。SpriteKit是2D的API，而SceneKit（也是从iOS 8中引入的）是可以用来构建3D图形应用程序的工具集。学完本章后，如果你对3D游戏开发感兴趣，可以通过这个链接阅读SceneKit文档：https://developer.apple.com/library/prerelease/ios/documentation/SceneKit/Reference/SceneKit_Framework/index.html。

如果现在运行TextShooter项目，你将看到默认的SpriteKit应用程序，如图17-1所示。一开始你将看到"Hello, World"字样。点击屏幕的任何位置，会看到文字消失，出现一个旋转的圆角矩形，持续几秒时间。在学习本章的过程中，我们将替换掉模板中的所有内容，并逐步构建出一个自己的简单应用程序。

图17-1   正在运行的默认SpriteKit应用。一些文本显示在屏幕中央

现在浏览一下Xcode创建的项目。它包含了最基本的AppDelegate类和一个用来进行SKView对象的初始化配置的简单GameViewController类。SKView对象从应用storyboard中加载，用来显示所有SpriteKit内容。这里是GameView-Controller中初始化SKView的viewDidLoad()方法里的代码：

```
override func viewDidLoad() {
    super.viewDidLoad()

    if let view = self.view as! SKView? {
        // Load the SKScene from 'GameScene.sks'
        if let scene = SKScene(fileNamed: "GameScene") {
            // Set the scale mode to scale to fit the window
            scene.scaleMode = .aspectFill
            // Present the scene
            view.presentScene(scene)
        }

        view.ignoresSiblingOrder = true

        view.showsFPS = true
        view.showsNodeCount = true
    }
}
```

这段代码从storyboard中获取了SKView实例并进行了配置，使其在游戏运行时显示一些性能相关的值。SpriteKit应用程序由SKScene类表示的场景（scene）组成。使用SpriteKit开发时，你可能会为应用中每个看起来不同的部分创建一个新的SKScene子类。场景可以用来表现有许多对象在屏幕上移动的快节奏游戏，也可以用来表现简单的开始菜单。在本章中，我们将要看到SKScene的多种使用方式。模板会以名为GameScene的类生成一个初始的空场景。

SKView和SKScene之间的关系与我们在本书中使用UIViewController类有些相似。SKView类扮演的角色有点像UINavigationController，类似总控制器，管理着对其他控制器显示内容的访问。不过之后就有些区别了，与UINavigationController不同，SKView管理的顶层对象并不是UIViewController的子类，而是SKScene的子类，它们分别管理一些对象（界面显示的、物理引擎控制的，等等）。

这个方法中接下来的部分创建了初始场景：

```
if let scene = SKScene(fileNamed: "GameScene") {
```

有两种创建场景的办法：可以用代码方式分配并初始化一个实例，也可以从一个SpriteKit场景文件加载。Xcode的模板采取了后者，它生成一个名为GameScene.sks的SpriteKit场景文件，里面包含了一个SKScene对象的归档副本。SKScene与大多数其他的SpriteKit类一样，都遵循NSCoder协议（我们在第13章中讨论过）。GameScene.sks文件是一个标准的归档文件，你可以使用NSKeyedUnarchiver和NSKeyedArchiver类来对它进行读写。通常你会用到SKScene类中的SKScene(fileNamed:)初始化方法，它将从归档中加载SKScene对象并作为调用方具体子类的实例进行初始化。在这个示例中，归档的SKScene数据被用来初始化GameScene对象。

你可能会疑惑，为什么模板代码要特意从场景文件加载一个空的场景对象，它完全可以自己创建一个。原因就是Xcode的SpriteKit Level Designer（关卡设计器），它可以让你设计一个场景，就像在Interface Builder中构建用户界面一样。设计好场景之后，将其保存到场景文件中并再次运行应用程序。这次场景显然不会是空的了，你应该可以看到在Level Designer中设计的界面了。加载完初始场景后，你可以通过代码自由地在里面添加其他的元素。在本章中我们会多次执行这个操作。另外，如果你觉得Level Designer对你用处不大，可以完全用代码构建你的场景。

如果你在项目导航面板中选中了GameScene.sks文件，Xcode会在Level Designer中打开它，如图17-2所示。

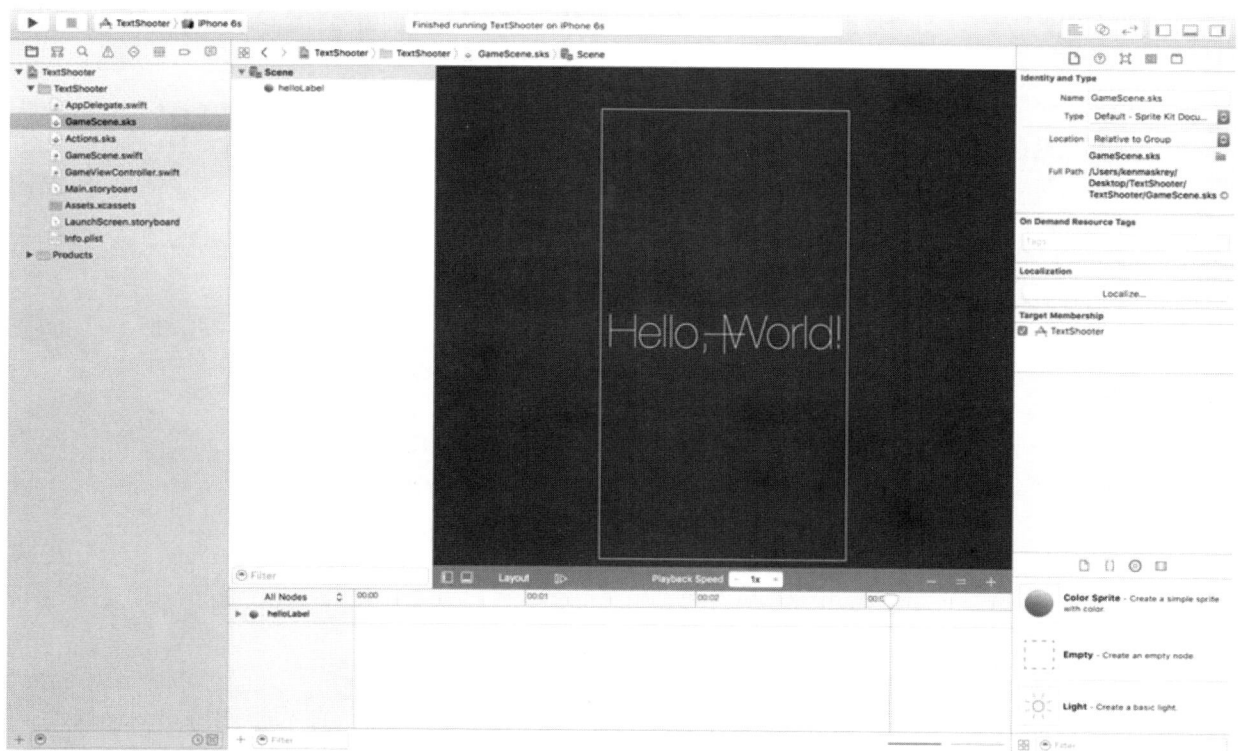

图17-2　Xcode的SpriteKit Level Designer，展示了初始的空GameScene场景（除了默认的标签）

场景显示在编辑区域中。右边是SKNode检查器，你可以使用它来设置编辑区域所选节点的属性。SpriteKit场景的元素都是节点，即SKNode类的实例。SKScene本身就是SKNode的子类。这里SKScene节点被选中了，因此SKNode检查器显示的是它的属性。在检查器底部是平常的Xcode对象库，它会自动筛选并显示出可以添加到SpriteKit场景的对象类型。设计场景就是从这里拖动对象并放置在编辑区域中。

现在我们继续讲解之前viewDidLoad方法的其余内容：

```
// Set the scale mode to scale to fit the window
scene.scaleMode = .aspectFill
```

这个是场景的scaleMode属性，我们将其设置为.aspectFill，在宽高两个方向上拉伸并选择较大的缩放比例。我们也可以选择.fill、.aspectFit和.resizeFill。以下是这些缩放模式的特点。

- SKSceneScaleMode.aspectFill会重新调整场景的尺寸，使其填充整个屏幕并保持长宽比。这个模式会确保SKView的每个像素都被覆盖，不过会丢失一些场景的内容——在这里场景被切掉了左侧和右侧的空间。场景的内容也被缩放了，因此文本比原来场景的要小，不过它相对于场景的位置被保留了。
- SKSceneScaleMode.aspectFit也会保留屏幕的长宽比，不过会确保整个场景都是可见的。效果就是一个类似信箱的视图，在场景内容的上方和下方还可以看到SKView的部分内容。
- SKSceneScaleMode.fill在两个方向的坐标轴上对场景进行缩放，就可以填满整个视图。这样能确保场景中的所有内容都是可见的，不过因为没有保留原来场景的长宽比，内容可能会有无法接受的扭曲。可以看到这里的文本在水平方向上被压窄了。
- 最后的SKSceneScaleMode.resizeFill将场景的左下角放在视图的左下角位置，并维持原来所有的尺寸。

此处表示我们不会在显示场景时计算里面节点由层级关系决定的渲染顺序：

```
view.ignoresSiblingOrder = true
```

根据游戏的表现形式，你可能会想要设置这个值，这样就需要注意元素的层叠顺序是否合理。下面这行代码使用动画来演示场景的切换：

```
view.presentScene(scene)
```

在已有场景存在时调用这个方法会让新的场景立刻替换掉旧的。在本章后面你会看到一个这样的示例。这里我们是为了显示初始场景，没有过渡的内容，因此使用presentScene()方法是可行的。

```
view.showsFPS = true
view.showsNodeCount = true
```

最后两行代码仅仅是在屏幕底部显示画面的相关信息，如图17-3所示。

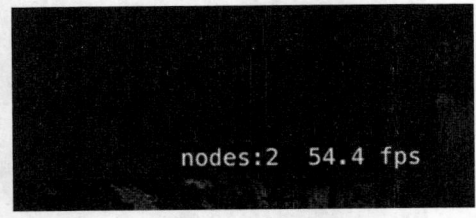

图17-3　在视图中显示关于画面的相关信息

17.1.1　自定义初始场景

选中GameScene类。Xcode模板创建的大部分代码我们都不需要，因此可以删除。首先删除整个didMoveToView()方法。当场景在SKView中显示的时候会调用这个方法，通常是在场景出现前进行最后更改时用到。然后更改touchesBegan(_:withEvent:)方法，只留下for循环语句和里面的第一行代码。

```
override func touchesBegan(_ touches: Set<UITouch>, with event: UIEvent?) {
    /* Called when a touch begins */
    for touch in touches {
        let location = touch.location(in: self)
    }
}
```

因为我们不是从GameScene.sks加载场景，所以需要一个方法用一些初始内容来创建场景。我们还需要添加当前游戏关卡进度、玩家拥有的生命值和标记是否完成关卡的属性。参照代码清单17-1修改GameScene.swift文件。

代码清单17-1 GameScene.swift的首次更改

```
class GameScene: SKScene {

    private var levelNumber: Int
    private var playerLives: Int
    private var finished = false

    class func scene(size:CGSize, levelNumber:Int) -> GameScene {
        return GameScene(size: size, levelNumber: levelNumber)
    }

    override convenience init(size:CGSize) {
        self.init(size: size, levelNumber: 1)
    }

    init(size:CGSize, levelNumber:Int) {
        self.levelNumber = levelNumber
        self.playerLives = 5
        super.init(size: size)

        backgroundColor = SKColor.lightGray()

        let lives = SKLabelNode(fontNamed: "Courier")
        lives.fontSize = 16
        lives.fontColor = SKColor.black()
        lives.name = "LivesLabel"
        lives.text = "Lives: \(playerLives)"
        lives.verticalAlignmentMode = .top
        lives.horizontalAlignmentMode = .right
        lives.position = CGPoint(x: frame.size.width,
                                 y: frame.size.height)
        addChild(lives)

        let level = SKLabelNode(fontNamed: "Courier")
        level.fontSize = 16
        level.fontColor = SKColor.black()
        level.name = "LevelLabel"
        level.text = "Level \(levelNumber)"
        level.verticalAlignmentMode = .top
        level.horizontalAlignmentMode = .left
        level.position = CGPoint(x: 0, y: frame.height)
        addChild(level)
    }

    required init?(coder aDecoder: NSCoder) {
        levelNumber = aDecoder.decodeInteger(forKey: "level")
        playerLives = aDecoder.decodeInteger(forKey: "playerLives")
        super.init(coder: aDecoder)
    }
```

```
override func encode(with aCoder: NSCoder) {
    aCoder.encode(Int(levelNumber), forKey: "level")
    aCoder.encode(playerLives, forKey: "playerLives")
}
}
```

第一个方法scene(size:levelNumber:)是一个工厂方法，可以快速创建一个关卡并立即设置它的进度。在第二个方法init()中，我们覆盖了类的默认初始化函数，将控制权交给第三个函数（并传递了一个默认的关卡进度值）。第三个方法首先设置了levelNumber和playerLives属性的初始值，之后由下往上调用了父类实现的特定初始化函数。这种方式可能看起来有些绕，不过在为某个类添加新的初始化函数时，通常仍然会使用类中特定的初始化函数。之后设置了场景的背景颜色。请注意这里使用了一个名称为SKColor的类，而不是UIColor。事实上，SKColor并不是一个真正的类，它是一种替身，相当于iOS应用中的UIColor以及macOS应用中的NSColor。这样就可以轻松地在iOS和macOS之间进行移植了。

之后我们创建了SKLabelNode类的两个实例。这是一个有些类似UILabel的便利类，我们可以通过它在场景中添加一些文字并选择字体、设置文本并指定其对齐方式。我们创建一个标签在屏幕右上角显示生命值，另一个在屏幕左上角显示关卡序数。仔细观察用来为标签定位的代码，如下所示：

```
lives.position = CGPoint(x: frame.size.width,
                         y: frame.size.height)
```

如果你认为传入的点是标签的位置，那么你会惊讶地发现传入的是场景的高度。在UIKit中，将位置设为UIView的高度会将它放在视图的底部，不过在SpriteKit中y轴是相反的，坐标系原点位于场景的左下角并且y轴方向是朝上的。因此场景高度最大值的位置是在屏幕的顶端。那么标签的x坐标呢？我们设置它为视图的宽度。如果你是在UIView中执行的，视图将会刚好在屏幕右边之外。不过这里不一样，因为我们还执行了这样一句：

```
lives.horizontalAlignmentMode = .right
```

这里设置SKLabelNode的horizontalAlignmentMode属性为SKLabelHorizontalAlignmentMode.right，将标签节点中用来定位的点（实际上就是position属性）移至文本的右侧。因为我们想让文本与屏幕右边对齐，所以需要设置position属性的x坐标值为场景的宽度。与之相对，level标签中的文本是左对齐的，并且我们通过设置它的x坐标值为零让它位于场景的左边缘：

```
level.horizontalAlignmentMode = .left
level.position = CGPoint(x: 0, y: frame.height)
```

你还会注意到每个标签都有名字。它的工作方式与UIKit中的tag标记或标识符类似，之后可以通过访问它们的名字来获取标签。

我们在Swift代码中添加了init(coder:)和encode(with aCoder:)方法，因为包括SKScene在内的所有SpriteKit节点都遵循NSCoding协议。这里需要覆盖init(coder:)方法，为达一致性我们还实现了encode(with aCoder:)方法，尽管我们不需要在这个应用程序中对场景对象进行归档。你会看到我们创建的所有SKNode子类中都有这种机制，不过假如子类没有自身特有属性的话，就不需要实现encode(with aCoder:)方法了，因为这种情况下基类就会处理好我们所需的一切。

现在选中GameViewController.swift文件并在viewDidLoad方法中进行以下更改：

```
override func viewDidLoad() {
    super.viewDidLoad()

    let scene = GameScene(size: view.frame.size, levelNumber: 1)

    // Configure the view.
    let skView = self.view as! SKView
    skView.showsFPS = true
    skView.showsNodeCount = true
```

```
    /* Sprite Kit applies additional optimizations to improve rendering performance */
    skView.ignoresSiblingOrder = true

    /* Set the scale mode to scale to fit the window */
    scene.scaleMode = .aspectFill

    skView.presentScene(scene)
}
```

我们取消了从场景文件加载场景，改用刚刚在GameScene中添加的scene(size:levelNumber:)方法来创建并初始化场景，使其和SKView拥有相同的尺寸。因为视图和场景的尺寸相同，所以不再需要设置场景的scaleMode属性了，我们可以移除这一行代码。在GameViewController.swift文件的底部，你会看到下面的代码：

```
override func prefersStatusBarHidden() -> Bool {
    return true
}
```

这段代码可以让iOS的状态栏在游戏运行时消失。Xcode模板之所以有这个方法，是因为像这种动作游戏，玩家通常想要隐藏状态栏。现在运行游戏，可以看到已经搭建了一个非常基础的构造（如图17-4所示）。

图17-4　游戏目前还没有可玩性，不过至少帧数很高

提示　　场景右下角的节点数和帧数对调试很有帮助，不过发布游戏的时候就不需要它们了。你可以通过在GameViewController的viewDidLoad方法中设定SKView的showFPS和showNodeCount属性为false来关闭它们。还有其他一些SKView属性可以帮助你获取更多的调试信息，详情请参考API文档。

17.1.2　玩家移动

现在添加一些交互性。我们要创建一个代表玩家的新类，它会知道如何绘制自身外观，以及如何通过一个平滑的动画移动到新的位置。接下来要向场景中插入新类的实例并编写一些代码，以便玩家可以通过触摸屏幕来移动对象。场景中的每个对象都必须是SKNode的子类。因此需要使用Xcode的File菜单创建一个名为PlayerNode的新Cocoa Touch类，它是SKNode的子类。在新建的几乎全空的PlayerNode.swift文件中导入SpriteKit框架并添加以下方法：

```swift
import SpriteKit

class PlayerNode: SKNode {
    override init() {
        super.init()
        name = "Player \(self)"
        initNodeGraph()
    }

    required init?(coder aDecoder: NSCoder) {
        super.init(coder: aDecoder)
    }

    private func initNodeGraph() {
        let label = SKLabelNode(fontNamed: "Courier")
        label.fontColor = SKColor.darkGray()
        label.fontSize = 40
        label.text = "v"
        label.zRotation = CGFloat(M_PI)
        label.name = "label"
        self.addChild(label)
    }
}
```

PlayerNode自身不会显示任何东西，因为一个原生的SKNode没有办法对自身进行绘制，而是通过init()方法来设置一个子节点来进行实际绘制。这个子节点是另一个SKLabelNode的实例，与之前创建用来显示关卡进度和剩余生命值所用的相似。SKLabelNode是SKNode的子类，而它知道如何对自身进行绘制。另一个相似的子类是SKSpriteNode。我们没有设置标签的位置，这表示它的位置是坐标(0, 0)。与视图类似，坐标系统中的每个SKNode都继承父节点的位置。节点的位置为零意味着会在屏幕上PlayerNode实例的位置出现，而非零值的结果就是会在这个位置上产生位移。

我们还要设定标签的旋转值，这样里面的小写字母"v"就可以上下颠倒显示出来。旋转属性zRotation的名字看起来可能有些奇怪，它只是代表SpriteKit中坐标空间的z轴。你只能在屏幕上看到x轴和y轴，而z轴可以用来为显示内容的深度排序，以及旋转节点。赋给zRotation的值应该是弧度而不是角度，因此我们赋给值M_PI，它是大致等于圆周率π的常量。由于π的弧度等于180°，这刚好就是你要的效果。

1. 在场景中加入玩家

现在切换到GameScene.swift文件。我们要在这里向场景插入PlayerNode的实例。首先添加一个表示玩家节点的属性：

```swift
private let playerNode: PlayerNode = PlayerNode()
```

接着在init(size:levelNumber:)方法末尾处附近添加以下粗体显示的代码：

```swift
level.position = CGPoint(x: 0, y: frame.height)
addChild(level)

playerNode.position = CGPoint(x: frame.midX,
                              y: frame.height * 0.1)
addChild(playerNode)
```

如果现在构建并运行应用，应该会看到玩家出现在屏幕底部的中间位置（如图17-5所示）。

图17-5　一个倒置的V要开始战斗了

2. 触摸处理：玩家移动

接下来要在之前清空的touchesBegan(_:withEvent:)方法中添加一些逻辑。在GameScene.swift中插入以下粗体显示的代码（添加代码时你会看到一则编译器报错，我们很快就会修复它）：

```
override func touchesBegan(_ touches: Set<UITouch>, with event: UIEvent?) {
    /* Called when a touch begins */

    for touch in touches {
        let location = touch.location(in: self)
        if location.y < frame.height * 0.2 {
            let target = CGPoint(x: location.x, y: playerNode.position.y)
            playerNode.moveToward(target)
        }
    }
}
```

上面的代码片段采用屏幕底部五分之一区域中的任意触摸位置作为新的位置目标，你的玩家节点将向此处移动。在当前环境中，编译器会警告出错，因为还没有定义玩家节点的moveToward()方法。因此，切换到PlayerNode.swift文件并添加以下实现代码：

```
func moveToward(_ location: CGPoint) {
    removeAction(forKey: "movement")

    let distance = pointDistance(position, location)
    let screenWidth = UIScreen.main.bounds.size.width
    let duration = TimeInterval(2 * distance/screenWidth)

    run(SKAction.move(to: location, duration: duration),
        withKey:"movement")

}
```

我们先跳过第一行，稍后再回来探讨它。这个方法比较了新位置与当前位置，并计算出了距离和要移动的像素。接下来它根据通过常量设定的总体位移速度算出了需要多少时间来移动。最后它创建了一个SKAction来执行动作。SKAction是SpriteKit中的一个元素，它知道如何使节点随着时间变化，可以让你简单地使用节点的位移、缩放、旋转和透明度渐变动画，等等。我们在这里创建了一个在指定的时间内运行一个简单位移动画的动作，然后使用关键字"movement"赋给玩家节点。如你所见，这个关键字与方法中第一行移除的动作关键字一样。我们在方法一开始移除了任何已有的同关键字动作，这样用户就可以快速连续轻点多个位置，不会因多个不同方向的动作而产生冲突。

3. 几何运算

注意，现在触发了另一个问题，原因是Xcode无法找到名称为pointDistance()的方法。这是当前应用打算使用的一个几何函数，这些几何函数通过点、向量和浮点值进行运算。我们现在开始编写。使用Xcode创建一个名为Geometry.swift的新Swift文件并添加以下内容：

```swift
import UIKit

// Takes a CGVector and a CGFLoat.
// Returns a new CGFLoat where each component of v has been multiplied by m.

func vectorMultiply(_ v: CGVector, _ m: CGFloat) -> CGVector {
    return CGVector(dx: v.dx * m, dy: v.dy * m)
}

// Takes two CGPoints.
// Returns a CGVector representing a direction from p1 to p2.

func vectorBetweenPoints(_ p1: CGPoint, _ p2: CGPoint) -> CGVector {
    return CGVector(dx: p2.x - p1.x, dy: p2.y - p1.y)
}

// Takes a CGVector.
// Returns a CGFLoat containing the length of the vector, calculated using
// Pythagoras' theorem.
func vectorLength(_ v: CGVector) -> CGFloat {
    return CGFloat(sqrtf(powf(Float(v.dx), 2) + powf(Float(v.dy), 2)))
}

// Takes two CGPoints. Returns a CGFLoat containing the distance between them,
// calculated with Pythagoras' theorem.
func pointDistance(_ p1: CGPoint, _ p2: CGPoint) -> CGFloat {
    return CGFloat(
    sqrtf(powf(Float(p2.x - p1.x), 2) + powf(Float(p2.y - p1.y), 2)))
}
```

这都是一些通用操作的实现代码，在许多游戏中会用到：向量相乘、创建两点之间的向量，以及计算距离。现在构建并运行应用。当玩家"飞船"出现后，轻点屏幕底部区域的任意位置，可以看到飞船向左或向右靠近你点击的位置。你可以在飞船到达终点前再次点击，它会立即开始新的动画并移动到新的位置。这很不错，不过如果玩家的飞船在移动时效果能稍微真实一些就更好了。

4. 轻微摆动

我们为飞船加入另一个位移动画，使其移动时出现一些轻微的摆动。在PlayerNode类的moveToward方法中添加以下粗体显示的代码：

```swift
func moveToward(_ location: CGPoint) {
    removeAction(forKey: "movement")
    removeAction(forKey: "wobbling")

    let distance = pointDistance(position, location)
```

```
let screenWidth = UIScreen.main.bounds.size.width
let duration = TimeInterval(2 * distance/screenWidth)

run(SKAction.move(to: location, duration: duration),
                         withKey:"movement")
let wobbleTime = 0.3
let halfWobbleTime = wobbleTime/2
let wobbling = SKAction.sequence([
        SKAction.scaleX(to: 0.2, duration: halfWobbleTime),
        SKAction.scaleX(to: 1.0, duration: halfWobbleTime)
])
let wobbleCount = Int(duration/wobbleTime)
run(SKAction.repeat(wobbling, count: wobbleCount),
                         withKey:"wobbling")
}
```

这里所做的与之前创建的位移动作类似，不过有些重要的不同之处。对于基本的位移，我们只计算了位移持续时间，然后在单一步骤中创建并运行位移动作。这次有一点复杂。首先我们定义了单次摆动的时间（飞船在移动时可能会多次摆动，不过摆动的频率是一致的）。摆动先是在飞船的x轴发生，飞船的宽度缩小到正常尺寸的2/10，然后放大到其完整尺寸。所有单一动作被封装到另一种被称为序列（sequence）的动作中，它将依次执行包含的所有动作。接下来计算出在飞船移动的时间内要发生多少次摆动，并将wobbling序列包含在一个重复动作中，告诉它要执行多少次连续摆动。与之前一样，我们在方法的起始处取消之前的所有摆动动作，这样摆动就不会冲突了。

现在运行应用，你将看到飞船在向前或向后移动时会发生摆动。看起来就像它在飞行一样。

17.1.3 创建敌人

目前一切正常，不过这个游戏需要一些让玩家射击的敌人。使用Xcode创建一个名称为EnemyNode的新Cocoa Touch类，使用SKNode作为父类。我们暂时不会为敌人类提供任何真实的行为，不过会让它出现。我们采用之前针对玩家的同样技术，使用文本来构建敌人。可以确定，没有文本字符比字母X更让人不愉快，所以我们的敌人就是由小写字母x组成的一个大写字母X！请在EnemyNode.swift文件中添加这些代码：

```
import SpriteKit

class EnemyNode: SKNode {
    override init() {
        super.init()
        name = "Enemy \(self)"
        initNodeGraph()
    }

    required init?(coder aDecoder: NSCoder) {
        super.init(coder: aDecoder)
    }
    private func initNodeGraph() {
        let topRow = SKLabelNode(fontNamed: "Courier-Bold")
        topRow.fontColor = SKColor.brown()
        topRow.fontSize = 20
        topRow.text = "x x"
        topRow.position = CGPoint(x: 0, y: 15)
        addChild(topRow)

        let middleRow = SKLabelNode(fontNamed: "Courier-Bold")
        middleRow.fontColor = SKColor.brown()
        middleRow.fontSize = 20
        middleRow.text = "x"
```

```
        addChild(middleRow)

        let bottomRow = SKLabelNode(fontNamed: "Courier-Bold")
        bottomRow.fontColor = SKColor.brown()
        bottomRow.fontSize = 20
        bottomRow.text = "x x"
        bottomRow.position = CGPoint(x: 0, y: -15)
        addChild(bottomRow)
    }
}
```

这里没有什么新的内容，我们只是通过调整每个文本位置的y坐标值，使其变成了多行文本。

17.1.4　在场景中加入敌人

现在要更改GameScene.swift文件让一些敌人出现在场景中。首先添加一个新属性来存储这一关卡的敌人：

```
private let enemies = SKNode()
```

你可能认为我们会使用一个Array<SKNode>来完成，但事实上使用一个基本的SKNode更加有效。SKNode可以拥有任意数量的子节点，而且我们总是要向场景中添加所有的敌人，使用SKNode包含它们也易于访问。接下来要添加spawnEnemies()方法，如下所示：

```
private func spawnEnemies() {
    let count = Int(log(Float(levelNumber))) + levelNumber
    for _ in 0..<count {
        let enemy = EnemyNode()
        let size = frame.size;
        let x = arc4random_uniform(UInt32(size.width * 0.8))
                            + UInt32(size.width * 0.1)
        let y = arc4random_uniform(UInt32(size.height * 0.5))
                            + UInt32(size.height * 0.5)
        enemy.position = CGPoint(x: CGFloat(x), y: CGFloat(y))
        enemies.addChild(enemy)
    }
}
```

在init(size:levelNumber:)方法的末尾处添加下列代码，以在场景中添加一个空的敌人节点，并调用spawnEnemies方法：

```
    addChild(playerNode)

    addChild(enemies)
    spawnEnemies()
```

因为我们在场景中添加了enemies节点，所有添加到这个节点的敌人子节点也将出现在场景中。请注意我们利用了arc4random_uniform()函数得到了这些敌人节点坐标中x与y的随机值。如果在使用它之前重新初始化（stir）随机数生成器的种子，可以让得到的随机数更加没有规律。方法是打开**AppDelegate.swift**文件并在application(_:didFinishLaunchingWithOptions:)方法中添加以下粗体显示的代码：

```
func application(application: UIApplication,
    didFinishLaunchingWithOptions launchOptions: [NSObject: AnyObject]?) -> Bool {
    // Override point for customization after application launch.
    arc4random_stir()
    return true
}
```

现在构建并运行应用，你会看到一个可怕的敌人位于屏幕的上方随机位置（如图17-6所示）。你难道不想向它射击吗？

图17-6　我很确信你想射击这个由x组成的X

17.1.5　开始射击

现在要实现游戏开发的下一个逻辑步骤：让玩家攻击敌人。我们想让玩家能够轻点屏幕上方80%的区域来发出射向敌人的子弹。可以使用SpriteKit中的物理引擎（physics engine）来移动玩家的子弹并判断子弹是否射中敌人。

不过首先要知道物理引擎是什么。简单来说，物理引擎是一个可以记录场景中多个物理对象（一般指的是身体）以及它们之间产生的作用力的软件组件。它还可以确保所有对象能以现实中的方式进行运作。它可以考虑到重力的影响，处理对象之间碰撞（因此对象不会同时占据相同位置），甚至能模拟像摩擦力和反弹力这样的物理特性。一定要明白，物理引擎和图像引擎通常是分开的。苹果公司提供了便利的API接口，使我们可以联合使用这两种引擎，不过它们本质上是分开的。显示对象是很普遍的事，就像显示等级数和剩余声明的标签，而这些内容与物理引擎是没有关系的。可能有时会创建一个拥有物理特性的对象，但却不会显示任何东西。

1. 定义物理类别

SpriteKit物理引擎需要为对象设置不同的物理类别（physics category）。物理类别是一种对相关对象分组的方式，这样物理引擎就可以用不同的方式处理它们之间的碰撞。例如在这个示例中，我们将创建3个类别：敌人、玩家、玩家的子弹。很明显，要让物理引擎关注敌人和玩家子弹之间的碰撞，不过可能要忽略玩家子弹和玩家自身之间的碰撞。使用物理类别可以很轻松地设置。下面开始创建所需的类别。按下Command+N调出新文件助手，在iOS的Source分类中选择Swift File，然后按下Next按钮。将新的文件命名为PhysicsCategories.swift并保存它，然后在里面添加以下代码：

```
import Foundation

let PlayerCategory: UInt32 = 1 << 1
let EnemyCategory: UInt32 = 1 << 2
let PlayerMissileCategory: UInt32 = 1 << 3
```

在这里声明了3个类别常量。要注意类别是位掩码，因此它们都是2的乘方。可以通过移位轻松做到。设置位掩码是为了简化物理引擎的API。有了位掩码，我们可以使用OR运算符将多个值并在一起。这样就可以使用一个单独的API调用来告诉物理引擎如何处理各种不同的两个节点之间的碰撞。很快就能看到这样的示例了。

2. 创建BulletNode类

现在要做些基础工作，首先创建一些子弹，这样就可以开始射击了。创建一个名称为BulletNode的新Cocoa Touch类，再次使用SKNode作为父类。首先导入SpriteKit框架并添加一个属性，它包含了这枚子弹发射的向量：

```
import SpriteKit

class BulletNode: SKNode {
    var thrust: CGVector = CGVector(dx: 0, dy: 0)
}
```

接下来实现一个init()方法。与这个应用中其他init()方法相似，这里创建子弹的对象图形，由一个点组成。我们还要通过创建并配置一个SKPhysicsBody实例，并将其赋给self以设置这个类的物理特性。在这个过程中，我们们要告诉新的物理对象：它属于什么类别，并且应该会与什么类别的对象进行碰撞检测。

```
override init() {
    super.init()

    let dot = SKLabelNode(fontNamed: "Courier")
    dot.fontColor = SKColor.black()
    dot.fontSize = 40
    dot.text = "."
    addChild(dot)

    let body = SKPhysicsBody(circleOfRadius: 1)
    body.isDynamic = true
    body.categoryBitMask = PlayerMissileCategory
    body.contactTestBitMask = EnemyCategory
    body.collisionBitMask = EnemyCategory
    body.fieldBitMask = GravityFieldCategory
    body.mass = 0.01

    physicsBody = body
    name = "Bullet \(self)"
}
```

我们还要添加init(coder aDecoder:)和encode(with aCoder:)方法。

```
required init?(coder aDecoder: NSCoder) {
    super.init(coder: aDecoder)
    let dx = aDecoder.decodeFloat(forKey: "thrustX")
    let dy = aDecoder.decodeFloat(forKey: "thrustY")
    thrust = CGVector(dx: CGFloat(dx), dy: CGFloat(dy))
}

override func encode(with aCoder: NSCoder) {
    super.encode(with: aCoder)
    aCoder.encode(Float(thrust.dx), forKey: "thrustX")
    aCoder.encode(Float(thrust.dy), forKey: "thrustY")
}
```

3. 应用物理知识

接下来要实现工厂方法，它可以用来添加一枚新的子弹并给予它一个发射的向量，物理引擎将用它来使子弹朝目标前进：

```
class func bullet(from start: CGPoint, toward destination: CGPoint) -> BulletNode {
```

```
    let bullet = BulletNode()
    bullet.position = start
    let movement = vectorBetweenPoints(start, destination)
    let magnitude = vectorLength(movement)
    let scaledMovement = vectorMultiply(movement, 1/magnitude)
    let thrustMagnitude = CGFloat(100.0)
    bullet.thrust = vectorMultiply(scaledMovement, thrustMagnitude)
    bullet.run(SKAction.playSoundFileNamed("shoot.wav",
                                           waitForCompletion: false))
    return bullet
}
```

基本运算非常简单。首先设定它由起点位置指向终点的位移向量movement，然后再设定它的magnitude（长度）。用movement向量除以magnitude产生一个标准化的单位向量（unit vector），这个向量所指的方向与原先的相同，不过只有一个单位的长度（这里单位的概念与屏幕上的一个"点"相同，在Retina设备上就是2个像素，在旧设备上则是1个像素）。创建单位向量是非常有用的，因为无论用户点击屏幕的位置有多远，都可以用它乘以一个固定的长度（这个示例中是100）来算出同等速度的发射向量。向这个类添加的最后一段代码是这个方法，它推动发射。在场景的每一帧中都要调用它：

```
func applyRecurringForce() {
    physicsBody!.applyForce(thrust)
}
```

4. 在场景中加入子弹

现在切换到GameScene.swift文件，向场景自身添加子弹。首先添加另一个属性，它可以在一个SKNode实例中包含所有子弹，就像之前对敌人所做的那样：

private let playerBullets = SKNode()

找到之前添加敌人的init(size:levelNumber:)方法的位置。我们还要在这里设置playerBullets节点：

```
    addChild(enemies)
    spawnEnemies()

    addChild(playerBullets)
}
```

现在准备编写实际的子弹发射代码。在touchesBegan(_:withEvent:)方法中添加else语句，这样所有在屏幕上方区域的点击都会发射一枚子弹，而不是移动飞船：

```
} else {
    let bullet = BulletNode.bullet(from: playerNode.position, toward: location)
    playerBullets.addChild(bullet)
}
```

这样就添加了子弹，不过添加的子弹事实上不会移动，除非在每一帧中都给它们推力。场景已经包含了一个名为update()的空方法，这个方法是项目模板的一部分，如果不存在请参照下方代码手动补上。SpriteKit会在每一帧都调用这个方法，是用来放置每一帧都会调用的游戏逻辑的最佳位置。我们不会直接在这个方法中更新所有的子弹，而是将代码放在由update()方法调用的独立方法中：

```
override func update(_ currentTime: TimeInterval) {
    /* Called before each frame is rendered */
    updateBullets()
}
private func updateBullets() {
    var bulletsToRemove:[BulletNode] = []
    for bullet in playerBullets.children as! [BulletNode] {
        // Remove any bullets that have moved off-screen
```

```
        if !frame.contains(bullet.position) {
            // Mark bullet for removal
            bulletsToRemove.append(bullet)
            continue
        }

        // Apply thrust to remaining bullets
        bullet.applyRecurringForce()
    }

    playerBullets.removeChildren(in: bulletsToRemove)
}
```

在给予每个子弹持续的动力之前，我们还要检查它是否仍在屏幕上显示。所有移出屏幕的子弹要放入一个临时数组中，最后在playerBullets节点中清除。注意这两步过程是必需的，因为for循环还在这个方法中执行playerBullets节点的子节点遍历。正在迭代时改变集合的内容永远不是一个正常的行为，它很容易引起崩溃。现在构建并运行应用，可以看到除了玩家飞船的移动，还可以通过在屏幕上轻点来向上发射子弹（见图17-7）。

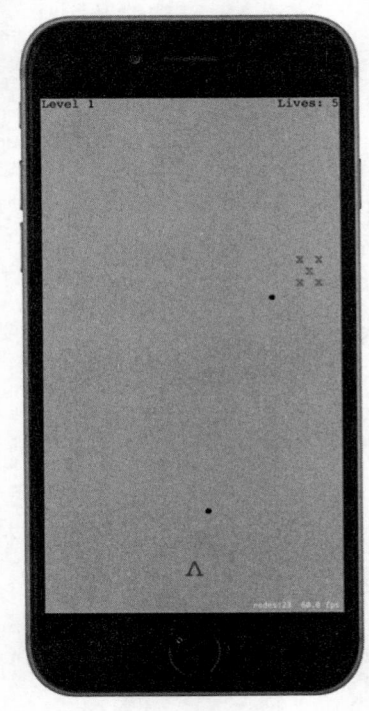

图17-7   发射子弹

17.1.6   物理攻击敌人

游戏中两个重要的元素仍然没有实现。敌人不会攻击我们，而我们也无法通过射击而消灭掉它们。现在先完成后者。我们将实现这个功能，射中一个敌人会让它当前在屏幕上的位置消失。这个功能将使用物理引擎来担当大部分工作，并且会涉及改变PlayerNode、EnemyNode和GameScene的内容。

首先为还没有物理对象的节点添加碰撞体，在EnemyNode.swift文件的init()方法中添加下面这行代码：

initPhysicsBody()

现在添加实际用来设置物理对象的代码。这与我们对PlayerBullet类所做的非常相似：

```
private func initPhysicsBody() {
    let body = SKPhysicsBody(rectangleOf: CGSize(width: 40, height: 40))
    body.affectedByGravity = false
    body.categoryBitMask = EnemyCategory
    body.contactTestBitMask = PlayerCategory | EnemyCategory
    body.mass = 0.2
    body.angularDamping = 0
    body.linearDamping = 0
    body.fieldBitMask = 0
    physicsBody = body
}
```

然后选中PlayerNode.swift文件，对它进行几乎一样的设置。首先在init()方法中添加以下所示的代码：

initPhysicsBody()

最后添加全新的initPhysicsBody()方法：

```
private func initPhysicsBody() {
    let body = SKPhysicsBody(rectangleOf: CGSize(width: 20, height: 20))
    body.affectedByGravity = false
    body.categoryBitMask = PlayerCategory
    body.contactTestBitMask = EnemyCategory
    body.collisionBitMask = 0
    body.fieldBitMask = 0
    physicsBody = body
}
```

此时运行应用，可以发现子弹能够消灭太空中的敌人了。不过这里你还会发现一些问题。在开始游戏并将最后一名敌人消灭后，就无限卡住了，因此接下来最需要做的是在游戏中添加关卡管理功能。

17.1.7　完成关卡

首先添加updateEnemies()方法。它的工作方式与之前添加的updateBullets()方法相似：

```
private func updateEnemies() {
    var enemiesToRemove:[EnemyNode] = []
    for node in enemies.children as! [EnemyNode] {
        if !frame.contains(node.position) {
            // Mark enemy for removal
            enemiesToRemove.append(node)
        }
    }
    enemies.removeChildren(in: enemiesToRemove)
}
```

它会将所有屏幕外的敌人从关卡的enemies数组中移除。现在修改update()方法，让它调用updateEnemies()方法，以及一个还没有实现的新方法：

```
override func update(currentTime: CFTimeInterval) {
    if finished {
        return
    }
    updateBullets()
    updateEnemies()
    checkForNextLevel()
}
```

我们在方法的开头检查了finished属性。因为添加的方法会结束一个等级，所以需要确保在关卡结束后没有重复执行多余的操作。然后，在每一帧中检查是否有子弹或敌人在屏幕之外，并将在每一帧调用checkForNextLevel

方法来判断当前等级关卡是否已完成。添加下面这个方法:

```
private func checkForNextLevel() {
    if enemies.children.isEmpty {
        goToNextLevel()
    }
}
```

进入下一关卡

checkForNextLevel()方法转而调用我们还没有实现的另一个方法。goToNextLevel()方法将这个关卡标为已完成,在屏幕上显示一些文本以让玩家知道,然后开始下一关:

```
private func goToNextLevel() {
    finished = true

    let label = SKLabelNode(fontNamed: "Courier")
    label.text = "Level Complete!"
    label.fontColor = SKColor.blue()
    label.fontSize = 32
    label.position = CGPoint(x: frame.size.width * 0.5,
                             y: frame.size.height * 0.5)
    addChild(label)

    let nextLevel = GameScene(size: frame.size, levelNumber: levelNumber + 1)
    nextLevel.playerLives = playerLives
    view!.presentScene(nextLevel, transition:
        SKTransition.flipHorizontal(withDuration: 1.0))
}
```

goToNextLevel()方法的后半部分代码创建了一个新的GameScene实例并初始化了它需要的值。然后告诉视图以平滑过渡方式出现新的场景。SKTransition类可以让我们使用各种过渡方式。运行应用并完成一个关卡来观察其效果,如图17-8所示。

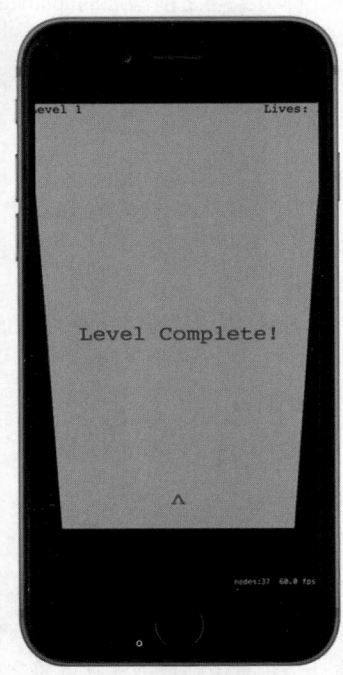

图17-8   结束关卡后屏幕翻转的过渡效果

这里使用的过渡方式看起来像是绕着水平轴翻转卡片，不过你有更多的选择！浏览SKTransition的文档可以看到其他方式。

17.1.8　自定义碰撞

现在，游戏基本上可以玩了。你可以通过将敌人向上击出屏幕来结束关卡。这就可以了，不过一点儿也没有挑战性。我之前说过，敌人攻击玩家的代码还没有写，现在是时候实现它了。我们要求稍微复杂一些，敌人被子弹击中或是和其他敌人碰撞时，都会向下坠落。玩家被坠落的敌人碰撞时要扣掉一条命。你可能还注意到，子弹在击中敌人之后会曲线绕过敌人继续向上，这种效果是不合理的。我们要在GameScene.swift文件中实现碰撞处理方法来处理这些情况。

处理碰撞检测的方法是SKPhysicsWorld类的委托方法。场景默认拥有一个物理环境，不过事先需要稍微进行一些设置。一开始最好就让编译器知道要实现一个委托协议，因此在文件顶部添加这个声明语句：

```
class GameScene: SKScene , SKPhysicsContactDelegate {
```

我们仍然需要稍微设置物理环境（稍微减少重力）并告诉它委托是哪一个。完成后在init(size:levelNumber:)方法结尾附近添加如下粗体代码：

```
physicsWorld.gravity = CGVector(dx: 0, dy: -1)
physicsWorld.contactDelegate = self
```

现在设置了物理环境的contactDelegate属性为GameScene，可以实现相关的委托方法了。方法的核心部分应该如下所示：

```
func didBegin(_ contact: SKPhysicsContact) {
    if contact.bodyA.categoryBitMask == contact.bodyB.categoryBitMask {
        // Both bodies are in the same category
        let nodeA = contact.bodyA.node!
        let nodeB = contact.bodyB.node!

        // What do we do with these nodes?
    } else {
        var attacker: SKNode
        var attackee: SKNode

        if contact.bodyA.categoryBitMask
                > contact.bodyB.categoryBitMask {
            // Body A is attacking Body B
            attacker = contact.bodyA.node!
            attackee = contact.bodyB.node!
        } else {
            // Body B is attacking Body A
            attacker = contact.bodyB.node!
            attackee = contact.bodyA.node!
        }

        if attackee is PlayerNode {
            playerLives -= 1
        }

        // What do we do with the attacker and the attackee?
    }
}
```

添加方法以后，你会发现还没有做完。事实上，这个方法的具体结果是每当坠落的敌人碰撞玩家的飞船时将扣除玩家的生命。不过敌人还无法坠落。

要想实现这一点，需要根据两个碰撞对象计算出它们是否属于同一类别（这样它们就是"伙伴"）。如果它们是不同的类别，必须判断谁是攻击者，谁是受攻击者。如果浏览了PhysicsCategories.swift文件中声明的类别顺序，你会看到它们是根据增加的"攻击性"决定顺序的：Player节点可以被Enemy节点攻击，而Enemy则接下来可以被PlayerMissile类别的节点（即BulletNode）攻击。这意味着使用一个简单的大小比较就能算出谁是"攻击者"。

考虑到简洁和模块化，我们不会让场景来决定每个对象在被敌人或其他对象攻击时的行为。最好在受影响的节点类自身中构建这些细节。不过在已有的方法中，我们可以确定的是它们都有一个SKNode实例。与其编写一个繁杂的if-else语句结构来访问每个包含SKNode子类的节点，不如使用常规的多态性来让每个节点的类用自己的方式进行处理。为了让这能够执行，必须在SKNode中添加方法，默认的实现代码不执行任何操作，而子类可以适当地覆盖。这个功能被称为类扩展（class extension）。

1. 为SKNode添加类扩展

为了向SKNode添加类扩展/类别，右击Xcode项目导航栏中的TextShooter文件夹并在右键菜单中选择New File...选项。在向导的iOS Source分类中选择Swift File，然后点击Next。将其命名为SKNode+Extra.swift。创建完文件后，在编辑器中打开文件并添加以下代码：

```
import SpriteKit

extension SKNode {
    func receiveAttacker(_ attacker: SKNode, contact: SKPhysicsContact) {
        // Default implementation does nothing
    }

    func friendlyBumpFrom(_ node: SKNode) {
        // Default implementation does nothing
    }
}
```

现在回到GameScene.swift文件以完成这部分的碰撞处理。找到didBegin(_ contact:)方法，添加这些新增的代码，实际上此时运行结果不会发生变化：

```
func didBegin(_ contact: SKPhysicsContact) {
    if contact.bodyA.categoryBitMask == contact.bodyB.categoryBitMask {
        // Both bodies are in the same category
        let nodeA = contact.bodyA.node!
        let nodeB = contact.bodyB.node!

        // What do we do with these nodes?
        nodeA.friendlyBumpFrom(nodeB)
        nodeB.friendlyBumpFrom(nodeA)
    } else {
        var attacker: SKNode
        var attackee: SKNode

        if contact.bodyA.categoryBitMask
                > contact.bodyB.categoryBitMask {
            // Body A is attacking Body B
            attacker = contact.bodyA.node!
            attackee = contact.bodyB.node!
        } else {
            // Body B is attacking Body A
            attacker = contact.bodyB.node!
            attackee = contact.bodyA.node!
        }

        if attackee is PlayerNode {
            playerLives -= 1
        }
```

```
        // What do we do with the attacker and the attackee?
        attackee.receiveAttacker(attacker, contact: contact)
        playerBullets.removeChildren(in: [attacker])
        enemies.removeChildren(in: [attacker])
    }
}
```

我们在这里添加的全部都是新方法的调用。如果碰撞的是"伙伴"，比如两个敌人撞在一起，就要告诉它们这是伙伴的碰撞。否则，在计算出谁攻击谁之后，要告诉受攻击者：你被其他对象攻击了。最后在playerBullets或enemies节点中移除攻击者。我们告诉每个节点移除攻击者，虽然它只可能是其中某一个的子节点，不过这样做也没有问题。告诉节点移除一个不存在的子节点不会导致错误，只是不产生任何效果。

2. 向敌人添加自定义碰撞行为

现在所有内容已经就绪，我们可以通过覆盖为SKNode添加的扩展方法来实现节点的一些特定行为。选择EnemyNode.swift文件并添加以下两个方法的覆盖代码：

```
override func friendlyBumpFrom(_ node: SKNode) {
    physicsBody!.affectedByGravity = true
}
override func receiveAttacker(_ attacker: SKNode, contact: SKPhysicsContact) {
    physicsBody!.affectedByGravity = true
    let force = vectorMultiply(attacker.physicsBody!.velocity,
                               contact.collisionImpulse)
    let myContact =
        scene!.convert(contact.contactPoint, to: self)
    physicsBody!.applyForce(force, at: myContact)
}
```

第一个方法friendlyBumpFrom()首先使敌人受到重力影响。因此，如果某个敌人在移动时撞到了其他敌人，第二个敌人将会立即受到重力影响而向下坠落。

receiveAttacker(_:contact:)方法会在敌人被子弹击中时调用，开启敌人的重力影响。此外，它会使用传入的触碰数据计算出触碰发生的位置并向这个点传送动力，给予子弹发射方向上的额外推力。

3. 显示玩家正确的生命值

再次运行游戏，你会看到可以射击敌人并将它们击落。你还会看到其他敌人被坠落的敌人撞到时也会向下坠落。

注意　在每个关卡开始时，游戏世界会通过物理模拟来确保没有任何物理对象是重叠的。在高等级关卡中，会发生这样一种有趣的副作用：因为成倍的敌人在随机位置出现，重叠在一起的几率会增加。若这种情况发生，敌人会立即位移，这样就不会重叠了，而我们的碰撞处理代码将会被触发，随后将开启重力并向下坠落！在我们开始构建这个游戏时没有想到这种情况，不过这个意外惊喜会使高等级关卡更加困难，我们暂不考虑这种情况！

如果敌人在坠落时击中了你，玩家的生命值会减少，不过……等一下，生命值始终显示为5！在创建关卡时会设置Lives显示，不过之后它从未更新过。所幸，通过在GameScene.swift文件中对playerLives属性添加一个属性观察器可以轻松解决这个问题。代码如下所示：

```
private var playerLives: Int {
    didSet {
        let lives = childNode(withName: "LivesLabel") as! SKLabelNode
        lives.text = "Lives: \(playerLives)"
    }
}
```

前面的代码片段使用之前在init(size:levelNumber:)方法中对标签关联的名称来再次找到标签并设置新的文本值。再次运行游戏，你会看到如果敌人多次连续击中了玩家，生命值会减少到零。然而游戏并没有结束。在之后几次被击中后，你会看到生命值为负数（如图17-9所示）。

图17-9 由于我们没有对游戏结束的处理，最后会看到生命值为负数

这是因为我们没有写任何代码来检测游戏是否结束，即玩家生命值是否归零。这一步马上就会完成，不过首先要让屏幕上的碰撞更刺激一些。

17.1.9 粒子系统

SpriteKit的优秀之处在于它集成了粒子系统。粒子系统在游戏中可以用来创建视觉特效，模拟烟雾、火焰和爆炸，等等。目前，当子弹撞击敌人或敌人撞击玩家时，效果都还只是攻击对象消失而已。我们下面来创建两个粒子系统来改善这种情况。

首先按下Command+N打开新文件助手。选择左侧iOS下的Resource分类，然后在右侧选择SpriteKit Particle File。点击Next，在之后的界面中选择Spark粒子模板。再次点击Next并将文件命名为MissileExplosion.sks。

首次创建粒子

你会看到Xcode创建了粒子文件，并在项目中添加了名为spark.png的新资源。同时整个Xcode编辑区域切换到了新的粒子文件，并显示了一个巨大的动画爆炸效果。

我们不希望子弹击中敌人的特效如此夸张，因此要重新配置它。定义粒子动画的所有属性都可以在SKNode检查器中看到，你可以通过按下Option+Command+7来调出它。图17-10显示了巨大的爆炸以及检查器界面。

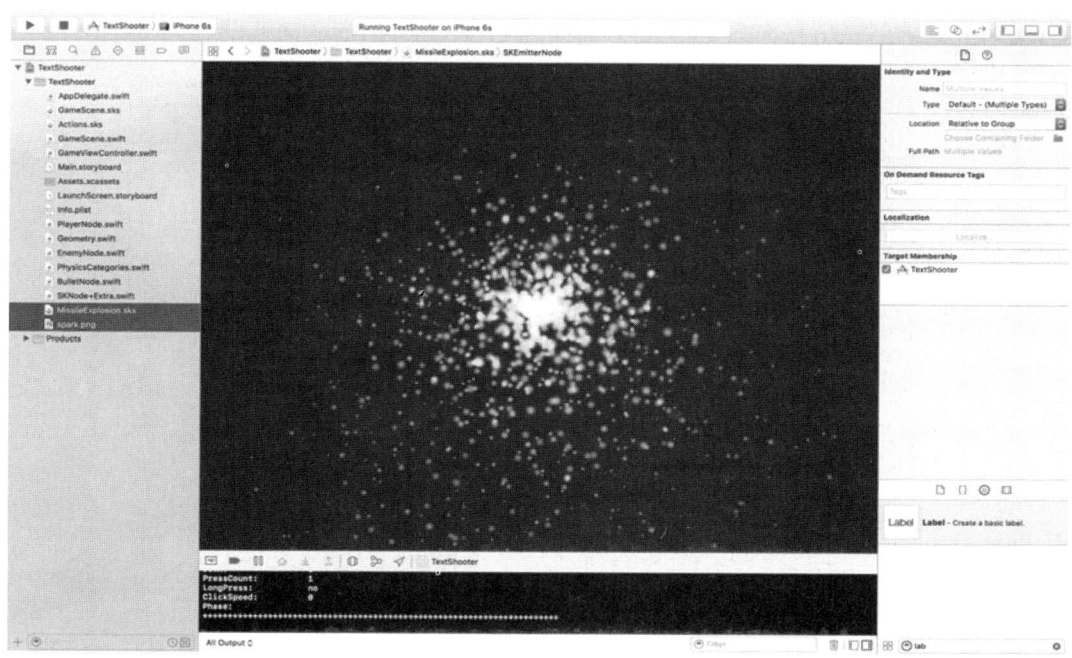

图17-10　右侧显示的参数定义了默认的粒子效果

　　现在为子弹击中效果配置一个小型的爆炸。检查器中所有的参数都要重新设置。首先让颜色与我们的游戏看起来匹配。点击底部Color Ramp（颜色过渡）中的小方块并将颜色设置为黑色，并且将Blend Mode设置为Alpha，现在你就可以看到像墨水一样的爆炸喷射效果。其余的参数都是数字，将它们按照图17-11所示设置。每设置一步，你就会看到粒子特效逐渐接近最终效果。

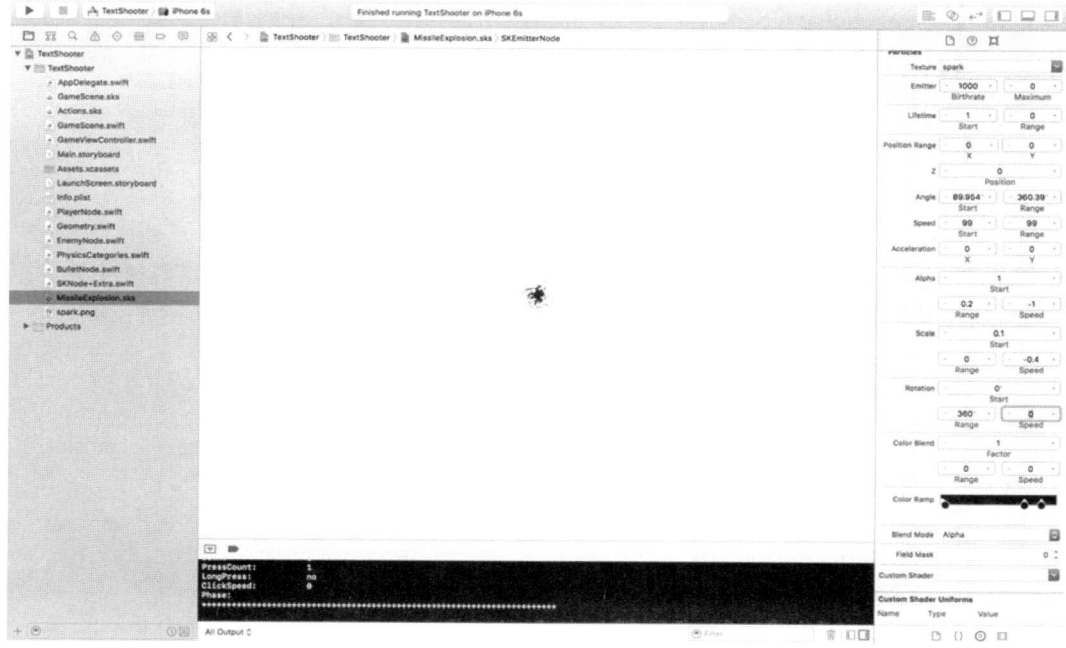

图17-11　这就是我们想要的子弹爆炸最终效果

现在创建另一个粒子特效,再次使用Spark模板。将其命名为EnemyExplosion.sks并按照图17-12所示设置它的参数。

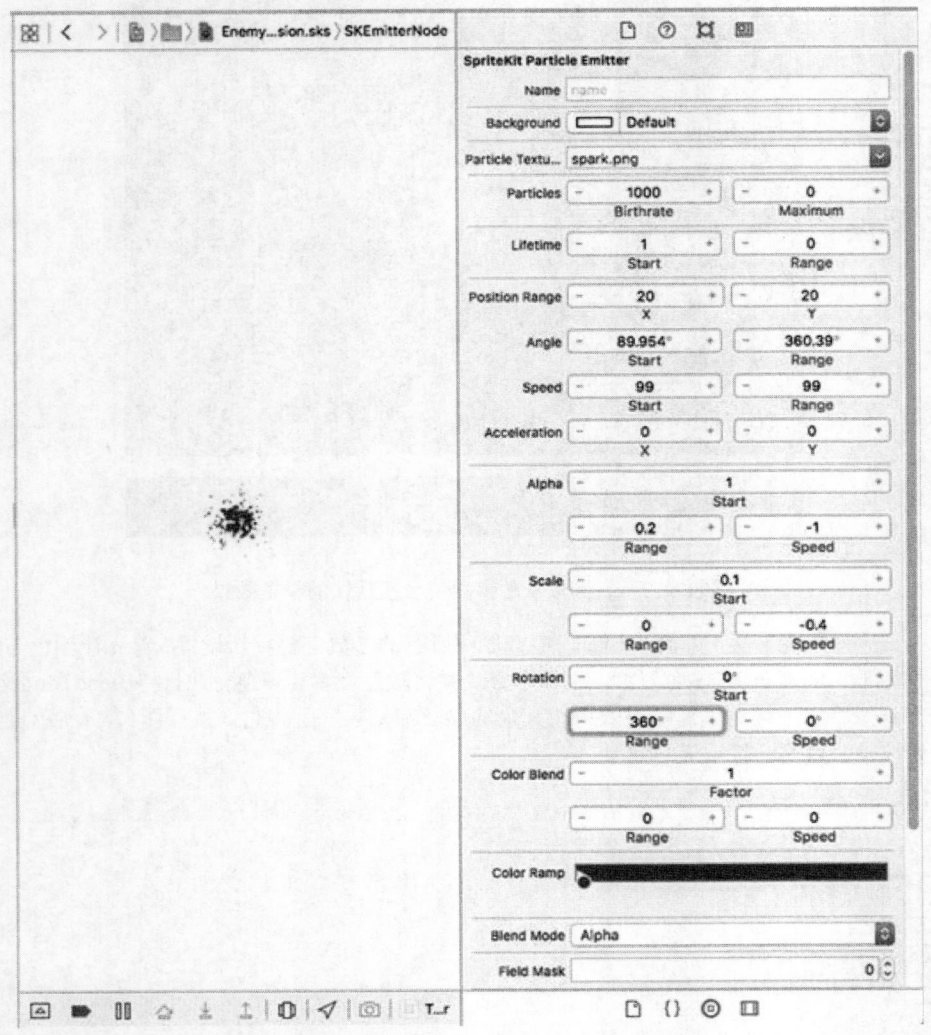

图17-12 这是我们想要创建的敌人爆炸效果。你在纸质书上看到的是黑白色,而我们在Color Ramp上实际选择的是深红色

17.1.10 向场景中加入粒子

现在把将会用到的粒子放入场景中。切换到EnemyNode.swift文件并在receiveAttacker(_:contact:)方法底部添加以下粗体显示的代码:

```
override func receiveAttacker(_ attacker: SKNode, contact: SKPhysicsContact) {
    physicsBody!.affectedByGravity = true
    let force = vectorMultiply(attacker.physicsBody!.velocity,
                               contact.collisionImpulse)
    let myContact =
        scene!.convert(contact.contactPoint, to: self)
    physicsBody!.applyForce(force, at: myContact)
```

```
        let path = Bundle.main.path(forResource: "MissileExplosion",
                                          ofType: "sks")
        let explosion = NSKeyedUnarchiver.unarchiveObject(withFile: path!)
            as! SKEmitterNode
        explosion.numParticlesToEmit = 20
        explosion.position = contact.contactPoint
        scene!.addChild(explosion)
}
```

运行应用，射击敌人。你将会在子弹射中敌人的位置看到不错的爆炸效果（如图17-13所示）。

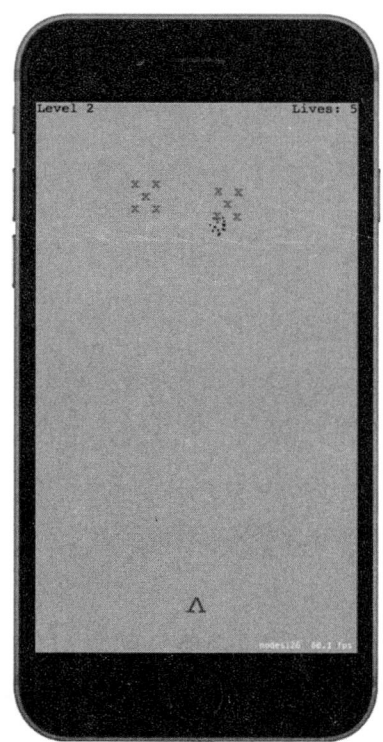

图17-13　子弹击中后的粉碎效果

现在我们要对敌人撞击玩家飞船执行类似的操作。选择PlayerNode.swift文件并添加如下方法：

```
override func receiveAttacker(_ attacker: SKNode, contact: SKPhysicsContact) {
    let path = Bundle.main.path (forResource: "EnemyExplosion",
                                        ofType: "sks")
    let explosion = NSKeyedUnarchiver.unarchiveObject(withFile: path!)
        as! SKEmitterNode
    explosion.numParticlesToEmit = 50
    explosion.position = contact.contactPoint
    scene!.addChild(explosion)
}
```

再次运行，你将在每次敌人撞击到玩家时看到一个不错的红色特效，如图17-14所示。

图17-14 敌人的飞船撞到玩家时会发生爆炸

这些改动都很简单，不过却改善了游戏整体的体验。现在对象碰撞时，就会出现视觉特效。

17.1.11 游戏结束

之前提到过，游戏当前还有一个小问题。当生命值归零时，我们需要结束游戏。游戏结束后要创建一个新的场景类以进行过渡。你之前见过我们从某一关卡进入下一关卡的过渡。这次也相似，不过需要一个新的类。在iOS分类中创建一个新的Cocoa Touch类。使用SKScene作为父类并将新类命名为GameOverScene。我们将要开始实现一个非常简单的功能，仅显示Game Over文本。我们在GameOverScene.swift文件添加以下代码来完成这个功能：

```
import SpriteKit

class GameOverScene: SKScene {

    override init(size: CGSize) {
        super.init(size: size)
        backgroundColor = SKColor.purple
        let text = SKLabelNode(fontNamed: "Courier")
        text.text = "Game Over"
        text.fontColor = SKColor.white
        text.fontSize = 50
        text.position = CGPoint(x: frame.size.width/2, y: frame.size.height/2)
        addChild(text)
    }

    required init?(coder aDecoder: NSCoder) {
        super.init(coder: aDecoder)
    }
}
```

现在切换回GameScene.swift文件。游戏结束时的基本操作由名为triggerGameOver()的新方法来定义。这里显示了一个爆炸效果并过渡到刚刚创建的新场景中：

```
private func triggerGameOver() {
    finished = true

    let path = Bundle.main.path(forResource:"EnemyExplosion",
                                        ofType: "sks")
    let explosion = NSKeyedUnarchiver.unarchiveObject(withFile: path!)
        as! SKEmitterNode
    explosion.numParticlesToEmit = 200
    explosion.position = playerNode.position
    scene!.addChild(explosion)
    playerNode.removeFromParent()

    let transition = SKTransition.doorsOpenVertical(withDuration: 1)
    let gameOver = GameOverScene(size: frame.size)
    view!.presentScene(gameOver, transition: transition)
}
```

接下来创建这个新方法来检测游戏是否结束，若是则调用triggerGameOver()方法，返回true表示结束，返回false表示游戏仍在进行：

```
private func checkForGameOver() -> Bool {
    if playerLives == 0 {
        triggerGameOver()
        return true
    }
    return false
}
```

最后在已有的update()方法中执行以下粗体显示的改动。它会检测游戏的结束状态，只有在游戏仍在进行时才会检测是否要进入下一关，否则就会出现错误。如果关卡内的最后一名敌人夺取了玩家的最后一条命，就会同时触发两个场景过渡！

```
override func update(_ currentTime: TimeInterval) {
    /* Called before each frame is rendered */
    if finished {
        return
    }
    updateBullets()

    updateEnemies()
    if (!checkForGameOver()) {
        checkForNextLevel()
    }
}
```

现在再次运行应用，让坠落的敌人攻击你的飞船5次，你将会看到游戏结束的界面，如图17-15所示。

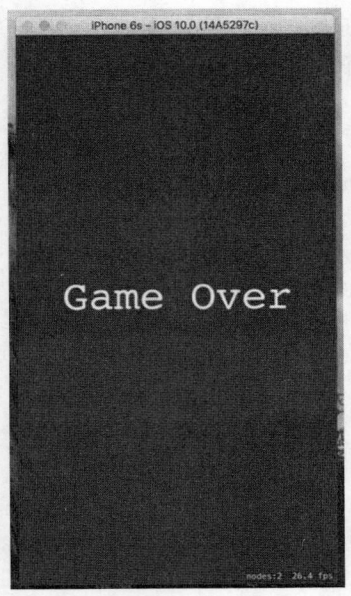

图17-15   游戏结束画面

17.1.12   创建开始场景

这样就会有另一个问题：游戏结束之后应该做什么？我们可以让玩家轻点屏幕，重新开始游戏。不过在想到这里时，突然有一个想法闪现：为什么不让游戏有一个开始界面呢？这样玩家就不用在启动之后直接开始游戏，而且点击游戏的结束屏幕可以再回到这里。很明显这个方法是可行的。首先在iOS分类中创建另一个新的Cocoa Touch类，再次使用SKScene作为父类，这次将其命名为StartScene。我们要在这里创建一个非常简单的开始界面。它只显示一些文本，并在用户轻点任意位置时开始游戏。在StartScene.swift文件添加以下的所有代码来完成这个类：

```
import SpriteKit

class StartScene: SKScene {

    override init(size: CGSize) {
        super.init(size: size)
        backgroundColor = SKColor.green()

        let topLabel = SKLabelNode(fontNamed: "Courier")
        topLabel.text = "TextShooter"
        topLabel.fontColor = SKColor.black()
        topLabel.fontSize = 48
        topLabel.position = CGPoint(x: frame.size.width/2,
                                    y: frame.size.height * 0.7)

        addChild(topLabel)

        let bottomLabel = SKLabelNode(fontNamed: "Courier")
        bottomLabel.text = "Touch anywhere to start"
        bottomLabel.fontColor = SKColor.black()
        bottomLabel.fontSize = 20
        bottomLabel.position = CGPoint(x: frame.size.width/2,
                                       y: frame.size.height * 0.3)

        addChild(bottomLabel)
```

```
    }

    required init?(coder aDecoder: NSCoder) {
        super.init(coder: aDecoder)
    }

    override func touchesBegan(_ touches: Set<UITouch>, with event: UIEvent?) {
        let transition = SKTransition.doorway(withDuration: 1.0)
        let game = GameScene(size:frame.size)
        view!.presentScene(game, transition: transition)
    }
}
```

现在回到GameOverScene.swift文件，这样我们可以让游戏结束界面过渡到开始界面。添加以下代码：

```
    override func didMove(to view: SKView) {
        DispatchQueue.main.after(
            when: DispatchTime.now() + Double(3 * Int64(NSEC_PER_SEC)) / Double(NSEC_PER_SEC)) {
            let transition = SKTransition.flipVertical(withDuration: 1)
            let start = StartScene(size: self.frame.size)
            view.presentScene(start, transition: transition)
        }
    }
```

之前你看到过，任何场景进入视图之后就会调用didMoveToView()方法。这里仅仅触发一个3秒的暂停，接着过渡回到开始场景。最后还有一点工作要做，让场景能正确地过渡到另一场景。我们需要更改应用的启动程序，这样它就不会直接进入游戏，而是显示开始界面。回到GameViewController.swift文件，在viewDidLoad()方法中替换以下代码来创建另一个场景：

```
/* Pick a size for the scene */
let scene = GameScene(size: view.frame.size, levelNumber: 1)
let scene = StartScene(size: view.frame.size)
```

现在来试试看吧。启动应用，你会很开心地看到开始界面。触摸屏幕，进行游戏。生命值归零，最终你将进入游戏结束场景。等待几秒钟后，你将回到开始界面，如图17-16所示。

图17-16　游戏的开始界面

17.1.13　添加音效

我们做的是视频游戏，视频游戏应该有声音，不过我们的游戏却非常安静！所幸SpriteKit包含了音频播放代码，非常容易使用。首先在本章的源代码归档的17-Sound Effects文件夹里找到准备好的音频文件：enemyHit.wav、gameOver.wav、gameStart.wav、playerHit.wav和shoot.wav。将它们都拖入Xcode的项目导航面板中。

现在我们简单播放这些音效。首先在BulletNode的bullet(from:toward:)方法末尾的return语句之前添加以下代码：

```
bullet.run(SKAction.playSoundFileNamed("shoot.wav",
                          waitForCompletion: false))
```

接下来切换到EnemyNode，在receiveAttacker(_:contact:)方法的末尾添加这些代码：

```
run(SKAction.playSoundFileNamed("enemyHit.wav",
                      waitForCompletion: false))
```

现在对PlayerNode.swift文件执行非常类似的操作，在receiveAttacker(_:contact:)方法的末尾添加以下代码：

```
run(SKAction.playSoundFileNamed("playerHit.wav",
                      waitForCompletion: false))
```

这些游戏内的声音足够满足目前的需要。这时继续运行游戏。我觉得你应该也认为给粒子加上声音会给游戏更好的体验。

现在为游戏开始和游戏结束添加一些音效。在StartScene.swift文件的touchesBegan(_:withEvent:)方法结尾添加这些代码：

```
run(SKAction.playSoundFileNamed("gameStart.wav",
                      waitForCompletion: false))
```

最后在GameScene.swift文件的triggerGameOver()方法末尾添加这些代码：

```
run(SKAction.playSoundFileNamed("gameOver.wav",
                      waitForCompletion: false))
```

17.1.14　添加力场：为游戏提高一些难度

SpriteKit中最有趣的功能之一就是可以在场景中放置力场（force field）。力场拥有一个类型、一个位置、一个作用区域和其他一些指定行为的属性。力场会对进入它作用领域（由region属性决定）的物体运动产生影响。通过创建并配置实例，然后添加到场景，就可以使用多种标准力场。如果你很有想法的话，甚至可以创建自定义力场。如果想要得到标准力场和它们行为的列表（包括重力、电磁场和紊流），可以在API文档中寻找SKFieldNode类。

为了使游戏更具挑战性，我们打算在场景中添加一些发散重力场（radial gravity field）。发散重力场看起来像是聚集在一个点。如果一个对象移动到了发散重力场的领域中，将会向着它偏移（或者偏离，这要看你怎么配置了），很像流星非常靠近地球时的情况。我们打算让重力场对子弹产生作用，这样你就不能总是直接瞄准敌人并击中它了。我们现在开始吧。

首先需要向PhysicsCategories.swift文件中添加一个新的物理类别。在文件中进行如下更改：

```
let GravityFieldCategory: UInt32 = 1 << 4
```

如果节点物体对象的fieldBitMask中存在与力场的categoryBitMask相同的物理类别，力场就会对节点产生影响。默认情况下，一个物理对象的fieldBitMask拥有全部的类别集，这意味着所有进入力场范围内的物体对象都会受到影响。因为我们不想让玩家和敌人受到重力影响，所以需要通过在EnemyNode.swift文件中添加以下代码来清空fieldBitMask。

```
private func initPhysicsBody() {
    let body = SKPhysicsBody(rectangleOf: CGSize(width: 40, height: 40))
    body.affectedByGravity = false
    body.categoryBitMask = EnemyCategory
    body.contactTestBitMask = PlayerCategory | EnemyCategory
    body.mass = 0.2
    body.angularDamping = 0
    body.linearDamping = 0
    body.fieldBitMask = 0
    physicsBody = body
}
```

在PlayerNode.swift文件中进行类似的更改：

```
private func initPhysicsBody() {
    let body = SKPhysicsBody(rectangleOf: CGSize(width: 20, height: 20))
    body.affectedByGravity = false
    body.categoryBitMask = PlayerCategory
    body.contactTestBitMask = EnemyCategory
    body.collisionBitMask = 0
    body.fieldBitMask = 0
    physicsBody = body
}
```

我们不需要执行任何操作，子弹节点就会对重力场有所反应，因为它们的物理节点默认拥有所有的力场类别集。不过我们可以将其写得更明显一些，在BulletNode.swift文件中进行以下更改：

```
override init() {
    super.init()

    let dot = SKLabelNode(fontNamed: "Courier")
    dot.fontColor = SKColor.black()
    dot.fontSize = 40
    dot.text = "."
    addChild(dot)

    let body = SKPhysicsBody(circleOfRadius: 1)
    body.isDynamic = true
    body.categoryBitMask = PlayerMissileCategory
    body.contactTestBitMask = EnemyCategory
    body.collisionBitMask = EnemyCategory
    body.fieldBitMask = GravityFieldCategory
    body.mass = 0.01

    physicsBody = body
    name = "Bullet \(self)"
}
```

接下来就是更改GameScene.swift文件了。我们要在场景中央偏下的位置随机添加3个重力场。就像之前对子弹和敌人所做的那样，我们将在一个父节点中添加力场节点，然后将其添加到场景中。将父节点的定义语句以一个新属性的方式添加到文件中：

```
class GameScene: SKScene, SKPhysicsContactDelegate {
    private var levelNumber: Int
    private var playerLives: Int {
        didSet {
            let lives = childNode(withName: "LivesLabel") as! SKLabelNode
            lives.text = "Lives: \(playerLives)"
```

```
        }
    }
    private var finished = false
    private let playerNode: PlayerNode = PlayerNode()
    private let enemies = SKNode()
    private let playerBullets = SKNode()
    private let forceFields = SKNode()
```

在init(size:levelNumnber:)方法的末尾添加代码，它的作用是将forceFields节点添加到场景中并创建实际的力场节点：

```
addChild(forceFields)
createForceFields()

physicsWorld.gravity = CGVector(dx: 0, dy: -1)
physicsWorld.contactDelegate = self
}
```

最后在createForceFields()方法中添加实现代码：

```
private func createForceFields() {
    let fieldCount = 3
    let size = frame.size
    let sectionWidth = Int(size.width)/fieldCount
    for i in 0..<fieldCount {
        let x = CGFloat(UInt32(i * sectionWidth) +
                        arc4random_uniform(UInt32(sectionWidth)))
        let y = CGFloat(arc4random_uniform(UInt32(size.height * 0.25))
                        + UInt32(size.height * 0.25))

        let gravityField = SKFieldNode.radialGravityField()
        gravityField.position = CGPoint(x: x, y: y)
        gravityField.categoryBitMask = GravityFieldCategory
        gravityField.strength = 4
        gravityField.falloff = 2
        gravityField.region = SKRegion(size: CGSize(width: size.width * 0.3,
        height: size.height * 0.1))
        forceFields.addChild(gravityField)

        let fieldLocationNode = SKLabelNode(fontNamed: "Courier")
        fieldLocationNode.fontSize = 16
        fieldLocationNode.fontColor = SKColor.red()
        fieldLocationNode.name = "GravityField"
        fieldLocationNode.text = "*"
        fieldLocationNode.position = CGPoint(x: x, y: y)
        forceFields.addChild(fieldLocationNode)
    }
}
```

所有的力场节点都由SKFieldNode类的实例来表示。对于每种类型的力场，SKFieldNode类都包含一个工厂方法，可以让你创建所需力场类型的节点。这里我们使用radialGravityField()方法来创建3个发散重力场的实例，并将它们放置在场景中央向下的一行中。strength和falloff属性控制重力场的强度和力场节点基于距离的衰减速度。如果falloff的值为2，力度和力场与被影响物体之间的距离平方成反比，这和现实世界是一样的。一个正数的力度会让力场节点吸引其他物体。可以体验不同的strength值（包括负数）来观察各种效果。我们还在重力场各自的位置创建了3个SKLabelNode，这样用户就能看到它们在哪里了。这些就是我们要做的工作。构建并运行应用，观察当子弹飞近场景中红色的星号时会发生什么。

17.2 小结

　　虽然TextShooter外观很简单，不过你在本章中学到的技术是使用SpriteKit开发各种游戏的基础。本章讲解了如何在多个节点类中管理代码，如何使用节点将群组对象归纳在一起，等等。你还尝试了逐步构建游戏的功能，并探索了每个步骤。当然，我们没有向你展示经历的失误，这本书的篇幅已经很长了。不过即便算上这些，大致以本章中顺序展示的步骤执行，这个应用从无到有构建出来也只用了几个小时。

　　使用SpriteKit可以在短时间内构建许多架构。如你所见，可以在没有方便的图片时使用基于文本的sprite，而且如果想在后面使用真实的图像来替换它也没有问题。之前有读者还发现，可以插入苹果浏览输入源的emoji符号来代替旧的ASCII普通字符文本。这就作为练习留给读者来完成吧！

第 18 章

轻点、触摸和手势

18

清晰明亮并且触摸反应灵敏的iPhone、iPod touch和iPad屏幕绝对是工程设计的精巧杰作，并且所有iOS设备共有的多点触控屏幕赋予了平台无与伦比的易用性。该屏幕可以同时检测多点触控，并且可以独立地跟踪这些触控，因此应用能够检测到大范围的手势，从而为用户提供超出该界面的功能。

假设在某个电子邮件应用中浏览收件箱，并且决定删除某封电子邮件。你有多个选择，比如可以分别轻点每封电子邮件，轻点废纸篓图标删除该邮件，然后等待下载下一封邮件，依次删除每封邮件。如果希望在删除每封电子邮件之前阅读它们，你最好使用此方法。如果你拥有一部iPhone 6s或者iPhone 6s Plus及以上的机型，还可以利用3D Touch功能的优势，不必实际打开就能预览到邮件内容。另外一种删除方式是从电子邮件列表轻点右上角的"编辑"按钮，轻点每个电子邮件行以进行标记，然后轻点"删除"按钮删除所有标记的邮件。如果不需要在删除每封电子邮件之前阅读它们，你最好使用此方法。还可以在列表中某封电子邮件行上，由右至左轻扫。此手势将会生成针对这封邮件的一个"更多"按钮和一个"删除"按钮。轻点"删除"按钮，该邮件将会被删除。

多点触控屏幕可以识别许多手势，上例介绍的仅仅是其中一项。还可以将手指捏合在一起来缩小图片，或者分开手指放大图片，也可以在主屏幕上长时间按住一个图标，开启"抖动模式"，以便从iOS设备上删除应用。在iPhone 6s/Plus及更新的设备上，可以在支持3D Touch的应用程序上按出快捷功能列表。本章将介绍用于检测手势的底层体系结构。你将了解如何检测最常用的手势以及如何创建和检测全新的手势。

18.1　多点触控术语

在钻研体系结构之前，先来看一些基本词汇。手势（gesture）指的是从你用一个或多个手指接触屏幕时开始，直到手指离开屏幕为止发生的所有事件。无论手势持续多长时间，只要一个或多个手指仍然在屏幕上，这个手势就存在（除非传入电话呼叫等系统事件中断了该手势）。从某种意义上来说，手势就是一个动作，运行中的应用可以从用户输入流知道是否出现某种手势。手势通过一系列事件在系统内传递信息。用户在与设备的多点触控屏幕交互时会触发一系列事件。事件包含与发生的一次或多次触摸相关的信息。

触摸（touch）是指把手指放到iOS设备的屏幕上，从屏幕上拖动或抬起的一种行为。手势中涉及的触摸数量等于同时位于屏幕上的手指数量。实际上，你可以将5个手指都放到屏幕上，只要这些手指彼此靠得不是太近，iOS就能够识别并跟踪所有的手指。实验表明，iPad可以处理同时发生的11处触摸。看起来似乎太多了，但这可能是有用的。例如，在多名玩家参与的游戏中，可能同时会有好几名玩家与屏幕进行交互。最新的iOS设备可以回应用户轻压屏幕的力度，有些手势也许会利用到这些信息。

轻点（tap）就是用一个手指触摸屏幕，然后立即将该手指从屏幕移开（而不是来回移动）。iOS设备能够跟踪轻点的数量，并且可以区分用户究竟是轻点了2次还是3次，甚至20次！例如，它能够通过区分两次单击和一次双击，来处理所有的计时工作以及其他必要的工作。

手势识别器（gesture recognizer）对象知道如何观察用户生成的事件流，并能够识别用户何时以与预定义的手势相匹配的方式进行了触摸和拖动。在检测常见手势时，UIGestureRecognizer类及其各种子类可以节省大量工作。UIGestureRecognizer类封装了查找手势的功能，可以方便地用于应用中的任何视图。

在本章的开始，会看到当用户用一个手指或多个手指触摸屏幕时发送的事件，以及如何记录手指在屏幕上的移动。可以使用这些事件来处理自定义视图或应用程序委托中的手势。之后我们会了解iOS SDK中的手势识别器，最后你将尝试构建自己的手势识别器。

18.2　响应者链

手势是在事件之内传递到系统的，而事件会通过响应者链（responder chain）进行传递，因此你需要了解响应者链的工作方式，以便能够正确地处理手势。如果你在macOS（或之前的OS X）上使用过Cocoa，很可能会熟悉响应者链的概念，因为Cocoa和Cocoa Touch中使用的基本机制相同。如果这对于你来说是新知识，也不必担心，我们会解释它的工作原理。

18.2.1　响应事件

在本书中，我们已经多次提到过第一响应者，该响应者通常是用户当前正在交互的对象。第一响应者是响应者链的起点，除此之外，响应者链中通常还有其他响应者。在一个运行的应用中，响应者链是一个能够响应用户事件的可变的对象集合。以UIResponder作为超类的任何类都是响应者。UIView是UIResponder的子类，UIControl是UIView的子类，因此所有视图和所有控件都是响应者。UIViewController也是UIResponder的子类，这意味着它也是响应者，其所有子类（如UINavigationController和UITabBarController）也都是响应者。响应者就是这样命名的，它们响应系统生成的事件，如屏幕触摸。

如果响应者不处理某个特殊事件（如某个手势），那么它通常会将该事件传递到响应者链的下一级。如果该链中的下一个对象响应此特殊事件，那么它通常会处理该事件，这将停止该事件沿着响应者链向前的传递过程。在某些情况下，如果某个响应者只对某个事件进行部分处理，那么该响应者将采取操作，并将该事件转发给链中的下一个响应者，但通常不会发生这种情况。正常情况下，当对象响应事件时，即到达了该事件的行尾。如果事件通过了整个响应者链并且没有对象处理该事件，那么该事件会被丢弃。

下面让我们更具体地看一下响应者链。事件首先会传递给UIApplication对象，接下来会传递给应用程序的UIWindow。UIWindow会选择一个初始响应器来处理事件。初始响应器会按照下面的方式选择。

❑ 对于触摸事件，UIWindow对象会确定用户触摸的视图，然后将事件交给注册了这个视图的手势识别器或者注册了更高层级视图的手势识别器。只要存在能处理事件的识别器，就不会继续找了。如果没有的话，被触摸视图就是初始响应器，事件也会传递给它。

❑ 对于用户摇晃设备产生的（第20章会讨论）或者来自远程遥控设备的事件，将会传递给第一响应者。

如果初始响应器不处理事件，它会将事件传递给它的父视图（如果存在的话），或者传递给视图控制器（如果该视图是视图控制器的视图）。如果视图控制器不处理事件，它将沿着响应器链的视图层级继续传给父视图控制器（如果存在的话）。

如果在整个视图层级中都没有能处理事件的视图或控制器，事件就会被传递给应用程序的窗口。如果窗口不能处理事件，而应用委托是UIResponder的子类（如果通过苹果公司的应用模板来创建项目，那么通常如此），UIApplication对象就会将其传递给应用程序委托。最后，如果应用委托不是UIResponder的子类，或者不处理这个事件，那么这个事件就会被丢弃。

这个过程非常重要，原因很多。首先，它控制可以处理手势的方式。比如说，一个用户正在查看某个表时，用手指轻扫了该表的某一行，那么哪个对象会处理该手势呢？如果是在某个视图或控件之内轻扫，而该视图或控件是表视图单元的子视图，那么该视图或控件将有机会进行响应。如果它没有响应，那么表视图单元则将有机会进行响应。在某个应用（如邮件应用）中，我们可以使用轻扫操作删除某封邮件，表视图单元可能需要查看该事件，看它是否包含轻扫手势。但是大多数表视图单元并不响应手势。如果它们不响应，那么该事件将继续通过表视图，然后通过其他响应者，直到某些内容响应该事件或者到达响应者链的结尾为止。

18.2.2 转发事件：保持响应者链的活动状态

让我们回顾邮件应用中的表视图单元。我们不知道苹果公司邮件应用的内部细节，但是暂且可以认为表视图单元支持（且仅支持）轻扫式删除。该表视图单元必须实现与接收触摸事件（稍后介绍）相关的方法，以便检查判断该事件是否为轻扫手势的一部分。如果该事件与表视图相应的轻扫手势一致，那么表视图单元会采取操作，该事件将停止传递。

如果该事件与表视图单元的轻扫手势不相符，那么表视图单元负责将该事件转发给响应者链中的下一个对象。如果它没有进行转发，那么表和链上的其他对象将永远不会获得响应的机会，并且该应用可能无法如用户所期望的那样正常工作。该表视图单元可能会阻止其他视图识别手势。

只要响应触摸事件，就必须记住代码是无法对着空气执行的。如果某个对象截获了无法处理的事件，就需要手动将该对象继续向下传递。方法就是在下一个响应者上调用相同的方法。来看看代码清单18-1中的代码。

代码清单18-1　将手势传递给任何能对其进行处理的响应者

```
func respondToFictionalEvent(event: UIEvent) {
    if shouldHandleEvent(event) {
        handleEvent(event)
    } else {
        nextResponder().respondToFictionalEvent(event)
    }
}
```

注意，我们在下一个响应者上要调用相同的方法。这样就成功实现了一个响应者链流程。虽说在大多数情况下响应事件的方法会处理该事件，但如果不是这种情况，就需要确保将事件传递给响应者链中接下来的节点，这一点非常重要。

18.3 多点触控体系结构

对响应者链有了一定的了解之后，让我们看一下处理触摸的过程吧。如前所述，包含了触摸的事件沿着响应者链传递。这意味着响应者链的对象中需要包含代码来处理与多点触控屏幕进行的任意种类交互。一般来说，这意味着我们可以将该代码嵌入UIView的子类中，也可以将该代码嵌入UIViewController中。那么该代码属于视图还是视图控制器？

如果视图需要根据用户的触摸对自己执行某些操作，那么代码可能属于定义该视图的类。例如，很多控件类（如UISwitch和UISlider）都能够响应与触摸有关的事件。UISwitch可能希望根据触摸来打开或关闭自身。创建UISwitch类的人将处理手势的代码嵌入该类中，因此UISwitch可以响应触摸动作。但是很多时候，当正在处理的手势影响正在触摸的多个对象时，该手势代码实际上属于相关的视图控制器类。例如，如果用户对某一行进行手势触摸，该触摸指出应该删除所有行，那么应该由视图控制器中的代码处理该手势。无论代码属于哪个类，在这两种情况下响应触摸和手势的方式都完全相同。

18.4 4个手势通知方法

我们可以使用4个方法通知响应者有关触摸和手势的情况。当用户第一次触摸屏幕时，系统将查找touchesBegan(_:withEvent:)方法的响应者。若要在用户第一次开始手势或轻点屏幕时开始查找，需要在视图或视图控制器中实现该方法。代码清单18-2中可以看到示例方法的代码。

代码清单18-2　探索手势或轻点开始的方法

```
override func touchesBegan(touches: Set<UITouch>, withEvent event: UIEvent?) {
    if let touch = touches.first {
        let numTaps = touch.tapCount
```

```
        let numTouches = event?.allTouches()?.count
    }

    // Do something here
}
```

　　每当一根手指首次触摸屏幕时，一个新的UITouch对象就会创建以表示那根手指，并会将其添加到那个UIEvent参数的集合中，可以通过调用allTouches()方法获取到。之后，所有报告这根手指的行动的事件都会在allTouches()返回的集合中包含相同的UITouch实例（假如这根手指有新的行动要报告，touches参数中也能找到它），直到手指离开屏幕。因此为了记录某手指的行动，你需要监测它的UITouch对象。

　　你可以通过获取allTouches()中对象的数量来确定当前按在屏幕上的手指数量。如果事件报告某触摸是手指一系列连续轻点的一部分，你可以通过与该手指对应的UITouch对象tapCount属性来获取轻点次数。如果只有一个手指触摸了屏幕，或者如果你不在意调查的是哪根手指，可以通过Set类型的first属性[①]快速获取一个UITouch对象用来查询。在前面的示例中，numTaps值为2代表至少一根手指连续快速轻点屏幕两次；同理，如果numTouches值为2，那就表示用户用两根手指触摸屏幕。

　　并不是touches或allTouches()集合中所有的对象都可能与实现该方法的视图或视图控制器有关。例如，表视图单元可能并不关心其他行中的触摸或者导航栏中的触摸。可以使用let myTouches = event?.touchesForView(self.view)这行代码从事件中获得在某个特定视图中触摸的集合。每个UITouch都表示不同的手指，并且每个手指都位于屏幕上的不同位置。你可以使用UITouch对象查询特定手指的位置。你甚至可以使用以下代码将点转换为视图的本地坐标系：

```
let point = touch.locationInView(self.view)//point is of type CGPoint
```

　　当用户将手指移过屏幕时，你可以通过实现touchesMoved(_:withEvent:)获得通知。在长时间的拖动过程中应用会多次调用该方法，每次都将获得另一触摸集合以及另一个事件。除了能够从UITouch对象获得每根手指的当前位置，你还可以查到该触摸原来的位置，即上次调用touchesMoved(_:withEvent:)或touchesBegan(_:withEvent:)时手指的位置。

　　当用户的某根手指离开屏幕时应用会调用另一个方法，即touchesEnded(_:withEvent:)。调用该方法表示用户在结束一些该手指所涉及的交互操作。

　　响应者可以实现的最后一个与触摸有关的方法是touchesCancelled(_:withEvent:)。当发生某些事件（如来电呼叫）导致某连续操作中断时，该方法会被调用。你可以在此处进行任何清理工作，以便重新开始一个新手势。若调用了该方法，则应用不会为当前触摸集合中的内容再调用touchesEnded(_:withEvent:)方法。

18.5　TouchExplorer 应用

　　我们将构建一个小应用，让你更好地体会4个与触摸有关的响应者方法的调用时机。在Xcode中，我们使用Single View Application模板创建新项目，将Product名设为TouchExplorer，在Devices弹出菜单中选择Universal。每次调用与触摸有关的方法时，TouchExplorer都会将触摸和轻点计数的消息显示在屏幕中。在支持3D Touch的设备上，最新的触摸事件还能将手指的力度显示出来（见图18-1）。

注意　尽管本章中的应用将在模拟器上运行，但是你无法看到所有可用的多点触控和3D Touch功能，除非是在真实的iOS设备上运行这些应用。3D Touch需要iPhone 6s或iPhone 6s Plus及以上的机型。

---

　　① Swift语言中的Set类型中元素是没有顺序的，因此first代表的不一定是第一根手指，而是随机一根手指。——译者注

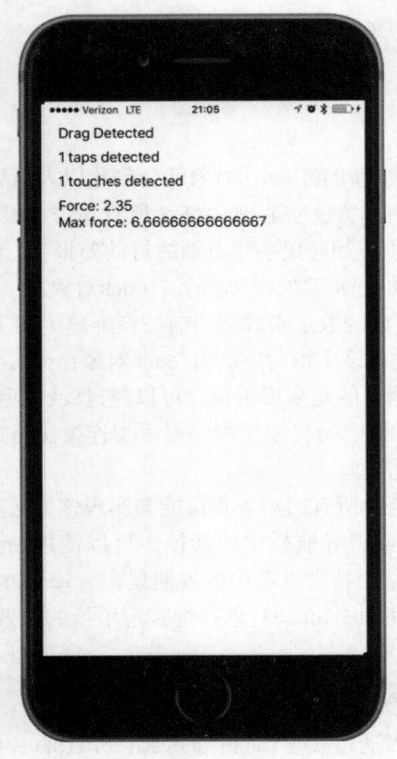

图18-1　TouchExplorer应用

　　我们需要为该应用提供4个标签：一个用于指示最后调用的方法，一个用于报告当前的轻点计数，一个用于报告触摸数量，还有一个显示3D Touch的力度值。单击ViewController.swift文件，并在视图控制器类中添加4个输出接口：

```
class ViewController: UIViewController {
    @IBOutlet var messageLabel: UILabel!
    @IBOutlet var tapsLabel: UILabel!
    @IBOutlet var touchesLabel: UILabel!
    @IBOutlet var forceLabel: UILabel!
```

　　现在，选择Main.storyboard以创建用户界面。你会看到这个模板的新项目中都会包含的空视图。我们将一个标签拖至该视图，使用蓝色引导线将标签放置在视图左上角。按下Option键从这个原始标签另外拖出3个标签，依次将它们放置在前一个标签的下方，这样就有了4个标签（见图18-1）。如果对外观有想法，可以随意修改字体和颜色。完成之后，选中最下面的标签并使用特征检查器将其Lines属性设为0，因为我们要使用它展示超过一行的文本。

　　现在我们需要设置标签的自动布局约束。按住鼠标右键从第一个标签拖到文档略图中的主视图并松开鼠标。按住Shift键并选择Vertical Spacing to Top Layout Guide和Leading Space to Container Margin选项，然后按下Return键。对其余的标签执行相同的操作。接下来将标签关联到它们的输出接口上，按住鼠标右键从View Controller图标分别拖到这4个标签上，将最上面的一个连接到messageLabel输出接口，第二个连接到tapsLabel输出接口，第三个连接到touchesLabel输出接口，最下面的一个连接到forceLabel输出接口。最后双击每一个标签，按下Delete键将其中的文本删除。

　　接下来单击主视图的背景或文档略图中的View图标，然后打开特征检查器（见图18-2）。在特征检查器中View部分的底部，确保同时选中User Interaction Enabled和Multiple Touch复选框。如果未选中Multiple Touch，控制器类的触摸方法将始终接收并且只接收一根手指的触摸，无论实际上有多少根手指在触摸手机的屏幕。

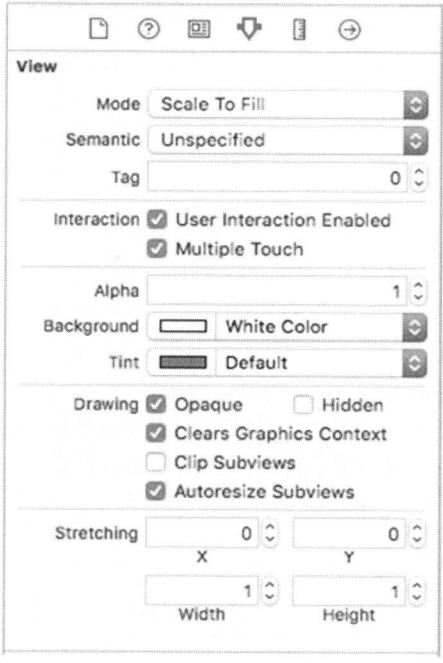

图18-2　在视图特征检查器中，同时选中User Interaction Enabled
和Multiple Touch

完成后，回到ViewController.swift文件并添加代码清单18-3中的代码。

代码清单18-3　支持触摸的ViewController.swift

```swift
override func viewDidLoad() {
    super.viewDidLoad()
    // Do any additional setup after loading the view, typically from a nib.
}

private func updateLabelsFromTouches(_ touch: UITouch?, allTouches: Set<UITouch>?) {
    let numTaps = touch?.tapCount ?? 0
    let tapsMessage = "\(numTaps) taps detected"
    tapsLabel.text = tapsMessage

    let numTouches = allTouches?.count ?? 0
    let touchMsg = "\(numTouches) touches detected"
    touchesLabel.text = touchMsg

    if traitCollection.forceTouchCapability == .available {
        forceLabel.text = "Force: \(touch?.force ?? 0)\nMax force: \(touch?.
        maximumPossibleForce ?? 0)"
    } else {
        forceLabel.text = "3D Touch not available"
    }
}

override func touchesBegan(_ touches: Set<UITouch>, with event: UIEvent?) {
    messageLabel.text = "Touches Began"
    updateLabelsFromTouches(touches.first, allTouches: event?.allTouches())
```

```
    }

    override func touchesCancelled(_ touches: Set<UITouch>, with event: UIEvent?) {
        messageLabel.text = "Touches Cancelled"
        updateLabelsFromTouches(touches.first, allTouches: event?.allTouches())
    }

    override func touchesEnded(_ touches: Set<UITouch>, with event: UIEvent?) {
        messageLabel.text = "Touches Ended"
        updateLabelsFromTouches(touches.first, allTouches: event?.allTouches())
    }

    override func touchesMoved(_ touches: Set<UITouch>, with event: UIEvent?) {
        messageLabel.text = "Drag Detected"
        updateLabelsFromTouches(touches.first, allTouches: event?.allTouches())
    }
```

在此控制器类中，我们实现了之前讨论的4个与触摸有关的方法。每个方法都设置了messageLabel，以便用户看到调用每个方法的时间。接下来，这4个方法都调用updateLabelsFromTouches()来更新其他3个标签。updateLabelsFromTouches()方法从当前触摸中获得轻点次数，通过查看接收的触摸集合（由UIEvent对象参数中获取）的count属性得出触摸屏幕的手指数量，并用该信息更新标签。此外还获取并展示了力度信息。我们来看看这部分代码：

```
    if traitCollection.forceTouchCapability == .available {
        forceLabel.text = "Force: \(touch?.force ?? 0)\nMax force:
            \(touch?.maximumPossibleForce ?? 0)"
    } else {
        forceLabel.text = "3D Touch not available"
    }
```

并不是所有设备都支持3D Touch功能，因此第一行代码使用UITraitCollection类的forceTouchCapability属性来确认是否支持。每个视图控制器都拥有一个特性合集（trait collection），这里我们使用应用程序中唯一视图控制器的特性合集来进行确认。如果支持3D Touch，使用UITouch的force属性得知用户当前点按屏幕的力度，而maximumPossibleForce属性可以获取最大允许的力度值；如果不支持3D Touch，就把情况表达出来。

构建并运行该应用。如果在模拟器中运行，请尝试反复单击屏幕以增加轻点计数，并在视图中拖动时尝试单击并按住鼠标按钮，以模拟触摸和拖动。如果你的设备支持力度感应（Force Touch）[①]，尝试用不同的力道点按以观察回应的数值。

按下Option键后用鼠标单击并拖动，可以在iOS模拟器中模仿两个手指捏合的手势。另外，还可以这样来模仿2个手指的轻扫手势：首先按下Option键来模仿2根手指捏合，然后移动鼠标以便表示虚拟手指的2个点相互靠近，然后再按下Shift键（同时仍然按下Option键）。按Shift键将锁定2根手指相对于彼此的位置，可以进行轻扫等2根手指的手势。你将无法使用需要3根或更多手指才能完成的手势，但可以在模拟器上使用Option和Shift键的组合进行大多数用到2根手指的手势。

如果能够在某个设备上运行该程序，可以看看这个程序最多能够同时识别多少根手指的触摸。尝试使用1根手指进行拖动，再使用2根手指，然后使用3根手指，并尝试轻点2次和轻点3次屏幕，看看通过用2根手指轻点能否增加轻点计数。

尝试体验TouchExplorer应用程序，直到了解并适应4个触摸方法的工作方式为止。完成之后，再来看看如何检测一个常用手势：轻扫（swipe）。

[①] 目前支持的设备有包含ForceTouch功能的所有Macbook和Macbook Pro，以及Magic Trackpad 2代触摸板。——译者注

18.5.1　创建 Swipes 应用程序

这里将要构建的应用叫Swipes，它只能检测水平和垂直轻扫这两种手势。如果将手指从左到右、从右到左、从上到下或从下到上滑过屏幕，Swipes就会在屏幕顶部显示一条消息（并持续几秒钟），提示已检测到轻扫（见图18-3）。

图18-3　Swipes应用将检测水平和垂直方向上的轻扫动作

18.5.2　使用触摸事件检测轻扫

检测轻扫操作相对来说比较容易。我们将以像素为单位定义最小手势长度，也就是将该手势算作轻扫之前，用户必须轻扫过的距离。此处还将定义一个偏差，即用户最多可以偏离某条直线多远，其操作仍然可以算作水平或垂直轻扫。通常我们不将偏移到对角线方向的手势算作轻扫，但是如果只是与水平或垂直方向偏离一点，就仍将其视为轻扫手势。

当用户触摸屏幕时，第一次触摸的位置将被保存在变量中。然后，当用户手指滑过屏幕时，我们将进行检查，看它是否达到某个点以及这个点是否足够远且足够直，以至于能被算作轻扫。事实上，一个内置的手势识别器完全可以做到，不过我们要使用现有的触摸事件知识来构建一个自己的应用。再次使用Single View Application模板在Xcode中创建一个新项目，在Devices弹出菜单中选择Universal。这次将该项目命名为Swipes。单击ViewController.swift文件并添加以下代码：

```
class ViewController: UIViewController {
    @IBOutlet var label: UILabel!
    private var gestureStartPoint: CGPoint!
```

我们为一个标签声明了一个输出接口，以及一个记录用户所触摸的第一个点的变量。然后声明一个方法，在文本显示几秒钟之后将其清除。

选中Main.storyboard，打开该文件进行编辑。使用特征检查器设置视图，同时选中User Interaction Enabled和Multiple Touch复选框，并从库中拖出一个标签到View窗口的靠上位置。设置该标签居中对齐，为了便于观看可以随意设定文本的特征。在文档略图的标签上按住鼠标右键拖动到其父视图并松开鼠标，按住Shift键后选中Vertical Spacing to Top Layout Guide和Center Horizontally in Container项，然后按下Return键。接着按住鼠标右键从View Controller图标拖到该标签上，并将其关联到该标签输出接口。最后，双击该标签并删除其文本。回到ViewController.swift文件并添加代码清单18-4中的代码。

代码清单18-4   更新ViewController.swift文件以支持触摸

```
class ViewController: UIViewController {
    @IBOutlet var label: UILabel!
    private var gestureStartPoint: CGPoint!
    private static let minimumGestureLength = Float(25.0)
    private static let maximumVariance = Float(5)

    override func viewDidLoad() {
        super.viewDidLoad()
        // Do any additional setup after loading the view, typically from a nib.
    }

    override func touchesBegan(_ touches: Set<UITouch>, with event: UIEvent?) {
        if let touch = touches.first {
            gestureStartPoint = touch.location(in: self.view)
        }
    }

    override func touchesMoved(_ touches: Set<UITouch>, with event: UIEvent?) {
        if let touch = touches.first, gestureStartPoint = self.gestureStartPoint {
            let currentPosition = touch.location(in: self.view)

            let deltaX = fabsf(Float(gestureStartPoint.x - currentPosition.x))
            let deltaY = fabsf(Float(gestureStartPoint.y - currentPosition.y))

            if deltaX >= ViewController.minimumGestureLength
                    && deltaY <= ViewController.maximumVariance {
                label.text = "Horizontal swipe detected"
                DispatchQueue.main.after(when: DispatchTime.now() + Double(Int64(2 * NSEC_
                PER_SEC)) / Double(NSEC_PER_SEC)) {
                    self.label.text = ""
                }
            } else if deltaY >= ViewController.minimumGestureLength
                    && deltaX <= ViewController.maximumVariance {
                label.text = "Vertical swipe detected"
                DispatchQueue.main.after(when: DispatchTime.now() + Double(Int64(2 * NSEC_
PER_SEC)) / Double(NSEC_PER_SEC)) {
                    self.label.text = ""
                }
            }
        }
    }
}
```

我们首先来看touchesBegan(_:withEvent:)方法。此处所要做的就是从touches集合中获得某个触摸并存储它的触摸点。现在主要关注一根手指的轻扫，因此不必关注触摸数量；我们只需要获取集合中的第一个触摸即可：

```
if let touch = touches.first {
    gestureStartPoint = touch.location(in: self.view)
}
```

我们使用了touches参数中的UITouch对象，而不是UIEvent中的。这是因为我们只需要在变化发生时进行记录，而不是所有的触摸状态。在接下来的方法touchesMoved(_:withEvent:)中，我们进行实际的工作。首先获取用户手指的当前位置：

```
if let touch = touches.first, gestureStartPoint = self.gestureStartPoint {
    let currentPosition = touch.location(in: self.view)
```

这里我们使用了一种if let语句的形式，它可以判断一个以上的条件。要确保当前存在触摸而且之前已经存储了手势的起点。事实上这两个条件都可以通过，不过无论是在这里或是touchesBegan(_:withEvent:)方法中使用touches.first属性，都会返回一个可选值，这意味着我们需要使用这些判断以确保应用程序不会因为某些意外的出现，尝试去拆包一个为nil的可选值而崩溃。

接着计算从起始位置开始，用户手指在水平和垂直方向上移动的距离。fabsf()是一个来自标准C数学库的函数，它能够返回一个类型为float的绝对值。这允许我们从一个值中减去另一个，而不必关心哪个值较高：

```
let deltaX = fabsf(Float(gestureStartPoint.x - currentPosition.x))
let deltaY = fabsf(Float(gestureStartPoint.y - currentPosition.y))
```

获得两个差值之后，判断用户在两个方向上移动过的距离，检测用户是否在一个方向上移动得足够远但在另一个方向上移动得不够，以便形成轻扫动作。如果是这样，要设置标签的文本以指出检测到的是水平轻扫还是垂直轻扫。我们还使用GCD的DispatchQueue.main.after()函数在文本位于屏幕上2秒之后擦除文本。这样，用户就可以执行多个轻扫操作，而不必担心该标签是指之前的手势还是最近的手势：

```
if deltaX >= ViewController.minimumGestureLength
                && deltaY <= ViewController.maximumVariance {
    label.text = "Horizontal swipe detected"
    DispatchQueue.main.after(when: DispatchTime.now() +
            Double(Int64(2 * NSEC_PER_SEC)) / Double(NSEC_PER_SEC)) {
        self.label.text = ""
} else if deltaY >= ViewController.minimumGestureLength
                && deltaX <= ViewController.maximumVariance {
    label.text = "Vertical swipe detected"
    DispatchQueue.main.after(when: DispatchTime.now() +
            Double(Int64(2 * NSEC_PER_SEC)) / Double(NSEC_PER_SEC)) {
        self.label.text = ""
    }
}
```

构建并运行应用。如果发现自己点击并拖动后，却没有看到结果，请耐心一点。点击并垂直向下或水平拖动，直到熟悉轻扫操作。

18.5.3 自动手势识别

用于检测轻扫手势的过程并不是太糟糕。所有复杂性都包含在touchesMoved(_:withEvent:)方法中，并且它也不是那么令人费解。不过，还可以采用另一种更加轻松的方法完成此工作。iOS现在包含一个名为UIGestureRecognizer的类，从而根本不必再用观察所有事件来查看手指如何移动了。其原理是不直接使用UIGestureRecognizer类，而是创建其一个子类的实例；其子类用于查找特定类型的手势，比如轻扫、捏合、双击、三击等。看一下如何修改Swipes应用，使用手势识别器委托代替手工过程。与平常一样，此处可以复制Swipes项目文件夹并开始修改。在示例的源代码归档中，你可以在Swipes 2文件夹中找到这个应用程序的完成版。

首先，选择ViewController.swift文件，删除touchesBegan(_:withEvent:)和touchesMoved(_:withEvent:)方法，因为这里不再需要它们了。之后，在它们的位置上添加两个新方法：

```
func reportHorizontalSwipe(_ recognizer:UIGestureRecognizer) {
    label.text = "Horizontal swipe detected"
    DispatchQueue.main.after(when: DispatchTime.now() +
            Double(Int64(2 * NSEC_PER_SEC)) / Double(NSEC_PER_SEC)) {
        self.label.text = ""
    }
```

```
}

func reportVerticalSwipe(_ recognizer:UIGestureRecognizer) {
    label.text = "Vertical swipe detected"
        DispatchQueue.main.after(when: DispatchTime.now() +
            Double(Int64(2 * NSEC_PER_SEC)) / Double(NSEC_PER_SEC)) {
        self.label.text = ""
    }
}
```

这些方法实现轻扫手势的实际功能（其实是很少的工作），就像touchesMoved(_:withEvent:)方法之前所做的一样。现在，我们向viewDidLoad方法中添加以下代码：

```
super.viewDidLoad()
// Do any additional setup after loading the view, typically from a nib.

let vertical = UISwipeGestureRecognizer(target: self, action:
"reportVerticalSwipe:")
vertical.direction = [.up, .down]
view.addGestureRecognizer(vertical)

let horizontal = UISwipeGestureRecognizer(target: self,
        action: "reportHorizontalSwipe:")
horizontal.direction = [.left, .right]
view.addGestureRecognizer(horizontal)
```

我们在这里创建了两个手势识别器：一个监测垂直移动，另一个监测水平移动。当其中一个识别到它配置的手势，就会调用reportVerticalSwipe()或reportHorizontalSwipe()方法，将设置标签的文本为合适的值。要进一步精简该应用，你还可以删除gestureStartPoint属性的声明语句和ViewController.swift文件中的两个常量值。现在构建并运行应用程序来试试新的手势识别器。

在代码总量方面，对于像本例这样的简单情况，使用手势识别器与使用以前的方法没有太大区别。不过手势识别器的使用无疑更易于理解和编程，甚至不需要考虑计算手指运动的问题，因为UISwipeGestureRecognizer可以完成此任务。更好的是，苹果公司的手势识别系统是可扩展的，这意味着假如应用需要用到苹果公司手势识别器没有涉及的复杂手势，你可以对识别器进行自定义，将识别器中复杂的代码（我们之前看到的那几行）替换成你的视图控制器代码。我们将在本章后面构建一个这样的示例。此时运行应用程序，看到的效果和之前的类似。

18.5.4　实现多指轻扫

在Swipes应用中，我们仅关心单指轻扫，因此只从touches集合中获取第一个对象来计算在轻扫期间用户手指的位置。若只对单指轻扫感兴趣（这是最常见的轻扫类型），则该方法非常合适。不过假如我希望处理双指或三指轻扫，该怎么办？在本书最早的几版中，我们为此专门编写了大约50行代码以及大量的说明，通过跨多个触摸事件跟踪多个UITouch实例来实现这些手势。幸好，现在手势识别器可以解决这些问题了。经过配置后，UISwipeGestureRecognizer可以识别同时执行的任意数量手指触摸。默认情况下，每个实例关注一根手指，但可以将它配置为关注同时按压屏幕的任意数量的手指。每个实例仅响应指定准确数量的触摸。因此，为了更新应用，我们将在一个循环中创建大量手势识别器。

复制出Swipes项目文件夹的另一个副本来进行改造，你可以在示例源代码归档的Swipes 3文件夹中找到完成后的版本。编辑ViewController.swift文件并修改viewDidLoad方法，将它替换为如下所示的代码：

```
override func viewDidLoad() {
    super.viewDidLoad()
    // Do any additional setup after loading the view, typically from a nib.

    for touchCount in 0..<5 {
        let vertical = UISwipeGestureRecognizer(target: self,
```

```
        action: #selector(ViewController.reportVerticalSwipe(_:)))
    vertical.direction = [.up, .down]
    vertical.numberOfTouchesRequired = touchCount
    view.addGestureRecognizer(vertical)

    let horizontal = UISwipeGestureRecognizer(target: self,
        action: #selector(ViewController.reportHorizontalSwipe(_:)))
    horizontal.direction = [.left, .right]
    horizontal.numberOfTouchesRequired = touchCount
    view.addGestureRecognizer(horizontal)
    }
}
```

我们在代码中为视图添加了10个不同的手势识别器，第一个识别单根手指垂直清扫，第二个则是两根手指垂直清扫，以此类推。它们全部都会在识别到各自手势后调用reportVerticalSwipe()方法。第二组识别器处理水平方向的清扫，并调用reportHorizontalSwipe()方法。注意，在真实的应用中可能需要不同数量的手指在屏幕上轻扫来触发不同的行为。我们可以使用手势识别器轻松完成此任务，让每个识别器调用不同的操作方法即可。

现在，我们需要做的是更改日志，添加一个方法来提供对触摸数量的描述并将它用于"报告"方法中，如下所示。将此方法添加到ViewController类的底部，两个轻扫报告方法之前：

```
func descriptionForTouchCount(_ touchCount:Int) -> String {
    switch touchCount {
    case 1:
        return "Single"
    case 2:
        return "Double"
    case 3:
        return "Triple"
    case 4:
        return "Quadruple"
    case 5:
        return "Quintuple"
    default:
        return ""
    }
}
```

接下来，修改这两个轻扫报告方法：

```
func reportHorizontalSwipe(_ recognizer:UIGestureRecognizer) {
    label.text = "Horizontal swipe detected"
    let count = descriptionForTouchCount(recognizer.numberOfTouches())
    label.text = "\(count)-finger horizontal swipe detected"
    DispatchQueue.main.after(when: DispatchTime.now() +
            Double(Int64(2 * NSEC_PER_SEC)) / Double(NSEC_PER_SEC)) {
        self.label.text = ""
    }
}

func reportVerticalSwipe(_ recognizer:UIGestureRecognizer) {
    label.text = "Vertical swipe detected"
    let count = descriptionForTouchCount(recognizer.numberOfTouches())
    label.text = "\(count)-finger vertical swipe detected"
    DispatchQueue.main.after(when: DispatchTime.now() +
            Double(Int64(2 * NSEC_PER_SEC)) / Double(NSEC_PER_SEC)) {
        self.label.text = ""
    }
}
```

构建并运行应用。你应该能够在两个方向上触发2根手指和3根手指的轻扫，并且仍然能够触发单指轻扫。如果你的手指比较细，甚至可以触发4根手指和5根手指的轻扫。

提示 在模拟器中，如果按下Option键，会出现一对小圆点，它们代表两根手指。若你让它们靠近，然后按下Shift键，会使它们之间的相对位置保持不变，你可以将它在屏幕上任意移动。现在，点击并向下拖动屏幕，就可以模拟双指轻扫了。

在多指轻扫时，需要注意一件事：手指不能太过靠近。如果2根手指彼此靠得非常近，那么它们可能被注册为一个单指触摸。因此，我们建议不要依赖4根手指或5根手指的轻扫来实现任何重要的手势，因为很多人的手指都比较粗，不能有效地进行4根或5根手指的轻扫。不过，iPad上一些四指和五指手势是系统默认开启的，用来在应用之间切换或回到主屏幕。这些可以在Settings应用中关闭，如果应用中不会用到这些手势，建议关闭。

18.5.5 检测多次轻点

在TouchExplorer应用中，我们将轻点次数打印到了屏幕上。你会看到它很容易就检测出多次轻点。但是，它并不像看上去那样简单，因为我们通常希望根据轻点的数量采取不同的操作。如果用户连续轻点3次，那么程序会分3次单独通知你。你将得到轻点1次、轻点2次，最后是轻点3次的通知。如果你想对2次轻点执行某些完全不同于3次轻点的操作，3个独立的通知可能会引起问题，因为你首先会收到双击的通知，然后是三次轻点的。除非你的代码特地考虑到这种情况，否则你将同时调用两个方法。幸好，苹果公司预料到了这一情形，并提供了一种机制来让多个手势识别器协同运行。即使出现看起来可能触发它们中任何一个的模糊输入，也能正常运作。这里的基本理念是，在一个手势识别器上设置一个限制，告诉它：除非其他手势识别器未能识别关联的方法，否则不要触发自己的关联方法。

这似乎有些抽象，我们具体分析一下。轻点手势是使用UITapGestureRecognizer类识别的。轻点手势识别器可以配置为在发生特定数量的轻点时执行某种操作。假设我们有一个视图，希望为其定义当用户进行一次或两次轻点时产生的不同行为，那么可以首先编写以下代码：

```
let singleTap = UITapGestureRecognizer(target: self,
action: #selector(ViewController.singleTap))
singleTap.numberOfTapsRequired = 1
singleTap.numberOfTouchesRequired = 1
view.addGestureRecognizer(singleTap)

let doubleTap = UITapGestureRecognizer(target: self,
 action: #selector(ViewController.doubleTap))
doubleTap.numberOfTapsRequired = 2
doubleTap.numberOfTouchesRequired = 1
view.addGestureRecognizer(doubleTap)
```

这段代码的问题在于，两个识别器不会感知到彼此，而且无法知道用户的操作可能更适合于另一个识别器。使用前面的代码，如果用户两次轻点视图，doDoubleTap方法将会被调用，但doSingleMethod会被调用两次，每次调用针对每次轻点。

此问题的解决方式是建立失败需求。我们告诉singleTap希望它仅在doubleTap未识别时触发自己的操作，并使用以下这行代码响应用户输入：

```
singleTap.require(toFail: doubleTap)
```

这意味着当用户轻点一次时，singleTap不会立即执行自己的工作。相反，singleTap会等到获知doubleTap已决定停止关注当前的手势（用户没有轻点两次）时执行。我们将在下一个项目中进一步探讨此主题。

在Xcode中，使用Single View Application模板创建一个新的项目，将此新项目命名为Taps，并在Devices弹出菜单中选中Universal。该应用程序将拥有4个标签，当它检测到轻点1次、轻点2次、轻点3次以及轻点4次时，会分别通知我们（见图18-4）。

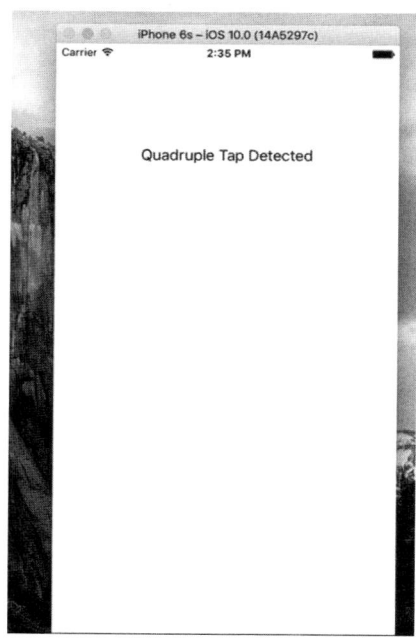

图18-4 能够检测最多4次轻点的Taps应用

我们需要为4个标签提供输出接口，还需要为每个轻点方案提供单独的方法，以便模拟在实际应用中面临的状况。我们还将引入一个擦除文本字段的方法。打开ViewController.swift文件并在类中添加标签的输出接口：

```
class ViewController: UIViewController {
    @IBOutlet var singleLabel:UILabel!
    @IBOutlet var doubleLabel:UILabel!
    @IBOutlet var tripleLabel:UILabel!
    @IBOutlet var quadrupleLabel:UILabel!
```

保存文件，然后选择Main.storyboard以编辑GUI界面。打开该文件之后，从库中向视图添加4个标签并依次向上摆放。在特征检查器中设置每个标签的文本对齐方式为Center。按住鼠标右键从顶端标签拖到它在文档略图中的父视图并松开鼠标。按住Shift键并选择Vertical Spacing to Top Layout Guide和Center Horizontally in Container选项，然后按下Return键。对其他三个标签设置同样的自动布局约束。完成后，在按下鼠标右键的同时从View Controller图标拖到每个标签，并将每个标签各自连接到singleLabel、doubleLabel、tripleLabel和quadrupleLabel。最后确保双击每个标签并按Delete键删除所有文本。现在选中ViewController.swift文件并改为代码清单18-5所示的内容。

代码清单18-5 Taps应用中修改后的ViewController.swift文件

```
override func viewDidLoad() {
    super.viewDidLoad()
    // Do any additional setup after loading the view, typically from a nib.

    let singleTap = UITapGestureRecognizer(target: self,
            action: #selector(ViewController.singleTap))
    singleTap.numberOfTapsRequired = 1
    singleTap.numberOfTouchesRequired = 1
    view.addGestureRecognizer(singleTap)
```

```
        let doubleTap = UITapGestureRecognizer(target: self,
                action: #selector(ViewController.doubleTap))
        doubleTap.numberOfTapsRequired = 2
        doubleTap.numberOfTouchesRequired = 1
        view.addGestureRecognizer(doubleTap)
        singleTap.require(toFail: doubleTap)

        let tripleTap = UITapGestureRecognizer(target: self,
                action: #selector(ViewController.tripleTap))
        tripleTap.numberOfTapsRequired = 3
        tripleTap.numberOfTouchesRequired = 1
        view.addGestureRecognizer(tripleTap)
        doubleTap.require(toFail: tripleTap)

        let quadrupleTap = UITapGestureRecognizer(target: self,
                action: #selector(ViewController.quadrupleTap))
        quadrupleTap.numberOfTapsRequired = 4
        quadrupleTap.numberOfTouchesRequired = 1
        view.addGestureRecognizer(quadrupleTap)
        tripleTap.require(toFail: quadrupleTap)
    }

    func singleTap() {
        showText("Single Tap Detected", inLabel: singleLabel)
    }

    func doubleTap() {
        showText("Double Tap Detected", inLabel: doubleLabel)
    }

    func tripleTap() {
        showText("Triple Tap Detected", inLabel: tripleLabel)
    }

    func quadrupleTap() {
        showText("Quadruple Tap Detected", inLabel: quadrupleLabel)
    }

    private func showText(_ text: String, inLabel label: UILabel) {
        label.text = text
        DispatchQueue.main.after(when: DispatchTime.now() +
                Double(Int64(2 * NSEC_PER_SEC)) / Double(NSEC_PER_SEC)) {
            label.text = ""
        }
    }
}
```

在这个应用里，这4种轻点方法的作用只是设置4个标签中的一个，并在2秒之后使用DispatchQueue.main. after()方法擦除这个标签上的文本。此代码中有趣的部分在于viewDidLoad方法中发生的操作。开始部分很简单，我们设置一个轻点手势识别器并将它附加到视图：

```
let singleTap = UITapGestureRecognizer(target: self,
        action: #selector(ViewController.singleTap))
singleTap.numberOfTapsRequired = 1
singleTap.numberOfTouchesRequired = 1
view.addGestureRecognizer(singleTap)
```

注意，这里将触发操作所需的轻点数（依次触摸相同位置的次数）和触摸数（同时触摸屏幕的手指数）设置为1。然后，我们设置了另一个轻点手势识别器来处理两次轻点：

```
let doubleTap = UITapGestureRecognizer(target: self,
        action: #selector(ViewController.doubleTap))
doubleTap.numberOfTapsRequired = 2
doubleTap.numberOfTouchesRequired = 1
view.addGestureRecognizer(doubleTap)
singleTap.require(toFail: doubleTap)
```

这非常类似于上一个手势识别器，只不过最后一行为singleTap提供了一些附加的上下文。我们实际上是在告诉singleTap：仅在其他手势识别器（在本例中为doubleTap）断定当前用户输入的不是其想要的手势时，singleTap才应该触发自己的操作。

这是什么意思呢？有了这两个轻点手势识别器，视图中的单次轻点将立即让singleTap认为这是它寻找的手势。与此同时，doubleTap将认为这看起来适于它，但它需要等待另外一次轻点。因为singleTap被设置为等待doubleTap"失败"才开始运行，所以它不会立即触发自己的操作方法，而是等待doubleTap的结果。

第一次轻点之后，如果立即发生了另一次轻点，那么doubleTap会认为这完全是自己需要的手势，并触发自己的操作。这时，singleTap将意识到所发生的事情并放弃该手势。另一方面，如果经过了特定的时间（系统规定的两次轻点之间最大时间长度），doubleTap将放弃，singleTap将看到doubleTap失败并最终触发自己的操作。该方法剩余的部分为3次和4次轻点定义手势识别器，每一次配置的手势依赖于下一个手势的失败：

```
let tripleTap = UITapGestureRecognizer(target: self,
        action: #selector(ViewController.tripleTap))
tripleTap.numberOfTapsRequired = 3
tripleTap.numberOfTouchesRequired = 1
view.addGestureRecognizer(tripleTap)
doubleTap.require(toFail: tripleTap)

let quadrupleTap = UITapGestureRecognizer(target: self,
        action: #selector(ViewController.quadrupleTap))
quadrupleTap.numberOfTapsRequired = 4
quadrupleTap.numberOfTouchesRequired = 1
view.addGestureRecognizer(quadrupleTap)
tripleTap.require(toFail: quadrupleTap)
```

注意，我们不需要将每个手势显式地配置为依赖于每个轻点次数更多的手势失败。这种多重依赖关系是在代码中所建立的失败链的自然结果。因为singleTap需要doubleTap失败，doubleTap需要tripleTap失败，而tripleTap需要quadrupleTap失败，所以引申可知singleTap需要所有其他手势都失败。

构建并运行此版本，当轻点1次、轻点2次、轻点3次以及轻点4次时，你应该只会看到一个标签在底部显示。大约2秒之后，标签将会清空，你就可以继续测试了。

18.5.6　检测捏合和旋转

另一个常见的手势是双指捏合。在很多应用（比如移动版Safari、邮件和照片）中，人们使用它来执行放大（手指分开）或缩小（手指捏紧）操作。检测双指捏合非常简单，这得益于UIPinchGestureRecognizer。此识别器被称为连续手势识别器（continuous gesture recognizer），因为它在双指捏合期间反复调用自己的操作方法。发生该手势时，双指捏合手势识别器经历多个状态。当手势被识别时，识别器就会进入UIGestureRecognizerState.began状态，它的scale属性被设为初始值1.0。对于手势的其他状态，识别器就会进入UIGestureRecognizerState.changed状态，而scale数值将随着用户手指相对于起始位置的移动上升或下降。我们将使用scale值调整一张图像的大小。最后识别器的状态会变为UIGestureRecognizerState.ended。

还有一种常用的手势是双指旋转，它对应一个连续的手势识别器UIRotationGestureRecognizer。UIRotationGestureRecognizer有一个rotation属性，在手势开始时值默认为0.0。在用户旋转手指时，这个属性的值可以在0.0到2.0*PI之间变化。在下一个示例中，我们将同时使用捏合与旋转手势。在Xcode中，我们再次使用Single View

Application模板创建一个新项目，将此项目命名为PinchMe。从本书示例源代码归档中的18-Image文件夹中找到
yosemite-meadow.png（或者是你自己喜欢的照片），将其拖曳到项目中的Assets.xcassets中。在ViewController.swift
文件中进行代码清单18-6中的更改。

代码清单18-6   更新PinchMe应用中的ViewController.swift文件

```swift
class ViewController: UIViewController, UIGestureRecognizerDelegate {
    private var imageView:UIImageView!
    private var scale = CGFloat(1)
    private var previousScale = CGFloat(1)
    private var rotation = CGFloat(0)
    private var previousRotation = CGFloat(0)

    override func viewDidLoad() {
        super.viewDidLoad()
        // Do any additional setup after loading the view, typically from a nib.

        let image = UIImage(named: "yosemite-meadows")
        imageView = UIImageView(image: image)
        imageView.isUserInteractionEnabled = true
        imageView.center = view.center
        view.addSubview(imageView)

        let pinchGesture = UIPinchGestureRecognizer(target: self,
                action: #selector(ViewController.doPinch(_:)))
        pinchGesture.delegate = self
        imageView.addGestureRecognizer(pinchGesture)

        let rotationGesture = UIRotationGestureRecognizer(target: self,
                action: #selector(ViewController.doRotate(_:)))
        rotationGesture.delegate = self
        imageView.addGestureRecognizer(rotationGesture)
    }

    func gestureRecognizer(_ gestureRecognizer: UIGestureRecognizer,
            shouldRecognizeSimultaneouslyWith
                otherGestureRecognizer: UIGestureRecognizer) -> Bool {
        return true
    }

    func transformImageView() {
        var t = CGAffineTransform(scaleX: scale * previousScale, y: scale * previousScale)
        t = t.rotate(rotation + previousRotation)
        imageView.transform = t
    }

    func doPinch(_ gesture:UIPinchGestureRecognizer) {
        scale = gesture.scale
        transformImageView()
        if gesture.state == .ended {
            previousScale = scale * previousScale
            scale = 1
        }
    }

    func doRotate(_ gesture:UIRotationGestureRecognizer) {
        rotation = gesture.rotation
        transformImageView()
        if gesture.state == .ended {
            previousRotation = rotation + previousRotation
```

```
            rotation = 0
        }
    }
}
```

这里首先定义了4个实例变量，分别表示当前缩放比例、先前缩放比例、当前旋转角度、先前旋转角度。先前的值来自于先前触发并已经结束的手势识别器。我们需要跟踪这些值，因为UIPinchGestureRecognizer（用于缩放）和UIRotationGestureRecognizer（用于旋转）开始的默认值都是缩放比例1.0、旋转角度0.0。接下来，在viewDidLoad()方法中，首先创建一个会被缩放和旋转的UIImageView，在其中加载Yosemite图片并使其在主视图居中。记住，一定要对图像视图启用用户交互功能，因为UIImageView是少数几个默认关闭用户交互功能的UIKit类。

```
let image = UIImage(named: "yosemite-meadows")
imageView = UIImageView(image: image)
imageView.isUserInteractionEnabled = true
imageView.center = view.center
view.addSubview(imageView)
```

然后，建立一个捏合手势识别器和一个旋转手势识别器。当手势被识别时，让它们分别通过doPinch()和doRotation()方法来通知我们。这两个对象都需要将self作为委托对象使用：

```
let pinchGesture = UIPinchGestureRecognizer(target: self,
        action: #selector(ViewController.doPinch(_:)))
pinchGesture.delegate = self
imageView.addGestureRecognizer(pinchGesture)

let rotationGesture = UIRotationGestureRecognizer(target: self,
        action: #selector(ViewController.doRotate(_:)))
rotationGesture.delegate = self
imageView.addGestureRecognizer(rotationGesture)
```

在gestureRecognizer(_:shouldRecognizeSimultaneoslyWithGestureRecognizer:)方法中（它是UIGesture-RecognizerDelegate协议中唯一要实现的方法），我们始终返回true，以便允许捏合手势和旋转手势同时工作。否则，先开始的手势识别器就会屏蔽另一个：

```
func gestureRecognizer(_ gestureRecognizer: UIGestureRecognizer,
            shouldRecognizeSimultaneouslyWith
                otherGestureRecognizer: UIGestureRecognizer) -> Bool {
    return true
}
```

接下来实现一个辅助方法，用于根据从手势识别器中获得的缩放比例和旋转角度对图像视图进行变换。注意，这里将缩放比例乘以之前的缩放比例，并且对旋转角度加上之前的旋转角度，这样就能让新手势从默认的缩放比例1.0、旋转角度0.0开始的时候对先前已经结束的捏合和旋转进行调整：

```
func transformImageView() {
    var t = CGAffineTransform(scaleX: scale * previousScale, y: scale * previousScale)
    t = t.rotate(rotation + previousRotation)
    imageView.transform = t
}
```

最后，我们实现这两个操作方法，对手势识别器的输入进行处理，并且对图像视图进行变换。在doPinch()和doRotate()方法中，我们首先提取新的scale和rotation值，然后更新图像视图的变换。最后，如果手势识别器报告它的手势已结束（state属性和UIGestureRecognizerState.Ended值相等），我们就把当前的缩放比例和旋转角度值保存起来，并且将当前的缩放比例和旋转角度分别重置为默认的1.0和0.0：

```
func doPinch(_ gesture:UIPinchGestureRecognizer) {
    scale = gesture.scale
    transformImageView()
```

```
    if gesture.state == .ended {
        previousScale = scale * previousScale
        scale = 1
    }
}

func doRotate(_ gesture:UIRotationGestureRecognizer) {
    rotation = gesture.rotation
    transformImageView()
    if gesture.state == .ended {
        previousRotation = rotation + previousRotation
        rotation = 0
    }
}
```

　　捏合和旋转的检测到这里就结束了。构建并运行应用，自己尝试一下。尝试捏合和旋转操作时，你将会看到图像的变化（见图18-5）。如果是在模拟器上运行应用，记住可以通过按下Option键并在模拟器窗口中使用鼠标单击拖动来模拟捏合手势。

图18-5　在PinchMe应用中检测捏合和旋转手势

18.6　小结

　　现在，相信你已经理解了iOS向应用通知有关触摸、轻点、手势等信息的机制。你应该还学习了如何检测最常用的iOS手势。我们还看了一两个使用了新3D Touch功能的基础示例。我们所讲的还仅仅是抛砖引玉，如果想知道更详细的内容，请访问苹果公司这一方面的文档：https://developer.apple.com/library/ios/documentation/UserExperience/Conceptual/Adopting3DTouchOniPhone/。

　　iOS的用户界面在很大程度上依赖于手势，这要归功于手势的易用性。因此，在准备进行大多数iOS开发时，你会希望拥有这些技术。在下一章中，我们将告诉你如何使用Core Location框架得到你的位置信息。

第 19 章

确定位置

每种iOS设备都可以使用Core Location框架确定它的物理位置。iOS还有一个名为Map Kit的框架，可以用于创建实时交互地图来显示你想要设备显示的任何位置（当然，包括用户自己所处的位置）。本章会介绍这两种框架的使用。实际上，Core Location可以利用3种技术来实现该功能：GPS、蜂窝基站ID定位（cell ID Location）和WPS（WiFi Positioning Service，WiFi定位服务）。GPS提供的定位是这3种技术中最精确的，但在第一代iPhone、iPod touch和只支持WiFi的iPad上不可用。总之，任何至少具有3G数据连接功能的设备一般都还包含一个GPS单元。GPS通过读取来自多个卫星的微波信号来确定当前位置。

注意 苹果公司使用的GPS为Assisted GPS（辅助全球卫星定位系统），也称A-GPS。A-GPS使用网络资源来帮助改进纯粹的GPS性能，其基本原理是通信运营商部署网络服务，移动设备会自动寻找并从中收集数据，这样移动设备能够比只依靠GPS卫星更快地确定它的起始位置。

蜂窝基站ID定位根据设备所属范围内的蜂窝基站位置计算得出设备的当前位置。因为每个基站可以覆盖相当广的范围，所以这种定位方式会有比较大的误差。蜂窝基站ID定位需要一个无线电连接，因此它只能用在iPhone（所有款型，包括最早款）和有3G数据连接功能的iPad上。最后一种技术WPS使用附近WiFi接入点的MAC（Media Access Control，媒体访问控制）地址，通过参考已知服务提供商及其服务区域的大型数据库来猜测你的位置。不过会有一到数英里的误差。

这3种方法都很耗电，大家在使用Core Location时需要注意这一点，尽量只在必要时进行定位。使用Core Location时，我们可以根据需要指定精度。注意，你在指定绝对最低精度级别时要谨慎，避免不必要的电力消耗。Core Location所依赖的技术对于应用来说是隐藏的。我们不需要指定Core Location使用GPS、蜂窝基站ID定位还是WPS，只需要指定精度级别，它就会自动从可用的技术中选择可以更好满足请求的那种。

19.1 位置管理器

苹果公司提供了易于使用的Core Location API。这里将使用的主要类是CLLocationManager，通常被称为位置管理器。为了与Core Location交互，我们需要创建一个位置管理器实例：

```
let locationManager = CLLocationManager()
```

这样就创建了位置管理器的一个实例，但它不会真正开始轮询我们的位置。此处还必须创建一个遵循CLLocationManagerDelegate协议的对象，并将其作为位置管理器的委托。当位置信息可用时，位置管理器会调用我们的委托方法。这可能会花费一些时间，甚至多达几秒钟。

19.1.1 设置期望精度

设置委托之后，还需要设置所需的精度。前面讲过，我们建议避免指定任何大于绝对需要的精度。如果你编写的应用只需要知道手机当前位置所在的州或国家，那就不需要指定较高级别的精度。记住，Core Location的精度越高，电量消耗就越大，而且也不一定总能获得所需级别的精度。代码清单19-1展示了一个设置委托并请求特定精度级别的示例。

代码清单19-1　设置委托以及期望精度

```
locationManager.delegate = self
locationManager.desiredAccuracy = kCLLocationAccuracyBest
```

　　精度通过设定CLLocationAccuracy的值进行指定，这里值的类型为双浮点型。该值的单位为米（m），因此如果你指定desiredAccuracy的值为10，就表示要求Core Location在尝试确定当前位置时尽量达到10米内的精度。如之前一样指定kCLLocationAccuracyBest，或者指定kCLLocationAccuracyBestForNavigation（它也使用其他传感器数据）表示要求Core Location使用当前可用的具有最高精度的方法。除了kCLLocationAccuracyBestFor-Navigation，我们还可以使用kCLLocationAccuracyNearestTenMeters、kCLLocationAccuracyHundredMeters、kCLLocationAccuracyKilometer和kCLLocationAccuracyThreeKilometers。

19.1.2　设置距离筛选器

　　默认情况下，位置管理器会把检测到的位置更改通知给委托。指定距离筛选器意味着告知位置管理器不要将每个更改都通知你，而是仅当位置更改超过特定大小时通知你。设置距离筛选器可以减少应用执行的轮询数量。距离筛选器也是以米为单位进行设置的。若指定距离筛选器为1000，则表示直到iPhone偏移以前报告的位置至少1000米之后（即locationManager.distanceFilter = 1000），才会通知位置管理器的委托。

　　如果希望将位置管理器恢复为没有筛选器的默认设置，可以使用常量kCLDistanceFilterNone，如下所示。

```
locationManager.distanceFilter = kCLDistanceFilterNone
```

　　就像在指定特定精度时一样，这里应该注意避免过于频繁地获取更新，否则会浪费电量。基于位置的变化计算用户速度的加速计应用可能需要尽可能快地获取更新，但显示附近快餐店的应用则完全可以让频率更新得慢一些。

19.1.3　获取使用定位服务的权限

　　在应用程序可以使用定位服务之前，你需要获得用户的允许。Core Location提供了不同的服务，其中一些可以让应用程序在后台使用。事实上，你甚至可以请求未运行的应用程序在发生了特定的事件后启动。根据应用程序的行为，它可能只会在用户使用应用程序时请求权限来访问定位服务，也可能需要经常使用这个服务。在编写应用程序时，你需要确定请求什么类型的权限，并且要在所需服务初始化之前进行请求。你将在本章创建示例应用程序的过程中看到如何进行这些操作。

19.1.4　启动位置管理器

　　当准备好开始轮询（poll）位置，并向用户请求访问定位服务后，就会通知位置管理器启动，然后位置管理器开始启动，在定位到当前位置时调用委托方法。在让它停止之前，只要感知到任何超过当前距离筛选器的更改，就会继续调用委托方法。下面是启动位置管理器的方法：

```
locationManager.startUpdatingLocation()
```

19.1.5　合理使用位置管理器

　　如果只需要确定当前位置而不需要持续更新，可以使用requestLocation()方法来代替startUpdatingcation()方法。这个方法只要确定了用户的位置，就会自动停止位置轮询。从另一方面来说，若需要轮询，则需要确保在可能的情况下尽量停止轮询。记住，只要从位置管理器获取更新，就一定会消耗电量。若要告知位置管理器停止向其委托发送更新，则需调用stopUpdatingLocation()，如下所示：

```
locationManager.stopUpdatingLocation()
```

这个方法只针对startUpdatingLocation()，如果你使用的是requestLocation()，那么不需要调用。

19.2　位置管理器委托

位置管理器委托必须遵循CLLocationManagerDelegate协议，该协议定义了一些方法，这些方法都是可选的。位置管理器会在用户使用定位服务的权限变化后调用其中某个方法，而在确定了当前位置或者检测到位置更改时调用另一个方法。当位置管理器遇到错误时也将调用另一个方法。我们会在本章的项目中实现这几个委托方法。

19.2.1　获取位置更新

当位置管理器希望将当前位置通知给委托时，它将调用locationManager(_:didUpdateLocations:)方法。该方法接受两个参数。
- ❑ 第一个参数是调用该方法的位置管理器。
- ❑ 第二个参数是一个CLLocation对象数组，代表设备的当前位置，可能还有之前的几个位置。如果在一段比较短的时间内发生了多次位置更新，那么这几次位置更新有可能会被一次性全部上报（调用这个方法一次）。无论何时，数组的最后一项都表示当前位置。

19.2.2　使用 CLLocation 获取纬度和经度

位置信息是位置管理器使用CLLocation类的实例进行传递的。该类提供了应用程序可能会用到的7个属性：
- ❑ coordinate（地理坐标）
- ❑ horizontalAccuracy（水平精度）
- ❑ altitude（海拔高度）
- ❑ verticalAccuracy（垂直精度）
- ❑ floor（地面）
- ❑ timestamp（时间戳）
- ❑ description（描述信息）

纬度和经度存储在一个名为coordinate的属性中。若要以度为单位获取纬度和经度，则使用代码清单19-2中的代码。

代码清单19-2　获取纬度和经度

```
let latitude = theLocation.coordinate.latitude
let longitude = theLocation.coordinate.longitude
```

纬度和经度将会被推导转换成CLLocationDegrees类型。CLLocation对象还可以显示位置管理器在其纬度和经度计算方面的精确程度。horizontalAccuracy属性描述以coordinate为圆心的圆的半径（与所有Core Location的单位一样，都是米）。horizontalAccuracy的值越大，Core Location就越确定不了准确的位置；半径越小，位置精度就越高。

我们来看horizontalAccuracy在地图应用中的图形表示（如图19-1所示）。当检测到你目前所处位置时，地图中显示的圆将horizontalAccuracy作为半径。位置管理器认为你位于该圆的中心；即使不在圆心，也几乎可以肯定你位于圆之内的某个位置。horizontalAccuracy为负值时，表明由于某些原因，导致无法信任coordinate的值。

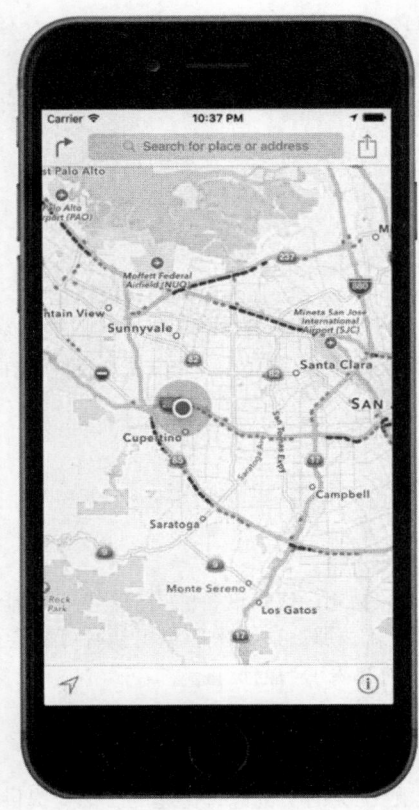

图19-1　地图应用使用Core Location来确定你的当前位置。外面的圆是水平精度的可视化表示

CLLocation对象还有一个名为altitude的属性（类型是CLLocationDistance），该属性用于描述你在海平面以上或以下多少米：

```
let altitude = theLocation.altitude
```

每个CLLocation对象都有一个名为verticalAccuracy的属性，该属性表示Core Location在描述海拔高度时的精确程度。海拔高度值可能与verticalAccuracy的值相差很多米。如果verticalAccuracy为负值，那么Core Location就是在告诉你它无法确定有效的海拔高度。

floor属性会告诉用户所在建筑物的地面信息。这个值只在能够提供信息的建筑物中有效，因此不要过于期待它的可用性。

CLLocation对象包含一个时间戳，它描述位置管理器确定位置的时间。

除了这些属性，CLLocation还有一个非常有用的实例方法，允许你确定两个CLLocation对象之间的距离。该方法是distanceFromLocation，它会返回一个CLLocationDistance类型的双浮点值，因此你可以使用这个值来进行运算，在之后我们要创建的应用程序中你就会看到。这里展示了如何使用这个方法：

```
let distance = fromLocation.distanceFromLocation(toLocation)
```

这行代码将返回两个CLLocation对象（fromLocation和toLocation）之间的距离。返回的distance值包含了大圆（great-circle）计算的结果，该计算忽略了altitude属性，并且在假设这两个点都处于海平面的情况下计算该距离。对于大多数情况，大圆计算已经能够满足需求，但是如果在计算距离时需要考虑海拔高度，那么你必须自己编写代码来进行该操作。

注意　如果不确定**大圆距离**的含义，原理就是地球表面上任意两点之间的最短距离都可沿着一条围绕整个地球的路线"大圆"计算得出。显然，地图上的赤道和经线就是大圆。不过，地球表面上的任意两点之间都存在这样的一个圆弧。CLLocation负责计算两点之间沿这样一条路线的距离，并且考虑了地球的弯曲度。如果不考虑该弯曲度，我们最终将得到连接两点的直线。这没多大用处，因为该直线一定会从地球内部穿过。

19.2.3　错误通知

如果Core Location需要向应用程序报告错误，它会调用一个名为locationManager(_:didFailWithError:)的委托方法。一种可能的错误原因是用户拒绝访问，这种情况下会调用方法并传递CLError.denied错误代码。另一常见的错误代码为CLError.locationUnknown，表示Core Location无法确定位置，但它将不断尝试。kCLError.locationUnknown错误表示问题可能是临时的，而kCLError.denied或其他错误可能表示在当前会话的其余时间内，应用都将无法访问Core Location。

注意　模拟器无法确定你的当前位置，不过你可以通过Debug➤Location菜单项选择一个（例如苹果公司总部）或设置你的自定义位置。

19.3　创建 WhereAmI 应用程序

让我们构建一个小型应用程序来检测设备的当前位置以及该程序运行期间所移动的总距离。最终的应用如图19-2所示。

图19-2　运行中的WhereAmI应用

在Xcode中，使用Single View Application模板新建一个项目，并将该项目命名为WhereAmI。项目窗口出现后，单击ViewController.swift文件并进行以下更改：

```
import UIKit

import CoreLocation
import MapKit

class ViewController: UIViewController, CLLocationManagerDelegate {
```

注意我们在这里导入了Core Location框架。Core Location不是UIKit或Foundation的一部分，因此我们需要手动导入。接下来，使该类遵循CLLocationManagerDelegate协议，以便从位置管理器接收位置信息。

现在添加这些属性声明：

```
private let locationManager = CLLocationManager()
private var previousPoint: CLLocation?
private var totalMovementDistance = CLLocationDistance(0)

@IBOutlet var latitudeLabel: UILabel!
@IBOutlet var longitudeLabel: UILabel!
@IBOutlet var horizontalAccuracyLabel: UILabel!
@IBOutlet var altitudeLabel: UILabel!
@IBOutlet var verticalAccuracyLabel: UILabel!
@IBOutlet var distanceTraveledLabel: UILabel!
@IBOutlet var mapView:MKMapView!
```

首先我们声明一个名为locationManager的属性，它引用的是将要用到的CLLocationManager实例。我们还声明了一个名为previousPoint的CLLocation属性，它将记录最后一次更新时从位置管理器接收的位置。这样每当用户的移动足够触发更新的一段距离，我们就能够将最后移动的距离添加到总移动距离中。其他属性都是输出接口，用于更新用户界面上的标签。

现在选中Main.storyboard并开始创建用户界面。首先在文档略图中展开视图控制器的层级关系，选择View图标，然后在特征检查器中将背景颜色设为浅灰。接下来从对象库中拖出一个UIView，将它放在已有的视图上，然后调整它的位置和尺寸，使其覆盖主视图的底部。确保视图的底部、左侧和右侧都完全贴住了灰色的视图。接下来要创建如图19-2所示的布局，位置是之前在图中底部放置的白色背景视图。

在文档略图中，选择你刚才添加的视图，在上面按住鼠标右键拖到其父视图上并松开鼠标。按住Shift键在弹出的菜单中点击Leading Space to Container Margin、Trailing Space to Container Margin和Vertical Spacing to Bottom Layout Guide选项。这样可以固定视图的位置，但还没有设置它的高度。解决的办法是在文档略图中让视图保持选中状态，然后点击Add New Constraints按钮。在弹出面板中勾选Height复选框，设置高度为166，设置Update Frames为Items of New Constraint，然后按下Add 1 Constraint按钮来设定高度。这样就可以了。

接下来我们将创建如图19-2所示的最右边一栏标签。从对象库中拖出一个标签并放在离白色视图顶端的不远处。重新调整其宽度为80点并将其移动到贴近视图的右边缘。按住Option键向下拖出这个标签的一个副本，将这个步骤连续执行5次以创建一个标签列，如图19-2所示。现在我们来固定标签与其父视图相对的尺寸和位置。

首先是文档略图中最上面的标签，按住鼠标右键从标签拖到其父视图。松开鼠标并按住Shift键，然后选择Vertical Spacing to Container Margin和Trailing Space to Container Margin选项，然后按下Return键。为了设置标签的尺寸，点击Add New Constraints按钮打开弹出菜单，勾选Width和Height复选框。如果还没有设定值，就在宽度处输入80，高度处输入21，然后点击Add 2 Constraints按钮。现在就固定了顶端标签的尺寸和位置。继续对其他5个标签重复同样的步骤。

接下来我们添加第二列标签。从对象库中拖出一个标签并放在最顶端标签的左侧，两者之间留下一段较窄的水平空隙。拖动标签的左侧，使其几乎贴住白色视图的左边缘，然后在特征检查器中设置Alignment使标签的文本右对齐。通过按住Option键向下拖出当前标签的5个副本，每个都与右侧的相应标签对齐，完成后的布局如图19-3所示。

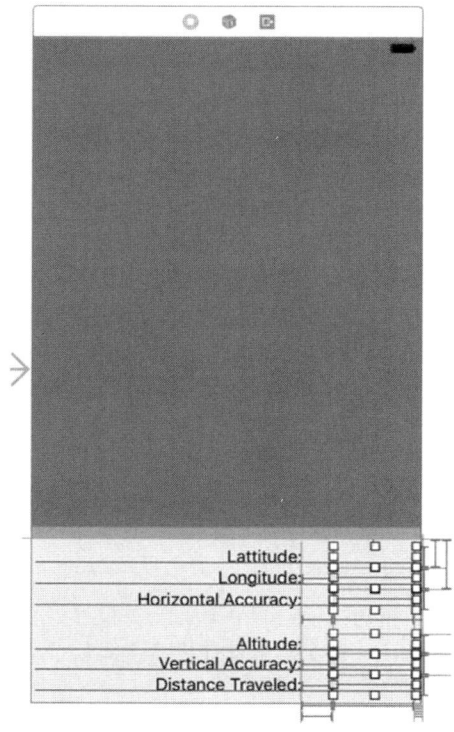

图19-3 用户界面的布局

选中左边一列最上方的标签并按住鼠标右键向左侧拖到白色的视图上。松开鼠标并在弹出面板中选择
Leading Space to Container Margin选项。接下来按住鼠标右键从同一个标签拖到右边一栏对应的标签上。松开鼠
标以打开弹出菜单，按住Shift键并选择Horizontal Spacing和Baseline，然后按下Return键。对左边一栏的其他5个
标签执行同样的操作。最后在文档略图中选择View Controller图标，点击Resolve Auto Layout Issues按钮，并选择
Update Frames选项（如果它是可选的）。

我们快要完成了！现在需要关联右边一栏的标签到视图控制器的输出接口上。在文档略图中的黄颜色视图控
制器上按住鼠标右键拖到右边一栏最上方的标签并松开鼠标，在弹出菜单中选择latitudeLabel。按住鼠标右键从
视图控制器图标拖到第二个标签上以关联longitudeLabel输出接口，到第三个标签以关联horizontalAccuracy-
Label，到第四个标签关联altitudeLabel，到第五个标签关联verticalAccuracyLabel，之后到最底下的标签以关
联distanceTraveledLabel输出接口。你现在已经关联好了6个输出接口。

最后清除右边一栏标签中的文本，并将左边一栏标签中的文本设为图19-3所示的内容。顶端标签的文本是
Latitude:，下一个是应该是Longitude:，以此类推。

现在来编写代码，让所有这些标签显示有用信息。选择ViewController.swift文件并在viewDidLoad()方法中添
加以下代码来配置位置管理器：

```
override func viewDidLoad() {
    super.viewDidLoad()
    // Do any additional setup after loading the view, typically from a nib.
    locationManager.delegate = self
    locationManager.desiredAccuracy = kCLLocationAccuracyBest
    locationManager.requestWhenInUseAuthorization()
```

我们设定了控制器类作为位置管理器的委托，期望的精确度为最佳，并请求权限，让用户在运行应用程序时
可以使用定位服务。此权限足够满足这个示例的要求。如果要使用一些更高级的Core Location功能（这超出了本

章的范围），可能需要通过改用requestAlwaysAuthorization()方法来请求可以在任意时间使用Core Location的
权限。

注意　在这个简单的示例中，权限请求会在应用程序启动时进行。不过据苹果公司建议，在真实的应用程序中
应该延迟请求，直到你确实需要使用定位服务。原因是比起应用程序一启动就需要权限，假如操作中明
显确实需要访问设备的位置，用户也许将更容易同意访问。

应用程序第一次运行时，iOS将会显示一个警告视图询问用户：是否允许应用程序使用你的位置信息。你需
要提供iOS中警告弹出视图中的一些文字，来解释为什么你的应用程序需要知道用户的位置。打开Info.plist文件
并在NSLocationWhenInUseUsageDescription关键字下添加你想要显示的文本（如果你需要请求即便应用程序不活
跃时也能使用定位服务的权限，应该在NSLocationWhenInUseUsageDescription关键字下添加想要显示的文本）。对
于这个示例，我们使用一些类似"这个应用程序需要知道你的位置信息来更新地图上的坐标"的说明。

警告　在一些早期版本的iOS中，可以选择是否提供请求权限的解释文字。而从iOS 8开始它变成了强制性的。
如果你没有提供任何文本，就不会对权限进行请求。

如果现在运行应用程序，你将会看到iOS在权限请求中采用了你的文本，如图19-4所示。如果没有出现请求，
请确认你在Info.plist中拼写的键名是正确的。因为你目前还没有完成这个应用，所以还无法看到背景中的地图。
不过图19-4可以让你预览一下最终的效果。

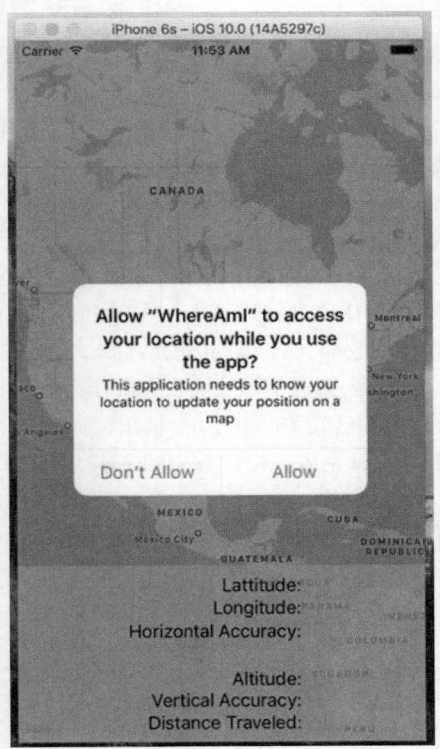

图19-4　向用户请求使用定位服务的权限

这个消息框只会在应用程序的生命周期中出现一次。无论用户是否允许应用程序使用定位服务，无论应用程

序运行几次，这个请求都不会再出现。当然这并不是说用户不能改变他的想法。我们会在19.4节中进行更多的讨论。就目前测试的情况，在Xcode中重新运行应用程序不会对用户已保存的选项产生影响。如果要测试清除这个状态，必须从模拟器或设备中删除应用程序。这样做的话，iOS会在你重新安装并重新启动应用程序时再次向你询问权限。这次回应Allow。接下来继续编写应用程序。

你可能注意到了viewDidLoad()方法没有在调用完requestWhenInUseAuthorization()方法后立即调用位置管理器的startUpdatingLocation()方法。实际上不需要这么做，因为授权过程不会立刻结束。在viewDidLoad()方法执行后的某一时间，位置管理器委托的locationManager(_:didChangeAuthorizationStatus:)方法将会被调用，并会传来应用程序授权状态的参数。它可能是用户对权限请求窗口的回应，也可能是上次执行应用程序时保存的授权状态。无论是哪一种，这个方法都非常适合开始监听位置的更新或是请求用户的位置（前提是已经对其授权）。在ViewController.swift文件中添加以下方法的实现：

```
func locationManager(_ manager: CLLocationManager,
              didChangeAuthorization status: CLAuthorizationStatus) {
    print("Authorization status changed to \(status.rawValue)")
    switch status {
    case .authorizedAlways, .authorizedWhenInUse:
        locationManager.startUpdatingLocation()

    default:
        locationManager.stopUpdatingLocation()
    }
}
```

如果已经拥有了权限，这段代码就会开始监听位置的更新，否则停止监听。那么问题来了，既然没有授权就不能开始监听，那么没有授权的话又为何要调用stopUpdatingLocation()方法呢？原因是这段代码是必需的，因为用户可以给应用程序使用Core Location的权限并在之后取消它。这种情况下，我们需要停止监听更新。更多细节可以参考19.4节的内容。

如果你的应用程序尝试在没有权限时使用定位服务，或者某一时刻出现了错误位置管理器，就会调用它的委托方法locationManager(_:didFailWithError:)方法。在视图控制器中添加方法的实现：

```
func locationManager(_ manager: CLLocationManager,
              didFailWithError error: NSError) {
    let errorType = error.code == CLError.denied.rawValue
                    ? "Access Denied": "Error \(error.code)"
    let alertController = UIAlertController(title: "Location Manager Error",
                         message: errorType, preferredStyle: .alert)
    let okAction = UIAlertAction(title: "OK", style: .cancel,
                         handler: { action in })
    alertController.addAction(okAction)
    present(alertController, animated: true,
                         completion: nil)
}
```

对于这个示例，当错误出现时，我们只要用警告视图告诉用户就可以了。在真实的应用程序中，你需要使用一个更有意义的错误消息，必要时可以清除应用程序的状态。

19.3.1 更新位置管理器

现在我们来对拥有使用用户位置权限的情况进行处理，首先对位置信息执行操作。在ViewController.swift文件的locationManager(_:didUpdateLocation:)委托方法中插入以下代码（见代码清单19-3）。

代码清单19-3 位置管理器的didUpdateLocations委托方法
```
func locationManager(_ manager: CLLocationManager, didUpdateLocations
```

```
                            locations: [CLLocation]) {
        if let newLocation = locations.last {
            let latitudeString = String(format: "%g\u{00B0}",
                            newLocation.coordinate.latitude)
            latitudeLabel.text = latitudeString

            let longitudeString = String(format: "%g\u{00B0}",
                            newLocation.coordinate.longitude)
            longitudeLabel.text = longitudeString

            let horizontalAccuracyString = String(format:"%gm",
                            newLocation.horizontalAccuracy)
            horizontalAccuracyLabel.text = horizontalAccuracyString

            let altitudeString = String(format:"%gm", newLocation.altitude)
            altitudeLabel.text = altitudeString

            let verticalAccuracyString = String(format:"%gm",
                            newLocation.verticalAccuracy)
            verticalAccuracyLabel.text = verticalAccuracyString

            if newLocation.horizontalAccuracy < 0 {
                // invalid accuracy
                return
            }

            if newLocation.horizontalAccuracy > 100 ||
                    newLocation.verticalAccuracy > 50 {
                // accuracy radius is so large, we don't want to use it
                return
            }

            if previousPoint == nil {
                totalMovementDistance = 0
            } else {
                print("movement distance: " +
                    "\(newLocation.distance(from: previousPoint!))")
                totalMovementDistance +=
                    newLocation.distance(from: previousPoint!)
            }
            previousPoint = newLocation

            let distanceString = String(format:"%gm", totalMovementDistance)
            distanceTraveledLabel.text = distanceString
        }
    }
```

在委托方法中，首先从locations参数获得一个CLLocation对象，然后根据这个对象的值更新图19-2中第二栏中5个标签的内容。这个数组可以包含不只一个位置更新信息，不过我们总是使用最后一项，它表示离现在最近的信息。

注意   经度和纬度都以格式字符串显示，即\u{00B0}，看起来十分神秘。这是角度符号（°）的Unicode表示形式的十六进制值。将不是ASCII字符的任何东西直接放入源代码文件绝不是个好主意，但在字符串中包含十六进制值是可以的，这里即是如此。

接下来，检查位置管理器所提供值的精确度。过大的精度值表明位置管理器并不确定位置是否准确，负数的精度值表明位置实际是无效的。一些设备没有能够确定垂直位置的硬件。在这些设备和模拟器中，

verticalAccuracy属性总是数字-1，因此我们不会因为有这个值就不执行报告。用米表示的精度值表示位置管理器提供的一个圆半径，这意味着真实的位置可能会在这个圆内部的任何一点。在代码中检查这些值是否足够精确，如果不是就直接返回，不继续处理垃圾数据：

```
if newLocation.horizontalAccuracy < 0 {
    // invalid accuracy
    return
}

if newLocation.horizontalAccuracy > 100 ||
        newLocation.verticalAccuracy > 50 {
    // accuracy radius is so large, we don't want to use it
    return
}
```

然后，检查previousPoint是否为nilo。若是，则该更新是来自位置管理器的第一个有效更新，我们将distanceFromStart归零；若不是，则将最后的位置与上一个位置之间的距离添加到总距离中。无论是哪一种情况，都要更新previousPoint为当前位置：

```
if previousPoint == nil {
    totalMovementDistance = 0
} else {
    print("movement distance: " +
        "\(newLocation.distance(from: previousPoint!))")
    totalMovementDistance +=
        newLocation.distance(from: previousPoint!)
}
previousPoint = newLocation
```

之后，我们将从初始位置开始移动的总距离更新到最后那个标签上。这个应用程序运行的时候，如果用户移动的距离足够远，从而使得位置管理器能够检测到位置变动，那么Distance Traveled:字段就会不断被更新为从应用程序启动时的位置开始移动的距离。

```
let distanceString = String(format:"%gm", totalMovementDistance)
distanceTraveledLabel.text = distanceString
```

就是这么简单。Core Location是非常简单易用的。编译并运行该应用，然后尝试一下。如果有条件，你也应该在自己的iPhone或iPad上运行它，而且可以尝试坐上别人开的车，在运行该应用程序的时候，看看数据值的变化。

19.3.2　将移动路线展现在地图上

目前为止，这个应用还是相当有趣的。但是，如果能够将移动路线展现在地图上，不是更好吗？所幸iOS提供的Map Kit框架可以帮助我们实现这个目的。Map Kit与苹果的地图应用使用同样的后端服务，也就是说，Map Kit提供的地图服务是非常健壮的，而且会持续改进。它包含一个用于表示地图的视图类，可以对用户手势作出非常好的响应，就如当前的地图应用一样。我们可以在这个视图上为地图上的任何位置添加想要显示的消息（默认使用大头针来表示，可以点击以显示更多详细信息）。接下来，我们将扩展WhereAmI应用，把用户的初始位置和当前位置显示在地图上。

选中ViewController.swift文件，然后添加以下语句导入Map Kit框架。

```
import UIKit
import CoreLocation
import MapKit
```

现在添加一个新的Map View属性的声明语句，用来显示用户的位置。然后，选中Main.storyboard开始编辑视图。从对象库拖出一个Map View放在用户界面的上半部分。重新调整Map View的大小，使其覆盖整个屏幕，包括之前添加的视图和所有的标签，然后选择Editor➤Arrange➤Send to Back选项将Map View移至其他视图后面。

提示   如果Send to Back选项禁用，你也可以通过在文档略图中拖动Map View达到同样的效果，把它放在用来放置标签的同级视图前面。

在文档略图中按住鼠标右键从Map View拖到其父视图上，在弹出菜单后，按住Shift键选择Leading Space to Container Margin、Trailing Space to Container Margin、Vertical Spacing to Top Layout Guide和Vertical Spacing to Bottom Layout Guide选项，然后按下Return键。

Map View现在位置是固定的，但下半部分却看不到。我们可以通过让底部的视图半透明的方式来解决这个问题。方法是在文档略图中选中它，打开特征检查器，点击Background颜色编辑器并移动Opacity滑动条到70%位置。最后按住鼠标右键从文档略图的视图控制器图标拖到Map View上，并在弹出的菜单中选择mapView以将地图关联到其输出接口。

这些准备工作完成之后，就可以编写代码让地图为我们服务了。在编写视图控制器中需要的代码之前，我们需要建立一些模型类用于表示起始点。MKMapView是作为MVC（Model-View-Control，模型－视图－控制器）体系结构中的视图（View）部分构建的，使用其他类来表示地图上的标记点更为合适。可以将模型对象传递给地图视图，通过Map Kit框架中定义的协议来查询它们的坐标、标题等。

按下Command+N调出新文件助手，在iOS中Source分类下选择Cocoa Touch Class。将类命名为Place并使其为NSObject的子类。打开Place.swift文件并按照下面的内容修改它。你需要导入Map Kit框架，指定遵循的协议，参照代码清单19-4配置属性。

代码清单19-4   Place.swift文件中的新Place类

```
import UIKit
import MapKit

class Place: NSObject, MKAnnotation {
    let title: String?
    let subtitle: String?
    var coordinate: CLLocationCoordinate2D

    init(title:String, subtitle:String, coordinate:CLLocationCoordinate2D) {
        self.title = title
        self.subtitle = subtitle
        self.coordinate = coordinate
    }
}
```

这个类比较简单，仅仅用于保存这些属性。在实际的开发中，你可能有实用的模型类需要作为标示显示在地图上，这时可以使用MKAnnotation协议方便地为类添加这种能力，而不需要打乱现有的类层级。选中ViewController.swift文件并在locationManager(_:didChangeAuthorizationStatus:)方法中添加下面两行粗体显示的代码：

```
func locationManager(_ manager: CLLocationManager,
                didChangeAuthorization status: CLAuthorizationStatus) {
    print("Authorization status changed to \(status.rawValue)")
    switch status {
    case .authorizedAlways, .authorizedWhenInUse:
        locationManager.startUpdatingLocation()
        mapView.showsUserLocation = true

    default:
```

```
            locationManager.stopUpdatingLocation()
            mapView.showsUserLocation = false
        }
    }
```

Map View的showsUserLocation属性所做的就是在用户移动时自动在地图上绘制用户的位置，而不需要每次都手动去做。它使用Core Location获取用户的位置（只有对应用程序授权了才有效），因此我们会在通知拥有使用Core Location权限时启用这个属性，在通知我们失去权限时再次禁用这个属性。

现在，再次访问locationManager(_:didUpdateLocations:)方法。这里面已经有了一些代码，用于得到第一个有效位置数据并建立起始点。我们将分配一个新的Place类实例，设置其属性，指定一个位置，并添加当位置标记显示出来时需要显示的标题和子标题，最后将这个对象传给地图视图。

这里还创建了一个MKCoordinateRegion实例，它是Map Kit中的一个结构体，用于告诉视图需要显示地图的哪一部分。MKCoordinateRegion使用新的位置坐标以及一对以米为单位的距离(100, 100)来指定需要显示地图部分的宽度和高度。我们将其传递给地图视图，告诉视图对这个变化使用动画效果。如下粗体所示的代码就是用来执行这些工作的：

```
if previousPoint == nil {
    totalMovementDistance = 0
    let start = Place(title:"Start Point",
            subtitle:"This is where we started",
            coordinate:newLocation.coordinate)
    mapView.addAnnotation(start)
    let region = MKCoordinateRegionMakeWithDistance(newLocation.coordinate,
                100, 100)
     mapView.setRegion(region, animated: true)
    } else {
        print("movement distance: " +
         "\(newLocation.distance(from: previousPoint!))")
        totalMovementDistance +=
        newLocation.distance(from: previousPoint!)
}
```

现在，地图视图知道有一个标示（比如一个可见的位置标记）要显示给用户，但是如何显示它呢？在复杂的应用中，地图视图请求它的委托来确定应该为每一个标示显示哪种视图。但是在这个例子中，我们并没有将自身设置为委托，因为对于这种简单的应用场景来说根本不需要这样做。与UITableView需要数据源提供单元进行显示不同，MKMapView使用不同的策略：如果委托没有提供标示视图，就使用默认的视图（在地图上显示一枚红色的大头针，点击后可以显示更多信息）。

还有最后一件事情要做：让应用程序可以使用Map Kit。方法是在项目导航面板中选中项目，然后在Targets中选择WhereAmI。在编辑区域的顶端选中Capabilities分页，找到Maps分区，将右侧开关由OFF改为ON。现在构建并运行应用，你将看到地图视图加载出来。得到有效的位置数据之后，我们可以看到地图向右滚动，在起始位置处放置了一枚大头针，而你的当前位置会使用蓝色的圆点来标记，如图19-5所示。效果还不错，毕竟只用了这么少的代码。

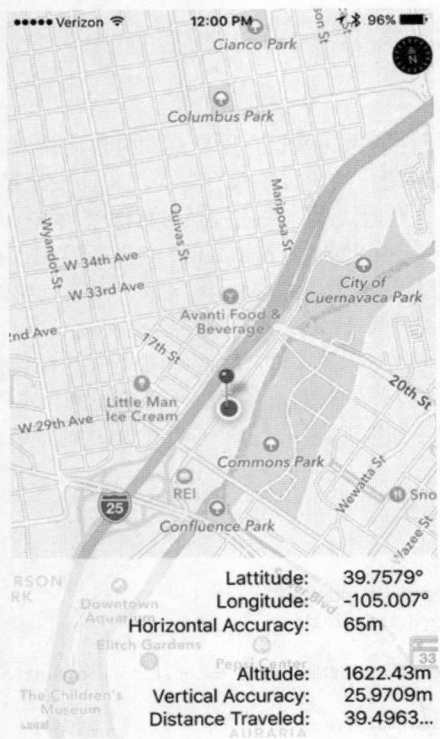

图19-5　红色的大头针标记了起始位置，蓝色的圆点显示了
当前位置——此时还没有移动距离

提示　如果你使用的是真机，地图却没有放大到你当前的位置，这是因为Core Location无法在100米的精度状态
下计算出你的位置。你可以启用WiFi功能来改善Core Location精度。

19.3.3　更改定位服务权限

在应用程序首次运行时，你希望用户对其授予使用定位服务的权限。无论你是否得到权限，都无法肯定之后不会改变。用户可以通过Settings应用授权或取消位置权限。你可以在模拟器上进行测试。启动应用程序并授予自己使用Core Location的权限（如果你之前拒绝给予权限，那么需要移除并重新安装应用程序）。你应该能在地图上看到自己的位置。现在进入Settings应用并进入"隐私"➤"定位服务"列表。屏幕顶端是一个控制定位服务打开或关闭的开关。关闭这个开关并回到你的应用程序。你将看到地图不再显示你的位置。这是因为定位管理器调用的是locationManager(_:didChangeAuthorizationStatus:)方法。接受的授权代码是CLAuthorizationStatus.denied，表示应用程序停止接收位置更新并告诉Map Kit停止记录用户的位置。现在回到Settings应用并重新打开定位服务开关以启用Core Location，然后回到你的应用程序中，你将发现它会继续记录你的位置。

关闭定位服务并不是用户设置应用能否使用Core Loaction的唯一手段。回到Settings应用。在启用定位服务的开关下面，你会看到所有已有的应用列表，其中包括了WhereAmI，如图19-6（左）所示。点击应用程序名称会进入另一个页面，你可以在这里允许或拒绝对应用程序的访问，如图19-6（右）所示。此时的应用程序可以在用户使用应用时访问定位服务。如果你点击了"永不"，权限就会被取消，你可以再次回到应用程序中验证这一点。这些证明了应用程序的代码有必要针对授权状态的变化进行监测并作出合理的反应。

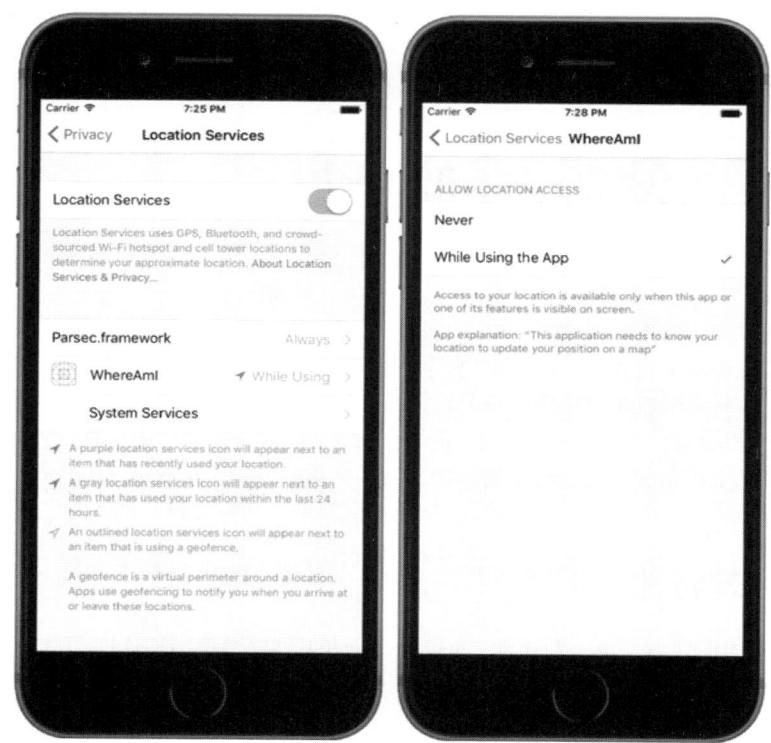

图19-6　更改WhereAmI应用中Core Loaction的访问权限

19.4　小结

到这里，关于Core Location和Map Kit的知识就介绍完了。这两个框架还有很多东西值得探索，下面是其中的一些重要内容。

- □ 除了使用startUpdatingLocation方法来频繁记录用户的位置，那种精确度要求不高并且更新较少的应用程序（例如自带的"天气"应用）可以使用Significant Location Update服务。如果可以的话，你应该使用这个服务，因为它可以极大地减少电量消耗。
- □ 在拥有磁力计的设备上，Core Location可以报告用户的朝向。如果设备还拥有GPS模块，就可以报告用户移动的方向。
- □ Core Location可以在用户进入或离开特定地理区域（定义一个已知圆心和半径的圆）或位于iBeacon附近时进行报告。
- □ 你可以通过Geocoding服务在Core Location报告的坐标与用户可见的大头针之间进行转换。此外，Map Kit还包含了让你通过名称或地址搜索位置的API。
- □ Core Location可以关注用户的移动并确定用户从什么时候开始在某个位置停留了一段时间。发生这种情况时，用户就会被认为在那个位置"逗留"。你的应用程序可以在用户达到并离开某个停留的位置时接收到通知。

关于这些功能的最佳参考资料是苹果公司的官方文档*Location and Maps Programming Guide*。

尽管底层的技术非常复杂，但是苹果公司提供了一个简单的界面，将大部分复杂性隐藏了起来，使我们可以非常方便地为应用添加与位置相关的功能和地图功能，以便了解用户的当前位置、在其移动时进行通知，并且在地图上标记他们的位置（或者其他位置）。说到移动，下一章中我们将探索如何使用iPhone的内置加速计。

第 20 章

设备方向与动作

iPhone、iPad和iPod touch都包含了内置的加速计，iOS可以通过这个小设备知道用户握持设备的方式，以及用户是否移动了设备。iOS使用加速计处理自动旋转，而且许多游戏都将它作为操控机制。它还可以用于检测摇动和其他突发的运动。此功能在iPhone 4上得到了进一步的扩展。iPhone 4是第一款内置陀螺仪（gyroscope）的iPhone，可以让开发者确定设备的方向与每条坐标轴之间的夹角。最新生产的iPad和iPod touch上陀螺仪和加速计都是标配。本章将探索如何在应用程序中使用Core Motion框架来访问陀螺仪和加速计的值。

20.1 加速计物理特性

通过感知特定方向的惯性力总量，加速计（accelerometer）可以测量出加速度和重力。iOS设备内的加速计是一个三轴元件，能够检测到三维空间中的运动或重力。也就是说，加速计不但可以指示用户握持设备的方式（同自动旋转功能），而且可以指示设备是否被放在桌子上，甚至指示正面朝下还是朝上。加速计可以测量重力。加速计返回值为1.0时，表示在特定方向上感知到的重力是1g（g为重力单位），下面是几个例子。

- 如果是静止握持设备，没有任何运动，那么地球引力对其施加的力大约为1g。
- 如果是纵向竖直地握持，那么设备会检测并报告在其y轴上的力大约为1g。
- 如果是以一定角度握持，那么1g的力会分布到不同的轴上，这取决于握持的方式。在以45°角握持时，1g的力会均匀地分解到两个轴上。

如果检测到的加速计值远大于1g，那么我们可以判断这是突然运动。正常使用时，加速计在任一轴上都不会检测到远大于1g的值。如果摇动、投掷或设备坠落，那么加速计便会在一个或多个轴上检测到很大的力。

图20-1展示了加速计所使用的三轴结构。需要注意的是，加速计对y坐标轴使用了更标准的惯例，即y轴伸长表示向上的力，这与第16章讨论的Quartz 2D的坐标系相反。如果加速计将Quartz 2D作为控制机制，那么必须转换y坐标轴。使用SpriteKit时（使用加速计控制动画时通常会用到），则不需要转换。

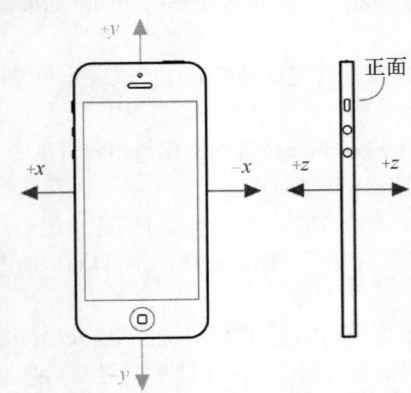

图20-1 iPhone加速计所使用的三轴结构，左图展示了iPhone的
正面以及x轴和y轴，右图展示了iPhone的侧面以及z轴

20.2　陀螺仪旋转特性

如前所述，现在所有的iOS设备都有一个陀螺仪传感器，可用于读取描述设备围绕其轴旋转的值。如果此传感器与加速计之间的区别看起来不那么明显，我们可以想象iPhone平放在桌面上的情况。如果在保持手机平放的同时旋转它，加速计的值不会更改。这是因为让手机移动的力（在这种情况下只有重力直接施加在z轴上）没有改变。（现实中的情况比这要复杂一点，你的手碰到手机时肯定会触发细微的加速计操作。）但是，在相同的运动过程中，设备的旋转值将改变，具体来讲就是z轴的旋转值将改变。顺时针旋转设备将生成负值，逆时针旋转它将生成正值。停止旋转后，z轴旋转值将恢复为0。无需注册绝对的旋转值，在设备旋转值发生变化时陀螺仪就会告诉你。本章的第一个示例将介绍这是如何实现的。

20.3　Core Motion 和动作管理器

加速计和陀螺仪的值是通过Core Motion框架访问的。此框架提供了CMMotionManager类（当然还有其他内容），该类提供的所有数据都是用来描述用户如何移动设备的。应用程序创建一个CMMotionManager实例，然后通过以下某种模式使用它：

- ❑ 它可以在动作发生时执行一些代码；
- ❑ 它可以时刻监视一个持续更新的结构，使你能够随时访问最新的值。

后一种方法为游戏和其他高度交互性的应用程序提供了理想的方案，这类应用程序需要在游戏循环的每一关轮询设备的最新状态。我们将介绍如何实现这两种方法。注意，CMMotionManager类实际上不是一个单例，但应用程序应该将它视为单例。我们应该仅为每个应用创建一个CMMotionManager实例。因此，如果需要从应用中的多个位置访问动作管理器，可能需要在应用程序委托中创建它并提供从这里访问它的权限。

除了CMMotionManager类，Core Motion还提供了其他一些类，比如CMAccelerometerData和CMGyroData，它们是一些简单容器，用于让应用程序访问原生的加速计和陀螺仪信息。另外还有CMDeviceMotion，这个类综合了加速计和陀螺仪的测量数据以及方位信息，即设备是平放、朝上还是朝左的，等等。在本章中，我们将在示例中用到CMDeviceMotion类。

20.3.1　创建 MotionMonitor 应用程序

之前提到，动作管理器可以在这样一种模式下运行：它在动作数据每次更改时执行一些代码。其他的大部分Cocoa Touch类提供此类功能的方式是在时机来临时允许你连接到一个委托来获取消息，但Core Motion的实现方式稍有不同。CMMotionManager没有使用委托方法，而是让你在发生移动时传递给一个闭包来执行的。本书中已经多次使用了闭包，但现在你会看到此技术的另一项应用。

使用Xcode创建一个新的Single View Application项目，将其命名为MotionMonitor。这是一个非常简单的应用，它读取加速计数据、陀螺仪数据（如果可用）以及方位信息并在屏幕上显示。

注意　本章中的应用程序不适用于模拟器，因为模拟器没有加速计。

现在我们选中ViewController.swift文件，进行以下更改：

```
class ViewController: UIViewController {
    @IBOutlet var gyroscopeLabel: UILabel!
    @IBOutlet var accelerometerLabel: UILabel!
    @IBOutlet var attitudeLabel: UILabel!
```

这段代码为三个显示信息的标签提供了输出接口。这里没有太多需要解释的，保存更改即可。

接下来在Interface Builder中打开Main.storyboard文件。现在从库中将一个标签拖到视图中。调整标签，使其从屏幕左边横跨到右边，高度调整为整个视图的三分之一，然后将标签的顶部与顶部的蓝色引导线对齐。现在打开特征检查器并将Lines字段从1更改为0。Lines属性用于指定标签中可以出现多少行文本，提供一个硬性上限。若将它设置为0，则不会采取限制，那么标签可以包含任意行数的文本。

接下来，从库中拖出第二个标签并将其直接放在第一个标签下方。让它的顶端与第一个标签的底端对齐，并且两边与屏幕的左边缘和右边缘对齐。重新调整其大小，使其与第一个标签拥有大致的高度。你不需要过于精准，因为我们将使用自动布局来控制标签的最终高度。之后拖出第二个标签，放置时让它的顶端贴住第二个标签的底端，然后重新调整其大小，使其底端贴住屏幕的底端，而且两边要与屏幕的左右两边对齐。设置这两个标签的Lines属性为0。

现在我们来固定三个标签的位置和尺寸。在文档略图中按住鼠标右键，从顶端标签拖到其父视图上，并松开鼠标。在弹出的菜单中，按住Shift键并选择Leading Space to Container Margin、Vertical Spacing to Top Layout Guide和Trailing Space to Container Margin选项，然后按下Return键。之后按住鼠标右键从第二个标签拖到父视图上。在弹出的菜单中，按住Shift键并选择Leading Space to Container Margin和Trailing Space to Container Margin选项，并按下Return键。按住鼠标右键从第三个标签拖到其父视图，这次按住Shift键并选择Leading Space to Container Margin、Vertical Spacing to Bottom Layout Guide和Trailing Space to Container Margin选项。

现在三个标签全部都相对它们的父视图边缘进行了固定，我们现在要在它们之间进行关联。按住鼠标右键，从第二个标签拖到第一个标签，并在弹出菜单中选择Vertical Spacing选项。按住鼠标右键，从第二个标签拖到第三个标签，并执行相同的操作。最后我们需要确保这些标签拥有同样的高度。方法是按住Shift键并点击选中所有三个标签。点击Add New Constraints按钮，并在弹出面板中点击Equal Heights复选框并点击Add 2 Constraints按钮。点击Resolve Auto Layout Issues后点击Update All Frames in View Controller。如果这个选项是不可选的，就在文档略图中再次选择View Controller图标。

这样布局就完成了，我们现在将它们关联到输出接口。在文档略图中按住鼠标右键从视图控制器图标拖到最上方的标签并松开鼠标，在弹出的菜单中选择gyroscopeLabel以关联输出接口。对第二个标签执行同样的操作，关联到accelerometerLabel上，第三个标签关联到attitudeLabel上。最后双击每一个标签并删除已有的文本。这个简单的GUI就制作完成了，我们保存工作并准备编写一些代码。

接下来，选中ViewController.swift文件。现在到有趣的部分了。我们添加代码清单20-1中的内容。

代码清单20-1　在ViewController.swift文件中添加以下代码

```swift
private let motionManager = CMMotionManager()
private let queue = OperationQueue()

override func viewDidLoad() {
    super.viewDidLoad()
    // Do any additional setup after loading the view, typically from a nib.

    if motionManager.isDeviceMotionAvailable {
        motionManager.deviceMotionUpdateInterval = 0.1
        motionManager.startDeviceMotionUpdates(to: queue) {
            (motion:CMDeviceMotion?, error:NSError?) -> Void in
            if let motion = motion {
                let rotationRate = motion.rotationRate
                let gravity = motion.gravity
                let userAcc = motion.userAcceleration
                let attitude = motion.attitude

                let gyroscopeText =
                    String(format: "Rotation Rate:\n----------------\n" +
                            "x: %+.2f\ny: %+.2f\nz: %+.2f\n",
                        rotationRate.x, rotationRate.y, rotationRate.z)
                let acceleratorText =
                    String(format: "Acceleration:\n---------------\n" +
```

```
                                    "Gravity x: %+.2f\t\tUser x: %+.2f\n" +
                                    "Gravity y: %+.2f\t\tUser y: %+.2f\n" +
                                    "Gravity z: %+.2f\t\tUser z: %+.2f\n",
                                gravity.x, userAcc.x, gravity.y,
                                userAcc.y, gravity.z,userAcc.z)
                    let attitudeText =
                        String(format: "Attitude:\n----------\n" +
                                    "Roll: %+.2f\nPitch: %+.2f\nYaw: %+.2f\n",
                                attitude.roll, attitude.pitch, attitude.yaw)
                    DispatchQueue.main.async {
                        self.gyroscopeLabel.text = gyroscopeText
                        self.accelerometerLabel.text = acceleratorText
                        self.attitudeLabel.text = attitudeText
                    }
                }
            }
        }
    }
```

首先，导入了**Core Motion**框架，并且在类中另外添加了两个属性：

```
import UIKit
import CoreMotion

class ViewController: UIViewController {
    @IBOutlet var gyroscopeLabel: UILabel!
    @IBOutlet var accelerometerLabel: UILabel!
    @IBOutlet var attitudeLabel: UILabel!
    private let motionManager = CMMotionManager()
    private let queue = OperationQueue()
```

这段代码首先创建一个CMMotionManager实例，我们将使用它监测动作事件。然后代码会创建一个操作队列，它包含了需要完成的任务。

警告 动作管理器需要有一个队列，以便在每次发生事件时在其中放入一些要完成的工作，这些工作由你将提供给它的闭包指定。可能你想把系统的默认队列用在这里，但CMMotionManager的文档明确警告不要这么做！原因在于，默认队列最终可能会被这些事件填满，因而无法处理其他重要的系统事件。

我们接着在viewDidLoad方法中添加了代码，以请求设备动作更新，并在获取后显示在陀螺仪、加速计和方位的标签上。我们首先确保设备确实拥有提供动作信息所需的元件。目前为止，所有手持iOS设备都有加速计，但仍然需要检查一下，因为未来的设备可能没有加速计。然后，设置更新的时间间隔（以秒为单位）。在这里，我们要求每0.1秒更新一次。注意，该设置无法保证准确地每隔0.1秒收到更新。实际上，该设置只是一种限制，可以指定允许动作管理器提供更新的最佳速率。现实中，它的更新频率可能低于该值：

```
if motionManager.isDeviceMotionAvailable {
    motionManager.deviceMotionUpdateInterval = 0.1
```

接下来，告诉动作管理器开始报告加速计更新。我们传入定义任务的闭包，任务会在每次更新发生时进行，还要传入包含要执行闭包的队列。在本例中，闭包包含最近动作数据的CMDeviceMotion对象，可能还有一个提醒我们出现故障的错误，即NSError对象：

```
motionManager.startDeviceMotionUpdates(to: queue) {
        (motion:CMDeviceMotion?, error:NSError?) -> Void in
```

后面的就是闭包的内容。它基于当前的动作数值创建字符串。然后，将这些字符串写入标签中。这里无法直接这么做，因为像UILabel这样的UIKit类通常仅在从主线程访问时才能很好地运行。因为代码将从

NSOperationQueue内部执行，所以我们不知道将执行的特定线程。因此，我们要在设置标签的text属性之前，使用DispatchQueue.main.async函数将控制权交给主线程。

基于我们传入闭包的CMDeviceMotion对象，通过rotationRate属性可以访问陀螺仪数值。rotationRate属性是RotationRate类型，它其实是一个包含了3个代表x轴、y轴和z轴比率Float值的struct结构体。加速计数据有一点复杂，因为Core Motion会报告两个值：重力引发的加速度以及用户通过外力引发的加速度。你可以从gravity和userAcceleration属性获取到这些值，它们都是CMAcceleration类型。CMAcceleration是另一个struct，它存储了x轴、y轴和z轴3个方向上的加速度。最后，设备的方位可以在attitude属性中得到，它是CMAttitude类型。我们将在后面运行应用程序时讨论更多细节。

在此之前还有一件事情要做。我们将会以各种方式移动并旋转设备来观察CMDeviceMotion结构体中的值与设备运动状态有什么关联。在此情况下，我们不希望受到自动旋转功能的影响。如果想禁用它，可以在项目导航面板中选中项目，之后在Targets下选择MotionMonitor，然后选择General分页。在Deployment Info下的Device Orientation分区，选择Portrait并确保其他3个方向没有被选中。这样就可以把应用程序锁定为只支持纵向模式。现在，构建应用并在你的iOS设备上尝试使用它（如图20-2所示）。

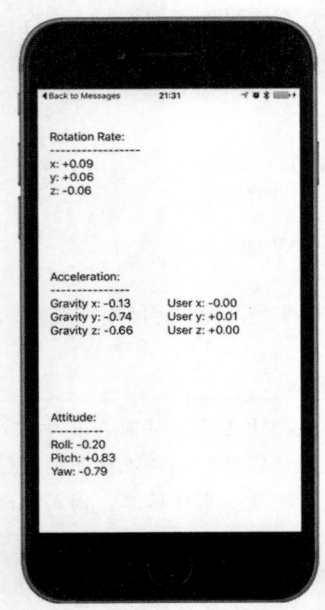

图20-2　在iPhone设备上运行的MotionMonitor。遗憾的是，如果在模拟器中
运行此应用，你只会得到没有用处的消息

在用不同方式倾斜设备的过程中，每到一个新位置就会更新旋转数据、加速度值和方位值。只要握住设备不动，加速计值就会保持不变。只要设备保持静止，无论它处于哪个方向，旋转值都将接近0。旋转设备时，旋转值会发生变化，其变化取决于它是如何围绕各个轴旋转的。停止移动设备时，各个值将恢复0。我们很快就会看到这些内容。

20.3.2　主动动作访问

前面介绍了如何通过传递将在动作发生时调用的CMMotionManager闭包来访问动作数据。对于一般的Cocoa应用，这种事件驱动的动作处理就足够了，但是有时无法很好地满足应用程序的特定需求。例如，交互式游戏通常拥有一个始终运行的循环，该循环负责处理用户输入、更新游戏状态和重新绘制屏幕。在这种情况下，事件驱动的方法就不足以满足需求了，因为我们需要实现一个对象来等待动作事件，记住每个传感器报告的最新位置，并且在必要时向主游戏循环报告数据。所幸CMMotionManager有一个内置的解决方案。无需传入闭包，我们只需告诉它使用startDeviceMotionUpdates()方法激活传感器即可。这样，我们就可以在任何时候直接从动作管理器读取相应的值了！

下面来修改一下MotionMonitor应用以使用此方法，这样就可以看到它是如何工作的了。首先复制MotionMonitor项目文件夹，或者像我们之前所做的那样将其压缩。

注意 你可以在示例源代码的MotionMonitor2文件夹中找到完成的项目。

关闭当前的Xcode项目，打开新的副本并找到ViewController.swift文件。第一步要移除queue属性，再添加一个新属性（一个NSTimer对象，用于触发屏幕更新）：

```swift
class ViewController: UIViewController {
    @IBOutlet var gyroscopeLabel: UILabel!
    @IBOutlet var accelerometerLabel: UILabel!
    @IBOutlet var attitudeLabel: UILabel!
    private let motionManager = CMMotionManager()
    private var updateTimer: Timer!
```

接下来，删除已有的整个viewDidLoad()方法。我们将使用一个计时器，每隔0.1秒直接从动作管理器收集动作数据，取代通过闭包传递的方式。我们需要让定时器和动作管理器在应用程序视图真正开始显示的时候被激活。这样就可以将主"游戏循环"的使用率降到最低。为此，我们可以参照代码清单20-2的内容实现viewWillAppear()和viewDidDisappear()方法。

代码清单20-2 主动动作访问的viewWillAppear和viewDidDisappear方法

```swift
override func viewWillAppear(_ animated: Bool) {
    super.viewWillAppear(animated)
    if motionManager.isDeviceMotionAvailable {
        motionManager.deviceMotionUpdateInterval = 0.1
        motionManager.startDeviceMotionUpdates()
        updateTimer =
            Timer.scheduledTimer(timeInterval: 0.1, target: self,
                    selector: #selector(ViewController.updateDisplay), userInfo: nil,
                    repeats: true)
    }
}

override func viewDidDisappear(_ animated: Bool) {
    super.viewDidDisappear(animated)
    if motionManager.isDeviceMotionAvailable {
        motionManager.stopDeviceMotionUpdates()
        updateTimer.invalidate()
        updateTimer = nil
    }
}
```

viewWillAppear()方法中的代码调用了动作管理器的startDeviceMotionUpdates()方法以开启设备动作信息，然后创建了一个新的计时器并设定每隔0.1秒触发一次，以调用updateDisplay()方法（我们还没有创建它）。在viewDidDisappear()方法下方添加代码清单20-3中的代码。

代码清单20-3 ViewController.swift文件中的updateDisplay方法

```swift
func updateDisplay() {
    if let motion = motionManager.deviceMotion {
        let rotationRate = motion.rotationRate
        let gravity = motion.gravity
        let userAcc = motion.userAcceleration
```

```
let attitude = motion.attitude

let gyroscopeText =
    String(format: "Rotation Rate:\n----------------\n" +
                   "x: %+.2f\ny: %+.2f\nz: %+.2f\n",
           rotationRate.x, rotationRate.y, rotationRate.z)
let acceleratorText =
    String(format: "Acceleration:\n--------------\n" +
                   "Gravity x: %+.2f\t\tUser x: %+.2f\n" +
                   "Gravity y: %+.2f\t\tUser y: %+.2f\n" +
                   "Gravity z: %+.2f\t\tUser z: %+.2f\n",
           gravity.x, userAcc.x, gravity.y,
           userAcc.y, gravity.z,userAcc.z)
let attitudeText =
    String(format: "Attitude:\n----------\n" +
                   "Roll: %+.2f\nPitch: %+.2f\nYaw: %+.2f\n",
           attitude.roll, attitude.pitch, attitude.yaw)

DispatchQueue.main.async {
    self.gyroscopeLabel.text = gyroscopeText
    self.accelerometerLabel.text = acceleratorText
    self.attitudeLabel.text = attitudeText
}
    }
}
```

这是之前示例中闭包代码的副本，除了CMDeviceMotion对象是直接从动作管理器获取的。注意要使用if let 表达式以确保动作管理器返回的CMDeiceMotion值不是对nil，这样做是必需的，因为计时器可能在动作管理器第一次获得数据样本前就会触发。在设备上构建并运行应用，你应该会看到它的行为与第一个版本完全一样。现在，你已经看到了两种访问动作数据的方法，在实践中选择最适合具体应用程序的方法吧。

20.3.3　陀螺仪和方位结果

陀螺仪测量设备在x轴、y轴和z轴上的旋转值。在图20-1中可以看到坐标轴与设备本体的关系。首先将设备平放在桌上。在没有运动的时候，3个旋转值都会接近零，而且翻转（roll）、倾斜（pitch）和偏移（yaw）值也都接近零。现在轻轻地顺时针旋转设备。你将看到z轴的旋转值变成了负数。旋转设备的速度越快，旋转值的数字（绝对值）就会越大。

当你停止旋转，旋转值就会回到零，但偏移值不会。偏移值代表设备的z轴相对初始位置的旋转角度。如果你顺时针旋转设备，偏移值会是一个值不断变小的负数（绝对值变大），直到设备相对初始位置旋转了180°，此时它的值大约是−3。如果你继续顺时针旋转设备，偏移值将直接变成一个比3稍大的数字，并在向初始位置旋转的时候不断减少至0。如果你一开始是沿着逆时针旋转的，那么将会发生同样的事情，不同的是偏移值一开始会是正数。偏移值实际上是用弧度作为单位的，而不是角度。180°的旋转相当于一个π弧度的旋转。这就是为什么弧度的最大值大约是3（因为π的值是一个比3.14大一点的数字）。

再次将设备平放在桌上，捏住顶端并向上抬起离开桌面。这样就是沿着x轴旋转了，因此你将看到x轴的旋转值是一个不断增加的正数，直到设备悬停时变成0。现在来看看倾斜值，它会根据设备顶端抬起的角度进行增加。如果将设备抬到垂直状态，倾斜值大概是1.5以上。与偏移值一样，倾斜值是用弧度作为单位的，所以当设备立直时，它旋转了90°（即π/2的弧度，是一个比1.5稍大一些的数字）。如果把设备再次平放在桌上并从底端抬起，就是沿着x轴逆时针旋转，你将看到一个负数的旋转值以及负数的倾斜值。

最后，再次将设备平放在桌面上，从左边抬起。这样就是沿着y轴旋转了，你将看到y轴的旋转值发生了变化。你可以通过翻转值获取某一时刻的所有旋转角度。当设备用右边直立起来时，它的倾斜值会是比1.5大的（实际上是π/2）弧度。如果让设备屏幕朝下平放，这个值就会增加到π弧度。当然，你需要一张玻璃桌子才能看到里面的数值。

总结一下，使用旋转值可以看到设备在每个轴旋转的速度。偏移值、倾斜值和翻转值可以得到这些轴当前相对于起始方向的所有旋转信息。

20.3.4 加速计结果

前面已经提到，iPhone的加速计沿3个坐标轴检测加速度，它使用两个CMAcceleration结构体提供此信息。每个CMAcceleration拥有x、y和z字段，每个字段保存一个浮点值。值为零表示加速计在特定轴上未检测到移动，正值或负值表示一个方向上的力。例如，负y值表示感知到向下的运动，这可能表示手机在纵向上被直立地握持。正y值表示在相反方向上存在一个力，这可能表示手机被倒拿着或在朝下运动。CMDeviceMotion对象分别报告了重力以及用户外力在每条坐标轴上的加速度。

举个例子，如果你平放设备，将会看到重力值在z轴上接近–1，而用户外力的加速度全都是零。现在如果你快速抬起设备并保持其处于水平方向，将看到重力还是原来的值，但z轴上的用户加速度变成了正数。对于一些应用程序，分别拥有重力和用户加速度值是有帮助的；对于其他需要综合加速度的情况，可以通过对CMDeviceMotion对象的gravity和userAcceleration属性相加来获取。

记住图20-1所示的内容，再来看一下图20-3中的一些加速计结果。这张图展示了设备在某个方位静止时报告的重力加速度。注意，在现实生活中我们几乎不会获得这么理想化的值，因为加速计非常灵敏，能够感知非常细微的运动，通常在所有（3个）轴上都存在微弱的力。这是真实世界中的物理现象，不属于中学的物理学知识。

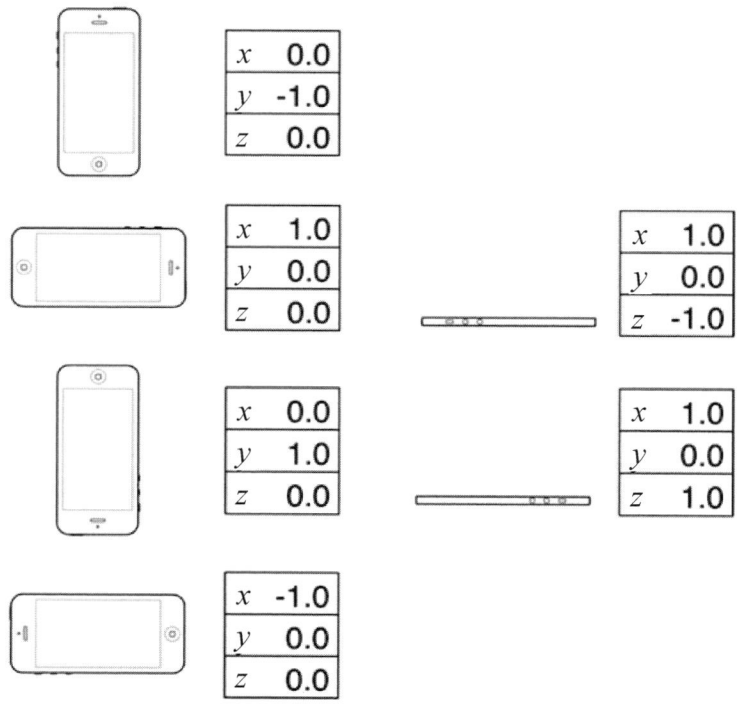

图20-3　不同设备方向上理想化的加速度值

也许加速计经常会在第三方应用程序中被用作游戏的控制器。本章后面将创建一个程序使用加速计进行输入，不过我们先看一下另一个常见的加速计用途：检测摇动。

20.4   检测摇动

像手势一样，摇动可用作应用程序的一种输入形式。例如，绘图程序GLPaint（一个苹果公司的iOS示例代码项目）允许用户摇动iOS设备来擦除图像，类似于Etch A Sketch。检测摇动相对来说比较简单，只是检查一个轴上比特定阈值大的用户加速度绝对值。在正常使用中，3个轴上的注册值常常高达1.3g，但获取比该值更大的值通常需要特意施加力量。加速计不太可能注册比2.3g更大的值（至少我还从未遇到过），所以应该不需要设置比该值更大的值。

要检测摇动，我们可以通过检查比1.5大的绝对值来检测细微摇动，通过检查比2.0更大的值来检测强烈摇动。在MotionMonitor示例的动作管理器闭包中添加如下代码：

```
let userAcc = motion.userAcceleration
if fabsf(Float(userAcc.x)) > 2.0
        || fabsf(Float(userAcc.y)) > 2.0
        || fabsf(Float(userAcc.z)) > 2.0 {
    // Do something here...
}
```

上述方法检测任何坐标轴上力大于2g的任何运动。

20.4.1   内嵌的摇动检测

实际上还有另一种更简单的检测摇动的方法，这种方法被结合到了响应者链中。在第18章中我们实现了像touchesBegan(_:withEvent:)这样的方法，获取触摸的方式类似。与之相似，iOS提供了3个类似的响应方法来检测动作：

❑ 当动作开始时，touchesBegan(_:withEvent:)方法会被第一响应者调用，然后通过响应者链继续，如第18章所述；

❑ 当动作结束时，motionEnded(_:withEvent:)方法会被调用；

❑ 如果在摇动期间电话振铃或发生了其他干扰动作，motionCancelled(_:withEvent:)方法会被调用。

这些方法的第一个参数是一个事件的子类UIEventSubtype.motionShake。这意味着无需直接使用CMMotion-Manager即可检测摇动；只需要重写视图或视图控制器中相应的动作感知方法，这些方法就会在用户摇动手机时被自动调用。除非明确需要对摇动手势进行更多控制，否则我们应该使用内嵌的动作检测方法，而不是前面介绍的手动方法。之前介绍手动方法的基础知识是为了满足你进行更多控制的需求。

20.4.2   摇动与破碎

我们要为这个项目编写一个应用程序，它在检测到摇动之后会使手机在视觉和听觉上呈现破碎的效果。启动此应用程序后，程序会显示一张图片，它看起来像是iPhone的主屏幕（如图20-4所示）。以足够大的力气摇动手机时，我们就可以听到手机发出一种声音，任何人都不想听到这样的声音从消费性电子设备中发出来。此外，屏幕看起来如图20-5所示。不要担心，只需触摸屏幕就可以将iPhone重置为初始状态。

我们在Xcode中使用Single View Application模板新建一个项目，确保设备类型是iPhone。这与本书中其他大部分示例不一样，之所以只在iPhone上运行，是因为正确尺寸的图片是基于iPhone 6/6s的（如果你的设备是Plus机型，也可以将图片适当放大）。当然，如果你创建其他图片来针对iPad扩展项目也是很容易的。将新建项目命名为ShakeAndBreak。在示例源代码归档文件的Images and Sounds文件夹中，我们已经为此应用程序提供了两张图片和一个声音文件。在项目导航面板中选中Assets.xcassets，并将图片Home.png和BrokenHome.png拖进去。再将glass.wav拖入项目导航面板中。

图20-4 ShakeAndBreak应用程序看起来平淡无奇

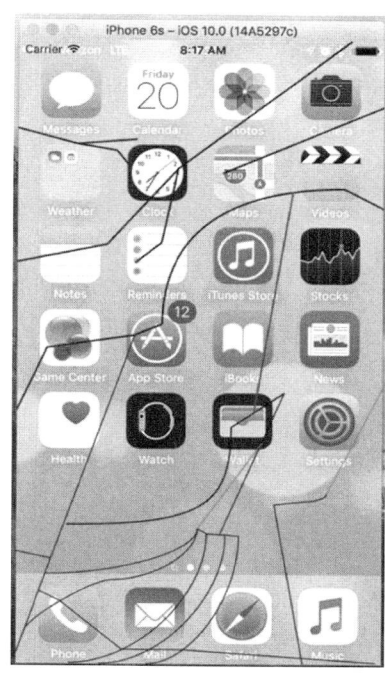

图20-5 摇动它就会模拟出破碎的iPhone屏幕

现在，开始创建视图控制器。我们需要创建一个指向图像视图的输出接口，用于在后面改变显示的图像。单击ViewController.swift文件，并添加以下属性：

```
class ViewController: UIViewController {
    @IBOutlet var imageView: UIImageView!
```

保存文件。现在单击Main.storyboard，在Interface Builder中编辑此文件。从库中拖出一个Image View放到视图上的布局区域，并调整大小以填满整个窗口。在文档略图中按住鼠标右键，从Image View拖到它的父视图上，按住Shift键，然后在弹出菜单中选择Leading Space to Container Margin、Trailing Space to Container Margin、Vertical Spacing to Top Layout Guide和Vertical Spacing to Bottom Layout Guide，然后按下Return键以固定图像视图的尺寸与位置。最后按下鼠标右键并从View Controller图标拖到图像视图，选择imageView输出接口，然后保存storyboard文件。

接下来，回到ViewController.swift文件。我们要为两张需要显示的图像添加一些额外的属性，以检测当前显示的是否为已破碎的图像。我们还要添加一个音频播放器对象来播放玻璃破碎的音效。将以下代码添加到文件顶部：

```
import UIKit
import AVFoundation

class ViewController: UIViewController {
    @IBOutlet var imageView: UIImageView!
    private var fixed: UIImage!
    private var broken: UIImage!
    private var brokenScreenShowing = false
    private var crashPlayer: AVAudioPlayer?
```

然后，在viewDidLoad()方法中添加如下代码：

```
        if let url = url = Bundle(for: type(of: self)).url(forResource:"glass",
withExtension:"wav"){
            do {
                crashPlayer = try AVAudioPlayer(contentsOf: url, fileTypeHint:
```

```
AVFileTypeWAVE)
            } catch let error as NSError {
                print("Audio error! \(error.localizedDescription)")
            }
        }

        fixed = UIImage(named: "Home")
        broken = UIImage(named: "HomeBroken")
        imageView.image = fixed
```

在这里我们创建了一个url变量以指向声音文件，并初始化了一个AVAudioPlayer实例。这是一个简易的可以播放音乐的类。我们加载了两张需要使用的图像并把第一张显示出来。接下来添加以下新方法：

```
override func motionEnded(_ motion: UIEventSubtype, with event: UIEvent?) {
    if !brokenScreenShowing && motion == .motionShake {
        imageView.image = broken;
        crashPlayer?.play()
        brokenScreenShowing = true;
    }
}
```

这里覆盖了UIResponder的motionEnded(_:withEvent:)方法，它会在摇动发生时被调用。在检测后确定破碎的图像还没有显示，而且接收的确实是摇动事件，这个方法会显示破碎的图像并播放碎裂的声音。

对于最后一个方法，你已经非常熟悉了。这一方法会在触摸屏幕这一事件发生时被调用。在此方法中，我们只需要将图像设置回未破坏的屏幕，并将brokenScreenShowing置为false：

```
override func touchesBegan(_ touches: Set<UITouch>, with event: UIEvent?) {
    imageView.image = fixed
    brokenScreenShowing = false
}
```

构建并运行应用程序，并尝试摇动你的设备。无法在iOS设备上运行此应用程序的人也可以尝试。模拟器无法模拟加速计硬件，但它有一个可以模拟摇动事件的菜单项，因此模拟器上也能运行。现在可以体验应用程序了。完成之后，我们再来看看如何将加速计用作游戏或其他程序中的控制器。

20.5　将加速计用作方向控制器

游戏开发者一般不会采用按钮来控制游戏角色或对象的移动，而是使用加速计来实现这个功能。例如，在赛车游戏中，像方向盘一样转动iOS设备可以让汽车转弯，而向前倾斜可以加速，向后倾斜可以刹车。如何将加速计用作控制器？这在很大程度上取决于特定的游戏操作方法。在最简单的情况下，我们可以获取一个坐标轴上的值，将它乘以一个数，并将结果添加到受控对象的坐标上；但在较复杂的游戏中（它们更逼真地模拟了物理特性）需要根据加速计返回的值调整受控对象的速度。

将加速计用作控制器有一个棘手的问题：委托方法无法保证按照指定的间隔回调。如果告诉动作管理器每秒读取加速计60次，那么唯一能够确定的是它不会在1秒内更新超过60次。我们无法保证每秒更新均等时间间隔的60次。因此，如果制作基于加速器输入的动画，我们必须跟踪更新之间的时间间隔，将它作为一个考虑因素来确定对象的移动速度。

20.5.1　Ball 应用程序

下一个项目是通过倾斜手机在iPhone的屏幕上移动弹珠。这是使用加速计获取输入内容的一个非常简单的示例。此处使用Quartz 2D来处理动画。

> **注意**　一般来说，在处理游戏或其他需要平滑动画的程序时，我们通常使用SpriteKit、OpenGL ES或Metal。此处的应用程序使用Quartz 2D，因为它比较简单，并且可以减少与使用加速计无关的代码。

在此应用程序中，如果倾斜iPhone，弹珠就会来回滚动，就像是在桌面上一样（如图20-6所示）。iPhone向左倾斜，小球就会向左滚动；倾斜得越厉害，小球就滚动得越快。若再向反方向倾斜，则小球的滚动会慢下来并开始向另一个方向滚动。

图20-6　使用Ball应用程序在屏幕上滚动弹珠

在Xcode中，使用Single View Application模板新建一个项目，设置设备类型为Universal并将项目命名为Ball。在示例源代码归档的Images and Sounds文件夹中，我们可以找到一个名为ball.png的图像。把这张图片拖进项目导航面板的Assets.xcassets目录中。

接下来，在项目导航面板中选中Ball项目，然后点击Targets下Ball的General分页。在Deployment Info下的Device Orientation区域，选中Portrait并取消其他所有Device Orientations复选框的选中状态（就像在本章之前的MotionMonitor应用程序中所做的那样）。这样就禁用了默认的界面方向变化方式，我们希望在弹珠滚动时移动设备的界面方向不会发生改变。

然后，单击Ball文件夹，并从File菜单中选择New▶File…。从iOS的Source分类中选择Cocoa Touch Class，然后点击Next按钮。将新类作为UIView的子类并命名为BallView，点击Next，然后单击Create保存类文件。稍后我们会回来编辑这个类。选中Main.storyboard，在Interface Builder中编辑文件。单击文档略图中的View图标，并使用身份检查器将视图的Class由UIView改为BallView。然后，切换到特征检查器，将视图的Background更改为浅灰色（Light Gray Color），最后保存storyboard文件。

接下来，编辑ViewController.swift文件，在文件顶部添加代码清单20-4中的代码。

代码清单20-4　修改ViewController.swift文件和viewDidLoad方法

```swift
import UIKit
import CoreMotion

class ViewController: UIViewController {
    private static let updateInterval = 1.0/60.0
```

```
private let motionManager = CMMotionManager()
private let queue = OperationQueue()

override func viewDidLoad() {
    super.viewDidLoad()
    // Do any additional setup after loading the view, typically from a nib.

    motionManager.startDeviceMotionUpdates(to: queue) {
            (motionData: CMDeviceMotion?, error: NSError?) -> Void in
        let ballView = self.view as! BallView
        ballView.acceleration = motionData!.gravity
        DispatchQueue.main.async {
            ballView.update()
        }
    }
}
```

注意　你可能会在这里看到一个错误提示说BallView不完整。很快我们就会在BallView类中编写不少代码。

这里的viewDidLoad()方法非常类似于本章其他地方执行的一些操作。主要的区别在于，我们使用了每秒60次的较高更新频率。需要报告加速计更新时，应告诉动作管理器执行一个闭包，在其中将加速对象直接传入视图中，然后调用一个名为update的方法。该方法基于加速度和自上一次更新以来经过的时间来更新弹珠在视图中的位置。由于闭包可在任何线程上执行，而UIKit对象（包括UIView）中的方法仅能从主线程安全地使用，所以我们再次强制在主线程中调用update方法。

20.5.2　实现 BallView 类

选中BallView.swift，需要在这里导入Core Motion框架并添加属性（控制器将用其传递一个加速度值），并添加在类实现中将要用到的另外5个属性：

```
import UIKit
import CoreMotion

class BallView: UIView {
    var acceleration = CMAcceleration(x: 0, y: 0, z: 0)
    private let image = UIImage(named : "ball")!
    private var currentPoint : CGPoint = CGPoint.zero
    private var ballXVelocity = 0.0
    private var ballYVelocity = 0.0
    private var lastUpdateTime = Date()
```

现在来看一下这些属性以及它们各自的作用。acceleration属性将存储最近的加速度值，控制器会从设备的动作更新中获取。下一个实例变量是UIImage，它表示屏幕上滚动的弹珠：

```
private let image = UIImage(named : "ball")!
```

然后，记录两个CGPoint变量。currentPoint变量用于保持小球当前的位置。同样，我们也要跟踪绘制弹珠的最后一个点（Swift会自动为我们提供），以便建立一个更新矩形，此矩形包围住小球的新旧位置，在新位置进行绘制，并擦除旧位置。

```
private var currentPoint : CGPoint = CGPointZero
```

还有两个变量用于在两个维度上跟踪小球的当前速度。虽然这并不是很复杂的模拟，但我们仍想让小球滚动的方式与真正的小球相似。下一节将计算滚动速度。我们从加速计获得加速度值并跟踪这些变量在两个坐标轴上的速度：

```
private var ballXVelocity = 0.0
private var ballYVelocity = 0.0
```

lastUpdateTime属性会在每次更新小球位置时设置新值。我们将使用它来计算时间更新间距中的速度变化和小球的加速度。

现在我们来编写在屏幕上绘制并移动小球的代码。首先，在BallView.swift文件中添加代码清单20-5中所示的方法。

代码清单20-5　在BallView类中添加init方法

```
override init(frame: CGRect) {
    super.init(frame: frame)
    commonInit()
}

required init?(coder aDecoder: NSCoder) {
    super.init(coder: aDecoder)
    commonInit()
}

private func commonInit() -> Void {
    currentPoint = CGPoint(x: (bounds.size.width / 2.0) +
                              (image.size.width / 2.0),
                           y: (bounds.size.height / 2.0) +
                              (image.size.height / 2.0))
}
```

init?(coder:)方法和init(frame:)方法都会调用commonInit()方法。我们在storyboard文件中创建的视图会通过init?(coder:)方法进行初始化。在两个初始化器方法中都调用commonInit()方法是为了保证视图类既可以从代码创建也可以从XIB文件创建。对于任何可能会被重用的视图类（比如这个好玩的弹珠滚动视图）来说，这样做是非常好的。现在，我们按如下方式实现drawRect()方法，使其在currentPoint位置绘制小球图片：

```
override func draw(_ rect: CGRect) {
    // Drawing code
    image.draw(at: currentPoint)
}
```

然后，将代码清单20-6中的update()方法添加到类的末尾。

代码清单20-6　BallClass类的update方法

```
func update() -> Void {
    let now = Date()
    let secondsSinceLastDraw = now.timeIntervalSince(lastUpdateTime)
    ballXVelocity =
            ballXVelocity + (acceleration.x * secondsSinceLastDraw)
    ballYVelocity =
            ballYVelocity - (acceleration.y * secondsSinceLastDraw)

    let xDelta = secondsSinceLastDraw * ballXVelocity * 500
    let yDelta = secondsSinceLastDraw * ballYVelocity * 500
    currentPoint = CGPoint(x: currentPoint.x + CGFloat(xDelta),
    y: currentPoint.y + CGFloat(yDelta))
    lastUpdateTime = now
}
```

最后参照代码清单20-7添加一个currentPoint属性的属性观察器。

代码清单20-7　currentPoint属性观察器

```
var currentPoint : CGPoint = CGPoint.zero {
```

```
didSet {
    var newX = currentPoint.x
    var newY = currentPoint.y
    if newX < 0 {
        newX = 0
        ballXVelocity = 0
    } else if newX > bounds.size.width - image.size.width {
        newX = bounds.size.width - image.size.width
        ballXVelocity = 0
    }
    if newY < 0 {
        newY = 0
        ballYVelocity = 0
    } else if newY > bounds.size.height - image.size.height {
        newY = bounds.size.height - image.size.height
        ballYVelocity = 0
    }
    currentPoint = CGPoint(x: newX, y: newY)

    let currentRect = CGRect(x: newX, y: newY,
                             width: newX + image.size.width,
                             height: newY + image.size.height)
    let prevRect = CGRect(x: oldValue.x, y: oldValue.y,
                          width: oldValue.x + image.size.width,
                          height: oldValue.y + image.size.height)
    setNeedsDisplay(currentRect.union(prevRect))
    }
}
```

20.5.3 计算弹珠运动

drawRect()方法没有任何难度，仅仅是将图像绘制在currentPoint中所存的位置。不过currentPoint属性观察器就有些内涵了。当设置了一个新的位置时（通过后面的update()方法），我们需要判定小球有没有撞到屏幕边缘。如果撞到，就停止x轴或y轴的运动。通过实现一个属性观察器，可以访问属性的新值，而且修改它的值时不会再次调用属性观察器（否则就会进入死循环）。

我们可以得到小球当前坐标的x值和y值，下面进行边界检查。如果弹珠的x值或y值小于0，或分别大于屏幕的宽度或高度（计算图像的宽度和高度），那么停止在此方向上加速，并更改小球的坐标，使其出现在屏幕边缘位置上。

```
var newX = currentPoint.x
var newY = currentPoint.y
if newX < 0 {
    newX = 0
    ballXVelocity = 0
} else if newX > bounds.size.width - image.size.width {
    newX = bounds.size.width - image.size.width
    ballXVelocity = 0
}
if newY < 0 {
    newY = 0
    ballYVelocity = 0
} else if newY > bounds.size.height - image.size.height {
    newY = bounds.size.height - image.size.height
    ballYVelocity = 0
}
```

提示 希望弹珠能够更加自然地从墙面弹起，而不是仅仅停止在墙上？这相当简单。只需要将setCurrentPoint:
中的ballXVelocity = 0更改为**ballXVelocity = -(ballXVelocity / 2.0)**，并将ballYVelocity = 0更改为
ballYVelocity = -(ballYVelocity / 2.0)。完成以上更改之后，弹珠的速度将减半，并且以相反的方向
运动，而不是停止（速度为零）。现在，弹珠会在反方向上以一半的速度运动。

我们使用newX和newY本地变量来设定小球的坐标。如果我们修改了它的位置，必要的话，可以使用这些值来
创建更新后的位置并存入这个属性中：

```
currentPoint = CGPointMake(newX, newY)
```

之后，我们根据图像的大小计算两个CGRect。一个矩形包围了要绘制新图像的区域，另一个包围了上次绘制
的区域。我们使用小球之前记录的坐标值（Swift会自动存储在一个名为oldValue的常量中）计算出了第二个矩形。
这两个矩形可以确保在绘制新弹珠的同时擦除旧的弹珠。

```
let currentRect = CGRect(x: newX, y: newY,
                         width: newX + image.size.width,
                         height: newY + image.size.height)
let prevRect = CGRect(x: oldValue.x, y: oldValue.y,
                      width: oldValue.x + image.size.width,
                      height: oldValue.y + image.size.height)
```

最后，创建一个新矩形（它包含了两个刚计算出的矩形），并将新矩形提供给setNeedsDisplay(currentRect:)
方法，以指示需要重新绘制的视图部分。

```
setNeedsDisplay (currentRect.union(prevRect))
```

本类中的最后一个实质性方法是update()，用于计算小球的正确位置。此方法在为视图提供了新的加速对象
之后，会被其控制器类的加速计方法调用。首先计算从上一次调用这个方法到现在的时间长度，Date()方法会返
回表示当前时间的NSDate实例。通过请求从lastUpdateDate开始的时间间隔，获取了表示当前时间和该方法最后
一次被调用的时间之间相隔的秒数：

```
let now = Date()
let secondsSinceLastDraw = now.timeIntervalSince(lastUpdateTime)
```

然后，将当前的加速度与当前的速度相加，计算出两个方向上的新速度。需要将加速度与secondsSinceLast-
Draw相乘，这样加速度就是与时间一致的。以同样的角度倾斜手机总是可以得到相同的加速度：

```
ballXVelocity =
        ballXVelocity + (acceleration.x * secondsSinceLastDraw)
ballYVelocity =
        ballYVelocity - (acceleration.y * secondsSinceLastDraw)
```

之后，我们根据速度计算出上次调用此方法之后发生的像素变化。这里将速度和消耗时间的乘积再乘以500，
以创建出自然移动的效果。如果不乘以某个数的话，加速度会非常小，就像弹珠在糖浆中运动一样。

```
let xDelta = secondsSinceLastDraw * ballXVelocity * 500
let yDelta = secondsSinceLastDraw * ballYVelocity * 500
```

知道了像素发生的变化之后，我们将当前位置与计算出的加速度相加，并赋值给currentPoint，这样即可创
建一个新坐标。

```
currentPoint = CGPoint(x: currentPoint.x + CGFloat(xDelta),
                       y: currentPoint.y + CGFloat(yDelta))
```

至此，计算已经完成了。剩余的工作是将lastUpdateTime更新为当前时间。

```
lastUpdateTime = now
```

现在构建这个应用。如果一切顺利，应用程序就会开始运行。现在你应该可以通过倾斜手机控制弹珠的滚动了。弹珠到达屏幕的边缘时会停止。如果向另一面倾斜手机，弹珠应该会向另一个方向滚动。

20.6   小结

我们已经在本章享受到了物理、奇妙的iOS加速计和陀螺仪带来的乐趣。我们创建了一个"打碎"手机的恶作剧应用，看到了将加速计用作控制设备的基础知识。使用加速计和陀螺仪的应用程序作用广泛而且种类繁多。在下一章中，我们开始学习另一种iOS硬件：内置摄像头。

第 21 章

摄像头和照片图库

众所周知，iPhone、iPad和iPod touch都提供了内置摄像头和照片（Photos）应用。照片应用可以帮助用户管理拍摄的照片和视频（见图21-1）。但你也许还不知道，自己的应用可以使用内置摄像头来拍摄照片，还可以让用户从这些设备的照片库中选择或浏览照片。本章就来看看这些功能。

图21-1　在本章中，我们将要探索如何在应用程序中访问iPhone的摄像头和照片图库

21.1　图像选取器和 `UIImagePickerController`

由于iOS应用程序受到沙盒机制的限制，它们通常不能访问照片或自己沙盒之外的其他数据。不过应用程序可以通过图像选取器（image picker）使用摄像头和照片库。

21.1.1　图像选取器控制器

顾名思义，图像选取器提供了允许从特定源中选择图片的机制。这个类最先出现于iOS，只用于图像，但现在也可以用于捕捉视频。通常来说，图像选取器会将图像或视频①的列表作为它的源（见图21-2左边）。不过，我们也可以指定摄像头作为源（见图21-2右边）。

———————————
① 在本书的概念中，下文出现的媒体（media）同时指代了图片与视频。——译者注

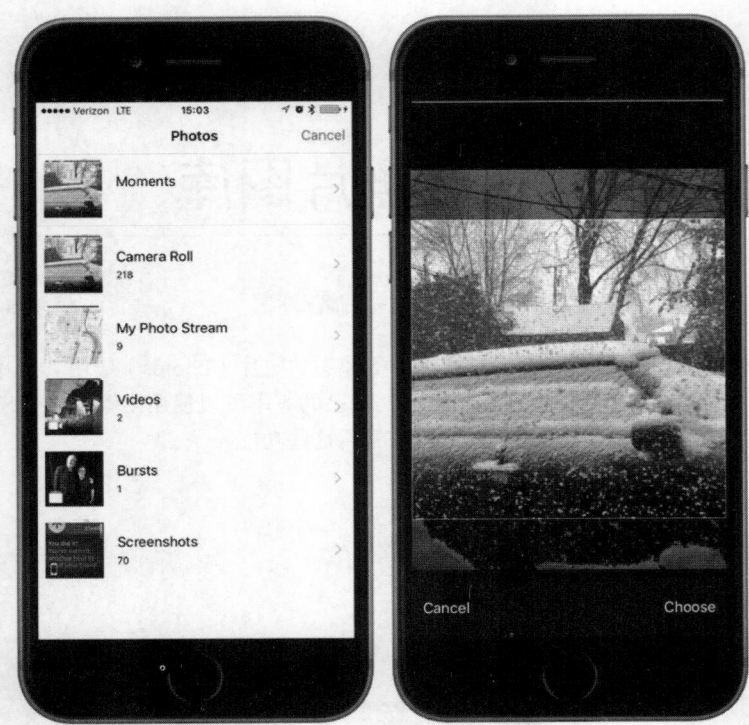

图21-2   左边是图像选取器向用户展示的图片列表，右边呈现的是选择某个图像之后的样子，用户
可以在这里对它进行移动和缩放

图像选取器界面是通过名为UIImagePickerController的控制器类实现的。我们创建此类的一个实例，指定委托，指定其图像源，并指定希望选择图片还是视频，然后将其展示出来。图像选取器会得到设备的控制权，让用户从已有的媒体库中选择图片或视频，用户也可以使用摄像头拍摄新照片或视频。用户选择之后，就可以进行一些基本的编辑，如缩放或裁剪图片，以及修剪视频剪辑。所有行为都是UIImagePickerController实现的，所以你不用费什么事儿。

除非用户按下了取消按钮，不然用户拍摄的或从图库中选择的图像（或视频）会被传送到委托。无论用户选择了一个媒体文件还是点了取消，都由委托负责关闭UIImagePickerController，让用户返回应用程序。

UIImagePickerController的创建非常简单。创建实例的方式与大多数类相同，然而有一点需要注意：并不是每一台iOS设备都有摄像头。创建UIImagePickerController实例之前，需要先检查运行当前应用的设备是否支持要使用的图像源。例如，在让用户使用摄像头拍摄照片之前，我们应先确保程序所在的设备上有摄像头。这一点可以使用UIImagePickerController的类方法进行检查，如下所示：

```
if UIImagePickerController.isSourceTypeAvailable(.Camera) {
```

本例中传递UIImagePickerControllerSourceType.camera表示想让用户使用内置摄像头拍照或录像。如果指定的源当前可用，方法isSourceTypeAvailable()将返回true。除了UIImagePickerControllerSourceType.camera，我们还可以指定另外两个值。

❑ UIImagePickerControllerSourceType.photoLibrary指定用户从现有的媒体库中选取照片或视频。照片将被返回到委托。

❑ UIImagePickerControllerSourceType.savedPhotosAlbum指定用户从现有照片库中选择照片，但选择范围仅限于最近使用的相册。此选项也可以在没有摄像头的设备上运行，虽然用处不大，但是仍然可以用来选取之前保存的屏幕快照。

在确保运行程序的设备支持要使用的图像源之后，代码清单21-1中的代码就可以启动图像选取器了。

代码清单21-1 在View Controller文件中启动图像选取器

```
let picker = UIImagePickerController()
picker.delegate = self
picker.sourceType = UIImagePickerControllerSourceType.camera
picker.cameraDevice = UIImagePickerControllerCameraDevice.front
self.present (picker, animated:true, completion: nil)
```

提示　如果设备有不止一个摄像头，你可以通过设置cameraDevice属性为UIImagePickerControllerCamera-Device.front或UIImagePickerControllerCameraDevice.rear来决定选择使用哪一个。为了确定前置或后置摄像头是可用的，可以在isCameraDeviceAvailable()方法中使用相应的常量。

在创建并配置了UIImagePickerController之后，我们使用从UIView类继承的present(_:animated:completion:)方法将图像选取器呈现给用户。

21.1.2 实现图像选取器控制器委托

为了知道用户何时退出图像选取器界面，你需要实现UIImagePickerControllerDelegate协议。此协议定义了两个方法：imagePickerController(_:didFinishPickingMediaWithInfo:)和imagePickerControllerDidCancel()。

当用户成功拍摄了照片和视频，或从媒体库中选择了某项内容之后，imagePickerController(_:didFinishPickingMediaWithInfo:)方法将被调用。第一个参数是指向之前创建的UIImagePickerController的指针。第二个参数返回了一个字典，其中包含了用户所选照片或当前所选视频的URL；如果允许在图像选取器中编辑（并且用户确实对图像或视频进行了编辑），那么第二个参数还包括可选的编辑信息。此字典包含存储在键UIImagePickerControllerOriginalImage下未编辑的原始图像。代码清单21-2中给出了检索来源图像的委托方法示例。

代码清单21-2 检索图片的委托方法

```
func imagePickerController(picker: UIImagePickerController,
                          didFinishPickingMediaWithInfo info: [String : AnyObject]) {
    let selectedImage: UIImage? =
        info[UIImagePickerControllerEditedImage] as? UIImage
    let originalImage: UIImage? =
        info[UIImagePickerControllerOriginalImage] as? UIImage

    // do something with selectedImage and originalImage

    picker.dismiss(animated: true, completion:nil)
}
```

通过存储在键UIImagePickerControllerCropRect下的NSValue对象，editingInfo字典也可以指示在编辑期间选择了整个图像的哪一部分。我们可以将这个NSValue实例转换为CGRect（如代码清单21-3所示）。

代码清单21-3 将NSValue转换为CGRect类型

```
let cropValue:NSValue? = info[UIImagePickerControllerCropRect] as? NSValue
let cropRect:CGRect? = cropValue?.cgRectValue()
```

完成转换之后，cropRect将指定在编辑过程中所选定的原始图像部分。如果你不需要此信息，可以直接忽略。

警告　如果返回到委托的图像来自摄像头，那么此照片不会被自动存储在照片库中。保存图像（如果需要）的工作将由应用负责。

　　在用户决定取消此过程，不再拍照或选择媒体时，另一个委托方法imagePickerControllerDidCancel()将被调用。当图像选取器调用此委托方法时，它就会通知委托：用户已经结束了对选取器的使用，没有选择任何图像。

　　在UIImagePickerControllerDelegate协议中的两种方法都被标记为可选，但实际上不是，原因是：必须委托才能关闭图像选取器这样的模态视图。事实上，在用户取消图像选取器时，即使不需要任何应用特定的操作，我们也仍然需要关闭选取器。至少，imagePickerControllerDidCancel()方法要这样才能保证程序正确运行：

```
func imagePickerControllerDidCancel(picker: UIImagePickerController) {
    picker.dismiss(true, completion:nil)
}
```

　　本章构建的应用允许用户使用摄像头拍摄照片和视频，或从照片库中选择图片或视频，然后在图像视图中显示所选图片或视频（如图21-3所示）。如果用户使用的设备没有摄像头，我们就隐藏New Photo or Video按钮，只允许用户从照片库中选择图片。

图21-3　运行中的Camera应用程序

21.2　设计 Camera 界面

　　在Xcode中，使用Single View Application模板创建一个新项目并将其命名为Camera。首先要做的就是添加两个输出接口。我们需要一个指向图像视图的输出接口，以便使用从图像选取器返回的图像来更新它，还需要一个指向New Photo or Video（新照片或视频）按钮的输出接口，以便在设备没有摄像头时隐藏该按钮。我们还需要两个操作方法，一个用于New Photo or Video按钮，一个用于让用户从照片库中选择现有的照片。

```
class ViewController: UIViewController, UIImagePickerControllerDelegate,
                                        UINavigationControllerDelegate {
    @IBOutlet var imageView: UIImageView!
    @IBOutlet var takePictureButton: UIButton!
```

首先需要注意，我们实际上遵循了两个不同的协议：UIImagePickerControllerDelegate和UINavigation-ControllerDelegate。因为UIImagePickerController是UINavigationController的子类，所以类必须遵循这两个协议。UINavigationControllerDelegate中的方法都是可选的，我们在使用图像选取器时不需要它们，但是必须遵循这个协议，否则编译器之后会发出警告。

你应该还会注意到另一点：我们添加了一个UIImageView类型的属性以显示所选图像，但没有类似的控件可以用于显示所选视频。UIKit没有包含像UIImageView这样公开的类用来显示视频内容，所以必须使用另一种方式来实现视频。需要的时候将使用一个AVPlayerViewController实例，提取它的view属性并将其插入到视图层次结构中。与其他任何视图控制器相比，这种使用方式非常独特，但也是苹果公司实际上已认可的在视图层次结构中显示视频的方式。

还要添加两个操作方法并连接到按钮上。目前我们只创建空的实现结构，这样Interface Builder就可以找到它们了。之后将实际填充里面的代码：

```
@IBAction func shootPictureOrVideo(sender: UIButton) {
}

@IBAction func selectExistingPictureOrVideo(sender: UIButton) {
}
```

我们要为这个应用程序构建的布局非常简单：只有一个图像视图和两个按钮。完成的布局效果如图21-4所示，可以用作参考。

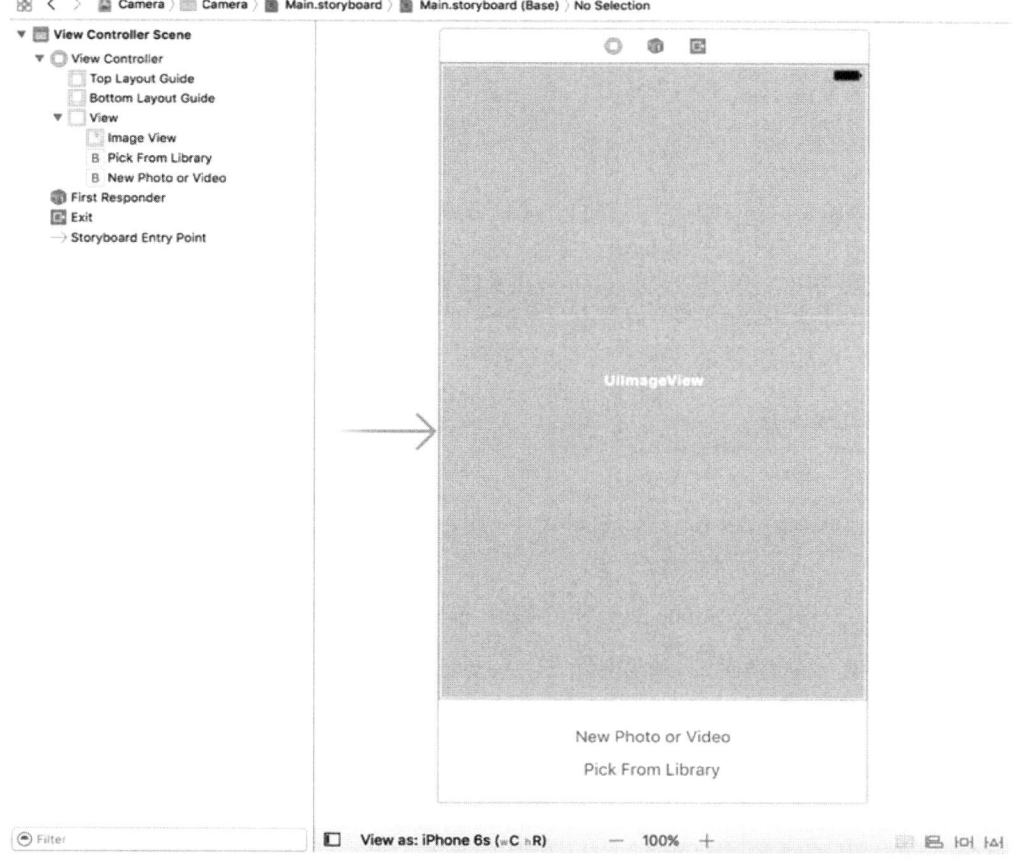

图21-4　Camera应用程序的storyboard布局

从库中拖出两个按钮，并将它们放置在storyboard中的视图上。将它们上下排列放置，底部按钮与底部的蓝色引导线对齐。我们双击最上面的按钮并将标题命名为New Photo or Video，然后双击下面的按钮并将标题命名为Pick from Library（从库中选取）。然后，从库中拖出一个图像视图，将它放置在其他按钮上方，最后拉伸视图使它占据按钮上方的所有空间，如图21-3所示。在特征检查器中，将图像视图的背景颜色改为黑色，并设置它的Mode为Aspect Fit，这样就会重新调整图像尺寸，使其填满边框，并保持长宽比。

此时，按住鼠标右键并从View Controller图标拖至图像视图，选择imageView输出接口。之后，再次按住鼠标右键并从View Controller拖至New Photo or Video按钮，并选择takePictureButton输出接口。然后，选择New Photo or Video按钮，并打开关联检查器。我们从Touch Up Inside事件拖至View Controller图标，并选择shootPicture-OrVideo:操作方法。接着，单击Pick from Library按钮，从关联检查器上的Touch Up Inside事件拖至View Controller，并选择selectExistingPictureOrVideo:操作方法。

和往常一样，最后一步是添加自动布局约束。首先在文档略图中展开视图控制器，然后按照下面步骤添加约束。

(1) 在文档略图中按住鼠标右键从Pick from Library按钮拖到其父视图，然后松开鼠标。出现弹出菜单后，按住Shift键并选择Center Horizontally in Container和Vertical Spacing to Bottom Layout Guide选项。

(2) 按住鼠标右键从New Photo or Video按钮拖到Pick from Library按钮，松开鼠标并选择Vertical Spacing选项。

(3) 按住鼠标右键从New Photo or Video按钮拖到其父视图上，松开鼠标后，选择Center Horizontally in Container选项。

(4) 按住鼠标右键从New Photo or Video拖到图像视图并选择Vertical Spacing选项。

(5) 按住鼠标右键从图像视图拖到其父视图，然后按住Shift键并选择Leading Space to Container Margin、Trailing Space to Container Margin和Vertical Spacing to Top Layout Guide。

所有的布局约束都设置好之后，保存修改。

21.2.1　隐私选项

因为我们打算使用摄像头，而有些硬件是受iOS保护的，所以必须向用户请求使用权限。因为打算拍摄视频，所以需要访问麦克风（除非你只对默片感兴趣）。除此之外我们还需要访问照片图库。好在只要适当地请求所需的权限，iOS会为我们处理很多工作。只需要在Info.plist文件中添加几行内容。

因为之前使用过属性列表，参照图21-5可以很容易地在下方添加三行内容。最右边一列的本文是显示给用户的额外消息，关于请求使用某特定资源。内容应当简明易懂。

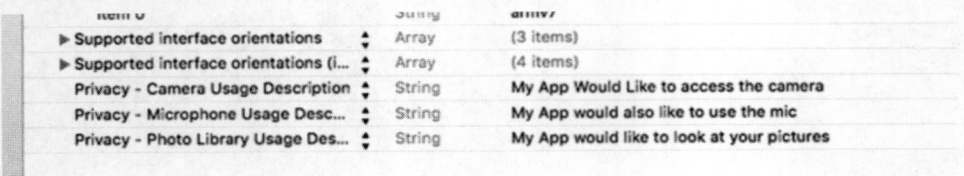

图21-5　在Info.plist文件中添加摄像头和麦克风等隐私选项

当应用需要访问其中一项资源时，会向用户展示一条类似图21-6的消息。

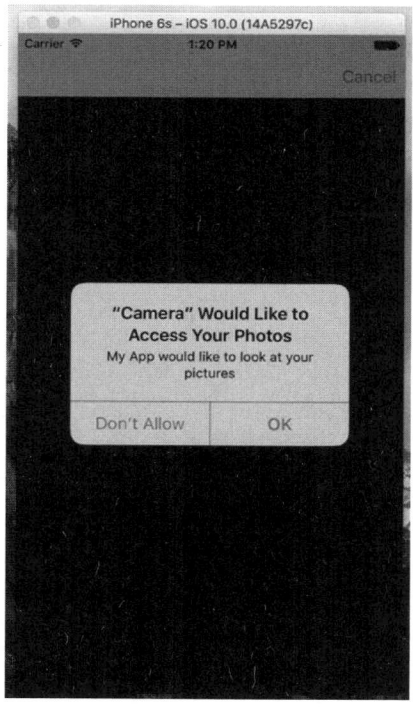

图21-6   iOS会替你向用户请求，不过你要解释清楚
需要使用特定资源的原因

21.2.2   实现摄像头视图控制器

选择 ViewController.swift 文件，这里要进行不少更改。因为我们允许用户录像，所以需要一个
AVPlayerViewController实例的属性。另外两个属性记录最后选择的照片和视频，还有一个字符串用来判断最后
选择的是视频还是照片。我们还需要导入一些框架使它们能正常执行。添加以下粗体显示的语句：

```
import UIKit
import AVKit
import AVFoundation
import MobileCoreServices

class ViewController: UIViewController, UIImagePickerControllerDelegate,
                                        UINavigationControllerDelegate {
@IBOutlet var imageView: UIImageView!
@IBOutlet var takePictureButton: UIButton!
var avPlayerViewController: AVPlayerViewController!
var image: UIImage?
var movieURL: URL?
var lastChosenMediaType: String?
```

现在我们要修改viewDidLoad()方法，如果运行的设备没有摄像头，就要隐藏New Photo or Video按钮。我们
还要实现viewDidAppear()方法，让它调用updateDisplay()方法（马上就会实现它）。首先参照代码清单21-4更改
ViewController.swift文件中的viewDidLoad和IviewDidAppear方法。

代码清单21-4   更新viewDidLoad和IviewDidAppear方法
```
override func viewDidLoad() {
```

```
    super.viewDidLoad()
    // Do any additional setup after loading the view, typically from a nib.

    if !UIImagePickerController.isSourceTypeAvailable(
        UIImagePickerControllerSourceType.camera) {
        takePictureButton.isHidden = true
    }
}

override func viewDidAppear(_ animated: Bool) {
    super.viewDidAppear(animated)
    updateDisplay()
}
```

一定要理解viewDidLoad()和IviewDidAppear()方法之间的区别。前者仅在刚将视图加载到内存中时被调用，而后者可以在每次显示视图时被调用，既包括启动时，也包括显示另一个全屏视图（比如图像选取器）之后返回到控制器时。

接下来是3个工具方法，第一个是updateDisplay()，它会在viewDidAppear()方法中被调用，而viewDidAppear()方法会在视图初次创建时，以及每次用户选取图像或视频之后从图像选取器返回时被调用。由于这里的双重用途，我们需要进行一些检查以确定选择的是图像还是视频，进而正确地设置GUI。在ViewController.swift文件底部添加代码清单21-5中的代码。

代码清单21-5 updateDisplay方法

```
func updateDisplay() {
    if let mediaType = lastChosenMediaType {
        if mediaType == kUTTypeImage as NSString {
            imageView.image = image!
            imageView.isHidden = false
            if avPlayerViewController != nil {
                avPlayerViewController!.view.isHidden = true
            }
        } else if mediaType == kUTTypeMovie as NSString {
            if avPlayerViewController == nil {
                avPlayerViewController = AVPlayerViewController()
                let avPlayerView = avPlayerViewController!.view
                avPlayerView?.frame = imageView.frame
                avPlayerView?.clipsToBounds = true
                view.addSubview(avPlayerView!)
                setAVPlayerViewLayoutConstraints()
            }

            if let url = movieURL {
                imageView.isHidden = true
                avPlayerViewController.player = AVPlayer(url: url)
                avPlayerViewController!.view.isHidden = false
                avPlayerViewController!.player!.play()
            }
        }
    }
}
```

这个方法根据用户所选的媒体类型显示了正确的视图：照片显示图像视图，影片显示影片播放器。图像视图一直是显示的，但影片播放器需要在用户第一次选取影片的时候被创建并添加到用户界面中。每次选完一部影片，就会创建一个通过影片文件的URL初始化的AVPlayer实例，并将其赋给AVPlayerViewController的player属性上，然后使用播放器的play()方法开始播出。

添加影片播放器之后，我们需要确保它覆盖和图像视图一样的空间，并且需要添加布局约束，这样即便设备旋转也能维持界面布局。下面是添加布局约束的代码（如代码清单21-6所示）。

代码清单21-6　在ViewController.swift文件中设置播放器的布局约束

```
func setAVPlayerViewLayoutConstraints() {
    let avPlayerView = avPlayerViewController!.view
    avPlayerView?.translatesAutoresizingMaskIntoConstraints = false
    let views = ["avPlayerView": avPlayerView!,
                 "takePictureButton": takePictureButton!]
    view.addConstraints(NSLayoutConstraint.constraints(
            withVisualFormat: "H:|[avPlayerView]|", options: .alignAllLeft,
            metrics:nil, views:views))
    view.addConstraints(NSLayoutConstraint.constraints(
            withVisualFormat: "V:|[avPlayerView]-0-[takePictureButton]",
            options: .alignAllLeft, metrics:nil, views:views))
}
```

水平约束让影片播放器贴住了主视图的左右两边，而垂直约束对主视图的顶端和New Photo or Video按钮的顶端进行了关联。

最后一个工具方法是pickMediaFromSource()，它会在两个操作方法中被调用。这个方法非常简单，它只是创建并配置一个图像选取器，使用传入的sourceType来确定应该显示摄像头还是媒体库。我们在ViewController.swift文件底部添加代码清单21-7中的代码。

代码清单21-7　ViewController.swift文件中的pickMediaFromSource方法

```
func pickMediaFromSource(_ sourceType:UIImagePickerControllerSourceType) {
    let mediaTypes = UIImagePickerController.availableMediaTypes(for: sourceType)!
    if UIImagePickerController.isSourceTypeAvailable(sourceType)
            && mediaTypes.count > 0 {
        let picker = UIImagePickerController()
        picker.mediaTypes = mediaTypes
        picker.delegate = self
        picker.allowsEditing = true
        picker.sourceType = sourceType
        present(picker, animated: true, completion: nil)
    } else {
        let alertController = UIAlertController(title:"Error accessing media",
                    message: "Unsupported media source.",
                    preferredStyle: UIAlertControllerStyle.alert)
        let okAction = UIAlertAction(title: "OK",
                    style: UIAlertActionStyle.cancel, handler: nil)
                    alertController.addAction(okAction)
        present(alertController, animated: true, completion: nil)
    }
}
```

接下来，实现与按钮关联的操作方法。

```
@IBAction func shootPictureOrVideo(_ sender: UIButton) {
    pickMediaFromSource(UIImagePickerControllerSourceType.camera)
}

@IBAction func selectExistingPictureOrVideo(_ sender: UIButton) {
    pickMediaFromSource(UIImagePickerControllerSourceType.photoLibrary)
}
```

这里每个方法都调用了pickMediaFromSource()方法，并传入了一个在UIImagePickerController类中定义的常量，用于指定照片或者视图的来源。

最后，我们来实现选取器视图的委托方法（如代码清单21-8所示）。

```
func imagePickerController(_ picker: UIImagePickerController,
            didFinishPickingMediaWithInfo info: [String : AnyObject]) {
    lastChosenMediaType = info[UIImagePickerControllerMediaType] as? String
    if let mediaType = lastChosenMediaType {
        if mediaType == kUTTypeImage as NSString {
            image = info[UIImagePickerControllerEditedImage] as? UIImage
        } else if mediaType == kUTTypeMovie as NSString {
            movieURL = info[UIImagePickerControllerMediaURL] as? URL
        }
    }
    picker.dismiss(animated: true, completion: nil)
}

func imagePickerControllerDidCancel(_ picker: UIImagePickerController) {
    picker.dismiss(animated: true, completion:nil)
}
```

第一个委托方法使用info参数传来的字典中的值，检查用户是否选中了一张照片或者一个视频，并记录所选的内容，然后关闭图像选取器视图。如果图片比屏幕上的有效空间还要大，它将在显示的时候被图像视图重新调整大小（因为我们在创建图像视图时设置了它的内容模式为Aspect Fit）。第二个委托方法会在用户放弃图片选取过程并关闭图像选取器时被调用。

需要做的仅此而已，然后就可以编译并运行程序了。如果应用在模拟器上运行，那么没有拍摄照片的选项，只能在照片库中选择（前提是模拟器照片库中有照片）。如果你有机会在实际设备上运行应用，那么可以尝试这一操作；此时应该可以拍摄照片或录像，并可以使用手指捏合的姿势放大和缩小图片。这个应用第一次需要在iOS上访问用户的照片时，系统会向用户询问是否允许这一访问。这是iOS 6中一个新的隐私特性，用来确保应用不会未经用户同意就偷偷获取照片。

选择或拍摄好照片之后，如果我们在单击Use Photo（使用照片）按钮之前放大或旋转图片，在委托方法中返回给应用的图像将会是裁剪后的图像。

21.3 小结

真难以置信，这么简单就可以让用户在应用中使用摄像头拍摄并使用照片，甚至可以允许用户对拍摄的图像进行一些简单的编辑。

在下一章中，我们要学习的是将iOS应用翻译为其他语言，让更广泛的用户群体接受它。

第 22 章

本地化翻译应用

22

本书写作之际，iOS设备已经遍及世界上超过一半数量的国家和地区，而且该数字将会随时间的推移而不断增长（见图22-1）。除南极洲以外的任何地点都在销售iPhone。iPad和iPod touch同样也是如此。如果你计划通过App Store发布应用，需要考虑的远远不止那些与你使用同样语言的人们。恰好iOS提供了强大的本地化（localization）体系结构，你不但可以轻松地将应用翻译成多种语言（或者请其他人翻译），甚至可以翻译成同一语言的多种方言。为英式英语使用者提供和美式英语不同的语言风格也不再是个问题。

图22-1　iOS设备进入了世界上超过一半数量的国家和地区，开发多语言应用可以让它更受欢迎

只要你正确地编写了代码，本地化就没什么问题。而改进现有的应用程序以支持本地化，会增加不少工作量。在本章中，我们会讲述如何编写代码以方便地实现本地化，然后对一个应用示例进行本地化。

22.1　本地化体系结构

应用程序尚未配置本地化操作时，其所有文本都会以开发人员的语言呈现，也就是开发基础语言（development base language）。当开发人员决定使其应用支持本地化时，他们会在应用程序的捆绑包中为每种支持的语言创建一个子目录。每种语言的子目录都包含一个翻译为此种语言的应用程序资源子集。每个子目录都被称为一个本地化项目（localization project）或本地化文件夹（localization folder）。本地化文件夹通常使用.lproj扩展名。

在iOS的Settings应用程序中，用户可以设置设备的首选语言和区域格式。例如，如果用户的母语是英语，那么可选地区可以是美国或澳大利亚等，即所有讲英语的地区。

当本地化的应用需要载入某一资源（如图像、属性列表或nib文件）时，它会检查用户的语言和地区，并查找与此设置相匹配的本地化文件夹。如果找到了相应的文件夹，那么它就会载入该资源的本地化版本，而不是基础版本。对于选择法语作为iOS设备语言并且把瑞士设为所在地的用户，应用会首先查找名为fr-CH.lproj的本地化目录。该目录名称的头两个字母是代表法语的ISO国家代码。连字符后的两个字母是代表瑞士的ISO代码。

如果应用找不到两位代码开头的目录，就会查找与这个语言三位ISO代码匹配的目录。在我们的示例中，如果应用找不到名为fr-CH的文件夹，就会查找名为fre-CH或fra-CH的文件夹。

所有语言都至少有一个三位代码。某些语言有两个三位代码，一种是此语言的英文拼写，另一种是当前地区拼写。只有部分语言有两位代码。当一种语言既有两位代码又有三位代码时，最好使用两位代码。

注意   你可以在ISO网站上找到当前的ISO国家（地区）代码列表。两位和三位代码都是ISO 3166标准的一部分：http://www.iso.org/iso/country_codes.htm。

如果应用程序找不到精确匹配的文件夹，那么它会随即查找应用包中仅语言代码匹配（忽略地区代码）的本地化文件夹。因此，对于法语，应用程序随后会查找名为fr.lproj的本地化目录。如果找不到此名称的语言目录，它会尝试查找fre.lproj，然后查找fra.lproj。如果这些目录都找不到，它就会查找French.lproj。最后一种机制是为了支持旧版Mac OS X应用而存在的，一般来说，我们应该避免使用它。

如果应用程序中无论是语言/地区的组合还是只有语言相匹配的目录都找不到，那么它会使用开发基础语言目录中的资源。如果找到了合适的本地化目录，那么对于任何所需资源，它将总是先查找这里。例如，若通过imageNamed()方法载入一个UIImage，则它会先在本地化项目中查找使用指定名称的图像。如果找到了此图像，就使用它，否则退回基础语言资源。

如果某个应用有多个匹配的本地化目录（例如，一个名为fr-CH.lproj的目录和一个名为fr.lproj的项目），那么它会优先在匹配更精确的目录中搜索。如果用户首选语言是瑞士法语，那么本地化目录是fr-CH.lproj。如果在此处找不到资源，它将会查找fr.lproj。这样你就可以在一个目录中对所有该语言的使用者提供共有的资源，并仅对受到不同方言或地区影响的资源实现本地化。

你只需对受不同语言或国家（地区）影响的资源实现本地化即可。如果应用中的图像没有使用词汇并且其含义是通用的，那么就没有必要本地化此图像。

22.2   字符串文件

在源代码中，如何处理字符串字面量和字符串常量？下面参考第19章中的一段源代码（如代码清单22-1所示）。

代码清单22-1   字符串字面量和常量的示例

```
let alertController = UIAlertController(title: "Location Manager Error",
                                        message: errorType, preferredStyle: .alert)
let okAction = UIAlertAction(title: "OK", style: .cancel,
                             handler: nil)
alertController.addAction(okAction)
self.presentViewController(alertController, animated: true,
                           completion: nil)
```

如果已经努力完成了对特定受众的应用本地化工作，当然不想看到以开发基础语言编写的警告。上面采用的方法是，将这些字符串存储到特定的文本文件中，即存储到字符串文件（string file）中。

22.2.1   字符串文件的格式

字符串文件实际上只是Unicode文本文件，其中包含了字符串配对列表，每项都标识了注释。代码清单22-2的示例描述了应用中字符串文件的格式。

代码清单22-2　字符串文件的示例

```
/* Used to ask the user his/her first name */
"LABEL_FIRST_NAME" = "First Name";

/* Used to get the user's last name */
"LABEL_LAST_NAME" = "Last Name";

/* Used to ask the user's birth date */
"LABEL_BIRTHDAY" = "Birthday";
```

在/*和*/字符之间的内容是注释。它们对应用来说没有用处，可以安全地删除，但最好不要这样做。因为它们给定了上下文，显示了一段特定的字符串在程序中的用处。有人可能注意到了，每一行代码都用等号分隔成两部分。等号左侧的字符串充当键，无论使用什么语言，它总是包含相同的值；等号右侧的值是翻译后的本地语言。因此，如果将前面的字符串文件本地化为法语，可能会是代码清单22-3中这样。

代码清单22-3　法语版的字符串文件

```
/* Used to ask the user his/her first name */
"LABEL_FIRST_NAME " = "Prénom";

/* Used to get the user's last name */
"LABEL_LAST_NAME" = "Nom de famille";

/* Used to ask the user's birth date */
"LABEL_BIRTHDAY" = "Anniversaire";
```

22.2.2　本地化的字符串函数

在运行时通过NSLocalizedString()函数获取所需的本地化字符串。完成源代码并做好本地化的准备工作之后，Xcode将在所有代码文件中搜索出现的函数，提取出所有的字符串，并将它们嵌入到文件中。你可以将它发送给专业翻译，或者添加自己的翻译。完成之后，Xcode会导入更新后的文件并使用其内容，针对你所提供翻译的语言，创建一个本地化字符串文件。我们来看看这个过程第一部分的工作原理，首先是传统的字符串声明语句：

```
let myString = "First Name"
```

这样做可以本地化此字符串：

```
let myString = NSLocalizedString("LABEL_FIRST_NAME",
                comment: "Used to ask the user his/her first name")
```

NSLocalizedString()函数有5个参数，但其中3个的默认值可以应付大多数情况，因此通常你只需要提供其中2个。

- ❑ 第一个参数是用来寻找本地化字符串的键。如果没有针对这个键的本地化文本，应用将使用这个键本身作为本地化的文本。
- ❑ 第二个参数是解释文本如何使用的注释。它会出现在要发送给专业翻译的文件和之后导入的本地化字符串文件中。

NSLocalizedString()在合适的本地化文件夹内部的应用程序捆绑包中搜索名为Localizable.strings的字符串文件。如果没有找到此文件，它返回其第一个参数，即搜索所需文本使用的键。若NSLocalizedString()找到了字符串文件，则会搜索此文件中与其第一个参数相匹配的行。在前面的示例中，NSLocalizedString()将在字符串文件中搜索字符串"LABEL_FIRST_NAME"。如果在本地化文件夹中没有找到与用户语言设置相匹配的项，它会在基础语言中查找字符串文件并使用其中的值。如果没有字符串文件，它会只使用传递给NSLocalizedString()函数的第一个参数。

我们可以将基础语言文本用作NSLocalizedString()函数的键，因为它会在找不到匹配的本地化文本时返回键。如果是这样的话，上面的例子看起来会如下所示：

```
let myString = NSLocalizedString("First Name",
                        comment: "Used to ask the user his/her first name")
```

鉴于两个原因，我们并不建议这么使用。第一，你通常不太可能第一次就想到完美的键。回到字符串文件进行修改是件非常麻烦的事，而且很容易出现错误，这就意味着最终在应用中很可能找不到与键相匹配的文本。第二，若使用由大写字母组成的键，如果你忘记在字符串文件中添加相应的本地化文本，就很容易在运行应用时发现。

了解完本地化结构和字符串文件是怎样工作的，下面我们来看一看实际的使用效果。

22.3   创建 LocalizeMe 应用

现在创建一个显示用户当前区域设置（locale）的小应用。区域设置（NSLocale类的实例）同时描述了用户的语言和地区。在与用户交互时，系统使用区域设置确定使用哪种语言以及如何显示日期、货币和时间等信息。创建应用之后，我们需要将它本地化为其他语言。在此，你可以学习到如何实现storyboard文件、字符串文件、图像，甚至是应用程序显示名称的本地化。

图22-2展示了应用的外观。顶部的名称来自用户的区域设置。左侧的序数单词为静态标签，可以通过本地化storyboard文件来设置它们的值。右侧的单词和屏幕底部的国旗图像都会在运行时根据用户选择的语言由应用代码来选择。

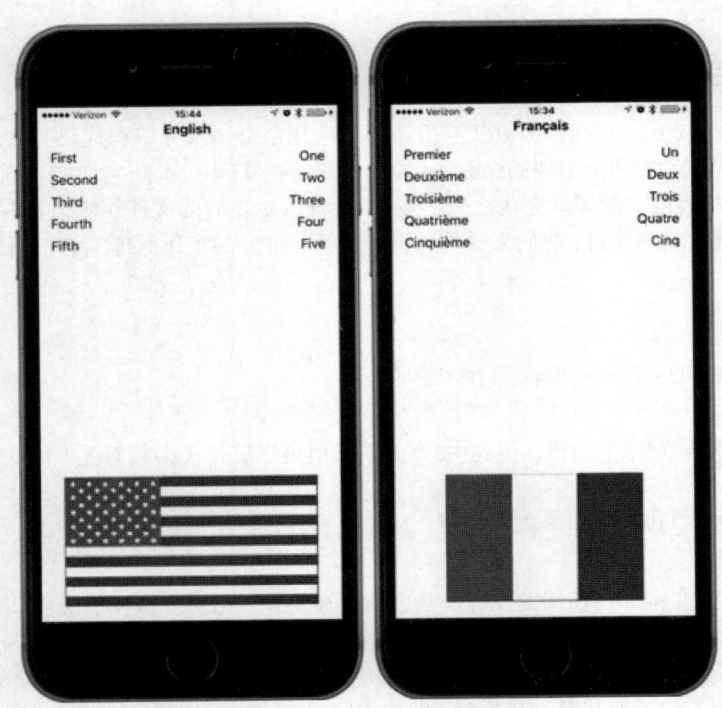

图22-2   使用两种语言/地区设置进行显示的LocalizeMe应用

在Xcode中使用Single View Application模板新建一个项目，并将其命名为LocalizeMe。查看本书实例源代码归档中的22-Images文件夹，可以找到两张分别名为flag_usa.png和flag_france.png的图片。在Xcode中选中Assets.xcassets文件夹，然后把flag_usa.png和flag_france.png两张分别图片拖入。现在我们向项目的视图控制器添加输出接口，一个用于横跨视图顶部的标签，一个用来显示国旗的图像视图，还有一个输出接口集合用来表示右侧所有的词条（见图22-2）。单击ViewController.swift文件并进行如下更改：

```
class ViewController: UIViewController {
    @IBOutlet var localeLabel : UILabel!
    @IBOutlet var flagImageView : UIImageView!
    @IBOutlet var labels : [UILabel]!
```

　　选中Main.storyboard，在Interface Builder中编辑GUI界面。从库中拖出一个标签放置在主视图顶部，使之与顶部的蓝色引导线对齐。重新调整其大小，使之填满视图中左右两边引导线之间的整个宽度。然后选定此标签，打开特征检查器，找到Font控件，单击其中的小T图标，调出一个小的字体选择器弹出框，点击Style弹出菜单并选择Bold字体使标签文本突出显示。接着使用特征检查器将文本改为居中对齐。根据需要，这里可以使用字体选择器加大字号。只要在特征检查器中将Autoshrink（自动收缩）设为Minimum Font Size，文本就会在太长不能适配时自动调整大小。放置好标签之后，按下鼠标右键，从文档略图或storyboard中的View Controller图标拖到此新标签上，然后选择localeLabel输出接口。

　　然后，在库中使用蓝色引导线将其他5个标签左对齐，上下依次放置，如图22-2所示。双击顶部的标签，把其中的文本由Label更改为First。然后，我们对其他4个刚刚添加的标签重复此步骤，分别将标签文本设置为Second、Third、Fourth和Fifth。确认5个标签全部都对齐了左边缘的引导线。

　　从库中再拖出5个标签，这次采用右对齐方式。使用特征检查器将文本对齐方式更改为右对齐，并增加标签的宽度，使之从右边的蓝色引导线伸展至视图中部。接着，我们按下鼠标右键，从View Controller图标拖至5个新标签上，使它们依次连接到不同编号的标签输出接口。

　　从库中拖出一个图像视图放到视图底部，使之紧挨底部和左侧的蓝色引导线。在特征检查器中，我们在视图的Image属性中选择flag_usa，调整图像大小使之在水平方向上位于两条蓝色引导线之间，垂直方向上大约为用户界面高度的三分之一。然后，我们在特征检查器中将Mode特征由Center（居中）改为Aspect Fit（适配纵横比）。这样做是为了确保本地化版本的图片看起来合适，因为并非所有的国旗都有相同的纵横比。选择此选项会使图像视图调整它所显示的图像至合适大小，同时还可以维持正确的纵横比（高度对宽度）。接下来按住鼠标右键从视图控制器拖到这个图像视图并选择flagImageView输出接口。

　　为了完成用户界面，我们需要设置自动布局约束。首先是顶端的标签，按住鼠标右键从这里拖到文档略图中的其父视图上，按下Shift键并选择Leading Space to Container Margin、Trailing Space to Container Margin和Vertical Spacing to Top Layout Guide选项，然后按下Return键。

　　接下来固定这5行标签的位置。在文档略图中按住鼠标右键从内容为First的标签拖到其父视图上，同时选择Leading Space to Container Margin和Vertical Spacing to Top Layout Guide选项，然后按下Return键。按住鼠标右键从标签拖到同一行中右边的标签并选择Baseline，然后按住鼠标右键从右侧的标签拖到文档略图中的其父视图并选择Trailing Space to Container Margin选项。

　　现在已经固定了第一行的标签，对其他4行的标签也执行同样的操作。接着通过按住Shift键并用鼠标依次点击来选择所有位于右侧的标签，然后点击Editor➤Size to Fit Content菜单选项。最后清除这些标签的内容，因为我们将通过代码来对它们进行设定。

　　为了固定国旗的位置，按住鼠标右键从flag标签拖到文档略图中的其父视图上，选择Leading Space to Container Margin、Trailing Space to Container Margin和Vertical Spacing to Bottom Layout Guide选项，并按下Return键。在flag标签选中时点击Add New Constraints按钮，在弹出面板中勾选Height复选框，然后点击Add 1 Constraint按钮。你现在已经添加了所有需要的布局约束了。

　　保存storyboard文件。然后切换到ViewController.swift文件，将代码清单22-4中的代码添加到viewDidLoad()方法中。

代码清单22-4　修改viewDidLoad方法如下所示

```
override func viewDidLoad() {
    super.viewDidLoad()
```

```
         // Do any additional setup after loading the view, typically from a nib.
         let locale = Locale.current
         let currentLangID = Locale.preferredLanguages[0]
         let displayLang = locale.displayName(forKey: Locale.Key.languageCode, value:
currentLangID)
         let capitalized = displayLang?.capitalized(with: locale)
         localeLabel.text = capitalized

         labels[0].text = NSLocalizedString("LABEL_ONE", comment: "The number 1")
         labels[1].text = NSLocalizedString("LABEL_TWO", comment: "The number 2")
         labels[2].text = NSLocalizedString("LABEL_THREE", comment: "The number 3")
         labels[3].text = NSLocalizedString("LABEL_FOUR", comment: "The number 4")
         labels[4].text = NSLocalizedString("LABEL_FIVE", comment: "The number 5")

         let flagFile = NSLocalizedString("FLAG_FILE", comment: "Name of the flag")
         flagImageView.image = UIImage(named: flagFile)
     }
```

在代码中，首先要获取一个代表用户当前区域设置的NSLocale实例（需要知道新版的Xcode和Swift支持更多像Locale这样易于使用的名称，虽然技术上讲它仍是一个NSLocale类）。这个实例同时包含了用户语言和地区的偏好设置，即设备的Settings应用里的内容。

```
let locale = Locale.current
```

接下来我们获取了用户优先的语言。它一般是两位代码，例如"en"或"fr"，也可能是像"fr_CH"这样表示区域语言的变量。

```
let currentLangID = Locale.preferredLanguages[0]
```

代码下一行可能需要多一点解释。

```
    let displayLang = locale.displayName(forKey: Locale.Key.languageCode, value:
currentLangID)
```

NSLocale的工作原理类似于字典，其中包含关于当前用户区域的成批信息，包括所使用的货币名称和期望的日期格式。NSLocale的API参考中有这些信息的完整列表。此处我们使用名称为displayName(forKey:value:)的方法来获取所选语言的实际名称，翻译为当地语言版本。对于以特定语言请求的项，使用此方法可以返回此项的值。

例如，法语的显示名称在法语中是français，但在英语中是French。我们可以使用此方法找到任何相关区域设置的数据，以便对任意用户进行正确的显示。在此例中，我们想让用户语言的显示名称以当前使用语言来表示，所以为第二个变量传递了currentLangID。这个字符串是两个字母的语言编码，与之前讲到创建语言文件夹时所使用的类似。对于英语使用者来说，它是en；对于法语使用者来说，它是fr。

调用这个方法得到的名称应该像English或français这样，而且只有用户语言经常会让语言名称的首字母大写时才会大写。英语是这种情况，而法语则不是。我们想要标题显示的名称是首字母大写的。幸运的是，NSString包含了对字符串首字母大写的方法，并且还有一种遵循当地规范对字符串首字母大写的方法。我们现使用它将français转换成Français：

```
let capitalized = displayLang?.capitalized(with: locale)
```

我们利用了Objective-C的NSString类和Swift的String类型之间可以直接过渡的机制，对String实例调用了NSString的capitalizedStringWithLocale()方法。有了显示名称，我们就可以用它设置视图顶部的标签：

```
localeLabel.text = capitalized
```

然后，以开发基础语言的拼写方式将其他5个标签依次编号为1~5。我们使用NSLocalizedString()函数获得了这些标签的文本（传递的参数是键和解释每个词意思的注释）。如果词意很明显，我们也可以传递一个空字符串作为注释，不过传递给第二个变量的任何字符串都会被转换为字符串文件中的注释。我们可以使用这些注释方便地与相应的翻译人员进行沟通：

```
labels[0].text = NSLocalizedString("LABEL_ONE", comment: "The number 1")
labels[1].text = NSLocalizedString("LABEL_TWO", comment: "The number 2")
labels[2].text = NSLocalizedString("LABEL_THREE", comment: "The number 3")
labels[3].text = NSLocalizedString("LABEL_FOUR", comment: "The number 4")
labels[4].text = NSLocalizedString("LABEL_FIVE", comment: "The number 5")
```

最后我们要查找国旗图像的名称，与字符串对应的图像会被放在图像视图中：

```
let flagFile = NSLocalizedString("FLAG_FILE", comment: "Name of the flag")
flagImageView.image = UIImage(named: flagFile)
```

构建并运行此应用程序，若你用英语作为基础语言，结果应该如图22-3所示。

由于我们使用NSLocalizedString()函数代替静态字符串，现在已经做好了本地化的准备，但还没有开始本地化（通过右侧标签的大写内容和底部缺少的国旗图像就可以很明显地看出来）。如果使用模拟器或iOS设备上的Settings应用更改为另一种语言或另一个地区，那么结果看上去应该基本相同，视图顶部的标签除外（如图22-4所示）。如果你还不确定如何更改语言，请继续看下去，我们很快就会讲到。

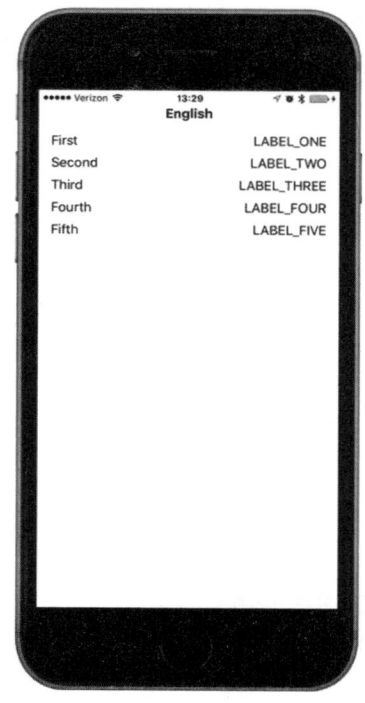

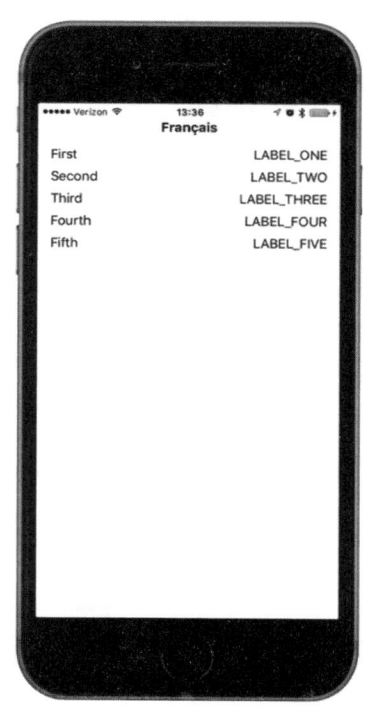

图22-3　系统将在作者的基本语言下运行。应用程序　　图22-4　运行中的非本地化应用，将语言
　　　　设置了本地化支持，但尚未有本地化内容　　　　　　　　改为法语后的效果

22.3.1　本地化项目

现在开始对项目进行本地化处理。我们在Xcode的项目导航面板中点击LocalizeMe，在Project区域（不是Targets区域）中点击LocalizeMe项目，然后选择项目的Info标签。在Info标签中找到Localizations部分。可以看到，其中显示了一个本地化语言，即你的开发语言（development language），在这个示例中是English。这个本地化项目通常被视为基础（base）本地化项目，它会在Xcode创建一个项目时自动添加。我们想要添加法语，所以点击Localizations部分底部的加号（＋）按钮，然后从出现的弹出列表中选择French (fr)（见图22-5）。

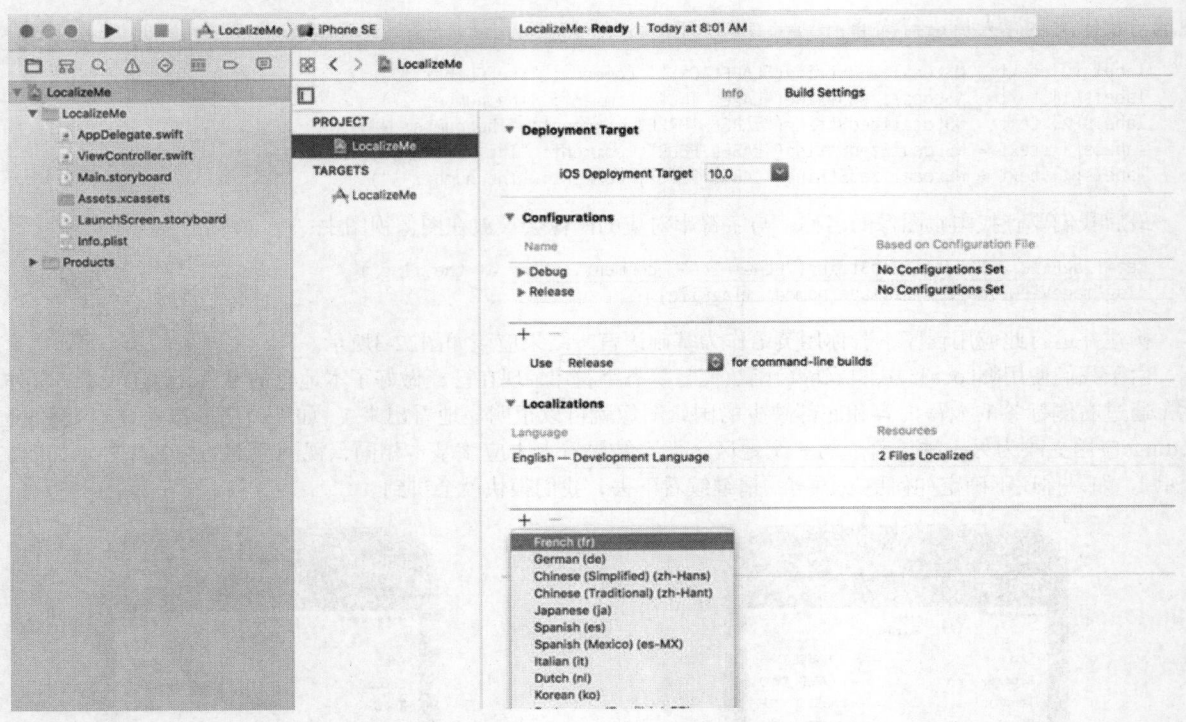

图22-5 项目的Info设置中显示了本地化设置以及其他信息

接下来，Xcode会要求你选择所有可进行本地化的文件以及已有的本地化项目，以便进行法语本地化（见图22-6）。有时，在添加一个新语言时，最好在已有的另一个本地化项目的基础上进行。比如说，你想在项目中创建一个瑞士法语的本地化项目，而项目中已经有了翻译成法语的本地化内容（本章之后就会做到），你完全可以优先使用已有的法语本地化项目作为起点，而不是基础语言。在你添加瑞士法语本地化项目的时候，可以通过选择French作为参照语言（Reference Language）。现在只有两个需要本地化的文件，也只有一个起始语言（你的基础语言）可供选择，因此保持内容不变并点击Finish按钮。

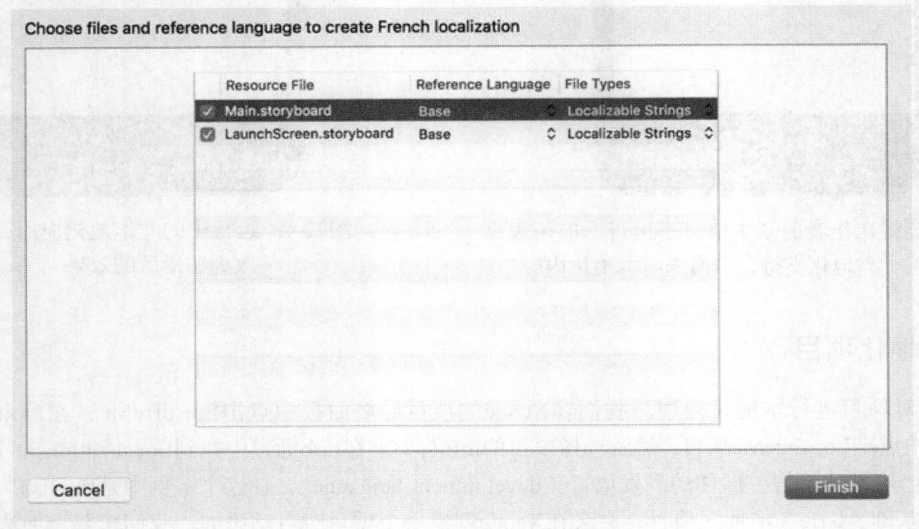

图22-6 选择需要进行本地化的文件

现在你已经添加了一个法语的本地化项目，需要看一下项目导航面板。注意，现在Main.storyboard和LaunchScreen.storyboard文件旁有一个展开三角形，就好像它们是分组或文件夹。将它们展开进行查看（如图22-7所示）。

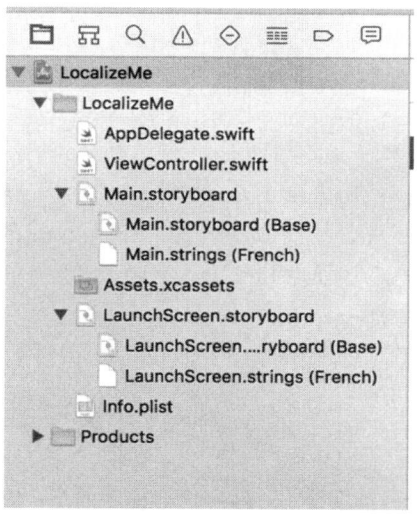

图22-7 在可本地化文件中，展开一个三角形，就能在
子列表中显示所添加的每种语言和地区

在该项目中，Main.storyboard显示为包含两个子项的组。第一个名称是Main.Storyboard并标记为Base，第二个名称是Main.strings并标记为French。Base是在你创建项目时自动创建的，它代表的是开发基础语言。LaunchScreen.storyboard文件的结构也是一样。这些文件实际上位于两个不同的文件夹中，名为Base.lproj和fr.lproj。我们进入Finder，打开LocalizeMe项目文件夹中的LocalizeMe文件夹。除了所有的项目文件，应该还能看到名为Base.lproj和fr.lproj的文件夹（如图22-8所示）。

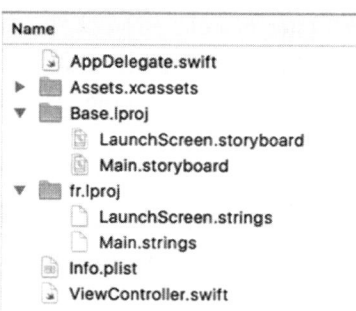

图22-8 在一开始，Xcode项目就包含了一个名为Base的语言项目文件夹（Base.lproj）。当我们选
择创建一个本地化文件时，Xcode也会为我们选择的语言创建一个语言文件夹（fr.lproj）

注意，Base.lpoj文件夹始终是存在的，其中包括Main.storyboard和LaunchScreen.storyboard的副本。当Xcode发现资源只有一个本地化版本时，就作为一个单独项显示。如果一个文件拥有两个或多个本地化版本，它们就作为一个分组显示。在Xcode中创建法语本地化文件时，它将在项目中创建一个名为fr.lproj的新文件夹，并将字符串文件放到此处。其中包含了从Base.lproj目录下的Main.storyboard和LaunchScreen.storyboard中提取的值。Xcode没有复制两个文件，而只是提取了里面的每个文本字符串并创建用以本地化的字符串文件。应用在构建并运行时，会提取出字符串文件中的值并替换storyboard和启动界面中的值。

22.3.2 本地化 storyboard

在Xcode的项目导航栏中，选择Main.strings (French)以打开French字符串文件，里面的内容将会插入storyboard中以显示给说法语的人。你会看到像下面这样的文本：

```
/* Class = "UILabel"; text = "Fifth"; ObjectID = "5tN-O9-txB"; */
"5tN-O9-txB.text" = "Fifth";

/* Class = "UILabel"; text = "Third"; ObjectID = "GO5-hd-zou"; */
"GO5-hd-zou.text" = "Third";

/* Class = "UILabel"; text = "Second"; ObjectID = "NCJ-hT-XgS"; */
"NCJ-hT-XgS.text" = "Second";

/* Class = "UILabel"; text = "Fourth"; ObjectID = "Z6w-bO-UO6"; */
"Z6w-bO-UO6.text" = "Fourth";

/* Class = "UILabel"; text = "First"; ObjectID = "kS9-Wx-xgy"; */
"kS9-Wx-xgy.text" = "First";

/* Class = "UILabel"; text = "Label"; ObjectID = "yGf-tY-SVz"; */
"yGf-tY-SVz.text" = "Label";
```

这里的每两行表示storyboard中的一个字符串。注释内容提示的是：究竟是哪个类的对象包含了该字符串、原始字符串以及每个对象唯一的标识符（在你的文件中可能是不一样的）。注释下面那行的等号右侧就是你实际想要翻译过的字符串出现的位置。你会看到一些像First这样的序数词。它们来自左侧的那些标签（见图22-4），在storyboard中已设置好了名称。名称为Label的那一项是作为标题的标签，我们将在代码中设置，因此你不需要对它进行本地化。

在iOS 8之前，本地化storyboard的常见方式是直接编辑这个文件。而在iOS 8中，如果你愿意的话，仍然可以这么做，不过如果你打算请一位专业翻译人员，让他可以同时翻译storyboard中的文本和代码中的字符串，那就更方便了。因此苹果公司实现了这一点，收集所有需要翻译的字符串，并针对每个语言创建一个文件，你可以将它们发送给翻译人员。如果你打算使用这个方法，应该保持storyboard文件的字符串文件不变并执行下一个步骤（我们会在下一节谈到）。不过仍然可以修改storyboard的字符串文件，如果你这样做，改动仍然有效，你需要让翻译人员进行更改或对添加的文本进行本地化。在这个示例中，我们还是用旧的方式来对storyboard字符串进行本地化。找到First、Second、Third、Fourth和Fifth标签的文本，并将等号右侧的字符串分别改为Premier、Deuxième、Troisième、Quatrième和Cinquième（就像下面这样）：

```
/* Class = "UILabel"; text = "Fifth"; ObjectID = "5tN-O9-txB"; */
"5tN-O9-txB.text" = "Cinquième";

/* Class = "UILabel"; text = "Third"; ObjectID = "GO5-hd-zou"; */
"GO5-hd-zou.text" = "Troisième";

/* Class = "UILabel"; text = "Second"; ObjectID = "NCJ-hT-XgS"; */
"NCJ-hT-XgS.text" = "Deuxième";

/* Class = "UILabel"; text = "Fourth"; ObjectID = "Z6w-bO-UO6"; */
"Z6w-bO-UO6.text" = "Quatrième";

/* Class = "UILabel"; text = "First"; ObjectID = "kS9-Wx-xgy"; */
"kS9-Wx-xgy.text" = "Premier";

/* Class = "UILabel"; text = "Label"; ObjectID = "yGf-tY-SVz"; */
"yGf-tY-SVz.text" = "Label";
```

最后保存文件。现在，storyboard文件已经本地化为法语。有三种方式可以看到这个本地化在应用程序中的效果：在Xcode中预览，使用自定义方案启动，或者在模拟器和真机设备中更改当前语言。我们根据顺序来讲解，首先是预览方式。

1. 使用辅助编辑器预览本地化

在项目导航面板中选中Main.storyboard并打开辅助编辑器。在辅助编辑器的跳转栏中选择Preview➤Main.storyboard，你将会看到应用程序以基础开发语言显示（如图22-9左侧所示）。

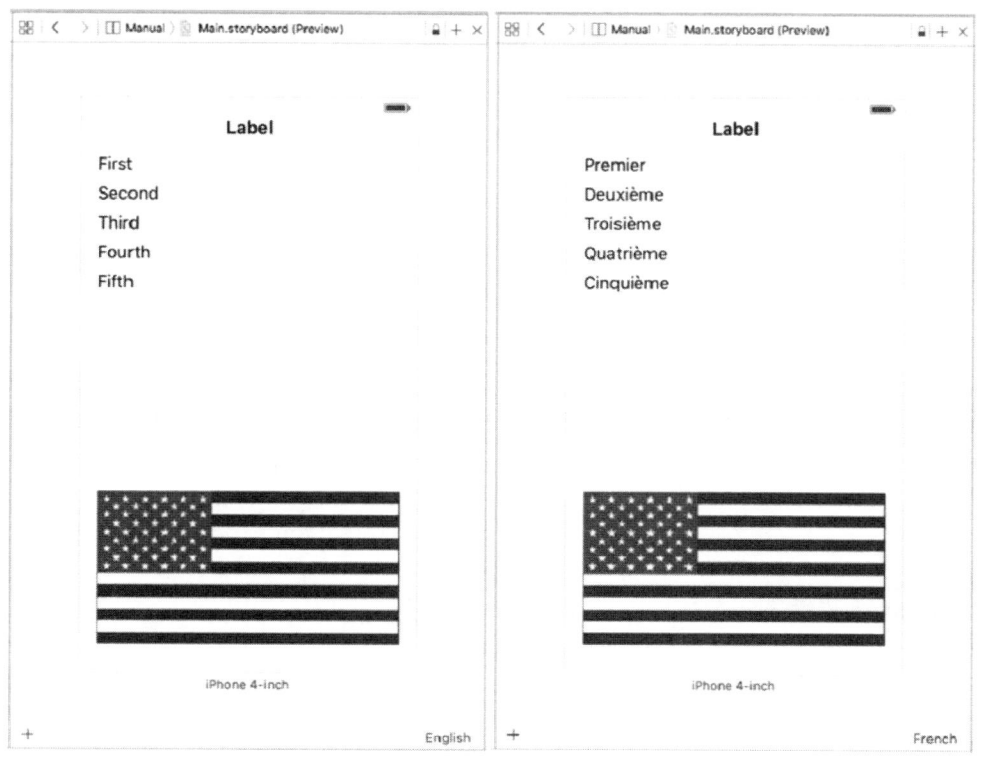

图22-9 预览以基础语言和法语显示的应用程序

在辅助编辑器的底部，你将会看到当前显示的语言（English）。点击此处会打开一个包含项目中所有本地化选项的弹出列表，选择French。预览会更新为面向法国用户的应用程序（如图22-9右侧所示）。但国旗还不是正确的，因为预览只考虑到了本地化版本的storyboard，而国旗图片实际上是在代码中设置的。如果你是通过代码来载入本地化资源，就需要用其他方式来看到准确的画面。

2. 使用自定义方案来更改语言和地区设置

创建一个自定义方案可以在模拟器或真机上运行本地化版本的应用程序。与预览方式不同，它可以让代码中的本地化和storyboard中一样让你能看到。首先在Xcode的顶端工具栏的运行和停止按钮旁边可以找到Scheme（方案）选择器，点击左侧按钮。此时选择器显示的应该是文字LocalizeMe，也就是当前方案的名称，以及当前所选的设备或模拟器。点击LocalizeMe按钮之后，Xcode会打开一个包含多项内容的弹出菜单。选择Manage Schemes...项可以打开方案对话框（如图22-10所示）。

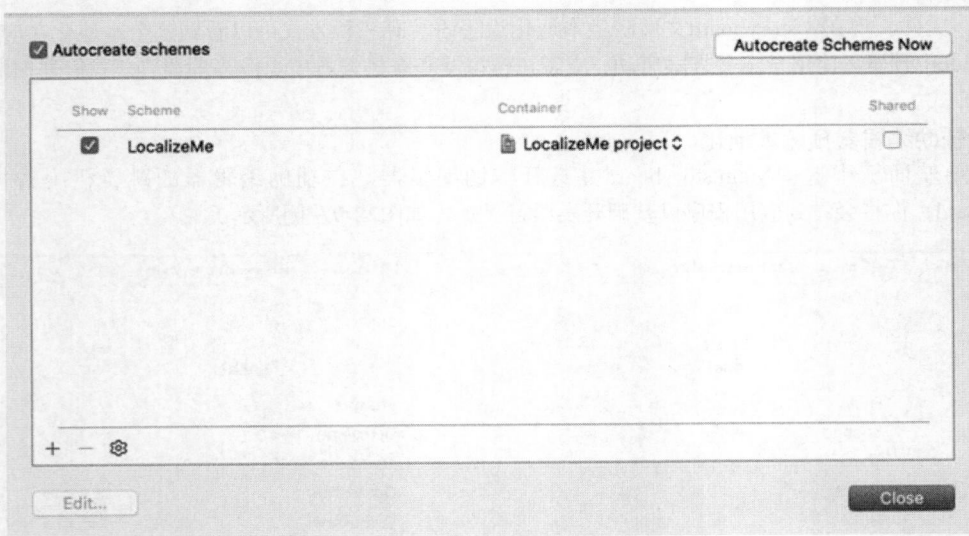

图22-10 方案对话框可以让你浏览、添加并移除方案

当前只有一个方案。点击方案列表下方的+按钮可以打开另一个窗口，你可以用它选择新方案的名称。我们将它命名为LocalizeMe_fr并按下OK按钮。回到方案对话框，选择新创建的方案并点击Edit...按钮以打开方案编辑器（见图22-11）。

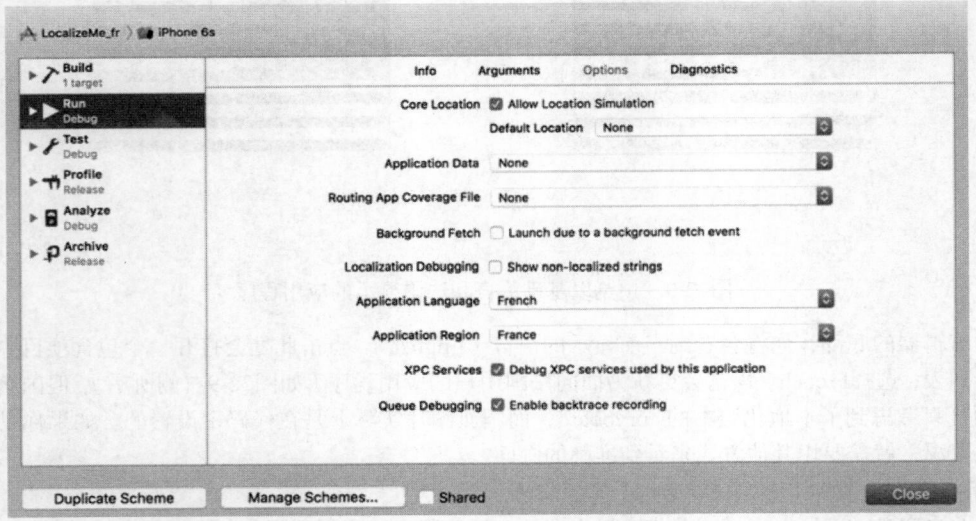

图22-11 在方案编辑器中设定Application Language的值为French，Application Region的值为France

确认左边栏选中的的是Run，然后把注意力集中在编辑区域的Application Language和Application Region上。你可以在这里选择语言和地区用作应用程序启动时使用的自定义方案。选择French作为语言、France作为地区，然后点击Close按钮。回到Xcode主窗口，你将会看到现在选择的是新的方案。运行应用程序会发现当前启用的是法语的本地化（如图22-12所示）。

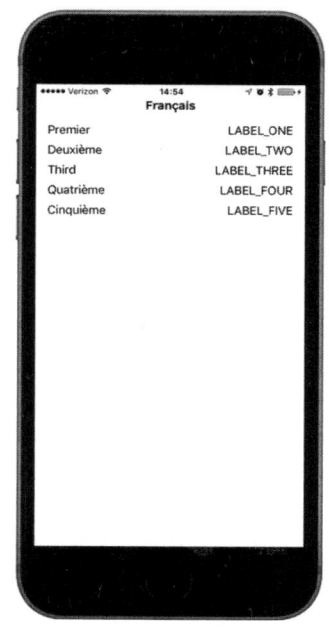

图22-12　查看法语状态的应用程序

国旗不见了。这并不奇怪，因为我们是在代码中加载国旗图片的，而现在还没有完成法语的本地化。如果想要回到基础语言的界面，只要切换到原来的LocalizeMe方案并再次运行应用程序。

3. 在设备或模拟器中切换语言和地区

最后一种查看应用程序在不同语言或不同地区设置外观的方式就是在模拟器或设备中更改这些设置。这比其他两种方式要多花一点时间，因此在测试阶段后期，感觉没有任何异常时使用这种方式可能更合适。这里将展示如何把法语作为设备（或模拟器）的主要语言。

打开设置应用并选择通用（General）行，然后选择标题为语言与地区（Language and Region）的行。此处可以更改语言和地区的偏好设置（见图22-13）。

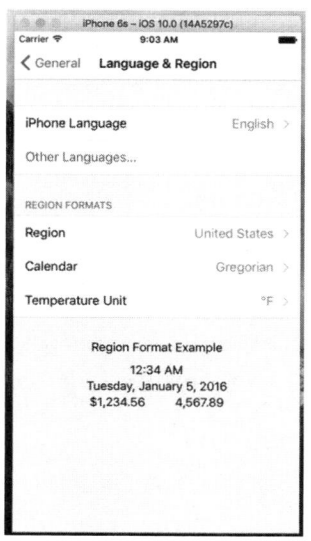

图22-13　更改语言和地区

　　轻点iPhone Language以显示iOS可以本地化的语言列表，然后找到并选中French这一项（它会以法语形式显示出来，即Français）。你也可以把Region改为France以求完全真实，虽然这不是必需的，因为我们没有在代码中用到数字、日期或时间。按下Done按钮以确定想要更改设备的语言。这样会让设备稍微进行重启，可能需要几秒钟的时间。现在再次运行应用。你应该再次看到左侧的文字会以法语显示（见图22-12）。不过和之前一样，国旗看不到，右侧一列的文本依然是错的。我们会在下一节中进行更改。

22.3.3　创建并本地化字符串文件

　　在图22-12中，视图右边的单词仍然是全部大写的英文，因为我们还没有翻译。现在看到的是NSLocalizedString()寻找本地化文本所用到的关键字。为了对其进行本地化，我们首先需要从代码中提取关键字和注释。好在Xcode可以简化从项目中提取需要本地化的文本并将它们针对每个语言分别写入一个独立文件的工作。我们来看看它是如何做到的。

　　在项目导航面板中选择你的项目。现在从菜单中选择Editor➤Export for Localization…选项。这样会打开一个对话框，你可以选择想要本地化的语言以及文件要存入的目录位置。为文件选择一个合适的位置（比如在项目的根目录中创建一个名为XLIFF的新文件夹），确保Existing Translations和French复选框全部勾选，然后点击Save按钮。Xcode会在你所选的位置里的LocalizeMe文件夹中创建一个名为fr.xliff的文件。如果你打算使用一个第三方服务来翻译应用程序的文本，也许可以对XLIFF文件进行操作：要做的只是发送文件，更新为翻译后的字符串并重新导入Xcode中。现在要开始进行翻译了。

　　打开fr.xliff文件。你将发现它包含大量XML代码。它被分成了三个分区，包含storyboard中的字符串、Xcode在源代码中找到的字符串和应用程序的Info.plist文件中本地化值的数字。我们将在本章后面讨论为什么需要Info.plist中的本地化项目。现在我们来翻译应用程序代码中的文本。观察文件，你会发现XML中内嵌的文本看起来应该如下所示：

```
<file original="LocalizeMe/Localizable.strings" source-language="en" datatype="plaintext"
target-language="fr">
    <header>
        <tool tool-id="com.apple.dt.xcode" tool-name="Xcode" tool-version="n.n.n" buildnum="nnnnn"/>
    </header>
    <body>
      <trans-unit id="FLAG_FILE">
        <source>FLAG_FILE</source>
        <note>Name of the flag</note>
    </trans-unit>
    <trans-unit id="LABEL_FIVE">
      <source>LABEL_FIVE</source>
      <note>The number 5</note>
    </trans-unit>
    <trans-unit id="LABEL_FOUR">
      <source>LABEL_FOUR</source>
      <note>The number 4</note>
    </trans-unit>
    <trans-unit id="LABEL_ONE">
      <source>LABEL_ONE</source>
      <note>The number 1</note>
    </trans-unit>
    <trans-unit id="LABEL_THREE">
      <source>LABEL_THREE</source>
      <note>The number 3</note>
    </trans-unit>
    <trans-unit id="LABEL_TWO">
      <source>LABEL_TWO</source>
      <note>The number 2</note>
    </trans-unit>
```

```
    </body>
  </file>
```

注意<file>元素中有一个target-language特性，它指定了需要翻译的语言，每个需要翻译的字符串都是一个<trans-unit>元素。每个都包含一个<source>元素（里面是初始文本）和一个<note>元素（包含从源代码中调用NSLocalizedString()得到的注释）。专业的翻译拥有可以展示这个文件中信息的软件工具并允许输入翻译内容。我们这里就手动添加包含法语文本的<target>元素：

```
<file original="LocalizeMe/Localizable.strings" source-language="en" datatype="plaintext"
target-language="fr">
    <header>
      <tool tool-id="com.apple.dt.xcode" tool-name="Xcode" tool-version="n.n.n" buildnum="nnnnn"/>
    </header>
    <body>
      <trans-unit id="FLAG_FILE">
        <source>FLAG_FILE</source>
        <note>Name of the flag</note>
        <target>flag_france</target>
      </trans-unit>
      <trans-unit id="LABEL_FIVE">
        <source>LABEL_FIVE</source>
        <note>The number 5</note>
        <target>Cinq</target>
      </trans-unit>
      <trans-unit id="LABEL_FOUR">
        <source>LABEL_FOUR</source>
        <note>The number 4</note>
        <target>Quatre</target>
      </trans-unit>
      <trans-unit id="LABEL_ONE">
        <source>LABEL_ONE</source>
        <note>The number 1</note>
        <target>Un</target>
      </trans-unit>
      <trans-unit id="LABEL_THREE">
        <source>LABEL_THREE</source>
        <note>The number 3</note>
        <target>Trois</target>
      </trans-unit>
      <trans-unit id="LABEL_TWO">
        <source>LABEL_TWO</source>
        <note>The number 2</note>
        <target>Deux</target>
      </trans-unit>
    </body>
  </file>
```

如果你还没有翻译storyboard中的字符串，也可以这样做。你需要在<trans-unit>元素的不同代码块中找到它们，这样很容易找到，因为它们的注释中包含了文本所在标签的关联信息。如果你已经翻译好了，就会看到Xcode将它们包含在XLIFF文件中，就像这样：

```
<trans-unit id="GO5-hd-zou.text">
    <source>Third</source>
    <target>Troisième</target>
    <note>Class = "UILabel"; text = "Third"; ObjectID = "GO5-hd-zou";</note>
</trans-unit>
<trans-unit id="NCJ-hT-XgS.text">
    <source>Second</source>
    <target>Deuxième</target>
```

```
<note>Class = "UILabel"; text = "Second"; ObjectID = "NCJ-hT-XgS";</note>
</trans-unit>
```

保存翻译内容，下一步我们将完成版导回Xcode中。确保在项目导航面板里选中这个项目，然后在菜单栏中选择Editor➤Import Localizations项，找到你的文件并打开它。Xcode会向你显示已经完成翻译的那些键以及翻译内容的列表。按下Import按钮来完成导入过程。在项目导航面板的Supporting Files下面可以看到新增了两个文件：InfoPlist.strings和Localizable.strings。打开Localizable.strings，你将看到它包含了Xcode从ViewController.swift文件中提取的字符串的法语翻译：

```
/* Name of the flag */
"FLAG_FILE" = "flag_france";

/* The number 5 */
"LABEL_FIVE" = "Cinq";

/* The number 4 */
"LABEL_FOUR" = "Quatre";

/* The number 1 */
"LABEL_ONE" = "Un";

/* The number 3 */
"LABEL_THREE" = "Trois";

/* The number 2 */
"LABEL_TWO" = "Deux";
```

现在以法语作为当前语言，构建并运行应用，可以看到右侧的标签也都被翻译为法语了。在屏幕底部，现在应该会看到法国国旗了，如图22-14所示。

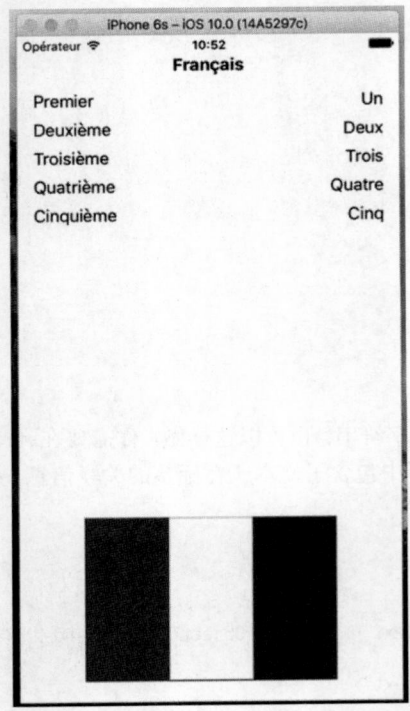

图22-14　正确本地化为法语的应用，国旗也争取

那么我们全都完成了吗？还没有。使用英语作为当前语言并重新运行应用程序。你将看到没有本地化的应用，如图22-3所示。为了让应用程序可以在英文下正常运行，我们必须针对英语进行本地化。在项目导航面板里选中这个项目，并从菜单中选择Editor➤Export for Localization…选项，再次导出需要本地化的字符串，不过这次要选择Development Language Only项，然后按下Save按钮。这样就会创建一个名为en.xliff的文件，我们将在这里添加英语的本地化内容。编辑文件并进行以下更改：

```
<file original="LocalizeMe/Localizable.strings" source-language="en" datatype="plaintext">
  <header>
    <tool tool-id="com.apple.dt.xcode" tool-name="Xcode" tool-version="n.n.n" buildnum="nnnnn"/>
  </header>
  <body>
    <trans-unit id="FLAG_FILE">
    <source>FLAG_FILE</source>
    <note>Name of the flag</note>
    <target>flag_usa</target>
    </trans-unit>
    <trans-unit id="LABEL_FIVE">
      <source>LABEL_FIVE</source>
      <note>The number 5</note>
      <target>Five</target>
    </trans-unit>
    <trans-unit id="LABEL_FOUR">
      <source>LABEL_FOUR</source>
      <note>The number 4</note>
      <target>Four</target>
    </trans-unit>
    <trans-unit id="LABEL_ONE">
      <source>LABEL_ONE</source>
      <note>The number 1</note>
      <target>One</target>
    </trans-unit>
    <trans-unit id="LABEL_THREE">
      <source>LABEL_THREE</source>
      <note>The number 3</note>
      <target>Three</target>
    </trans-unit>
    <trans-unit id="LABEL_TWO">
      <source>LABEL_TWO</source>
      <note>The number 2</note>
      <target>Two</target>
    </trans-unit>
  </body>
</file>
```

通过Editor➤Import Localizations菜单选项将这些更改导回到Xcode中。

Xcode创建了一个名为en.lproj的文件夹并在里面添加了名为InfoPlist.strings和Localizable.strings的文件，而Main.strings中包含了英语的本地化。你已经添加了国旗图片文件的引用，以及用来替换代码中调用NSLocalizedString()函数获取的关键字的文本。现在如果使用英语作为所选语言来运行应用，将会看到正确的英文和美国国旗。

因为我们在调用NSLocalizedString()方法时没有选择使用本地化文本作为关键字，所以需要为基础本地化项目提供国旗图片文件和文本字符串。只要使用下面的内容，若所选语言没有本地化项目，则用户界面中将出现英文（即便我们没有提供基础本地化项目也是如此）。

```
labels[0].text = NSLocalizedString("One", comment: "The number 1")
labels[1].text = NSLocalizedString("Two", comment: "The number 2")
labels[2].text = NSLocalizedString("Three", comment: "The number 3")
labels[3].text = NSLocalizedString("Four", comment: "The number 4")
```

```
labels[4].text = NSLocalizedString("Five", comment: "The number 5")
let flagFile = NSLocalizedString("flag_usa", comment: "Name of the flag")
```

这样做语法上完全没问题，但缺陷是，如果你需要更改任何英文字符串，就还要更改在所有其他语言中用来检索的同一关键字。因此你需要手动更新已经本地化的所有.strings文件，这样才能使用新的关键字。

22.3.4 应用显示名称的本地化

最后来研究一种常见的本地化操作：本地化在主屏幕上和其他地方显示的应用名称。苹果公司对多个内置的应用都进行了名称的本地化，你可能也希望这么做。用于显示的应用名称存储在应用的Info.plist文件中，可以在项目导航面板中找到。选择此文件以编辑，我们将看到它包含的Bundle name目前被设置为${PRODUCT_NAME}。在Info.plist文件所使用的语法中，任何以美元符号开头的实体都可以执行变量替换。在本例中，这意味着当Xcode编译该应用时，此项的值将替换为此Xcode项目中的产品（product）名称，也就是应用本身的名称。我们希望在这里执行本地化，将${PRODUCT_NAME}替换为每种语言的本地化名称。不过，这并不像预料中那么简单。

Info.plist文件比较特殊，它不能实现本地化。如果希望本地化Info.plist的内容，需要创建名为InfoPlist.strings文件的本地化版本。在此之前，你需要创建这个文件的Base版本。如果你执行了上一节中本地化应用的步骤，应该已经拥有了这个文件的英语版和法语版了。如果你没有这些文件，可以按照以下步骤来添加。

(1) 选择File➤New➤File…选项，然后在iOS分类中选择Resource下的Strings File文件（见图22-15）。按下Next按钮，将其命名为InfoPlist.strings，指定在LocalizeMe项目的Supporting Files分组中创建它。

(2) 选中新文件，在文件检查器中按下Localize。在弹出的对话框中，将文件移入English本地化项目，然后回到文件检查器，勾选Localizations标题下的French复选框。你现在应该会在项目导航面板中看到这个文件基于法语和英语的副本。

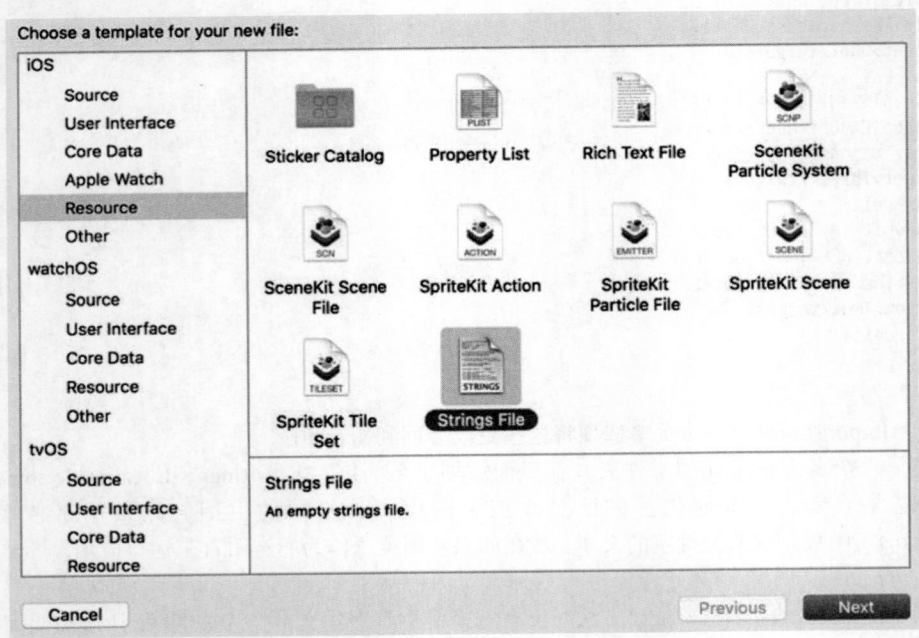

图22-15 iOS资源文件类型里的Strings File选项

我们需要为这个文件的每一个副本添加一行代码来定义应用的显示名称。在Info.plist文件中，可以看到显示名称与一个名为Bundle name的字典的键相关联，但这不是真正的键名。它只是Xcode的一项人性化功能，用于提供更加友好和易懂的名称。真正的名称是CFBundleName。要进行证实，你可以选择Info.plist，右键单击视图中的任何地方，然后选择Show Raw Keys/Values（显示原始键/值），这将显示所使用的键的真实名称。选中英语本地化版本的InfoPlist.strings，改为以下代码：

```
"CFBundleName" = "Localize Me";
```

如果你执行了本地化英语的步骤，这个关键字可能已经存在了，因为它在导入XLIFF文件的过程中会作为一部分插入。实际上，还有一种方法可以本地化你的应用名称，即像之前那样在XLIFF文件中添加需要翻译的文本，这次是找到CFBundleName这一项并添加一个包含翻译后名称的<trans>元素。同样，选中法语本地化版本的InfoPlist.strings文件，编辑该文件，为应用提供一个合适的法语名称：

```
"CFBundleName" = "Localisez Moi";
```

编译并运行该应用，然后回到启动屏幕。如果现在是以英语运行的，还要切换当前设备或模拟器到法语环境。你会在应用图标下面看到本地化名称，不过有时它不会立即出现。iOS可能会在添加新应用时缓存这些信息，但在将现有应用替换为新版本时不一定会更改该信息，至少Xcode执行替换时不会这么做。因此，如果你使用法语版本运行，但没有看到新名称，不要担心。我们只需从启动屏幕删除该应用，返回到Xcode再次编译并运行即可。

> **注意** 使用自定义方案运行应用程序时无法看到本地化的应用名称。看到的唯一方式就是把设备或模拟器的语言切换为法语。

现在，应用已针对法语和英语实现了全面的本地化。

22.3.5 添加其他本地化

为了让内容更完整，我们要向项目中添加另一个本地化项目。这次我们要将其本地化为瑞士法语，它是区域性的法语变种，语言代码是fr-CH。

基本方式和之前一样（既然已经做过一次了，这次应该更快一些）。首先在项目导航面板中选择项目，然后在编辑区域中的Info分页下选择项目本身。在Localizations分区中按下加号按钮来添加一个新语言。里面并没有瑞士法语，因此向下滚动菜单并选择Other。这样会打开一个子菜单，里面有很多语言可以选择（按照字母顺序排列）。如果你向下滚动，最终会找到French (Switzerland)，选择它。在弹出的对话框中（如图22-6所示），将所有列出文件的Reference Language改为French，这样Xcode就会使用已有的法语翻译作为瑞士法语的起始翻译。然后点击Finish按钮。现在在项目导航面板中可以看到瑞士法语的storyboard、本地化字符串和InfoPlist.strings文件。为了让这个本地化的显示效果与法语的区分开来，打开瑞士法语版的InfoPlist.strings文件并更改它的应用名称：

```
"CFBundleDisplayName" = "Swiss Localisez Moi";
```

现在构建并运行应用程序。切换到Settings应用程序并进入"语言与地区"列表。你可能无法在iPhone的语言列表中找到瑞士法语。所以要点击Add Language...按钮并向下滚动（或者搜索）以找到French (Switzerland)，然后选择它并点击"完成"按钮。这样会出现一个操作表单，并询问你优先使用瑞士法语还是当前的语言。选择瑞士法语并让iOS自身进行重启。进入主屏幕后，你现在应该能看到我们的应用程序名称是Swiss Localisez Moi（实际上你也许看不到全名，因为它太长了，不过你确实做到了）。如果你打开应用程序，将会看到文字都是法语。但国旗不是瑞士的，还是法国国旗。现在你应该知道如何通过编辑瑞士的相关本地化文件来修复这个问题。把它当作一个练习，试着从因特网下载一张瑞士国旗图片并让它显示在瑞士版的应用程序中。

22.4 小结

若要让iOS应用热销，则应该尽可能实现本地化。好在iOS的本地化体系结构使应用可以轻松地支持多种语言，甚至是同一种语言的多种方言。通过本章可以了解到，几乎所有能够被添加到应用的文件都可以按需求进行本地化。

即使不打算对应用进行本地化，也要养成在代码中使用NSLocalizedString()的习惯，而不是只使用静态字符串。有了Xcode开发环境的代码自动感应（Code Sense）功能，输入代码的时间差异就可以忽略。这样，一旦你准备将应用翻译为其他语言，只需很少的工作就可以了。若你很久之后再回到项目中查找所有需要本地化的文本字符串，这会非常烦人而且容易出错。预先做一点工作就可以避免这种情况了。

22.5　全书总结

我们在本书中探讨的编程语言和框架是经历了25年演化的成果。苹果公司的工程师们正在夜以继日、竭尽全力地研究下一个神奇的新产品。iOS平台仅仅是一个开端，还有更多优秀的东西即将到来。通过学习本书的内容，你已经打下了扎实的基础，对Swift、Cocoa Touch以及通过融汇这些技术来创建全新的iPhone、iPod touch和iPad应用有了全面的了解。你也理解了iOS的软件架构——创建Cocoa Touch的设计模式。总之，你要开始自己的征途了，祝你好运。

附录 A

Swift简介

直到最近，编写iPhone或iPad应用程序还意味着需要使用Objective-C。由于其不寻常的语法，Objective-C是编程语言中争议最大的语言之一，让人又爱又恨。在2014年的WWDC（Worldwide Developers Conference，全球开发者大会）上，苹果公司改变了这一切，发布了一款可供选择的新语言Swift。对于经常使用面向对象语言（像C++和Java）的程序员，Swift语法的设计更容易理解，因此更易应用于iOS（以及Mac，因为Swift也完全支持macOS上的开发语言）。本附录涵盖了一部分Swift内容，这是理解本书中的示例代码需要掌握的。我们假设你已经有了一些编程经验，知道什么是变量、函数、方法和类。本附录既不是参考资料，也不是详尽的指南。假如你需要的话，有不少其他资源，其中一些已经在第1章中列出了。

A.1　Swift 基础

Xcode 6中除了Swift还附带了最好的新功能之一：playground（游乐园）。顾名思义，在这里可以尽情地使用代码，无需创建一个环境来运行它；只需打开一个playground，输入代码并查看结果即可。playground中可以产生新的内容，是学习一门新语言的理想空间，所以我们在整个附录中会一直用到它。

首先，让我们创建一个新的playground。启动Xcode并在菜单栏中打开File➤New➤Playground...选项。在打开的对话框中，为你的playground命名（如SwiftBasics），并确保Platform是iOS，然后按下Next。选择你要保存的文件路径，然后按下Create。Xcode创建了playground，并会在新窗口中打开它，如图A-1所示。你在附录中浏览示例的时候，可以在playground中随意添加代码或修改示例来看看会发生什么。

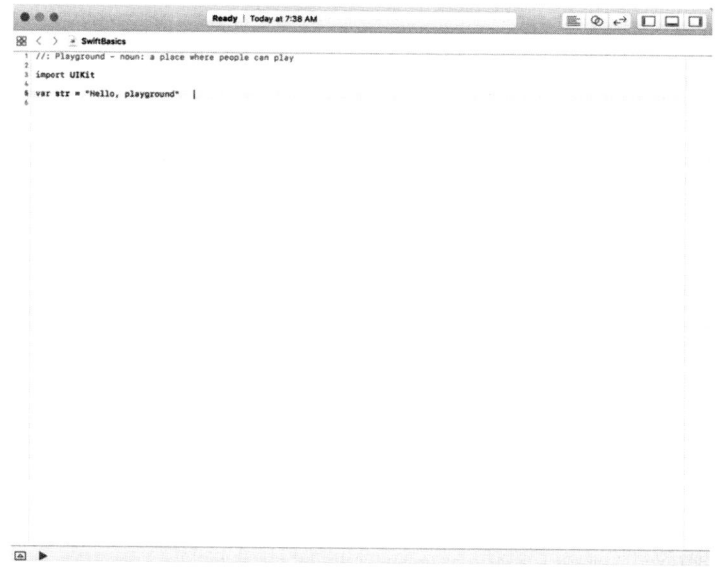

图A-1　新创建的playground

A.1.1   playground、注释、变量和常量

让我们稍稍来看下playground里有些什么。playground由两块区域构成，代码在左侧，执行结果出现在右侧。当你输入代码时，Swift编辑器编译并执行，几乎能立即显示结果。图A-1中的代码声明一个名为str的变量并赋值字符串"Hello, playground"。你可以在右侧看到结果。试试改变这个值，可以注意到当你停止输入的时候，结果就会立即进行匹配更新。

图A-1中第1行的代码是一个注释。任何在//后且在回车符前的字符都会被编译器忽略。这里的注释占据了一整行，但是并不是唯一选择。我们也可以在一行代码后添加注释：

```
var str = "Hello, playground" // 这一行是我的注释
```

如果要编写超过一行的注释，可以将/*用作开头，*/用作结尾：

```
/*
 这是一段超过一行
 的注释
*/
```

有各种不同的方式来写一个多行注释。有些人喜欢表达清晰，每行的注释由一个*字符开始：

```
/*
*这是一段超过一行
*的注释
*/
```

有些人喜欢用这种方法来表示单独一行注释：

```
/* 这是另一种注释风格，用单独一行表达 */
```

图A-1第3行的import语句，使苹果公司的UIKit框架可以在playground上使用：

```
import UIKit
```

iOS有很多框架，你会在这本书里读到其中的一些。UIKit是用户界面框架，在我们所有的代码示例中都将使用此框架。你会经常使用的另一个框架是Foundation，其中的类提供一些基本功能，如日期和时间处理、合集类、文件管理、网络，等等。要访问这个框架，你需要导入它：

```
import Foundation
```

UIKit会自动导入Foundation，因此任何导入了UIKit的playground也可以自由访问Foundation，无需再添加一个明确的import语句。

第5行是第一行（也是唯一一行）在playground中的可执行代码：

```
var str = "Hello, playground"
```

var关键字声明具有给定名称的新变量。这里，该变量的名称是str，这是符合规范的，因为它是一个字符串。Swift对于变量名非常宽松，几乎可以使用任何字符，但是第一个字符是受到限制的。你可以登录https://developer.apple.com/library/ios/documentation/Swift/Conceptual/Swift_Programming_Language查看苹果公司文档中的具体规则。

声明变量之后，定义其初始值的表达式。在声明的同时初始化变量并不是必须的，但你必须在使用它之前（即在执行任何代码读取其值之前）进行初始化。而且如果你为其赋值了，Swift就可以推断变量的类型，为你省去了明确指定类型的麻烦。在这个例子中，Swift推断str为一个字符串变量，因为它是用一个字符串初始化的。如果选择不提供初始化（也许是因为没有确定的初始值），那么必须将变量类型添加在变量名后，用冒号隔开：

```
var str2: String // 一个未初始化的变量
```

试着修改第5行的代码为：

```
var str: String
str = "Hello, playground"
```

这完全等同于原始代码，但现在你明确指定了str为一个字符串变量（String是Swift的类型，代表字符串）。在大多数情况下，最好将声明和初始化结合起来，并允许编译器来推断变量的类型。

下面是另外一个例子，它使用了Swift的类型推断功能：

```
var count = 2
```

这里，编译器推断计数变量是整型。它的实际类型为Int（我们将在下一节介绍一些Swift提供的数字类型）。你怎么能确定是这样呢？很简单，让Swift告诉你。输入以上代码到playground，将鼠标悬停在count上，并按下Option键，鼠标光标将变为一个问号标记。现在点击鼠标，Swift会在弹出框里显示推断此变量的类型，如图A-2所示。

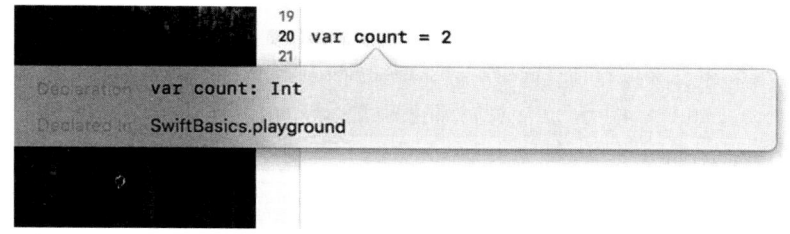

图A-2　获取变量的推断类型

不声明变量的明确类型并不意味着它没有类型，或者可以给它随心所欲地设定类型。变量声明的时候，Swift会分配一个类型，你必须坚持这种类型。与JavaScript这样的动态语言如不同，你不能简单地通过指定一个新值改变一个变量的类型。请试着这样做：

```
var count = 2
count = "Two"
```

试图将一个字符串值赋给一个整型变量是错误的，你会看到一条红色标记出现在playground左侧。点击它，Swift会显示一条消息，解释出现的问题（见图A-3）。

图A-3　Swift不是动态语言。你不能改变一个变量的类型

如果你之前曾做过开发，可能已经注意到了，我们没有在声明的末尾添加分号。这就是Swift许多很棒的小功能之一：几乎没有必要以分号作为声明的结尾。如果你已经习惯了使用C、C++、Objective-C或Java编写代码，可能在第一时间会觉得有点奇怪，但一段时间后，你就会习惯它。当然，你可以输入分号（如果你愿意），但很可能之后就不会再这样做了。只有一种情况下必须使用分号，即必须在同一行内写2个语句。下面的代码是无效的：

```
var count = 2 count = 3
```

添加一个分号，编译器会很顺利地再次执行：

```
var count = 2; count = 3
```

如上面这行代码所示，你可以改变一个变量的值。这就是它被称为变量的原因。要是想给一个名称赋予固定值呢？换句话说，你要创建一个常量，并给它一个名字。为此，Swift提供了let语句。语法上，let类似于var，但你必须提供一个初始值：

```
let pi = 3.14159265
```

与变量相似，Swift也可以推断常量的类型（如果你愿意的话，也可以明确说明），但你不能重新给常量赋值：

```
pi = 42     // 错误，不能赋值：pi是一个let声明的常量
```

当然，你可以使用常量来为变量初始化：

```
let pi = 3.14159265
var value = pi
```

如你所见，Swift会在可执行语句的相应代码右侧打印结果。你也可以调用Swift标准库的print()函数来创建输出结果。比如下面这个：

```
print("Hello, world")
```

字符串"Hello, world"（后面还有一个换行符）像往常一样出现在playground的输出区域，但你也可以让它出现在代码内部。方法是将鼠标悬停在结算区域，你会看到两个圆形控件出现。点击右侧的控件，输出结果就会出现在print()语句的下方（如图A-4所示）。注意底部的调试区域也出现了输出结果。你可以使用playground左下角的三角形展开按钮来打开或关闭调试区域。

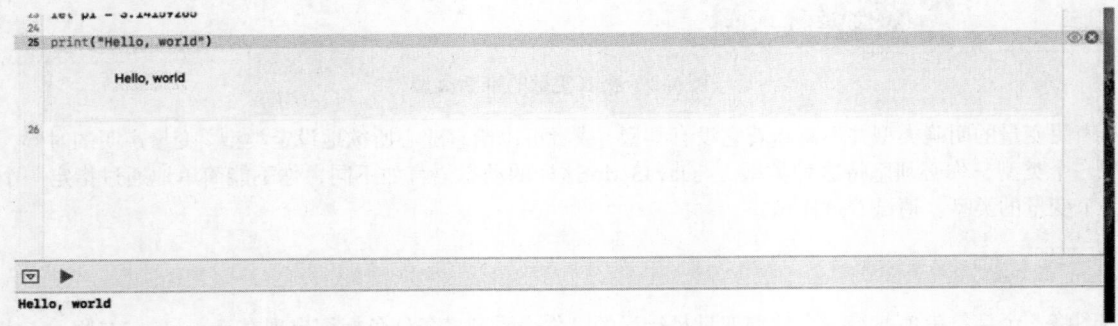

图A-4   在代码内部和调试区域中查看输出结果

如果你不希望字符串后面自动添加一个换行符，可以选择去除或者将其替换成另一个字符串，办法是使用稍微有些区别的另一种print()函数，它会获取一个额外的参数。试试下面的代码：

```
print("Hello, world", terminator: "")
```

这段代码用一个空字符串替换了换行符，这时再查看结算区域，你将看到换行符已经不见了。

提示   print()是Swift的标准库中的一个函数。可以在https://developer.apple.com/library/ios/documentation/General/Reference/SwiftStandardLibraryReference找到库的文档。另一种查看标准库内容的方法是在playground中添加import Swift语句，然后按住Command键并点击Swift文字。playground会切换到一个包含标准库内容的列表。这里有非常多的信息，你需要更多地掌握Swift才能够全部理解，不过可以简单浏览了解存在哪些内容。

A.1.2　预定义类型、运算符和控制语句

Swift中包含了一些基本的预定义类型。在后面的内容中，你可以通过自定义的类、结构体和枚举添加新类型。你甚至可以给已有的类型进行功能上的扩展。Swift还包含运算符和控制语句，有其他编程语言经验的你应该会感到很熟悉。现在来简单了解一下基本类型吧。

1. 数值类型

Swift中有4种基本的数值类型（Int、UInt、Float和Double），还有一些更具体的整型。表A-1中列出了所有这样的整型，以及它们的大小[以位（bit）为单位]和可以表示的范围。

表A-1　整型

类　　型	大小[以位（bit）为单位]	最　大　值	最　小　值
Int	32或64	等于Int32或Int64	等于Int32或Int64
UInt	32或64	等于UInt32或UInt64	0
Int64	64	9 223 372 036 854 775 807	−9 223 372 036 854 775 808
UInt64	64	18 446 744 073 709 551 615	0
Int32	32	2 147 483 647	−2 147 483 648
UInt32	32	4 294 967 295	0
Int16	16	32 767	−32 768
UInt16	16	65 535	0
Int8	8	127	−128
UInt8	8	255	0

Int和它的衍生类型都是有符号值，而UInt相关的类型是无符号值。整型值的默认类型（即写下var count = 3这样的语句时被推断的类型）是Int，推荐你使用这种类型，除非你有使用其他类型的必要。

在表中可以看到，Int和UInt表示的值的范围与平台相关。在32位的系统中（一些iPad、iPhone 4s之前的所有iPhone以及iPhone 5c），它们都是32位的值，而在64位的系统中，它们的位宽是64位。如果你需要一个明确的32位或64位的值，那么要改用Int32或Int64。Int8和UInt8类型可以用来表示字节。

你可以通过在代码中使用这些类型的max和min属性来显示它们的最大值和最小值。比如在playground中输入这些代码（注释的内容是显示的结果）：

```
print(Int8.max)     // 127
print(Int8.min)     // -128
print(Int32.max)    // 2 147 483 647
print(Int32.min)    // -2 147 483 648
print(UInt32.max)   // 4 294 967 295
```

整型字面量可以用十进制、十六进制、二进制或八进制来表示。请尝试以下例子：

```
let decimal = 123   // 值是123
let octal = 0o77    // 八进制77 = 十进制63
let hex = 0x1234    // 十六进制1234 = 十进制4660
let binary = 0b1010 // 二进制1010 = 十进制10
```

前缀0o表示八进制，0x表示十六进制，而0b表示二进制。为了方便浏览，你还可以在任意位置使用一个下划线将数字隔开：

```
let v = -1_234      // 与-1234相同
let w = 12_34_56    // 与123 456相同
```

注意，并不需要严格遵守三个数字一组的通用规则。

Float和Double类型分别是32位和64位的浮点数。可以使用浮点字面量来为浮点变量赋值。如果没有特别指定类型，Swift会推断为Double类型：

```
let a = 1.23        // 这个变量被推断为Double类型
let b: Float = 1.23 // 强制定义为Float类型
```

你还可以使用指数（或科学）计数法，它便于表示非常大的数字：

```
let c = 1.23e2      // 实际值是123.0
let d = 1.23e-1     // 实际值是0.123
let e = 1.23E-1     // 与1.23-1相同
```

浮点数本身无法做到完全精确。其中一个原因是小数的值无法用二进制浮点的形式来精确表示。你可以在 playground 中输入以下内容进行查看（与之前一样，注释的内容就是结果）：

```
let f:Float = 0.123456789123      // 0.1234568
let g:Double = 0.123456789123     // 0.123456789123
```

你可以看到这个值的 Float 表示没有 Double 表示精确。如果让小数部分更长一些，也会超过 Double 格式的精确度范围：

```
let g:Double = 0.12345678912345678   // 0.1234567891234568
```

如果值非常大的话，浮点数也会减少精确度：

```
let f: Float = 123456789123456        // 不精确的：1.2345678e+14
let g: Double = 123456789123456       // 精确的：123 456 789 123 456.0
let h: Double = 123456789123456789    // 不精确的：1.234567891234568e+17
```

与其他语言不同，Swift 不会在一个数值类型的变量为另一个数值类型变量赋值时进行间接转换。例如以下代码无法通过编译（如图A-5所示）：

```
let a = 123
let b = 0.456
let c = a + b
```

图A-5　Swift无法让你将不同类型的变量拼在一起

变量a的类型是Int，而变量b的类型是Double。Swift 应该将Int转换为Double类型并执行加法，但它自身做不到。你必须自己来执行转换：

```
let a = 123
let b = 0.456
let c = Double(a) + b
```

表达式Double(a)调用了一个Double类型的初始化函数并传递了一个整型参数。数值类型都会提供一个让你转换为这个类型的初始化函数。

另一个经常会遇到的例子是CGFloat类型相关的。CGFloat是一个由Core Graphics框架定义的浮点类型。它用来表示坐标和尺寸等内容。根据应用程序所运行的平台，它在32位和64位平台分别对应Float和Double类型。如果要执行CGFloat和其他类型相关的运算，需要将其直接转换为其他类型。比如以下代码要对Double值和CGFloat值相加，通过把Double值转换为CGFloat值可以得到一个CGFloat类型的结果：

```
let a: CGFloat = 123
let b: Double = 456
let c = a + CGFloat(b)      // 运算结果是CGFloat类型
```

在32位平台上，CGFloat比Double的精确度要低，因此这个运算可能会减少精确度。如果你想让一个值变为CGFloat类型，那么这种情况是无法避免的。如果你需要一个值为Double类型的结果，可以把CGFloat值转为Double值，就可以保持精确度了：

```
let a: CGFloat = 123
let b: Double = 456
let c = Double(a) + b      // 运算结果是Double类型
```

需要注意，如果所有相关数值都是字面量，Swift是允许数值类型一起运算的。例如以下代码：

```
1 + 0.5              // 实际值是1.5
```

在Swift中可以看到所有常见的二元算术运算符，用它们能实现同一类型的数值运算，如果你直接转换了某一个不同类型的运算元（operand），就可以对它们进行运算了（之前你已经看到过了）。表A-2列出了有效的运算符。运算符根据优先级降序进行排列。

表A-2　预定义的二元算术运算符

运　算　符	含　　义
<<	按位左移
>>	按位右移
, &	相乘
/, &/	相除
%, &%	求余
&	按位与
+, &+	相加
-, &-	相减
|	按位或
^	按位与或

算术运算符+、-、*、/和%会对溢出进行监测。如果你不打算考虑溢出，可以在符号前面加上&字符的前缀。例如在playground中输入以下代码：

```
let a = Int.max
let b = 1
let c = Int.max + b
```

我们给整型能表示的最大值加1，这样会引发溢出，因此在给变量c赋值的那一行中并没有输出运算结果。如果想要不考虑溢出强行运算，可以使用&+运算符：

```
let a = Int.max
let b = 1
let c = a &+ b
```

<<和>>运算符会使用右运算元作为位移量对左运算元进行左移或右移运算。这样相当于乘以或除以2的运算。比如以下代码：

```
let a = 4
let b = a << 2    // 结果是16
let c = b >> 1    // 结果是8
```

如果左运算元是负数，运算结果中也会保留负号：

```
let a = -4
let b = a << 2    // 结果是-16
let c = b >> 1    // 结果是-8
```

&、|、^运算符可以对运算元进行按位与、或、与或运算。请不要与&&或||混淆，它们是返回布尔值（Boolean）的逻辑运算符（参见之后的"布尔值"部分）。以下是一些例子：

```
let a = 7         // 值0b111
let b = 3         // 值0b011
let c = a & b     // 结果是0b011 = 3
```

```
let a = 7           // 值0b111
let b = 3           // 值0b011
let c = a | b       // 结果是0b111 = 7

let a = 7           // 值0b111
let b = 3           // 值0b011
let c = a ^ b       // 结果是0b100 = 4
```

这些运算符还有一些复杂的变种，进行运算后再执行赋值，而赋值的目标还充当运算的左运算元。例如以下代码：

```
var a = 10
a += 20    // a = a + 20的简略写法，结果 = 30

var b = 7
b &= 3     // b = b & 3的简略写法，结果 = 3
```

注意　Swift 3不再支持一元运算符++和--。你需要使用类似a += 1的格式来代替a++。这也意味着在转换代码格式的时候，要警惕这些一元运算符的位置（比如++a和a++等）。

一元运算符~会对整型值的运算元进行按位反转：

```
let a = 0b1001
let b = ~a
```

在32位平台上运算的结果会是0b11111111111111111111111111110110，它与−10的值相同。

2. 字符串

字符串由String类型表示，它是Unicode编码的字符序列。事实上，Swift在字符串中使用Unicode编码构建的应用程序不需要特定代码就可以支持不同的字符集。不过这会有一些麻烦，我们会在这里提到一部分。如果想要全面了解Unicode的使用，可以参考*The Swift Programming Language*，你可以通过之前列出的URL地址在苹果公司的开发者网站上找到，也可以在iBooks里搜到。

字符串字面量是被双引号包住的字符序列，你之前看到过像这样的例子：

```
let str = "Hello, playground"
```

如果你想要字符串内包含"字符，可以使用\符号对它进行转义，如下所示：

```
let quotes = "Contains \"quotes\""     // 包含"quotes"
```

而如果要得到一个\字符，还要用另一个\字符对它进行转义：

```
let backslash = "\\"     // 结果是\
```

字符串中可以包含任意的Unicode字符，只需要用\u{}包住它的十六进制表示值（或码位值①）。例如@符号的码位值是0x40，而以下例子中显示了两种在Swift字符串中表示@的方式：

```
let atSigns = "@\u{40}"     // 结果是@@
```

某些字符有特定的转义符表示。例如\n和\t分别表示换行符和制表符：

```
let specialChars = "Line1\nLine2\tTabbed"
```

字符串有一个很好用的功能，可以改写在转义序列\()中包住的表达式的值。例如以下代码：

```
print("The value of pi is \(M_PI)")     // 输出"The value of pi is 3.14159265358979"
```

---

① 码位值（code point）是字符编码术语，ASCII码包含128个码位，而Unicode包含1 114 112个码位，范围是16进制的0 ~ 10FFFF。

——译者注

这段代码改写了字符串中预定义常量M_PI的值并输出了结果。被改写的值可以是一个表达式，也可以是多个：

```
// 代码输出："Area of a circle of radius 3.0 is 28.2743338823081"
let r = 3.0
print("Area of a circle of radius \(r) is \(M_PI * r * r)")
```

运算符+可以用来连接字符串。通过它你可以在源代码文件中将字符串用多行显示，并合并在一起。

```
let s = "That's one small step for man, " +
        "one giant leap for mankind"
print(s)   // "That's one small step for man, one giant leap for mankind"
```

你可以使用==或!=运算符来比较两个字符串（参见之后的"布尔值"部分），这样就可以对它们的运算元进行逐字符的比较。例如以下代码：

```
let s1 = "String one"
let s2 = "String two"
let s3 = "String " + "one"
s1 == s2    // false：字符串不同
s1 != s2    // true：字符串不同
s1 == s3    // true：字符串包含相同的字符
```

求字符串长度的工作看起来很简单，但实际上如果字符串是由Unicode字符组成的，就会很麻烦。这是因为并不是所有的Unicode字符都是由一个码位值表示的。这里我们不讨论这个主题的细节，不过有两件事情需要注意。首先，如果你想在任何环境下都能准确地获取字符串中的字符数量，可以使用字符串类型的characters属性并获取其长度：

```
s3.characters.count    // 10
```

如果你知道字符串包含的所有字符都可以用单个Unicode码位值来表示，可以改用字符串的UTF-16格式的长度，它在某些场合计算的速度更快：

```
s3.utf16.count     // 10
```

String类型自身能提供的字符串有效操作非常少，查询本附录之前引用的Swift库参考文档可以确定这点。事实上Swift会自动将String类型过渡为Foundation框架中的NSString类，这意味着由NSString定义的方法也可以当作String自身定义的方法来使用。

Character类型可以用来存储字符串中单个字符的值。通过它可以用characters属性对字符串中每个字符进行迭代：

```
let s = "Hello"
for c in s.characters {
    print(c)
}
```

本示例中for循环的代码（之后会讨论这个语法）会对字符串中的每个字符执行一次，字符将赋值给变量c，并推断出它是Character类型。在playground中，你无法在结算栏直接看到循环的结果，只能知道它执行了5次。当鼠标指针悬停在结算栏的结果上会出现两个控件，点击最左侧那个（看起来像一只眼睛）会弹出浮动面板，然后鼠标右击菜单，并在出现的菜单中选择Value History项来查看所有字符（如图A-6所示）。

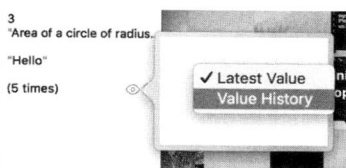

图A-6　历史值弹出菜单

你可以按照与String类型同样的方式创建并初始化一个Character变量，不过你需要明确指明类型，以避免推断为String类型，而且初始化函数中必须只能有一个字符：

```
let c: Character = "s"
```

Character值除了与其他Character值进行比较以外就没有其他操作了。你无法将它们进行合并，也不能直接将它们添加到String值中。只能通过String的append()方法来做到这点：

```
let c: Character = "s"
var s = "Book"      // 因为要修改它，所以使用var关键字
s += c              // 错误，不符合语法
s.append(c)         // "Books"
```

Swift中的String值是允许变化的，不过它们是存值对象（value object）。也就是说当你使用字符串对变量赋值时，或者使用它作为函数的参数以及返回值时，字符串的值会被复制。对副本内容进行修改并不会影响原值：

```
var s1 = "Book"
var s2 = s1        // s2现在是s1的副本
s2 += "s"          // 在s2后面添加字符，s1没有变化
s1                 // "Book"
s2                 // "Books"
```

注意　为了提高效率，字符串在赋值的时候，其实并没有立刻复制其内容。在上面的示例中，通过s1 = s2赋值之后，字符串s1和s2共享同样的字符串内容副本。直到s2 += "s"语句执行时的那一刻，共享的内容副本才正式创建并分配给s2变量，之后才附上字符"s"。所有这些行为都是自动执行的。

---

3. 布尔值

布尔值由Bool类型表示，它的值可能是true或者false：

```
var b = true        // 推断出Bool类型
var b1: Bool
b1 = false
```

Swift中包含了常见的比较运算符（==、!=、>、<、>=和<=），它们对数值进行运算后会返回一个布尔值：

```
var a = 100
var b = 200
var c = a

a == c    // true
a == b    // false
a != b    // true
a > b     // false
a < b     // true
a >= c    // true
```

这些运算符也可以对字符串使用：

```
let a = "AB"
let b = "C"
let c = "CA"
let d = "AB"
a == b     // false - 字符串的内容不同
a == d     // true - 字符串的内容相同
a != c     // true - 字符串的内容不同
a > b      // false：根据字母排列顺序
b < c      // true：都以c开头，但字符串c比b要长
```

你可以使用一元运算符!得到某个布尔值的反值：

```
var a = 100
var b = 200
a == b        // false
!(a == b)     // !false == true
```

布尔值表达式可以由==、!=、&&和||运算符组成。运算符&&和||可以提前中断表达式，这意味着只有当它们无法凭借第一个运算元的值确定结果时，才会让第二个运算元参与运算。具体来讲，假如||运算符的第一个运算元是true，第二个运算元就不必进行判断了；而假如&&运算符的第一个运算元是false，那么第二个运算元也不必进行判断了：

```
var a = 100
var b = 200
var c = 300

a < b && c > b    // true：两个表达式都进行了判断
a < b || c > b    // true：第二个表达式没有进行判断
a > b && c > b    // false：第二个表达式没有进行判断
```

4. 枚举值

枚举类型可以让你在事先知道它有哪些已确定的值时，为它们取一些有意义的名字。如果想要定义一个枚举值，可以为其提供一个名称并列出各项值的名称：

```
enum DaysOfWeek {
    case Sunday, Monday, Tuesday, Wednesday,
         Thursday, Friday, Saturday
}
```

你还可以分别定义每一项：

```
enum DaysOfWeek {
    case Sunday
    case Monday
    case Tuesday
    case Wednesday
    case Thursday
    case Friday
    case Saturday
}
```

如果要用到枚举值，请使用枚举名称和项的名称（用英文句号隔开）：

```
var day = DaysOfWeek.Sunday    //变量day被推断为DaysOfWeek类型
```

如果能确定枚举内容，就可以省略它的名称。在下面的例子中，编译器已经知道变量day是DaysOfWeek类型的，因此在对其赋值时可以不明确指明类型：

```
day = .Friday      // 请注意句号"."是必需的
```

在Swift中，你还可以为枚举项提供关联值。请在playground中尝试下面的例子：

```
enum Status {
    case OK
    case ERROR(String)
}

let status = Status.OK
let failed = Status.ERROR("That does not compute")
```

这里，ERROR项拥有一个关联值：一个描述错误的字符串。你可以在A.1.5节中的switch语句里对关联值进行探索。

在一些情况下，最好将每个枚举项对应到各自的值上，它被称为原始数值（raw value）。方法是在枚举名称旁边指定值的类型，然后为定义的每个项赋值。这里是DaysOfWeek枚举的修改版，它为每一项都进行了赋值：

```
enum DaysOfWeek : Int {
    case Sunday = 0
    case Monday
    case Tuesday
    case Wednesday
    case Thursday
    case Friday
    case Saturday
}
```

原始数值可以是字符串或者其他任意数值类型。当原始数值的类型是整型时，你并不需要明确地对每一项进行赋值，未赋值的项可以通过对上一个原始数值加1推断出数值。在上一个例子中，Sunday被赋值为原始数值0，因此Monday的原始数值自动设为1，Tuesday被赋值为原始数值2，依次类推。你也可以改写自动分配的值，只要每一项的值都是唯一的：

```
enum DaysOfWeek : Int {
    case Sunday = 0
    case Monday          // 1
    case Tuesday         // 2
    case Wednesday       // 3
    case Thursday        // 4
    case Friday = 20     // 20
    case Saturday        // 21
}
```

你可以通过访问枚举项的rawValue属性来获取它的原始数值：

```
var day = DaysOfWeek.Saturday
let rawValue = day.rawValue          // 结果是21，DaysOfWeek.Saturday.rawValue是有效的
```

这里是使用String值作为原始数值的另一个例子：

```
enum ResultType : String {
    case SUCCESS = "Success"
    case WARNING = "Warning"
    case ERROR = "Error"
}
let s = ResultType.WARNING.rawValue    // s = "Warning"
```

通过向初始化函数传递原始数值，可以构建相应的枚举项：

```
let result = ResultType(rawValue: "Error")
```

在这个例子中，result变量的类型并不是ResultType，而是ResultType?，这是可选值（optional）的一种。因为有可能会传递一个无效的原始数值给初始化函数，所以必须要有一种方案表现出这个值的枚举项是无效的。Swift可以通过返回特殊值nil来做到，但nil不能为普通变量赋值，只有可选值可以。可选值类型通过末尾的?符号来表示，在对其操作时需要仔细。在后面我们会更详细地讨论可选值。

在Objective-C中，一般会使用枚举作为位掩码（bit mask）的一种方式。每一个单独的枚举值包含了某一位的掩码，通常可能会使用"或比较"（OR）方式合并两个及以上的枚举值。第14章中有这样的示例，Foundation框架中NSFileManager类的一些方法可以让你找到常见的目录（比如应用程序的Documents目录），其中一个参数需要指定进行搜索的域。在Objective-C中，可以访问的域是由像这样的枚举所定义的：

```
enum {
    NSUserDomainMask = 1,
    NSLocalDomainMask = 2,
```

```
        NSNetworkDomainMask = 4,
        NSSystemDomainMask = 8,
        NSAllDomainsMask = 0x0fff,
    };
    Typedef NSUInteger  NSSearchPathDomainMask;
```

可见，每个值都是2的次方，这样在使用或比较合并时能保留各个原始值。

A.1.3　数组、区间和字典

Swift中包含了三种基本的合集（Collection）类型（数组、字典和集合）以及一种区间（range）语法，该语法可以方便地表示某个（也可能是多个）范围中的值。区间在访问数组时会非常有用。

1. 数组和区间

Swift支持使用[type]语法来创建一个用来存储值的数组，这里的type是数组中值的类型。下面的代码创建并初始化了一个整型值数组和一个字符串数组：

```
var integers = [1, 2, 3]
var days = ["Sunday", "Monday", "Tuesday", "Wednesday",
                   "Thursday", "Friday", "Saturday"]
```

当然，你可以将数组的声明和初始化操作分开，只要保证在它使用前能够初始化就好。这种方式需要明确指定数组的类型：

```
var integers: [Int]          // [Int]表示Int型的数组
integers = [1, 2, 3]
```

使用[]可以初始化一个空的数组：

```
var empty: [String] = []
```

可以使用一个数字下标作为索引来访问数组中的元素。数组中第一个元素的索引值为0：

```
integers[0]      // 1
integers[2]      // 3
days[3]          // "Wednesday"
```

使用同样的语法可以为数组中的元素赋上新值：

```
integers[0] = 4          // [4, 2, 3]
days[3] = "WEDNESDAY"    // 用"WEDNESDAY"替换"Wednesday"
```

如果想要取出或修改数组中的一部分内容，可以使用Swift的区间语法（range syntax）。这样就能改变数组中元素的数量：

```
var integers = [1, 2, 3]
integers[1..<3]              // 将元素1和2作为一个数组。表达式结果是[2, 3]
integers[1..<3] = [4]        // 用[4]替换元素1和2。结果是[1, 4]

integers = [1, 2, 3]
integers[0...1] = [5, 4]     // 用[5, 4]替换元素0和1。结果是[5, 4, 3]
```

注意　结算栏显示的并不是完整的结果，你需要像之前那样展开结果面板或者在底部的调试面板查看结果

区间语法a..<b表示从a到b的所有值，但不包括b。因而1..<5等同于1、2、3、4。语法a...b（注意中间是三个句点）的区间中包含了b，因此1...5表示1、2、3、4、5。区间a..<a总是空的，而a...a只包含一个元素（即a自身）。b的值一定要大于或等于a的值，数字增长的幅度为1。

使用count属性可以获取数组的元素数量：

```
var integers = [1, 2, 3]
integers.count              // 3
integers[1..<3] = [4]
integers.count              // 2
```

如果要向数组中添加元素，可以使用append()方法或insert(_:atIndex:)方法：

```
var integers = [1, 2, 3]
integers.append(4)                 // 结果是[1, 2, 3, 4]
integers.insert(-1, atIndex: 0)    // 结果是[-1, 1, 2, 3, 4]
```

还可以使用+操作符连接两个数组，把一个数组与另一个数组相加：

```
var integers = [1, 2, 3]
let a = integers + [4, 5]   // a = [1, 2, 3, 4, 5]; integers 数组未变
integers += [4, 5]                  // 现在 integers = [1, 2, 3, 4, 5]
```

使用remove()、removeSubrange()和removeAll()方法可以移除数组中所有或部分元素：

```
var days = ["Sunday", "Monday", "Tuesday", "Wednesday",
            "Thursday", "Friday", "Saturday"]
days.remove(at: 3)                   // 移除"Wednesday"后返回给调用对象
days.removeSubrange(0..<4)           // 留下["Friday", "Saturday"]①
days.removeAll(keepingCapacity: false)  // 留下一个空数组
```

传给removeAll()方法中的keepingCapacity参数表明为数组元素分配的空间是保留（值为true）还是释放（值为false）。

可以使用for语句对整个数组或其中一部分进行迭代，我们将在A.1.5节中进行讨论。

如果数组是通过let语句创建的，那么它和它的内容都无法改变：

```
let integers = [1, 2, 3]                  // 常量数组
integers = [4, 5, 6]                      // 错误：不能替换数组
integers[0] = 2                           // 错误：不能给数组中的元素重新赋值
integers.removeAll(keepingCapacity: false)  // 错误：不能修改内容
```

与字符串一样，数组是存值对象，因此使用它来赋值或者传入函数中（或从函数中返回）都会对它的值进行复制：

```
var integers = [1, 2, 3]
var integersCopy = integers     // 创建intergers的副本
integersCopy[0] = 4             // intergers没有被改动
integers                        // [1, 2, 3]
integersCopy                    // [4, 2, 3]
```

可以使用contains()方法来查找数组中是否包含一个指定的元素：

```
let integers = [1, 2, 3]
integers.contains(2)                //true
integers.contains(4)                //false
```

如果想要获取某个元素在数组中的索引值，可以使用index(of:)方法：

```
let integers = [1, 2, 3]
integers.index(of: 3)               //结果是2
```

如果在数组中查找不到元素，返回的结果会是nil：

```
let integers = [1, 2, 3]
integers.index(of: 5)               //结果没找到
```

---

① days数组在上一行代码中已经删去了索引位于3的元素，因此在调用此方法前只包含6个元素。——译者注

2. 字典

字典（dictionary）是从键名映射到相应值的数据结构，用与数组使用的类似语法创建。有时你会看到字典作为映射（map）使用。以下代码创建了一个键为字符串而值为整型的字典：

```
var dict = ["Red": 0,
            "Green": 1,
            "Blue": 2]
```

这个字典的规范类型是[String: Int]。你可以将它看作范型（generics）语法中的Dictionary<String, Int>，不过我们不打算在附录中讨论这些。同样，你可以将[Int]类型视作Array<Int>。

如果没有使用初始化函数，那么需要在声明字典的时候明确指明它的类型：

```
var dict: [String: Int];
dict = ["Red": 0, "Green": 1, "Blue": 2]
```

如果想要通过已有的键从字典中得到某一项的值，可以像这样使用下标获取：

```
let value = dict["Red"] //结果是0，对应键Red的值
```

可以使用与修改数组类似的方法来修改字典的内容：

```
dict["Yellow"] = 3 // 添加键名为Yellow的新值
dict["Red"] = 4     // 更新键名为Red的值
```

使用removeValue(forKey:)方法可以移除字典中的某个元素，使用removeAll()方法可以移除所有的值：

```
var dict = ["Red": 0, "Green": 1, "Blue": 2]
dict.removeValueForKey("Red")  // 移除键名为Red的值
dict.removeAll()               // 清空所有键值映射
```

使用let语句创建的字典无法修改：

```
let fixedDict = ["Red": 0, "Green": 1, "Blue": 2]
fixedDict["Yellow"] = 3              // 不合语法
fixedDict["Red"] = 4                 // 不合语法
fixedDict = ["Blue", 7]              // 不合语法
fixedDict.removeValueForKey["Red"]   // 不合语法
```

你在A.1.5节中会看到，使用for语句可以对字典中的键进行迭代。使用count属性可以获取字典中键-值对的数量：

```
var dict = ["Red": 0, "Green": 1, "Blue": 2]
dict.count      // 3
```

与数组一样，字典是存值类型，使用它来赋值或者传入函数中（或从函数中返回）都会对它的值进行复制。对副本的修改不会影响原来字典的内容：

```
var dict = ["Red": 0, "Green": 1, "Blue": 2]
var dictCopy = dict
dictCopy["Red"] = 4    // 不会影响dict的内容
dict                   // "Red":0, "Green": 1, "Blue": 2
dictCopy               // "Red":4, "Green": 1, "Blue": 2
```

3. 集合

集合（Set）是第三个也是最后一个合集类型。集合中的元素没有确定的顺序，而且里面的每个元素都只能出现一次。添加另一个已经存在的元素并不会改变集合的内容。在其他大多数方面上，集合更像一个数组。

初始化集合的语法和对数组所用的一样。为了避免混淆，你需要明确指出创建的是一个集合。以下是两种效果相同的写法：

```
let s1 = Set([1,2,3])
```

```
let s2: Set<Int> = [1,2,3]
```

contains()方法会返回一个集合是否包含某元素的布尔值，而count属性可以得到集合中元素的数量：

```
s1.contains(1)        // 真
s1.contains(4)        // 假
s1.count              // 3
```

之后你会看到，可以使用for循环来枚举集合中的元素。

如果想要添加或移除集合中的元素，可以使用insert()以及remove()方法：

```
var s1 = Set([1,2,3])        // [2,3,1],注意集合中不会关心顺序
s1. Insert(4)                // [2,3,1,4]
s1.remove(1)                 // [2,3,4]
s1.removeAll()               // [],空集
```

4. NSArray、NSDictionary和NSSet

Foundation框架拥有表示数组、字典和集合的Objective-C类：NSArray、NSDictionary和NSSet。这些类与Swift中对应类之间的关系相当于NSString与String类型之间的关系。通常，你可以将Swift数组当作NSArray，Swift字典当作NSDictionary，Swift的Set当作NSSet。作为一个示例，假如你有一个像这样的NSString值：

```
let s: NSString  = "Red,Green,Blue"
```

如果你想要将它分割为三个独立的字符串，每个都包含一种颜色名称，NSString中包含一个components(separatedBy:)方法可以达到你想要的效果（String如今也支持这个功能，不过此处所举的例子是NSString）。这个方法接收分隔字符串作为参数，并返回包含已分割字符串的NSArray数组：

```
let s: NSString = "Red,Green,Blue"
let components = s.components(separatedBy:",")   // 调用该NSString方法
components                                       // ["Red", "Green", "Blue"]
```

虽然这个方法返回的是NSArray数组，但是Swift可以非常智能地将其映射为Swift中的[String]数组（不是[NSString]），并推断为[String]类型。你可以将鼠标移到变量名称上并按住Option键点击它以进行确认。

你可以在Swift代码中直接创建NSDictionary、NSSet和NSArray实例变量。例如以下代码：

```
let d = NSDictionary()
```

变量d的推断类型显然是NSDictionary。你可以使用as关键字（之后会讨论它）将NSDictionary（无论是新创建的还是从Foundation或其他框架中方法获取的）直接转换为Swift的Dictionary类型：

```
let e = d as Dictionary
```

现在如果按住Option键点击名称e，将会看到Swift把这个变量推断为Dictionary<NSObject, AnyObject>类型，这是[NSObject: AnyObject]类型的另一种表现形式。这些键和值是什么类型呢？上面Swift代码中创建的NSDictionary的不限制类型。如果没有指定键和值的类型，编译器就无法判断（NSSet和INSArray的情况也一样）。因此，它只能推断出两种通用的类型：NSObject是所有Foundation对象的基类，而AnyObject是能够支持所有Swift类型的Swift协议（之后会解释）。类型标识[NSObject: AnyObject]表示"我不知道这个字典中的真实情况"。当你想要在Swift代码中的NSDictionary或NSArray对象中得到某项元素，一般只能使用as!操作符（之后会详细描述）直接转换为正确的类型，或者将NSDictionary对象自身转换成已知的类型。比如你知道这个NSDictionary实例是字符串映射到字符串的字典，那么可以这样做：

```
let d = NSDictionary()
let e = d as! [String: String]
```

这里我们把NSDictionary转换为[String: String]类型。即便字典中实际包含的不是String类型，而是NSString，这段代码也能够正常运行，因为Swift会自动在String和NSString之间进行映射。要注意的是，如果你

所指定的NSDictionary中键和值的类型与实际内容不符，应用程序将会崩溃。你可能会注意到，在这个示例中，我们使用as!进行类型转换。很快就会解释这两个操作符之间的区别。

使用可选值可以安全地处理这种情况，下一节中会讨论这个概念。

A.1.4 可选值

我们先回到上一节中关于字典的示例：

```
var dict: [String: Int]
dict = ["Red": 0, "Green": 1, "Blue": 2]
let value = dict["Red"]
```

虽然字典中的值都是Int类型的，但这些值的推断类型并不是Int，而是Int?，它是一个可选整型值（optional integer）。问号表示这个类型是可选的。那么可选代表什么意思？为什么要在这里使用？为了回答这些问题，请想一想，假如使用一个没有相应值的键名来访问字典，会发生什么：

```
let yellowValue = dict["Yellow"]
```

yellowValue将会赋上什么值？按照常规，大部分程序语言会使用某个特定的值表示"空值"。在Objective-C中这个值是nil（实际上是0的重新定义），在C和C++中是NULL（同样是0的重新定义），在Java中是null。它的缺点是使用空值时非常容易出现问题。比如在Java中使用null引用会触发异常。在C和C++中应用程序可能会崩溃。更糟糕的是，没有可以从声明语句知道某个变量是否有可能包含空值的简单方法。Swift用一种很简单的方式解决了这个问题：它的空值是nil，不过只有变量（或常量）声明（或推断）为可选值时，才可以设定为空值。这样的话，通过查看变量或常量的类型就可以立刻知道它会不会是空值：如果不是可选值，那么不能为nil。更进一步说，你在Swift代码中使用各种值时要非常注意。

我们来看一些示例帮助理解。假设我们定义了一个名为color的变量，代码如下：

```
var color = "Red"
```

因为这种情况下推断类型是String，它不是一个可选值。因此，给这个变量赋值为nil是不合语法的：

```
color = nil   // 不合语法：color不是可选值
```

这样的话，就能确保我们不必担心color值会是nil了。这也意味着我们不能使用这个变量来存储字典中返回的值，即便知道那个值不是nil：

```
let dict = [0: "Red", 1: "Green", 2: "Blue"]
color = dict[0]!   // 不合语法：dict[0]的值是可选字符串，color不是可选值
```

为了让赋值合法，我们必须将color的类型由String改为可选型String：

```
let dict = [0: "Red", 1: "Green", 2: "Blue"]
var color: String?      // "String?" 表示可选型String
color = dict[0]         // 语法允许
print(color)            // 会输出什么内容？
```

如何使用赋给color变量的值？在playground中输入上面的代码，你会看到输出的内容不是Red，而是Optional("Red")。访问字典并没有返回实际的值，而是一个被"封包"的可选值。为了得到字符串值，我们需要使用感叹号!操作符进行"拆包"，如下所示：

```
let actualColor = color!   // color!表示对可选值进行拆包
```

actualColor的推断类型是String，而赋给它的值是Red。在此之前你从字典中获取了一个可选类型的值，必须对它拆包来得到想要的值。不过请记住，之前我们说过nil引用容易出问题，在Swift中则是拆包可选值时容易出问题。将playground代码改为：

```
let dict = [0: "Red", 1: "Green", 2: "Blue"]
let color = dict[4]
let actualColor = color!
```

Swift正确地将color的类型推断为String?，不过当你对访问字典的结果进行拆包并赋值给actualColor时，就会发生错误。它在playground中只是告诉你有错误，而在应用程序中则会导致崩溃。为什么会发生这种事？因为字典中并没有键名为4的条目，所以赋给color变量的值是nil。如果你尝试对nil进行拆包，应用就会崩溃。你也许认为这点相对于其他语言来说并没有什么改善，但事实上并不是这样。首先，color是可选类型就表示你需要注意它可能是nil，当然也可能是有效值。其次，当可选值是nil时，你可以在Swift中采用不同的处理方式。

第一种是判断访问字典获取的是不是nil，如果不是才能对值进行拆包：

```
if color != nil {
    let actualColor = color!
}
```

这种句式很常见，Swift对它进行了精简。下面是第二种对可选值拆包的处理方式：

```
if let actualColor = color {
    // 只有当color不为nil时才会执行
    print(actualColor)
}
```

只有当color不为nil时，才会执行包含if语句的这个代码块，而拆包的值会赋给常量actualColor。你甚至可以通过把let改为var让actualColor成为一个变量：

```
if var actualColor = color {
    // 只有当color不为nil时才会执行。可以修改actualColor的值
    print(actualColor)
}
```

在这些示例中，我们定义了新的变量来接收拆包的值，需要用另一个名称actualColor。明明是同一个东西却要换一个名称，有时这样看起来似乎多此一举，事实上这样做并不是必需的，我们完全可以让新的变量与将要拆包的可选值变量使用相同的名称，就像这样：

```
if var color = color {
    // 只有当原始的color不为nil时才会执行
    print(color) // 指向的是存放拆包后值的新变量
}
```

需要明白新的color变量与已有的那个无关，这点很重要，确实它的类型也不一样（由String?变成了String）。在if语句范围的代码中，color这个名称指向的是新拆包的变量，而不是原来那个。

```
let dict = [0: "Red", 1: "Green", 2: "Blue"]
let color = dict[0]
if var color = color {
    // 只有当原始的color不为nil时才会执行
    print(color)           // "Red"
    color = "Green"        // 为本地变量重新赋值
}                          // 已经越出了新color变量的有效范围
Color                      // 指向了原来的值Red
```

如果我们想为字典中不存在的键名采用一个默认值，该如何做呢？Swift也提供了一种方便的方法。这里是处理可选值拆包的第三种方式：

```
let dict = [0: "Red", 1: "Green", 2: "Blue"]
let color = dict[4]
let actualColor = color ?? "Blue"
```

运算符??被称为合并运算符（coalescing operator），会对左边的运算元进行拆包。如果它不是nil，就返回它的值，否则返回第二个运算元。在这个示例中，因为color的值是nil，所以actualColor将会赋值为Blue。当然，你可以把上面的代码省略为两行语句，这样更易于理解：

```
let dict = [0: "Red", 1: "Green", 2: "Blue"]
let actualColor = dict[4] ?? "Blue"
```

并不是只有在处理字典时会用到可选值。如果你浏览了Swift的API文档，将看到很多方法会返回可选值，甚至包括初始化函数。我们已经看过一次这样的示例了，如果你使用一个无效的原始数值初始化某个枚举的实例，结果就是nil：

```
enum ResultType : String {
    case SUCCESS = "Success"
    case WARNING = "Warning"
    case ERROR = "Error"
}
let result = ResultType(rawValue: "Invalid")
```

返回结果的推断类型是ResultType?。在这个示例中，因为没有原始数值为"Invalid"的枚举项，因此返回结果的值是nil。

你已经知道了在对可选值拆包时需要特别注意，但是有时这会增加不必要的麻烦。在本书中你经常会看到这样的示例：类里面定义的变量在类初始化的时候自身不会得到有效值，但你知道它在代码需要用到之前能够获得有效值。在这种情况下，你可以把变量定义为可选值并在每次使用时拆包。这样编译器不会报错，不过也意味着你必须在各个位置添加!操作符，或者在if let语句中进行访问（即便你知道可以顺利拆包）。

好在Swift可以省去这个麻烦。只需在访问可选值时告诉Swift你想要对它进行自动拆包即可。可以在之前的字典示例中采用如下代码：

```
let dict = [0: "Red", 1: "Green", 2: "Blue"]

var color: String!    // 注意感叹号！
color = dict[0]       // 为可选值赋上字符串"Red"
print(color)          // 自动拆包可选值
```

这段代码的关键就是变量color没有被声明为String?，而是String!类型。这种声明变量的方式被称为间接拆包可选值（implicitly unwrapped optional）。Swift根据感叹号!知道你认为变量在使用时始终是有实际值的，并会对其进行拆包。这意味着你可以使用print(color)语句代替print(color!)。虽然这段代码并没有省多少事儿，不过如果你必须要多次访问结果，利用这个功能可以减少代码量。

不过要小心，在已经告诉Swift变量color值不会是nil的情况下，如果在用到它的时候结果却是nil值，Swift就会对它进行拆包，导致应用程序崩溃。

在使用字典时，会遇到另一种涉及可选值的问题：如何处理从NSDictionary中获取的值。我们使用某些初始值创建出一个Foundation框架中的字典来探讨这个问题：

```
let d = NSDictionary(objects: ["Red", "Green", "Blue"],
                        forKeys: [0 as NSCopying, 1 as NSCopying, 2 as NSCopying])
```

这行代码初始化了一个由Int映射到String的NSDictionary实例。在实际开发中，自然没有必要像这样创建一个NSDictionary对象并强制转换，而是直接创建Swift字典。不过假如字典内容来自某个文件，可能你会调用Foundation框架的方法以获取字典。只要字典确实是由Int映射到String的，代码就会正常运行，而你可以按照平常的方式访问里面的内容：

```
let color = d[1]    // 得到一个封包了字符串"Green"的可选值
```

不过需要注意，Swift实际上并不知道字典中获取的值是什么类型，它会推断为AnyObject?，这个可选值能够封包某些类型的对象。将结果直接转换为正确的类型会更好一些：

```
let color = d[1] as! String
```

　　如果你得到的字典类型是错的会怎么样？可能实际上得到的是一个[Int: Int]字典。像这样将代码中第一行的objects类型由字符串改为数字就能看到结果：

```
let d = NSDictionary(objects:[0,1,2],forKeys: [o as NSCopying, 1 as NSCopying, 2 as NSCopying]
let value = d[1] as! String
```

　　这段代码会在将字典中取出的值在转换为String类型时崩溃。这有点简单粗暴。我们确实需要能够检测这个条件，并采取相应的措施以防崩溃。解决方式是使用as?操作符代替as。操作符as?会返回一个可选值：如果第一个运算元的类型与第二个运算元不符，就会返回一个nil，并且不会引发崩溃。因此我们现在要这样写：

```
let d = NSDictionary(objects: [0,1,2], forKeys: [o as NSCopying, 1 as NSCopying, 2 as NSCopying]
if let value = d[1] as? String {      // 如果d的类型不是String?，as?就会返回nil
    print("OK")                        // 符合预期，可以正常使用值
} else {
    print("Incorrect types")           // 如果d的类型不是[Int: String]就会执行这里的代码
}
```

　　还有另一种达到同样效果的方式。你可以在转换之前使用is关键字来检查字典是不是你所认为的格式：

```
if d is [Int: String] {   // 如果字典d是由Int映射到String，结果就是true
    print("Is [Int: String]")
} else {
    print("Incorrect types")
}
```

　　你应该已经注意到了我们在转换时使用了as和as!这两个操作符。两者有什么区别？大致说来，若转换操作可以确保无误，则使用as，否则用as!（比如向下类型转换），感叹号表示强行让编译器接受代码，不这样做的话就会提示报错。以下是一个安全转换的示例，这里我们用到了as操作符：

```
let s = "Fred"
let n = s as NSString
```

　　s的推断类型为String，而我们要尝试将其转换为NSString。Swift会自动执行桥接操作，因此这里可以使用as来转换。与之相似，任何向上类型转换都可以使用as操作符来执行：

```
let label = UILabel()
let view = label as UIView
```

　　这里label是UILabel类型，它是用来表示标签的一个UIKit类，可以显示文本的用户界面元素。每一个UIKit用户界面元素都是UIView的子类，因此我们可以自由地使用as操作符将label向上类型转换为它的基类UIView。反之则不行：

```
let view: UIView = UILabel()
let label = view as! UILabel()     // 向下转换类型需要用!符号
```

　　这次我们创建了一个UILabel却将其赋给了一个UIView类型的变量。为了让这个变量转换回UILabel类型，需要使用as!操作符，因为无法确保UIView类型的变量是一个UILabel，它有可能是其他类型的UIKit元素，比如UIButton。以下这个示例你已经见过了：

```
let d = NSDictionary(objects: ["Red", "Green", "Blue"],
                     forKeys: [0 as NSCopying, 1 as NSCopying, 2 as NSCopying])
let color = d[1] as! String
```

　　如你之前所看到的那样，当你从NSDictionary中提取一个值，它会被推断为AnyObject?类型，这表示它可以是任何Swift对象类型。为了将值转换为String类型，你需要使用as!操作符。

　　关于可选值的内容就先介绍到这里。在A.1.11节和A.1.12节中讨论方法的调用时还会对这个主题进行更多讲解。

A.1.5　控制语句

你已经知道了Swift的数据类型，以及如何对它们进行初始化和执行操作。现在来看看Swift的控制语句。Swift支持几乎所有能在其他语言中用到的控制语句，并且给它们添加了一些有趣的新功能。

1. if语句

Swift中if语句的功能与其他大部分语言中的类似：判断布尔值条件并且只有结果为true时才执行某段代码。你还可以选择添加一段条件为false时执行的代码。例如以下代码：

```
let random = arc4random_uniform(10)
if random < 5 {
    print("Hi")
} else {
    print("Ho")
}
```

arc4random_uniform()函数返回的是0（包括0）与其参数（不包括）之间的整型值，因此这个示例中是0～9之间的任意整数。我们判定了返回值，如果它小于5就会输出字符串Hi，反之输出Ho。注意，Swift中把条件判断放在括号中并不是必需的，因此这样的代码也能够运行：

```
if random < 5 {   // 括号不是必需的
}
if (random < 5) { // 不过也可以使用
}
```

相比于其他语言，要执行的代码必须在花括号内（即便它只有一行）。这意味着下面的代码在Swift中是无效的：

```
if random < 5
    print("Hi")        // 无效：必须在花括号中
else
    print("Ho")        // 无效：必须在花括号中
```

Swift中也包含三元运算符?:，你可能很熟悉这个让人又爱又恨的运算符。它会先判断?符号前面表达式的布尔值结果，若为true则执行?与:符号之间的语句，反之执行:符号后面的语句。我们可以像这样使用它来重写之前的代码：

```
let random = arc4random_uniform(10)
random < 5 ? print("Hi") : print("Ho")
```

在这个示例中，可以得知我们会输出某一个字符串，这样还可以精简代码，改为以下内容：

```
let random = arc4random_uniform(10)
print(random < 5 ? "Hi" : "Ho")
```

这种写法效果因人而异，可能比一开始的代码清楚，也可能难以理解。

你已经见识过了用特定格式的if语句可以简化对可选值的处理：

```
let dict = [0: "Red", 1: "Green", 2: "Blue"]
let color = dict[0]
if let color = color{   // 只有当color不为nil时才会执行
    print(color)        // "Red"
}
```

实际上可以用单个if let或if var语句拆包多个可选值：

```
let dict = [0: "Red", 1: "Green", 2: "Blue",3: "Green", 4: "Yellow"]
let color1 = dict[int(arc4random_uniform(6))]
let color2 = dict[int(arc4random_uniform(6))]
if let color1 = color1, color2 = color2{   // 只有当两个值都不为nil时才会执行
```

```
    print("color: \(color1), color2: \(color2) ")
}
```

这段代码生成了两个范围在0~5之间的随机数作为键，并用它们从字典中获取颜色字符串。因为没有键为5的条目，有可能得到的某个（甚至两个）值是nil。if let组织语句可以安全地对两个值拆包，只要两个都不是nil就会执行内部的代码。你还可以通过添加一个where分句来补充判断条件：

```
let dict = [0: "Red", 1: "Green", 2: "Blue",3: "Green", 4: "Yellow"]
let color1 = dict[int(arc4random_uniform(6))]
let color2 = dict[int(arc4random_uniform(6))]
if let color1 = color1, color2 = color2 where color1 == color2{    // 只有当两个颜色相同时才会执行
    print("color: \(color1), color2: \(color2) ")
}
```

甚至可以在拆包可选值之前进行判断：

```
let dict = [0: "Red", 1: "Green", 2: "Blue",3: "Green", 4: "Yellow"]
let color1 = dict[int(arc4random_uniform(6))]
let color2 = dict[int(arc4random_uniform(6))]
if dict.count > 3, let color1 = color1, color2 = color2  where color1 == color2{
    print("color: \(color1), color2: \(color2) ")
}
```

2. for语句

for语句在Swift中曾包含两种形态。第一种与我们很熟悉的那些基于C语言的for非常类似，不过在Swift 3中已经废弃了，不再允许使用：

```
for var i = 0; i < 10; i+=1 {
    print(i)
}
```

目前允许的形态可以让你遍历一连串的数值（比如区间或合集类型）。下面这段代码可以与前面的for循环达到同样的效果：

```
for i in 0..<10 {
    print(i)
}
```

需要注意，这种形式不需要使用var来声明变量。你可以使用stride()方法创建更规范的取值范围，并进行遍历。这里是一个输出10~0（包括0）之间所有偶数的示例：

```
for i in stride(from: 10, through: 0, by: -2) {
    print(i)
}
```

循环遍历数组中的元素非常简单，而且代码的意图比有索引的循环更加明显：

```
let strings = ["A", "B", "C"]
for string in strings {
    print(string)
}
```

同样的写法对Set类型也是有效的，不过由于Set类型是不支持无序的，因此遍历的顺序无法确定：

```
let strings = Set<String>(["A", "B", "C"])
for string in strings {
    print(string)
}
```

你可以使用字典的keys属性遍历其所有的键名，同Set类型一样，遍历结果是乱序的：

```
let d = [ 0: "Red", 1: "Green", 2: "Blue"]
```

```
for key in d.keys {
    print("\(key) -> \(d[key])")
}
```

你可以更直接地使用键–值对的组合遍历字典来做同样的事情：

```
for (key, value) in d {
    print("\(key) -> \(value)")
}
```

返回的每个键–值对是两个元素的元组（tuple），名称key表示组合的第一个元素，而名称value表示第二个。参阅*The Swift Programming Language*文档可以了解更多元素组合的内容。

3. repeat语句和while语句

repeat和while语句与C、C++、Java和Objective-C中的do和while语句一样。它们在符合某个条件之前都会执行一段代码。两者不同之处在于，while语句每次会先判断条件再执行循环语句，而repeat会在执行完之后再进行条件判断：

```
var i = 10
while i > 0 {
    print(i--)
    i-= 1
}

var j = 10
repeat {
    print(j--)
    j-=1
} while j > 0
```

4. switch语句

Swift的switch语句功能非常强大。我们在本书中没有足够的篇幅来讨论它的所有功能，不过你应该在苹果公司的*The Swift Programming Language*文档中了解它的更多细节。我们会在后面的一些示例中展示出它最重要的特性。

你可以使用switch语句根据变量和表达式可能的值选择代码路径。比如这段代码会基于value变量不同的值输出一些不同的结果：

```
let  value  = 11
switch value {
case 2, 3, 5, 7, 11, 13, 17, 19:
    print("Count is prime and less than 20")

case 20...30:
    print("Count is between 20 and 30")

default:
    print("Greater than 30")
}
```

这段代码有很多地方需要注意。首先，一个case项可以用逗号隔开多个值。只要switch表达式是所列数值中的任意一个就会执行这一项。其次，case值可以是一个区间。实际上switch语句能够进行一些非常强大的模式匹配（pattern matching），相关细节可以在苹果公司的文档中找到。最后，与大多数其他语言一样，执行路径不能从某一项case进入另一项中。这意味着前面的示例只会执行一个case并且只有一次print输出，没有必要在switch的case项之间添加break语句。如果你确实想要在某个case中继续执行后面的case项，可以通过在第一个case代码段后面添加一个fallthrough语句来做到。

case列表必须是完整的：如果在之前的代码中没有default项，编译器就会标为一个错误。此外，每个case

项都至少要有一行执行代码。这意味着下面的代码是不合语法的（也是有误导性的）：

```
switch (value) {
case 2:
case 3: // 不合语法，上一个case是空的
    print("Value is 2 or 3")
default:
    print("Value is neither 2 nor 3")
}
```

正确的代码书写方式是将2和3放在同一个case项中：

```
switch (value) {
case 2, 3: // 正确：获取数值2或者3
    print("Value is 2 or 3")
default:
    print("Value is neither 2 nor 3")
}
```

也可以使用fallthrough语句：

```
switch (value) {
case 2:fallthrough
case 3: // 不合语法，上一个case是空的
    print("Value is 2 or 3")
default:
    print("Value is neither 2 nor 3")
}
```

switch表达式不一定必须是数字。这个示例中的switch语句是基于字符串值的：

```
let s = "Hello"
switch s {
case "Hello":
    print("Hello to you, too")

case "Goodbye":
    print("See you tomorrow")

default:
    print("I don't understand")
}
```

下面这个示例使用了我们已经定义好的Status枚举，并展示了如何访问枚举case项的关联值：

```
enum Status {
    case OK
    case ERROR(String)
}
let result = Status.ERROR("Network connection rejected")
switch (result) {
case .OK:
    print("Success!")

case .ERROR(let message):
    print("Ooops: \(message)")
}
```

因为编译器知道switch表达式的类型是Status，所以不需要对case值进行全部判定，我们可以用case .OK代替case Status.OK。编译器还知道枚举只有两个可能的值，而这两个值都在case列表中，所以就不需要添加default项了。注意.ERROR项的内容：使用.ERROR(let message)可以让编译器获得ERROR的关联值并将其赋值给名为message的常量（它的可用范围只在case代码内）。如果枚举中有不止一个关联值，你可以使用let语句并用逗号隔开来获

得所有的值。

A.1.6　函数和闭包

与许多其他语言不同，Swift使用关键字func来创建函数。如果要定义一个函数，你需要设定它的名称、参数列表和返回类型。下面的函数会根据矩形的宽和高计算并返回它的面积：

```
func areaOfRectangle(width: Double, height: Double) -> Double {
    return width * height
}
```

函数的参数都在括号中用逗号隔开，并且要用声明变量同样的格式来编写，即名称后面就是类型。不过它与变量的声明有些不同，必须要指定每个参数的类型。如果函数不需要参数，那么括号内必须是空的：

```
func hello() {
    print("Hello, world")
}
```

如果函数会返回一个值，那么则必须指定这个值的类型，前面还要加上->符号。这个示例中的返回值和两个参数都是Double类型。如果这个函数不会返回任何内容，可以选择省略返回值的类型（如前面hello()函数的定义所示），也可以写成-> Void形式。接下来的函数会根据debug变量的值决定不执行任何内容还是输出它的参数，这个函数不会返回任何内容：

```
let debug = true // 开启调试模式
func debugPrint(value: Double) {
    if debug {
        print(value)
    }
}
```

这个函数的定义语句也可以稍微写得详细一点，代码如下：

```
func debugPrint(value: Double) -> Void { // -> Void不是必需的
```

可以通过函数的名称来调用它，并提供合适的参数：

```
let area = areaOfRectangle(width: 20, height: 10)
```

在Swift 3之前的版本中，允许省略第一个参数的名称，代码如下：

```
let area = areaOfRectangle(20, height:10) // Swift 3中不再有效
```

Swift中另一个特点就是函数的参数可以有两个名称：一个在调用函数时使用的外部（external）名称；还有一个在函数里面代码中使用的内部（internal）名称。可以选择是否提供外部名称。如果你没有提供的话，外部名称就和内部名称相同。下面是areaOfRectangle()函数的另一种写法，这次同时出现了外部和内部参数名称：

```
func areaOfRectangle(width w: Double, height h: Double) -> Double {
    return w * h
}
```

如果你同时为某个参数指定了外部和内部的名称，放在前面的就是外部名称。如果你只提供了一个参数名称，它就不是外部名称，而是内部名称。注意代码中使用了内部参数名称（w和h），而不是外部参数名称（width和height）。那么为什么要使用外部参数名称呢？有一部分原因是Objective-C方法的命名规范，它需要由编译器映射，这样就可以在Swift中调用它们了。在后面讨论Swift类时我们会更加详细地说明。在这个示例中添加外部名称的唯一优势是，如果存在外部参数名称，调用函数时必须将它们写出来，这样可以让代码更容易理解：

```
let area = areaOfRectangle(width: 20, height: 10) // 现在width和height是必须要写的
```

你可以在参数列表中为函数的某个参数提供一个默认值。下面的函数会将输入的字符串通过已有的分隔符分

成多段，在分隔符没有被指定时默认为一个空格：

```
func separateWords(str: String, delimiter: String = " ") -> [String] {
    return str.components(separatedBy:delimiter)
}
```

可以在不直接提供分隔符时调用这个函数，这样就会采用单个空格作为分隔符：

```
let result = separateWords(str:"One small step")
print(result)     // [One, small, step]
```

Swift会自动为有默认值的参数提供一个与内部名称相同的外部名称（当然你可以提供自己的外部名称来代替）。这意味着如果不想让这个参数使用默认的值，就必须要用到参数名称：

```
let result = separateWords("One. Two. Three", delimiter: ". ") // delimiter是必需的
print(result)     // [One, Two, Three]
```

如果你确实不想强制用户在调用时包含参数名称，可以用下划线 "_" 作为外部名称，不过不推荐这样做，因为它会降低代码的可读性：

```
func separateWords(str: String, _ delimiter: String = " ") -> [String] {
    return str.components(separatedBy:delimiter)
}
let result = separateWords("One. Two. Three", ". ") // delimiter是必需的
print(result)     // [One, Two, Three]
```

你可以通过这个方式更改areaOfRectangle()函数，这样就不需要提供参数名称了：

```
func areaOfRectangle( _ w: Double, _ h: Double) -> Double {
    return w * h
}
let area = areaOfRectangle(20, 10)
```

请注意，假如你希望第一个参数不使用标签，必须要在前面补一个下划线[1]。

在Swift中函数就是一种类型，因此你可以创建一个函数类型的变量，并将其赋值为对某个函数的引用，并用这个变量来调用函数。同样，你可以将函数作为参数传递给另一个函数或者从某个函数中返回一个函数。

如果要声明函数变量，需要用函数的签名（signature）作为变量的类型。这个签名的格式先是括号中的函数参数类型，之后是->符号，然后是返回类型。以下代码创建了一个指向某函数的变量，它可以对一个Double值执行某些操作并返回另一个Double值：

```
var operation: (Double) -> Double
```

对于只有一个参数的函数，之前版本的Swift允许省略括号，不过现在已经不允许了[2]：

```
var operation: Double -> Double    // Swift 3中不支持
```

你可以编写对Double值进行处理的函数，并赋给变量。以下是示例代码：

```
func doubleMe(number: Double) -> Double {
    return 2 * number
}
operation = doubleMe
```

现在你可以使用函数变量来调用函数，并提供参数，就像直接调用函数一样：

```
operation(2) // 结果是4
```

---

[1] 在Swift 2中，调用方法时第一个参数不需要写出标签。在Swift 3中则禁止了这个特性。参见https://github.com/apple/swift-evolution/blob/master/proposals/0046-first-label.md 。——译者注

[2] 参见https://github.com/apple/swift-evolution/blob/master/proposals/0066-standardize-function-type-syntax.md。——译者注

你可以让operation变量指向另一个函数，并使用同样的表达式调用不同的操作：

```
func quadrupleMe(number: Double) -> Double {
    return 4 * number
}
operation = quadrupleMe
operation(2) // 结果是8
```

这种能传递函数的功能非常强大。许多Swift函数都是支持函数作为参数的。其中一个就是sorted()方法，它根据由参数传来的函数所提供的排序公式对有序合集进行排序。决定顺序的函数需要接受两个参数（它们是合集中需要排序的元素），如果第一个参数比第二个要小，返回布尔值为true，否则返回false。下面是比较两个Int值的函数代码：

```
func compareInts(_ first: Int, _ second: Int) -> Bool {
    return first < second
}
```

现在你可以创建一个包含Int值的数组，并使用sorted()和compareInts()函数进行排序。方法是将compareInts()函数作为参数传递给sorted()函数，就像这样：

```
var values = [12, 3, 5, -4, 16, 18]
let sortedValues = values.sorted(by: compareInts)
sortedValues // 结果: [-4, 3, 5, 12, 16, 18]
```

函数sorted()会返回一个已经排好序的数组副本。还有一个相似的名为sort()的方法能对原合集内容按照从小到大的方式排序：

```
var values = [12, 3, 5, -4, 16, 18]
values.sort(compareInts)
values // 结果: [-4, 3, 5, 12, 16, 18]
```

Swift还更进一步，让你可以在sorted()函数调用时的参数列表中编写比较函数。这意味着你并不需要单独定义一个函数并设定一个在其他地方用不到的名称。下面是使用这个功能对values数组排序的代码：

```
var values = [12, 3, 5, -4, 16, 18]
let sortedValues = values.sorted(by:{(first: Int, second: Int) -> Bool in
    return first < second
})
```

这段代码可能第一眼看上去过于复杂了，所以我们拆开来看。比较函数必须放在花括号中。之后的定义内容前半部分是参数列表和返回类型，后面是关键字in，用来将函数的前面内容（参数和返回类型）与后面代码进行区分：

```
{(first: Int, second: Int) -> Bool in
```

接下来就是函数的实现内容，它与compareInts()函数原有的代码一样，最后是花括号的右半边以及结束sorted()方法参数列表的圆括号的右半边：

```
    return first < second
})
```

这类匿名函数被称为闭包（closure）。如果你能理解它的工作方式，可能是因为已经使用了很多次闭包。在其他语言（比如Python）中也有支持这个功能的特性，一般被称为lambda。

如果闭包是函数的最后一个参数，Swift可以通过将其移到函数的参数列表之外来简化语法，代码如下：

```
let sortedValues = values.sorted() { // 闭包现在位于括号外
    (first: Int, second: Int) -> Bool in
        return first < second
}
```

这仍然需要不少代码。所幸我们可以让它更简洁一些。因为标准库中定义了sorted()方法的结构,Swift可以推断出闭包需要两个Int参数而且一定会返回一个布尔值。因此,我们可以省略参数类型、参数名称外面的括号以及返回类型,剩余的代码如下所示:

```
let sortedValues = values.sorted() {
    first, second in  // Swift可以推断出参数类型和返回类型!
    return first < second
}
```

这样好多了。不过我们还可以更进一步,把参数名称也省略掉。Swift知道一共有两个参数,如果你没有写出它们的名称,Swift就会用$0和$1(如果还有更多的参数,还有$2、$3等)指代它们。这样就可以将闭包的代码减少至一行:

```
let sortedValues = values.sorted() { return $0 < $1 }
```

还有更神奇的。Swift还可以让你去掉return关键字!因此我们最终得到的代码是这样的:

```
let sortedValues = values.sorted() { $0 < $1 }
```

我想你也同意这比一开始的代码更具表达力,至少这种语法读起来很简短。在playground中体验一下各种形式,来查看哪些可以正常运行,哪些不行。

你也许很好奇为什么要称其为闭包,这是因为它们在创建时"封闭包含"(close over)了作用范围内的变量。这意味着它们可以读取甚至改写这些变量。如果没有合适的环境,就很难理解这个功能的用处。在本书的其他章节你将看到一些相关示例。现在我们只需证实:可以编写这样一个闭包,它能够使用在闭包之外定义的值。浏览下面的代码:

```
func getInterestCalculator(rate: Double) -> (Double, Int) -> Double {
    let calculator = {
        (amount: Double, years: Int) -> Double in rate * amount * Double(years)
    }
    return calculator
}
```

函数标识表明getInterestCalculator()函数需要一个Double类型的参数并返回一个函数。返回的函数需要两个参数(一个Double值和一个Int值)并返回一个Double值。

这里我们要向getInterestCalculator()函数传递一个利率,并返回一个根据已有利率计算利息的函数。

在getInterestCalculator()函数中,我们创建了一个闭包并赋值给calculator变量:

```
let calculator = {
        (amount: Double, years: Int) -> Double in rate * amount * Double(years)
    }
```

如你所见,闭包函数需要Double类型的金额和Int类型的年份(基于年利率的计算)。尤其值得注意的是,闭包的内部代码使用了传入getInterestCalculator()函数的rate参数。最后闭包返回给调用的getInterest-Calculator()函数。

现在我们编写一些代码调用这个方法,并使用它返回的函数:

```
let calculator = getInterestCalculator(rate: 0.05)
calculator(100.0, 2) // 结果是10: 100美元在利率为5%时的2年利息
```

将返回的函数复制给calculator常量,然后调用它来计算100美元在利率为5%时的2年利息。有没有看到什么有趣的地方?想一想这里发生了什么。返回的闭包引用了getInterestCalculator()函数中rate参数的值,但它是在函数返回之后执行的。它怎么做到的?这是因为闭包可以通过引用来捕获(capture)函数参数。在创建闭包时会捕获变量,闭包在执行时使用的是复制后的值。这就是为什么作为参数传给getInterestCalculator()的利率值在参数已经不存在时还可以在闭包中使用。

A.1.7　错误处理

如果你在Xcode中浏览NSString类的文档页面，会看到很多方法的声明中包含了一个throws关键字，就像下面这样：

```
init(contentsOfFile path: String, encoding enc: UInt) throws
```

只要看到了throws关键字，就表示这个方法能够报告一个错误，你可以选择忽略它或者捕获并进行处理。我们先来看看如何将其忽略，然后再了解如何捕获并处理错误。忽略报错的办法就是假装throws根本不存在：

```
let s = String(contentsOfFile: "XX", encoding: String.Encoding.utf8)
```

如果你在playground中输入以上代码，就会看到内容为"Call can throw but is not marked with 'try'"的错误信息。为了让编译器可以在语法上通过，我们必须添加一个try关键字。有三种风格的try写法，其中两种可以忽略错误，要捕获错误的话可以使用第三种。接下来我们先让这代码的语法通过编译器：

```
let s = try? String(contentsOfFile: "XX", encoding: String.Encoding.utf8)
```

这样就看不到编译器错误了。现在在playground可以执行语句并显示结果为nil。若你使用的是try?关键字，就会将所调用方法返回的类型转换为可选值。因为这个方法实际上是String类的（而String是由NSString衍生的）初始化函数，返回值会被转为String?类型，而变量s也会被推断为这个类型。在这个示例中，因为事实上不存在名称为"XX"的文件，所以返回的值是nil。

我们可以在if语句中使用try?关键字，如果文件存在，那就执行一些操作，而且其内容也能够成功加载：

```
if let s = try? String(contentsOfFile: "XX", encoding: String.Encoding.utf8) {
    print("Content loaded")
} else {
    print("Failed to load contents of file")
}
```

如果你很肯定试图访问的文件存在而且内容能够被读取，可以用try!替换掉try?关键字，就像这样：

```
let s = try! String(contentsOfFile: "XX", encoding: String.Encoding.utf8)
```

虽然这符合语法，但不是一种良好的体验，因为应用程序如果遇到问题就会崩溃，在playground中尝试运行这条语句就能看到结果。

1. 捕获错误

你已经知道，如果把try?作为if let语句的一部分，就能得知是否正确运行完毕，如果没有就采取其他操作。try?语句通过返回一个nil值间接告诉你运行遇到了错误，但这样就无法得知是什么错误。必须在do-catch代码结构中使用try语句才可以，代码如下所示：

```
do {
    let s = try String(contentsOfFile: "XX", encoding: String.Encoding.utf8)
    print("Loaded content \(s)")
} catch {
    print(error)
}
```

do代码块中的语句会执行到结束为止，除非有错误抛出，这时将转移到catch代码块来控制。init(contentsOfFile:encoding:)初始化函数会抛出一个NSError类型的值，它是Foundation框架的通用错误类型。在catch代码块中，可以从error变量中获取错误的值，参照前面的代码。

2. 抛出错误

任何函数和方法都可以抛出一个错误，只要在声明中包含一个throws语句以表示它支持这个特性。抛出值可以是任何采用了Error^①协议的类型，比如NSError就是。事实上，如果你查看了上个示例中error变量的推断类型，就会发现它是Error，不过你也可以在代码中自定义错误类型。一般会使用枚举来完成，因为它可以很方便地表示一个及更多的错误情况，甚至还可以包含额外的错误信息。

举例说明，我们来写一个根据三角形两条边的长度及夹角计算第三条边长度的函数。假定两边长度的参数值一定都是正数，而且夹角一定在0到π之间。先编写一个没有任何错误检查的函数：

```
func calcThirdSide(_ side1: Double, side2: Double, angle: Double) -> Double {
    return sqrt(side1 * side1 + side2 * side2 - 2 * side1 * side2 * cos(angle))
}
```

我们使用余弦定理来计算第三条边的长度。为了确认运行正确，试一下边长为3和4的直角三角形：

```
let side3 = calcThirdSide(3, side2: 4, angle: M_PI/2)
print(side3)
```

因为勾股定理，我们知道当前第三条边的长度为5，这也是playground运行这段代码的结果。我们现在来添加错误检查功能。有两种类型的条件需要检查：两边长度，以及夹角的值。用枚举来做会很适合，我们可以定义一个：

```
enum TriangleError : Error {
    case SideInvalid(reason: String)
    case AngleInvalid(reason: String)
}
```

因为抛出的是枚举实例，它需要遵循Error协议。我们为将要检查的每个错误类型枚举值提供了一条错误信息，因此两个枚举值都具有一个字符串关联值。

在为函数补充错误检查功能之前，必须告诉编译器它可能会抛出一个错误。所以要在函数的定义语句中添加throws关键字。这个关键字必须放在函数的参数列表后面；如果有返回值类型，还必须放在它前面：

```
func calcThirdSide(_ side1: Double, side2: Double, angle: Double) throws  -> Double {
    return sqrt(side1 * side1 + side2 * side2 - 2 * side1 * side2 * cos(angle))
}
```

只要添加了throws关键字，编译器就会开始提示：调用的这个函数不在try语句中。添加其他一些捕获错误的代码可以解决这个问题：

```
do {
    let side3 = try calcThirdSide( 3, side2: 4, angle: M_PI/2)
    print(side3)
} catch {
    print(error)
}
```

现在我们可以开始为calcThirdSide(side1:side2:angle:)函数添加错误检查功能。将函数的代码改为如下所示：

```
func calcThirdSide(_ side1: Double, side2: Double, angle: Double) throws -> Double {
    if side1 <= 0 {
        throw TriangleError.SideInvalid(reason: "Side 1 must be >= 0, not \(side1)")
    }
    return sqrt(side1 * side1 + side2 * side2 - 2 * side1 * side2 * cos(angle))
}
```

if语句检测side1参数的值是否等于零或为负数，如果是的话，使用throw关键字抛出一个包含相应信息的TriangleError枚举实例。为了验证它能运行，请将测试代码中side1参数的值由3改为-1：

```
let side3 = try calcThirdSide( -1 , side2: 4, angle: M_PI/2)
```

① 在Swift 3中，无论是ErrorType还是ErrorProtocol，都已经更名为Error协议。——译者注

你应该会在playground的结算区域看到文字SideInvalid("Side 1 must be >= 0, not -1.0")，表示抛出并捕获了正确的错误。

现在为calcThirdSide(side1:side2:angle:)函数添加其他3个错误检查：

```
func calcThirdSide(_ side1: Double, side2: Double, angle: Double) throws -> Double {
    if side1 <= 0 {
        throw TriangleError.SideInvalid(reason: "Side 1 must be >= 0, not \(side1)")
    }

    if side2 <= 0 {
        throw TriangleError.SideInvalid(reason: "Side 2 must be >= 0, not \(side2)")
    }

    if angle < 0 {
        throw TriangleError.AngleInvalid(reason: "Angle must be >= 0, not \(angle)")
    }

    if angle >= M_PI {
        throw TriangleError.AngleInvalid(reason: "Angle must be <=π, not \(angle)")
    }

    return sqrt(side1 * side1 + side2 * side2 - 2 * side1 * side2 * cos(angle))
}
```

对calcThirdSide(side1:side2:angle:)函数传递各种参数以验证所有检查代码都可以运行。

3. guard语句

像这样在函数开始时就有检查代码的参数是再正常不过的。Swift提供了另一种方式来表示这些错误检测，你可以使用guard语句来代替if语句。以下代码展示了如何使用guard重写包含if的calcThirdSide(side1:side2:angle:)函数：

```
func calcThirdSide(_ side1: Double, side2: Double, angle: Double) throws -> Double {
    guard side1 > 0 else {
        throw TriangleError.SideInvalid(reason: "Side 1 must be >= 0, not \(side1)")
    }

    guard side2 > 0 else {
        throw TriangleError.SideInvalid(reason: "Side 2 must be >= 0, not \(side2)")
    }

    guard angle >= 0 else {
        throw TriangleError.AngleInvalid(reason: "Angle must be >= 0, not \(angle)")
    }

    guard angle < M_PI else {
        throw TriangleError.AngleInvalid(reason: "Angle must be <= π, not \(angle)")
    }

    return sqrt(side1 * side1 + side2 * side2 - 2 * side1 * side2 * cos(angle))
}
```

guard语句的代码后面必须跟上else关键字，它只有在检测不通过的时候执行。你可以认为guard的意思就是"只有条件通过了才能执行后面的语句"。因此它必须和if语句所检测的条件相反，例如在第一句if语句中检测的条件是side1 <= 0，那么相应的guard语句的条件就是side1 > 0。可能初次接触会很不适应，不过只要使用习惯了，就会觉得guard版本的代码更明确，毕竟我们列出条件，目的是为了通过检测后能够继续执行代码，而不是专注于没有通过的情况。

一般形式的guard语句是这样的：

```
guard expression else {
```

```
        // guard内容语句
        // 控制权移交到guard语句所在的结构范围之外
    }

        // 如果执行了guard代码内容，控制权一定不会到达此处
```

　　guard主体中可以包含需要执行的所有独立语句，但要遵守一条原则：所有语句执行完毕后，控制权必须要转交到guard语句所在的直接范围（immediate scope）之外。在前面的示例中，guard语句位于calcThirdSide(side1:side2:angle:)函数中，所以在guard代码块执行结束后，控制权必须要移交到函数之外。这里我们通过抛出一个错误返回到函数之外可以达成目的。如果guard代码块是位于for语句中的，直接范围就是for语句，而你可以使用continue或break语句来服从guard语句的要求。这一点也同样适用于repeat和while语句。如果guard代码块结束后，控制流继续执行了后面的语句，编译器就会提示一个错误。

4. 深入错误捕获

　　目前我们使用单个普通的catch代码块来捕获并输出calcThirdSide(side1:side2:angle:)函数抛出的所有错误。一般来说，do-catch语句可以拥有多个catch代码块，而每一个catch代码块都有一个表达式，抛出的错误根据匹配的内容，选择要执行的代码块。如果没有catch代码块匹配错误，就使用没有表达式的代码块；如果也没有这类代码块，错误就会抛给包含这个do-catch语句的函数或方法的调用者，而这个函数或方法必须声明包含一个throws关键字，表示可能会遇到错误。我们来看一些示例。

　　在playground中将do-catch代码块改为如下内容：

```
do {
    let side3 = try calcThirdSide( -1, side2: 4, angle: M_PI/2)
    print(side3)

} catch let e as TriangleError {
    print(e)
}
```

　　这里我们为catch代码块添加了一个表达式，这样它就只能捕获TriangleError类型的错误。错误被赋给变量e，它的作用范围只在catch代码块中。因为calcThirdSide(side1:side2:angle:)函数只会抛出这种类型的错误，我们并不需要其他catch代码块。如果想要针对不同的错误进行处理，只需要添加更多的状况。以下是示例代码：

```
do {
    let side3 = try calcThirdSide( -1, side2: 4, angle: M_PI/2)
    print(side3)
} catch TriangleError.SideInvalid(let reason) {
    print("Caught invalid side: \(reason)")
} catch {
    print("Caught \(error)")
}
```

　　第一个catch代码块处理SideInvalid状况，并将枚举值中的错误信息赋给reason变量，这样就可以在catch代码块中使用了。第二个catch代码块没有表达式，因此它会捕捉任何前面的代码块没有处理到的错误。在这个示例中对应的就是AngleInvalid状况。如果存在像这样能捕获所有遗漏错误的代码块，必须是最后一个catch代码块，因此以下代码是不符合要求的：

```
do {
    let side3 = try calcThirdSide(-1, side2: 4, angle: M_PI/2)
    print(side3)
} catch { // 无效，它必须是最后一个catch代码块
    print("Caught: \(error)")
} catch TriangleError.SideInvalid(let reason) {
    print("Caught invalid side: \(reason)")
}
```

为了能独立处理每个状况，可以分别为它们提供各自的catch代码块：

```
do {
    let side3 = try calcThirdSide(-1, side2: 4, angle: -M_PI/2)
    print(side3)
} catch TriangleError.AngleInvalid(let reason) {
    print("Caught invalid angle: \(reason)")
} catch TriangleError.SideInvalid(let reason) {
    print("Caught invalid side: \(reason)")
}
```

因为我们已经明确处理了calcThirdSide(side1:side2:angle:)函数可能会抛出的两个错误，所以不需要再添加能捕获所有遗漏错误的catch代码块。

A.1.8　类和结构体

Swift提供了两种创建自定义类型的方案：类和结构体。它们都包含属性、初始化函数和方法。属性（property）是在类和结构体内部定义的变量；方法（method）是在类和结构体内部定义的函数；初始化函数（initializer）是用来在类或者结构体实例创建时设定初始状态的特殊方法。

A.1.9　结构体

下面的结构体示例代表已知半径的圆：

```
struct CircleStruct {
    var radius: Double

    func getArea() -> Double {
        return M_PI * radius * radius
    }

    func getCircumference() -> Double {
        return 2 * M_PI * radius
    }
}
```

圆中有一个存储半径的属性和两个返回其面积与周长的方法。

Swift会自动为结构体创建初始化函数，将初始化函数的参数赋值给结构体中的属性。下面是使用初始化函数创建CircleStruct实例的代码：

```
var circleStruct = CircleStruct(radius: 10)
```

自动合成的结构体初始化函数为每一个属性提供参数。参数名称与属性名称相同，而且按照属性在结构体中定义的顺序出现。注意，在使用初始化函数时需要参数名称，这是因为初始化参数同时有外部和内部名称。

只要你创建了结构体的实例，就可以直接通过属性名称对属性进行读写。以下代码读取了圆的半径并将其乘以2：

```
var circleStruct = CircleStruct(radius: 10)
let r = circleStruct.radius          // 读取radius属性，结果等于10
circleStruct.radius = 2 * r          // 半径乘以2
```

结构体是存值对象，因此以下代码会创建CircleStruct对象的副本，并将其赋值给newCircleStruct变量。使用newCircleStruct变量更改其radius属性并不会影响源数据，反之亦然：

```
var newCircleStruct = circleStruct  // 复制结构体
newCircleStruct.radius = 32          // 只影响副本
newCircleStruct.radius               // 新值：32
```

```
circleStruct.radius                    // 旧值：20
```

如果把结构体用let句式赋值给常量，那么其所有属性将成为只读的：

```
let constantCircleStruct = CircleStruct(radius: 5)
constantCircleStruct.radius = 10    // 无效：constantCricleStruct是常量
```

Swift要求结构体（或类）的所有属性要在初始化函数执行结束之前被初始化。你可以选择在初始化函数中设定属性值，或者在属性定义中进行。下面是一个稍微更改过的CircleStruct结构体，它在被定义时会将半径初始化为默认值1：

```
struct CircleStruct {
    var radius: Double = 1

    init() {
    }

    init(radius: Double) {
        self.radius = radius
    }

    func getArea() -> Double {
        return M_PI * radius * radius
    }

    func getCircumference() -> Double {
        return 2 * M_PI * radius
    }
}
```

注意结构体现在有两个初始化函数（init经常作为初始化函数的名称），一个不接收参数，而另一个接收半径作为它的参数。第一个初始化函数可以创建一个结构体的实例，其半径使用的是radius属性定义中设定的默认值：

```
let circleStructDefault = CircleStruct()
circleStructDefault.radius    // 结果是1
```

第二个初始化函数会把它的参数赋给radius属性：

```
init(radius: Double) {
    self.radius = radius
}
```

我们不需要特意添加无参数的初始化函数，因为Swift会替我们创建，前提是你没有添加自己的初始化函数。注意属性使用了self.radius的形式来赋值。变量self代表正在初始化的结构体实例。如果它在方法中出现，那么代表调用了此方法的实例。通常并不需要通过self来访问属性，不过在这里我们需要这么做，因为初始化函数的参数和属性的名称相同。

之前讲过，默认情况下Swift在创建结构体实例时需要初始化函数的参数名称（之后你会看到这点同样适用于类）。在你定义自己的初始化函数时，可以使用_作为外部参数名称以避免使用，下面是CircleStruct的第二个初始化函数修改后的代码：

```
init(_ radius: Double) {
    self.radius = radius
}
```

更改代码之后，必须以这样的方式使用初始化函数：

```
var circleStruct = CircleStruct(10) // 必须省略参数名称
```

getArea()和getCircumference()方法的实现代码没有什么要讲的，它们只是使用radius属性的值进行了简单的计算。请注意我们在读取属性值时没有用到self关键字（也可以选择使用）。这样的getArea()方法和之前的作用相同：

```
func getArea() -> Double {
    return M_PI * self.radius * self.radius  // 强制使用self，不推荐
}
```

你可以像调用其他函数一样调用这些方法，调用时需要包含结构体的实例：

```
let circleStructDefault = CircleStruct()
circleStructDefault.getArea()              // 返回area
circleStructDefault.getCircumference()     // 返回circumference
```

A.1.10 类

创建类在语法上和创建结构体类似，不过仍然有一些区别要注意。以下类实现了一个圆形：

```
class CircleClass {
    var radius: Double = 1

    init() {
    }

    init(radius: Double) {
        self.radius = radius
    }

    func getArea() -> Double {
        return M_PI * radius * radius
    }

    func getCircumference() -> Double {
        return 2 * M_PI * radius
    }
}
```

这段代码与结构体代码句式上的唯一区别是关键字struct替换成了class，但是Swift处理类和结构体初始化函数的方式还是有一些不同。

❑ Swift创建的初始化函数init()是空的，它不会去设定类里面属性的初始值。

❑ 与结构体一样，如果你添加了自定义的初始化函数，Swift就不会自动帮你创建init()初始化函数。

在CircleClass代码中的init(radius: Double)初始化函数意味着Swift不会生成init()函数，因此我们要自己手动添加。

根据你是否想要设定半径的值，可以选择一个初始化函数来创建CircleClass实例：

```
var circleClassDefault = CircleClass()       // 设定默认半径
circleClassDefault.radius                     // 结果是1
var circleClass = CircleClass(radius: 10)    // 直接设定半径
circleClass.radius                            // 结果是10
```

类不是存值对象，因此将类实例赋值给变量或传递给函数并不会生成副本，如下面的代码所示：

```
var newCircleClass = circleClass    // 不会复制
newCircleClass.radius = 32          // 只有一个副本，因此检查两个引用……
newCircleClass.radius               // ……更改是可见的。结果是32
circleClass.radius                  // 结果是32
```

A.1.11 属性

circle类的radius属性称为存值属性（stored property），因为值会存储在类或结构体中。它还可能拥有不会存储值的运算属性（computed property），每次读取它时都要算出属性的值。circle类的面积和周长可以看作属性，因此可以适当地重新将它们实现为运算属性。以下是改动后的CircleClass类（代码的作用没有变化）：

```
class CircleClass {
    var radius: Double = 1
    var area: Double {
        return M_PI * radius * radius
    }

    var circumference: Double {
        return 2 * M_PI * radius
    }

    init() {
    }

    init(radius: Double) {
        self.radius = radius
    }
}
```

语法非常简单：运算属性必须指定属性的名称和类型，然后是计算出属性值的代码块。相比通过方法来获取它们的值，让area和circumference作为属性可以少敲几次键盘：

```
let circleClass = CircleClass(radius: 10)
circleClass.area
circleClass.circumference
```

这些属性实际上用的是简化的实现代码，area属性代码的完整格式应该是这样的：

```
var area: Double {
    get {
        return M_PI * radius * radius
    }
}
```

更改的地方就是get关键字和计算出属性值的代码外面的花括号。因为area是只读属性，我们没有实现存值方法，所以Swift可以让我们省略掉多余的结构代码。

area也完全可以作为可写属性。如果设置了新的面积，可以算出相应的半径（同样适用于周长）并保存下来。如果想让一个属性是可写的，你需要添加一段set代码，如果之前省略了get结构代码请补回。下面是实现area和circumference存值方法的代码：

```
var area: Double {
    get {
        return M_PI * radius * radius
    }

    set {
        radius = sqrt(newValue/M_PI)
    }
}

var circumference: Double {
    get {
        return 2 * M_PI * radius
    }
```

```
    set {
        radius = newValue/(2 * M_PI)
    }
}
```

在存值方法的实现代码中，你可以从名为newValue的变量中获取将要设置的值。如果你不喜欢这个名称，可以选择在set关键字后面声明想要的变量名：

```
set (value) {
    radius = value/(2 * M_PI)
}
```

现在这些属性是可写的，可以通过已有的周长或面积来算出半径：

```
circleClass.area = 314
circleClass.radius        // 当面积是314时，半径为9.997
circleClass.circumference = 100
circleClass.radius        // 当周长是100时，半径为15.915
```

Swift支持添加代码以观察存值属性（不是运算属性）的变动。你需要向属性的定义中添加一个willSet或didSet（或者两者都有）代码块。属性被设为新值时（不包括初始化）会调用这些方法（即使新值与旧值相同）。willSet代码块会在新值赋给变量之前被调用，而didSet代码块会在赋值之后被调用。属性观察器（property observer）的一个典型作用是确保属性只能被赋上有效的值。下面修改了CircleClass中的radius属性并确保只有非负数可以赋值：

```
class CircleClass {
    var radius: Double = 1 {
        didSet {
            if (radius < 0) {
                radius = oldValue
            }
        }
    }
}
```

当新值已经存储在radius属性之后，就会调用didSet代码块。如果它是负数，我们就会将其设为之前的值，它可以从oldValue变量中获取。和属性的存值方法代码一样，可以将变量的名称改成你想要的。在didSet代码块中设置属性的值不会再次触发属性观察器的代码。更改之后的代码会忽略将radius设为负数的行为：

```
circleClass.radius = 10    // 有效：半径设为10
circleClass.radius         // 结果：10.0
circleClass.radius = -1    // 无效：didSet代码会拒绝赋值
circleClass.radius         // 结果：10.0
```

A.1.12　方法

你已经知道了类和结构体都包含方法。方法的行为很像函数，除了方法可以访问一个名为self的值，这个值没有被直接定义，它指向了调用这个方法的类或结构体的实例。类中定义的方法可以更改其属性值，而结构体默认是不可以的。我们来看看如何在CircleClass类中添加一个名为adjustRadiusByAmount(_:times:)的方法，它根据提供的amount值和指定的times值来调整圆的radius。下面是方法的定义：

```
func adjustRadiusByAmount(amount: Double, times: Int = 1) {
    radius += amount * Double(times)
}
```

参见上方的定义代码，可以按照以下方式调用这个方法：

```
var circleClass = CircleClass(radius: 10)
```

```
circleClass.radius                      // 结果: 10
circleClass.adjustRadiusBy(5, times: 3)
circleClass.radius                      // 结果 = 10 + 3 * 5 = 25
circleClass.adjustRadiusBy(5)           // times的默认值是1
circleClass.radius                      // 结果 = 30
```

现在试着向CircleStruct结构体添加相同的方法：

```
struct CircleStruct {
    var radius: Double = 1

    init() {
    }

    init(radius: Double) {
        self.radius = radius
    }

    func getArea() -> Double {
        return M_PI * radius * radius
    }

    func getCircumference() -> Double {
        return 2 * M_PI * radius
    }

    func adjustRadiusByAmount(amount: Double, times: Int = 1) {
        radius += amount * Double(times)
    }
}
```

可惜这段代码不能编译。结构体方法默认不能修改其状态，因为要尽量让存值对象不可变。如果你确实想要这个方法能够改变属性值，必须在其代码定义中添加mutating关键字：

```
mutating func adjustRadiusBy(amount: Double, times: Int = 1) {
    radius += amount * Double(times)
}
```

A.1.13　可选值链

如何调用可选值的方法或者访问可选值的属性？首先必须拆包可选值。你已经知道拆包的可选值为nil时会引发应用程序崩溃，所以需要非常小心。假定我们拥有以下变量并且想要获得所指向圆的半径：

```
var optionalCircle: CircleClass?
```

因为optionalCircle的值可能是nil（在这个示例中确实是），所以不能这样使用它：

```
optionalCircle!.radius    // 崩溃吧应用！
```

我们在拆包前需要判断optionalCircle是不是nil，代码如下：

```
if (optionalCircle != nil) {
    optionalCircle!.radius
}
```

这样就安全了，不过代码非常多。有一种更好的方法，叫作可选值链（optional chaining）。它使用?代替!。使用可选值链只需要写一行代码：

```
var optionalCircle: CircleClass?
var radius = optionalCircle?.radius
```

使用可选值链时，只有optionalCircle不为nil时才可以访问属性，因为没有赋给radius变量的值，Swift会推断它的类型为Double?而不是Double。通常在if let结构中会使用这种技巧，就像下面这样：

```
var optionalCircle: CircleClass?
If let radius = optionalCircle?.radius{
    print("radius = \(radius) ")
}
```

如果你的对象嵌入在其他对象中，而指向这些容器对象的是可选值，为了得到对象链中的值，必须检查每个引用是不是nil值。这样就体现了可选值链的优势，使用这样的表达式可以让Swift替你执行繁杂的任务：

```
outerObject?.innerObject?.property
```

可选值链也支持方法调用：

```
var optionalCircle: CircleClass?
optionalCircle?.adjustRadiusByAmount(5, times: 3)
```

只有optionalCircle不为nil时才会调用方法。如果它是nil，就不会调用。

A.1.14　子类和继承

我们已经有了一个非常有用的类来表示圆形。如果想添加一些新的内容呢？比如想添加一个color属性。其实只需要在已有的类定义中添加属性就可以了。但是如果没有管理CircleClass类的权限该怎么办？它也许是第三方框架的内容，我们不能修改源代码。在这样的情况下，我们一般可以为类添加一个扩展（extension）。通过扩展可以为任何类（甚至是没有权限的类）添加函数。有时确实要用这个办法，但是在本例中不能用这个办法，因为我们想要添加一个存值属性。这里我们通过创建一个子类（subclass）来完善这个类。子类从基类（base class）继承属性和方法。如果子类不能完全满足需求，你可以覆盖它的行为，维持需要的内容不变并更改所需的内容（以所指定的基类为准）。

在这一节中，我们要补充CircleClass并创建ColoredCircleClass类。ColoredCircleClass拥有与CircleClass相同的特性，它包含radius、area和circumference属性，此外还有一个新的color属性。在开始之前，我们向CircleClass类添加一些内容以便了解如何在子类中覆盖。

清除**playground**中的所有内容并输入CircleClass修改后的代码：

```
class CircleClass {
    var radius: Double = 1 {
        didSet {
            if (radius < 0) {
                radius = oldValue
            }
        }
    }
    var area: Double {
        get {
            return M_PI * radius * radius
        }

        set {
            radius = sqrt(newValue/M_PI)
        }
    }

    var circumference: Double {
        get {
            return 2 * M_PI * radius
        }
```

```
        set {
            radius = newValue/(2 * M_PI)
        }
    }

    var description: String {
        return "Circle of radius \(radius)"
    }

    required init() {
    }

    init(radius: Double) {
        self.radius = radius
    }

    func adjustRadiusByAmount(amount: Double, times: Int = 1) {
        radius += amount * Double(times)
    }

    func reset() {
        radius = 1;
    }
}
```

首先，我们添加了一个名为description的运算属性，它使用字符串形式返回类的详细信息。因为我们想让返回值中包含当前半径（这个值不是固定的），所以它必须是运算属性。在ColoredCircleClass类中，我们想要在描述中添加圆的颜色，之后你会看到我们如何通过覆盖来实现另一个版本的属性。

接下来，我们在没有参数的初始化函数中添加了关键字required。有一个像这样的初始化函数来设置每个属性的默认值会非常有帮助。在设计这个类的时候，同样希望它创建的所有子类也提供这样的初始化方法。向初始化函数中添加required关键字可以让Swift编译器确保子类也要实现init()初始化函数。此外它还要确保这里也要标为required，这样子类的子类也就有了同样的义务。在ColoredCircleClass中，我们将在它的初始化函数中设置一个默认颜色。

最后添加了一个恢复radius属性为默认值的reset()方法。我们需要在子类中覆盖它，这样它可以重置新的color属性。

我们知道要做什么了，开始动手吧。参考下面的内容在playground中添加新的代码。完成之后你将看到错误和警告，不过不需要担心，因为我们很快就会解决。

首先需要创建子类并告诉Swift编译器它的基类是CircleClass。以下是它的代码：

```
class ColoredCircleClass : CircleClass {
}
```

这是一个很常见的类定义代码，Swift会知道CircleClass是ColoredCircleClass的基类。任何类只能有一个基类，必须以这种方式声明。之后你会看到，它还可以遵循一个或多个协议（协议也在代码的这个位置）。

接下来我们添加新的存值属性：

```
class ColoredCircleClass : CircleClass {
    var color: UIColor = UIColor.black
}
```

属性的类型是UIColor，它是UIKit框架中表示颜色的类。我们已经将属性初始化为表示黑色的UIColor实例。接下来覆盖description属性，在返回的字符串中添加新增的颜色。以下是代码内容：

```
class ColoredCircleClass : CircleClass {
    var color: UIColor = UIColor.black
```

```
override var description: String {
    return super.description + ", color \(color)"
    }
}
```

首先要注意override关键字，它告诉编译器我们知道基类中已经有了description属性的代码定义，并且打算覆盖。在一些语言中，这很容易无意创建一个与基类中有相同名称的方法或属性，会引发难以发现的错误。

这个属性新的实现代码首先使用表达式super.description调用了基类中的方法。关键字super告诉编译器我们想要引用的不是自己的，而是父类（即继承的类）的description属性。完成之后再添加表示color属性的字符串。最终描述会同时包含半径（来自父类）和颜色（来自当前类）。

接下来需要添加标有required关键字的init()初始化函数的覆盖代码。以下是代码内容：

```
required init() {
    super.init()
}
```

每个初始化函数都需要确保类里面所有的属性都被初始化，基类中的属性也一样。我们只有color属性，它在声明时就会初始化。因此我们必须通过调用super.init()让基类有机会初始化它的状态。如果我们有其他需要初始化的属性，编译器会要求我们在调用super.init()之前进行设置。此外，由于基类的init()被标为required，这里也必须标上required关键字。

> **注意**　之前提到过，将基类的init()初始化函数标为required会强制所有子类实现相同的初始化函数。在一开始ColoredCircleClass还没有init()初始化函数的时候，并没有看到编译错误。这是为什么？原因是ColoredCircleClass在没有其他初始化函数时，编译器中会替我们创建一个init()初始化函数，这样就满足了基类的要求。

接下来需要一个初始化函数来设置radius和color为非默认值。在类里面添加以下代码：

```
init(radius: Double, color: UIColor) {
    self.color = color
    super.init(radius: radius)
}
```

首先使用初始化函数的参数来设置color属性的值，然后将radius的值传递给基类的初始化函数。这样就可以了。

我们需要做的最后一件事就是覆盖reset()方法，将color属性重置为黑色。现在你应该很熟悉该怎么做了吧：

```
override func reset() {
    super.reset()
    color = UIColor.black
}
```

和之前一样，override关键字告诉编译器我们要覆盖基类的方法（顺便说一句，使用override关键字还有一个好处：如果我们把方法的名称错输入成了resets，编译器就会警告你在基类中没有这个方法）。这个方法的实现沿用了之前的方案，把份内的工作做好，然后使用super关键字调用基类的方法，委托基类来完成它的那块任务。在这里，先完成自己的任务还是先调用基类的方法都没有问题。也就是说以下的写法也能运行：

```
override func reset() {
    color = UIColor.black
    super.reset()
}
```

这样就可以了！来看看默认的初始化函数吧：

```
var coloredCircle = ColoredCircleClass()
coloredCircle.radius            // 结果: 1
coloredCircle.color             // 结果: black
coloredCircle.description
        // 结果: "Circle of radius 1.0, color UIDeviceWhiteColorSpace 0 1"
```

现在来看看另一个初始化函数：

```
coloredCircle = ColoredCircleClass(radius: 20, color: UIColor.redColor())
coloredCircle.radius     // 结果: 20
coloredCircle.color      // 结果: red
coloredCircle.description
                    // 结果: "Circle of radius 20.0, color UIDeviceRGBColorSpace 1 0 0 1"
```

子类是一种非常有用的技术。你在本书中看到的每个示例都会使用至少一种子类。你应该多花些时间来阅读苹果公司*The Swift Programming Language*文档中的“Initialization”和“Inheritance”章节，其中有很多巧妙的细节本书尚未展开讨论。

A.1.15　协议

协议（protocol）是一组方法、初始化函数和属性的声明，类、结构体或枚举可以遵循并实现它们。本书中，定义对象时经常以委托（delegate）的形式使用协议，你可以通过它来自定义框架中类的行为和事件的交互等操作。

以下是名为Resizable的协议代码：

```
protocol Resizable {
    var width: Float { get set }
    var height: Float { get set }

    init(width: Float, height: Float)
    func resizeBy(#wFactor: Float, hFactor: Float) -> Void
}
```

Resizable协议要求所有遵循它的类型都要提供两个属性、一个初始化方法和它声明的一个函数的代码。请注意协议本身不会定义任何东西，只是规定遵循的类型必须做的事。下面是一个名为Rectangle的类，它遵循了Resizable协议：

```
class Rectangle : Resizable, CustomStringConvertible {
    var width: Float
    var height: Float
    var description: String {
        return "Rectangle, width \(width), height \(height)"
    }

    required init(width: Float, height: Float) {
        self.width = width
        self.height = height
    }

    func resizeBy(wFactor: Float, hFactor: Float) -> Void {
        width *= wFactor
        height *= hFactor
    }
}
```

在类的声明语句中，协议的名称放在基类（如果有的话）的名称后面，表示类型遵循这个协议。这个类同时遵循Resizable和Swift标准库中的CustomStringConvertible协议。

如你所见，类提供了Resizable协议所需的功能实现代码。如果一个协议需要初始化函数的实现，那么初始化函数必须标为required，如上所示。对于遵循某个协议的类型，它的实例可以赋值给协议类型的变量：

```
let r: Resizable = Rectangle(width: 10, height: 20)
```

遵循CustomStringConvertible协议的类型需要提供一个名为description的String属性，它使用易懂的文字来描述这个类型。特别是在将遵循协议的类型实例作为参数传递给print()函数时，会使用这个属性：

```
let rect = Rectangle(width: 10, height: 20)
print(rect)    // 输出"Rectangle, width 10.0, height 20.0"
```

A.1.16　扩展

扩展是Swift和Objective-C共有的强大功能。扩展可以让你向Swift标准库或系统框架里面的任意类、结构体或枚举中添加功能。扩展的定义语法与类和结构体相似。扩展的开头是关键字extension，后面是扩展的类型名称和扩展内容本身。你可以在扩展类型中添加计算（不是存储）属性、方法、初始化函数、嵌套类型和遵循的协议。

在第16章中，我们使用扩展向UIColor类（来自UIKit框架）添加了一个返回随机颜色的方法。以下是扩展的定义代码：

```
extension UIColor {
    class func randomColor() -> UIColor {
        let red = CGFloat(Double((arc4random() % 256))/255)
        let green = CGFloat(Double(arc4random() % 256)/255)
        let blue = CGFloat(Double(arc4random() % 256)/255)
        return UIColor(red: red, green: green, blue: blue, alpha:1.0)
    }
}
```

下面这行代码调用了扩展的方法：

```
let randomColor = UIColor.randomColor()
```

A.2　小结

现在你已经掌握了Swift中最重要的一些功能。你在这里看到的并不代表所需掌握的全部内容，还有很多书中没有讨论的（还有一些被简化了）。如果有时间的话，你应该阅读官方文档（或者第1章中列出的书籍）来扩充知识。同时你还可以回到第3章（或者此前还在阅读的章节），来使用Swift编写你的第一个iOS应用程序吧！

延 展 阅 读

- 畅销书全新升级，累计印数6万多册
- Swift和Objective-C双语讲解
- 新增手势识别、Quartz 2D绘图技术、动画技术、用户扩展、用户通知、Core Data等
- 数百个项目案例+一个真实项目开发全过程
- 涵盖测试驱动开发、性能优化、版本控制和程序调试等

书号：978-7-115-45063-0
定价：119.00 元

- iOS开发必读，提升应用性能的最佳实践

书号：978-7-115-45120-0
定价：89.00 元

- 解析iOS设计模式的开山之作
- 优化Objective-C编程实践的必修宝典
- 由此迈入移动开发高手行列

书号：978-7-115-26586-9
定价：59.00 元

- 苹果源代码不会告诉你的Objective-C高级编程

书号：978-7-115-31809-1
定价：49.00 元

站在巨人的肩上
Standing on Shoulders of Giants

TURING
图灵教育

iTuring.cn

站在巨人的肩上
Standing on Shoulders of Giants

iTuring.cn